지적직 공무원 및 한국국토정보공사,
국가 자격시험 대비서

핵심지적학

저자 김석종, 김준현

CADASTRAL SCIENCE

도서출판 엔플북스

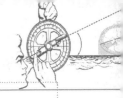

머리말

　오늘날의 지적은 유구한 역사와 함께 시작하여 시대적·사회적 배경과 국민적 정서를 동시에 담고 있는 사적 소유권을 등록하고 관리하는 국가의 고유사무이다.

　근대적인 지적제도가 자리를 잡은 후 약 110여년을 지나오면서 지적은 기존의 아날로그 지적에서 디지털 지적으로 전환이 되었고, 지적재조사는 물론 부동산 행정정보 일원화 사업과 도로명 새주소 그리고 부동산종합공부시스템에 이르기까지 지적선진화를 향한 다양한 사업과 연구들이 진행되고 있어 지적인의 한 사람으로서 실로 감탄하지 않을 수가 없다. 특히, 현대사회에서의 지적은 사회과학과 공학의 개념을 포괄하는 종합적인 학문으로 자리매김하면서 Digital Twin, Cyber Physical System, UAV, Big Data 등의 4차 산업과 공간정보와 서로 융·복합화되는 기술 동향으로 발전하였고, 이제는 해양지적의 필요성까지 더해지면서 다양한 학문과 직·간접적으로 연계되어져 지적의 역할과 그 중요성이 더욱 가중되고 있다.

　또한 최근 대학교에서는 지적학과, 부동산학과, 지리학과 등 공간정보와 관련된 다양한 학과의 학생들이 지적직 공무원이나 국토정보공사에 입사를 희망하는 지원자의 수가 날로 증가하고 있는 것이 현실이다.

　이 책은 공무원과 대학교에서 약 30여년 동안 재직하면서 준비해둔 자료와 기존 출판된 지적학의 내용 중 핵심적이고 필수적인 이론들을 총망라하였고, 기존의 교재를 보다 보완하여 개정판을 집필하게 되었다.

　양서(良書)의 교재 한권이 지식함양을 더욱 용이하게 하듯이 저자의 경험과 노하우를 바탕으로 많은 지적학도들에게 지적의 입문 시 어렵게 느껴질 수 있는 부분을 더욱 쉽게 이해할 수 있도록 풀이하고 효율적으로 지식을 전달하기 위해 발간을 결심하게 되었다.

본 교재의 특징은

- 지적기사 및 산업기사 중 지적학 기출문제 수록

- 국토정보공사 기출문제 수록

- 지적학 및 지적사의 핵심 이론을 요약 정리

- 최신 지적기술 동향 및 개정법에 의한 필수 암기사항 요약

끝으로 부족한 부분에 대해서는 지속적인 작업을 통해 지적학의 보고가 되도록 노력하겠으며, 본 교재의 출판이 가능하도록 도와주신 도서출판 엔플북스 김주성 대표와 뜻을 함께 해주신 분들에게 진심으로 감사의 마음을 전합니다.

부디 견실한 열매를 맺기 위한 과정에 본서가 좋은 동반자가 되길 간절히 기원한다.

세계화와 지방화가 공존하는 시대에 지적학도들이 보다 더 큰 무대에서 활약할 수 있기를 간절히 기대하면서....

저자 일동

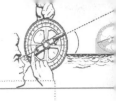

목 차

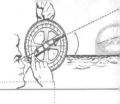

Chapter 5. 토지등록사항 / 275

Chapter 6. 지적선진화 / 359

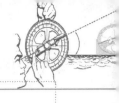

지적의 이해

제1장

지적의 이해

제1절 지적의 개념

1. 토지와 지적

인류역사가 시작되는 농경사회 때부터 토지의 중요성에 대한 인식이 나타나기 시작하며, 토지로부터 생산되는 곡식류나 채소류 등을 수확하게 되면서 토지를 대자연의 무상공여물로 인식하게 되었다.

토지는 오래전부터 부족별 또는 국가별로 그 영역이 한정되어 있고 탄력적으로 생산할 수 없는 특성 등으로 인해 토지를 바라보는 시각의 차이도 점점 발전하게 되었다.

토지의 한정은 곧 인간의 소유욕구로 인해 토지가 상품화되기 시작했고 상품화에 따라 토지를 둘러싼 다양한 논의가 나타나기 시작했다.

다양한 논의 중 하나가 바로 토지를 시장경제체제에 그대로 방치할 것인가 또는 국가가 개입하여 토지의 공공성을 최대한 보장하는 정부의 의도적이고 계획적인 방향으로 토지이용이나 토지정책을 유도할 것인가에 대한 것이다.

그 결과로 토지의 사적 소유는 인정하되 국가 또는 사회적인 영역이라는 개념에서 공공성의 측면을 중시하는 방향으로 시각이 전환되었고, 그러면서 경제학적으로 토지이용의 효율성 측면을 강조하느냐 아니면 토지소유의 형평성 측면을 강조하느냐의 두 가지 측면이 주요 논의의 대상이 되었다.

토지와 관련된 논의의 중심이 경제학 또는 경제성의 개념을 더욱 중시하게 되면서 '최소의 비용으로 최대의 효과를 달성하여 효율성을 전문적으로 다루는 경제학적 개념으로 발전하게 되었다.'[1]

그래서 효율성 측면은 강조하고 토지와 결부된 형평성의 문제는 부차적인 과제로 인식되면서 오늘날 토지는 경제성의 관점에 초점을 두고 '최고 최선의 토지이용'이라는 유효성의 관점에서 토지를 개발하고 이용하는 추세로 변화되었다.

---

1) 이정전, 1999, 『토지경제학』, 〈박영사〉, 35p.

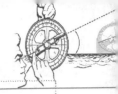

그것은 토지의 특성상 한정되어 있는 면적과 토지용도의 다양성, 비이동성과 비이질성 등 비탄력적인 생산성에 따른 용도 및 가치 등을 고려한 경제성의 원칙하에 토지의 개발이나 이·활용한다는 것을 의미한다.

그러므로 경제성에 입각하여 토지이용을 누가, 어떻게 할 것인가에 대한 토지이용의 주체로서 토지소유자라는 개념이 등장하면서 토지에 대한 면적과 경계의 범위를 구분하고 등록·결정하기 위한 국가적인 제도의 필요성이 대두되었다. 이러한 필요성에 따라 국가차원에서의 효율적인 토지관리를 위해 지적이라는 용어와 그에 따른 다양한 절차나 규정 등을 위한 제도가 필요하게 됨으로써 오늘날의 지적제도가 탄생하게 되었다.

1) 토지

모든 인간활동의 대부분은 토지 위에서 발생되고 있으며 다양한 인간활동의 종류만큼이나 토지의 용도도 다각적으로 발전되어 왔다.

발로우(R. Barlowe)는 토지는 공간, 자연, 생산요소, 소비재, 위치, 재산·자본이라고 주장[2]하는 한편 헨센(J. Hessen)은 토지를 지표의 한 지역으로 지하공간의 물, 토양, 암석, 미네랄, 탄화수소, 지상의 공기까지 포함하는 개념으로 정의하고 있다.

즉, 토지는 생산성, 상품성, 자본성, 위치성 등의 특성으로 지표는 물론 지상과 지하의 모든 공간적인 영역을 포함하는 것으로 볼 수 있다.

그리고 초기의 토지의 분배, 즉 최초의 토지소유권은 정치·군사적으로 이루어진 것이지 경제적으로 이루어진 것이 아니며, 역사적으로 보아 국가의 으뜸가는 임무는 토지를 점령하고 방어하는 것이기 때문에 국가에 의해 토지가 점령된 다음에 최초의 토지분배는 정치적으로 이루어졌다.[3]

역으로 말하면 처음부터 경제성의 원칙이 아니라 토지는 국유원칙에서 출발하여 사적 소유, 즉 사유재산을 허락하게 되면서 경제성의 개념이 부각되어 토지의 가치와 재산의 관점을 최대한 고려한 방향으로 발전하게 되었다는 것을 의미한다.

오늘날 토지는 각 국가별로 상이하겠지만 일반적으로 토지의 사적 소유화가 인정되면서 토지는 개인의 물질적 풍요를 위하여 개발되어야 하는 미래가치를 위한 자본 또는 투기·투자 등의 개념으로 경제적 관념에 입각한 재산증식의 수단으로 이용되고 있는 것이 일반적이다.

---

2) Raleigh Barlowe(1986), "*Land Resource Economics*", *The Economics of Real Estate 4th edition*, Prentice-Hall, Englewood Cliffs, New Jersey, pp.9-10

3) Gaffney, M.(1994), "Land as a Distinctive Factor of Production" in N. Tideman, edited., *Land and Taxation*, London: Shepheard-Walwyn Ltd., p.60.

결국 토지라는 공간 위에서 국가가 존립하고 우리의 인간적 생활과 사회적 관계가 형성되는 것을 알 수 있다. 이러한 토지의 기능이나 역할을 살펴보면 크게 3가지로 구분할 수 있는데 토지를 크게 하나의 국가를 이루고 있는 국가적 측면과 개인의 재산권과 같은 경제적 측면, 사회적 측면에서 구분하여 보면 다음과 같다.

먼저 국가적 차원에서 하나의 국가를 구성하는 3가지 요소 중 하나로서 영토에 해당하는 국토가 바로 토지이다. 이러한 영토가 없으면 국가는 존재할 수 없게 되며, 상고시대부터 우리의 역사에서 배워왔듯이 수많은 전쟁과 전투 등에서 토지의 경계, 즉 영역이 달라지는 것을 확인하였다. 우리나라의 이러한 영역은 요동반도를 중심으로 문명을 꽃피우고 고조선과 역사상 가장 넓은 영토를 확보하였던 고구려, 통일신라, 발해, 고려, 조선을 거쳐 남과 북으로 분단된 오늘에 이르기까지 국토의 크기는 각 시대를 살아간 선조들의 영토 확장에 대한 열망과 투쟁에서 확인할 수 있다.4)

두 번째로 개인의 재산권에 입각한 경제적 차원에서 살펴보면 토지는 고대시대부터 식량생산이나 농업생활을 위한 생계수단에서 출발하여 도시가 발전하기 위한 도로나 교량의 개설이나 아파트 건설 등으로 자연스럽게 이어지게 되면서 점차 도시화가 빠른 속도로 이루어지게 되었다. 이러한 급속한 도시화는 결국 토지라는 다양한 공간이 필요하게 되고 토지 위에 모든 건축물이나 시설물 등이 만들어져야 하기 때문에 토지가 중요한 개인의 재산적 가치 또는 투자의 가치로 인식되고 있다.

세 번째로 사회적 측면에서 볼 때 인간 생활을 영위하기 위한 가장 기본적인 요소로서 우리가 태어나고 그 공간 속에서 생활하고 다시 토지(자연)로 돌아가는 것처럼 한 시대를 모두 토지 공간 위에서 보내고 있다. 토지는 인간 생활의 터전이자 국가 형성의 토대를 이루는 매우 중요한 사회적인 공동 자산이다.

따라서 위의 3가지를 모두 종합적으로 살펴보면 토지는 국가가 존재하기 위한 가장 기본적인 자원이자 국가와 국민의 생활을 영위하는 공통적인 사회적 자산이며, 지표·지하·지상에 존재하는 모든 영토를 보다 합리적이고 효율적인 이용을 할 수 있도록 하여야 하는 경제성 원칙을 최대한 고려한 최유효 이용을 위한 기초 재화임을 의미한다.

2) 지적

토지는 경제성의 원칙하에 '최고 최선의 이용을 위한 기초적인 재화'이므로 토지의 효율적인 이용과 관리 및 최적의 배분과 거래 그리고 합리적인 평가와 과세 등은 토지 정책의 주요한 핵심사항이다.

---

4) 한국토지공사 토지박물관, 2005, 「생명의 땅, 역사의 땅」, p.2 참조 작성

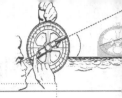

이러한 사항들을 효율적으로 지원하기 위해서는 개별 사적 재산권의 등록과 공시를 위한 법적 제도적인 장치가 뒷받침되어야 한다. 즉, 최유효 이용을 위해서는 법적으로 안전하게 보호되어야 한다는 의미로 1950년 11월 4일에 서명된 유럽의 인간권리에 관한 1차 의정서(First Protocol European Convention on Human Right)의 첫 조문에 "모든 자연인과 법인은 소유에 대한 즐거움을 누릴 자격이 있고 아무도 그들의 재산이 공공의 이익이나 법에 규정된 조건 또는 국제법의 일반적인 원리에 의하지 않고서는 빼앗기지 않는다"라는 것과 동등한 의미이다[5].

그러므로 토지의 사적 재산을 존중하여 법적으로 규정된 조건에 따라 개인토지의 소유권을 보호받을 것을 기술하고 있다.

무엇보다 오늘날의 토지는 국가와 국민 그리고 사회구성원을 서로 연계하는 기본적인 요소임을 고려하면 앞에서 언급한 토지의 기능과 역할을 3가지로 구분한 것의 법적인 역할과 체계가 바로 지적이라 볼 수 있다.

즉, 국토의 영역범위, 국가 영토의 경계를 명확히 규정짓고, 그리고 개인의 자산이나 개인의 토지 하나하나에 대한 정확한 경계나 권리관계 등을 규정하기 위해서 세부적으로 법률로 규정하여 절차에 따른 처리나 등록에 대한 역할이 바로 지적제도이다.

따라서 토지라는 재화가 국가의 공개념과 개인의 재산적 가치 및 최고 최선의 최유효 이용이라는 경제성의 원칙이 실현되는 토지이용이 되기 위해서는 모든 등록이나 거래에 있어서 법적으로 안전하게 보호되어야 하며, 이러한 법적 등록과 공시를 위해서 지적제도와 등기제도가 필요함을 의미한다.

또한 이러한 조건을 충족할 때 비로소 국토의 효율적 관리와 개인 재산권의 등록 및 거래에 있어서 안전하고 자유로울 수 있게 되며, 나아가 토지에 대한 기초적인 원본 데이터로서의 역할과 그 기능을 다할 수 있게 된다.

2. 지적의 어원

1) 외국 : Cadastre

세계적으로 지적(地籍)이란 용어의 어원은 확실치 않으며 학자들의 견해도 매우 다양하여 현재까지 지적의 어원에 대한 견해는 크게 2가지 유형으로 요약할 수 있는데, 첫 번째는 라틴어에서 유래하였다고 주장하는 학자들의 견해로 '토지과세와 인두세'에 중점을 두는 견해이며, 두 번째는 그리스어에서 유래하였다고 주장하는 학자들의 견해

---

5) UN, 1996, "Land Administration Guidelines", Economic Commission for Europe, New York and Geneva.

로 '공책' 또는 '상업적인 기록'과 '과세 단위 등록부'와 '군주가 신하에게 세금을 부과하는 제도'에 비중을 두고 있다.

먼저 지적의 어원이 라틴어에서 유래되었다고 보는 학자로는 S.R. Simpson과 G. Larson, J. McEntyre, Bernard O. Binns 등이 있다.

J. McEntyre는 지적이란 2,000년 전의 라틴어 Catastrum에서 그 근원이 유래되었다고 주장하면서 로마인의 인두세 등록부(人頭稅登錄簿 : Head Tax Register)를 뜻하는 Capitastrum 혹은 Catastrum이란 용어에서 유래된 것이라고 주장하였다[6].

그리고 S.R. Simpson과 G. Larson은 지적의 어원은 인두세 등록에서 사람의 머리 (Head)를 의미하는 'Capitum' 또는 'Registrum'을 축소한 라틴어 'Capitastrum'에서 확대되었다고 보고 있다.[7]

Bernard O. Binns는 지적이라는 단어는 인두세 등록 또는 로마 토지세를 위해 만들어진 단위인 라틴어 'Capitastrum'에서 유래하였다고 하였다[8].

이렇듯 'Capitastrum' 또는 'Catastrum'에서 어원을 찾았던 학자들은 로마의 인두세 등록부를 의미하는 것에서 유래하였다고 보여지며, 토지과세를 의미하는 Caput 또는 인두세를 의미하는 Capitatio와 등록 및 기입을 의미하는 Registrum의 조합으로 이해하고 있다.

두 번째로 지적의 어원이 그리스어에서 유래되었다고 보는 학자들은 John D. McLaughlin, Carl R. Benner, Ilmoor D, Dawoo Mohamed Ali 등이 있다.

John D. McLaughlin은 지적이라는 단어가 프랑스의 어원(語源) 학자인 브론데임 (Blondheim)이 그리스어로 공책(Notebook)을 의미하는 'Katastikhon'에서 유래되었다고 보고 있다[9].

Carl R. Benner는 지적이란 용어가 소유권과 세금의 목록으로서 공책을 의미하는 그리스어인 'Katastikhon'에서 시작하여 나중에 'Capitastrum' 발전한 것으로 로마지방을 분할한 영토 과세 단위의 등록부라고 하였다[10].

---

6) J. McEntyre, 1978, Land Survey Systems, New York: Purdue University, pp.3~4.

7) S.R. Simpson, 「Land Law Register」, Cambridge University Press, 1976 p.5; Gerhard Larson, 「Land Law Registration and cadastral system-Tools for information and management」, New York, John Wiely & sons Inc., 1991, p.16.

8) Bernard O. Binns, 「Cadastral Surveys and Record of Rights in Land - F.A.O Land Tenure Study」, Rome, Food and Agriculture Organization of United Nations, 1953, p.14.

9) 한국지적학회 교재편찬위원회, 2018, 「지적학 총론」, 한국국토정보공사 국토정보교육원, pp.9~11.

10) Carl R. Bennet, "The Feasibility of Assessment Information System as Nuclei for Development of

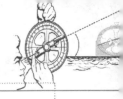

Dawoo Mohamed Ali는 지적의 유래는 불확실하지만 공책(Notebook) 또는 상업기록(Business record)이라는 뜻을 가진 그리스어 Katastikhon에서 유래된 것"이라고 주장하였다[11].

Ilmoor D는 그리스어 Katastikhon에서 유래되었다고 주장하면서 위에서 주장한 두 번째의 '공책'이나 '상업기록'과는 다르게 Kata는 "위에서 아래로"의 뜻을 가지고 있으며 Stikhon은 "부과"라는 뜻을 가지고 있는 복합어로서 Katastikhon은 "위의 군주(君主)가 아래의 신민(臣民)에 대하여 세금을 부과하는 제도"라는 의미로 풀이하였다[12].

지적의 어원이 라틴어나 그리스어에서 유래되었다고 보고 있으나 어느 견해가 타당하다고 단정할 수 없으며, 'Katastikhon'과 'Capitastrum'의 두 용어의 공통적인 내용은 모두 '세금부과'의 뜻을 가지고 있는 것을 확인할 수 있다.

즉, 각 나라별로 서로 다른 환경에서 지적제도가 발전하였으므로 라틴어나 그리스어의 유래에 대한 해석이 완전히 일치되지는 않지만 오늘날의 세금부과나 세금부과를 위한 기록(공책) 등의 개념에서 어원의 유래를 찾고자 한 것으로 확인된다.

세계의 어원학자 또는 지적학자의 접근은 현재 사용되고 있는 지적을 의미하는 Cadastre에서 찾고자 하였으며 이것을 바람직한 사실로 믿어오고 있다. 이는 미국을 비롯한 유럽에서도 한정적 의미로만 쓰이고 있으며, 지적과 등기를 분리해서 생각하지 않고 단일 제도로 발전시킨 나라에서는 한계를 갖고 있다.

2) 우리나라 : 지적(地籍)

우리나라에서는 지적의 어원과 관련된 역사적 기록은 삼국시대부터 백제의 도적(圖籍), 신라의 장적(帳籍)문서, 고려의 전적(田籍) 등 오늘날의 지적과 유사한 토지기록들이 있었음을 「삼국유사」나 「고려사」 등에서 찾아볼 수 있다.

「삼국유사」 권2에는 "又按量田帳籍日, "所夫里郡田丁柱貼", "今言扶餘郡者復上古之名也"라고 기록하고 있는데 이는 "〈양전장적〉에 의하면 소부리군 전정주첩(所夫里郡田丁柱貼)이라고 표기하고 있어 지금 부여군이라는 의미로 옛 이름을 되찾은 것이다."로 표기하고 있다[13]. 여기에서 양전장적은 백성들에게 조세를 부과하기 위해 국가에서 생활하고 있는 현황과 토지 및 가축수 등을 조사하고 작성하였던 문서로 해당하는

Multipurpose Cadastral Land Information System", University of Washington, 1986, p.33.

11) National Research Council, 1980, Need for a Multipurpose Cadastre, Washington : National Academy Press, p.5.

12) Ilmoor D. 1954, Cadastro Agricola, Instituto National Agronomico, p.1.

13) 「삼국유사 권2」, 남부여 · 전백제 · 북부여.

것으로 이미 오래전부터 토지조사를 실시하였던 기록이 남아 있다.

그리고 지적이라는 용어가 처음으로 등장한 것은 699년 흑치상지(黑齒常之) 묘지문 (墓誌文)에 "未弱官 以地籍授達率"이라는 문장이 있는데, 20세가 안되어 달솔이라는 직책[14]을 받았다는 내용으로 여기서 지적은 토지를 관리하는 일종의 관직 명칭이라고 할 수 있다.

그리고 「고려사」 권 78에는 "尙州管內中牟縣, 洪州管內橲城郡, 長端縣管內 臨津・臨江等縣民田, 多寡膏堉不均 請遣使量之"라는 기록이 있는데, 정종(靖宗) 7년(1041년) "상주 관내 중모현과 홍주 관내 추성군, 장단 현관 내 임진・임강 등에 민전의 면적과 등급이 불균하여 양전사를 파견하여 양전을 하였으며, 양주 관내의 한발로 민전의 등급이 불균하여 상서호부에 양전사[15]의 파견의 요청을 제가하였다[16]"라는 내용이다.

또한 「고려사 식화지(食貨志)」 경리조에는 몇 차례 양전을 시행한 기록이 나타난다. "若木郡淨兜寺石塔造成形止記(약목군정도사석탑조성형지기)"에서 보다 더 직접적으로 고려의 양전 관련 내용을 찾아볼 수 있다. 기록에 따르면 955년(광종 6) 양전사가 하전인 산사(算士) 등을 대동하고 현지에 가서 그 이전의 양전대장(도행 : 導行)을 토대로 양전을 실시하였다. 당시 양전을 통해 획득한 정보는 토지소유주, 전품, 토지의 형태, 양전의 방향, 토지의 위치(사표 : 四標), 양전척의 단위, 넓이, 결수 등이었다[17].

즉, 고려시대에도 이미 오늘날의 측량에 해당하는 양전업무를 시행하였고, 중앙에서 양전사의 파견을 요청하였다는 내용에서 지방과 중앙에서 별도로 측량을 수행하는 사람이 서로 구분되어 있었다는 내용을 미루어 짐작할 수 있다.

조선시대의 「경국대전(經國大典)」 제2권 호전편의 양전에 의하며 "전지(田地)를 6등급으로 구분하고, 매 20년마다 다시 측량하여 토지에 대한 적(籍)을 만들어, 호조(戶曹)와 도(道) 및 고을에 비치한다"라고 규정하고 있어 토지에 대한 적(籍)이 있어 오늘날의 지적임을 알 수 있다.

그리고 근대에 들어오면서 지적이란 용어가 법률에 처음으로 등장하는 시기는 1895년(고종 32년 3월 26일 칙령 제53호)의 내부관제 판적국의 사무분장규정 제2항에 '지적(地籍)에 관한 사항'과 동년 4월 각읍부세소장정(1895년 4월 5일 칙령 제74호) 제3조 제1항에 '전제 및 지적에 관하는 사무를 처리하는 일' 그리고 동년 11월 3일 향회조규

---

14) 한국고대금석문 백제 유민 관련 금속문, 「흑치상지 묘지문」.

15) 양전사는 지방의 토지조사 실무자의 농간을 감독하고, 토지조사를 방해하는 향촌 사회의 지배계층을 통제하는 일을 하였다.

16) 「高麗史 卷78 志 卷第32 食貨 1」

17) 한국민속대백과사전, 양전제(量田制), https://folkency.nfm.go.kr/kr/topic/detail/8924

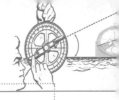

(鄕會條規) 제5항 제2항에서도 '호적 및 지적에 관한 사항'으로 규정함으로써 본격적으로 지적이라는 용어가 법규에 나타나기 시작했다.

또한 대구시가토지측량규정(1907년 5월 16일, 대구재무관) 제131조에 지적부라는 용어를 사용하였고, 삼림법(1908년 1월 24일, 법률 제1호)에 공포한 제19조에 "산림산야의 소유자는 본법 시행령일로부터 3개년에 산림산야의 지적 및 견취도(見取圖)를 첨부하여 농상공부 대신에게 신고하되 기간 내에 신고치 아니한 자는 총히 국유로 간주함"이라고 규정하여 '지적보고'를 하도록 하였다.

이러한 내용으로 볼 때 우리나라에서의 지적과 유사한 토지기록들과 지적용어의 사용이 오래전부터 사용되었음을 알 수 있다.

〈표 1-1〉[18]은 지적의 용어에 관한 국가적 사례를 보여주고 있다.

〈표 1-1〉 지적의 용어에 관한 사례

국 가 명	용 어
미국, 영국, 프랑스, 벨기에, 룩셈부르크, 모로코, 자이르, 시리아, 튀니지	Cadastre
스페인, 아르헨티나, 우르과이, 엘살바도르	Catastro
이탈리아	Catast
포르투갈	Cadastro Parcelario
유고슬라비아	Kadastar
네덜란드, 오스트리아, 독일	Kadaster
불가리아	Kadastir
터키	Kadastro

기초지식

※ 신라의 장적문서(帳籍)
신라의 장적문서는 8세기 중엽에서 9세기 초에 작성된 문서로서 신라 민정문서 또는 신라 촌락문서, 신라장적 등으로 불린다.
현존하는 가장 오래된 지적관련 문서로써 그 기록내용은 신라의 서소원경(西小原京 : 현재 청주지방) 부근의 4개 촌락의 명칭, 크기, 호구 수, 다양한 전답의 면적, 마전(麻田), 뽕나무·백자목·추자목의 수량과 가축이 기록되어 있고 3년간의 사망·이동 등의 변동내역이 기록

---

18) 지종덕, 2001, 『지적의 이해』, 기문당, p.11. 참조 작성.

되어 있어 신라의 율령정치와 사회구조를 구성하는 데 대단히 귀중한 자료이다.

※ 내부관제 판적국

1895년 3월 26일 칙령 제53호로 내부관제(內部官制)를 총 15개 조항으로 제정하고 주현국, 토목국, 판적국, 위생국, 회계국의 5개국을 두어 토목국에서는 측량과 토지수용업무를 보도록 하며, 판적국에서는 호적·지적과 관련된 업무를 보도록 규정하고 있다.

이 당시에도 지적과 측량은 이원화하여 관리하였는데 판적국은 지적과와 호적과로 나뉘어져 있으며, 호적과는 호적에 관한사무를 관장하였고, 지적과는 지적에 관한 사무를 관장하였다. 그리고 판적국 사무 제2항에 '지적에 관한 사항'으로 명시되어 있어 지적사무를 관장하는 최초로 지적(地籍)이란 용어가 사용되었음을 확인할 수 있다.

• 내부관제 조직 구성	• 내부관제 제8조 판적국 관장사무
① 주현국 : 지방행정 및 구휼·구제 사무 ② 토목국 : 토지측량 및 토지수용·토목공사 사무 ③ 판적국 : 지적 및 관유지 처분 사무관장 ④ 위생국 : 전염병 및 토질병 예방의 공중위생 사무 ⑤ 회계국 : 관청 소유재산 관리 및 예·결산 회계사무	① 호구 문서에 관한 사항 ② 지적에 관한 사항 ③ 관유지 처분과 관리에 관한 사항 ④ 관유지의 명목을 변경시키는 일에 관한 사항

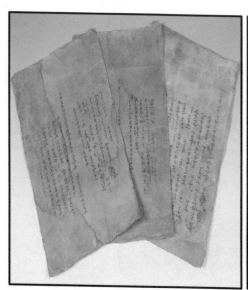
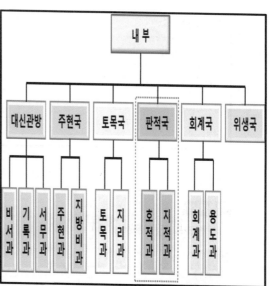

[그림 1-1] 신라장적문서(좌) 및 내부 기구도(우)

출 처 : 국세청 조세박물관(http://www.korea.go.kr) ; 내부분과규정(1895.4.17.관보)

3. 지적의 기원 및 발생설

1) 지적의 기원

(1) 고대 지적

고대 지적의 기원은 인류문화의 시작과 더불어 BC 3,400년경에 이집트(Egypt)의 나일강(Nile) 하류에서 매년 대홍수로 인해 농경지가 유실되면서 새로이 복원하여 토지의 과세를 부과하기 위해 측량이 시작된 것에서 출발되었음을 알 수 있다.

고대의 지적제도와 관련하여 이집트 테베지역의 메나무덤 벽화가 있고, 바빌로니아의 점토판과 지적도 및 토지경계석이 존재하며 로마의 리불렛지역의 촌락도가 대표적인 예이다.

그러한 예를 살펴보면 먼저 유프라테스(Euphrates)와 티그리스(Tigris) 및 나일강 하류의 수메르(Sumer) 지방에서 발굴된 점토판에서 토지과세 기록과 넓은 면적의 토지도면과 같은 마을 지도를 나타내는 기록에서 고대 그리스와 로마인의 토지과세를 위해 작성된 정교한 토지기록이 존재하고 있다.[19]

그리고 로마의 디오클레티아누스(Diocletianus) 황제의 세제개혁을 위한 로마왕국의 토지측량에 관한 기록으로 테베(Thebes) 지역의 메나(Mena) 무덤벽화에서 줄자를 이용한 토지측량의 모습과 기록부를 가진 관리들이 그려진 벽화가 존재하고 있다.

[그림 1-2] 메나무덤 벽화

출 처 : www.doc.mmu.ac.uk/virtual-museum/Menna/wall5

---

19) P. F. Dale, J.D. Mclaughilin, "Land Information Management", Oxford: Claredon Press, 1988, p.46.

[그림 1-2]는 메나무덤(Tomb of Menna)의 벽화로서 기원전 3,400년경 과세를 목적으로 농작물을 측량하는 모습을 네 개열로 구분하여 농경기의 단계를 기록하고 있다.

벽화의 맨 윗줄에는 줄자를 이용하여 재배할 농경지를 측량하고 있는 모습과 농작물에 대해 제대로 과세를 하지 않은 체납자에 대하여 벌을 가하고 있는 모습을 보여주고 있다. 두 번째 줄은 곡식이 기록되고 곡물에서 겨를 분리하는 동안 말이 끄는 2륜 전차를 타고 기다리고 있고 세 번째 줄은 작물을 수확해서 나르고 있는 모습이며 네 번째 줄에는 농경 시즌이 다시 시작되어 토양을 쟁기질하고 있는 모습을 보여주고 있다.

그래서 이미 농경사회와 과세 그리고 과세를 위한 오늘날과 유사한 지적측량이 이루어졌음을 확인할 수 있다.

[그림 1-3]은 BC 2,300년경 바빌로니아의 토지경계와 가축 및 작물을 표시한 과세목적에 해당된 지적도로서 필지경계 안에 필지와 관련된 세부사항을 자세하게 기록하고 있다.

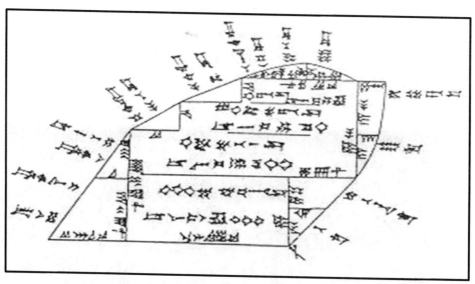

[그림 1-3] 바빌로니아 지적도

출 처 : 강태석, 1994, 「지적측량학」, 형설출판사, p.11.

그리고 [그림 1-4]의 좌측그림은 BC 1,750년경의 함무라비왕이 만든 세계에서 가장 오래된 성문법인 함무라비법전으로, 총 282조의 법조문이 약 2.25m의 원주형 현무암에 새겨져 있으며, 제26조에서 41조까지 병사들의 권리와 의무, 특히 병사들의 토지소유에 관해 상세하게 서술하고 있고 제42조부터 제66조까지 농지, 관개, 과수원에 관한 규정, 그리고 제67조부터 제78조까지 셋집에 관한 조항이 기록되어 있다.

토지경계석(지계석)과 관련한 기록으로는 [그림 1-4]의 우측그림과 같이 프랑스의 앙드레 미쇼가 BC 1,782년에 이라크의 바그다드에서 구입하여 국립도서관에 제출한 미쇼의 돌이 존재하고 있다.[20] 그 당시의 토지경계를 옮기거나 훼손하지 못한다는 주문이 새겨져 있어 이미 토지분쟁을 사전에 예방하기 위해 토지측량을 수행하여 토지경계석을 세운 것을 확인할 수 있다.

[그림 1-4] 함무라비 법전(좌) 및 미쇼의 돌(우)

출 처 : 좌(http://www.kimchi39.tistory.com) ; 우 김추윤, 2004, "진흙 속에서 부활한 메소포타미아의 측량", 땅과 사람들, 대한지적공사, p.22.

특히 고대의 원시적인 지적도라 할 수 있는 [그림 1-5]에서 보여주는 것과 같이 BC 1,600~1,400년경의 리불렛 지역의 촌락도[21]가 있으며, 여기에는 사람과 사슴 그리고 관개수로와 도로 등이 선으로 연결되어 있으며 올리브 과수나무가 그려져 있어 과세를 위한 고대의 원시적인 지적도라 할 수 있다. 그림 안에 있는 점은 올리브나무이고, 소형의 원 안에 있는 점은 우물을 의미하며, 사각형 또는 원은 경작지를 나타낸 것이다.[22]

---

20) 류병찬, 2006, 「최신 지적학」, 건웅출판사, pp.36~37.

21) Gerhard Larsson, 1991, "Land Registration Cadastral Systems", Longman Scientific & Technical. p.21.

22) J. B. Harley, 1987, "The History of Cartography". Vol. 1, The University of Chicago Press, p.79.

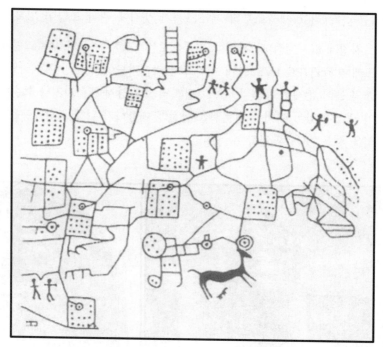

[그림 1-5] 로마 리불렛 지역의 촌락도

출 처 : 강태석, 1994, 전게서, p.12.

그리고 고대시대 토지소유의 경계를 측량했다는 증거들 중 하나로 [그림 1-6]의 아스트롤라베가 이집트의 계곡과 평야에서 발견되면서 BC 1,400년경에 그리스인들은 수평선으로부터 별의 고도를 측정하기 위한 기구로 아스트롤라베(astrolabe)를 사용하였고 여기에 수준기(水準器)와 평판(平板)을 덧붙여 사용하였음을 알 수 있다.

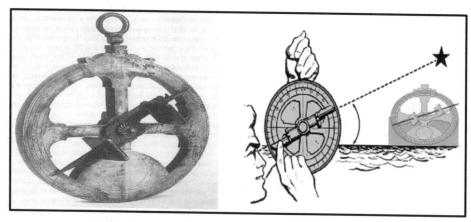

[그림 1-6] 아스트롤라베(http://www.astrolabes.org)

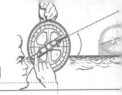

또한 [그림 1-7]과 같이 그로마(Groma)라고 하는 측량기구가 BC 4세기에 활용되었는데 이 기법은 수직막대와 수평횡단 막대를 교차하고 각 횡단막대 끝에 수직으로 늘어진 추를 매달아 직선과 정확한 각도를 측정할 수 있어 정사각형이나 직사각형을 측량할 수 있었다. 이 측량 기구는 BC 1,000년에 Mesopotamia에서 개발된 것에서 유래된 것으로 BC 4세기에 그리스로 들어와 에트루스칸(Etruscan)시를 경유하여 로마로 들어왔다는 역사적 기록이 전해진다.[23]

[그림 1-7] 그로마(Groma)

(2) 중세 지적

중세의 지적은 영국의 윌리엄(William) 1세가 1,085년과 1,086년 사이에 영국의 전 영토를 대상으로 작성한 중세의 대표적 지세대장으로 [그림 1-8]과 같이 둠스데이북 또는 둠즈데이북(Domesday Book)이 있으며, 현재 런던의 공문서관에 2권이 보관되어 일반에게 공개되고 있다.

그리고 프랑스는 나폴레옹(Napoleon) 1세가 1,808년부터 1,850년까지 전 국토를 대상으로 토지를 비옥도에 따라 분류하고 토지의 생산성과 소유자 등의 내용과 평판측량에 의한 도면 등에 관한 기록이 존재하고 있다.

---

23) http://www.encyclopedia.com; http://ko.wikipedia.org

　[그림 1-8]은 둠즈데이북과 보관상자 및 세부기록 사항을 보여주고 있으며, [그림 1-9]는 프랑스의 지적도를 보여주고 있다.

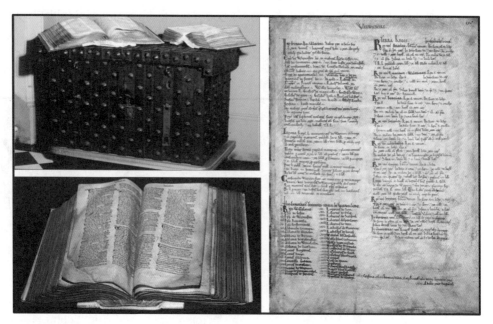

[그림 1-8] 둠즈데이 북

출 처 : http://www.nationalarchives.gov.uk;http://www.doomsdaybook.co.uk

 기초지식

※ Domesday Book(국가 자원을 관리하는데 필요한 토지관련 정보를 제공하는 문서)

잉글랜드의 윌리엄 1세 때 실시한 조사기록의 원본 또는 요약본으로 윌리엄 1세가 전쟁에서 승리하여 잉글랜드의 왕이 된 후 1085년부터 1086년까지 잉글랜드 대다수의 촌락 및 도시에 대한 최초의 기록(런던 및 윈체스터에 대한 보고는 없음)이며, 2권의 책으로 토지와 가축의 숫자까지 기록되어 있는 '조세징수를 목적으로 만든 지세대장'으로 일명 Geld Book이라고 한다. Domesday Book은 노르만 정복 이후의 잉글랜드 역사 연구에 빼놓을 수 없는 중요한 자료로서, 그 당신 영국의 농업의 생활 상황과 토지세 부과를 위한 기준을 창설하는 데 사용되었으며, 현재 런던의 챈서리레인에 있는 공문서관에 보관되어 일반에게 공개되고 있다.

※ 등록사항

① 토지소유자 성명　　　　　　② 면적, 경지, 보유권

③ 초원, 목장과 임야토지의 이용　④ 소작인의 수

⑤ 가축의 유형과 수량

출 처 : 국립문서보관소(http://www.nationalarchives.gov.uk)

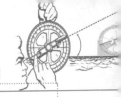

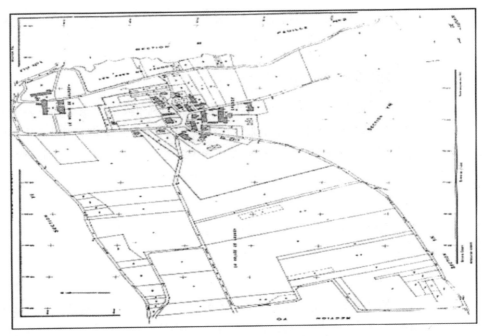

[그림 1-9] 프랑스의 지적도

출 처 : 대한지적공사, 1994, 외국의 지적제도 및 전산화(프랑스의 지적전산(下), p.47.

2) 지적의 발생설

(1) 과세설(Taxation Theory)

과세설은 지적의 발생설 중에서 가장 지배적이고 일반화된 학설로서 고대 부족국가에서 토지소유권과 수확물의 일부가 군주에게 귀속되었으며, 과세 목적을 위해 토지를 측정하고 경계를 확정하는 등의 초기의 지적기록이 이를 뒷받침해주는 학설이다.

지적의 어원에서 설명한 로마인의 인두세 등록부(Head Tax Register)를 뜻하는 Capitastrum 혹은 Catastrum이라는 용어와 "위의 군주(君主)가 아래의 신민(臣民)에 대하여 세금을 부과하는 제도"의 뜻을 가지고 있는 Katastikhon이라는 용어 모두 공통적으로 과세부과에 초점을 두고 있다.

이 외에도 이집트의 테베지역의 메나무덤 벽화, 수메르지방의 마을 지도와 대단위 토지 도면, 3세기 말에 디오클레티아누스황제의 로마제국 토지측량 기록, 모세의 탈무드법에 규정되었던 조수입 및 조수확고를 과세표준으로 하는 토지세(즉, 1/10), 앞쪽의 중세시대의 과세 증거가 되는 영국의 둠즈데이 북(Domesday Book)이 있다.

또한 우리나라의 경우 과세설을 뒷받침하는 신라의 장적문서가 있으며, 신라 장적은 촌락 단위의 토지관리를 위한 장부로서 조세의 징수와 요역(徭役 : 노동) 징발을 위한 기초 자료로 활용하기 위한 문서라고 할 수 있다.

(2) 치수설(Flood Control Theory)

치수설은 다른 말로 토지측량설이라고도 하며, 과세설과 함께 등장된 이론으로 고대 이집트인과 티그리스강과 유프라테스강 하류지역의 메소포타미아 지방에서 제방이나 수로 등의 토목공사나, 홍수가 난 뒤 경지 정리의 필요성에 의해 삼각법에 의한 측량방법, 피라미드나 신전건축에 이용된 그들의 기하학과 관련된 지식 등이 여기에서 나온 것이다.[24]

또한 중국의 황하문명 이후 8세기경 정밀 측량 기구를 만들어 고차원의 수학기술을 이용하여 수로시설에 의한 농업적 용도로 물을 다스릴 수 있는 토목과 측량술이 발달되었다.

국가가 토지를 농업 생산 수단으로 이용하기 위해서 관개시설 등을 측량하고 기록·관리하는 것에서 비롯되었다고 보는 설이다. 치수설은 인류문명의 4대 발상지가 모두 4대강 유역에서 시작되었다는 점을 계기로 발생된 이론으로 볼 수 있다.

(3) 지배설(Rule Theory)

지배설은 자국영토의 지배와 통치를 위한 수단으로 보는 학설로 통치권자인 지배자가 자기영토에서 생활하는 주민의 안전을 위한 통치와 토지에 대한 소유권과 사용권 또는 통제권을 행사하여 권력의 존속 또는 유지하기 위한 형태로 볼 수 있다.

지배설은 통치(Governing)와 지배(Dominion)의 어원 및 의미의 조합에서 볼 때 그 유래는 고대사회의 왕토주의(王土主義)[25] 사상과 중세 봉건사회의 토지세습에 따른 주종관계(主從關係) 유지 그리고 근대사회의 군주의 절대적 권한을 가지는 절대왕정(絕對王政) 체제 등으로 해석할 수 있다.

즉, 고대 그리스와 로마의 토지기록에서 토지의 사유에 대한 기록이 거의 없으며, 설령 있다하더라도 당시 토지소유자의 형태가 가족의 총유 또는 공동체 관리하에 있었고 로마 멸망 이후 고대 게르만에게 사유의 기록이 나타나는 점 등으로 미루어볼 때 과세문제보다 훨씬 앞서 공동체를 지배하기 위한 선행 형태로 보여지고 있다.

지배설은 지적의 발생이 과세부과에 많이 비중을 두고 있으므로 과세설에 대한 지적 어원의 설명력 부족을 보완하기 위해 발생되었다고 보기도 한다.

---

24) 최용규, 1990, "지적이론의 발생설과 개념정립", 「도시행정연구」, 제5집, 서울시립대학교

25) "천하의 토지는 왕의 토지가 아닌 것이 없고 천하의 신하는 왕의 신하가 아닌 것이 없다."는 의미에 초점을 둠

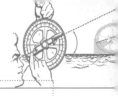

(4) 침략설(Aggression Theory)

국가가 영토 확장 또는 침략상 우위를 확보하기 위해 상대국의 토지현황을 미리 조사하거나 또는 분석하는 것에서부터 비롯되었다고 보는 학설이다.

고대시대에서부터 중세와 근대에 이르기까지 영토 확장이나 자국의 이익을 위해 강대국의 경우 이웃의 약소 국가들을 침략하였는데 그러한 사전준비로 반드시 토지, 지형, 지세 등의 현황 조사는 필수적인 것에서 그 유래를 찾아볼 수 있다. 치수설과 마찬가지로 침략설은 과세설과 지배설에 비해 상당히 설득력이 떨어지며, 아직까지 발생설로 보기에는 다소 무리가 있는 것으로 보는 견해가 지배적이다.

〈표 1-2〉 지적 발생설의 비교

구분	세 부 내 용
과세설	국가가 과세 목적을 위해 면적과 경계 등에 관련된 각종 현상을 기록 및 관리하는 것에서 비롯되었다고 보는 학설
치수설	국가가 토지를 농업적 생산 수단으로 이용하기 위해 농업적 용수와 관련된 관개 시설 등을 측량하고 기록·관리하는 것에서 비롯되었다고 보는 학설
지배설	국가가 영토의 보존과 통치를 위한 수단으로 토지에 대한 소유권, 사용권, 통제권 등 각종 현황을 관리하는 것에서 비롯되었다고 보는 학설
침략설	국가가 자국의 이익이나 영토 확장 등을 위해 침략국의 토지현황을 미리 조사하거나 또는 분석하는 것에서부터 비롯되었다는 보는 학설

4. 지적의 정의

1) 사전적 지적의 정의

지적의 사전적 정의를 국내에서 규정하고 있는 우리말 큰사전, 한국어 대사전, 국어 대사전의 정의와 국외에서 규정하고 있는 Webster's International Dictionary, The Oxford English Dictionary, Random House Dictionary의 정의를 비교하였다.

〈표 1-3〉 국내·외 사전적 지적의 정의

사 전 명	지적의 정의
우리말 큰사전	토지에 관한 여러 가지 사항, 즉 토지의 위치, 형질, 소유권, 면적, 지목, 지번, 경계 등을 등록하여 놓은 기록
한국어 대사전	토지에 관한 여러 가지 사항, 곧 토지의 위치, 형질, 소유관계, 면적, 지목, 지번, 경계 등을 등록하여 놓은 기록

국어 대사전	토지의 위치, 형질, 소유관계, 지번, 지목 등을 등록하여 놓은 기록
Webster's International Dictionary	과세부과에 이용되는 부동산의 수량, 가치, 소유권의 공적 기록
The Oxford English Dictionary	둠즈데이북(Domesday Book)과 같이 공평 과세의 기초로서 제공되는 재산의 기록
Random House Dictionary	과세 기초로서 이용되는 일정한 지역에 부동산의 가치, 범위, 소유권의 공적 기록

출 처 : 이왕무 외, 2001, 지적학, p.2. 참조작성.

2) 법률적 용어의 정의

지적의 법률적 용어의 정의는 구 '지적법'의 경우 1950년부터 제정되어 시행되었으나 지적법의 목적은 1975년 제정되어 2009년 12월 10일 측량법과 지적법 그리고 수로업무법을 하나의 법률로 통합한 '측량・수로 조사 및 지적에 관한 법률'이 제정되면서 일부 수정되었고 2015년 7월 1일부터 '공간정보의 구축 및 관리 등에 관한 법률'로 그 명칭과 법률이 일부 개정되어 사용되고 있다.

구 '지적법'에서는 "토지에 관련된 정보를 조사・측량하여 지적공부에 등록・관리하고, 등록된 정보의 제공에 관한 사항을 규정함으로써 효율적인 토지관리와 소유권의 보호에 이바지함을 목적으로 한다"라고 규정하였고 2020년 2월 18일에 수로조사에 관한 법률이 별도로 분리되어 '해양조사와 해양정보 활용에 관한 법률'로 제정되었다.

그래서 현재 '공간정보의 구축 및 관리 등에 관한 법률'에서는 "측량의 기준 및 절차와 지적공부・부동산종합공부의 작성 및 관리 등에 관한 사항을 규정함으로써 국토의 효율적 관리 및 국민의 소유권 보호에 기여함을 목적으로 한다"라고 규정하고 있다.

〈표 1-4〉 법률 제정의 목적

법 명	법률의 목적	비고
지적법	토지에 관련된 정보를 조사・측량하여 지적공부에 등록・관리하고, 등록된 정보의 제공에 관한 사항을 규정함으로써 효율적인 토지관리와 소유권의 보호에 이바지함을 목적으로 함	1975년 ~ 2009년
측량・수로 조사 및 지적에 관한 법률	측량 및 수로조사의 기준 및 절차와 지적공부의 작성 및 관리 등에 관한 사항을 규정함으로써 국토의 효율적 관리와 해상교통의 안전 및 국민의 소유권 보호에 기여함을 목적으로 함	2009년 ~ 2015년
공간정보의 구축 및 관리 등에 관한 법률	측량 및 수로조사의 기준 및 절차와 지적공부・부동산종합공부의 작성 및 관리 등에 관한 사항을 규정함으로써 국토의 효율적 관리와 해상교통의 안전 및 국민의 소유권 보호에 기여함을 목적으로 함	2015년 ~ 2020년 2월 17일

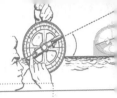

공간정보의 구축 및 관리 등에 관한 법률	측량의 기준 및 절차와 지적공부·부동산종합공부의 작성 및 관리 등에 관한 사항을 규정함으로써 국토의 효율적 관리 및 국민의 소유권 보호에 기여함을 목적으로 함	2020년 2월 18일 ~ 현재

3) 국내·외 학자 및 관련협회의 지적의 정의

지적의 정의와 관련하여 국내·외 학자 또는 관련협회 등에서 다양하게 정의하고 있으며, 사용하는 시대 또는 국가나 지역에 따라 일부 다른 의미로 정의되고 있다.

〈표 1-5〉 국내 학자들의 지적 정의

학자	지적 정의
원영희 (지적학원론)	국토의 전반에 걸쳐 일정한 사항을 국가 또는 국가의 위임을 받은 기관이 등록하여 이를 국가 또는 국가가 지정하는 기관에 비치하는 기록
강태석 (지적측량학)	지표면·공간 또는 지하를 막론하고 재산적 가치가 있는 모든 부동산에 대한 물건을 지적측량에 의하여 체계적으로 등록하고 계속적으로 유지·관리하기 위한 국가의 관리행위
최용규 (도시행정연구)	자기영토의 토지현상을 공적으로 조사하여 체계적으로 등록한 데이터로 모든 토지활동의 계획 관리에 이용되는 토지정보원
류병찬 (최신 지적학)	토지에 대한 물리적 현황과 법적 권리관계, 제한사항 및 의무사항 등을 등록 공시하는 필지 중심의 토지정보시스템

출 처 : 이왕무 외, 2001, 전게서, p.3. 참조작성.

〈표 1-6〉 국외 학자 및 관련협회의 지적 정의

구분	지적 정의
S.R. Simpson (영국)	세금과세를 위한 기초 자료를 제공하기 위한 한 나라의 부동산에 대한 소유권·가격·수량을 등록하는 제도
J.L.G. Henssen (네덜란드)	특정한 국가나 일정한 지역 안에 있는 일필지에 대한 법률관계에 대해 별개의 재산권으로 행사할 수 있도록 대장과 대축척 지적도에 개별적으로 표시하여 체계적으로 정리하는 제도
J.G .McEntyre (미국)	토지에 대한 법률상 용어로서 세금을 부과하기 위한 부동산의 크기와 가치 그리고 소유권에 대한 국가적인 장부에 대한 등록
국제측량사연맹 (FIG)	토지에 대한 권리 및 제반사항과 의무사항 등 필지에 근거를 두고 토지의 이해관계에 대한 기록을 포함한 필지 중심의 현대적 토지정보시스템
미국 국가연구위원회 (NRC)	토지의 이익에 관한 기록으로서 토지의 본질이나 그 이익의 확장을 총망라하는 것으로 재산권의 이익은 협의로는 소유권의 법적 권리행사이며, 광의로는 토지 취득과 관리에 대한 사인 간의 관계로 해석

출 처 : 이왕무 외, 2001, 전게서, p.3. 참조작성.

〈표 1-7〉 국내외 사전·학자·기관의 지적 정의

구분	지적 정의
우리말 큰사전	토지에 관한 여러 가지 사항, 즉 토지의 위치, 형질, 소유권, 면적, 지목, 지번, 경계 등을 등록하여 놓은 기록
한국어 대사전	토지에 관한 여러 가지 사항, 곧 토지의 위치, 형질, 소유관계, 면적, 지목, 지번, 경계 등을 등록하여 놓은 기록
국어 대사전	토지의 위치, 형질, 소유관계, 지번, 지목 등을 등록하여 놓은 기록
Webster's 국제사전	과세 부과에 이용되는 부동산의 수량, 가치, 소유권의 공적 기록
The Oxford 영어사전	둠즈데이북(Domesday Book)과 같이 공평과세의 기초로서 제공되는 재산의 기록
Random House 사전	과세 기초로서 이용되는 일정한 지역에 부동산의 가치, 범위, 소유권의 공적 기록
원영희	국토의 전반에 걸쳐 일정한 사항을 국가 또는 국가의 위임을 받은 기관이 등록하여 이를 국가·국가의 지정 기관에 비치하는 기록
강태석	지표면·공간 또는 지하를 막론하고 재산적 가치가 있는 모든 부동산에 대한 물건을 지적측량에 의하여 체계적으로 등록하고 계속적으로 유지·관리하기 위한 국가의 관리행위
최용규	자기영토의 토지현상을 공적으로 조사하여 체계적으로 등록한 데이터로 모든 토지활동의 계획 관리에 이용되는 토지정보원
류병찬	토지에 대한 물리적 현황과 법적 권리관계, 제한사항 및 의무사항 등을 등록 공시하는 필지 중심의 토지정보시스템
S.R. Simpson	세금과세를 위한 기초 자료를 제공하기 위한 한 나라의 부동산에 대한 소유권·가격·수량을 등록하는 제도
J.L.G. Henssen	특정한 국가나 일정한 지역 안에 있는 일필지에 대한 법률관계에 대해 별개의 재산권으로 행사할 수 있도록 대장과 대축척 지적도에 개별적으로 표시하여 체계적으로 정리하는 제도
J.G .McEntyre	토지에 대한 법률상 용어로서 세금을 부과하기 위한 부동산의 크기와 가치 그리고 소유권에 대한 국가적인 장부에 대한 등록
국제측량사연맹	토지에 대한 권리 및 제반사항과 의무사항 등 필지에 근거를 두고 토지의 이해관계에 대한 기록을 포함한 필지 중심의 현대적 토지정보시스템
미국 국가 연구위원회	토지의 이익에 관한 기록으로서 토지의 본질이나 그 이익의 확장을 총망라하는 것으로 재산권의 이익은 협의로는 소유권의 법적 권리 행사이며, 광의로는 토지취득과 관리에 대한 사인 간의 관계로 해석

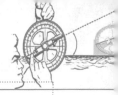

제2절 지적의 기본 이념 및 구성 요소

1. 지적의 기본 이념

1) 지적국정주의

지적국정주의라 함은 국가의 고유사무로서 지적공부에는 등록하는 토지의 표시사항인 토지의 소재·지번·지목·면적·경계 또는 좌표 등은 국가만이 결정할 수 있는 권한을 가진다는 이념이다.

2) 지적형식주의(지적등록주의)

지적형식주의라 함은 토지에 대한 물리적 현황과 법적 권리 관계 등은 국가가 결정해 놓은 일정한 법체계적인 형식을 갖추어 지적공부에 등록하여야만 그 효력이 발생한다는 이념이다.

3) 지적공개주의

지적공개주의라 함은 지적공부에 등록되어 있는 모든 등록사항의 열람이나 교부 및 발급에 있어서 토지소유자는 물론 일반인에게 정정당당하게 이용할 수 있도록 공시방법을 통해 공개하여야 한다는 이념이다.

기초지식

※ **지적공개주의의 대표적인 예**
지적(임야)도에 등록된 경계를 있는 실제로 현장에 그 경계를 복원시키는 경계복원측량은 도면에 등록되어 있는 그대로 본래의 토지 위에 복원하여 외부에 알리는 지적공개주의의 대표적인 실현 수단이라 할 수 있다.

4) 실질적 심사주의(사실심사주의)

실질적 심사주의라 함은 지적공부에 신규로 등록하는 사항이나 이미 지적공부에 등록된 사항 중 변경사항이 있는 경우 지적소관청은 사실적으로 심사하여 지적공부에 등

록하여야 한다는 이념이다.

5) 직권등록주의(적극적 등록주의, 강제등록주의)

직권등록주의라 함은 국가는 토지에 대한 모든 표시사항에 대해 직권으로 적극적으로 조사 또는 측량하여 지적공부에 등록하여야 한다는 이념이다.

※ **토지의 표시사항** : 지적공부에 토지의 **소재·지번·지목·면적·경계·좌표**를 등록하는 것을 말한다.

※ **토지의 이동** : 토지의 표시(소재·지번·지목·면적·경계·좌표)를 새로이 정하거나 **변경** 또는 말소하는 것을 말한다.

※ **토지이동의 세부내용**

신규 등록	새로 조성된 토지와 지적공부에 미등록된 토지를 지적공부에 등록하는 것	제77조
등록 전환	임야대장(임야도)에 등록된 토지를 토지대장(지적도)에 옮겨 등록하는 것	제78조
분할	지적공부에 등록된 1필지를 2필지 이상으로 나누어 등록하는 것	제79조
합병	지적공부에 등록된 2필지 이상을 1필지로 합하여 등록하는 것	제80조
지목 변경	지적공부에 등록된 지목을 다른 지목으로 바꾸어 등록하는 것	제81조
해면성 말소	지적공부에 등록된 토지가 바다로 된 경우 등록말소 신청을 하는 것	제82조
축척 변경	지적도의 경계점 정밀도를 높이기 위해 소축척을 대축척으로 변경하는 것	제83조
등록사항 정정	지적공부의 등록사항에 오류가 있는 경우 직권·신청에 의해 정정하는 것	제84조

출 처 : 공간정보의 구축 및 관리 등에 관한 법률 제77조~85조 규정 참조작성.

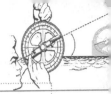

<표 1-8> 지적의 기본 이념

지적의 기본 이념 및 세부 내용	
① 지적국정주의	지적공부에 등록하는 토지의 표시사항은 국가만이 결정할 수 있음
② 지적형식주의 (지적등록주의)	모든 토지는 지적공부에 등록·공시함으로써 법적 효력이 발생함
③ 지적공개주의	토지이동이나 물권변동은 외부에 알려 누구든지 공개 확인이 가능함 (경계복원측량은 공부상 등록경계를 실제에 복원하여 공시·공개하는 방법)
④ 실질적심사주의 (사실심사주의)	공부등록사항 및 등록사항 변경의 적법성 및 사실관계 부합 여부를 실질적으로 조사, 측량하여 지적공부에 등록함
⑤ 직권등록주의 (적극적 등록주의) (강제등록주의)	소유자의 신청이 원칙이지만 소유자의 신청이 없더라도 소관청 직권으로 조사·측량하여 적극적, 강제적으로 등록함
지적법의 3대 이념 (①+②+③)	지적법의 5대 이념(①+②+③+④+⑤)

2. 지적의 구성 요소

지적제도와 등기제도가 완벽하게 분리되어 이원화된 국가에서는 토지, 등록, 공부를 지적의 3요소로 보고 있으며, 이와는 반대로 네덜란드의 헨센(J. L. G. Henssen)은 지적과 등기가 통합된 광의의 개념으로 지적의 3요소를 소유자, 권리, 필지로 구분하고 있다.

1) 협의의 지적 구성 요소

(1) 토지

지적은 국가의 토지를 관리하는 하나의 도구로 '한반도와 그 부속도서'를 모두 포함하는 전국토를 대상으로 하며 토지란 인위적으로 구획된 필지를 의미한다.

기초지식

※ **지적공부에 등록할 대상이 되는 토지의 종류 (대한민국 영토 전부가 대상)**

① 육지

② 도서지역(섬) : 인간의 거주유무에 관계없이 해안선(최고만조위) 내의 토지

③ 이용 가능한 토지이거나 또는 이용 불가능한 토지에 관계없이 모두

④ 국유지 또는 사유지에 관계없이 모두

⑤ 과세지 또는 비과세지에 관계없이 모두

(2) 등록

등록은 토지에 대한 사실관계나 권리관계를 행정기관이 비치하는 공적 장부인 지적공부에 등록하도록 규정하고 있으며, 등록의 공정성과 통일성이 보장되어 다른 토지와 구별할 수 있도록 특정화되어야 한다.

(3) 공부

지적공부는 지적에 관한 사항을 등록하여 공시하는 공적 장부로서 이는 토지정보를 위한 기초 자료로 활용하기 위해 토지를 측량하여 일필지 단위로 등록하여 행정수행과 동시에 국민의 토지소유권 보호를 위한 기초 자료가 된다.

2) 광의의 지적 구성 요소

(1) 소유자

토지를 소유할 수 있는 권리의 주체로서 법적으로 당해 토지를 자유로이 사용·수익·처분을 할 수 있는 소유권 이외의 기타 권리를 갖는 사람으로 여기에는 자연인, 국가, 지방자치단체, 법인, 국가기관 등이 모두 해당된다.

(2) 권리

권리라 함은 작게는 토지를 소유할 수 있는 법적 권리를 말하며 크게는 토지의 취득과 관리에 관련된 소유자들 사이에 특별하게 인식된 법적 관계를 포함하는 것으로 토지에 대한 법적 소유형태와 권리관계를 나타내는 것으로 토지에 대한 소유권과 기타 권리로 구분할 수 있다.

(3) 필지

필지는 하나의 지번이 붙는 토지의 등록단위를 의미하며 법적으로 물권이 미치는 권리와 객체로서 지적공부에 등록하는 가장 기초가 되는 등록단위이다.

3. 다목적 지적제도의 구성 요소

다목적지적은 하나의 필지수준에서 기존의 세지적과 법지적의 기능과 역할은 물론 각종 다양한 세부정보를 종합적으로 전산화하여 관련부처 및 부서 간의 세부 목적 달성을 위한 공동활용 또는 정보공유 등을 위한 다기능적인 지적제도라고 할 수 있다. 여기에는 사회가 발달함에 따라 토지와 관련된 다양한 기능이 분화됨에 따라 토지과세,

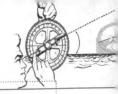

법적 소유권 보호, 건축물 관리, 용도지역 등 토지이용의 효율화를 위해 각종 정보관리의 기록보존과 정보제공을 위한 종합적 토지정보시스템으로 볼 수 있다.

그래서 다목적 지적제도로 운영되기 위한 구성 요소는 측량을 위한 기준점인 측지기본망, 일정지역을 필지정보를 축약하여 도면으로 표현하는 기본도, 모든 필지의 경계를 식별할 수 있는 지적도, 각 필지에 부여된 식별번호의 5가지로 구성된다.

다목적 지적제도는 기존의 지적제도에 대한 문제점을 해결하고 사회적 변화와 요구에 대응하기 위해 1970년대 중반에 도입된 새로운 지적모델이다.

1) 5대 구성 요소

아래의 측지기본망, 기본도, 지적중첩도의 3가지를 다목적 지적의 3대 구성 요소라 하며, 여기에 필지식별번호와 토지자료파일을 포함하여 5대 구성 요소로 부르고 있다.

(1) 측지기본망(Geodetic Reference Network)

측지기본망은 토지경계와 지형 간에 위치적인 상관관계를 맺어주고 지적도의 경계선을 현지에 복원하도록 정확도를 유지하는 기초점의 연결망[26]으로서 측량을 위한 필수적인 요소이며, 모든 측량은 이 기본망을 연계하여 측량하여야 하므로 국가 전체의 측량과 관련된 각각의 기준점들이 하나의 단일망으로 통일되어 영구히 보존되어야 한다.

(2) 기본도(Base Map)

기본도는 측지기본망을 기초로 일정지역을 축소시켜 도면으로 등록한 지형도를 의미하며, 일정한 크기의 도면에 도해형태로 등록하거나 가상적인 수치형태로 등록한 것을 말한다.[27] 그래서 토지이용이나 개발 등에 의한 변동사항을 최신화하여 신뢰성 있는 기본도의 역할을 갖추어야 한다.

(3) 지적중첩도(Cadastral Overlay)

지적중첩도는 측지기본망 및 기본도와 연계하여 활동되는 것으로 토지소유권에 관한 경계를 식별할 수 있도록 일필지에 등록된 지적도·시설물·토지이용·지역지구도 등의 모든 토지와 관련된 도면을 중첩시킨 도면을 의미한다.[28]

26) National Research Council, op.cit., p.24.

27) National Research Council, Procedures and Standards for Multipurpose Cadastre, p.2.

28) 류병찬, 전게서, p.76.

(4) 필지식별번호(Unique Parcel Identification Number)

필지식별번호는 각 필지의 고유한 특성을 식별하기 위한 번호로서 공부상 등록된 모든 토지에는 고유번호를 부여하여 여타의 토지와 쉽게 구분하고 있다.

그래서 전국의 모든 필지에는 각기 다른 고유번호를 부여하여 검색, 통계, 도면중첩 등 기타 행정업무의 작업을 용이하게 하는 특정화의 역할을 하고 있다.

(5) 토지자료파일(Land Data File)

토지전산파일은 토지와 관련된 각종 정보의 검색이나 기타 관련 정보와의 공유 또는 연계를 위한 목적으로 만들어진 공부를 말하는데 과세대장, 건축물대장, 자연기록대장, 토지이용 및 도로·시설물대장 등이 여기에 포함된다.

기초지식

> ※ **다목적 지적의 5대 구성 요소**
> ① 측지기본망(Geodetic Reference Network)
> ② 지적중첩도(Cadastral Overlay)
> ③ 기본도(Base Map)
> ④ 필지식별번호(Unique Parcel Identification Number)
> ⑤ 지적자료파일(Land Data File)
>
> ※ **다목적 지적의 3대 구성 요소**
> ① 측지기본망
> ② 지적중첩도
> ③ 기본도

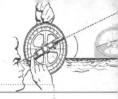

제3절 지적의 기능 및 성격

1. 지적의 기능 및 역할

1) 지적의 일반적 기능

(1) 사회적 기능

21세기 전자정부의 출현에 따라 쉽고 빠른 지적정보의 조회 및 검색 등이 용이하게 됨에 따라 대국민 서비스를 위한 기대에 부응하기 위한 다양한 질적 개선이 이루어지고 있다. 이러한 서비스 질의 향상을 위해 구체적이고 명확한 정보의 요청 및 공개 등에 따라 지적업무와 관련된 다양한 지적정보들이 체계적으로 명확하게 기록·관리되고 있다. 지적정보는 개인의 재산권은 물론 토지거래 및 관련 소송 등에 있어서 아주 중요한 법적 기준이 되기 때문에 실제의 토지이용이나 토지등록사항들을 국가의 공적 기록과 항상 부합시켜야 하며, 이러한 부합 여부에 따라 토지분쟁이나 민원 등이 제기될 수 있다. 그러므로 현실적인 토지이용을 전적으로 대변할 수 있도록 사실적이고 공정하게 등록되어야 하며, 정확한 토지이용에 따른 공부등록을 통한 공시 및 공개에 있어서 완벽한 기능을 제공하여 국민의 재산권과 법적 분쟁, 토지거래 등에 신속·정확하게 대처할 수 있는 대국민 행정서비스가 제공되어야 한다.

따라서 지적의 사회적 기능은 개인의 토지소유권이나 토지거래 등에 있어 실제와의 부합 또는 지적정보와 타 기관과의 정보 부합여부는 토지의 물리적 현황은 물론 법적 분쟁에 있어서 아주 중요한 사회적 문제해결 기능을 수행한다.

(2) 법률적 기능

지적의 근본적 목적은 토지이용에 따른 세금 부과의 목적과 토지소유권의 보호로서 모든 토지를 적극적으로 공적 장부에 등록하여 법적으로 보장받을 수 있도록 등록 및 관리되고 있다.

그러므로 지적의 법률적 기능은 사법적 기능과 공법적 기능으로 나눌 수 있는데 사법적 기능은 개개인의 토지거래에 있어서의 안전성과 신속성을 갖게 하여 시간과 경비의 절감을 가능하게 한다. 공법적 기능은 지적법을 근거로 하여 토지를 지적공부에 등록하게 되면 토지등록은 법적 효력을 갖게 되어 공개와 공시는 물론 공권성과 강제성, 그리고 구속성을 갖게 되어 토지거래는 물론 토지분쟁에 있어 법적 기속력이 있는 민고 안전하게 이용 및 활용할 수 있는 정보로서의 기능을 갖는다.

따라서 지적의 법률적 기능은 토지등록사항을 공적 장부에 완전하게 기록하여 토지소유권의 보호는 물론 토지거래 등에 있어서 믿고 신뢰할 수 있는 사법적 성격과 공법적인 성격의 기속성과 확정성 등의 기능을 동시에 갖고 있다.

(3) 행정적 기능

지적제도는 국민의 재산권 보호 및 공평과세 기능을 위해 출발되었으며, 국가의 공공정책 수립과 공공행정 등에 있어 기초적인 정보제공의 기능을 갖고 있다.

지적의 행정적 기능은 도시개발사업으로 인한 택지개발, 주택건설 등 공공계획수립을 위한 용지조성이나 획지조성은 물론, 용도지역 및 관리지역의 세분화 또는 토지이용 규제나 투기지역의 선정 등 각종 행정적 정책수립에 기초적인 기능을 제공함과 동시에 기초적인 정보로서의 역할을 수행한다.

〈표 1-9〉 지적의 일반적 기능

구분	세 부 내 용
사회적 기능	개인의 토지소유권이나 토지거래 등에 있어 실제와의 부합 또는 지적정보와 타 기관과의 정보 부합 여부는 토지의 물리적 현황은 물론 법적 분쟁에 있어서 아주 중요한 사회적 문제해결 기능을 수행
법률적 기능	토지등록사항을 공적 장부에 완전하게 기록하여 토지소유권과 토지거래 등에 있어서 믿고 신뢰할 수 있는 사법적 성격과 기속성과 확정성 등의 공법적인 기능을 동시에 수행
행정적 기능	도시개발사업으로 인한 택지개발·주택건설 등 공공계획수립을 위한 용지 및 획지 조성은 물론 용도지역과 관리지역의 세분화 또는 토지이용규제나 투기지역의 선정 등 각종 행정적 정책수립에 기초적인 기능을 수행

2) 지적의 실제적 기능

(1) 토지등기의 기초

토지의 표시사항을 지적공부에 등록한 후 그 등록사항을 기초로 하여 토지등기부를 개설하는 '선 등록, 후 등기 원칙'을 채택하고 있기 때문에 지적은 토지등기의 기초가 되는 역할을 하는 것이다.

지적은 지번, 지목, 면적, 경계, 좌표, 지형, 토지등급의 원천으로서 법적 효력과 공시 기능을 갖게 되며, 등기는 토지의 소유권과 순위, 소유권 이외의 권리인 지상권, 지

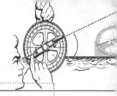

역권, 전세권, 저당권, 임차권 등 사법상 제권리관계의 법적 효력과 공시의 기능을 갖는다.

(2) 토지평가의 기초

지적 공부에 등록되어 있는 속성자료는 토지의 위치, 토지의 용도, 토지의 크기, 토지의 권리형태, 과세 기준가격 등의 토지평가를 위한 객관적 판단기준이 됨과 동시에 도형자료는 토지의 방향성, 토지의 형태, 전면 도로와 일필지의 관계, 주변 지역의 여건 등을 파악하는 데 기초적 자료로 활용된다.

그래서 지적의 기초적인 자료에 근거하여 토지평가가 수행되기 때문에 과소평가 또는 과대평가를 방지하기 위해서는 무엇보다 정확한 공부의 등록이 우선시되어야 하며, 이러한 지적의 기초 항목의 등록없이는 토지평가도 제대로 이루어질 수 없으므로 지적은 토지평가를 위한 가장 기초적인 기능을 갖고 있다.

(3) 토지과세의 기준

지적공부의 등록사항에는 토지의 면적과 경계 및 토지의 이용용도를 나타내는 지목이 등록되어 있고, 이를 기준으로 다시 용도지역과 용도지구 및 용도구역으로 그리고 건축물의 유무 등으로 구분되어 과세산정이 이루어진다.

그러므로 토지의 과세부과는 이러한 지적의 기초적인 등록사항을 기준으로 필지별로 과세가 산정된다.

(4) 토지거래의 기준

지적공부의 등록사항에는 토지의 이용목적인 지목과 면적 그리고 경계는 물론 토지의 소유권에 대한 세부적인 사항까지 등록되어 있다.

이러한 기초적인 자료를 토대로 토지의 용도지역과 세분화 및 토지이용계획원 등이 기록되어 있어 토지거래 시 가장 우선적이고 믿고 신뢰할 수 있는 기준이 되는 기능을 수행한다. 그러므로 지적공부에 등록사항은 토지거래의 가격 결정 및 소유권의 한계를 밝히는 자료로서 토지거래의 원초적인 기준이 된다.

(5) 토지이용계획의 기준

지적공부에 등록된 기초적인 표시사항을 기준으로 필지의 규모, 형상, 방향, 입지, 기존 도로와의 거리, 공시지가 등과 관련된 감정이 이루어지며 이러한 평가에 따라 토지이용계획이 이루어진다.

토지이용계획을 위한 외생변수를 고려하여 개발 가능 지역과 그 지역의 토지자원의 재평가, 도시 기본구조 구상과 도시기능 배분 구상, 토지이용배분 등의 계획으로 이러한 모든 절차가 지적공부를 토대로 현장 확인 등의 과정이 동시에 이루어진다. 그러므로 토지분류조사와 자원조사 등에서 지적의 기초적인 자료는 일차적으로 활용된다. 따라서 지적공부 중 대장의 속성은 토지이용을 위한 계획 시 가장 기초적인 근거자료가 되며, 도면은 개별 필지에 대한 토지이용계획을 표현하는 데 기본도면으로 활용된다.

(6) 주소표기의 기준

지적공부에 등록되어 있는 필지의 개별성은 각 필지가 갖고 있는 고유번호인 지번으로 인해 이루어지며, 이러한 지번은 각종 정책 및 행정 등에 있어서 가장 기초적인 역할을 수행하게 된다.

이러한 주소표기는 공공정책 수립 시의 기초적 사항은 물론 토지거래 및 토지등기부 등에 있어서 개별성과 독립성을 부여하는 기초적인 자료로서 주소표기의 기준이 된다.

〈표 1-10〉 지적의 기능 및 역할

구분	지적의 실제적 기능	지적의 실제적 역할
세부내용	① 토지등기의 기초 자료	① 공부등록으로 인한 토지분쟁 해결 기능
	② 토지평가의 기초 자료	② 지방 공공행정을 위한 기초 자료 제공 기능
	③ 세금부과의 기초 자료	③ 국토계획, 토지감정 등의 기초 자료 제공 기능
	④ 토지거래의 기초 자료	④ 안전한 토지거래를 위한 등록사항의 공개 기능
	⑤ 토지이용계획의 기초 자료	⑤ 국민의 재산권 보호 및 공평과세 기능
	⑥ 주소표기의 기초 자료	⑥ 토지 및 공공정책 수립을 위한 통계 기능

기초지식

※ 도로명 주소법

- 종전의 주소체계는 토지의 지번명에 따른 주소를 사용하여 한 주소에 여러 건물이 있는 경우에 이웃하고 있는 필지와의 연속성이 없거나 있어도 찾기 어려운 경우가 있어 우편배달, 택배, 외국인 또는 초행자의 길찾기 등의 불편한 점을 해결하기 위해 선진국형 주소체계인 도로의 이름과 건물번호에 의한 주소체계를 도입하게 됨

- 2013년 12월까지 새주소 시행에 따른 혼란을 최소화하기 위해 행정기관의 토지대장, 등기부와 주민등록주소, 우편물, 택배 등의 주소표기에서 당분간 현행 지번에 의한 주소를 병기할 수 있도록 허용함

- 그래서 2014년부터는 도로명 주소법 제21조에 의거하여 도로명 주소만을 법정 주소로 효력을 인정하고 있으므로 전적으로 도로명 주소만을 사용하도록 의무화 하고 있음

구분	도로명 주소 사용분야(의무)
국가, 자치단체, 공법인 등	• 공법관계의 법정주소로 사용 의무 • 가족관계등록부, 주민등록, 건축물대장 등 각종 공부상의 주소표시로 사용 의무 • 각종 인·허가 등 행정 처분 시 주소 표시로 사용 의무 • 공공기관 주소의 위치표시로 사용 의무 • 공문서 발송 시 주소표시로 사용 의무 • 위치 안내표시판 제작과 위치표시 및 위치 안내 시 사용 의무 • 인터넷 홈페이지의 위치 안내 • 그 밖에 주소 및 위치표시와 관련된 사항에 사용 의무
주민	• 공법관계의 법정 주소로 사용 의무 • 생활 속에서 사용 권고
사용 명칭	• '새주소'라는 말은 기존의 지번 주소 체계가 새롭게 바뀐다는 의미에서 붙인 이름으로 대한민국, 일본, 태국 등에서만 사용되었으며, 현재 세계 대다수의 나라에서 도로명 주소라는 이름을 보편적으로 사용하고 있다.

2. 지적제도의 성격

1) 토지의 등록공시에 관한 기본법

지적제도는 국가의 모든 필지의 등록사항인 토지의 소재·지번·지목·면적·경계 또는 좌표 등을 등록·공시하고 관리하는 절차와 방법 등을 규정하여 공적 장부에 등록·공시된 사항을 기초로 토지등기부, 토지과세, 토지평가, 토지거래, 토지이용계획 등이 이루어지고 있으므로 토지의 등록공시에 관한 기본법이다.

2) 사법적 성격을 지닌 토지공법

지적제도는 토지의 효율적 관리와 토지소유권 보호가 근본적인 목적이기 때문에 법적 권리관계를 다루는 사법적 성격과 토지에 대한 각종 규제를 내용으로 하는 소유·이용·개발·보전·거래·관리 등에 관한 효율적인 토지관리 및 공공행정 등을 위한 공법적 성격을 함께 가지고 있어 사법적 성격과 공법적 성격을 동시에 갖고 있다.

3) 임의법적 성격을 지닌 강행법

지적제도는 토지의 이동이나 등록 등에 있어 우선적으로 토지소유자의 신청 의무를 전제로 한다는 관점에서 임의법적 성격을 가지고 있으며, 토지소유자의 신청이 없더라도 국가가 강제적으로 지적공부에 등록하여 공시하는 것으로 신청의무 기간 또는 과태

료 등을 법적으로 규정하고 있어 강행법적 성격을 동시에 갖고 있다.

4) 실체법적 성격을 지닌 절차법

지적제도는 국가기관 또는 시장·군수·구청장 및 토지소유자의 행위와 의무 등에 관해 법적으로 규정하고 있어 실체법적 성격을 가지고 있으며, 토지현황을 적극적·사실적으로 조사 및 측량하여 등록하는 일련의 절차와 방법을 규정하고 있으므로 절차법적 성격을 함께 갖고 있다.

3. 지적의 효력

1) 지적제도의 효력

지적법의 효력은 창설적 효력, 대항적 효력, 형성적 효력, 공증적 효력, 공시적 효력을 가지고 있다.

① 창설적 효력 : 지적공부를 새로이 형성 또는 창설하는 효력(신규 등록)

② 대항적 효력 : 다른 토지와 대항 또는 대별될 수 있는 효력(지번·고유번호)

③ 형성적 효력 : 일필지를 형성하거나 또는 구성하는 효력(분할·합병)

④ 공증적 효력 : 토지의 모든 사항을 공적으로 증명 가능(도면·대장 발급 및 확인)

⑤ 공시적 효력 : 모든 토지의 등록사항을 법률적 규정에 따라 공시(공부등록 사항)

기초지식

※ 등기의 효력(단, 등기에서는 공신력은 인정되지 않음)	
권리변동적 효력	• 등기요건이 구비되면 물권변동이 발생되는 효력
순위확정적 효력	• 다양한 권리의 순위관계는 등기의 전후 순서에 의해 결정되는 효력
점유적 효력	• 등기부에 소유자로 등기된 자가 10년간 소유의 의사로 평온, 공연하게 선의이며 과실없이 부동산을 점유한 때에는 소유권을 취득하는 효력 (민법 제245조 제2항)
추정적 효력	• 등기부상 공시내용은 실제적 권리관계의 존재를 추정 받는 효력
대항적 효력	• 등기에 기재된 지상권, 지역권, 저당권, 임차권 등 일정한 사항으로도 제3자에 대항할 수 있는 효력

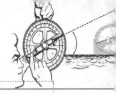

2) 지적측량의 법적 효력

지적측량의 법률적 효력은 강제적 효력, 구속적 효력, 공정적 효력, 확정적 효력을 가진다.

① 강제적 효력 : 소관청 자체의 자력으로 행정형벌·행정질서벌 등을 집행할 수 있는 강제적인 효력

② 구속적 효력 : 지적측량의 내용은 소관청과 소유자 및 이해관계인을 기속하는 효력 (예 : 타인 토지 출입)

③ 공정적 효력 : 지적측량은 정당한 절차, 방법, 기준에 의거하여 적합하게 이루어진 행위로서 불신 또는 부인할 수 없는 효력

④ 확정적 효력 : 지적측량에 따른 법적 경계는 유효하게 성립된 것으로 소관청 자체도 특별한 사유가 있는 경우를 제외하고는 그 성과를 변경할 수 없는 효력

〈표 1-11〉 지적법과 지적측량의 효력 비교

효력	구분	세부 내용
지적제도의 효력	창설적 효력	• 지적공부를 새로이 형성 또는 창설하는 효력(신규 등록)
	대항적 효력	• 다른 토지와 대항 또는 대별될 수 있는 효력(지번, 고유번호)
	형성적 효력	• 일필지를 형성하거나 또는 구성하는 효력(분할·합병)
	공증적 효력	• 토지의 모든 사항을 공적으로 증명 가능(도면·대장 발급 및 확인)
	공시적 효력	• 모든 토지의 등록사항을 법률적 규정에 따라 공시(지적공부등록 사항)
지적측량의 법적 효력	구속적 효력	• 지적측량의 내용은 소관청과 소유자 및 이해관계인을 기속하고 모든 지적측량은 완료와 동시에 구속적인 효력을 발생시킴
	공정적 효력	• 지적측량에 따른 법적 경계는 유효하게 성립된 것으로 권한 있는 기관에 의해 취소되기 전까지 적법성을 추정받고 부인하지 못하는 효력
	확정적 효력	• 지적측량은 일단 유효하게 성립된 것으로 일정시간이 경과한 뒤 이해관계인이 그 효력을 다툴 수 없는 효력
	강제적 효력	• 소관청 자체의 자력으로 행정형벌·행정질서벌 등의 행정행위를 실행할 수 있는 자력집행력
지적측량의 성격	※ 평면측량	• 지적측량은 반경 11km 이내의 지표를 평면으로 간주하여 하는 측량
	※ 공시측량	• 토지의 표시사항 또는 등록사항의 공시를 위한 측량

제4절 지적제도의 분류 및 특징

1. 지적제도의 분류

지적제도의 분류는 발전 과정에 따라 세지적·법지적·다목적지적으로 구분되고, 측량방법에 따라 도해지적과 수치지적으로 구분되며, 등록방법에 따라 2차원·3차원·4차원 지적으로 구분된다. 그리고 신청의무에 따라 적극적 지적과 소극적 지적으로 분류된다.

〈표 1-12〉 지적제도의 분류

발전 과정	측량방법	등록방법	신청의무
세지적	도해지적	2차원(수평지적)	소극적 지적
법지적		3차원(입체지적)	
다목적지적	수치지적	4차원(입체+시간)	적극적 지적

1) 발전 과정에 따른 분류

(1) 세지적(Fiscal Cadastre)

① 세지적이란 토지에 대한 조세를 부과함에 있어서 그 세액을 결정함을 가장 큰 목적으로 개발된 지적제도로서 일명 과세지적이라고도 한다.

② 세지적은 국가 재정수입의 대부분을 토지세에 의존하던 농경시대에 개발된 최초의 지적제도이다.

③ 각 필지에 대한 세액을 정확하게 산정하기 위하여 면적이 중심이 되어 운영되는 지적제도이다.

④ 근대적 의미에서의 세지적을 확립하기 위한 최초의 노력 중의 하나로서 1720년부터 1732년 사이에 이탈리아 밀라노의 지적도 제작사업과 1807년에 나폴레옹 지적법(Napoleonien Cadastre Act)을 제정하고 토지에 대한 공평한 과세와 소유권에 관한 분쟁을 해결하기 위하여 창설되었다.

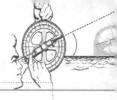

(2) 법지적(Legal Cadastre 또는 Property Cadastre)

① 토지에 대한 세금부과는 물론 토지거래의 안전과 국민의 토지 소유권을 보호하기 위하여 만들어진 제도로서 일명 소유지적이라고도 한다.

② 법지적은 토지소유권의 보호에 역점을 둔 제도로서 토지거래의 안전을 보장하기 위하여 권리관계를 보다 구체적으로 상세하게 기술하게 된다.

③ 토지의 면적보다는 개인의 소유권 보호를 위한 경계점의 위치를 정확하게 결정하여 소유권의 범위를 명확하게 결정하는 것이 주된 목적으로 볼 수 있다.

④ 토지의 등록사항이 정확하지 못할 경우 발생하는 손해에 대하여 선의의 제3자를 보호하는 데도 목적이 있다.

(3) 다목적지적(Multipurpose Cadastre)

① 다목적지적은 토지에 관한 등록사항의 용도가 단순히 지적부서뿐만 아니라 토목, 건축, 공시지가, 도시계획, 상하수도, 도시가스, 시설관리, 세무 등의 다양한 관련부서에서 활용됨에 따라 토지관련정보를 종합적이고 체계적으로 등록·관리하여 최신의 정보를 신속·정확하게 제공하는 지적제도로서 종합지적이라고도 한다.

② 다목적지적은 토지관련 정보의 지속적인 기록과 관리를 통해 공공의 목적상 토지관련 정보를 제공해 주는 종합적인 토지정보시스템이라고 할 수 있다.

③ 다목적지적은 광범위한 토지관련 등록자료를 통해 토지표시사항과 토지권리관계는 물론 토지 위의 건물, 토양의 성질, 지하시설물, 공시지가 등을 총망라하여 전산화(컴퓨터 시스템)를 통한 등록·관리로 인해 항시 신속하게 출력될 수 있는 시스템을 의미한다.

[그림 1-10] 발전과정에 따른 지적제도의 분류

기초지식

구분	세지적	법지적	다목적 지적
목적	• 토지조세 부과	• 토지소유권 보호	• 토지정보의 종합적 활용
기본 개념	• 토지면적 중심	• 토지 위치 및 소유관계 중심	• 자료의 종합화 및 다목적화
공시 내용	• 사용권 • 토지 표시사항 • 지가 표시사항	• 사용권 • 토지 표시사항 • 지가 표시사항 • 토지소유권 표시사항 • 기타 권리 표시사항 • 토지에 대한 소득	• 사용권 • 토지 표시사항 • 지가 표시사항 • 토지소유권 표시사항 • 기타 권리 표시사항 • 토지에 대한 소득 • 토지이용 현황 • 각종 시설물 자료 • 토지관련 통계 자료
기능	• 토지세 부과자료	• 토지세 부과자료 • 토지공시기능 • 토지거래 및 취·등록 자료	• 토지세 부과자료 • 토지공시기능 • 토지거래 및 취·등록 자료 • 정책결정을 위한 정보 제공
특징	• 과세를 위한 지목 및 면적파악	• 소유권 보호 • 토지분쟁 감소 • 토지거래 안정성	• 종합적 토지관리 및 기록 • 효율적 필지정보 제공 • 고차원 대민서비스 제공
※ 시설지적	• 시설지적은 상·하수도, 전기, 가스, 전화 등 공공시설물을 집중적으로 등록하거나 관리하기 위해 만들어진 지적제도로서 다목적지적과 구분하기 위해 만들어진 지적의 형태를 의미함		
※ 경제지적	• 유네스코 회의 보고서에서 "다목적지적은 지리학적 위치 측정의 기초이며, 토지에 관련된 기술적·법률적·재정적 및 경제적 정보의 기초를 제공한다"고 정의한 것에서 기인하여 다목적지적을 일명 경제지적이라 함		

2) 측량방법별 분류

(1) 도해지적(圖解地籍 : Graphical Cadastre)

토지의 경계를 일정한 축척으로 도면 위에 선으로 표시하는 지적제도로서 측판측량 방법을 통해 일필지의 경계를 도해적으로 제도하여 표시하고 토지경계의 효력을 도면에 등록된 경계에만 의존하는 제도를 말한다.

초기의 지적측량방법으로 측량 비용이 저렴하고 고도의 기술을 요하지 않으며, 필지

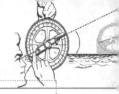

의 형상이 그대로 도면에 표시되어 일반인들도 쉽게 이해가 가능한 반면, 제도과정에서 오차가 발생될 수 있어 수치지적보다 정밀하지 못한 결점이 있다.

(2) 수치지적(數値地籍 : Numerical Cadastre)

수치지적은 경계점 위치를 경위의 측량방법으로 측정한 평면직각종횡선수치(X, Y)를 경계점좌표등록부에 등록·관리하는 지적제도를 말한다. 수치지적 시행지역의 지적도 조제방법으로는 지상측량에서 수치측량으로부터 얻은 데이터로부터 조제하거나, 항공사진을 이용하여 해석사진측량(Analytical Photogrammetry)방법으로 얻은 좌표를 이용하여 조제한다. 지금까지 개발된 측량기술로서는 평균 제곱 위치의 정확도를 5cm~10cm 이내의 수치 데이터로 쉽게 구할 수 있다.

현재 지적측량성과에 있어서 국지적으로 시행된 측량원점의 개선과 보다 정확도가 높은 국가기준점망에 의하여 통일된 좌표계로 일필지를 확정함으로써 측지학적으로 정확한 위치를 등록하고 면적산출의 정확성을 기하는 것은 물론, 지표상 경계 복원력을 향상시키기 위해 기존의 도해지적에서 보다 정확도가 높고 정보화가 용이한 수치지적으로 전환되어 가고 있는 추세에 있다.

기초지식

※ 수치지적과 도해지적

구분	도해지적 측량	수치지적 측량
사용 장비	• 평판, 권척, 폴(폴대) 등	• 항공사진측량, 디지털 경위의, 전파·광파측거기, 토털 스테이션, GPS 장비
경계점 등록	• 기하학적(점, 선)	• 수학적(X, Y 좌표)
실제와의 관계	• 일정 비율로 축소(축척)	• 실제와 동일(1 : 1)

평판

토털스테이션

<표 1-13> 도해지적과 수치지적의 비교

구분	도해지적	수치지적
등록주체 및 형식	• 소관청(시·군·구)에서 지적공부에 등록	
등록대상 및 단위	• 한반도와 부속도서 전체를 일필지별로 등록	
등록사항	• 필지의 경계, 지번, 지목, 좌표(수치지적) 등	
등록방법	(도면: 452전, 451대, 450대, 499대, 462대, 461대, 460대, 459대, 481전, 480전, 479전, 478전)	부호도 / 좌표표 (750-2대)
경계의 표현방법	• 그림 ⇒ 선	• 수치(좌표) ⇒ X, Y
대상지역	• 농촌, 구시가지	• 도시지역, 도시개발사업 시행지역
정밀도	• 낮다.	• 높다.
전산화 및 관리	• 어렵다.	• 쉽다.
측량방법	• 측판측량	• 경위의 측량
도면 이해	• 시각적 양호	• 일반인 이해 곤란
측량 비용	• 저렴	• 고가
도면의 신축	• 신축영향을 받는다.	• 받지 않는다.

<표 1-14> 도해지적과 수치지적의 장·단점 비교

구분	장·단점	세부 내용
도해지적	장점	① 필지형상 파악이 용이 ② 측량비용이 저렴 ③ 고도의 기술을 요하지 않음
	단점	① 오차 발생 원인과 오차 제거 어려움 ② 정확도 결여 ③ 도시지역에 부적합
수치지적	장점	① 정확도 높음 ② 오차 발생 원인 파악 용이 ③ 전산처리가 가능(Processing)
	단점	① 장비 및 측량비용의 고가 ② 고도의 기술을 요함 ③ 필지 형상 파악의 어려움

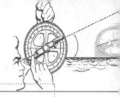

3) 등록대상별 분류

(1) 2차원 지적(2 Dimension Cadastre)

2차원 지적은 토지의 고저에 관계없이 평면으로 취급하거나 또는 수평면상에 투영된 각 필지의 경계와 면적과 같은 지표의 물리적 현황을 등록하는 제도로 도면상에 점과 선으로 표시하기 때문에 일명 수평지적(水平地籍) 또는 평면지적(平面地積)이라고도 한다. 2차원 지적제도는 X, Y의 값만 표현할 수 있어 지하 및 공중공간에 대한 물권의 등록·관리·공시를 할 수 없어 개인의 토지소유권을 보호하기에는 현실적으로 어려움이 있다.

[그림 1-11]은 경사면적과 수평면적을 비교하여 보여주고 있다.

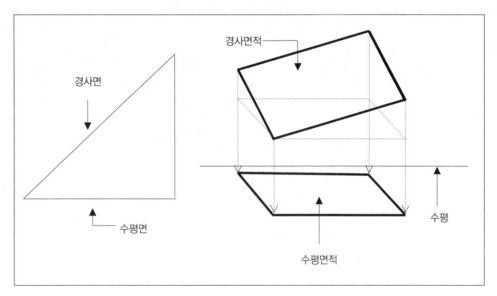

[그림 1-11] 경사면적과 수평면적의 비교

(2) 3차원 지적(3 Dimension Cadastre)

3차원 지적은 2차원의 평면지적에서 보다 발전된 지적제도로 도시의 산업화, 복합화에 따른 토지의 이용이 다양화·입체화됨에 따라 토지의 경계나 지목 등 지표면에 관한 물리적 현황은 물론, 지하공간과 공중공간에 설치된 시설물 및 건축물 등을 도해 혹은 수치의 형태로 등록·공시하거나 또는 시설물의 관리를 지원하는 제도로, 일명 입체지적이라고도 한다.[29]

---

29) 류병찬, 1999, "한국과 외국의 지적제도에 관한 비교연구", 단국대학교 대학원, 박사학위논문, p.34.

이러한 3차원 지적의 설립에는 많은 시간과 인력 및 예산이 소요되는 단점이 있으나 기존의 X, Y로 표현되는 2차원 지적에서 Z(높이)값을 등록할 수 있어 지표상에 존재하는 건축물과 지하의 상하수도, 전기, 가스, 전화선 등의 지하시설물과 지하철, 지하도로, 지하터널, 지하주차장 등의 지하건축물 등을 효율적으로 등록·관리하거나 이를 지원할 수 있는 장점이 있다.

[그림 1-12]는 2차원 지적의 평면지적과 3차원 지적의 지하, 지표, 지상공간의 입체적 토지이용을 보여주고 있다.

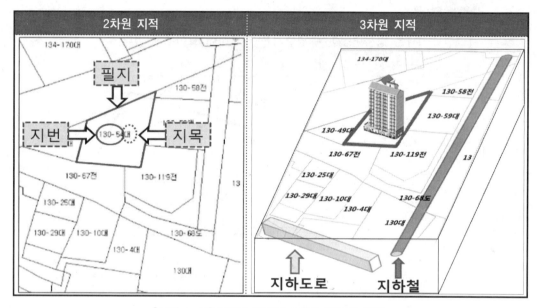

[그림 1-12] 2차원 지적과 3차원 지적의 비교

(3) 4차원 지적

기존의 3차원 지적의 지표·지상건축물·지하시설물 등을 효율적으로 등록·공시하거나 관리·지원할 수 있는 전산화된 시스템 내에서 시간적인 위상을 고려하여 등록사항의 변경내용을 유동적으로 정확하게 유지·관리할 수 있도록 단순히 연혁에 초점을 두는 것이 아니라 필지의 진보과정이나 법적인 경과 또는 권리변동 등을 주요대상으로 하고 있다. 즉, 4차원 지적은 시간위상을 고려하여 정적인 3차원 토지관리를 동적인 관리 형태로 전환하는 것을 의미한다. 또한 4차원 지적은 법·제도적인 일련의 과정에 의해 등록·유지·관리되므로 시간을 고려한 토지관리 과정을 통제하고 토지의 시간에 따른 이동(생성, 분리, 변동 등)과 연혁을 쉽게 인지하고 표현할 수 있다.[30]

---

30) 김영학, 2007, "4차원 토지관리의 바람직한 방향", 한국지적학회지, 제23권 제2호, pp.219-230.

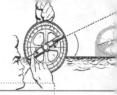

※ 2차원, 3차원, 4차원 지적의 비교

구분	2차원 지적	3차원 지적	4차원 지적
특징	• 평면지적 (선·면/X·Y) • 수평면적 등록 • 물리적인 현황등록 (경계, 지목 등) • 우리나라 지적제도	• 입체지적 (선·면·높이/X·Y·Z) • 수평면적, 수평위치 등록 • 지상, 지하, 지표상에 존재하는 시설물 및 구조물 등록 • 선진국형 지적제도	• U지적 (선·면·높이·시간/X·Y·Z·T) • 수평면적, 수평위치, 시간위상 등록 • 시간흐름에 따른 토지의 이동에 대한 연혁(이력)관리가 용이 • 3차원 입체적 관리와 객체의 변화를 보여주는 시간의 관계를 전제로 함
개념	위에서 본 모습 / 옆에서 본 모습	구조물 필지	time

4) 신청 의무에 따른 분류

(1) 적극적 지적제도

적극적 지적제도(Positive System)는 토지의 등록에 있어 국가가 토지등록을 의무화하여 토지소유자의 신청이 있을 때는 물론 신청이 없더라도 국가가 적극적으로 등록사항을 조사하여 등록하는 지적제도로 지적공부에 등록되지 않은 토지는 어떠한 권리나 법적 보호를 받을 수 없다.

토지등록에 따른 효력은 국가로부터 보장되며, 선의의 제3자에 대한 법적 보호와 부당성에 대한 소송에 대해서도 보상받을 수 있다.

적극적 지적제도의 대표적인 형태로 토렌스 제도(Torrens System)가 있으며, 이 제도는 토지의 권리증명을 명확히 하기 위해 토지의 권원(Land Title)을 조사함은 물론 토지거래에 따른 변동사항을 권리증서에 등록하는 제도이다.

이러한 적극적 지적제도를 채택하고 있는 국가로는 우리나라, 대만, 일본, 호주, 스위스, 뉴질랜드 등이 있다.

기초지식

※ 토렌스 제도(Torrens System)

호주의 토렌스(Robert Torrens)경이라는 사람이 남부 주(州)의 부동산 등기소장으로 임명되었을 때 선박재산을 어떻게 하면 잘 관리하며, 권리이전을 쉽게 만들 수 있을까를 연구하게 되었고 이를 기초로 토지권리 등록법안을 기초하게 되었다.

오늘날 토렌스 제도는 적극적 지적제도의 효시로서 경계표시와 등기에 관계된 모든 권리증명을 명확히 하기 위해 토지의 권원(Land Title)을 조사함은 물론 토지거래에 따른 변동사항을 권리증서에 등록하여 그 공신력을 인정받는 제도로 권원조사를 위한 3가지 이론을 담고 있다.

① 거울이론 (mirror principle)	토지권리증서의 등록은 토지거래사실을 거울과 같이 완벽하게 반영하여야 한다는 내용
② 커튼이론 (curtain principle)	토지등록 업무가 커튼 뒤에 놓인 공정성과 신빙성에 관여할 필요도 없으며 관여해서도 안 된다는 내용
③ 보험이론 (insurance principle)	손실보상차원에서 법률적으로 선의의 제3자가 보호되어야 한다는 내용

(2) 소극적 지적제도

소극적 지적이란 토지를 지적공부에 등록하는 것을 의무화하지 않고 신고할 때에 그 신고된 사항만을 거래증서에 등록하는 지적제도로 네거티브 시스템(Nagative System)이라고 한다.

이러한 소극적 지적제도를 채택하고 있는 국가로는 네덜란드, 영국, 프랑스, 이탈리아, 캐나다 등이 있으며, 실제로 오늘날 소극적 등록제도는 나라마다 보완되어 다양하게 변화된 형태로 나타나고 있다.

기초지식

※ 적극적 지적제도를 채택하는 있는 국가 : 우리나라, 대만, 일본, 호주, 스위스, 뉴질랜드
※ 소극적 지적제도를 채택하고 있는 국가 : 네덜란드, 영국, 프랑스, 이탈리아, 캐나다
※ 우리나라에서 채택하고 있는 지적제도
 • 법지적, 도해지적, 수치지적, 2차원 지적, 적극적 지적
 • 현재 법지적에서 다목적지적으로 전환 중에 있으며, 도해지적(약 90%)과 수치지적(약 10%)을 병존하고 있으나 지적재조사와 도시개발사업지역 등 점차적으로 수치지적으로 전환을 진행하고 있음

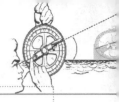

2. 지적제도의 특성

1) (현대)지적의 성격

(1) 역사성과 영구성

지적제도는 세지적·법지적·다목적지적으로 발달되어 왔으며, 시대적 또는 사회적인 요소에 따라 가변적이기는 하지만 한번 정해진 기록은 영구히 존속된다. 지적제도는 토지에 대한 발자취로서 과거에서부터 현재에 이르기까지 토지등록사항의 변화하는 과정을 상세히 기록하고 오랜 기간 동안 커다란 변화 없이 계속 유지되는 것이기 때문에 역사적이며 영구적인 특성을 가지고 있다.

(2) 반복적 민원성

지적제도는 토지의 공적인 기록으로서 지적공부에 등록된 표시사항을 열람 또는 확인할 수 있도록 토지소유자는 물론 일반인에게도 공개하고 있다.

우리나라 시·군에 있어서 지적업무는 가장 많은 민원업무의 대상이 되고 있으며, 토지의 경계 및 면적 등의 불부합에 따른 토지분쟁이나 민원이 도시화에 따른 지가상승 등의 이유로 끊이지 않고 제기되고 있다.

지적제도에 있어서 가장 일반적인 민원업무는 지적공부의 열람과 등본, 지적공부 소유권 득실변경 신청, 도시계획 확인원의 발급, 토지이동의 신청 접수 및 정리, 등록사항 정정 신청 및 정리 등이 주종을 이루며, 이러한 민원업무는 국가가 존재하는 한 필요에 따라 계속적으로 반복되는 성격을 갖고 있다.

(3) 전문성과 기술성

지적은 일필지와 관련된 기본적인 요소를 토대로 개별필지의 경계를 측량하여 정확하게 등록하는 것으로서 전문성과 기술성의 성격을 갖고 있다.

특히 전문성과 기술성은 일필지 측량과 측량결과를 토대로 지적도나 임야도에 그대로 제도(Drawing)하거나 도화하는 과정에 있어서 필연적으로 갖추어야 할 특성이다.

(4) 서비스성과 윤리성

지적제도는 민원업무에서 가장 큰 비중을 차지하고 있는 점에서 민원업무의 신속·정확한 대민 서비스의 제공은 필연적이며 민원 서비스의 질적 제공을 위한 지적의 기술혁신이나 지적선진화를 위한 지속적인 발전과제 중 하나이다.

지적은 지적정보를 필요로 하는 모든 국민들과 기관에게 어떠한 정보를 전달할 것인가에 대해 지속적으로 지적업무를 전산화하고 데이터를 구축하여 2014년부터 부동산 종합공부시스템(일사편리)과 같은 신속한 서비스를 통한 정확한 지적행정서비스를 추구하고 있다.

지적제도에서 윤리성의 특성은 지목이나 경계 또는 면적 등에 있어서 과세 또는 재산권과 아주 밀접한 관계가 있으므로 공익의 원리에서 윤리성이 강조되는 것이다.

지적제도 중 토지이동정리나 경계복원측량 등의 경우 객관적인 성격을 갖는 이유도 바로 윤리성을 전제로 하기 때문이다.

지적행정은 특히 경계를 사이에 두고 있는 이해관계인 사이의 분쟁이 없도록 하는데 역점을 두고 현실에 부합되는 객관적 사실에 순응하는 행정정책이기 때문이다.

기초지식

※ **부동산종합공부시스템**(KRAS : Korea Real estate Administration intelligence System)
(9장 3절의 2. 부동산 종합공부시스템 참조)

1. 서비스 개요

– 지적, 건축물, 토지이용 등 18종의 부동산 공부를 1종으로 일원화하여 행정혁신과 국민 편의 도모
– 공간기반 부동산 통합정보로 문자행정에 의한 탈루·무단 점용·위장전입 제거 등 행정 혁신 및 양방향 정보 융합으로 국토 공간정보 기반 강화
– 부동산 공부(지적, 건축, 가격, 토지, 소유)를 개별적으로 활용하던 수요기관에서 통합된 정보를 단일화된 전산기반에서 활용할 수 있도록 구축(그 동안 개별정보를 각 시스템마다(114종) 복사하여 활용함으로써 불일치에 의한 업무 혼선발생을 없애고 정보유지관리 비용을 획기적으로 절감)
– 공간기반 부동산 종합공부 연계를 통해 전입신고지의 건물용도 등 거주불능 지역인지 담당공무원이 확인 가능하도록 구축(행정자치부 : 전입신고 수리 시 거주 장소 확인 의무화)
– 부동산 통합정보와 부동산과세대장 등을 융합하여 '탈루세원 발굴을 지원'하기 위해 국세청·행정자치부 등과 협력 추진 및 시스템 연계를 통한 지방세원 확대(국세청 : 차세대국세행정시스템, 행정자치부 : 표준지방세시스템 및 과세관리통합시스템)
– 국유지가 무단 점유되고 있는 현황정보를 활용하여 재정수입 기반을 확대하는 등 '국유재산 관리 효율화'를 위해 기재부 등과 협업(기재부 : 공공부문 부채 및 국유재산 관리 효율화)

2. 서비스 목표

– 국가가 보유한 부동산 공부 18종을 1종의 공부로 구축하여, 대국민 서비스 및 관련 기관에 정확한 부동산 종합정보를 제공, 행정 공신력 제고와 국민 재산권 보호

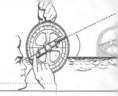

– 행정간 정보칸막이 및 업무경계를 허물고 상호 정보를 융합하여 공공·민간 모두에게 활용 가치가 높고 개방이 가능한 부동산 통합정보를 구축하여 국정과제 실현 및 정부 3.0 서비스 구현
– 지적행정 통합관리, 도시계획, 농지, 산림 등 각종 토지이용현황관리 및 부동산 공시가격(공시지가, 개별주택) 등의 부동산 공부정보 관리 업무 기능개선 및 운영
– 부동산 통합정보를 공간정보 유통 핵심 정보로 제공하고, 다양한 행정정보와 민간정보를 융합하여 위치정보 중심의 행정혁신 및 공간정보산업 활성화 도모

(5) 정보원

지적제도에서 정보원이란 토지에 관한 모든 기초적인 자료들은 개별 필지에 대한 다양한 기록과 연혁 등이 곧 지적공부에서 시작되어진다는 의미이다.

이러한 자료들을 구축하고 운영 및 관리하는 원천적인 업무절차나 업무처리가 지적제도에서 규정하고 있는 바에 따라 정확성과 신뢰성에 의거하여 가공되어져 이를 지적공부에 정보원으로 활용되는 것이다.

또한 무엇보다 이러한 기초적인 정보원은 지적업무뿐만 아니라 토지와 관련된 모든 각 부처나 기관 또는 토지와 직접적으로 관련이 없는 기관에서도 필요시 언제나 이러한 정보원을 이용할 수 있어야 되기 때문에 토지정보를 정확하게 구축하고 관리되어야 한다.

따라서 토지정보가 정확하게 구축되어 지적공부에 정확히 표기하므로 정보를 활용하는 국민이나 기관에서 원하는 목적에 따라 세부적인 업무추진을 원활하게 추진할 수 있게 되는 것이다.

2) 지적의 원리

지적의 원리는 지적업무나 활동에서 발생되는 다양한 상황들을 성립시키는 기본적인 법칙이 되는 것을 의미하는 것으로 공기능성, 민주성, 능률성, 정확성 등으로 구분할 수 있다.

(1) 공기능성(Publicness)의 원리

지적업무는 일정한 형식과 규정에 따라 일필지별로 토지의 표시사항을 등록·관리하는 것으로 국가의 고유사무로 국가만이 결정할 수 있는 국정주의를 채택하고 있다.

국가의 고유한 사무에 대한 결정이라는 의미는 모든 국민의 공공의 이익, 즉 공익을 위하는 것으로 공기능성을 의미한다.

토지에 대한 세금부과를 위한 공적 기록에 대한 공적 장부(대장)가 존재하며, 양안(量案)에 기록되는 양전(量田)의 내용도 공적 업무 수행기록으로 볼 수 있듯이 사회

전체에 공유된 가치로서 공익을 위하는 기능이 근본적인 목적이다.

그래서 지적은 특수한 집단이나 이해관계를 필요로 하는 것이 아니라 대한민국의 국민 전체를 대상으로 평등하게 적용되는 공공업무로서의 기능을 갖는다.

(2) 민주성(Democracy)의 원리

지적에서 민주성이란 법·제도적인 규정 아래 일정한 의무와 책임이 뒤따르는 토지행정업무이며 모든 행정업무의 중심에 주민의 뜻이 반영되는 것을 의미한다.

지적의 원리는 지방행정의 추구이념과 같이 분권화(decentralization), 주민참여의 보장, 책임성(accountability), 공개성 등이 함께 인식되게 하고 있다.

〈표 1-15〉 지적제도에서의 민주성의 원리

구분	세부 내용
분권화	지적행정의 결정권, 집행권을 지방자치단체에 위임하여 분산, 분권화
주민참여	토지이동과 지적측량 등의 업무에 있어서 주민자율적 참여로 인한 권리보장
책임성	법률에 따라 공익을 증진하고 토지소유권 보호와 손해구제를 위한 책임행정
공개성	공부의 모든 등록사항은 일반인도 열람·교부·발급이 가능한 공개주의 채택

(3) 능률성(Efficiency)의 원리

지적의 능률성은 정확한 일필지의 등록 및 관리를 위한 지적공무원의 권한부여에 따른 업무처리의 능률성과 대민 서비스의 신속·정확한 민원 해결 등 각종 토지현상을 정확히 조사·등록하여 정보화함으로써 발생되는 편익을 의미한다.

지적행정의 능률성은 곧 지적민원 또는 분쟁해소를 위한 준비 단계이며, 능률성을 유지하기 위한 전문성과 기술성 등이 함께 포함되어 다목적지적 또는 지적선진화 등의 혁신이 과감히 이루어짐으로써 효과를 발휘할 것이다.

(4) 정확성(Accuracy)의 원리

토지는 개개인의 사적 재산권임은 물론 지적제도는 국가 고유의 사무로서 공공성과 정확성이 항상 수반되어야 한다.

일필지의 경계나 면적 등은 정확하게 등록 관리될 때 현대 지적이 갖고 있는 지적불부합 또는 지적분쟁 등의 문제를 해결할 수 있을 것이다.

즉, 지적측량을 통하여 보다 정확한 면적이나 경계를 산정하는 것은 무엇보다 정확

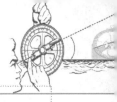
성의 원리를 가장 잘 대변하고 있는 것으로 볼 수 있는데 정확성의 원리는 최근 들어 더욱더 발전된 GPS 측량, UAV 측량과 같은 정밀도 높은 최신의 측량장비와 기술을 통해 정확성을 확보해야 한다.

4가지의 원리 중 지적제도에 있어서 정확성은 지적불부합과 민원을 최소화하기 위한 가장 중대한 원리이며 대민 서비스나 민주성을 표현하는 기본 전제로 볼 수 있다.

〈표 1-16〉 지적의 원리

구분	세부 내용
공기능성의 원리	지적은 모든 국민의 공공의 이익인 공익(公益)을 위하는 공익적 업무
민주성의 원리	법률적인 규정에 따라 주민참여를 통한 의무와 책임이 뒤따르는 토지행정
능률성의 원리	신속·정확한 업무처리를 통한 대민 서비스의 해결에 따른 업무 능률
정확성의 원리	민원 및 분쟁해결 등을 위한 정확한 토지정보원으로서의 업무 역할

3) 지적제도의 특징

권원등록제도의 선도적인 역할을 한 C.F. Brickdale경과 Dowson & Shepard 등이 언급한 지적제도의 특징과 국제측량사 연맹(FIG)의 지적분과위원회에서 지적제도의 성공을 위한 측정 기준으로 제시한 특징을 살펴보면 다음과 같다[31].

〈표 1-17〉 지적제도의 특징

C. F. Brickdale & Dowson & Shepard	국제측량사 연맹(FIG)
① 안정성	① 안정성
② 간편성	② 간결성 및 명확성
③ 정확성	③ 적시성
④ 신속성	④ 경제성 및 지속성
⑤ 저렴성	⑤ 접근성
⑥ 적합성	⑥ 공정성
⑦ 완전성	

〈표 1-17〉과 같이 C.F. Brickdale경과 Dowson & Shepard가 언급한 지적제도의 특징과 국제측량사 연맹(FIG)에서 제시한 특징 중에서 내용적으로 중복되는 특징과 중요성을 고려하면 다음과 같다.

---

31) 김영학 외 3인, 2015, 「지적학」, 화수목, pp.67-68.

〈표 1-18〉 지적제도의 특징

구분	세부 내용
안정성	토지소유자와 이해관계인의 권리가 한번 등록되면 특정한 사유가 인정되지 않는 한 불가침의 영역이므로 안정성을 확보한다.
간편성	소유권 등록은 단순한 형태로 사용되어야 하며, 절차는 명확하고 확실해야 한다.
정확성	지적제도가 효과적으로 운영되기 위해 정확성이 요구된다.
신속성	토지등록 업무절차가 신속하게 이루어져 행정서비스 전반에 대한 불평이 없어야 한다.
저렴성	효율적인 소유권 등록에 의해 한번 등록되어지면 소급하여 권원조사를 할 필요가 없으므로 소유권 입증은 저렴성을 내포한다.
적합성	현재와 미래에 발생할 상황이 적합해야 하며, 비용·인력·전문적 기술에 유용해야 한다.
완전성	등록은 모든 토지에 대하여 완전해야 하며, 개별적인 구획토지 등록은 실질적인 최근의 상황을 반영할 수 있도록 그 자체가 완전해야 한다.

4) 지적사무의 특성

〈표 1-19〉 지적사무의 특성

구분	세부 내용
국정성·공공성	지적사무는 국민의 토지소유권의 보호를 위해 통일적이고 공신력있는 국가에서 정해야 하는 고유사무로서 지적공부에 등록사항은 국가만이 결정할 수 있다.
통일성·획일성	지적사무에 대해 관련 법률 등에 자세히 규정하여 전국적인 통일성과 획일성을 유지할 수 있도록 운영되고 있다.
기술성·전문성	지적사무는 측량과 같은 기술적이고 전문성있는 업무로서의 특성을 갖는다. 법령에서 지적측량의 기술적인 측면과 그 시행절차 등을 상세히 규정하고 있다.
전통성·영속성	토지조사사업으로는 지적제도가 창설된 후 일부 제도 개선을 하면서 시행 당시 작성된 지적도면과 대장에 의해 전통성과 영속성을 유지하면서 관리·운영되고 있기 때문에 새로운 측량기술이 발달되어도 즉시 적용할 수 없고 법률에 기속되는 보수적인 측면이 있다.
준사법성·기속성	지적제도는 토지에 대한 물권이 미치는 범위와 면적을 직권으로 결정하여 지적공부에 등록·공시하는 준사법적이고 기속적인 제도이다. 이에 지적에 관련된 업무는 법령이 정하는 방법과 절차에 따라 실시하며, 등록사항에 대해서도 실질적 심사주의를 채택하고 있다. (※ 등기는 사법적이다.)
이면성·내재성	지적업무는 대장이나 도면에 토지에 관련된 사항을 등록해야 하는 형식주의를 기본 이념으로 하고 있으며, 그 사업의 성과가 표면적이나 외재적으로 나타나지 않는 내재적인 사무이다.

지적제도의 발달사

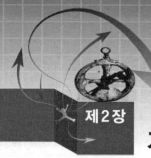

지적제도의 발달사

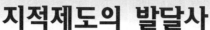

제1절 우리나라의 지적제도

1. 상고시대

1) 상고시대의 지적제도

(1) 고조선

고조선은 「단기고사(檀奇古史)」에 의하면 "기자조선 제1세 서종 원년에 미서에게 명을 내려 정전법(井田法)을 만들어 공포하고 백성들에게 농사일에 힘쓰도록 독려하였으며, 납세의 의무를 알게 하여 소득의 1/9을 바치게 하였다"는 기록이 있다.

왕을 제외한 최고의 지위에 있는 자는 풍백(風伯)이며, 풍백의 지휘를 받아 봉가(鳳駕)가 지적실무를 담당하였다. 고조선의 토지수량을 계량하는 구체적 기록은 없으나 그것을 추측케 하는 기사는 「삼국유사」, 「규원사화」, 「단기고사」 등이 있다.

「삼국유사」 고조선 조에 "위서(緯書)"를 인용하여 단군왕검이 평양성에 도읍하여 조선이라 하다가 백악산 아사달로 도읍을 옮겨 치국하기 1500년이라 하여 단군조선을 신화적으로 기록하고 있다.

그리고 「단기고사」에는 "제2대 부루(扶累) 10년 4월 정전법을 시행함으로 백성의 사전(私田)이 없어졌다"고 기록되어 있으며, "단군조선 14세 고불 58년 국토와 산야를 측량하여 조세율을 개정하였다"는 기록이 있다. 그리고 "단군조선 매근 25년에 오경박사 우문충이 토지를 측량하여 지도를 제작하였다"고 기록되어 있다.

또한 「규원사화」 단군기(檀君記)에는 "제8대 서한 때 백성에게 수확량의 1/90을 세금으로 바치게 하였다"라는 내용과 「규원사화」 태시기(太始記)에 "토지이랑을 두고 다루었다는 것과 도랑을 파고 밭두렁을 만들어 농사짓기를 권하였다"는 내용이 기록되어 있다[32]. 단군기나 태시기에서 기록된 도랑을 파고 밭두렁을 만들어 수확량의 1/90을

---

32) 최한영, 2012, 「지적측량원론」, 구미서관, p.258. 참조작성.

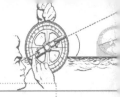

세금으로 바치게 하였다는 내용은 당시 토지에 대한 과세부과가 이뤄졌으며, 토지개간이 활발해지고 그에 따른 토지의 구획 설정을 중요시하였다는 것을 알 수 있다.

고조선에는 8조금법(八條禁法)의 국법 중 「한서(漢書)」 지리지(地俚志)의 일부인 3개 조항[33]에서 남에게 상처를 입힌 자는 곡식으로 보상하도록 하는 것으로 미루어 보아 이미 농사를 경작하기 시작하였고 명도전이라는 화폐(50만)가 등장하는 등 높은 경제수준을 보여주는 대목이기도 하다.

이러한 내용으로 볼 때 곡식을 경작하기 위해 토지를 구획하는 정전제가 도입되었으며, 사전과 공전으로 구분하여 공동경작에 따른 토지에 대한 조세를 거두었음을 확인할 수 있다.

〈표 2-1〉 정전제

구분	정전제	정전제 토지구조		
내용	토지를 일정한 기준에 의하여 구획하는 것으로 토지를 9등분하여 8농가로 하여금 각각 한 구역식 사전(개인 경작)하고 중앙의 한 구역은 공동 경작하여 공전을 조세로 바치게 하였다.	100무 사전(私田)	100무 사전(私田)	100무 사전(私田)
		100무 사전(私田)	100무 공전(公田)	100무 사전(私田)
토지 구분	공전(公田) : 공동으로 경작하는 토지	100무 사전(私田)	100무 사전(私田)	100무 사전(私田)
	사전(私田) : 개인으로 경작하는 토지			

(2) 부여

「삼국지」 부여전에 의하면 "부락에는 세력 있는 백성이 있어서 세력 없는 백성을 노복으로 삼았다. 여러 부족장은 사방의 부족들을 거느리고 있었고 그 세력이 큰 자는 수천 가(家)요, 적은 자는 수백 가였다."라고 기록하고 있다.

부여에서는 행정구역제도로서 수도를 중심으로 영토를 사방으로 구역하는 사출도(四出道)[34]를 통한 구획방법을 시행하였다. 삼국지위지에 따르면 부여의 지배층은 왕과 가

---

33) 사람을 죽인 자는 즉시 죽이고, 남에게 상처를 입힌 자는 곡식으로 배상시키며, 도둑질한 자는 남자일 경우에는 몰입하여 그 집 남자 종(奴)을 만들고 여자일 경우에는 여자 종(婢)을 만든다. 자기가 용서받고자 하는 자는 한 사람 앞에 50만을 내게 한다.

34) 사출도는 그 당시 일종의 행정 구획으로, '출도'(出道)라고 표현한 것은 중앙의 수도를 중심으로 하여 네 방향으로 통하는 길을 의미하는 것이다. 부여는 중앙의 왕과 지방 사출도의 가(加)로 5부족 연맹체를 구성하였다.

축의 이름을 붙인 마가(馬加)·우가(牛加)·저가(猪加)·구가(狗加)와 그 외의 관직이 있었으며, 수도에 사출도를 다스리는 왕이 있었으며, 사출도에 각각 마가, 우가, 저가, 구가의 직책에 있는 사람들의 부족이 있었다. 사출도는 부여의 지방 관할구획으로 그 이름은 왕이 있는 중앙으로부터 길이 사방으로 뻗쳐 있는 데서 비롯하였다.

또한 삼국지위지 동옥저전(三国志魏書東沃沮傳)』의 기록에 의하면 고조선의 8조금법(八條禁法)과 내용이 비슷한 1책12법[35])에 관련된 내용이 기록되어 있다. 그 중 절도자는 12배의 배상을 물리도록 하는 등 엄격한 법률을 규정하고 있었는데 사유 재산을 중시하였음을 입증해 주고 있다.

기초지식

※ 사출도(四出道)

「삼국지」권 30에 의하면 부여는 전국을 5개 지역으로 나누어 통치하였고, 나라에는 임금을 중심으로 가축 이름으로 관직명을 정하였는데, 마가(馬加)·우가(牛加)·저가(猪加)·구가(狗加)·대사(大使)·대사자(大使者)·사자(使者)였다.
수도를 중심으로 동서남북의 4방위에 따라 지방을 4개 구역으로 구분하였는데 이를 사출도라 하였다. 사출도에서 도(道)란 왕이 있는 도성(都城)에서 사방, 즉 동서남북으로 통하는 길 또는 그 주변에 있는 마을을 가리킨다.
따라서 사출도는 지방을 지배하는 데 기본이 되는 4개의 도로와 그 주변 마을을 의미하며, 대체로 도성을 중심으로 한 동서남북의 네 지방이었다고 할 수 있다. 그리고 사출도를 '별도로' 여러 가가 다스렸다는 사실은 도성이 있는 중앙을 국왕이 직접 다스렸으며, 그 밖의 지방은 국왕이 아닌 여러 가가 통치했음을 의미한다.

출처 : 국사편찬위원회 우리역사 넷(http://contents.history.go.kr/) 참조작성

(3) 옥저

옥저는 삼국지위지 동옥저전(三国志魏書東沃沮傳)의 기록에 의하면 "고구려가 옥저를 복속시킨 본국의 대가(大加)가 사자(使者)를 통솔하여 조부(租賦)를 징수하는 총책임을 맡게 하였다[36])"는 기록과 후한서 동이전 동옥저전에 "옥저에 조부제도가 실시되었고 밭농사가 널리 펴져있어 미곡농업이 발달했으며" 등의 기록에서 옥저인들은 조세(租稅)와 어염(魚鹽)[37], 기타 해산물 등을 고구려에 공급하였다는 것을 확

---

35) 살인자는 사형에 처하고, 그 가족은 노비로 삼으며, 절도자는 12배의 배상을 물린다. 간음한 자는 사형에 처하며, 부인이 질투하면 사형에 처하되, 그 시체는 산 위에 버리며, 그 시체를 가져가려면 소나 말을 바쳐야 한다.

36) 「三國志」 東沃沮傳에는 '又使大加統責其租稅'라 하여 大加가 使者를 통솔하여 租稅의 징수를 총괄함을 밝히고 있다. 그러나 「後漢書」의 경우 '大加'를 쓰지 않음으로써 使者의 租稅징수 역할만을 나타내고 '大加'의 역할은 기록하지 않고 있다.

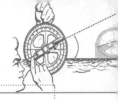

인할 수 있다.

(4) 동예

동예는 삼국지위지 동이전 예조의 기록에 의하면 각 씨족마다 생활권역이 정해져 있어 함부로 다른 지역에 들어가 경제활동을 할 수 없도록 하였고 만약 경계를 침범하였을 경우 그 벌로 소나 말을 내놓도록 하는 '책화제도[38])'를 두어 토지의 경계구분을 중요시하였다는 것을 확인할 수 있다.

(5) 삼한

삼한은 마한, 진한, 변한으로 그 중 마한이 가장 세력이 강하였으며, 토지는 공동소유를 통해 공동경작하였다.

삼한은 일찍부터 도작(벼농사)이 시행되어 저수지 축조 및 농경수확물의 운반을 위한 지게 등을 사용한 기록이 존재한다.

2. 삼국시대

1) 삼국시대의 지적제도

(1) 고구려

고구려의 지적을 담당하는 부서로는 위지의 주부(主簿), 주서와 수서의 조졸(鳥拙), 당서와 한원의 울절(鬱折)이 있으며, 지적사무는 사자(使者)가 담당하였다.

토지제도는 토지국유원칙을 전제로 하였으며 「삼국사기」에는 고구려 영류왕 11년(628년)에 견당사를 통해 중국 당태종에게 보낸 봉역도(封域圖)가 있으며, 봉역이란 흙을 쌓아서 만든 경계란 뜻으로 군사작전상 또는 행정적 목적 등에 사용하기 위해 지형상 거리, 지명, 산천 등을 기록한 오늘날의 지적도와 유사한 것으로 보여지며 이외에도 요동성총도(遼東城塚圖)라는 벽화가 존재하고 있다.

일찍이 고구려의 길이 단위는 척(尺)을 사용하였으며, 면적 단위로는 경무법을 사용하였고 6척평방을 1보, 100보를 1무, 100무를 1경으로 하였다.

토지면적을 산출하는 방식은 지형을 측량하여 면적을 산출하는 것이 아니라 당시 수

---

37) 초포(貂布)는 담비 가죽을 의미하며, 어염(魚鹽)은 어업(漁業)과 제염(製鹽)을 말한다.

38) 동예의 책화제도는 산천을 중시하고, 각 읍마다 경계가 설정되어 서로 경계를 침범하면 노예나 우마로써 배상하는 제도를 의미한다.

학 이론에 의하여 면적산출이 용이한 방전(方田), 직전(直田), 규전(圭田), 제전(梯田), 호전(弧田), 환전(環田) 등으로 토지형태를 구획하여 면적을 산출하였다.

고구려에서 측량척을 사용하여 토지를 측량하고 이를 도화한 오늘날의 지적도와 유사한 토지도면(도부류)이 있었을 것으로 보인다.

기초지식

※ 요동성총도

1953년 평안남도 순천시 용봉리에서 발굴된 요동성 무덤의 벽화로 성의 테두리, 내성과 외성의 시설, 성과 외부와의 통로, 성과 하천과의 관계, 하천의 흐름 등은 물론 건물들도 유형별로 도식화되어 있다.

그림 : 이찬, 1991, 『한국의 고지도』, 범우사

(2) 백제

백제는 지적관련 부서로 6좌평(佐平) 중 내두좌평(內頭佐平)으로 하여금 국가의 재정을 맡도록 하였으며, 측량은 산학박사(算學博士)인 전문가로 하여금 기술사무에 종사토록 하였다.

또한 산사(算師)와 화사(畵師)가 토지측량과 도면제작에 참여하였는데 산사는 구장산술의 토지측량 방식을 당시 측량술로 측량하기 쉬운 여러 형태로 구별하는 측량법을 시행하였고, 화사는 회화적으로 지도나 지적도 등을 만들었다.

길이의 단위에는 척(尺)을 사용하였으며, 토지의 면적은 두락제(斗落制)와 결부제(結負制)가 혼용되어 사용되었고, 토지에 대한 기록으로 도적(圖籍)을 가지고 있었다.

백제가 전해준 일본 비조문화(飛鳥文化)(4~7세기)에서 토지를 측량하여 소유자 및 경지의 위치를 표시한 도적과 전도를 작성하고 있었으며 근강국수소간전도(近江國水沼墾田圖)[39]가 지금까지 전해오고 있다. 또한 일본 최초의 전국지도인 '행기도'를 제

---

39) 토지를 측량하여 소유자 및 경지의 위치를 표시한 도적(圖籍)으로 세계 최초의 지적도로 보고 있음

작한 행기스님[40]이 일본 측량역사에서 측지학자(測地學者) 제1호로 학자들 사이에 인정되고 있으며, 행기스님은 전남 영암출신의 왕인박사[41]의 후손이라는 것은 측량술이 백제에서 일본으로 전파되었다는 사실을 간접적으로 확인할 수 있는 단서가 되고 있다[42].

그리고 백제 무녕왕릉(武寧王陵)의 지석이면(誌石裏面)에 새겨진 방위도(方位圖)인 능역도(陵域圖)와 신과의 묘지매매에 관해 문기(文記)에 나타난 묘지한계의 표시로 방위간지를 사용한 것 등으로도 알 수 있다.

(3) 신라

신라는 6부 중 조부(調部)에서 토지세수를 파악토록 하였으며, 창부(倉部)는 조세 및 창고에 관한 사무를 담당하였으나 후대에 내려오면서 토지업무는 분리되었다.

국학에 산학박사를 두어 토지측량과 면적계산에 관계된 지적실무에 종사하였고 산사(算師)와 화사(畫師)가 토지측량과 도면제작을 실시하였다.

길이의 단위에는 지폭(指幅)을 기준으로 한 지척(指尺)을 사용하였다. 토지의 면적은 결부제(結負制)에 의하여 측량하였고, 토지에 대한 기록으로 장적(帳籍)을 가지고 있었다.

측량에 대한 기록으로는 삼국사기 신라본기 제1 파사니사금(婆娑尼師今) 23년 8월조에는 "음즙벌국(音汁伐國)과 실직곡국(悉直谷國)이 서로 지경을 다투었으나 왕은 이를 해결하지 못하고 금관국(金官國) 수로왕을 초빙하여 그로 하여금 이치를 바로 세워 다투는 땅을 음즙벌국에 속하게 하였다"라고 기록되어 있다.

면적과 관련된 내용으로는 삼국유사 가락국기에 "가락국 제8대 금질왕(일명 鉉知王)은 즉위 이듬해(452년)에 수로왕과 허황왕(許黃王) 왕후를 위하여 두분이 합혼하던 곳에 왕후사를 창건하고 중앙에서 관사를 파견하여 부근의 평전 10결을 측정하여"라는 내용에서 평전 10결이란 면적을 계량한 내용을 의미한다.

삼국사기나 신라 장적(帳籍) 등의 기록에서 토지면적을 결·부·속으로 표시하고

---

40) 행기스님이 일본에서 현존하는 최고의 일본국 전도인 '행기도'를 작성하였기에 측량학자들 사이에서 주목되고 있다. 최근 행기스님의 생가인 에바라지(家原寺), 스님이 세운 사찰인 오오노지(大野寺)와 흙탑(土塔) 등에 행기 스님이 백제에서 건너온 왕인 박사의 후손이라는 사실을 한글 및 일본어로 소개한 안내판이 설치되어 있다.

41) 왕인박사는 일본의 '고사기'와 '일본서기'에 전라도 영암에서 태어난 백제시대의 박사(博士)로 기록되고 있으며, 285년 일본의 오오진(應神)천왕의 초청으로 천자문과 논어 10권을 가지고 일본에 한학을 알리는 한편 천왕의 사부가 된 사람이다. 왕인박사의 묘지는 일본 오오사카(大阪府) 히라카타(枚方)시에 있으며, 1938년 5월 대판부 사적 제13호로 지정되어 있다.

42) 김추윤, 1998, "행기도(行基圖)," 地籍, 284, 13-19.

있으므로 신라의 토지면적은 사방 1보(步)가 되는 넓이를 1파(把), 10파를 1속(束)으로 하고, 사방 10보(步), 즉 10속(束)을 1부(負)로 하고, 10부를 1총(總), 사방 100보(10總)를 1결(結)로 하는 결부제(結負制)를 사용하였고 지적업무와 관련한 산학 교과목으로는 삼개, 육장, 구장, 철경 등이 있었다.[43]

「삼국유사」의 가락국(駕洛國) 수로왕릉묘의 왕위전(王位田)이 '상상전(上上田)'이라고 표현되어 있는 부분과 신라장적(帳籍)의 연호 구분이 '하상년(下上年)', '하중년(下中年)', '하하년(下下年)' 등으로 9등급제를 채택한 기록이 존재하고 있어 단순히 3등급이 아닌 9등급(上上·上中·上下·中上·中中·中下·下上·下中·下下)으로 분류하여 사용되고 있었던 것을 알 수 있다.

기초지식

※ 신라 장적문서(新羅 帳籍文書)

구분		세부 내용
특징		• 현존하는 가장 오래된 지적관련 문서 • 신라시대의 율령정치와 사회구조를 밝힐 수 있는 귀중한 자료 • 지적관련 내용 이외에 그 당시의 시대상과 생활양식 등에 대한 내용 기록 • 인구수, 소와 말의 수, 나무수 등 과세지적을 증명할 수 있는 세부적인 기록
기록 내용		• 신라 장적문서는 다른 말로 '신라민정문서(新羅民政文書)', '신라촌락장적(新羅村落帳籍)', '신라촌장적(新羅村帳籍)'이라고도 한다. • 오늘날의 청주지방인 신라 서서원경 일대의 4개 촌락에 대한 문서이다. • 4개 촌의 문서는 모두 ① 촌명(村名), ② 촌역(村域), ③ 연(烟), ④ 구(口), ⑤ 우마(牛馬), ⑥ 토지, ⑦ 수목, ⑧ 호구의 감소, ⑨ 우마의 감소 ⑩ 수목의 감소 순으로 일정하게 기재 • 3년간의 사망·이동 등의 변동내역이 기록되어 있어 3년마다 조사하여 기록한 것으로 추정
세부 용어	관모답전	신라시대 각 촌락에 분산되어 있었던 국가소유의 전답
	내시령답	내시령이라는 관직을 가진 관리에게 지급된 직전
	연수유답전	신라시대 일반 백성들이 보유하여 경작한 토지로 장적문서에 전체 토지의 90% 이상이 해당
	촌주위답	신라시대 국가의 역을 수행하였던 촌주에게 지급된 직전
	마전(麻田)	신라시대 삼을 재배하였던 토지로 장적문서에 기록되어 있음

[출처: 한국민족문화대백과사전(http://encykorea.aks.ac.kr)]

---

43) 최한영, 전게서, p. 258. 참조 작성.

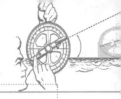

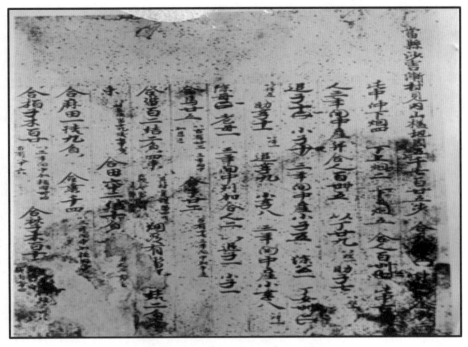

[그림 2-1] 신라 장적문서(신라민정문서)

출 처 : 한국학 중앙연구원(http://www.aks.ac.kr)

(4) 통일신라

토지제도는 토지국유제를 원칙으로 하고 토지를 수조권과 생산관계에 따라 분류하였다. 삼국시대에 비해 발전된 토지형태로 토지를 공전(公田)으로 하고 국가직영지(國家直營地), 왕실직영지(王室直營地), 사전(賜田), 식읍(食邑), 녹읍(祿邑), 관료전(官僚田), 사원전(寺院田), 정전(丁田) 등의 제도를 시행하였다.

통일신라 시대인 897년에 만들어진 숭복사 비는 현재 파손되어 일부만이 보존되어 있는데, 비명 일부에는 공전(公田), 백결(百結) 등 그 당시의 토지조세를 위한 공전과 사전 그리고 토지의 면적에 해당하는 결수가 기록되어 있다.

[그림 2-2] 숭복사 비문의 일부

출 처 : 동국대 박물관(http://www.dgumuseum.dongguk.ac.kr)

〈표 2-2〉 삼국의 토지제도 비교

국 가	면적결정	관련부서	지적실무	대장	측량방식	비고
고구려	경무법	주부, 조절, 울절	사자	–	구장산술	봉역도, 요동성총도
백제	두락제 결부제	내두좌평	산학박사, 산사, 화사	도적	구장산술	근강국수소간전도 능역도
신라	결부제	조부, 창부	산학박사, 산사, 화사	장적	구장산술	전품제, 정전(丁田)
참고사항	• 산학박사 : 측량과 지적을 담당 • 산사 : 측량 시행자 • 화사 : 도면 작성자					

〈표 2-3〉 통일신라시대의 토지제도

구분	세부 내용
① 국가직영지	중앙과 지방관부에 소속된 토지
② 왕실직영지	국왕과 그 일족을 위한 왕실소속의 토지
③ 사전(賜田)	국가에 공훈을 세운 문·무 관료에게 지급하였던 토지(상속 가능)
④ 식읍(食邑)	특별한 공훈이나 특별한 사유가 있는 관료에게 지급한 토지(상속 불가)
⑤ 녹읍(祿邑)	관료들에게 직무의 대가로 지급한 토지로서 관료귀족이 소유한 일정한 지역의 토지로 조세의 수취 및 그 토지에 딸린 노동력과 공물(貢物)을 모두 수취할 수 있는 특권이 부여된 토지(상속 가능)
⑥ 관료전(官僚田)	현직 문·무 관료들에게 지급한 토지로 주어진 토지에서 조세만 수취할 수 있는 토지이며, 관직에서 물러나면 반납하여야 하는 토지(상속 불가)
⑦ 사원전(寺院田)	불교 육성책으로 불교사원에 지급한 토지(상속 가능)
⑧ 정전(丁田)	신라 성덕왕 때 20~50세 이하의 남자에게 지급되어 60세에 국가에 반납하게 하여 국가에 조세를 납부하게 하였던 제도(상속 불가)

〈표 2-4〉 면적결정방법 비교

구분	국가	면적 결정 방법	세부 내용
결부제	신라·백제	전답의 '수확량'	1파는 벼 한 줌, 1보는 1파, 10파를 1속, 10속을 1부, 10부를 1총, 10총을 1결(100부를 1결)
두락제	백제	씨앗의 '파종량'	1석(石, 20두)의 씨앗을 뿌리는 면적을 1석락(石落)이 기준에 따라 하두락(何斗落), 하승락(何升落), 하합락(何合落)이라 하며, 1두락은 120평 또는 180평
경무법	고구려	전답의 '이랑'	6척을 1보(步), 100보는 1무(畝), 100무는 1경(頃)

 기초지식

※ 조방제

시 대	세부 내용
삼국시대	• 조방제의 기원은 명확하지 않으나 중국 당나라의 장안을 모방하여 고구려 평양성, 백제 사비성, 신라 왕경(경주) 등의 도성(도시)을 계획할 때 사용되었던 방법이다. • 조방제는 북쪽 중앙에 천황의 궁궐이 있고, 주작대로(朱雀大路)를 따라 좌경(左京)과 우경(右京)으로 나뉘어 바둑판처럼 격자형으로 구획한 도시형태로 남북은 조(條), 동서는 방(方)으로 위치를 표시한 것을 말하며 다른 말로 방리제라고도 한다.

기초지식

※ 정전법(井田法)과 정전제(丁田制)의 비교

시대	세부 내용
정전법 (井田法)	• 토지를 9등분하여 8개 구역은 각각 개인이 경작하고 중앙의 한 구역은 공동으로 경작하여 1개 구역을 조세로 바치게 한 방법 • 우리나라 최초의 면적 결정 방법으로 정전법 또는 정전제라고도 함
정전제 (丁田制)	• 신라 성덕왕 때 20~50세 이하의 남자에게 처음 지급되어 60세에 국가에 반납하게 하여 국가에 조세를 납부하게 하였던 방법 • 삼국말 통일 전쟁이 진행되는 혼란기에 귀족에 의한 대토지의 점유와 농민의 토지 보유 상태에 극심한 불균형이 발생한 사회적 배경에서 실시됨

기초지식

※ 구장산술(九章算術) : 고대 중국의 수학(산수)서적

고대 수학 참고서로서 제1장부터 제9장으로 이루어져 있고 각 장에 해당하는 수학적 내용의 문제(총 250문제)를 포함시켜 놓은 후대 산수서적의 모델로서, 고대 사회경제의 역사를 엿볼 수 있는 흔적이 담긴 가치가 높은 수학서적이다.

• 제1장 : '방전(方田)'은 전묘(田畝)의 넓이를 구하는 계산에 분수가 있고 분자·분모·통분에 대한 내용
• 제2장 : '속미(粟米)'로서 쌀(좁쌀)의 교역에 관한 내용 문제
• 제3장 : '쇠분(衰分)'은 비례의 계산에 관한 내용 및 문제
• 제4장 : '소광(少廣)'은 방전장과는 역으로 넓이에서 변과 지름을 구하는 제곱근풀이에 관한 내용 및 문제
• 제5장 : '상공(商功)'은 토목공사에 관한 내용 및 문제
• 제6장 : '균수(均輸)'는 물자수송의 계산에 관한 내용 및 문제
• 제7장 : '영부족(盈不足)'은 분배 시 과부족에 관한 내용 및 문제
• 제8장 : '방정(方程)'은 1차 연립 방정식의 계산문제를 가감법으로 푸는 방법 등의 내용 및 문제
• 제9장 : '구고(句股)'는 직각삼각형에 관한 것으로 피타고라스의 응용 문제풀이와 2차 방정식 등의 내용 및 문제

3. 고려시대

1) 고려의 지적제도

(1) 개요

고려시대에는 지적업무는 전기에는 상서성의 호부에서 관장하였고, 후기에는 첨의부의 판도사에서 담당하였다.

호부는 호구·공부·전량을 관장하는 부서인데 설치 이후 몇 차례 명칭과 업무내용에 조금씩 변화가 있었다. 또한 지방의 군·현에는 수령을 보좌하는 사창(司倉)·창정(倉正)·부창정(副倉正)·창리(倉吏) 등이 양전업무를 담당하였고 측량실무는 향리가 맡아 수행하였다.

또 특별한 경우에는 임시관청 또는 특수관청으로서 급전도감, 정치도감, 전민변정도감, 찰리변위도감 등이 토지의 분급과 토지 침탈 방지, 토지 소송 등을 담당하는 기본목적 외에 지적업무의 보조 내지는 감독, 감찰, 시정 등의 기능도 일부 수행하였다.

고려시대에 토지측량인 양전에 관한 내용은 토지의 소유주, 전품, 토지의 형태, 양전의 방향, 사표, 양전척의 단위, 총결수, 결수 등을 매필지에 관하여 조사하였다.

이러한 양전과 토지기록부에 관한 세부적인 내용은 고성 삼일포 매향비, 암태도 매향비, 정두사 오층석탑조성형지기, 개선사 석등기 등의 기록에 잘 나타나 있다.

양전사업에 의한 대표적인 토지기록부로는 도전장(都田帳), 양전도장(量田都帳), 양전장적(量田帳籍), 도행(導行), 작(作), 도전정(導田丁), 전적(田籍), 전안(田案) 등이 있으며, 이들 중에서는 순수한 토지기록부의 성격을 가진 것도 있고 토지분급대장, 결수대장 등의 성격을 갖는 것도 있었다.

여기서 도행(導行)이라는 장부는 955년(광종 6년) 2월 15일에 '송량경'이 조사를 하여 도행이라는 장부를 만들고 실제 토지조사와 측량에 참가한 사람의 직과 이름이 기록되어 있어 '송량경'이 우리나라 최초의 토지조사측량자이며 도행을 작성하여 작(作)[44]을 만들었고 도행은 1031년까지 사창이 보관하고 있다.[45] 도행(導行)은 타량성책의 초안 또는 각 관아에 비치된 결세대장이며, 작(作)은 관아의 토지등록 장부이다.

---

44) 956년(광종 7년), 양전사 전수창부경의 예언, 하전 봉휴, 산사 천달 등이 송량경의 도행을 기초로 작이라는 토지대장을 작성하였다.(최한영, 2013, 지적원론, 구미서관, p.306.)

45) 하다시카시, 1976, 신라 및 고려의 토지대장, 성균관 근대교육 80주년 기념 동양학학술회의 논문집, p.176.

고려시대의 토지장부 형식과 내용을 파악하기 힘들지만 사찰문서, 비문(碑文) 등에 기록된 토지장부의 내용을 살펴보면 삼국유사 보양이목조의 청도군도전장(淸道郡都田帳), 가락국기에 양전도장(量田都帳), 남부여 전백제 북부여조에 양전장적(量田帳籍), 정두사 오층석탑조성형지기에 도행(導行), 작(作), 고려사에 도전정(導田丁), 전적(田籍) 등 모두 토지대장의 명칭이다.

토지측량에 사용된 양전척(量田尺)은 문종 23년의 기록 원문에 보면 척도의 단위로 기록되어 있는데, 1결의 면적은 양전척으로 사방 33보를 취하였다. 길이의 단위로는 보(步), 척(尺), 푼(分), 촌(寸)의 순서로 단위를 정하고, 1보의 길이를 6척으로 하고 1척의 길이를 10푼, 1푼의 길이를 6촌(치)으로 하였다.

고려의 토지제도는 신라의 결부제와 전품제 그리고 고구려의 경무법의 형식을 모방하였고 길이의 단위로는 척을 사용하였다.

「고려사(高麗史)」의 기록에는 고려시대 과거제도 중 산학과 관련된 명산과(明算科)의 시험과목은 삼개(신라 및 고려시대 산학제도의 교과서인 산술서), 사가(신라육장), 구장산술, 철술(수학서) 등으로 신라의 산학제도를 이어받은 것으로 추측되며, 특히 삼개의 내용에 관하여 정확하게는 알 수 없지만, 중국의 수학서에서 측량술 부분만을 발췌하여 편집한 것으로 추측된다.[46]

고려시대에는 전국적인 양전사업이 실시되었으며, 양전은 법제 및 격식 제정에 관한 문제를 의논한 회의기관인 식목도감 규정을 토대로 중앙에서 산사를 대동한 양전사가 파견되고 지방관이 기초 조사를 통해 토지기록부가 작성되었다.

고려 초기에 토지사유를 금하고 공유(公有)원칙에 따라 각 공신들에게 공훈의 차등에 따라 일정한 면적의 토지를 나누어 주었는데 이것이 역분전(役分田)의 효시이다. 역분전이란 신하나 군인의 계급에 관계없이 왕에 대한 충성심 또는 공로의 대소에 따라 차이가 있게 지급한 전토를 말하며, 공훈전(功勳田)을 거쳐 결국 전시과(田柴科)[47]로 발전하였다.

고려 말기 공민왕 때에는 권문세가의 토지 겸병으로 전체가 극도로 문란해지자 토지 개혁의 일환으로 실시한 과전법이 실시되어 양안도 초기나 중기의 것과는 전혀 다른 과전법에 적합한 양식으로 고쳐지고 토지의 정확한 파악을 위하여 오늘날의 지번설정과 같은 지번(자호)제도를 창설하게 되었다.

---

46) 최한영, 전게서, p.260, 참조작성.

47) 전시과는 당나라의 제도를 모방한 것으로 구분전, 공음전, 공해전, 녹과전, 둔전 등을 두었으며, 이러한 토지는 모두 공전으로 처분이 어렵고 여기에서 발생하는 수익만 차지하는 것이다.

자호제도(字號制度)는 지방 행정구역의 단위로 정(丁)을 사용하여 20결, 15결, 10결 등으로 정을 만들고(중기에는 17결을 1정으로 함), 수 개의 정을 모아 다시 읍을 만들어 천자문의 차례에 따라 번호를 부호하여 천자정(天), 지자정(地)....천자문의 최종자인 야자정(也)까지 1천 정이 되면 ○○읍 ○○정이라 하고 그 다음 지역은 새로이 1정을 만들어 자호를 부여하였다.

고려의 자호제도는 조선시대에 와서 일자오결제도(一字五結制度)의 계기가 되었으며, 조선에서는 고려의 천자정, 지자정 등의 정(丁) 단위를 답(畓)으로 고쳐 이를 천자답(天字畓), 지자답(地字畓) 등으로 바꾸었다.

측량계산에는 구장산술의 형태를 계승하여 토지의 형태에 따라 방전, 직전, 제전, 규전, 구고전 등으로 측량하였다.

고려 초기나 중기에는 양전척으로 단일척을 쓰고, 후기에는 토지등급에 따라 척수가 각각 다르게 계산하는 수등이척제(隨等異尺制)를 사용하였다.

수등이척의 법을 제정 계지척에 의한 등급을 하강하는데 따라 척장을 추가하여 1결당 면적을 크게 하였다. 또한 1069년에는 경무법을 폐지하고 결부제를 사용하기 위해 토지의 면적과 측량척에 관한 양전보수(量田步數) 규정을 공포하였다.

 기초지식

※ 수등이척제(隨等異尺制)

• 고려 말기에서 조선시대의 토지측량제도인 양전법에 전품을 상·중·하의 3등급 또는 1등부터 6등까지의 6등급으로 나누어 각 토지를 등급에 따라 길이가 서로 다른 계지척을 사용하여 척수를 달리하던 제도를 말한다. 즉, 전품이 낮으면(등급이 낮음) 양전척은 길어지고, 전품이 높으면(등급이 높은) 양전척은 짧아진다. 다른 말로 하면 비옥한 토지에는 짧은 양전척을 사용하고 척박한 토지에는 긴 양전척을 사용한다는 의미이며 이때 사용된 양전척을 계지척 또는 수지척이라 한다.

구분		세부 내용
연혁	고려 말기	• 전품의 등급을 상·중·하의 3등급으로 구분
	조선 세종	• 전을 6등급으로 나누어 각 등급마다 척수를 다르게 타량
	조선 효종 4년	• 1등급의 양전척의 길이로 통일하여 양전

• 양전법의 전품을 상·중·하의 3등급으로 나누어 척수를 달리 계산
  ① 상등척 : 농부의 손뼘을 기준 20뼘을 1척
  ② 중등척 : 농부의 손뼘을 기준 25뼘을 1척
  ③ 하등척 : 농부의 손뼘을 기준 30뼘을 1척

- 전품의 구분　① 상전지 : 2지의 10배
　　　　　　② 중전지 : 2지의 5배+3지의 5배
　　　　　　③ 하전지 : 3지의 10배
- 방전, 직전, 제전, 규전, 구고전의 5가지 전형으로만 계산함

※ 수등이척제의 개선 방안으로 이기는 "해학유서"에서 "망척제"를 주장함

기초지식

※ 사표(四標)
- 개념 : 양안에 수록된 사항으로 토지 위치를 간략하게 표시한 것(오늘날의 지적도와 유사)
- 기원 : 통일신라 진성여왕 5년 담양 개선사석등기에서의 명문기록
- 규정 : 조선의 '속대전'에서 모든 토지는 사표와 소유자를 양안에 수록하도록 규정하였다.
- 내용 : 자호는 지번이고 사표는 토지의 위치표시를 위해 동서남북의 경계를 표시하는 도면
  의 역할을 하여, 하나의 도면으로 4필지 이상의 토지 등록사항을 파악하였다.
- 기재내용
  ① 동서남북의 토지소유자, 지목, 자호, 양전방향, 토지등급, 토지형태, 토지의 동서 길이,
  　 남북 너비, 토지면적 등
  ② 제방, 유지, 도로, 구거, 하천, 산 등을 사용하였음
  　 (※ 당시 소유자 성명은 기재하지 않았으며, 일제 토지조사사업 당시까지 사용하였음)

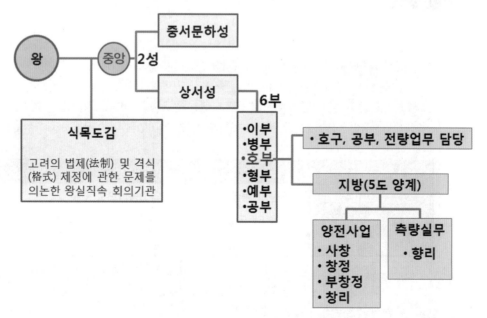

[그림 2-3] 고려시대의 정치구조 및 양전관련 부서

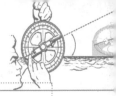

〈표 2-5〉고려시대의 임시관청 또는 특별관청

구분	세부 내용
방고감전별감	1273년에 설치된 것으로 전지공안(田地公案 : 토지에 대한 공식문서)와 별고(別庫 : 별도의 재산관리를 위한 창고를 두는 노비) 소속 노비문서를 위한 임시관청
정치도감	1347년에 설치된 것으로 토지탈취와 겸병을 조사하여 토지와 노비를 본 주인에게 돌려주고, 권세가들이 가지고 있던 주인이 없는 진전을 혁파하기 위한 임시관청
절급도감 (급전도감)	1382년에 설치된 것으로 전시과제도를 시행하면서 관리들에게 전지를 공정하게 나누어 주기 위하여 토지측량사업과 병행하여 토지분급 업무를 맡았던 임시관청(절급도감은 1389년에 급전도감으로 이어짐)
전민변정도감 (화자거집전민추고도감)	1269년에 설치된 것으로 권문세족이 토지와 노비를 늘려 국가 기반이 크게 악화되자 이를 시정하기 위하여 토지 및 노비에 관한 행정 정비를 위한 임시관청으로 다른 이름으로는 화자거집전민추고도감이라고 함
찰리변위도감	1318년에 설치된 것으로 권세가의 토지와 농민에 대한 불법적인 약탈과 소유를 조사하여 찾아내어 본 주인에게 돌려주기 위해 설치하였던 불법규찰을 위한 임시관청

기초지식

※ 고려의 전품제도에 따른 토지구분 및 기타 용어

구분		세부 내용
역전	불역전(不易田)	• 매년 경작되는 토지 - 상품전(上品田)
	일역전(一易田)	• 1년 동안 휴경한 토지 - 중품전(中品田)
	재역전(再易田)	• 2년 동안 휴경한 토지 - 하품전(下品田)
기타	진전(陳田)	• 경작하지 않고 묵힌 토지
	간전(墾田)	• 현재 개간하여 경작하고 있는 토지

〈표 2-6〉 양전에 관한 기록

정두사 오층석탑조성형지기				
代下田 長卄七步方卄步 北能召田 南東 西葛頸 寺田 承孔伍百肆拾 結得肆拾玖 負肆束 同寺位同土 犯 南田 長拾玖步東三步 三方渠 西文 達代 承孔百四 結得玖負 五束				 출 처 : http://buddhapia.com

代下田	長卄七步方卄步	北能召田 南東 西葛頸寺田	能召 同寺位
토지의 지목	토지의 형태	사표	토지의 소유주
承孔伍百肆拾	結得肆拾玖	犯南	長拾玖步東三步
총척수	결수	양전의 방향	양전척의 단위

〈표 2-7〉 고성 삼일포 매향비

토지의 소재지구	토지의 결수	사표·진기	탁본
통주부사 김용경시납 양주부사 박전시납			
양원대 하평원	답 이결	동북진답대동음진 남도서백정 천달기답	
북 반이원	답 이결	동북주군진답 남군○○진 서미늑사답	
동원	전 이결	동남토 서진지진 북종이천	
소재지역 기록	전답 결수 기록	주변 4필지의 경작인, 지목기록	출 처 : 韓國金石全文 中世下(1984)

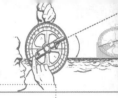

위의 기록을 토대로 볼 때 양전에 따른 토지기록부의 기재형식은 매 필지에 대하여 토지소유자 아래에 토지소재지, 지목, 토지형상, 양전의 방향, 면적, 사표, 총 결수 등을 기록하고 있어 소유자 단위로 토지기록부가 작성된 것으로 짐작할 수 있다.

(2) 토지제도

고려 초기 940년(태조 23년)에 역분전을 분급했는데, 고려의 토지제도 근간을 이룬 전시과 제도는 당나라의 반전제도를 모방한 것으로 고려 개국에 공을 세운 신료, 군사들에게 관등에 관계없이 인품과 공로만을 기준으로 토지를 분급하였는데 이를 역분전(役分田)이라 하였다.

역분전은 공훈전(功勳田)을 거쳐 976년 경종 때에 처음으로 전시과 제도가 마련되었다. 전시과에서 전은 농지, 시는 임야, 과는 관리의 등급을 말하는 것으로 초기의 전시과제도(시정 전시과)는 무관을 우대하여 전직·현직의 지위의 높고 낮음과 함께 인품을 반영하여 지급하였다.

시정전시과는 다시 개정전시과제도로 바뀌게 되는데 개정전시과제도는 전직·현직관료를 대상으로 하되 기존의 시정전시과의 인품을 배제하고 관직을 18품계로 구분하여 문관을 우대하면서 18등급 이외의 자에게는 한외과를 지급하게 되었다.

그러면서 개정전시과제도는 또 다시 기존의 전직·현직관료에게 모두 나누어 주었던 토지를 이제는 오직 현직관료에게만 지급하게 되면서 한외과 제도를 폐지하고 무관에 대한 차별을 완화하여 경정전시과로 재편성되면서 전시과제도가 완비되었다.

고려 중기 이후 원나라의 침입으로 전시과제도가 사실상 붕괴되기 시작했으며, 국고가 탕진되어 관료들의 녹봉지급이 어렵게 되면서 고종 44년인 1257년에 토지를 분급해 녹봉에 대신하는 분전대록의 원칙을 마련하였다. 또한 급전도감(給田都監)을 세워 경기도(강화) 토지를 관리에게 지급하는 녹과전제도를 마련하였다.

고려 후기에 들어오면서 권문세족들이 대규모의 토지를 소유하고 있으나 세금을 내지 않아 국고가 부족하게 되었고 위화도 회군으로 이성계가 정권을 장악함으로써 조선 개국을 위한 밑받침이 되는 토지제도인 전시과제도를 만들었다.

과전법(1391년)은 전국의 토지를 국가 수조지로 편성한 후 수조권을 정부 각처와 양반 직역자에게 분급하고 사전과 공전으로 구분하여 사전은 경기도에 한하여 현직, 전직관리의 고하에 따라 땅을 지급하였으며 그 대신 자신에게만 제한하여 세습이 불가능하였다.

따라서 고려의 토지제도를 종합하면 고려 초기의 토지제도는 역분전(940년)을 기초로 전시과제도가 마련되었고 전시과제도는 경종 원년(976년)에 창설되어 세 차례에 걸쳐 개정되었는데 경종 원년에 시정전시과(976년), 목종 원년에 개정전시과(998년), 문종 원년(1076년)에 경정전시과로 개정하여 전시과제도가 사실상 종료되면서 녹과전(1257년)과 조선 개국을 위한 토지제도로서 고려의 마지막 토지제도인 과전법을 실시하였다.

〈표 2-8〉 고려의 토지제도

구분	세부 내용
역분전 (940년)	• 고려 개국에 공을 세운 조신(朝臣)・군사(軍士)의 관계(지위)의 고하에 관계없이 공신에게 인품과 공로에 기준을 두어 지급 • 개국공신을 중앙으로 편입시켜 관료의 생활을 정착하기 위해 경기도에 국한하여 지급 • 이를 시정하기 위해 전시과를 개정하여 관직의 고하 및 인품을 반영한 전시과 제도 마련
시정 전시과 (976년)	• 역분전과 공훈전을 토대로 제정 • 관직의 고하 및 인품을 반영하여 지급 • 직관(실직을 가진 벼슬)과 산관(실직이 없는 벼슬)도 차등분급 적용
개정 전시과 (998년)	• 관직의 고하에 따라 1등급~18등급으로 토지분급 • 실무를 맡지 않은 관직(산관)은 현직관료에 비해 세를 낮추어 급여 • 무관이 같은 품계의 문관에 비해 적은 전시를 받음 • 인품을 배제한 관직과 위계(位階)의 높고 낮음에 따라 지급 • 1등급에서 18등급 이내에 속하지 못한 자에 한하여 지급한 한외과 설치
경정 전시과 (1076년)	• 현직 직관(실직을 가진 벼슬)에게만 지급 • 토지의 지급액수가 전체적으로 감소 • 전직관료인 산관(실무를 맡지 않은 관직)이 지급대상에서 완전히 제외 • 무관에 대한 차별을 완화 • 한외과(18등급에 속하지 못한 이외의 과)가 사라짐
녹과전 (1257년)	• 원나라의 침입으로 전시과제도가 사실상 붕괴되면서 국고부족으로 인한 녹봉의 지급이 불가능하게 됨 • 고종은 토지를 분급해 녹봉에 대신하는 분전대록의 원칙 마련 • 급전도감(給田都監)을 세워 경기도(강화) 토지를 관리에게 지급
과전법 (1391년)	• 권문세족들이 대규모의 토지를 소유하고 있으나 세금을 내지 않아 국고가 부족함으로 인해 공양왕 때 새로이 만든 토지제도 • 조선 개국을 위한 밑받침이 되는 토지제도로 전국의 토지를 국가 수조지로 편성한 후 수조권을 정부 각처와 양반 직역자에게 분급 • 사전과 공전으로 구분하여 사전은 경기도에 한하여 현직, 전직관리의 고하에 따라 땅을 지급하되, 세습 불가

역분전 ─ 시정전시과 ─ 개정전시과 ─ 경정전시과 ─ 녹과전 ─ 과전법

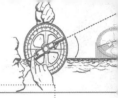

※ 전시과 제도의 비교

구분	시정 전시과	개정 전시과	경정 전시과
시기	• 경종	• 목종	• 문종
대상	• 전직 + 현직 관리	• 전직 + 현직 관리	• 현직 관리
기준	• 인품 + 관품	• 관등	• 관등
특징	• 국가에 대한 관직복무, 직역의 대가로 수조권을 지급하였으며, 관리를 총 18등급으로 구분하여 전지와 시지를 지급함		

(3) 토지제도의 유형

고려의 토지제도는 공전(公田)과 사전(私田)으로 크게 구분할 수 있고 공전(公田)은 농민사유지인 민전, 왕실직속 소유지인 내장전, 각 관청에 분급한 수조지[48]와 시지[49]인 공해전, 국경 부근이나 군사 요지에 설치하여 군량에 충당한 토지의 국둔전(國屯田), 지방관청의 경비를 보충하려는 목적으로 설치한 관둔전(官屯田)으로 구분되는 둔전, 학교의 운영을 위한 학전, 그리고 농업적 기원과 제사를 마련하기 위한 토지의 적전 등이 있다.

사전(私田)은 문무양반에게 지급한 양반전, 특별한 공로나 공훈을 포상하기 위한 공음전, 궁전소속의 토지인 궁원전, 불교사원에 소속된 토지인 사원전, 6품 이하의 하급양반을 위한 한인전, 자손이 없는 하급관리와 군인유가족에게 분급한 구분전, 지방향리에게 지급되었던 향리전, 군역(軍役)을 확보하기 위해 군인층의 경제적인 뒷받침을 위해 지급하였던 군인전, 귀화(歸化)한 외국인으로서 관직을 받은 자에게 분급한 투화전 등이 있다.

---

48) 토지의 세금을 거둘 수 있는 권리로서 관료들의 관직의 복무로 인한 대가를 정해진 토지의 세금(조세)을 직접 징수할 수 있는 권리를 수조권이라 하며, 이러한 토지를 수조지라 한다.

49) 시지(柴地) : 땔감을 채취할 수 있는 땅을 의미한다.

<표 2-9> 고려시대의 토지제도 유형

구분		세부 내용
공전	민 전	• 농민의 사유지로 매매 및 상속이 가능한 토지
	내장전	• 왕실 직속 소유지
	공해전	• 각 관청에 분급한 수조지와 시지로 공해전시(公廨田柴)라고도 함
	둔 전	• 진수군이 경작 수확하여 군량에 충당하는 토지
	학 전	• 각 학교 운영경비 조달을 위한 토지
	적 전	• 신농·후직을 제사지내기 위한 토지
사전	양반전	• 문무양반에 재직 중인 관료에 지급한 토지
	공음전	• 특별한 공훈을 세운 자에게 수여한 토지로 공음전시(功蔭田柴) 또는 사패전(賜牌田)·훈전(勳田)·사전(賜田) 등으로 불림
	궁원전	• 왕자나 왕자의 비빈(妃嬪)을 위해 궁(宮)·원(院)에 지급한 토지
	사원전	• 불교사원에 소속되는 전장 기타의 토지
	별사전	• 승려와 지리업(地理業)에 종사한 자에게 지급한 토지
	한인전	• 육품 이하 하급양반의 자손을 위한 토지
	구분전	• 자손이 없는 하급관리와 군인유가족에 지급
	외역전	• 지방향리에 지급한 토지로서 향리전(鄕吏田)이라고도 함
	군인전	• 경군 소속의 군인에게 지급한 토지
	투화전	• 귀화한 외국인의 관료 지위에 따라 지급하였던 토지
	등과전	• 과거제도 장려를 위해 장차 관료가 될 급제자에게 지급한 토지

출 처 : 이왕무 외, 2008, 전게서, pp.49~50. 참조작성.

4. 조선시대

1) 조선시대의 지적제도

(1) 개요

조선시대의 토지등록제도는 고려시대의 양전제도를 발전시킨 것으로 보다 구체적으
로 보완·정비되었으며 경국대전(經國大典)[50]과 양전청(量田廳)[51] 그리고 전제상정
소준수조획[52]과 전제상정소(田制詳定所)[53]의 설치 등 국가 법령에 양전에 관한 조문

---

50) 조선시대의 모든 법령의 기본이 된 법전을 말한다.

51) 조선시대 토지면적을 조사하기 위하여 만든 임시적인 행정관아를 말한다.

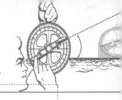

이 공식화되고 양안의 작성과 토지 변동사항의 파악을 위한 개량 및 토지거래를 위한 문기와 이의 실질적 심사권을 행사한 입안과 가계·지계제도 등을 통하여 공신력을 부여하도록 노력하였다.

조선시대의 지적관리 기구로는 중앙에 호조(戶曹)가 있었고 이 호조에는 3사(판적사, 회계사, 경비사)가 있었는데 이 중에서 판적사가 양전업무를 담당하였다. 실무자는 중앙에서 파견한 양전사였으며, 지방에서는 향리나 서리에 의하여 수행되었다. 향리나 서리의 비리로 전정(田政)이 문란해지자 백성의 부담을 공평히 할 목적으로 토지의 등급을 다시 사정하기 위해 균전사(均田使)[54]를 어사로 파견하여 양전에 따른 비리를 규찰하였으나 지방실정을 정확하게 파악하기 힘들었고 향촌을 일일이 돌아다니면서 전품사정과 부세율(賦稅率)을 책정한다는 것이 사실상 불가능하여 균전사 파견의 성과는 그렇게 크지 못하였다. 조선의 양전은 1719년(숙종 45)에 양전은 삼남에 좌·우도 균전사를 파견함으로써 시작되었고, 애초 결정된 방식은 관찰사였으나, 고관으로서 양전구관 당상관(量田勾管堂上官)을 임명하고 양전청(量田廳)을 설치하는 방식으로 바뀌어 숙종 45년 4월 말 무렵을 전후하여 관찰사와 균전사 2명이 각 도의 양전을 담당하는 것으로 바뀌었다.[55]

조선 초기에는 고려 말의 과전법을 폐지하고 현직관료에 중점을 두는 직전법에 기반을 두었으며, 고려시대의 양전법을 그대로 실시하여 수등이척제를 사용하였다. 수등이척제는 토지의 등급이 낮을수록 양전척의 길이가 길어지는 것으로 1등전 4.775척, 2등전 5.179척, 3등전 5.703척, 4등전 6.434척, 5등전 7.55척, 6등전 9.55척이었다. 또한 조선시대에는 조세법으로 답험손실법(踏驗損實法)을 채택하였으나 지방 향리들이 제대로 측정하지 않아 부자가 세금을 덜 내고 가난한 자는 더 내는 등의 폐단이 발생하여 공법(貢法)이 만들어졌으며, 공법의 문제점 때문에 새로이 전분 6등법과 연분 9등법(年分九等法)의 세제를 적용하였다.

조선시대 양전을 위한 양전척도로는 문종 때 보·척·분·촌 등의 척도가 만들어졌으며, 1430년(세종 12년)에는 황종척(黃鐘尺)을 기준으로 도량형이 교정되어 신규 도량형제가 실시됨에 따라 양전척도 필연적으로 개정되었다. 그 당시 주척, 황종척, 예기척, 포백척, 영조척의 새로운 도량형이 만들어졌다. 또한 인조 때 갑술척과 효종 때 '전제상정소준수조화'라는 측량규칙을 만들어 6종의 양전척을 1등급의 양전척 길이로 통

52) 조선시대 1653년(효종 4년)에 양전(토지측량) 시 지켜야 할 사항(수칙)을 규정한 책(규정)

53) 조선시대의 임시관청으로 토지 및 조세제도의 조사와 신법제정 등을 위하여 설치되었다.

54) 각 도의 전답을 정확히 조사하기 위해 파견한 어사(御史)로서 전답의 토지등급의 결정, 양안작성, 양전사무를 총괄하는 업무를 담당하였다.

55) 오인택, 1999, "조선 후기 경자양전(1720년)의 역사적 성격", 한국역사연구회, pp.7~14.

일하여 양전을 실시하였다.

조선시대의 조세 및 양전법과 관련하여 다양한 원칙과 방법에 의거하여 몇 차례의 개혁과정을 거쳐 발전하게 되었는데 정약용, 서유구, 이기, 이익, 유길준, 유형원, 한백겸 등을 통하여 양전법에 대한 개정론이 제기되었다.

특히 조선시대에 주목되는 것으로 오늘날과 같은 토지대장이 있었는데, 경국대전에 의하면 이 양안은 20년마다 한 번씩 양전을 실시하여 새로운 양안을 작성하고 호조·본도·본읍에 보관하게 하였다. 그러나 실제로 인력·경비 등의 소요가 막대하여, 규정대로 실시되지 않고 지방에 따라 부분적으로 실시되어 실제의 토지 경작상황과 거리가 먼 내용이거나 관리가 부정 수단으로 기록하기도 하였으며, 양안에 등록하지 않은 은결(隱結)[56]의 전지가 상당수였기 때문에 양안이 전 경작지를 다 포함하였다고는 할 수 없다.

면적계산은 결부제를 사용하여 전의 1척을 1파(把)로, 10파를 1속(束)으로, 10속을 1부(負)로, 100부(負)를 1결(一結)로 하였으며, 토지의 모양(田形)에 따라 방전, 직전, 제전, 규전, 구고전 등 5가지의 형태로 분류하여 측량하였다.

토지의 지목으로는 초기에는 수전(水田), 한전(旱田)의 2종으로 정하였으나 중엽 이후에는 수(水)자와 전(田)자를 합하여 답(畓)자를 만들어 쓰고 한(旱)자는 이를 생략하여 단지 전이라 사용하였다. 건물의 부지는 이를 대(垈)라 하여 전, 답, 대의 3종으로 되었고 기타의 토지는 모두 산야(山野)라 하였다.

토지의 지번은 고려시대의 자호제도(字號制度)를 보다 발전시켜 천자문의 일자는 폐경전, 기경전[57]을 막론하고 5결이 되면 부여하였으며, 천(天), 지(地), 인(人) 등의 천자문 글자 순서대로 토지에 부호를 붙이고 다시 1, 2, 3... 등의 숫자를 순차적으로 부여하여 천자 제1호, 제2호 등으로 하였는데 이것을 일자오결제(一字五結制)라 하였다.

일자오결제의 천자문 1자는 토지 면적 8결로 한정하였고 5결마다 1자 중의 번호로 끝맺고 다음으로 넘어간다. 고려시대의 자호제도는 천자정, 기자정의 '정(丁)'으로 표기한 반면 조선시대에는 '정' 대신 천자답, 지자답의 '답(畓)'으로 표기하는 것으로 변화하였다. 그리고 조선시대에도 오늘날과 같은 양전을 위한 양전기구와 지도 등이 발견되었는데 거리측정을 위한 기리고차나 평판측량기구에 해당하는 인지의 및 세계지도에 해당하는 혼일강리역대국도지도가 전해오고 있다.

---

56) 토지소유자가 양전실무자인 향리에게 뇌물을 주어 세금을 탈피하는 것을 의미한다.

57) 폐경전은 농사를 짓지 않는 토지이며, 기경전은 농사를 짓는 토지를 의미한다.

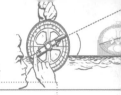

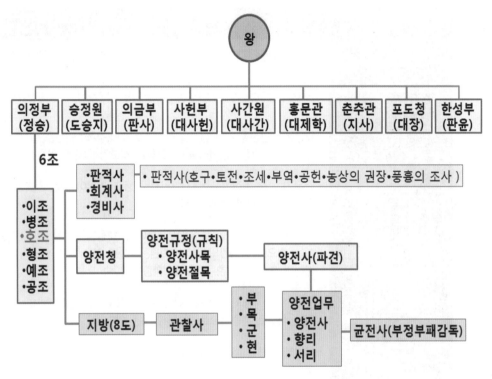

[그림 2-4] 조선시대 정치구조 및 양전업무

기초지식

※ 조선의 양전관리 담당 및 기구	
구분	세부 내용
중앙	• 의정부와 6조로 구성되어 있었으며, 6조 중 호조에서 양전업무 담당 • 호조에는 소속된 기관으로 3사(판적사, 회계사, 경비사)가 있었음 • 이 중에서 양전업무는 판적사58)에서 담당 • 조선 후기에는 양전업무 전담을 위해 양전청을 설치
지방	• 중앙에서 양전사를 파견하여 지방의 업무담당 　(그러나 지역사정에 밝은 지방향리나 서리가 양전사무를 담당) • 지방의 비리근절 및 부정부패 감독을 위해 균전사를 어사로 파견

---

58) 판적사는 오늘날의 행정기관이며, 개인의 직급이나 직위가 아님

〈표 2-10〉 조선의 양전

구분		세부 내용
전제상정소		• 1443년(세종) 토지·조세 등의 연구, 신법제정을 위한 임시중앙기관
전제상정소준수조획 (전제상정소준수조화)		• 1653년 양전을 위해 전제상정소에서 만든 양전수칙 또는 양전규정
양전청		• 1717년에 양전을 위한 관청을 설치하고 1719년부터 양전을 실시함 • 양전·양안작성·면적산출·양전척의 척도양식 등을 규정
양전척	주척	• 측우기, 거리측정기구, 토지거리측량 등의 기본이 되는 척으로 황종척으로 환산하면 6치(寸) 6리
	황종척	• 아악(雅樂)의 기본음(基本音)의 높이와 12율음(十二律音)이 기준이 되는 척으로 황종관의 길이는 9촌, 둘레는 9분, 옆면의 넓이는 810분이며 황종관에 1촌을 더하면 황종척이 됨
	예기척 (조례기척)	• 종묘·문무 등의 제사를 위한 예기(禮器)나 제물(祭物)의 기준이 되는 척으로 황종척으로 환산하면 8촌 2분 3리
	포백척	• 옷감을 재단할 때 기준이 되는 척으로 황종척으로 환산하면 1척 3촌 4분 8리
	영조척	• 목공이나 건축을 할 때 기준이 되는 척으로 황종척으로 환산하면 8촌 9분 9리

〈표 2-11〉 자호제도와 일자오결제도 비교

구분	세부 내용
자호제도 (字號制度)	지방 행정구역의 단위로 정(丁)을 사용하여 20결, 15결, 10결 등으로 정을 만들고 수개의 정을 모아 다시 읍을 만들어 천자문의 차례에 따라 번호를 부호하여 천자정(天), 지자정(地)....천자문의 최종인 야자정(也)까지 1천정이 되면 ○○읍 ○○정이라 하고 그 다음 지역은 새로이 1정의 자호를 부여하였다.
일자오결제도 (一字五結制)	고려의 자호제도를 발전시킨 것으로 천자문의 일자는 경작 여부를 막론하고 5결이 되면 부여하였으며, 천(天), 지(地), 인(人) 등의 천자문 글자 순서대로 토지에 부호를 붙이고 다시 1, 2, 3... 등의 숫자를 순차적으로 부여하였고 고려의 정(丁) 대신 답(畓)을 표기하여 천자답(天) 제1호, 지자답(地) 제2호로 하였다. 천자문 1자는 토지 면적 8결로 한정하였고 5결마다 1자 중의 번호로 끝맺고 다음으로 넘어간다.

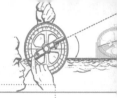

※ 양전사·균전사·판적사의 비교

구분	세부 내용
양전사	• 조선시대 양전사는 경차관·위관·서원 등의 토지조사 실무자의 농간을 감독하고 토지조사를 방해하는 향촌 사회의 지배계층을 통제하는 일을 하였다. • 업무성격상 이들은 측량 실무와 산학에 밝은 전·현직 고위 관료 가운데서 선발되었다. • 임진왜란 이후에는 균전사로 불렸으며, 양전사는 전세 수취를 위한 결부의 조사에 중점적인 의미를 둔 것이고, 균전사는 농민들의 불균등한 전세와 부역을 조정한다는 유교적 의미를 강조한 것으로 볼 수 있다.
균전사	• 「속대전」의 「호전」 양전조에 따르면, 균전사는 토지를 공정하게 조사하여 백성들의 부세를 균등히 하기 위한 목적에서 파견된 관직으로, 조선시대 토지조사사업인 양전(量田)의 목적이 전세 수입을 늘리는 데에 있는 것이 아니라, 농민의 전세 부담을 공평하게 하려는 데에 있음을 명시한 것이다. • 균전사는 지방 수령을 감찰하고 논핵할 수 있는 권한을 가지고 있었으며, 수령의 품계가 통훈(通訓) 이하면 스스로 처결하고, 당상관 이상은 조정에 보고하게 하였다. • 또한 균전사는 토지조사에서 실무를 담당한 사족 출신의 도감관(都監官)이나 감관(監官) 등의 부정행위를 다스릴 수 있었고 특히 균전사는 법률에 저촉된 자를 처리하고 사후 보고하도록 하였다. • 토지조사를 총괄하는 균전사의 임무는 이처럼 막중했고 그 권한도 강력하였으나 지방 실정에 어두워 균전사 파견은 큰 성과를 이루지는 못하였다.
판적사	• 조선시대 호조소속의 3대 부서로 판적사(版籍司), 회계사(會計司), 경비사(經費司)를 의미한다. • 판적사는 초기에는 가호와 인구의 파악, 토지의 측량과 관리, 조세·부역·공물의 부과와 징수, 농업과 양잠의 장려, 풍흉의 조사, 진휼과 환곡의 관리를 담당하였다. • 판적사의 기구와 임무는 1405년(태종 5) 육조의 관제를 재정비할 때 확정되어 조선 말기까지 그대로 유지되었지만, 조세의 부과와 징수는 초기에는 회계사에서 담당하였고 뒤에 판적사로 이관되었다. • 판적사는 1894년 갑오경장 때 폐지되었다.

※ 행정기관의 변천

구분	세부 내용
전제상정소	• 1443년 전제상정소 설치(임시관청) • 1653년 전제상정소에서 전제상정소준수조화(측량 법률)를 제정
양전청	• 1717년 측량중앙관청으로 최초의 독립관청
판적국	• 1895년 내부관제에 판적국을 설치 • 내부관제에는 주현국, 토목국, 판적국, 위생국, 회계국의 5개국을 두었음 • 판적국에서는 호구 문서, 지적(地籍), 조세가 없는 관유지(官有地) 처분과 관리, 관유지의 명목을 변경시키는 업무를 수행하였음
양지아문	• 1898년 양지아문 설치(지적중앙관서) – 양지아문직원 및 처무규정
지계아문	• 1901년 지계아문 설치(지적중앙관서) – 지계아문직원 및 처무규정
양지국	• 1904년 탁지부 양지국(탁지부 하위기관) • 탁지부는 대한제국 당시 정부의 재무(財務)를 총괄하여 회계, 출납, 조세, 국채, 화폐, 은행 등에 관한 일체의 사무를 맡아 처리하며 각 지방의 재무를 감독함

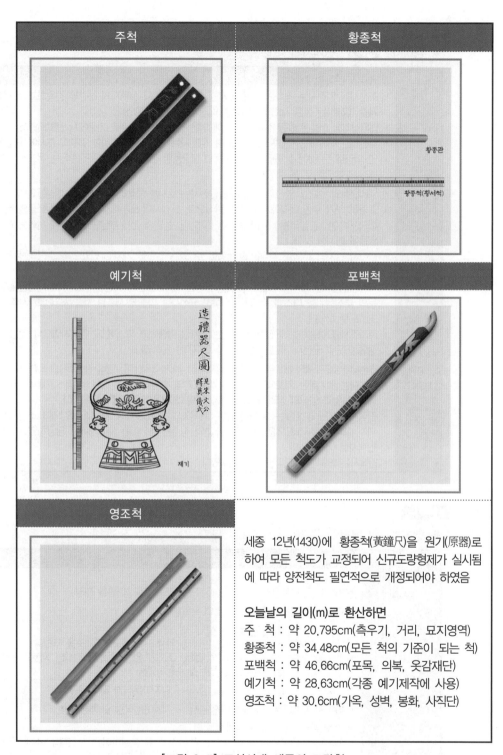

주척	황종척

예기척	포백척

영조척

세종 12년(1430)에 황종척(黃鐘尺)을 원기(原器)로 하여 모든 척도가 교정되어 신규도량형제가 실시됨에 따라 양전척도 필연적으로 개정되어야 하였음

오늘날의 길이(m)로 환산하면
주 척 : 약 20.795cm(측우기, 거리, 묘지영역)
황종척 : 약 34.48cm(모든 척의 기준이 되는 척)
포백척 : 약 46.66cm(포목, 의복, 옷감재단)
예기척 : 약 28.63cm(각종 예기제작에 사용)
영조척 : 약 30.6cm(가옥, 성벽, 봉화, 사직단)

[그림 2-5] 조선시대 세종의 도량형

그림 출처 : 문화컨텐츠닷컴 (http://www.culturecontent.com)

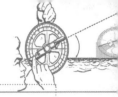

 기초지식

※ 경제육전(經濟六典)과 경국대전(經國大典)

구분	세부 내용
경제육전 (經濟六典)	1397년(태조 6년)에 조준이 주관하여 「조선경국전」을 바탕으로 조선 개국 후의 교지와 조례를 모아 편찬하였고 이·호·예·병·형·공의 육전으로 구성하여 순한문이 아닌 이두를 섞어서 만들어진 조선시대 최초의 성문법전이다. 그 후 「경제육전」을 보완하여 1413년(태종 13년)에는 하륜이 「경제육전속록」을, 1428년(세종 10년)에는 이직 등이 「신속육전등록」을, 1433년(세종 15년)에는 황희 등이 「신경제속육전」을 편찬하였다.
경국대전 (經國大典)	조선시대의 법령의 기본이 된 법전으로 「경제육전(經濟六典)」을 바탕으로 그 뒤의 법령을 종합하여 만든 법전으로 육전상정소(六典詳定所)를 신설하여 육전상정관으로 하여금 편찬하게 하고, 세조 스스로가 그 심의·수정을 보았다. 1460년(세조 6년)에 먼저 재정·경제의 기본이 되는 호전(戶典)이 편찬되어 경국대전으로 이름을 변경하였다.

〈표 2-12〉 조선시대의 지도 및 측량의 발전

구분	세부 내용
혼일강리역대국도지도 (混一疆理歷代國都之圖)	1402년(태종 2년)에 김사형, 이무, 이회 등이 작성한 우리나라 최초의 세계지도로, 현재는 일본 교토의 류코쿠(龍谷)대학 도서관에 소장되어 있으며, 현존하는 가장 오래된 아프리카~유라시아 지도이다. 중국과 일본의 지도를 바탕으로 세계 영토에 대한 정보를 집대성하여 조선 초의 세계 인식을 잘 보여주며, 세계 여러 나라의 지명 130여 개를 표시하는 등 당시의 지리정보를 충실히 담아내었다.
기리고차 (記里鼓車)	세종 23년(1441년) 때 만들어진 것으로 거리측정을 위한 1리(里)를 가면 종이 한 번 울리고 5리를 가면 인형이 북을 한 번 치고, 10리를 가면 북이 여러 번 울린 것으로 오늘날의 미터기에 해당한다.
보수척(步數尺)	세종 23년(1441년)에 기리고차로 측량이 어려운 산지, 협지 등을 측량하기 위해 노끈으로 만든 측정도구이다.
인지의 (印地儀)	세조 13년(1466년)에 만들어진 것으로 현존하지 않으나 약 7° 정도의 정확도로 24방위가 새겨져 있는 평판측량기구로 일명 규형이라고도 한다.

혼일강리역대국도지도	기리고차	인지의(규형)
출 처 : 국립중앙도서관	출 처 : 지적박물관(추상도)	출 처 : 지적박물관(추상도)

[그림 2-6] 조선시대의 세계지도 · 거리 및 평판측량기구

(2) 조선시대의 양안(量案)

조선시대 양안의 명칭은 시대와 사용처, 비치처에 따라 다양하고, 오늘날의 토지대장에 해당하는 양안(量案)이 대표적인 토지기록부이다. 종류로는 양안등서책(量案謄書冊), 전안(田案), 전답안(田畓案), 성책(成冊), 양명등서차(量名謄書次), 전답결대장(田畓結大帳), 전답결타량정안(田畓結打量正案), 전답타량책(田畓打量冊), 전답타양안(田畓打量案), 전답결정안(田畓結正案), 전답양안(田畓量案), 전답행심(田畓行審), 양전도행장(量田導行帳) 등의 양안이 존재하였다.

그리고 조제년의 신구에 의하여 1998년 7월 양지아문이 창설되기 이전에 작성되었던 구양안과, 양지아문 창설 이후에 작성되었던 신양안, 국왕의 열람을 경유한 어람양안(御覽量案), 군면동을 구획하는 군양안, 목양안, 면양안, 리양안 등이 있고 또 각 궁방 소속의 궁타량성책(宮打量成冊), 아문둔전(衙門屯田) 등이 있으며, 일반사유 전답에 관한 모택양안, 노비의 전답에 관한 노비타량성책, 역둔사, 목장사, 사원전에 관한 양안 등이 있다.

양안에는 토지소재, 지번, 면적, 결부, 측량순서, 토지등급, 토지모양(지형), 사표(四標), 진기(陳起)상황, 신구 토지경작자 등이 기재되어 있다.

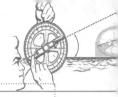

조선시대의 양안은 대부분 없어지고 지금 남은 것으로는, 규장각(奎章閣) 도서로 임실(任實)양안 11책, 순천(順天)양안 15책, 해남(海南)양안 15책, 고산(高山)양안 18책, 남원(南原)양안 5책, 전주(全州)양안 28책, 일신(一新)양안 4책, 남해(南海)양안 5책, 의성(義城)양안 24책, 비안(比安)양안 5책 등이 있고, 국사편찬위원회 소장인 회인(懷仁)양안, 국립중앙도서관 소장인 여주(驪州)양안이 존재하고 있다.

양안은 지역과 시대 혹은 사용처, 비치기관에 따라 다양하였으며, 양안의 크기는 가로 1척 5촌 5푼(34.85cm), 세로 2척 2촌(66.67cm)이었다.

〈표 2-13〉 양안의 기재내용

구분	세부 내용
자호(지번)	5결을 1자로 하는 것을 원칙으로 천자문의 순서로 각 필지의 지번을 부여한 것으로 오늘날의 지번과 같음
양전방향	토지의 방향에 따라 '남범(南犯)', '북범(北犯)' 등 동서남북으로 표시
토지의 등급	토지의 비척도에 따라 전분 6등급, 연분 9등급으로 분류
지형척수	토지형태에 따라 방답(方畓)·직답(直畓) 등으로 구분하여 양전척으로 측량하여 표시
사표	인접하고 있는 4방향의 토지 위치를 동서남북 방향으로 표시한 것
진기	경작여부를 밝힌 것으로 속전이 아니라 기경전임을 표시한 것
결부수	토지의 면적을 결부법에 따라 계산한 전답의 면적수를 기록한 것
주	토지소유자를 표시한 것(양반은 품계, 직함, 이름, 노비이름도 함께 기록하였으며, 평민은 직역(職役)과 성명, 천민은 천역(賤役) 명칭, 이름 기록)

기초지식

※ 고려와 조선의 양안의 명칭 비교

구분	세부 내용
고려시대	도전장, 양전도장, 양전장적, 도행, 작, 도전정, 전적, 전안
조선시대	양안, 전안, 전답안, 성책, 양안등서책, 양명등서차, 전답결대장, 전답결타량, 전답타량책, 전답타양안, 전답결정안, 전답양안, 전답행심, 양전도행장

※ 현존 양안과 사표가 기록된 흔적

구분	세부 내용
현존 양안	• 규장각 소장 : 임실양안, 순천양안, 해남양안, 고산양안, 남원양안, 전주양안, 일신양안, 남해양안, 의성양안, 비안양안 • 국사편찬위원회 소장 : 회인양안 • 국립중앙도서관 소장 : 여주양안
사표 기록	① 고성 삼일포 매향비　　　　　② 암태도 매향비 ③ 정두사 오층석탑조성형지기　④ 개선사 석등기

(3) 토지제도

우리나라의 토지제도는 신라시대의 녹읍, 식읍, 관료전 등에서 시작하여 고려의 전시과제도로 넘어오면서 시정전시과, 개정전시과, 경정전시과, 녹과전으로 보다 발전하게 되었고 전시과제도와 녹과전을 모태로 고려 말의 전제개혁에 따라 1391년(공양왕 3년)에는 과전법(科田法)이 마련되었는데, 이것이 조선시대의 토지제도의 근간을 이루었다.

조선시대는 전국의 토지를 공전(公田)과 사전(私田)으로 구분하는 것은 고려와 동일하다고 볼 수 있으나 조선시대에는 왕권 강화 및 집권적(集權的) 체제를 위해 공전이 사전보다 더욱 많아졌다.

공전이라는 것은 왕실 및 관청에 직속된 토지로서 그 수조권(收租權)이 왕실인 관청에 속한 것이며, 국가가 수조권을 갖는 토지이다.

공전 중에서 국가수조지에는 군자전(軍資田), 녹봉전(祿俸田), 각사위전(各司位田)이 있으며, 공처절급전은 중앙국고에서 직접 수조권을 발휘하지 않고 개별적 또는 개별기관들에 소속된 일정한 관리들이 수조할 수 있도록 허락한 조세를 납부하지 않는 국가직속 토지들을 총칭하여 부르는 말이다.

이에 해당하는 토지로는 공해전 중 지방의 행정관서나 또는 기타 공무수행기관에 지급하였던 토지를 전체적으로 일컫는 늠정(廩田), 능침전(陵寢田), 궁방전(宮房田), 궁사전(宮司田), 창고전(倉庫田), 외역전(外役田), 공해전(公廨田), 신사전(神祠田), 학전(學田), 관둔전(官屯田), 국둔전(國屯田) 등이 있다.

늠전은 또다시 세부적으로 아록전(衙祿田), 수릉군전(守陵軍田), 진부전(津夫田), 수부전(水夫田), 공수전(公須田), 장전(長田), 부장전(副長田), 원전(院田), 마전(馬田), 빙부전(氷夫田), 급주전(急走田), 저전(楮田), 도전(渡田)으로 나뉘어진다.

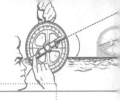

반면에 사전은 과전(科田)·직전(直前)·공신전(功臣田)·별사전(別賜田)·군전(軍田)·사원전(寺院田)·수신전(守信田)·휼양전(恤養田) 등으로 그 수조권이 개인에게 속하여 국가는 이에 대해서 다만 수세권(收稅權)만을 가지고 있었다.

특히, 사전 중에서 과전(科田)은 왕족·관료들의 경제적인 기반을 중앙에 집중시켜 지방세력으로 성장하는 것을 차단하고 중앙집권의 정치체제를 확립하기 위해 경기도 지방에 국한하여 왕족·문관·무관 등에게 분배하였다.

사전(私田) 가운데서는 공신전(功臣田)만 세습을 인정하였으나, 그 밖의 토지도 여러 가지 특례가 마련되어 과전에 충당시킬 토지의 절대적인 부족을 초래하게 되는 문제점이 발생하게 되었다.

그래서 1465년(세조 11년)에 그 해결책으로 과전을 없애고 직전(職田)을 설치하여 현직에 있는 관료들에게만 분급하도록 함으로써 수신전이나 휼양전과 같은 세습되던 토지를 폐지하게 되었다.

과전법과 마찬가지로 관료가 경작자로부터 직접 수조권(收租權)을 행사하였는데 관직을 그만두거나 죽은 후에 국가에 반납하여야 하는 이유로 관직에 있는 동안 재산을 지나치게 축적하기 위해 경작자를 착취하는 등의 폐단이 발생하게 되었다. 이러한 문제점으로 인해 관료들의 경작자로부터 직접적인 수조(收租)를 차단하여 관료들의 직전의 조(租)에 해당하는 액수만큼 받도록 하였는데 그것을 관수관급제(官收官給制)라 하였다. 관수관급제 역시 명종 이후에는 제대로 실시되지 않았으며, 임진왜란을 계기로 없어져 관료들은 봉록만을 받게 되었다. 이러한 관수관급제로 인해 토지소유가 자유로워짐에 따라 조선 후기의 토지제도는 양반의 대토지 소유로 인해 농장이 확대되는 토지소유 형태로 나타나게 되었고, 궁방전(宮房田)의 설정, 관둔전(官屯田)의 확장, 민전(民田)의 탈입(奪入)과 투탁(投托), 은결(隱結)의 증가 등 여러 양상으로 변모하였다.

(4) 조선시대의 둔전(屯田)과 궁장토(宮庄土)

조선시대 토지제도의 특수한 형태로 첫 번째는 국둔전(國屯田)과 관둔전(官屯田)을 볼 수 있다. 국둔전은 변경 지방에 두어 군자(軍資)에 충당하기 위한 것이었으며, 관둔전도 처음에는 주(州)·부(府)·군(郡)·현(縣)에 재정이 부족하다는 이유로 세종 때 지방관에 설치된 둔전(屯田)이었는데, 실제로는 지방관의 일반 경비를 충당하는 목적으로 이용되었다.

조선시대의 토지제도를 정비하는 과정에서 몇 차례의 폐지와 복구를 거듭하면서 지방관아와 중앙기관의 재정기반을 목적으로 확대되었다. 1426년 세종 때 국둔전과 관둔전이 모두 폐지되었고, 이듬해 관둔전이 다시 설치되었으며 세조 때에 와서야 국둔전과 관둔전의 두 가지 체제로 정비되었다. 임진왜란 이후에는 각 기관의 재정수요가 부족한 실정에 따라 미간지를 개간하여 둔전으로 이용하도록 하였는데 평민의 피역(避役)59) 과 둔전 면세지(免税地)의 증대로 인한 문제점이 발생하는 결과를 초래하였다.

이러한 둔전 중에서 대표적인 것으로 그 성격에 따라 영문둔전(營門屯田)과 아문둔 전(衙門屯田)이 대다수를 차지하며, 기타 둔전 등이 함께 존재하고 있다.

두번째는 조선시대의 궁장토(宮庄土)60)로서 후궁, 대군, 공주, 옹주 등의 존칭으로 각 궁방 소속의 토지를 말하는 것으로 직전제가 폐지되고 임진왜란 후 왕족들의 생계 를 보장하기 위해 지급되었다. 이 토지의 수조와 관리를 관장하는 자를 도장(導掌)이 라 하였고, 도장의 최하급 관리자인 마름도 설치되었다. 궁방전의 경작에 따라 작도장, 역가도장, 납가도장, 투탁도장으로 구분되기도 하였다.

무엇보다 궁장토는 국세를 면제할 뿐만 아니라 그 경작자에 대해서도 부역을 면제해 주었기 때문에 조세나 부역을 면제받기 위한 토지의 투탁이 발생하게 되는 문제점이 발생되었다. 특히 1사 7궁의 경우 궁장토에 속하기 때문에 1사 7궁에 소속된 토지를 경작할 경우 소작료와 부역을 면제받을 수 있어서 본인의 토지를 궁장토인 것처럼 가 장하여 부역을 면제받기 위한 토지투탁이 발생하였다.

기초지식

※ 역둔토

구분	세부 내용
역토(驛土)	신라시대부터 있었던 제도로 역의 경비를 충당하기 위해 역참에 부속된 토지로 역의 일반 경비와 봉급 및 말을 양육하는 데 필요한 비용을 마련할 수 있도록 지급한 토지이며 공수전(公須田), 지전(紙田), 장전(長田) 등이 있다.
둔토(屯土) 둔전(屯田)	초기에는 역의 경비(警備)를 위하여 역에 주둔하는 군대가 자급자족하기 위해 경작하는 토지였으나 점차 확대되어 조선 후기에는 각종 관아에서 소유한 모든 토지도 둔토 또는 둔전이라 하였고 이를 국둔전, 관둔전이라고도 한다.
역둔토(驛屯土)	역둔토(驛屯土)는 원래 역토(驛土)와 둔토(屯土)를 의미하였으나, 1908년부터 역토·둔토와 함께 궁내부(宮內府)·경춘궁(慶春宮) 소속의 부동산과 능원묘 및 국유전답(國有田畓)을 통틀어 일컫는 의미로 변화되었다.

---

59) 평민 또는 노비가 부역(負役) 또는 요역(徭役)을 피하여 도망가는 것을 의미한다.

60) 일명 궁방전(宮房田)이라고도 한다.

※ 마름

구분	세부 내용
개념	• 조선시대 지주로부터 소작지의 관리를 위임받은 관리인의 의미로 토지를 경영하는 방식은 지주가 직접 소작인을 관리하거나, 일정한 대리감독인을 두어 간접적으로 관리하는 두 가지의 방법이 있었다. • 마름은 위의 2가지 방법 중 후자에 해당하는 대리감독인으로서, 지주의 토지가 있는 현지에 거주하면서 추수기의 작황을 조사하고, 직접 각 소작인으로부터 소작료를 거둬들여 일괄해서 지주에게 상납하는 것을 주된 직무로 하였다.
배경	• 마름과 같은 전문적인 토지관리인이 등장하기 이전에는, 대개 토지의 주인인 양반이나 관료 등에게 신분적으로 예속되어 있는 노비나 고공(雇工)·비부(婢夫) 등이 마름의 구실을 하면서, 직접 생산활동에도 종사하였으나 조선 후기에 오면서 일부 특권층에 한해 토지관리인을 현지에서 구해야 할 필요가 생겼다. • 또한 17세기 중엽 이후 궁장토(내수사와 왕족·왕비족에 소속된 토지)의 규모가 크게 확대되면서, 이를 관리하고 조세의 징수를 맡은 도장(導掌)과 그의 지시를 받는 감관(監官) 및 최하급 장토 관리자(莊土管理者)인 마름이 설치되었다.
주요 업무	• 마름은 소작인의 생산 활동에 직접 개입하는 일은 드물지만, 추수기의 소작료 징수만이 아니라, 소작권의 박탈, 작황, 소작인의 평가 등에 실질적인 영향력을 행사할 수 있었다. • 마름의 주된 임무는 궁궐의 책임자인 궁차(宮差)나 도장이 소작료 징수를 위해 방문하였을 때 추검(秋檢)을 통해 작황을 조사하고 소작료를 수집하여 제공하는 것이었다.

〈표 2-14〉 조선의 둔전 및 궁장토 관련 사항

구분	세부 내용
영문둔전 (營門屯田)	군대의 주둔지 문(門) 앞에 설치한 둔전으로, 군대의 경비를 보충하기 위한 둔전
아문둔전 (衙門屯田)	관아(官衙)의 문(門) 앞에 설치한 둔전으로, 관청의 경비를 보충하기 위한 둔전
궁장토 (宮庄土)	왕실의 일부인 궁실과 왕실에서 분가한 궁가에 지급한 토지로 궁장토의 경우 소작료와 부역을 면제받을 수 있어 투탁 등의 문제점을 발생시켰다.
토지 투탁 (土地投託)	궁장토를 경작할 경우 소작료와 부역을 면제받을 수 있어서 본인의 토지를 궁장토인 것처럼 가장하여 부역을 면제받기 위한 것을 토지 투탁이라 한다. (1사7궁의 경우 국세면제 및 경작도도 부역을 면제받았음)
1사 7궁 (一四七窮)	1사 : 내수사(조선 건국부터 설치되어 왕실의 미곡, 포목, 노비에 관한 사무관장) 7궁 : 명례궁, 어의궁, 용동궁, 수진궁, 육상궁, 선희궁, 경우궁
징발(徵發)	군의 훈련 및 작전 등으로 인해 개인의 토지를 일시적으로 이용하는 것을 징발이라 하며, 징발로 인해 토지소유자는 변하지 않으나 일시적인 사용이 제한된 토지

기초지식

※ 도장(導掌) : 궁장토의 수조와 관리를 관장하는 자

구분	세부 내용
작도장 (作導掌)	중간지주의 성격은 없고, 궁방이 부여한 특권의 도장권을 갖고 있으며, 일반 도장으로 궁방에 공로가 있거나 궁방이 신임하는 자를 차정하여 궁장토의 수조와 관리를 담당케 한 도장을 말한다.
역가도장 (役價導掌)	궁방에 속해 있는 미간지를 개인이 개간하고 경작지화하여 농민에게 소작을 주고 궁방에는 일정한 세를 납부하던 도장을 말한다.
납가도장 (納價導掌)	궁방에 일정한 금액을 납부해서 도장이 된 자로 차정받고 매년 궁방에 일정한 세를 납부하고 소작농에게 소작료를 수납하여 그 차액을 수취하는 도장을 말한다.
투탁도장 (投托導掌)	토지소유자가 지방 관리의 위압주구 및 기타 위험을 면할 목적으로 자기 소유지를 궁방에 투탁해 가장한 것을 말한다.

※ 도장(導掌)직의 매매(賣買) : 매매 시 문기, 완문, 첩문을 수수(授受)하여야 함

문기(文記)	• 매매에 의한 토지나 가옥의 양도계약서(매도증서)를 작성
완문(完文)	• 도장을 임명할 때 교부하는 일정한 서식의 문서
첩문(帖文)	• 도장임명의 유래, 궁장토의 납세율 등을 명기한 문서

출 처 : 최한영, 2011, 「지적원론」, pp. 180~185. 참조작성.

〈표 2-15〉 조선시대의 토지제도 유형

구분			세부 내용	
공 전	국 가 수 조 지	군자전(軍資田)	• 중앙 및 지방의 군수(軍需) 및 군량(軍糧)의 축적을 위한 토지	
		녹봉전(祿俸田)	• 특별한 공을 세운 공신에게 하사하는 토지	
		각사위전 (各司位田)	• 중앙관청의 경비나 소속된 관료에게 지급된 토지	
	공 처 절 급 전	늠전(廩田)	• 공해전 중 지방의 행정관서나 공무수행기관에 지급하였던 모든 토지	
			아록전 (衙祿田)	수령과 도승(渡丞) 및 수운판관(水運判官)에게 지급한 토지
			수릉군전 (守陵軍田)	능(陵)·원(園)·묘(墓)를 지키는 수릉군에게 지급하는 토지
			진부전 (津夫田)	전국의 크고 작은 나루의 진부에게 지급된 토지

			수부전(水夫田)	수군(水軍)·수부(水夫)[61]에게 지급한 토지
공전	공처절급전		공수전(公須田)	지방관청의 경비를 위해 지급된 토지로 공해전의 일종
			장전(長田)	역(驛)의 장(長)에게 지급한 토지(부장의 경우 부장전)
			원전(院田)	공무 및 일반여행자의 숙박시설인 원(院)에 지급된 토지
			마전(馬田)	역마(驛馬)를 기르기 위해 그 재원으로서 설치된 토지
			빙부전(氷夫田)	얼음을 저장하여 공급하는 역의 빙부에게 지급한 토지
			급주전(急走田)	역의 전령·전신전달을 위한 급주[62]에게 지급된 토지
			저전(楮田)	종이의 원료가 되는 닥나무(楮田木) 재배를 위한 토지
			도전(渡田)	서울 주변의 큰 강의 도진(渡津)에게 지급한 토지
		능침전(陵寢田)	• 능·원·묘의 관리를 위해 지급한 토지로 묘위토·능원묘위전·능위전으로 불림	
		궁방전(宮房田)	• 궁실과 분가하여 독립한 궁가에 지급된 토지로 궁장토(宮庄土)라고도 함	
		궁사전(宮司田)	• 조선 초기까지 왕실 재정을 위해 지급된 토지	
		창고전(倉庫田)	• 창고의 운영 경비로 지급된 토지	
		외역전(外役田)	• 지방 향리에게 직역의 대가로 지급된 토지로 향리전이라고도 함	
		공해전(公廨田)	• 국가기관의 관청 및 왕실·궁원(宮院)의 경비조달을 위해 지급된 토지	
			내수사전(內需司田)	왕실(王室)의 재정조달을 위해 내수사에 지급한 토지
			혜민서 종약전(惠民署 種藥田)	혜민서에서 빈민용의 약초를 재배하기 위한 토지
			국행수륙전(國行水陸田)	왕조의 선조 또는 전사자에 대한 명복을 비는 제사의 비용을 위해 지급된 토지로 일명 사사전(寺祀田)이라고 함
		신사전(神祠田)	• 신령(神靈)을 모셔 놓고 위하는 사당(祠堂)에 지급했던 토지	
		학전(學田)	• 유학을 가르쳤던 각 교육 기관의 경비에 충당하기 위해 지급된 토지	
			서원전(書院田)	서원의 경영·유지에 필요한 경비를 위해 지급된 토지
			향교전(鄕校田)	지방의 향교 운영에 필요한 경비를 위해 지급된 토지
		관둔전(官屯田)	• 각 지방관청에 둔 둔전(屯田)	
		국둔전(國屯田)	• 군인들의 경비에 충당하던 토지로 국농소(國農所)라고도 함	
사전		과전(科田)	• 국정운영에 참여한 대가로 문무양반에게 직품(品)을 기준으로 지급한 토지	
		직전(職田)	• 현직 관리에게만 수조지(收租地)를 분급한 토지제도	
		공신전(功臣田)	• 국가 또는 왕실에 특별한 공훈이 있는 사람에게 수여한 토지	
		별사전(別賜田)	• 조선시대 임금이 공신(功臣)이나 종친(宗親)들에게 직접 하사한 토지	
		친시등과전(親試登科田)	• 과거제도를 장려하기 위해 친시에 합격한 자에게 지급한 토지	
		군전(軍田)	• 군인에게 지급했던 토지	
		수신전(守信田)	• 과전(科田)을 받은 관리가 사망하였을 때 그 미망인에게 물려준 토지	
		휼양전(恤養田)	• 과전을 받은 관리 및 그 부인이 사망하였을 때 미성년 자녀에게 물려준 토지	

출 처 : 김형승, 1969, "조선 왕조의 입법과정에 관한 연구", 석사학위 논문, 서울대학교 대학원 참조작성

---

61) 수운(水運)을 통해 곡식을 운반하던 하급 선원을 의미함

기초지식

※ **능·원·묘**(陵園墓) : 117기

구분	세부 내용
능(陵)	대왕과 대비, 태조대왕의 선대를 추존한 분묘, 왕 및 왕비의 위를 추존한 왕세자, 왕세자비가 될 순위에 있던 자가 일찍 죽은 후에 왕위 및 왕비위를 추존한 자의 분묘 등 현재 우리나라에 40기가 있으며, 북한에 2기가 있음(제릉 : 제1대 태조비·후릉 : 제2대 정종)
원(園)	왕자 및 왕자비의 분묘, 왕위나 왕비위로 추존되지 않은 왕세자 및 왕세자의 분묘, 왕의 생모 등 총 13기가 있음
묘(墓)	폐위된 왕의 무덤, 아직 출가하지 않은 공주 및 옹주의 분묘, 후궁의 분묘 등으로 64기가 있음
종묘(宗廟)	조선왕조의 역대 왕과 왕비, 추존된 왕과 왕비의 신주를 모신 유교사당
능호(陵號)	왕이 죽은 뒤에 모셔진 능의 이름으로 문패와 같은 것으로 태조 이성계의 건원릉(健元陵), 세종대왕의 영릉(英陵), 영조의 원릉(元陵) 등
묘호(廟號)	왕이 죽은 뒤 살아 있을 때의 공덕을 기려서 붙인 것으로, 신을 기리는 종묘의 신위(신주를 모셔두는 자리)에 올리는 이름이며, 태조, 세종, 영조 등이 그 묘호이다.
추존(追尊)	왕의 자리에 오르지 못하고 죽은 이에게 사후에 왕의 칭호를 부여하는 것으로 조선왕조에서는 덕종·원종·진종·장조·문조 등 5명이 있음
제위토(祭位土) 묘위토(墓位土)	능, 원, 묘의 부속토지로서, 80결로 제한하여 제사비와 기타 경비를 위한 토지

※ 현재 왕릉 40기가 문화적 우수성과 독창성을 인정받아 세계문화유산으로 지정

(5) 토지 수취(收聚) 제도

조선시대의 임시관청으로 토지 및 조세제도의 조사연구와 신법제정 등 전제(田制) 전반에 걸친 모든 문제의 해결을 위하여 설치된 것이 전제상정소이다.

고려 말, 조선 초에 한 해의 농업 작황을 현지에 나가 조사해 등급을 정하는 '답험법'과, 조사한 작황 등급에 따라 적당한 비율로 조세를 감면해주는 '손실법'을 합하여 답험손실법(踏驗損實法)이라고 한다.

손실규정은 공전(公田)과 사전(私田) 모두 손실의 정도를 10등급으로 하여, 전년도 (前年度)에 비해 수확이 1할 감소할 때마다 조(租)도 1할씩 감면하도록 하고 수확이 8할 이상 감소하면 조는 전액 면제시켜 준다는 내용으로 이루어져 있다.

---

62) 각 역에 배치(配置)된 급한 전신이나 전령을 전달하는 업을 가진 주졸(走卒)을 의미함

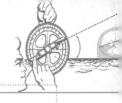

답험손실법은 사실상 지방 향리들이 이를 제대로 측정하지 않아 부자와 가난한 자의 세금징수의 폐단이 일어나면서 새롭게 만든 것이 바로 공법(貢法)이다.

공법은 3등전을 상·중·하 등관(等官)으로 나누고, 이 9등관의 토지를 다시 상·중·하 전(田)으로 나누어서 27종의 전등(田等)에 따라 각 세율을 다르게 적용하는 것이었으나 문제점이 드러나면서 새로이 전제상정소에서 전분 6등법(田分六等法)과 연분 9등법(年分九等法)의 전세제를 마련하였다.

토지의 질에 따라 6등급으로 구분하여, 각 등급에 따라 토지의 결(結)·부(負)의 실적(實積)에 차등을 두는 수세 단위로 편성하는 전분 6등법과 농작의 풍흉을 9등급으로 나누는 연분 9등법을 도입하여 공법을 보완하고 시행하였다.

〈표 2-16〉 조선시대 수취제도의 발전 과정

구분	세부 내용
답험손실법 (踏驗損實法)	• 고려 말 조선 초에 한 해의 농업 작황을 현지에 나가 조사해 등급을 정하는 '답험법'과, 조사한 작황 등급에 따라 적당한 비율로 조세를 감면해주는 '손실법'을 합하여 답험손실법이라 하며 일명 답험타량법이라고 한다. 손실규정은 공전(公田)과 사전(私田) 모두 손실의 정도를 10등급으로 하여, 전년도(前年度)에 비해 수확이 1할 감소할 때마다 조(租)도 1할씩 감면하도록 하고 수확이 8할 이상 감소하면 조는 전액 면제시켜 주는 방법
공법 (貢法)	• 답험손실법이 사실상 지방 향리들이 제대로 측정하지 않아 부자와 가난한 자의 세금징수의 폐단이 일어나면서 새로이 만든 방법이 공법(貢法)이다. 공법은 3등전을 상·중·하 등관(等官)으로 나누고, 이 9등관의 토지를 다시 상·중·하 전(田)으로 나누어서 27종의 전등(田等)에 따라 각 세율을 다르게 적용하는 방법
전분 6등법 (田分六等法) · 연분 9등법 (年分九等法)	• 공법(貢法)에서 토지의 비옥도에 따라 수확량에 차이가 많은 현실을 반영하기 위해 만든 새로운 방법 • 전분 6등법은 토지의 비옥도에 따라 6등급으로 구분하여, 주척(周尺)을 기준척으로 토지의 등급에 따라 길이가 서로 다른 자를 사용한 수등이척제를 적용하여 실제면적을 토지등급마다 다르게 측정한 방법 • 연분 9등법은 농작의 풍흉(豊凶)에 따라 토지의 등급을 9등급으로 나누어 조세를 징수하였던 방법

👆 **기초지식**

※ **조세제도**

구분	세부 내용
환곡 (還穀)	• 흉년 또는 춘궁기에 곡식을 빌려 주고 풍년이나 추수기에 돌려 받는 것으로 초기에는 이자가 없었으나 1417년(태종 17년)에 받은 원곡의 2할에 해당하는 이자를 받았다. 그 중 1할은 원곡에 대한 이자이며, 1할은 환모(還耗)에 대한 이자로 환곡을 일명 환자(還子) 또는 환상(還上)이라고도 부름
환모 (還耗)	• 환곡 때 빌려준 곡식의 이자를 받을 때 참새나 쥐 등으로 인해 축난 곡식을 채우기 위해 원곡 이외의 1석마다 1할의 이자를 더하여 받은 곡식
포량 (砲糧)	• 1866년(고종 3년)에 강화도 포병의 군비강화를 목적으로 제정된 국방세로 일명 심도포량미(沁都砲糧米)라 하며 갑오경장 때 폐지
진휼기관 (賑恤機關)	• 곡물을 저장·보관하여 난민을 구제하는 곳인 상평창, 의창, 사창이 있음 • 상평창은 한성부와 일부 시가지에 설치되었고, 의창은 지방 각 관에 설치되어 환곡사무의 주체가 되었으며, 사창은 각 촌락에 설치되어 의창을 보조하였음

〈표 2-17〉 양전제도 및 양전척

구분	세부 내용
성종	• 토지를 상전, 중전, 하전의 3등급으로 구분하여 지세 징수

문종	• 토지를 불역상전, 일역중전, 재역하전의 3등급으로 구분하여 지세 징수
	  해마다 경작하는 불역지지(不易之地)를 상전(上田) : 세액 1결
	  1년 쉬고 1년 경작하는 일역지지(一易之地)를 중전(中田) : 세액 2결
	  2년 쉬고 1년 경작하는 재역지지(再易之地)를 하전(下田) : 세액 3결
	• 1473년에 양전의 단위를 보로 결정하여 보, 척, 분, 촌의 순서로 결정
	  보 : 6척을 1보, 척 : 10분을 1척, 분 : 6촌을 1분, 사방 33보 1결, 사방 47보 2결 등으로 10결에 이르는 면적 명시

공양왕	• 토지를 상중하의 3등급으로 구분하여 등급에 따라 계지척을 달리하는 수등이척제를 사용
	  상등척 : 농부의 손뼘을 기준으로 20뼘을 1척
	  중등척 : 농부의 손뼘을 기준으로 25뼘을 1척
	  하등척 : 농부의 손뼘을 기준으로 30뼘을 1척

세종	• 전제상정소를 설치하여 전제를 정비하였고, 새로운 도량형의 제작 • 전품을 6등급으로 구분하여 등급에 따른 수등이척제 사용 • 1등전 : 4755주척, 2등전 : 5179주척, 3등전 : 5703주척, 4등전 : 6434주척, 5등전 : 7550주척, 6등전 : 9550주척 • 새로운 표준 도량형 제도를 위해 주척, 황종척, 예기척, 포백척, 영조척 제작

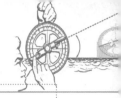

인조	• 전국의 토지를 새로 측량하기 위해 양전청을 만들어 오로지 양전을 위한 갑술척을 만들어 사용 • 세종 주척은 20.795cm, 갑술 양전주척은 21.773cm로 조금 더 길게 제작
효종	• 1653년 전제상정소준수조화를 통해 종래의 1등급 토지를 측량하던 자를 기준으로 모든 양지척을 통일하였음

※ 고려와 조선의 지적제도 비교

구분	고려	조선
면적	경무법(초기), 두락제(중기), 결부제(후기)	결부제
길이	척	척
측량방법	구장산술	구장산술
업무기관	호부(초기), 판도사(후기)	중앙 : 호조 판적사(초기) 　　　　양전청(후기)
업무담당	중앙 : 초기-양전사 　　　　후기-양전사, 산사 지방 : 관찰사, 목사, 현령	중앙 : 양전사 지방 : 초기-양전사(파견) 　　　　후기-균전사(파견)
측량실무	지방 : 향리, 향직단체 임원	지방 : 향리, 서리
측량도구	양전척(초기) 수등이척제(후기)	이조척(주척, 예기척, 포백척, 황종척, 영조척) 기리고차, 인지의
임시기구	방고감전별감, 정치도감, 절급도감, 전민변정도감, 찰리변위도감	전제상정소
관련법령	식목도감에서 작성한 작업요령(명칭은 없음)	전제상정소준수조획(전제상정소준수조화)
공부	도전장, 양전도장, 양전장적, 도행, 작, 도전정, 전적, 전안	양안, 전안, 전답안, 성책, 양안등서책, 양명등서차, 전답결대장, 전답결타량, 전답타량책, 전답타양안, 전답결정안, 전답양안, 전답행심, 양안도행장
지번제도	자호제도	일자오결제
토지제도	역분전제도(초기) 전시과제도(초기, 중기) : 시정 → 　　　　시정 → 경정 과전법(후기)	과전법(고려말+조선초기)
지목제도	없음	전, 답, 대, 산야 4가지로 구분
수취제도	수등이척제	수등이척제, 전분 6등법과 연분 9등법
비고	송량경, 식목도감, 계지척(수지척)	어린도, 망척제, 방량법, 답험손실법

(6) 토지 거래 및 등록제도

조선시대에는 토지공유제를 원칙으로 하였으나 조선 중기 이후에 토지제도의 문란으로 토지의 개인적 소유가 현실적으로 존재하였던 것으로 「속대전」과 「경국대전」에서 그 내용을 찾아볼 수 있다.

먼저, 토지 또는 가옥의 매매(賣買)의 경우 「속대전」에는 "전지 또는 가옥의 매매에 있어서 비록 15일을 한도로 하여 그 한도 내에 소장(訴狀)을 제출할 수 있으나 30일을 경과하여도 취송(就訟)하지 아니하는 경우에는 청송(聽訟)하지 아니한다"라고 규정하고 있다.

그리고 「경국대전」(권2, 호전 매매한조)의 토지매매에 대한 규정을 살펴보면 "토지 또는 가옥의 매매는 그 행위가 있은 지 15일 이내에 종래의 상태를 개정하지 말 것이며, 100일 이내에 관청에 보고하여 입안을 받아야 할 것이다"는 내용과 「경국대전」(권5, 형조 사천조)의 규정에는 "토지 또는 가옥을 매매하는 경우 반드시 관청에 보고하여야 하고, 사사로이 매매할 경우 토지 또는 가옥 및 대가를 모두 관청에서 몰수하며, 만일 그것이 도매(盜賣)일 경우에는 그 대가로 도매자에게 징수한다"라고 규정하고 있다.

또한 점유와 관련하여 토지의 개별적인 사적점유에 대한 내용으로 「경국대전」(권2, 호전 전택조)의 규정에는 "토지와 주택에 관한 소송은 5년 이상을 넘으면 심리하지 않으며, 다만 도매, 소송이 미결 중에 있는 자, 부모의 전택을 나누지 않고 합집한 자, 남의 땅을 병작하다가 그대로 가진 자, 셋집에 살다가 그대로 가진 자에 대해서는 기한을 제한하지 않는다"라고 규정하고 있다.

「경국대전」(권5, 형전 사천조)에는 "타인의 토지 및 가옥의 불법점거 및 판결 후에도 그냥 불법점거하는 자는 장(杖) 1백 도(徒), 3년의 엄벌에 처하며 점거로부터 획득한 이익을 주인에게 변상시킨다"는 규정과 토지 및 가옥의 상속의 경우 "1년 이내에 해당관청에 신고하여 입안을 받아야 한다"고 되어 있다.

따라서 위에서 언급한 토지의 매매, 점유, 상속은 모두 입안을 받아야 하는 것을 원칙으로 하고 있으며 입안을 위해서는 반드시 문기(文記)의 작성을 필요로 하였다.

문기는 토지 및 가옥의 매매계약을 성립시키기 위한 것으로 매도인과 매수인의 쌍방의 합의 외에 목적물에 대해 서면으로 계약서를 작성하는 것으로 명문(明文) 또는 문권(文券)이라고도 하였고 문기는 3부 작성하여 매도인, 집필인, 관청에 각각 1부씩 비치하였다.

또한 문기를 분실 또는 멸실하였을 때에는 관청으로부터 이를 증명하는 문서를 발급하였는데 이를 입지(立旨)라 하였다. 문기는 신문기와 구문기로 구분되는데 일반적으

로 매매합의가 이루어지면, 필집(筆執)이 계약서를 작성하고 대가를 치르고 난 후 매도인이 문기를 매수인에게 줌으로써 소유권이 이전되었는데 이것을 신문기라 한다.

구문기는 신문기의 작성이 끝난 후에 과거에 양도를 받으면서 작성한 문기(文記)뿐만 아니라 상속을 받았으면 그에 관한 문권이나, 소송을 수행했다면 그에 따른 판결문 등의 전달을 의미한다. 구문기를 모두 갖추고 있다는 것은 소유권의 전전(轉傳)과정이 분명하다는 것을 입증하는 결과가 되고, 후일 토지의 소유권에 분쟁이 생겼을 때 결정적인 증거로 작용하며, 만약 구문기를 분실하였거나 부득이한 사정이 있는 경우 그 취지를 신문기에 기입하기도 하였다. 또한 구문기가 없는 부동산을 매도하는 경우에 매도주가 구문기가 없는 사유를 증명하기 위해 작성한 문서로 신문기에 첨부하여 매수인에게 교부하였는데 이것을 불망기라 한다. 불망기는 독립된 문서로 볼 수 없으나 신문기를 분실한 경우에는 권리를 증명할 수가 있었다.

〈표 2-18〉 토지등록제도의 비교

구분	세부 내용	비고
문기 (文記)	• 매매에 의한 토지나 가옥의 양도계약서(매도증서)를 의미 • 명문 또는 문권이라고도 하며 3부 작성하는 것이 원칙 • 신문기, 구문기, 관문기, 사문기, 매매문기, 증여문기, 깃급문기, 전당문기, 화회문기, 별급문기, 분급문기, 허여문기 등 • 문기의 분실·멸실 시 관의 증명을 의미하는 입지를 발급	오늘날의 매매계약서와 유사
입지 (立旨)	• 문기 또는 문권을 분실 또는 멸실하였을 때에는 관청으로부터 이를 새로 증명하여 발급하는 문서를 의미	
입안	• 부동산의 소유권 이전 사실을 소관청에 신고하는 절차 • 토지의 매매·양도·소송 등을 인증해 주기 위해 발급 • 관청에 신고하지 않았을 경우 전원 몰수조치 취함	오늘날의 공증제도와 유사
가계제도	• 가옥의 소유권에 관한 관의 증명으로 가옥 양도 시 발급	오늘날의 등기제도와 유사
지계제도	• 산림·토지·전답·가사에 관한 관의 증명으로 의무적인 발급 • 외국인은 규정된 지역 이외에는 소유주가 될 수 없음	

그래서 이러한 매매계약에 해당하는 신문기를 작성하고 구문기를 첨부하여 입안청구를 실시하였으며, 입안양식에는 입안일자, 입안관청명, 입안사유, 당해관의 서명을 기하는 형식으로 작성되었다. 입안은 소유권의 이전 후 100일 이내에 신청하는 것을 원칙으로 하였고 만약 입안신청을 하지 않은 매매계약에 해당하는 경우 그러한 매매계약서를 백문매매(白文賣買)[63]라 하였다.

---

63) 관인이 찍히지 않은 토지·가옥·노비문기를 의미한다.

※ 입안 및 문기

구분		세부 내용
입안	개념	• 관청에서 발급하는 문서로 토지의 매매·양도·소송 등의 사실을 확인하고, 이를 인증해 주기 위해 발급하는 문서
	법적 규정	• 경국대전 : 토지·가옥·노비 매매 등의 소유권 이전 후 15일을 기준으로 하되, 100일 이내에 입안 받아야 함 • 경국대전 : 토지·가옥·노비 상속 후 1년 이내에 입안 받아야 함
	작성 절차	• 매매계약 → 소유권 이전 → 매수인이 매매문기 첨부 → 입안 청구의 소지를 매도인의 소재관에게 100일 이내 제출 • 매매당사자·증인·집필 등을 봉초하여 매매의 합법성 여부 확인 후 입안 발급 • 한성부 : 당하관·당상관 1명이 화압[64]하고 입안성급 결정 및 관인 날인
	법적 효력	• 매매계약에 대한 관의 공적인 증명이 부여되어 권리관계가 명확해 짐
문기	개념	• 토지·가옥·노비·기타 재산의 소유·매매·양도·차용에 관한 문서로써 문게 또는 문권이라고 함 • 오늘날의 매매계약서와 유사하지만 공시적인 기능은 없음
	기재 내용	• 문기 작성일, 대상자 성명, 재산(토지·노비)의 표시, 당부의 말, 재주, 증인, 필집의 성명, 수결
	작성 절차	• 3부 작성하여 매수인 → 집필인 → 관청에 각각 1부씩 보관
	문기 분실	• 문기발급 후 이를 새로 증명하는 문서로써 기존 문기를 분실 또는 멸실하였을 때에는 관청으로부터 이를 새로 증명하여 발급 → 입지 • 문기가 없는 부동산을 매도하는 경우에 매도주가 구문기가 없는 사유를 증명하기 위해 작성한 문서로 신문기에 첨부하여 매수인에게 교부한 문서 → 갈망기
	법적 효력	• 상속, 증여, 소송에 있어서 문기는 권리변동의 효력을 갖고 있음 • 권리자임을 증명하는 서류로 확정적, 공증적 효력이 부여

---

64) 화압(花押)이란 각종 문서나 직함 밑에 성명과 본인이라는 것을 직접 확인하는 문자모양의 표지를 말하며 본인의 손을 찍은 지장도 포함하였다.

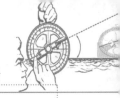

〈표 2-19〉 관문기와 사문기의 비교

구분	종류	세부 내용	
관(官)문기	입안(立案)	관청에서 개인의 청원에 따라 발급하는 문서로 토지의 매매·양도·소송 등의 사실을 확인하고, 이를 인증해 주기 위해 발급하는 문서 (강력한 공증력과 지속적 효력을 가짐)	
	입지(立旨)	토지문기·노비문기 등을 분실·도난·소실하였을 때 관청에서 개인이 청원한 사실에 대하여 새로 공증해주는 문서(일시적인 조건부 효력을 가짐)	
	제음(題音)	백성이 관부(官府)에 제출한 청원서나 진정서 등에 대해 내려주는 판결문 또는 처분으로 독립된 문서는 아니며, 민원서(民願書)의 왼편 아래 여백에 써서 민원서를 제출한 사람에게 돌려 주는 문서	
	완문(完文)	조선시대 관청에서 부동산·조세·부역·군역 및 면·리의 공적 경비 등을 발급한 사실확인서 또는 특권인정을 위한 확인 문서	
	첩문(帖文)	조선시대 도장직의 임명 시 교부하였던 증명문서	
	절목(節目)	토지사용·조세·부역과 각종 사업과 관련된 규정을 기록한 문서로 균역청절목, 제언절목, 구폐절목, 견역절목, 사창절목 등이 있음	
		균역청절목(均役廳節目)	균역청 설치 때 청의 절목을 제정, 발포함을 비롯하여 지방관청 또는 각 궁방에서 직권으로 발급
		제언절목(堤堰節目)	제방 근처에서 허락없이 경작하지 못하게 하기 위해 발급
		구폐절목(捄弊節目)	부정과 불법 및 폐단·수탈 등의 방지를 위해 발급
		견역절목(蠲役節目)	백성의 다양한 요역 면제 및 폐단 방지를 위해 발급
		사창절목(社倉節目)	곡물 저장을 위한 사창의 설치·운영을 위해 발급
사(私)문기	토지문기(土地文記)	토지거래 및 매매 시의 매매계약서로 입안을 받도록 법적으로 규정하고 있으며 입안을 받아야만 공적으로 인증되는 문서	
	노비문기(奴婢文記)	노비의 매매·양여·상환 등에 관한 문서	
	분급문기(分給文記)	재주(財主)가 살아 있을 때 토지·노비 등의 재산을 자녀들에게 나누어 주던 문서로 일명 분재기(分財記) 또는 깃급문기(衿給文記)라고도 함	
	허여문기(許與文記)	부조(父祖)뿐 아니라 삼촌·외삼촌·장인 등으로부터 토지·노비 등의 재산을 받는 경우에 작성하는 정식적인 재산상속문서가 아니므로 재산분쟁이 일어날 가능성이 많아 관부의 입안(立案, 公證)을 받았던 문서	
	화회문기(和會文記)	재주(財主)가 죽은 뒤에 형제자매의 합의에 의한 재산분배 작성 문서	
	별급문기(別給文記)	재주(財主)가 부(父)로 한정되지 않고 특별한 사유로 친인척에게 재산을 증여할 때 작성한 문서	

백문매매가 성행하게 된 이유는 임진왜란과 병자호란 등 빈번한 외침과 그 당시 입안은 일반 농민들이 이용하기 어려웠기 때문이며 조선 후기로 갈수록 이는 더욱 사문화되었다.

또한 사문기(私文記)는 위조·변조·절도 등을 방지하기 어려워 어느 것이나 토지소유권을 보증하는 제도로서 한계가 있었으며, 양전(量田)사업이 오랫동안 이루어지지 않아 양안으로써는 토지소유자 등을 정확히 파악할 수 없었다.[65]

입안제도의 시행으로부터 1905년에 이르는 동안은 가계제도와 지계제도가 시행된 시기로 가계제도와 지계제도는 본질적으로는 입안과 같은 것이었으며, 입안제도보다는 좀 더 발전된 근대화 제도라 할 수 있다.

가계제도는 가옥소유에 대한 관의 인증이며, 매매 등으로 가옥을 양도할 때 발급되었던 문서로서 1893년 한성부에서 처음으로 발급되어 제3자에게 권리를 대항하기 위한 요건을 가졌다.

반면 지계제도는 1901년 설치되어 토지의 소유권을 명기한 공문서로서 전답소유자가 전답을 매매 또는 양여한 경우 관계(官契)를 받아야 하고 전질(典質)[66]할 경우 인허를 받아야 하는 등 8개의 규칙이 기록되어 있으며, 관계는 3편으로 구성하여 1편은 본아문(本衙門), 2편은 소유자(所有者), 제3편은 지방관청(地方官廳)에 보존하였다.

〈표 2-20〉 문기·백문매매·불망기·깃기의 비교

구분	세부 내용
신문기 (新文記)	• 일반적으로 매매계약서를 작성하고 대가를 치르고 난 후 매도인이 문기를 매수인에게 줌으로써 소유권이 이동·승계되는 문기
구문기 (舊文記)	• 신문기 작성과 별도로 과거에 양도를 받으면서 작성한 문기(文記) 또는 상속을 받았으면 그에 관한 문권 등의 판결문과 관련된 문기 • 만약 구문기를 분실하였거나 부득이한 사정이 있는 경우 그 취지를 신문기에 기입하기도 하였음
백문매매 (白文賣買)	• 관인이 찍히지 않은 문기를 말하는 것으로 토지·가옥·노비 등을 관의 허락없이 사사로이 팔고 사는 일을 의미함
불망기 (不忘記)	• 문기가 없는 부동산을 매도하는 경우에 매도주가 구문기가 없는 사유를 증명하기 위해 작성한 문서로 신문기에 첨부하여 매수인에게 교부하였으며, 이것은 독립된 문서로 볼 수 없으나 신문기를 분실한 경우에는 권리를 증명할 수가 있었음

---

65) 박병호, 1996, "근대조선의 법제와 그 운용", 한국사회론, 나남출판사, pp.1~22.

66) 토지를 저당 또는 담보로 설정하는 것을 의미한다.

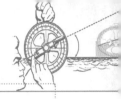

깃기 (衿記)	• 깃기는 2가지의 의미를 갖고 있는데 그 중 하나는 조세징수를 위해 개개인 한 사람별로 그가 소유한 토지를 모두 취합하여 납부할 세금을 계산한 장부로 주판, 유초, 명자책으로 불려짐 납세자 이름 다음에는 그가 납부할 토지를 모아 놓았는데, 필지 단위로 자호와 토지 번호가 밝혀져 있고, 그 아래에 결부가 기록되어 있음
	• 깃기의 또 다른 의미는 자손이 상속받을 재산의 몫을 정한 기록으로 '깃급문기'를 줄여 깃기라고도 하였음

(7) 토지의 형태 및 종류

조선시대에는 토지의 형태와 종류가 5가지 형태로 기록하였고 과세를 위한 전의 형태 또한 다양하게 구분되었다.

광무 2년(1898년)에는 양지아문의 양전사목에 의해 기본적인 5가지의 구분 외에 원형, 타원형, 호시형, 삼각형, 미형을 더하여 총 10가지로 구분하였고 만약 10가지의 형태에 해당되지 않을 경우에는 변의 모양을 가지고 이름을 정하여 등변 또는 부등변으로 논하지 않고 4변, 5변 변형에서부터 다변형 타협에 이르기까지 명하도록 규정하였다.

또한 과세를 위한 전의 형태를 구분하기 위해 정전, 속전, 강등전, 강속전, 가경전, 화전 등으로 토지의 경작여부에 따라 그 이름을 달리 부여하였다.

〈표 2-21〉 토지의 형태

구분	세부 내용	비고
방전 (方田)	사각형의 토지로 장(長)과 광(廣)을 측량	
직전 (直田)	직사각형의 토지로 장과 평(平)을 측량	
구고전 (句股田)	삼각형의 토지로 구(句)와 고(股)를 측량	
규전 (圭田)	이등변삼각형의 토지로 장과 광을 측량	
제전 (梯田)	사다리꼴의 토지로 장과 동활(東闊)·서활(西闊)을 측량	

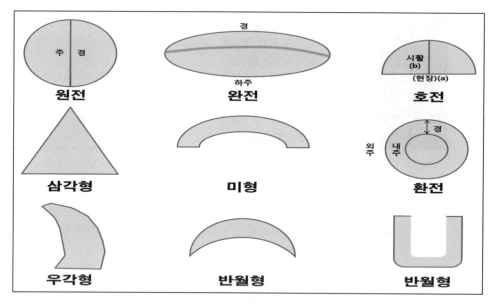

[그림 2-7] 양전사목에 의해 추가된 전형

출 처 : 리진호, 1999, 「한국지적사」, 바른길, p.220.

〈표 2-22〉 과세와 전의 종류

구분	세부 내용
정전(正田)	항상 경작하는 토지
속전(續田)	경작하기도 하고 휴경하기도 하여 경작할 때만 과세하는 토지
강등전(降等田)	오랫동안 버려두어 토질이 저하되었으므로 세율을 감해주는 토지
강속전(降續田)	강등전이 된 뒤에 다시 휴경전으로 경작한 때에만 과세하는 토지
가경전(加耕田)	사정이 끝난 원장부 밖의 토지를 개간하여 세율을 새로 정하는 토지
화전(火田)	밭을 불태워 농작물을 심을 수 있도록 만든 토지

(8) 양전개정론

조선시대는 양전과 토지조세제도 등의 다양한 개혁 및 변화가 일어났던 시대로 토지제도의 진행과정과 폐단 등으로 인한 문제점이 지식층에 의해서 일반화·체계화된 시기이다. 이러한 지식층의 양전과 관련된 개정론을 주장한 인물을 살펴보면 정약용, 이기, 이익, 서유구, 유길준, 유형원, 한백겸 등이 있다.

정약용(丁若鏞)은 「전론(田論)」에서 한 마을을 약 30호 정도의 단위(閭)로 하여 토지를 공동으로 소유, 경작하게 하고, 그 수확량을 노동량에 따라 분배하는 일종의 공동

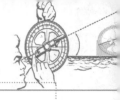

농장제도로 공동생산과 공동분배를 주장하는 여전론에 대해서 주장하였다.

그리고 「경세유표」에서 결부제 폐지와 정전제, 어린도 작성을 주장하고 과세를 위한 목적으로 대장인 전적을 만들어 농민에 한해 토지소유를 허락하고 토지사권 발급과 도부(지적공부)를 비치하자는 등 근대적 등기제도 도입을 주장하였다. 이기(李沂)는 「해학유서」의 전제망언에서 결부법의 보완과 수등이척제에 대한 개선을 위한 망척제를 주장하였는데 이 방법은 정방향의 그물을 사용하여 그물 속에 들어온 그물의 눈금수를 계산하여 해당 토지의 면적을 산출하는 방법이었다.

또한 이기는 1899년 양지아문(量地衙門)을 설치할 때 양지위원으로 아산의 토지를 측량하였다. 그리고 이익(李瀷)은 「성호사설」에서 국가는 한 집에 필요한 평수의 기준량을 정하여 그에 상응하는 전지를 한정하고, 한 가구당 영업전을 지정해 세습 가능하도록 하여 그 매매를 금하는 반면, 영업전 이외의 다른 토지는 매매를 허락할 수 있도록 하는 균전제를 주장하였는데 실제로 개혁안의 내용은 한전법(限田法)과 같은 균전제(均田制)였다.

서유구(徐有榘)는 「의상경계책」에서 결부법은 토지면적을 정확히 파악할 수 없으므로 방량법(方量法)과 어린도법(魚鱗圖法)으로 개정해 은결(隱結)과 누결(漏結)을 방지하자고 주장하였다. 서유구는 정전제를 기초로 매 10경의 농지를 1필로 하여 정정방방(正正方方)으로 구획할 수 있는 것은 그렇게 하고 그렇지 못한 곳은 어린도상으로 구획하여 전국의 농지를 일목요연하게 정리하도록 하였다.

또한 「임원경제십육지」에서 토지제도의 현실적 개혁방안으로 둔전론을 제기하였는데 국가나 지주층에서 대규모 농장인 국영농장을 건설하여 농민을 농업노동자로 두어 무전 소작농의 안정을 도모하는 방법도 제시하였다.

유길준(俞吉濬)은 「지제의」에서 양전(量田)을 새로이 실시하여 조세제도와 토지소유권을 정확하게 파악하기 위한 지권의 발행을 주장하였으며, 리(理) 단위의 지적도인 전통도를 제작하여 전국 단위의 지적도를 만들어 지방의 주에서는 5년에 한 번씩 지적도를 개정하며, 호부에서는 10년에 한 번씩 개정해야 한다고 하였다. 또한 1908년 5월에 측량에 관한 지식과 기술을 교육할 것을 목적으로 서울의 수진궁(壽進宮)을 빌려 측량전문교육기관(1908~1909)인 수진측량학교[67]를 세워 후학들을 위한 교육을 실시하였다. 그리고 유길준은 1909년 2월에 대한측량총관회(大韓測量總管會)를 창설하였고, 한국 최초의 측량기술자 단체로 교육과 검사를 실시하고 최초로 측량자격증인 검열증을 발급하기도 하였다.

유형원(柳馨遠)은 「반계수록」에서 결부법(結負法)을 폐지하고 경무법(頃畝法)을

---

67) 유길준이 설립한 측량전문 교육기관

시행하여 경지정리를 정전제의 형식에 따라 토지를 가능한 한 정사각형으로 구획하고, 농로와 수로를 정비하도록 하였다.

기초지식

구분	세부 내용
※ 대한측량총관회(大韓測量總管會) 및 검열증(檢閱證)	
대한측량총관회	• 1909년 유길준이 창설한 한국 최초의 측량기술자 단체 • 검사부와 교육부를 두고 교육부에서는 학생을 모집하여 세부, 도근측량을 교수하고 검열증을 발행 • 초대 평의장(評議長)은 유길준이었으며, 평의회 의결을 거쳐 개정하게 된 내용의 회칙을 수록함
검열증	• 대한측량총관회에서 발급한 한국 최초의 측량기술 자격증 • 1909년 4월 총관회 부평분사무무소에서 부평, 김포, 양천군의 측량기술을 검정하였음 • 합격자는 검열증을 주되, 미합격자는 1, 2개월 강습 후 재검정 실시 • 검열증은 지적측량사 자격의 효시라 할 수 있음

또한 정전제가 원칙이나 현실적으로 어려움이 있어 국가 기관에 일정한 토지를 배정하고, 관리들은 품계에 따라 최고 12경(頃)에서 최하 2경의 토지를 주며, 모든 농민에게는 장정 1인에게 1경씩의 농지를 균일하게 배분하자고 하였다. 토지의 배분은 서민은 20세부터, 사족(士族)은 15세부터 지급하고, 여자에게는 원칙적으로 분배하지 않으며, 토지를 받은 자가 사망하거나 이사를 했을 때는 다시 분배하는 절차를 밟도록 하였다.

한백겸(韓百謙)은 「구암유고(久菴遺稿)」에서 고조선의 왕 기자(箕子)가 시행하였다는 정전(井田)제도의 유적이 평양에 남아 있음을 입증하여 기전유제설(箕田遺制說)에 대한 논문과 기전도(箕田圖)에 대한 그림이 전해오고 있다.

「기전도」와 「기전유제설」을 통해 평양성 밖에 정전 유적이 실제로 존재하고 있고 이 정전 유적은 井자 형태가 아니라 田자 형태로 구획되어 있으며, 1부의 크기가 70무인 것으로 보아 은나라의 기자정전의 유적이 틀림없다고 주장하였다. 또한 「기전도」에는 구획된 밭만 있을 뿐 수목과 민가는 보이지 않는다.[68]

오늘날 한백겸의 「기전유제설」의 주장이 은나라의 기자정전의 유적이 아닌 것으로 확인이 되었지만 그 당시의 학문적 수준에 비추어볼 때 그의 주장은 새로운 학설이었다.

---

68) 오호성, 2009, 「조선시대 농본주의사상과 경제개혁론」, 경인문화사.

[그림 2-8]은 기전도를 보여주는 것으로 고조선시대부터 시작된 정전제(井田制)의 형태와 유사한 전의 형태가 일목요연하게 그려져 있다. 이 외에도 정제두(鄭齊斗)는 정몽주의 11세손으로 우리나라 최초로 지적용어를 사용한 인물로 「하곡집」(시문집) 제2권에 수록되어 있으며, 홍대용(洪大容)은 이용후생 실사구시를 강조한 과학사상가로 혼천의 등 측량 관련기기를 제작한 조선 영조 때의 실학자였다.

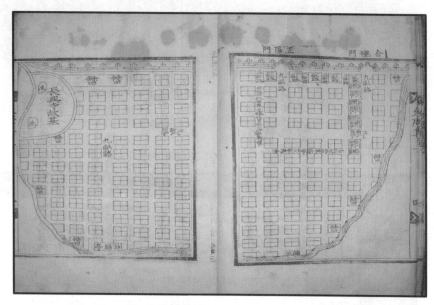

[그림 2-8] 기전도(출처:http://www.hanauction.com)

기초지식

※ 수진측량학교(1908년)

- 유길준(俞吉濬)이 1908년 5월에 수진궁(壽進宮)을 빌려 설립한 측량전문 교육기관으로 사립측량학교인 수진측량학교는 수업기간이 6개월이고, 입학자격은 국한문의 독서·작문·산술(4측 이내) 등의 학과시험 합격자로 하였으며, 교육내용은 측량학술과 실습이었다.
- 교사진은 일본의 동경공수학교 졸업자인 김택길(金澤吉)과 김두섭(金斗燮), 일본의 동경참모본부에서 측량학을 공부한 이주환(李周煥) 등이었다.
- 1909년 2월에 대한측량총관회와 연합하여 제반설비를 확장하고 제2회 신입생을 모집하였다. 졸업기간은 9개월(제1기 6개월, 제2기 3개월)이고, 학과목은 제1기에 산술·기하·대수·삼각이고, 제2기에 측량(세부·도근)이었다.
- 지금은 그 자리에 종로구청(좌)이 있으며, 표지석(우)은 예전의 수진측량학교터를 알리고 있다.

[그림 2-9] 수진측량학교 터(종로구청)

출 처 : 지적인 마을(http://ockwon.blog.me); 개미실 사랑방(http://blog.naver.com/roaltlf)

〈표 2-23〉 조선의 양전개정론

양전론자	저서	개정론
정약용	전론, 경세유표	어린도법, 방량법, 경무법, 여전제
이기	해학유서, 전제망언 편	결부법과 수등이척제의 개선, 망척제
이익	성호사설	균전제(한전제)
서유구	의상경계책, 임원경제십육지	결부법을 방량법과 어린법으로 개선, 둔전법
유길준	지제의	결부법을 경무법으로 개선, 전통도, 수진측량학교
유형원	반계수록	결부법을 경무법으로 개선, 균전제, 정전제
한백겸	구암유고	기전유제설, 기전도

개정론	세부 내용
여전제	•양반의 토지소유 편중을 막기 위해 대략 30호 정도로 조직인 여를 만들고, 여경계 내의 토지는 여민이 공동소유, 공동경작하여 개개인의 노동량을 장부에 기록하여 수확한 생산물을 한곳에 모아놓고 기여한 노동량에 따라 분배
어린도	•일정한 구역을 그린 도면이 마치 물고기 비늘처럼 연속적으로 붙어 있는 데 기인하여 오늘날의 지적도와 같은 도면을 어린도, 어린책, 어린도책이라 함
한전제	•농민들에게 국가의 토지를 나누어 주는 대신, 매매하지 못하게 하는 방법
방량법	•농지를 일목요연하게 파악하기 위해 정정방방의 토지는 그렇게 구획하고 그렇지 않은 토지는 어린도상으로 구획하는 방법
망척제	•정방향의 그물을 이용하여 그물 속에 들어온 그물눈을 계산하여 면적을 산출하는 방법

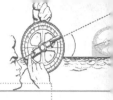

개정론	세부 내용
균전제	• 노예를 포함한 모든 농민들에게 각각 그들의 경작 능력에 따라 일정량의 농업용 토지를 분배하여 일률적인 조세를 부여하도록 하는 제도
둔전제	• 국가주도하에 경작자를 집단적으로 투입하여 관유지나 새로 확보한 변방의 영토 등 대규모 국영농장으로 경작하는 토지제도
전통도	• 현재의 지적도와 유사한 리 단위의 전통도를 제작하여 양전을 전통도로 실시하고 지권을 발행
기전도	• 평양에 있는 정전제도를 그린 것으로 구획된 밭만 있고 수목과 민가는 없는 그림
휴도	• 방량법의 일환으로 어린도의 가장 최소 단위로 작성된 대적 의미의 지적도로 방량(方量)으로 확정된 휴전(畦田)을 지도로 작성한 것
은결	• 양안에 등록하지 않고 경작하는 토지 결수
여결	• 실제의 경작지의 면적보다 훨씬 작게 양안에 기재하여 경작하는 토지 결수
누결	• 은결과 여결 또는 국가나 향리의 소유로 인해 조세대상에서 누락·제외되는 토지 결수

5. 대한제국시대

1) 대한제국의 지적제도

(1) 개요

1897년(광무 원년)에 고종은 광무(光武)라는 연호를 사용하여 국호를 대한제국으로 고쳐 즉위하였다.

1897년에 설립된 대한제국은 양전·관계발급사업의 실시, 재정제도의 개편, 화폐금융제도의 개혁, 상·공업 진흥정책, 군사제도의 개편 등 여러 가지 정책을 실시하였는데 그 중 가장 핵심을 이루는 것이 양전·관계발급사업이다.

1898년에 전국적인 양전을 위해 「양지아문직원급처무규정(量地衙門職員及處務規程)」이 칙령으로 반포되어 양전을 위한 독립 관청으로서 최초의 지적행정관청인 양지아문(量地衙門)이 설치되어 광무양전(光武量田)이 시작되었다. 광무양전 이전에도 계묘양전·갑술양전·경자양전이 존재하였지만 광무양전은 지세제도를 수립하고자 대한제국시대에 양지아문을 중심으로 실시된 전국적 차원의 양전사업이다.

1895년에 이미 설치된 측량업무를 담당하였던 내부의 토목국과 함께 지적업무는 판적국, 전세 및 유세지에 관하여는 토지부사세국 등과 업무관계를 형성하게 되었고 이때부터 내부 판적국에서 최초로 법령에 의한 지적(地籍)이란 용어가 사용되었다.

양지아문에서는 미국인 측량기사 크럼(Reymond Krumm)을 초빙하여(외국인 측량기사 초빙의 효시임) 한성부를 측량하고 견습생을 교육하여 지적도 작성사업을 추진하게 하였다. 1898년 11월부터 5개월간 속성으로 20명의 학생에게 교육을 시작하였고 1899년 4월부터 남대문을 기점으로 측량을 시작하여 한성부지도를 작성하였다.

양지아문에 의한 양전은 충남 아산군에서 처음 실시하였는데 양전과정은 측량과 양안 작성 과정으로 나누어 진행하였다.

먼저 측량은 양전척(1척은 약 1m)으로써 실측하여 하루에 120필지 내외를 측량하였고 양안 제작은 3단계로 진행하였는데 1898년 7월 6일 양지아문이 설치된 이후부터 1904년 4월 19일 지계아문이 폐지된 기간 안에 시행한 양전사업인 광무양전(光武量田)을 통해 만들어진 양안에 해당된다. 그래서 광무양전에 의해 만들어진 양안을 기준으로 구양안과 비교하여 부르기 위해 이를 신양안이라고 부른다.

신양안의 작성은 먼저 1단계는 측량 및 조사 내용을 '야초(野草)'로 작성하고, 2단계는 지방 관아에서 면별로 작성된 '야초책'을 면의 순서에 따라 자호와 지번을 부여하면서 면적·결부·시주·시작·사표 등의 정확성 여부를 확인하여 '중초책(中草册)'을 작성하였으며, 3단계로 양지아문에서 이를 수합한 다음 게재형식을 통일하여 '정서책(正書册)'을 작성하였다.

그러나 중추원의 인식 부족과 예산 부족, 인사의 불실 등으로 양지아문은 1902년 3월, 3년 3개월 만에 폐지되고 말았다. 그러나 이미 전국 토지의 1/3 이상이 양전을 마친 상태였고 양전한 내용에 따라 토지 소유권자의 확인이 필요하게 됨으로써 지계의 발행이 필요하게 되었다. 1901년 10월 20일 전국의 지계발행을 위한 지계아문이 설치되었지만 자치적으로 해결하기에는 한계가 있어 1902년 3월에 지계아문과 양지아문을 통합하여 지계아문에서 업무를 수행하게 되었다. 즉, 양전의 시행에 따라 소유권의 등록 및 확인 등을 위한 지계사업도 함께 병행되어야 되기 때문에 양지아문과 지계아문의 두 기구의 통합이 이루어지게 되었다. 제1차 한일협약을 강요당하게 되면서 지계발행과 양전사업이 중단되면서 1904년 4월 19일 지계아문은 폐지되었고 새로 탁지부에 양지국을 신설하여 양전업무를 담당하였다.

1901년 10월 20일에는 칙령 제21호로 제정된 '지계아문직원급처무규정'을 동년 11월 11일에 새로이 개정하여 기존의 '농지에 한해서 지계를 발행키로 한 규정'을 산림, 토지, 전답, 가사로 확대하여 발행하였고 외국인의 경우 규정된 지역에서의 토지소유가 가능하도록 하였다.

그리고 1905년 일본에서 측량기사 쓰시미 게이죠를 초빙하여 한국인 수습측량기사

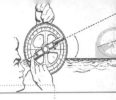

일부에게 측량기술을 속성으로 강습하여 경인·대구·경북지역에 측량의 기본이 되는 대삼각측량을 실시하지 않고 독립적인 소삼각측량을 실시하여 구소삼각측량을 실시하게 되었다. 그래서 1906년 5월 1일 대구를 시작으로 1906년 10월 3일은 평양, 1907년 7월 20일에 전주에 출장소를 설치하였다.

1907년에 탁지부 양지과에서 측량기술견습소를 탁지부 재정고문인 메가타 다네타로가 토지조사 및 측량을 위해 설치하였다.

각 출장소에서는 대구, 평양, 전주에 기술자 300명을 기수로 임명하여 전국의 국지측량을 실시하게 되었는데 이때 측량에 관한 규정은 1907년의 실질적인 우리나라 토지측량의 모범이 되는「대구시가토지측량규정」을 참조하여 실시하였다.

그리고 1908년에는 한성부에 소삼각측량 실시 1/500 지적도 29매가 작성되어 현재 서울특별시 종합자료관에 보관되어 있다.

1908년 1월에는 '삼림법'이 제정되었는데, '삼림법' 제19조에는 삼림산야의 지적 및 면적의 약도를 첨부하여 농상공부대신에게 신고하되 3개년 안에 신고를 하지 않으면 국유로 한다고 규정되어 있다. 또한 삼림법 규정에 따라 민간인이 소유하고 있는 모든 임야를 소유자가 측량수수료를 부담하고 측량을 실시하여 민유 임야약도를 작성, 강제적으로 지적보고(地籍報告)를 하도록 하였는데 이것은 대한제국에서 제정한 법령 중에서 최초로 지적이라는 용어를 사용하는 규정이다.

또한 1908년 7월에는 임시 재산정리국에서 총무과, 측량과, 채무조사과로 편성하여 그 중 측량과에서 토지측량 및 건물조사, 지도와 건물평면도 조제, 측량기술자 양성업무를 담당하기도 하였으며, 1910년에는 토지조사국을 설치하여 토지조사사업계획을 수립하고 1910년 8월 '토지조사령'과 '시행규칙'을 공포하였다.

따라서 대한제국시대를 전체적으로 살펴보면 대한제국 이전인 1895년에 판적국이 설치되고 1898년 '양지아문직원급처무규정', 1901년 '지계아문직원급처무규정', 1907년 '대구시가토지측량규정', 1908년 '삼림법' 규정을 끝으로 결국 1910년 토지조사사업을 위한 토지조사국의 '토지조사법' 및 '시행규칙'이 제정되는 것으로 요약된다.

〈표 2-24〉 내부관제 및 판적국

세부 내용
1895년 3월 26일 칙령 제53호로 내부관제(內部官制)를 총 15개 조항으로 제정하였고, 조직의 구성은 5개국을 두어 토목국에서는 측량과 토지수용업무를 보도록 하며, 판적국에서는 호적·지적과 관련된 업무를 보도록 규정하였다.
① 주현국 : 지방행정 및 구휼·구제 사무 ② 토목국 : 토지측량 및 토지수용·토목공사 사무 ③ 판적국 : 지적 및 관유지 처분 사무관장 ④ 위생국 : 전염병 및 토질병 예방의 공중위생 사무 ⑤ 회계국 : 관청 소유재산 관리 및 예·결산 회계사무
이 당시에도 지적과 측량은 이원화하여 관리하였으며, 판적국 사무 제2항에 '지적에 관한 사항'으로 명시되어 있어 최초로 지적(地籍)이란 용어가 사용되었음을 확인할 수 있다.

내부관제 제8조 판적국 사무	내부관제 제7조 토목국 사무
1. 호구 문서에 관한 사항 2. 지적(地籍)에 관한 사항 3. 관유지(官有地) 처분과 관리에 관한 사항 4. 관유지의 명목을 변경시키는 일에 관한 사항	1. 본부에서 직접 관할하는 토목 공사에 관한 사항 2. 지방 토목 공사와 기타 공공 토목 공사에 관한 사항 3. 위의 2가지 공사의 공사 비용 보조 조사에 관한 사항 4. 토지 측량에 관한 사항 5. 물이 있는 곳을 메워서 평탄하게 하는 일에 관한 사항 6. 토지를 수용(收用)하는 일에 관한 사항

〈표 2-25〉 양안작성의 3단계

구분	세부 내용
야초책(野草冊)	• 지방 관아에서 면별로 작성된 측량 및 조사내용을 기록한 1단계의 책
중초책(中草冊)	• 1단계의 야초책의 내용을 토대로 각 면(面)의 순서에 따라 자호와 지번을 부여하면서 면적·결부·시주·시작·사표 등의 정확성 여부를 기록한 2단계의 책
정서책(正書冊)	• 2단계의 중초책을 토대로 양지아문에서 이를 수합한 다음 형식을 통일하여 작성한 3단계의 책

 기초지식

※ 대구시가토지측량규정의 구성

구분	세부 내용
전체 구성	1907년 5월 16일 대구재무관 대(代) 가와가미(川上) 재정감사관이 제정하였고, 3장 141개 조항으로 구성되어 있다.
1장	제1장은 도근측량에 관한 사항으로 9절로 나누어져 있다. 주요 내용으로는 도근측량의 기준 및 장비, 도선 등급, 도근점의 배치 선점 표항, 측점 수, 도근점의 번호, 측량방법, 관측야장 기재방법, 방위각 및 종횡선 오차의 제한, 측량오차의 배부방법, 도근약도 작성에 관한 세부사항 등을 규정하고 있다.
2장	제2장은 세부측량에 관한 사항으로 6절로 나누어져 있다. 주요 내용으로는 작성하는 도면의 축척, 측량방법, 측량장비, 도근점의 전개방법, 보점의 설치 및 측량방법, 도선의 오차 제한 및 배부방법, 일필지측량의 방법, 가지번 부여방법, 원도 작성에 따른 세부적인 사항, 동도(洞圖) 작성방법 등을 규정하고 있다.
3장	제3장은 면적 계산에 대한 사항으로 2절로 나누어져 있다. 주요 내용으로는 면적측정 단위, 면적측정 방법 및 장비, 면적측정부 양식, 면적결정 방법 등에 대한 내용을 규정하였다. 또한 복무에 대한 내용과 검사에 대한 내용을 별도로 두어 외업 시간, 내업 장소, 병가 신청, 휴가일, 도근측량을 완료하였을 때 검사할 사항, 세부측량을 완료하였을 때 검사할 사항, 측량 공정에 대하여 검사할 사항을 일일이 나열하고 있다.

출처 : 신현선 외 2인, 2019, "대구시가 토지측량규정 등에 관한 연구", 한국지적학회지, 제35권 제3호, pp. 93~112.

〈표 2-26〉 지적관리 행정기관

구분	세부 내용
내부 판적국	1895년 3월 26일 내부관제 공포(호적과 지적을 담당하기 위해 설치)
양지아문	1898년 7월 6일 양전사업을 위한 최초의 행정관청(전국을 양전하기 위해 설치)
지계아문	1901년 10월 20일 양지아문의 양전에 따른 지계발급을 위해 설치
탁지부 양지국	1904년 4월 19일 지계아문이 폐지되면서 기존의 양전업무를 담당하기 위해 설치
탁지부 사세국 양지과	1906년 4월 13일 양지국을 축소하고 양지과를 설치하여 양전 및 양안조제 업무 수행

기초지식

※ 광무양전(光武量田)

구분	세부 내용
사업 목적	• 1898년부터 1904년까지 대한제국 정부가 전국의 토지를 대상으로 실시한 근대적 토지 조사사업으로 근대적 토지제도와 지세제도를 수립하고자 전국적 차원에서 추진된 사업
사업 내용	• 양지아문(量地衙門)에서 주도한 양전사업 • 지계아문(地契衙門)의 양전·관계(官契) 발급 사업
사업 배경	• 조선시대의 양전(量田), 즉 토지조사사업은 20년에 한 번씩 하게 되어 있었으나, 18세 기 이후 전국적인 양전사업은 1720년(숙종 46) 이후 단 한 차례도 시행되지 않았음 • 그래서 전정(田政)에 각종 폐단이 발생하게 되면서 19세기 후반 민란과 동학농민혁명 을 야기시킨 이유 중 하나가 되었음 • 이러한 이유로 정부는 양전사업의 필요성을 계속 거론하였으나 재정상의 이유로 전국 적인 양전은 성사되지 못하다가 1894년 갑오농민혁명의 와중에서 성립된 개화파 정 권은 개혁사업의 하나로 양전사업을 실시하기로 하고, 1895년 본격 추진하였다. • 그러나 아관파천(俄館播遷)으로 인해 중단되어, 양전사업은 결국 대한제국 정부의 과 제로 넘겨지게 되었으며, 대한제국 정부의 내부대신 박정양(朴定陽)과 농상공부대신 이도재(李道宰)는 1898년 6월 토지측량에 관한 청의서(請議書)를 의정부 회의에 제출 하였음 • 의정부 회의에서 이를 통과시켜, 1898년 7월에 「양지아문직원급처무규정」이 칙령으로 반포되어 양전을 위한 독립 관청으로서 양지아문이 설치되어 양전사업은 1898년 9월 부터 본격적으로 개시되어 군 별로 양안(量案)이 작성되었음
사업 추진	• 양지아문의 관리는 총재관·부총재관·기사원(記事員)·서기·고원(雇員)·사령(使令)· 방직(房直) 등으로 구성되었음 • 3명의 총재관은 처음에는 각 부서간의 협조를 위해 현임 내부대신·탁지부대신·농상 공부대신이 겸임하였고 실무진으로는 양무감리(量務監理)·양무위원·조사위원 등이 있었으며, 양무감리는 각 도에서 양전 사무를 주관하는 일을 맡았음 • 양무위원은 군(郡) 단위로 임명되었는데, 처음 임명된 양무위원은 대한제국의 유교개 혁사상가로서 해학유서(海鶴遺書)의 저자이기도 한 이기(李沂) 및 이종대(李鍾大) 등 이었고, 기술진으로는 수기사(首技師)·기수보(技手補)·견습생 등이 있었다. 수기사 로는 미국인 크럼(Krumm, R.E.L.)이 초빙, 고용되었음
사업 결과	• 양전사업은 1898년부터 실시되었다가 1901년 12월 흉년으로 잠시 중단되었고, 대한 제국 정부는 양전사업을 진행하면서 토지소유관계를 명시하는 지권(地券)의 발행이 필요하다고 인식하고, 1901년 11월지계아문(地契衙門)을 설치하였음 • 그런데 지계발행 사업은 성격상 양전과 분리될 수 없기 때문에 양지아문과 지계아문의 통합이 거론되어, 1902년 3월 마침내 양지아문은 지계아문에 흡수 통합되었고, 지계 아문은 지계 발행사업과 양전사업을 병행하게 되었음 • 지계아문은 1904년 정부의 재정긴축방침에 따른 정부기구 통합작업에 따라 탁지부 산 하 양지국(量地局)으로 축소 개편되어 양지국은 규정상 지계아문의 사업을 전적으로 계승하였음 • 그러나 1904년 2월 발발한 러일전쟁으로 사업 수행이 곤란하게 되자 양전·지계사업 은 중단되었음

출처: 한국민족문화대백과사전(광무양전사업(光武量田事業))

※ 계묘양전·갑술양전·경자양전의 비교

구분	세부 내용
계묘양전	• 임진왜란 중에 전국적으로 토지대장이 소실되고 극히 일부 지역만 이전의 토지대장을 보유하였기 때문에 토지에 대한 정부의 수세 능력이 현저히 약화되었다. 이에 심각한 재정난과 농민층의 부세 편중을 해결하기 위하여 토지조사 사업이 절실히 요청되었고, 1600년(선조 33년) 정부는 전국적인 토지조사를 결정하였다. 1601년(선조 34년)에 양전조사에 착수하여 1604년(선조 37년)에 완료하였다. 이 사업이 주로 1603년(선조 36년)에 시행되었기 때문에 그해의 간지를 사용하여 계묘양전이라 부른다. • 그러나 당시는 통치 권력이 취약하였기 때문에 임시적인 토지조사의 방식을 선택하였다. 정부가 토지조사를 주도하는 것이 아니고, 시기 결과 진황지를 각 읍이 감영을 통하여 정부에 보고하고, 정부는 재상경차관(災傷敬差官)을 파견하여 각 도별로 1개 군현을 추첨하여 조사하는 방식이었다.
결과	• 1604년 완료된 계묘양전을 통하여 30만여 결에 불과하던 정부의 수세지가 54만여 결로 증가하였다. 그러나 진황지를 토지대장에 등록하지 않았기에 이후 진황지의 개간 과정에서 은루결이 급증하는 결과를 허용하였다. 즉, 정부가 계묘양전 이후 개간되는 진황지를 관리할 수 없었다. 1604년(선조 37년) 계묘양전부터 1634년(인조 12년) 갑술양전(甲戌量田) 때까지는 개간의 시대라 할 만큼 임진왜란 과정에서 황폐화된 진황지가 대규모로 개간되던 시기였다. • 진황지는 버려두어서 거칠어진 토지로 조선 후기 진황지는 토지대장인 양안(量案)의 등록여부에 따라 양진(量陳)과 양후진(量後陳)으로 분류되었으며, 양진은 토지대장에 진황지로 등록된 토지이며, 양후진은 토지대장에 경작지로 등록되었다가 이후에 황폐화되어서 진황지로 인정된 농지를 일컬었다.
갑술양전	• 1603년(선조 36년)에 시행된 계묘양전은 임진왜란 후 전란의 후유증이 얼마 가시지 않은 상황에서 국가의 세 수입을 확보하기 위해 양전을 시행하여 여러 가지 반발과 한계를 지닐 수 밖에 없었다. • 갑술양전은 계묘양전의 문제점을 개선하고, 국가 재정을 확충하기 위한 의도에서 1634년(인조 12년)에 충청도·전라도·경상도 지역을 대상으로 본격적으로 착수되었다. • 갑술양전에서는 각 도에 2명씩 양전사(量田使)를 파견하여 이들이 처음부터 양전을 주관하였고 종래의 6등 전품에 따라 척수를 달리하였던 수등이척제에서 벗어나 타량(토지에 등급을 산정하고 그에 따른 기준척으로 측량하여 양안에 기록하는 일)이 수월하고 관리가 용이하도록 하기 위해 6개 전품에 동일한 척을 사용하였고 경작지 않고 오랫동안 묵히고 있는 토지인 진전(陳田)까지 타량하여 양안에 입록하였다.
결과	• 갑술양전에서 파악한 삼남의 전결 총수는 89만 5,489결에 달하였다. 이중 갑술양전으로 새로이 파악한 가경전은 18만 8,695결 수준이었다. 이는 당초 예상보다는 적은 수치였지만, 은루결을 양안에 대거 포함시킨 점에서 당초 취지에 부합하는 성과였다.

구분	세부 내용
경자양전	• 1719~1720년(숙종 45~46년) 조선 정부가 토지대장을 만들기 위하여 시행한 충청도 · 전라도 · 경상도 지방의 토지조사사업으로 경자양전은 임진왜란 이후 세 번째 시행된 도별양전이었다. • 두번째 시행된 갑술양전(1634)에서 조사된 진황지는 전체 등록 토지의 39%에 이르렀다. 이러한 진황지 가운데 개간된 경지는 새로 개간된 가경전(加耕田)과 함께 정부에 보고되지 않고 각 군현의 은루결을 이루며 정부의 재정을 악화시켰으며, 양반관료와 지주층의 극심한 반대에도 불구하고 정부는 삼남의 경자양전을 시행하였다. • 1719년(숙종 45년) 10월 삼남 각 도에 2명씩 모두 6명의 균전사(均田使)가 파견되면서 경자양전이 시작되었다. 양전은 토지를 측량하는 타량(打量), 측량된 내용으로 초안(草案)을 작성하는 단계, 초안을 바탕으로 정안(正案)을 작성하는 단계의 총 3단계로 진행되었다.
결과	• 경자양전은 구양안의 자호를 중심으로 양전하고 신양안에 이전 자호를 함께 기록하여 은결 및 누결의 폐단을 방지하고 구양안을 기준으로 작성된 각종 토지문기에 혼란이 발생하는 것을 방지하려는 것이었다. • 개별 필지를 중심한 토지의 파악은 강화되었다. 분작과 합작, 화전과 진전, 가경전의 파악에서 잘 드러나듯이 은루결의 색출을 위한 것이었다. • 경자양전이 종료된 결과 인민에게 피해를 주지 않고 국가재정이 몹시 나아졌으므로 끝내 인민의 원망이 없었다고 기록되어 있다[69].

출 처 : 위키 실록사전(http://dh.aks.ac.kr) 참조작성

---

69) 備邊司謄錄 88책, 영조 6년 11월 16일.

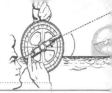

※ **행정관청의 업무비교**

구분	세부 내용
판적국	• 1895년에 이미 설치된 측량업무를 담당하였던 내부의 토목국과 함께 지적과와 호적과를 설치하여 지적업무와 호적업무를 관장함 (우리나라 최초로 법령에 의한 지적(地籍)이란 용어가 사용)
양지아문	• 1898년(광무 2년) 전국의 양전사업을 관장하기 위한 독립기구로 창설 (최초로 전국의 양전을 실시하기 위한 지적행정관청) • 미국인 측량기사 크럼을 초빙하여 8년간 측량교육 실시 • 1901년 지계아문 설치 후 양전업무를 이관하면서 1902년에 폐지됨
지계아문	• 양지아문에서 전국지역에 1/3 이상을 양전을 실시한 상태로 예산 등의 부족으로 폐지를 하게 됨 • 기존의 양지아문에서 양전한 토지의 소유권에 대한 필요성이 제기되면서 지계의 발행을 위한 전담기구로 1901년 11월 설립됨 • '대한제국전답관계'라는 지계를 발행 • 종전 토지소유자의 소유권을 그대로 인정하였고 전답의 매매 및 양여 시 소유주는 반드시 관계(官契)를 받도록 하였음
탁지부 양지국	• 1904년 4월 국내 토지측량에 관한 사항(전답, 가사, 천택)과 지계아문의 미완료 업무를 마무리함
탁지부 사세국 양지과	• 1906년 4월에 양지과를 설치하고 1908년 탁지부 분과규정으로 토지측량, 정리사무의 조사 및 준비, 토지양안 작성의 준비에 관한 사항을 최초로 법규에 규정함

※ **지권제도(地券制度)**

• 대한제국에서 시행한 과도기적 토지공시제도로 토지거래의 문란방지를 위해 관에서 공적으로 인증하는 소유권 증명제도

구분	세부 내용
관계의 발급	① 제1편 : 지계아문 보관 ② 제2편 : 소유자 보관 ③ 제3편 : 지방관청 보관
지계발급의 3단계	1단계 : 토지 소유자가 누구인가를 조사하는 양전사업의 과정 2단계 : 현실의 실소유자와 일치하는가 확인하는 사정의 과정 3단계 : 사정의 내용을 기초로 하여 관계를 발급하는 과정
폐지	• 충남 강원도 일부지역에서 시행하다 토지조사의 미비, 인식부족 등으로 사용이 중지되었다. • 1904년 조직축소에 따라 탁지부 양지국으로 흡수되었고 지계아문은 폐지되었다.

기초지식

※ 대한제국 때 만들어진 기타 도면

구분	세부 내용
가옥원도	• 호(戸) 단위로 가옥의 위치와 평면적 크기를 실측하여 만든 1/100의 대축척 지도로 일본 군사 기지가 있는 용산지역 내 민가를 측량한 지도이다.
관저원도	• 대한제국시절 고위관리의 관저를 실측하여 만든 지도로서 지도 하단에는 도로, 경사, 철책, 목책, 토벽, 도선, 수목, 가옥, 연와벽, 우물 등이 기록되어 있고 주기를 통해서 관저 주위에 일본헌병대, 수산국, 농상공부 등이 자리잡고 있음을 확인할 수 있다.
건물원도	• 황실 소유의 토지를 실측하여 1/400 축척으로 만든 대축척 지도로서 건물마다 건물관리번호가 괄호 안에 기재되어 있으며, 가로, 세로길이가 표시되어 있어 건물면적을 확인할 수 있다.
궁채원도	• 고종 때 왕실재산과 국유재산을 엄격하게 구분하기 위해 왕실재산의 1사 7궁 소속의 토지 가운데 채소밭을 실측하여 만든 지도
산록도	• 산록도란 대한제국시절 동(洞)의 뒷산을 실측한 대축척 지도로서 마을 뒷산으로 진입하는 도로와 뒷산의 가옥 및 나무와 암반 등이 그려져 있고 하단에는 범례가 나타나 있다.
율림기지원도	• 지적도상에 소율연(小栗畑)이라는 단어가 있는 것으로 보아 밤나무숲을 의미하며 여러 지역의 측량기록들이 있으나 한양과 밀양(밀성) 부근의 밤나무숲을 세부측량하여 만든 대축척측량원도가 현존하고 있다.
전답도형도 (사표도)	• 1899년 양지아문에서 작성한 양안을 최초로 해당필지 주변의 토지현황을 문자와 도형으로 함께 표현한 것으로 전답도형도 또는 사표도라고 하며, 비록 지도학적인 요소는 갖추지 않았으나 원시적인 우리나라 지적도의 시발이라고 볼 수 있어 오늘날의 지적도가 탄생하는 중요한 계기가 된 도면이다.
전원도	• 전원도란 일종의 농경지만을 나타낸 1/1,000의 대축척 지도로서 소유자 명과 논에 해당하는 전(田)지목과 밭에 해당하는 연(畑)지목이 함께 주기되어 있다. 예전에는 논을 전으로 밭을 연으로 표기하였다.

출 처 : 김추윤 외, 2005, "대한제국기의 대축척 실측도에 관한 사례연구", 한국지도학회지, 제5권 제1호, pp.41~53. 참조작성.

 기초지식

※ 출장소 및 대구시가 토지측량규정

구분	세부 내용
측량기술 견습소 설치	1905년 6월에 설치(일본인 측량기사 쓰시미 게이죠 초빙)
대구출장소 설치	1906년 5월에 설치
평양출장소 설치	1906년 10월에 설치
전주출장소 설치	1907년 11월에 설치
대구시가토지측량규정	1907년 5월에 설치(우리나라 최초의 지적측량규정)

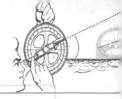

2) 대한제국시대의 지적교육

대한제국시대의 지적교육은 1898년 양지아문에서 미국인 측량기사 크럼(Reymond Krumm)을 초빙하면서 일본인 공학사 우치다를 기수보 중 한 사람으로 선발하여 양지견습생 20명[70]을 11월부터 5개월간 속성으로 교육시켜 1899년 4월 1일 남대문 앞에서 측량을 시작하여 한성부를 측량하고 1900년에 한성부 지적도 29매를 제작하게 하였다. 크럼은 외국인 최초로 우리나라의 견습생들을 대상으로 측량교육을 실시하였는데 이것이 근대적인 지적측량교육의 효시하고 할 수 있다.[71]

(1) 최초의 사립학교(흥화학교)

우리나라 지적교육은 처음 측량교육으로 시작되었으며, 최초의 사학 측량교육은 1900년에 사립 흥화학교에 양지속성과를 개설하여 측량교육을 시행함으로써 시작되었다.[72] 흥화학교는 1898년 10월 민간에서 설립한 사립학교 가운데에서는 가장 초기의 학교로서 설립자는 을사조약의 강제체결에 반대하여 자결한 민영환이었다.

「황성신문」 1898년 10월 25일자에 실린 흥화학교 광고와 그 설립청원서에 따르면,[73] 흥화학교는 주간과 야간과정으로 보통과 3년 과정과 고등과 2년 과정이 설치되어 있었다.[74] 민영환은 미국과 유럽을 여행한 뒤 민지(民智)의 미개(未開)와 교육의 부진을 한탄하여 교육을 국가의 문명진보에 가장 중요한 일로 인식하고 흥화학교를 설립하였던 것이다. 1898년 12월 현재 흥화학교에는 주간에 54명, 야간에 92명이 재학하고 있었으며, 심상과(尋常科)·특별과·양지과(量地科)를 설치하고 교육내용은 영어·일어·측량술 등이었다.[75]

(2) 측량기술견습소

1904년 탁지부 양지국 양지과에 측량기술견습소를 설치하고 1906년 대구출장소와 평양출장소를 설치하였고 1907년 전주출장소를 설치하여 쓰시미, 도요타 등의 측량사를 초빙하여 측량교육을 시켰다.

1907년 11월 3일 측량기술견습소를 수료한 기술자 47명을 기수(技手)로 임명하였

---

70) 강병식, 1994, 「일제시대 서울의 토지연구」, 민족문화사, p.13.

71) 류병찬, 전게서, p.146.

72) 대한지적공사, 2000, 「지적기술교육연구원 60년사」, p.259.

73) 황성신문, 1900년 4월 2일 잡보, 「아교성약」, (4월 3일 광고)

74) 독립기념관(http://www.i815.or.kr)

75) 한국의 교육(http://www.ko.hukol.net)

고, 이듬해 222명을 임명하였으며, 많은 숫자의 측량기술자를 임명하여 이들이 토지조사를 실시하게 된 것이다. 이들은 우선 군대 주둔에 필요한 토지를 측량하였고, 이어 석산(石山)과 염전(鹽田)을 측량하였다. 이는 건축과 세금부과를 위한 것이고, 세 번째는 역둔토(驛屯土)를 조사하여 국유토지를 확보하려는 목적이었다.[76]

(3) 농림학교

1904년 농상공학교 관제와 관립농상공학교 규칙을 제정하여 농상공학교로 개명하여 교육하였으나 1906년 농상공부 소관 농림학교 규칙이 제정되면서 기존의 농상공학교에서 농림학교가 분리하게 되었다.

그러면서 구 농상공학교 농과생과 한성학당의 농업속성과 생도를 합하여 2년 과정으로 수원농림학교에서 교육을 실시하였고 이것을 계기로 광주, 대구, 전주농림학교에서 측량교육을 실시하여 일제강점기 시대에 총 96개의 농림학교를 설립하고 측량교육을 실시하여 많은 기술자를 배출하였다.[77][78]

(4) 공업전습소

1907년 3월 1일 공포된 공업전습소 규칙에 따라 한성의 이화동에 관립공업전습소를 설치하였고 설치 학과는 염직·도기·금공·목공·응용화학·토목과(1910년 임시토지조사기술원양성소로 이관)의 6개 학과로서 2년의 수업연한으로 운영되었다.[79]

1908년부터는 수업연한 1년 과정의 전공과가 설치되었는데 토목과의 측량·제도과가 있었으며, 측량술을 가르쳐 토지조사사업에 필요한 하역인을 양성하기 위한 것이었다. 1910년 한일합방 후 조선총독부로 이관되었고 1916년 경성공업전문학교가 개설되어 그 기능을 이어받아 1946년 서울대 공과대학으로 흡수되었다.[80]

(5) 사립측량강습소

1908년 '삼림법'이 제정·공포되면서 "삼림산야의 소유자는 3개년 이내에 지적 및 면적의 약도를 첨부하여 신고하되 신고하지 않는 것은 국유로 하도록 규정"하면서 소유자가 자비를 들여 측량하여 지적계 농상고부대신에게 지적보고를 하여야만 임야의 소유권을 인정받을 수 있도록 하였다.

---

76) 대한지적공사, 2005, 「한국지적백년사」, p.138.

77) 리진호, 1989, "측량선생 크럼을 추적하며", 지적, 대한지적공사, pp.64~68.

78) 리진호, 1999, 「한국지적사」, 바른길, pp.350~359.

79) 대한지적공사, 2005, 「한국지적백년사」, pp.71~76.

80) http://ko.wikipedia.org

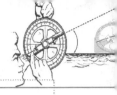

 그래서 많은 삼림측량을 수행하여야 함에 따라 측량기술 인력을 필요로 하였고 그로 인해 1908년 유길준의 수진측량학교, 1908년의 경성명진측량강습소가 각각 설립되었으며, 전국에 약 130여 개의 사립측량학교와 강습소가 설립되어 측량교육을 실시하였다.[81]

 삼림법의 제정 이후 전국의 사립측량학교와 강습소에서 측량기술을 배운 기술자들이 동원되어 삼림측량을 실시하여 민유임야약도(민유산야약도)를 만들어 서류를 제출하였으나 전체 임야의 29%밖에 신고되지 않았다.[82]

〈표 2-27〉 대한제국시대 측량과 관련된 학교

구분		세부 내용
관 립	관립공업전습소 (官立功業傳習所)	1907년 3월 1일 공포된 공업전습소 규칙에 따라 한성의 이화동에 관립공업전습소를 설치하였고 설치 학과는 염직·도기·금공·목공·응용화학·토목과(1910년 임시토지조사기술원양성소로 이관)의 6개 학과로서 2년의 수업연한으로 운영되었다. 1908년부터는 수업연한 1년 과정의 전공과가 설치되었는데 토목과의 측량·제도과가 있었으며, 측량술을 가르쳐 토지조사사업에 필요한 하역인을 양성하기 위한 것이었다. 1910년 한일합방 후 조선총독부로 이관되었고 1916년 경성공업전문학교가 개설되어 그 기능을 이어받아 1946년 서울대 공과대학으로 흡수되었다.
	관립한성 외국어학교 · 관립한성고등학교	1905년 일본인 측량기사 쓰시미 게이죠를 초빙하여 경인·대구·경북지역에 측량을 위한 출장소를 설립하여 측량기수 양성이 순조롭게 진행되자 1910년 3월에 학부와 교섭하여 관립한성외국어학교와 관립한성고등학교 내에 측량기술자 양성소를 설립하여 측량기수를 양성하였다.
사 립	흥화학교 (興化學校)	1895년 민영환 선생이 흥화학교를 설립하여 사립학교 최초로 측량교육을 실시하였고 1900년 4월 12일 양지속과를 특설하여 교사는 일본 유학을 한 남순으로 교재는 그의 저서인 「정선산학」으로 교육하였다.
	서북협성학교 (西北協成學校)	1908년 5월에 서북학회에서 서북협성학교(현 광신중·상업고등학교)를 설립하고 속성측량과를 개설하여 측량을 가르쳤다. 서북학회는 1905년 11월 이갑, 유동력, 박은식 등의 독립운동가들이 세운 서우사범학교와 1907년 1월 이준 등 함경도 출신 애국자들이 설립한 한북의숙을 통합하여 서북협성학교를 설립하였고 1909년에 서울시 종로구 낙원동 282번지에 서양식 건물신축을 준공하였다.

81) 강석진, 1999, "지적기술교육의 태동과 향후 지적교육의 발전방향", 지적, 대한지적공사, p.18.

82) 리진호, 전게서, p.842.

영돈측량학교 (永敦測量學校)	1908년 11월에 권황현과 권황낙이 한성의 광화문에 측량술을 교육하기 위해 실업교육기관인 영돈측량학교를 설립하였다. 안동권씨(安東權氏) 종중에서는 1908년 9월에 당시에 특히 측량학의 해득이 필요함을 절감하고, 문중의 자제들에게 측량술을 가르치기 위한 학교를 설립하기로 결정하여 안동권씨 문중의 청소년들을 대상으로 측량학을 가르치기 시작하였다. 이 외에도 안동지역에 1908년에 안동김씨 문중에서 만든 길성측량학교(吉城測量學校)가 있으며, 1908년에 설립된 금곡측량학교도 있으나 그에 대한 세부기록이 존재하지 않는다.
경성명진 측량강습소 (京城明進 測量講習所)	1908년 12월 10일 만해 한용운이 서울 청진동에 설립한 측량강습소로 당시 최첨단 기술인 측량술을 공부한 일본인들이 우리나라에 들어와 토지수탈과정을 지켜보면서 직접 일본에 가서 6개월간 측량술을 배우고 돌아와 측량기술을 직접 전수하여 인재를 양성하였다. 그 목적은 일제의 토지조사사업에 대비할 측량기술자를 단기에 양성하여 사찰소유지와 민족재산을 보호하는 데 있었다.

출 처 : 대한지적공사, 2005, 전게서, pp.1-85; 안동문화연구소, 2010, 안동근현대사 4, pp.32-35; 지적인마을(http://ockwon.blog.me); 북한토지연구소(http://www.nkland.org/); 황성신문(1908.9.25, 1908.11.20)

6. 일제강점기 시대

1) 일제강점기 시대의 지적제도

(1) 개요

일제강점기 시대는 토지조사사업과 임야조사사업에 따른 법적 규정이나 변천 등의 내용들이 주를 이루고 있다.

먼저 1910년 대한제국의 토지조사국에서 '토지조사법'을 제정하여 토지조사사업 추진계획을 수립하였으나 경술국치로 인해 1910년 8월 19일 조선총독부의 임시토지조사국에서 토지조사사업을 전담하여 8월 23일 이완용이 법률 제7호로 '토지조사법'을 공포하게 되었다. 그래서 토지측량을 시행하기 위해 첫 번째로 '토지측량표규칙'을 1910년 9월 15일에 제정하였다.

토지조사사업은 토지소유권, 지가, 토지의 지형지모의 3가지를 중점적으로 조사하도록 하여 1910년부터 1918년까지 약 8년 10개월간 실시되었다.

1911년 11월에는 토지소유권의 사정 원부를 만들기 위해 지목별 지적과 필지수 및 국유와 민유를 구분하여 토지조사부를 작성하도록 하였다.

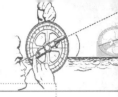

시가지세의 징수를 위해 1911년 11월 '결수연명부규칙'을 공포하고 1912년 3월에는 토지에 대한 지세를 부과하기 위해 원시적인 측량방법을 활용한 도면으로 결수연명부의 결점을 보완하기 위한 원시적인 지적도인 '과세지견취도'를 작성하는 한편 '조선부동산증명령'을 공포하였다.

과세지견취도는 축척 1/1,200로 하여 북방향을 표시하고 굴곡이 없는 곡선으로 제도하도록 규정하였고 실제 소유자 조사는 하지 않고 신고서에 근거하여 작성하였다.

또한 1912년 3월에는 시가지세를 조급하게 징수하여 재정에 충당할 목적으로 대삼각측량[83]을 마치지 못한 19개의 특별소삼각지역에 측량을 실시하여 차후에 삼각점과 연결하도록 하였다.

1912년 8월에 토지조사사업을 위한 지적공부 작성 등 세부절차를 규정하기 위해 '토지조사령'과 '토지조사령시행규칙'을 제정하였다.

1913년에 등사도의 작성 규정인 '세부측도실시규정'이 제정되어 세부측도 업무는 원도 및 등사도를 조제하도록 규정하였고 오늘날의 측량결과도에 해당하는 '측량원도 작성규정'을 제정하였다.

1914년 3월에는 토지의 세금징수를 위한 '지세령'이 제정되어 지세징수를 위하여 이동정리를 끝낸 토지대장 중에서 민유과세지만을 뽑아 각 면마다 소유자별로 기록한 '지세명기장'이 작성되기 시작하였고 동년 4월 '토지대장 규칙'이 제정하였다. 그리고 1916년에 경기도 부평군의 임야시범조사사업을 시초로 1918년 5월에는 '조선임야조사령'이 제정되었고 1920년 8월에는 '임야대장규칙'이 제정되었다.

1921년 토지측량규정 제22조에 소도를 사용하여 측량원도를 작성하기 위해 오늘날의 측량준비도에 해당하는 '소도작성 규정'이 제정되었다.

또한 1934년 6월 20일에는 우리나라 건축법과 도시계획법의 효시가 되는 '조선시가지계획령'이 공포되어 처음으로 용도지역·지구제·토지구획정리사업 등이 실시되었다.

1938년 1월에는 전국적이고 대대적인 측량을 위한 대행업체의 필요성에 따라 기존의 '역둔토협회'를 해산하고 현재의 대한지적공사의 전신인 '조선지적협회'를 설립하게 된다.

1943년 3월에는 지적 및 토지세에 관한 사항인 '조선지세령'과 임야측량규정에 관한 '조선임야대장규칙'이 제정되었다.

1949년 5월 1일에는 기존의 '조선지적협회'가 광복 후부터 미군정 시기에 2년 8개월

---

83) 삼각망(三角網)을 구성하여 각 삼각점(三角點)에서 삼각형의 내각과 삼각망 중에서 한 변 또는 몇 개의 변의 길이를 실제로 측정(基線測量)하여 여기에서 각 삼각형의 변장(邊長)을 계산하고 각 삼각점의 위치를 정하는 지구의 곡률을 고려한 엄밀한 관측과 복잡한 계산을 하는 측량

동안 휴면상태에 있었기 때문에 대한지적협회로 개칭하였다.

〈표 2-28〉 토지조사사업 당시의 공부 및 관련규정

구분		세부 내용
토지조사부		1911년 11월 작성하여 토지소유권의 사정원부가 된 것으로 지번, 가지번, 지목, 지적(면적), 신고 또는 통지연월일, 소유자성명 및 주소, 비고 등의 사항이 기록되어 있는 토지조사사업 당시에 작성한 지적공부
결수연명부		토지에 대한 지세를 부과하는 토지를 전, 답, 대, 잡종지로 구분하여 지주 또는 소작인의 신고와 구 양안 및 문기 등을 참고로 작성한 지세징수업무에 활용하기 위한 보조장부
과세지견취도		토지에 대한 지세를 부과하기 위해 원시적인 측량방법을 활용하여 작성한 도면으로 결수연명부의 결점을 보완하여 속성으로 작성한 원시적인 지적도
지세명기장		지세징수를 위하여 이동정리를 끝낸 토지대장 중에서 민유과세지만을 뽑아 각 면마다 소유자별로 기록한 인적 편성주의 방식으로 200매를 1책으로 하고 책머리에 소유자 색인을 붙이고 책 끝에는 면(面)계를 붙여 동명이인(同名異人)인 경우 동·리명, 통호명을 부기하여 식별하도록 한 장부
등사도 규정		1913년 세부측도실시규정에서 세부측도 업무는 원도 및 등사도(박미농지를 이용)를 조제하도록 규정하고 있음
소도작성 규정		오늘날의 측량준비도에 해당하며, 소도는 지적도를 등사하여 측량원도에 자사하여 작성한 도면으로 1910년부터 사용되다가 1995년에 측량준비도로 개정 변경
측량원도 규정		• 오늘날의 측량결과도로 1913년 세부측도 실시규정에 원도작성규정이 있으나 1995년까지 측량원도로 사용되다가 1995년 측량결과도로 변경 • 측량원도 규정이 신설되면서 1912년도 이전까지 개황도를 제작하여 장부조제의 참고자료로 활용하였으나 개황도[84]를 폐지하고 측량원도를 등사하여 사용
참고사항	조선시가지 계획령	우리나라 건축법, 도시계획법의 효시법으로 1943년 6월에 제정된 시가지의 창설 또는 개량을 위하여 지구지정과 건축물 등의 제한, 토지구획정리 등에 관한 규정
	개황도	1912년 이전까지 일필지 조사에 따른 강계 및 기타 참고적인 개황을 작성하여 장부조제 및 세부측량을 위한 기초자료로 활용하였으나 조사와 측량을 한꺼번에 실시하면서 측량원도를 등사하여 사용함으로써 개황도 작성을 폐지함
	조선지적협회	1938년 1월 24일 전국적인 측량을 위한 대행업체의 필요성에 따라 기존의 '역둔토협회'를 해산하고 새로이 만든 측량협회

---

84) 개황도는 일필지 조사 후 그 강계 및 참고적인 개황을 작성하여 장부조제 및 세부측량을 위한 기초 자료로 활용한 것을 말한다.

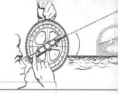

 기초지식

※ 한국국토정보공사 및 지적의 날

구분		세부 내용
조선지적협회		1938년 1월 24일 : 조선지적협회로 출발
대한지적협회		1949년 5월 01일 : 조선지적협회를 대한지적협회로 개칭(명칭 변경)
대한지적공사		1977년 7월 01일 : 대한지적협회가 대한지적공사로 개칭되었고 기존에는 협회였으나 재단법인으로 바뀌어 지적측량 대행기관으로 지정됨
특수법인 대한지적공사		2003년 12월 31일 : 특수법인으로 전환됨과 동시에 경계점좌표등록부 비치지역의 지적측량과 도시개발사업완료 등에 따른 지적확정측량을 지적측량업자가 수행할 수 있도록 일부 개방하여 경쟁체제 마련
한국국토 정보공사		2015년 6월 4일 '대한지적공사'에서 '한국국토정보공사'로 사명을 변경
참고사항	대행측량사	1960년에서 1970년대 지적측량사 시행 당시에 타인으로부터 지적법에 의한 측량업무를 위탁받아 이를 행하는 자
	상치측량사	1960년에서 1970년대 지적측량사 시행 당시에 국가공무원으로서 소속관서의 지적측량사무에 종사하는 자
	지적의 날 (5월 7일)	1975년에 지적법을 전면 개정해 현대적인 지적제도를 도입함에 토지의 면적단위를 평 또는 보를 사용하였던 척관법에서 미터법(㎡)으로 개정한 날과 지적측량에 '수치측량'방법 도입 및 토지대장 형식을 '한지부책식'에서 '카드식'으로 전환해 토지기록전산화의 시행일이 1976년 5월 7일이었으므로 1978년 4월 24일 지적의 중요성을 재인식하고 지적발전을 도모하기 위해 학술진흥과 기술연마 및 지적인의 총화체제를 확립하는 반면, 관계종사원의 사기를 앙양시키도록 그해 5월 7일을 '지적의 날'로 제정하였음
	공사창사 기념일 (7월 1일)	공사의 창사 기념일은 조선지적협회 창립일(1938년 1월 24일)을 창립기념일로 2012년까지 지켜왔으나 일제 잔존 역사를 청산하고 대한민국의 공기업으로 다시 태어나기 위해 창사기념일을 변경하였다. 유사기관의 연혁조사와 원로지적학자, 역사학자, 직원들의 의견조사를 통해 대한지적공사 설립일(1977년 7월 1일)을 창사기념일로 이사회 심의를 거쳐 새로이 확정하였음

출처 : 한국국토정보공사(www.kcsc.co.kr); 내무부, 1960, 지적측량사규정(국무원령 제176호) 제2조, 제3조 규정 참조작성

7. 지적법 제정 이후

1) 1950년대 이후의 지적제도

(1) 1950년 지적법 제정

1950년 12월 1일 법률 제165호로써 공포되었는데 부칙까지 합쳐서 전문 41개조 조문으로 기존의 법을 폐지하고 '지세법'을 분리·제정하면서 새로이 '지적법'을 제정하게 되었고 59년 동안 총 18차에 걸쳐 개정되어 2009년 '측량·수로 조사 및 지적에 관한 법률'로 통합되었으며 현재 '공간정보의 구축 및 관리 등에 관한 법률'로 법률명이 변경되었다.

1950년 구지적법은 지적사무가 재무부에서 내무부로 이관됨에 따라 1961년 12월 8일 법률 제829호로서 일부 수정된 것 이외에는 기본 조항은 그대로 유지하여 26년간 시행되어 오다가 신지적법이 시행되는 1976년 4월 1일 폐지되었다.

1950년의 지적법의 주요 내용을 요약하면 다음과 같다.

① 지적공부로서 토지대장, 지적도, 임야대장 및 임야도를 두도록 규정

② 일구역마다 지번, 지목, 경계 및 지적을 정하도록 규정

③ 세무서에 토지대장을 비치하여 토지의 주소, 지번, 지목, 지적, 소유자의 주소 및 성명 또는 명칭, 소유자 또는 지상권자의 주소 및 성명 또는 명칭을 등록하도록 규정

④ 정부는 지적도를 비치하고 토지대장에 등록된 토지에 대하여 토지의 주소, 지번, 지목, 경계를 등록하도록 규정

⑤ 지번은 동·리·로가 또는 이에 준할 만한 지역을 지번지역으로 하고, 그 지역마다 기번하여 정하도록 규정

⑥ 지목은 토지종류에 따라 다음과 같이 21개로 정하도록 규정
  - 과세지 : 전, 답, 대, 염전, 광천지, 지소, 잡종지
  - 면세지 : 사사지, 공원지, 철도용지, 수도용지
  - 비과세지 : 임야, 분묘지, 도로, 하천, 구거, 유지, 제방, 성첩, 철도선로, 수도선로

⑦ 지적은 토지의 경우 평(坪)을, 임야의 경우 묘(畝)를 단위로 하여 정하도록 규정

⑧ 토지의 이동이 있을 경우에는 지번, 지목, 경계 및 지적은 신고에 의하며 신고가 없거나 신고가 부적당하다고 인정되는 때 또는 신고를 요하지 아니할 때에는 정부의 조사에 의하여 정하도록 규정

그 이외에 1954년 11월 12일 대통령령으로 '지적측량규정'이 제정되었고 1960년 '지적측량사 규정'이 제정되어 이 두 규정은 우리나라 지적측량의 중요한 규정으로 손꼽히고 있다.

1960년대에 들어와서 지적측량사를 상치사와 대행측량사로 구분하여 세부측량과 기초측량, 확정측량으로 구분하여 자격전형을 실시하였고 지적측량심의회와 지적측량사 징계위원회 등을 운영하였다.

'지적측량규정'이 제정되기 이전에는 1921년 3월 16일 조선총독부 훈령 제10호의 '토지측량규정'과 1935년 6월 12일 조선총독부 훈령 제27호의 '임야측량규정'에 따라 토지 및 임야측량이 계속 시행되어 왔으나 1954년 11월 대통령령으로 우리나라의 자치적인 '지적측량규정'을 제정·시행함과 동시에 폐지되었다.

'지적측량규정'은 대체적으로 이원화된 측량과 지적측량의 관계를 보다 명확하게 하고 지적측량의 위치를 확실하게 하는 계기가 되었으며, 토지이동에 따른 지적공부의 정리를 위한 기초 근간이 되었다.

(2) 1975년 지적법 개정

① 지적법 시행령, 시행규칙 제정 – 지적법을 법, 령, 규칙으로 체계화함

② 지적공부의 반출을 엄격히 규제하고 지적도의 축척을 변경할 수 있도록 함

③ 지번설정방법을 북서기번법으로 전환

④ 지목의 신설 및 통폐합하여 21개에서 24개로 개정
- 신설 – 과수원, 목장, 학교, 공장, 운동장, 유원지
- 통폐합 – 철도용지+철도선로=철도용지, 수도용지+수도선로=수도용지, 지소+유지=유지

⑤ 공원지를 '공원'으로 사사지를 '종교용지'로 명칭 변경

⑥ 면적을 척관법에 의한 '평'과 '무'에서 미터법에 의한 '평방미터'로 개정

⑦ 지적고시된 용도지역 및 주민등록번호를 대장에 새로이 등록

⑧ 수치지적부의 작성 및 비치하도록 규정

⑨ 1976년 지적법 전면개정 당시에 6.25전쟁으로 인한 삼각점의 망실 또는 훼손 등에 따라 새로운 기준점의 필요성에 의해 지적삼각점, 지적도근점이라는 명칭이 새로 등장하며, 구소삼각원점에 대한 경·위도 성과가 고시됨

⑩ 경계복원측량, 현황측량 등을 지적측량으로 규정하고 지적측량을 사진측량과 수치측량방법으로 실시할 수 있도록 제도 신설

(3) 1986년 지적법 개정

① 면적 단위를 '평방미터'에서 '제곱미터(m^2)'로 개정

② 시의 동지역의 지적공부부본 및 약도의 비치규정을 삭제함

③ 지적도와 임야도를 각각 2부씩 작성하여 1부는 재조제를 위한 경우를 제외하고는 열람 등을 하지 못하도록 제도 신설

④ 아파트·연립주택 등의 공동주택부지와 도로·구거·하천·유지 등의 합병을 촉진 하기 위하여 집합건물의 관리인 또는 사업시행자에게 합병신청 대위권을 인정

⑤ 신규등록·분할·합병을 제외한 토지의 이동에 따른 지적공부를 정리한 때에는 소 관청이 관할 등기소에 토지표시변경등기를 촉탁하도록 제도 신설

⑥ 1필지의 토지소유자가 2인 이상인 때에는 공유지연명부를 비치하고 그에 대한 등록 사항을 규정하였다.

(4) 1990년 지적법 개정

① 지적전산화 입력사업을 완료하고 법령 중 최초로 불가시적인 전산등록 파일을 국가 의 공적장부로 규정함

② 지적공부의 열람 및 등본의 교부를 전국 어디서나 가까운 시·군·구에 신청할 수 있도록 제도 신설

(5) 1991년 지적법 개정

① 지적공부의 등록사항이 대장과 전산파일에 2중으로 정리되어 인력 및 예산의 낭비 요인이 되어 이를 개선키 위해 토지대장과 임야대장을 지적서고에 영구히 보존하고 1992년 1월 1일부터 토지이동, 소유권변동, 토지등급수정 등의 대장등록사항에 대 한 변경이 있는 경우 전산등록만 정리하도록 개선하여 행정기관 최초로 대장 없는 지적제도 도입 실시

② '운동장' 지목을 '체육용지'로 명칭 변경

(6) 1995년 지적법 개정

① 대지권등록부의 등록사항 및 비치규정을 신설하였고, 지적공부에 지적파일(전산파 일)을 추가하도록 개정

② '토지의 표시'라는 용어를 신설하고, 토지의 이동에서 '신규등록'을 제외함

③ '기초점'을 '지적측량기준점'으로 바꾸고 지적측량기준점에 '지적삼각보조점' 추가

④ 국가는 지적법이 정하는 바에 따라 토지의 표시사항을 지적공부에 등록하도록 개정

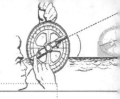

⑤ 내무부장관은 지적도 또는 임야도를 복제하여 일반지도나 해도처럼 간행·판매할 수 있도록 하되, 이를 대행할 대행업자를 지정할 수 있도록 제도 신설

⑥ 지적전산정보자료를 이용 또는 활용하고자 하는 자는 관계중앙행정기관장의 심사를 거쳐 내무부장관의 승인을 얻도록 제도 신설

⑦ 위성측량방법의 GPS에 의한 지적측량을 할 수 있도록 개정

⑧ 소관청 소속 공무원이 부동산등기부의 열람·등본·초본교부 때 수수료 면제 개정

⑨ 분할·합병이 된 경우 소관청이 토지의 표시변경등기를 촉탁할 수 있도록 개정

⑩ 벌칙규정을 현실에 적합하도록 상향조정하고, 대행업자의 지정을 받지 아니하고 지적약도 등을 간행·판매 또는 배포한 자의 벌칙규정 신설

⑪ 현실에 적합하거나 사용하기 쉬운 용어의 변경
- '지번지역'을 '지번설정지역'으로 변경
- '재조제'를 '재작성'으로 변경
- '경정'을 '변경'으로 변경
- '조제'를 '작성'으로 변경
- '오손 또는 마멸'을 '더럽혀지거나 헐어져서'로 변경

(7) 1999년 지적법 개정

① 지목변경, 지적공부반출, 지적공부 재작성, 축척변경 승인권을 시·도지사로 위임

② 지적도 또는 임야도를 복제한 지적약도 등을 간행하여 판매업을 영위하고자 하는 자는 행정자치부장관에게 등록을 하여야 함

③ 지방자치단체의 장이 지적에 관한 전산정보자료를 이용 또는 활용하고자 하는 경우에는 관계중앙행정기관의 장의 심사를 받지 아니하도록 함

④ 토지분할·합병·지목변경 등의 토지이동 신청기간을 30일에서 60일 이내로 연장

⑤ 정부조직개편에 따른 용어 변경
- '내무부령'을 '행정자치부령'으로 변경
- '내무부장관'을 '행정자치부장관'으로 변경
- '도지사'를 '시·도지사'로 변경

(8) 2001년 지적법 개정

① 지적법의 목적을 정보화 시대에 알맞도록 "이 법은 토지에 관련된 정보를 조사·측량하여 지적공부에 등록·관리하고, 등록된 정보의 제공에 관한 사항을 규정함으로써 효율적인 토지관리와 소유권의 보호에 이바지함을 목적"으로 하도록 보완

② 공유지연명부, 대지권등록부를 지적공부에 포함시키고 수치지적부의 명칭을 경계점좌표등록부로 명칭 변경

③ GPS 상시관측소를 지적측량기준점으로 추가

④ 주차장, 양어장, 주유소, 창고용지의 4개 지목을 신설하여 24개 지목에서 28개 지목으로 개정

⑤ 토지의 지번으로 위치를 찾기 어려운 지역에 도로와 건물에 도로명과 건물번호를 부여하여 관리할 수 있도록 함

⑥ 전국의 지적, 주민등록, 공시지가, 위성기준점 관측자료 등의 효율적 관리를 위한 지적정보센터 설치 운영

⑦ 지적측량에 사용하는 좌표의 원점을 기준으로 지구의 표면을 평면으로 정하는 투영식은 가우스 상사 이중투영법으로 하도록 보완

⑧ 지적측량의 신청, 측량성과의 결정·검사, 면적측정에 있어서의 오차범위 및 그 오차의 처리방법 등에 관한 사항을 규정

⑨ 시·도지사가 지적측량적부심사 의결서를 청구인뿐만 아니라 이해관계인에게도 통지하여 지적측량적부심사 의결내용에 불복이 있는 경우 이해관계인도 재심사청구를 할 수 있도록 개선

(9) 2003년 지적법 개정

① 국가는 토지의 효율적인 관리를 위하여 지적재조사사업을 시행할 수 있도록 지적재조사사업의 법적 근거 신설

② 지적불부합 및 측량시장의 확대개방을 위해 수치지역의 확대 및 지적재조사사업을 시행할 수 있는 법적 장치 마련

③ 대한지적공사의 특수법인으로 전환 및 손해배상책임제도 실시(보험 가입)

④ 지적측량업자는 경계점좌표등록부지역의 지적확정측량을 가능하도록 함

⑤ 지적측량업의 미등록 영업과 등록증 대여에 대한 5년 이하의 징역 또는 5천만원 이하의 벌금에 대한 벌칙규성 신설

⑥ 그 밖에 용어의 신설 및 변경
- 신설 : '지적측량수행자'와 '지적측량업자' 용어 신설
- 변경 : '지적측량신청'을 '지적측량의뢰'로 변경

(10) 2008년 지적법 개정

① '정부조직법'의 개정에 따라 지적법의 업무를 행정자치부에서 국토교통부로 이관

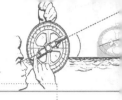

하면서 행정자치부를 국토교통부로 개정

- '행정자치부'를 '국토교통부'로 개정

(11) 2009년 측량·수로 조사 및 지적에 관한 법률로 통합

① '측량법'과 '수로업무법' 그리고 '지적법'의 통합에 따라 법률명 및 세부내용이 변경됨

- '지적법'을 '측량·수로 조사 및 지적에 관한 법률'로 타 법률과 통합 제정됨
- 2013년 3월 '국토교통부'를 '국토교통부'로 개정

(12) 2015년 공간정보의 구축 및 관리 등에 관한 법률로 변경

① 기존의 법을 '공간정보의 구축 및 관리 등에 관한 법률'로 변경하면서 일부 법률을 개정함

- 기존의 3개 법률이 '국토교통부'와 '해양수산부'의 2개 부처 법률로 통합 관리
- 기존법률 명칭 변경과 함께 시행령, 시행규칙 등 일부법률 개정됨
- '대한지적공사' 사명을 '한국국토정보공사'로 변경

(13) 2020년 2월 18일 공간정보의 구축 및 관리 등에 관한 법률 분리

① 기존의 3개 법 중 '수로조사 업무'에 해당하는 법률을 2020년 2월 18일에 '해양조사와 해양정보 활용에 관한 법률'이 제정되면서 수로조사 업무 법률은 별도로 분리되었음

- 공간정보 3법이 만들어지면서 기존 법률에 존재하던 '한국국토정보공사' 등에 관련된 법률도 '국가공간정보 기본법'에서 규정하고 있음
- 기존의 3개 법률에서 '수로조사 업무'가 별도 분리되고 '측량 및 지적' 관련 법률로 관리되면서 '국토교통부'에서 총괄 관리하고 있음
- 2021년 현재 타 법률 등 기존 법률, 시행령, 시행규칙 등 일부 법률이 개정되어 현재에 이르고 있음

 기초지식

> ### ※ 공간정보 관련 3법의 목적 및 내용
> - 국토교통부는 새로운 성장동력으로 중요성이 증대하고 있는 공간정보산업을 창조경제의 핵심산업으로 육성하기 위해 측량, 지적 등 관련 분야의 융합을 통한 시너지 창출과 산업의 건전한 발전을 도모하는 내용을 담은 '국가공간정보기본법', '공간정보산업진흥법', '공간정보 구축 및 관리 등에 관한 법률'의 3개 법률로 구분하여 개정함
> - 공간정보란 "지상·지하·수상·수중 등 공간상에 존재하는 자연적 또는 인공적인 객체에 대한 위치정보 및 이와 관련된 공간적 인지 및 의사결정에 필요한 정보를 말한다."

구분		세부 내용
국가공간정보 기본법	목적	• 국가공간정보체계의 효율적인 구축과 종합적 활용 및 관리에 관한 사항을 규정함으로써 국토 및 자원을 합리적으로 이용하여 국민경제의 발전에 이바지함을 목적으로 함
	내용	• 국가공간정보위원회에 설치된 분과위원회를 공간정보정책의 안건에 대한 실질적인 검토가 이루어질 수 있도록 실무급의 전문위원회로 구성·운영하여 위원회 운영의 효율성을 기함 • 한국국토정보공사가 공간정보산업 발전을 위한 공적기능 강화의 일환으로 관리기관*이 구축하는 공간정보체계 구축관련 지원을 통해 공간정보 부가가치 창출에 기여할 수 있도록 하고, 공사 유사명칭 사용자에 대하여 과태료 부과기준 등을 규정함
공간정보산업 진흥법	목적	• 공간정보산업의 경쟁력을 강화하고 그 진흥을 도모하여 국민경제의 발전과 국민의 삶의 질 향상에 이바지함을 목적으로 함
	내용	• 공간정보산업의 기반이 되는 공간정보기술자의 체계적인 관리와 육성 및 권익보호 등을 위해 공간정보기술자의 범위를 측량기술자, 수로기술자로 정하며, 측량협회와 지적협회를 공간정보산업협회로 통합함 • 공간정보사업자의 집적 및 지원을 위해 지역에 상관없이 모두 5 이상의 공간정보사업자가 입주하면 공간정보산업진흥시설로 지정할 수 있도록 요건을 완화함
공간정보 구축 및 관리 등에 관한 법률	목적	• 측량의 기준 및 절차와 지적공부·부동산종합공부의 작성 및 관리 등에 관한 사항을 규정함으로써 국토의 효율적 관리 및 국민의 소유권 보호에 기여함을 목적으로 함
	내용	• 측량업정보를 효율적으로 관리하기 위하여 측량업정보 종합관리체계의 구축·운영을 위한 자료제출의 요청 절차, 종합관리체계의 표준화 등의 업무수행 근거를 마련 • 발주자가 적정한 측량업자를 선정할 수 있도록 측량용역사업에 대한 사업수행능력의 평가 및 공시를 위한 평가기준, 공시항목, 공시시기 및 측량용역 수행실적 등의 제출 절차를 정함

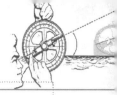

제2절 외국의 지적제도

1. 지적제도

외국의 지적제도의 발달은 11세기 전후로 과세대장과 연결되는 Domesday Book에서 현대의 LIS(Land Information System)에 이르는 과정으로 볼 수 있다.

즉 과세대장, 과세도 → 지적도, 증서등록 → 권원등록제도, 다목적지적, 토지정보시스템 등으로 변화·발전되는 과정 속에 각국의 지적제도의 변화모습으로써 설명된다.

근세유럽의 지적제도는 프랑스의 지적을 효시로 하여 1800년대 초에 완성되었으며, 이어 네덜란드, 스위스, 독일 등으로 전파되어 1900년까지 근대지적제도로 발전하였으며 이들 나라에서는 지적측량과 지적조사를 통하여 대축척 도면과 대장을 작성하고 소유권의 한계를 지적도로써 복원능력을 갖도록 하였다.

현재 대부분의 국가에서 국제 측량시장의 개방 등으로 인해 대행체제에서 민영화로 넘어오는 추세에 있다.

1) 프랑스

프랑스는 근대적 지적제도를 창설한 최초의 국가로서 오랜 역사와 전통을 가지고 있으며, 나폴레옹 지적법을 근간으로 하는 세지적의 대표적 국가이다.

1807년 전문 37개 조문의 나폴레옹 지적법을 제정하고 1850년까지 들랑브르(Delambre)를 측량위원장으로 하여 전 지역을 42년간 토지를 측량하였고 필지별 측량을 실시하고 생산량과 소유자를 조사하여 지적도 및 지적부를 만들어 영토의 확장과 더불어 유럽의 전역에 대한 지적제도의 창설에 직접적인 영향을 미치게 되었다.[85]

1930년부터 1950년까지는 지적재조사를 실시하였으며, 관련 법률은 민법 및 행정법 등으로 구성되어 있다.

프랑스는 22개의 주와 96개 시·도 그리고 해외의 4개 지역으로 각기 주마다 조금씩의 차이는 있으나 지적측량은 국가직영으로 실시하는 확정측량과 합동사무소에서 실시하는 1필지 측량의 2분류 체제로 구성하여 소극적 지적제도를 채택하고 있다.

지적측량업무의 일부를 대행하게 하는 제도를 채택하여 운영하고 있으나 우리나라

---

85) 류병찬, 전게서, p.503. 참조작성.

의 대한지적공사와 같은 전담 대행제도와는 다르게 2~3명의 측량사가 합동으로 사무실을 개설하여 분할·경계복원·현황측량 등 민원인이 위탁하는 지적측량업무를 수행하고 있고 지적측량업무를 전담하여 수행할 수 있는 측량사자격은 제도화되어 있지 않다.[86]

지적공부로는 토지대장, 건물대장, 지적도, 섹션(section)기록부 및 보조공부로 색인도로 구성되어 있으며, 지적공부를 세분화하여 등록, 소유권기록부, 소유자인명부, 필지부, 건축물부 등 3차원 구성 요소를 포함하여 2부 작성하여 시청과 지적사무소에 비치되어 있고 독일, 네덜란드와 마찬가지로 건축물이 지적도에 등록되어 있다.

또한 지적도면 작성은 지상측량법에 의한 도면작성방법과 항공사진측량에 의한 도면작성방법의 두 가지 작성법을 이용하고 있다.[87]

지적업무는 중앙의 경우 경제·재정·산업부의 세무국 산하 지적과·등기과에서 관장하고 지방의 시·도는 중앙의 세무국 지도 감독하에 지방세무국이 설치되어 있으며, 시·군(Department) 단위는 지적사무소에서 각각 지적사무를 수행하고 있다.[88]

또한 측지측량과 지적측량은 분리되어 있고, 지적과 등기가 이원화되어 있으나 접수창구 일원화 및 전산처리로 사실상 일원화로 운영되고 있으며 소극적 지적제도를 채택하고 있다.

2) 스위스

스위스는 1803년에서 1820년 사이에 지적제도가 창설되었으며, 관련 법률로는 지적공부에 관한 법률이 1911년 제정되었고 지적재조사는 1923년에서 2000년까지 77년간 실시되었다. 스위스는 1803년에서 1820년 사이에 지적제도가 창설되었으며, 관련 법률로는 지적공부에 관한 법률이 1911년 제정되었다.

전국적으로 26개의 주(Canton)으로 구성되어 있어 각기 주마다 운영의 차이는 있으나 지적측량 및 권리변동을 국가가 심사하며, 국가공무원의 대단위 측량업무의 경우에 실시하는 직접측량과 개인사무소에서 실시하는 이동지 측량의 2분류 체제에 의한 지적측량업무를 실시하고 있다.[89]

지적공부는 부동산 등록부, 소유자별 대장, 지적도, 수치지적부로 구성되었으며, 지

---

86) 류병찬, 전게서, p.508.

87) 박기헌, 2007, "건축도면을 활용한 지적도상의 건축물 등록 자동화 기술개발", 박사학위 논문, 경북대 대학원, pp. 28~29.

88) 내무부·한국전산원, 1993, 「한국종합토지정보시스템 구축방안」, p.8.

89) 최인환, 2000, "지적행정제도의 개선 방안에 관한 연구", 석사학위논문, 전남대 대학원, p.33.

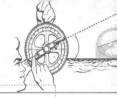

적도는 수치가 동시에 기재되어 있는 기술 문서인 넘버링 크로키라는 이중 법률문서로서 X, Y 좌표로 나타나 있는 경계점들은 각 필지의 면적을 완벽하게 계산할 수 있도록 하여 건물은 물론 가로망계획까지 등록되어 있다.[90]

이러한 사무는 사법경찰청 산하 법무국의 지적과와 측량관리과에서 관장하고 있다.

지적과 등기가 일원화되어 있고, 적극적 등록주의를 채택하여 건물의 정위치가 지적도에 등록되어 있으며 지적측량은 국가직영과 자유업의 일부대행체제로 운영되고 있다.

3) 독일

독일의 지적제도는 1801년 비바리아 지방에서 지적측량을 시작하여 1864년에 완성되었고, 전국적인 지적제도는 1870년에 측량에 착수하여 1900년에 완료함으로써 확립되었다.

독일 지적제도의 특성은 프랑스 나폴레옹 지적제도에 따라 모든 토지를 새로이 측량하여 도면과 토지대장으로 분리하여 작성하였기 때문에 과거의 지적도 및 측량원도에 부호, 문자 등이 프랑스어로 표기된 것들을 볼 수 있다. 도면은 측량도면과 공적 장부인 지적도로 구분되어 있고 이를 관장하는 행정체계는 우리와 같은 중앙집권체제가 아닌 주 정부형태로 분산되어 관리되고 있으며 조세의 평등과세를 위하여 정확한 측량과 도면작성 및 토지의 질, 수확량 등을 세밀히 조사 등록하고 있다.[91]

지적관련법령은 민법, 지적 및 측량법과 부동산등기법이라고 할 수 있는데 16개 주별로 상이한 법률을 제정하여 운용하고 있으나, 최근 연방의무화로 일원화되어 가고 있다.

독일연방정부는 법무부 민법국 제2부 제4과에서 재산 등에 관한 법적 문제를 관장하면서 토지대장법과 구 동독지역의 토지법 등에 관한 업무를 담당하고 있다.

그러나 지적업무에 대하여 주정부에 대한 지도・감독과 조정・통제기능이 전혀 없는 상태로 운영되고 있다.

16개 주정부 중 9개 주정부에서 내무부의 지적국 또는 지적 및 측량국 등에서 지적업무를 관장하고 있다.

주마다 3~4개소의 주 측량사무소를 설치하고 있고 주 측량사무소의 하부기관으로서 시・군 단위에 지적사무소를 설치하고 있으며 지적측량은 국가의 지적사무소와 사

---

90) 박기헌, 2007, 전게서, pp.27~28. 참조작성.

91) 김택진, 1998, "독일의 지적제도 통합 사례 연구", 한국지적학회지, 제14권 제2호, pp.17-26.

설측량사무소에서 지적측량을 수행하고 있고 측량은 국가 직영체제 및 개인 자유업으로 일부대행체제로 구성되어 있다.[92]

지적공부는 부동산지적부와 부동산지적도 및 수치지적부 등으로 구성되어 있으며, 주택 및 빌딩 현황선, 주택번호, 거리명, 토양, 토지이용형태, 보도의 연석, 제방, 나무 등 3차원 구성 요소를 포함하고 있다.

지적과 등기는 이원화되어 있으며, 독일, 오스트리아, 핀란드, 불가리아와 같이 분수식 지번을 사용하고 있다. 또한 지적도에 건물과 토지가 동시에 등록되어 있는 것이 특징이다.

4) 네덜란드

네덜란드는 프랑스 지적의 영향으로 1811년에 세지적 구축을 추진하여 1811년에서 1832년 사이에 지적제도가 창설되어 토지대장과 지적도를 작성함으로써 세지적으로 출발하였다. 1928년에서 1975년까지 약 47년 동안 지적재조사를 실시하였고, 관련 법률은 민법과 지적법으로 구성되어 있다.[93]

행정기구는 중앙부처의 중앙 지적사무소에서 담당하고 있고 지방은 지방지적사무소가 담당하고 있다.

지적사무소는 토지등록부 관리, 지적도 토지대장관리, 선박 및 항공기의 소유권 등기, 경지정리에 대한 환지처리 및 삼각점 관리, 삼각측량 및 기술훈련원 운영, 지적공부전산화 작업에 관한 업무를 관장하고 있다.

지적공부는 위치대장, 부동산등록부, 지적도로 구성되었으며, 이러한 사무는 주택, 도시계획 및 환경성에서 관장하고 지방은 지방 지적청에서 관장하며, 지적과 등기가 일원화 처리되고 있어 건물의 정위치가 지적도에 등록되어 있고 건물과 토지가 동시에 등록되어 있다.[94]

지적측량은 지방지적사무소에 소속되어 있는 공무원 신분의 측량사가 직접 측량을 실시하고 지적도면을 정리하는 업무를 담당하고 있으나 지적측량을 전담하여 수행할 수 있는 측량사자격은 제도화되어 있지 않다.

특히 네덜란드는 프랑스와 더불어 소극적 지적제도로서 국가가 책임지지 않는 공증

---

92) 최인환, 전게논문, pp. 27-28. 참조작성.

93) 박형래, 2012, "국가별지적제도 비교분석을 통한 미래한국지적제도의 발전방향", 석사학위 논문, 한성대 대학원, pp.44~45. 참조작성.

94) 대한지적공사, 2010, 「선진 외국의 지적제도 비교 연구」, pp.17~19.

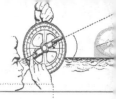

제도를 도입하고 있다.

또한 공증을 받은 문서는 법적 보호를 받으며 분쟁 시 공증인이 책임을 가지고 있다.

무엇보다 네덜란드는 국유토지를 제외한 사유지만 등록하고 있으며, 지목이 존재하지 않으며 소극적 지적제도로 운영되고 있다.

5) 일본

일본은 1876년에서 1888년 사이에 지적제도가 창설되었으며, 관련 법률로는 국토조사법, 부동산등기법, 토지가옥조사법, 측량법이 있다.

일본의 지적공부는 토지등기부·건물등기부·지적도 등으로 구성되어 있고 전통적인 지적도는 법무국에 보관·관리하는 공도와 국토조사를 통한 새롭게 만들어진 지적도의 2종류가 있다. 현재 지적도의 축척은 도시지역 1/250, 1/500, 농촌 및 촌락지역 1/500, 1/1,000, 산림 및 원야지역 1/2,500, 1/5,000 등으로 구분되어 있다.[95]

1876년도에 토지측량 및 지적도를 작성하였으나 당시 작성된 지적도(공도(公圖) : 구 토지대장 부속지도)는 측량의 정도 및 현지 복원성이 없는 도면으로서 새로이 지적조사를 통해 지적도를 작성하지 않은 지역 등기소에 비치되어 있으나 정확도가 떨어져 측량 시 참고도면으로만 활용하고 있다.[96]

일본에서는 우리나라에서처럼 지적도·임야도상에 등록된 토지가 경계라는 도면상 경계를 채택하지 않으며, 일필지의 경계는 지상경계를 의미하고,[97] 모든 필지에 대하여 소유자, 지번, 지목 또는 경계 및 지적에 대한 측량을 실시하여 그 성과를 지적도와 부책으로 작성하고 있다.[98]

현재 1973년부터 지적조사에 의해 작성된 지적도면이 부동산 등기법에 기초한 도면으로서 지적공부로서의 역할을 담당하고 있다.

지적재조사는 1951년에서부터 현재까지 진행 중에 있으며, 2010년 현재 전국평균 약 82%의 착수율과 약 49%의 진척도로 낮은 진행률을 보이는데 지적조사 시 모든 소유자의 입회와 합의 유도의 어려움이 있고, 지진 등 잦은 천재지변이 일어나기 때문이다.[99]

---

95) 박형래, 전게서, p.50. 참조작성.

96) http://www.chosashi.or.jp

97) 大審院判 昭和11年3月10民集 15·9·69, 德島地裁判 昭和 30年6月17日 下民 6·6·1168.

98) 대한지적공사, 2010, 「외국의 지적재조사 사례조사 결과보고서(캐나다·일본·말레이시아)」, p.152.

99) 박형래, 전게서, pp.50~51. 참조작성.

그래서 최근 이러한 지적조사의 지연사유에 따라 진척이 늦어지고 있는 도시지역 및 산간지역의 지역정비를 추진하기 위해 '도시재생가구 기본 조사' 및 '산촌경계 보전사업'을 실시하고 있다.[100]

일본은 지적제도보다 등기를 먼저 전산화한 나라로서 지적공부로는 토지 및 건물등기부, 지적도가 있다. 1966년 이후부터 지적제도와 등기제도를 일원화하여 적극적 등록제도를 채택하고 있다.

또한 기본적으로 모든 지적공부 및 자료의 관리 및 제도운영은 법무성의 부서 및 하위기관에서 이루어지며 현장조사 및 측량 등은 토지가옥조사사가 대행하여 실시하고 있다.

6) 대만

대만은 1909년에서 1914년 사이에 지적제도가 창설되었으며, 지적재조사는 1975년에서 시작하여 3차로 1989년 20년을 계획하여 현재 진행 중에 있다. 지적도의 대부분이 세계 제2차 대전 시 공습으로 인하여 완전히 훼손되었고 현재 지정사무소에서 비치하고 있는 지적도는 장기간의 사용으로 마멸 훼손되고 도면의 신축으로 인한 오차와 자연적인 지형의 변화, 인위적인 경계의 변경 등으로 실제면적과 부합되지 않는다.[101]

그래서 경계분쟁과 불공평한 과세로 인한 민원이 유발되고 토지개발과 분할 합병 등 토지이동사항이 계속하여 발생되어 필지가 세분화되고 지나치게 많아져 지번의 순서가 혼란스럽고 관리하기가 곤란하여 지적도 중측사업을 추진하게 되었다.[102]

또한 지적을 전면 정비함으로써 지적도 파손 해결과 대축척 도면으로 측량정확도를 향상시켜 토지면적의 정확성에 따른 과세와 도시계획을 하나로 일치시킴으로써 국민의 권익과 경계분쟁을 방지할 목적으로 실시하였다.[103]

지적도 중측사업 전에는 지적도와 임야도를 구분하고 도시지역은 1/600, 농지 및 산지는 1/1,200, 고산지역은 1/3,000, 1/5,000 등의 축척으로 작성하였으나 지적도 중측사업 시행지역은 미터법의 도입과 함께 지적도와 임야도를 구분하지 않고 도시지역은 1/250, 1/500, 농지 및 산지는 1/1,000, 1/2,000의 축척으로 지적도를 작성하고 있다.[104]

---

100) http://www.jsurvey.jp

101) 국토교통부, 2009, 「지적불부합지 조기해소를 위한 기반 연구」, pp.39~40.

102) 대한지적공사, 1997, 「대만지역 지적재측량 실시관련 3기 13년계획 총 보고서」, pp.4~5.

103) 신평우, 2009, "지적재조사사업상의 경계분쟁 해결에 관한 연구", 박사학위논문, 단국대학교 대학원, pp.38~40. 참조작성.

지적공부로는 토지등기부, 건축물개량등기부, 지적도가 있으며, 이러한 사무는 국가직영체제를 통해 내정부 지적국에서 담당하고 있다.

측량은 국가공무원이 직접 시행하고 지정사무소에서 지적 및 등기업무를 처리하고 있으며 관련 법률로는 토지법과 토지등기규칙이 있으며, 측량은 국가직영체제로 민간 대행업체가 존재하지 않는다.

지적과 등기를 일원화하여 적극적 지적제도를 채택하고 있다.

7) 호주

호주는 영국의 증서등록제도를 기반으로 토지권리에 대한 등록이 시작되었고 다양한 주로 구성되어 있어 지적제도를 하나로 설명하기 어렵다.

호주는 하나의 연방정부와 6개의 주정부로 구성되어 운영되고 있으며, 이 중 뉴사우스웨일즈주의 경우 토렌스경에 의해 적극적 지적제도가 가장 먼저 시작되었고 현재까지 토지권원(Land Title)은 지적공부에 등록한 이후의 어떠한 거래의 유효성에 대해서도 정부가 책임지도록 하여 운영되고 있다.

지적공부로는 필지마다 파일도를 작성 및 배치하고 이를 기준으로 작성한 지적도가 있으며, 공공등기부는 등기장부와 국유지 양도부로 구성되어 있다.[105]

국가 전체측량은 국가 기관인 빅토리아 측량 및 도면제작소가 담당하고 있으며, 토지에 대한 권리등록 측량은 개인자유업으로 되어 있다.

지적과 등기가 이원화되어 운영되고 있으며, 국가 직영과 개인자유업의 대행체제로 구성되어 있다.

8) 뉴질랜드

뉴질랜드는 1876년 토렌스제도를 도입하여 지적기반을 조성하였고 지적과 등기가 일원화되어 운영되고 있다.

지방의 지적업무는 전국 12개 지역사무소에서 담당하고, 최초의 지적도면은 체인법에 의해 제국지도(Imperial Map)를 작성, 이를 지적도로 활용하고 있다.

지적공도의 축척은 농지는 1/10,000, 도시는 1/1,000, 1/2,000이며, 뉴질랜드의 토

---

104) 임승권, 1986, "한·중국 토지행정체제의 비교연구", 석사학위논문, 대만 국립정치대학 공공행정연구소, 대북, pp.8~11.

105) 박종화 외, 2009, "NSDI 구축에 따른 해외 지적모형 개발 동향연구", 지적 제39권 제1호, pp.215~225. 참조작성

지정보시스템(LINZ)은 법무부 산하의 토지·권리 증서국과 구토지·측량부 산하 측량국 및 감정원, 마리오법원 등 보조시스템을 연결하는 것으로 구축되었다. LINZ은 수치지적데이터베이스, 토지거래 색인, 토지거래 집계, 마리오토지법원 시스템, 평가시스템으로 구성되어 있다.[106]

지적업무는 측량·토지정보성 산하 측량 토지정보국에서 관장하고 있으며, 지적업무와 지형업무는 민간, 군사용 측량, 도면제작, 토지정보 및 국유지관리, 토지거래 등으로 구분되어 있다.

9) 캐나다

캐나다의 지적은 지적부서에 의해 19세기 중반부터 시작되었으며, 1866년부터 1900년까지 전 지역을 대상으로 한 지적도 등록이 이루어졌다.

캐나다의 경우 실제로 재조사(Resurvey)하는 것이 아니라 개혁(Reform)하는 것으로, 사업내용을 살펴보면 우리나라의 입장에서는 지적재조사로 볼 수 있으며 그 사업기간은 1995년부터 2021년까지 계획하고 있다. 캐나다에는 지적법은 없으나 토지개혁을 위한 하부법이 있으며 토지에 대한 권리는 소유자에게 있지만 제도를 개선하기 위해 정부가 사업을 주도한다고 인식하고 있다.[107]

캐나다는 토지가 넓어 주마다 각기 다른 제도를 운영하고 있으며, 일찍이 토지자원조사를 실시하였으므로 토지등록제도가 발달되었고 소극적 지적제도를 채택하고 있다.

지상의 건축물에 대해 이미지화된 층별도를 등록하여 권리관계를 등록·관리하고 있을 정도로 아주 근대화된 지적을 운영하고 있다.[108]

시가지와 주거지역 등에 대한 사업은 거의 완료된 상태로 시가지 주변 임야와 개발이 되지 않은 지역만이 남아 있는 상태이며 면적은 나머지 지역이 넓지만 항공사진 측량 등의 방법을 적용할 예정으로 상대적으로 남은 비율을 작게 보고 있다.

지적공부는 지적도, 토지대장, 부동산 권리 알람도가 있으며, 지적정보(층별도 포함)에 대해서는 측량과 작성을 담당한 일반측량사가 책임을 지고 행정기관에서는 관련정보가 빠짐없이 기록되어 있는지를 확인한 후 등록을 하고 있다.[109]

106) 박종화 외, 전게서, pp. 215~225. 참조작성

107) 대한지적공사, 2010, 전게서, p.70.

108) 김준현, 2010, "지적재조사의 선형지목지구에 따른 근사평가액 청산모형", 박사학위논문, 경북대학교 대학원, pp.17~18.

109) 대한지적공사, 2010, 전게서, p.72. 참조작성

 기초지식

> ※ 현재 측량시장의 개방 등으로 거의 모든 국가에서 대행체제에서 민영화로 넘어오는 추세에 있음
>
> ※ **적극적 지적제도를 채택하는 있는 국가** : 우리나라, 대만, 일본, 호주, 스위스, 뉴질랜드
>
> ※ **소극적 지적제도를 채택하고 있는 국가** : 네덜란드, 영국, 프랑스, 이탈리아, 캐나다
>
> ※ **지적과 등기의 일원화 국가** : 프랑스, 스위스, 네덜란드, 뉴질랜드, 일본, 대만
>
> ※ **지적과 등기의 이원화 국가** : 호주, 독일, 대한민국
>
> ※ **네덜란드** : 사유지만 등록(지적측량에서 국유지는 제외), 지목이 없음, 공증제도
>
> ※ **독일** : 분수식 지번을 사용(오스트리아, 핀란드)
>
> ※ **프랑스, 독일, 네덜란드** : 지적도에 건물과 토지가 동시에 등록되어 있음

2. 지적측량제도 [110]

외국의 지적측량업무는 현지측량업무와 그 측량성과를 검사하는 지적측량 검사업무로 구분할 수 있는데 현지측량을 담당하는 기관은 지적제도의 유형에 따라서 국가마다 서로 다른 형태로 운영되고 있다.

그러나 측량성과의 검사기관은 국가 또는 지적관리 부서로 한정되어 있다. 그 이유는 지적업무가 국민의 재산권을 등록하여 공시하는 중요한 업무이고 측량성과의 정확성 여부는 바로 국민의 재산권 행사에 직접적인 영향을 미치기 때문에 반드시 등록 주체인 국가가 직접 검사를 실시하는 것이 바람직하기 때문이다.

현지 지적측량 업무를 수행하는 방법을 유형별로 나누어 보면, 크게 국가직영제도, 개인면허제도, 국가직영제도와 개인면허제도의 절충형 등으로 구분할 수 있다.

1) 프랑스의 지적측량제도

프랑스의 지적측량방법은 도해지적제도 위주로 운영하고 있으나 평판을 사용하지 않고 트랜싯이나 전파측거기 토털 스테이션 등으로 측량을 실시하고 있어 측량성과의 정확성을 확보하고 있으며 수치지적제도로 전환하는 과정에 있다.

프랑스는 지적측량업무의 일부를 대행하게 하는 제도를 채택하여 운영하고 있으며, 각 개인별로 사무실을 개설하여 지적측량업무를 대행할 수 있다.

따라서 우리나라의 지적공사 체계와 같은 전담 대행제도와는 다르게 2 ~ 3명의 측량사가 합동으로 사무실을 개설하여 분할·경계복원·현황측량 등 민원인이 위탁하는

---

110) 대한지적공사, 2001, 전게서, p.23. 참조작성.

지적측량업무를 수행하고 있으나 지적측량업무를 전담하여 수행할 수 있는 측량사자격은 제도화되어 있지 않다.

각각의 지적측량대행사무소에서는 경쟁적으로 우수한 측량장비와 기동력을 확보하여 대민서비스를 제공하고 있다. 측량수수료는 측량사협회에서 산정작업을 하고, 국가의 승인을 받고 있다.

지적사무소의 공무원들은 이들 측량사가 실제 측량한 성과를 엄격하게 검사하여 지적공부를 정리하는 업무를 수행하는 한편, 지적재조사사업, 구획정리사업, 경지정리사업, 지적전산화사업, 지적도의 전산화업무 등 규모가 큰 정책적인 사업에 관한 지적측량업무를 직접 관장하고 있다.

측량의 성과를 담아 유지·관리하는 지적공부는 지적대장과 지적도 및 건물대장·도엽등록부·색인부 등으로 구성되어 있으며, 지적대장과 건물대장은 토지와 건물에 대한 특성을 알 수 있도록 토지소재·지번·지목·면적·건축물의 위치·건물번호·토지평가에 관한 사항 등을 등록하고 있어서 토지와 건축물이 동시에 등록·관리된다.

지적도는 필지별 경계·지번·측량기준점·중요시설물·도로의 명칭·건물의 정위치 및 번호 등을 등록하고 있고 도로·하천·구거 등 주요 지형·지물을 중심으로 구획별로 구분하여 작성하는 고립형 지적도(Island Map)의 형식을 채택하고 있다. 따라서 1필지의 토지가 2장 이상의 지적도에 나누어 등록되는 사례가 없어 도곽 접합으로 인한 문제점은 없으나 인접 구획과 도로·하천 등의 접합이 문제점으로 대두되고 있는 실정이다.

지적도는 우리나라와 같이 토지의 용도에 따라 지적도와 임야도를 구분하여 작성하지 않고 도시지역은 1/500, 농촌지역은 1/1,000, 기타 지역은 1/2,000 등의 축적으로 구분하여 작성하고 있다. 지적도는 지적사무소 비치용과 시청 비치용으로 구분한다. 지적사무소 비치용 지적도는 수시로 발생하는 변동사항을 지속적으로 가제정리를 하고 있으며 각종 민원처리에 활용하고 있다. 그러나 시청 비치용 지적도는 연도별로 변동사항에 대한 가제정리를 하고 있으며 보존용으로 활용하고 있다.

2) 독일의 지적측량제도

독일의 지적측량은 평판을 사용하지 않고 트랜싯이나 전파측거기(EDM) 토털 스테이션 등으로 측량을 실시하고 있어 측량성과의 정확성을 확보하고 있으며 수치지적제도를 주로 운영하고 있다.

독일은 1985년부터 노드라인 베스트팔렌주에서 GPS 측량을 시작하여 유럽대륙의

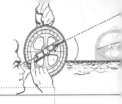

단일망(EUREF)을 기초로 하여 독일 전역에 대해 GPS에 의한 관측을 실시하여 독일 좌표망(DREF)을 구축하였다.

연방정부의 지도와 측량국(BKG)의 주관으로 16개 주에 20개소의 GPS 상시관측소 인 SAPOS를 설치하여 운영하고 있으며, 전국적으로 200점 이상의 GPS 상시관측소를 설치하여 실시간으로 지적측량에 활용하고 있다.

그리고 니더작센주의 경우에는 1980년대 초에 GPS 수신기를 보유하고 현장 측량에 활용하는 방안을 연구하고 망조정 프로그램을 개발하여 일등삼각점 측량에 활용하였다. 현재는 설치·경계점 관측·건물의 위치측량 등에 공식적으로 활용하고 있다.

따라서 지적측량은 평판측량방법을 사용하지 않고 약 70%의 Total Station 측량방법과 약 30%의 GPS 측량방법에 의하여 실시하고 있어 측량성과의 차이에 따른 분쟁 민원이 발생되지 않고 있는 실정이다.

독일에서 지적관리는 국가직영과 개인영업허가제를 병행하는 일부대행체제를 운영하고 있으며 16개 주에서 주의 내무성 관장하에 독립적으로 지적측량업무를 운영하고 있다. 지적측량업무는 위탁자가 소관청과 개인측량사무소 중 임의로 선택할 수 있다.

독일에서는 지적측량 성과와 모든 기록이나 문서는 엄격히 감독기관에서 관리하고 있으며, 지적측량을 위하여 측량 당사자와 토지소유자 본인이 이를 다른 필지의 측량 업무에 이용하려고 해도 적당한 절차와 수수료를 납부하고 이를 사용하도록 규정하고 있다.

3) 네덜란드의 지적측량제도

네덜란드의 지적측량은 지방지적사무소에 소속되어 있는 공무원 신분의 측량사가 직접 측량을 실시하고 지적도면을 정리하는 업무를 담당하고 있으나 지적측량을 전담 하여 수행할 수 있는 측량사자격은 제도화되어 있지 않다.

도해지적제도 위주로 운영하고 있으나 평판을 사용하지 않고 트랜싯이나 토털 스테 이션 등으로 측량을 실시하고 있어 측량성과의 정확성을 확보하고 있으며 수치지적제 도로 전환하는 과정에 있다.

지적 및 공공등기청과 지방지적사무소는 토지이동측량뿐만 아니라 토지구획정리사 업, 환지 및 청산업무 등도 담당하고 있다. 그러나 토지구획정리 등 대규모의 지적측 량업무는 주로 외부용역에 의하여 항공사진측량방법에 의거 처리하고 있으며, 인공위 성을 이용한 GPS 측량방법을 개발하여 정확하게 측량을 실시하고 있다.

측량의 성과를 담아 유지·관리하는 지적공부는 부동산등록부와 지적도 및 보조대장·대축척 지형도 등으로 구분하여 작성하고 있다.

지적도는 프랑스와 동일하게 고립형 지적도의 형식을 채택하고 있으며, 축척은 도시 고밀도 지역은 1/500, 도시 저밀도 지역은 1/1,000, 농촌 고밀도 지역은 1/2,500, 농촌 저밀도 지역은 1/5,000 등으로 구분하여 작성하고 있다. 그리고 프랑스·독일과 같이 건물의 정위치를 지적도에 등록 관리하고 있으며 1/1,000, 1/2,000의 대축척 지형도를 작성하여 기본도로 활용하고 있다.

네덜란드의 부동산등록부에는 토지의 소재·지번·행정구역·좌표·면적·구 지번과 신 지번과의 관계·소유자의 성명·종교·생년월일·직업·배우자의 유무·취득일자·양도일자·거래가격 등을 등록하고 있다. 그리고 대축척 지형도에는 도로·수로·제방·교량·건물·산림·다년생 초목·울타리·담 등 지형적인 경계와 도로명칭·수로명칭·건물의 번호 등을 등록하여 관리하고 있다.

4) 일본의 지적측량제도

일본에서 지적측량을 하는 단체는 토지가옥조사사회와 국토조사사협회이다. 국토조사사협회는 국토조사법에 의한 시·정·촌의 지적조사업무를 담당하고 토지가옥조사사는 국민의 재산권을 등록하여 공시하기 위한 토지와 건축물에 관한 측량을 실시할 수 있는 측량기술자격의 하나로서 등기소에서 시행하는 모든 지적측량 업무를 담당하고 있다. 토지가옥조사사는 우리나라의 지적기사와 동일하게 지적측량만을 실시할 수 있는 국가의 기술자격으로서 우리나라의 법무사 제도와 유사하게 토지가옥조사사별로 사무실을 개설하여 지적측량 민원업무를 전담하여 수행하고 있다.

측량사의 자격은 우리나라의 측량 및 지형공간정보기사와 같이 측량업을 할 수 있는 측량사 및 측량사보의 기술자격이 별도로 구분되어 있으며 국토지리원에서 주관하여 자격을 부여하고 있다. 측량사와 측량사보는 국토조사법에 의한 국토조사사업과 측량법에 의한 기본측량과 공공측량업무 등을 수행하고 있다.

토지가옥조사사회와 국토조사사협회에 대한 감독사항으로는 조사사의 자격시험을 법무대신이 시행·관리하는 것과 조사사회의 회칙을 법무대신으로부터 인가를 받아야 한다는 것 등이 있다.

조사사의 측량성과는 국가에서 실제 심사를 하지 않으므로 측량오류에 대한 책임은 전적으로 조사사가 지고 있다.

5) 대만의 지적측량제도

대만의 지적사무는 중앙정부의 경우, 내정부의 지정국(지정국 산하에는 지적, 지가,

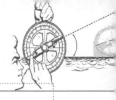

지권, 이용, 측량과 방역의 6개과가 있음)에서 처리하고 있으며, 대북시, 고웅시, 대만성 등에서는 지정처(성정부에는 6개과, 시정부에는 5개 과를 두고 있다), 현과 시에서는 지정과(지적, 지가, 지권, 지용, 중측 등 5개 부서가 있고, 산하에 지정사무소가 있다). 향·진·구에서는 지정사무소(지정사무소는 여러 개의 향(鄕), 진(鎭), 구(區)를 관장하고 있으며, 대북시에 5개소, 고웅시에 3개소, 각 성에 72개소가 있다) 등에서 각각 처리하고 있다.

대만의 지적측량업무는 지적부서에서 근무하는 공무원의 신분을 가진 측량기술자가 직접 수행하는 국가직영체제를 택하고 있다. 대만성의 경우, 지정처 산하에 토지중획규획총대와 측량총대를 별도로 설치하고 지적측량업무를 전담시키고 있으나, 지적측량업무를 전담하여 수행할 수 있는 측량사 자격은 제도화되어 있지 않다.

토지중획규획총대는 경지정리, 시가지구획정리 등 대단위 특수사업에 따른 지적측량업무와 구획정리지구의 선정·구획정리 전후의 지가조사, 구획정리지구 내의 도로·구거·교량 등 공공시설물의 계획설계, 토지개량물의 조사·평가·이전·보상 등의 업무를 수행한다.

측량총대는 삼각점과 도근점 등 측량기준점의 유지관리와 1필지측량, 도시계획에 의한 공공시설 예정지의 분할 측량, 미등록지의 신규등록측량업무 등을 담당하고 있으며 측량착오에 의하여 국민에게 재산상의 손해를 입히게 되면 국가가 그 배상책임을 진다. 측량의 성과를 담아서 유지·관리하는 지적공부는 토지등기부, 지적도, 건축물개량등기부 등으로 구분하여 작성·비치하고 있다. 지적사무와 등기사무가 통합됨에 따라서 카드식 토지등기부를 작성·비치하고 있으며, 여기에는 토지의 위치, 지번, 지목, 면적, 등급, 소유자, 주소, 신분증번호 등이 기재되어 있다.

지적도는 우리나라와 같이 동과 리별 격자형 도곽 형태로 구획하여 작성하는 연속형 지적도이다.

지적재조사에 해당하는 지적도중측사업 시행지역에서는 미터법의 도입과 함께 지적도와 임야도를 구분하지 않으며 도시지역은 1/250, 1/500, 농지와 산지는 1/1,000, 1/2,000, 1/3,000 등의 축척으로 지적도를 작성하고 있다.

〈표 2-29〉 유럽 국가의 지적제도 비교

구분	프랑스	스위스	네덜란드	독일
기본법	민법, 지적법	지적공부에 관한 법률	민법, 지적법	측량·지적법
창설 기간	1807년 지적법 창설	1911년 지적법 창설	1811~1832년	1870~1900년
담당기구 (중앙)	재무 경제성	사법경찰청 법무국, 지적과·측량과	주택도시계획, 환경성	내무성 지방국, 지적과
담당기구 (지방)	시·도 지방세무국 시·군 지적사무국	각 주마다 다름	지방 지적청	내무성 측량·지적국 시·군 지적사무소
지적공부	토지대장 건물대장 지적도 도엽기록부 색인도	토지공부 지적도 보조등기부 증서 부동산설명서일계서	위치대장 부동산등록부 지적도	부동산지적부 부동산지적도 수치지적부
지적도 축척	도시지역 : 1/500 농촌지역 : 1/1,000 기타 지역 : 1/2,000	시가지 : 1/500 삼림지역 : 1/2,000 산악지역 : 1/10,000	시가지 : 1/500 주택지구 : 1/1,000 주위지대 : 1/2,500, 1/5,000	도시지역 : 1/500 기타 지역 : 1/1,000, 1/2,500
지적·등기	일원화	일원화	일원화	이원화
토지대장편성	연대적 편성주의	물적·인적 편성주의	인적 편성주의	물적·인적 편성주의
등록의무	소극적 등록주의	적극적 등록주의	소극적 등록주의	–
지적재조사	1930~1950년	1923~2000년	1928~1975년	–
지적측량체제	일부 대행체제	일부 대행체제	국가 직영체제	일부 대행체제
발전 단계	다목적 지적	다목적 지적	다목적 지적	다목적 지적

출 처 : 류병찬, 1999, "한국과 외국의 지적제도에 관한 비교 연구", 박사학위 논문, 단국대 대학원, pp. 161~218; 김정환, 2011, "유럽의 지적제도 비교·분석을 통한 한국형 지적제도 모형개발", 석사학위논문, 명지대학교 대학원, pp.39~57. 참조 작성

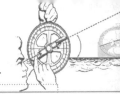

〈표 2-30〉 아시아 국가의 지적제도 비교

구분	대한민국	일본	대만
기본법	공간정보의 구축 및 관리 등에 관한 법률	국토조사법 부동산등기법	토지법, 토지등기규칙
창설 기간	1910년	1876년~1888년	1897~1914년
담당기구 (중앙)	국토교통부 공간정보제도과	법무성	내정부 지적국
담당기구 (지방)	시·도지사 지적소관청(시·군·구)	지방법무국 시국, 출장소	국가공무원이 직접 시행
지적공부	토지(임야)대장 공유지연명부 대지권등록부 지적도, 임야도 경계점좌표등록부	지적부 지적도 토지등기부 건물등기부	토지등록부 건축물 개량등기부 지적도
지적도 축척	도시지역 : 1/500, 1/600 기타·농촌지역 : 1/1,000, 1/1,200, 1/2,400 임야지역 : 1/3,000, 1/6,000	도시지역 : 1/250, 1/500 농촌지역 : 1/500, 1/1,000 산림지역 : 1/2,500, 1/5,000	도시지역 : 1/250, 1/500 농지 : 1/1,000, 1/2,000 산간지역 : 1/3,000, 1/6,000
지적·등기	이원화	일원화(1966년)	일원화(1930년)
토지대장편성	물적 편성주의	물적 편성주의	물적 편성주의
등록 의무	적극적 등록주의	적극적 등록주의	적극적 등록주의
지적재조사	2012년부터 실시	1951~현재	1976~현재
지적측량체제	일부 대행제제	완전 대행체제	국가 직영체제
발전 단계	다목적 지적으로 전환 중	다목적 지적	다목적 지적

출 처 : 류병찬, 1999, 전게서, pp.161~218; 김정환, 2011, 전게서, pp.39~57. 참조작성.

제3절 미래지적의 전망 및 FIG

1. 미래지적의 전망

1) 지적 2014(Cadastre 2014)

(1) 개요

지적 2014는 1994년 호주에서 개최된 제20차 FIG 총회에서 7분과의 실무 작업단이 각국의 현행지적제도의 장단점을 분석하고 미래의 지적제도에 대한 명확한 전망을 제시하기 위한 목적으로 약 40여 명으로 구성된 전문가들로 실무기획단의 임무를 말한다.

각국의 지적제도에 관한 연구와 설문서의 답변내용을 기초로 하여 향후 20년 후인 2014년에는 현재의 지적이 어떠한 방향으로 변화될 것인가에 대한 '미래지적제도의 비전'에 관한 6가지 선언문을 채택하였다.

최종 보고서는 1998년에 스위스의 측량사인 Jürg Kaufmann과 Daniel Steudler에 의해 출간되었고 채택된 6개의 선언문은 다음과 같은 사항을 다루고 있다.

● 6개 선언문의 포함사항

① 지적의 임무와 내용 ② 조직 ③ 지적도의 역할

④ 정보기술 ⑤ 민영화 ⑥ 비용 회수

〈표 2-31〉 지적제도의 기본 사항에 관한 설문 결과

구분	설문 결과					
	항목	국가수	항목	국가수	항목	국가수
등록의 기초	토지소유권	23	증서	5	양쪽	5
지적의 등록 단위	필지	26	자산	4	이름	1
법적 근거	관습법	7	민법	23	성문법	2
권리의 등록방법	선택	4	강계	24	양쪽	3

출 처 : J. Kaufmann. D. Steudler,1998, "Cadastre 2014", FIG commission 7, p.7.

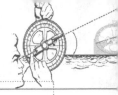

(2) 지적 2014(미래지적의 전망)

미래지적의 전망에 대한 6가지 선언문의 내용은 다음과 같다.

〈표 2-32〉 미래지적의 전망

구분	세부 내용
① 임무와 내용	토지에 대한 모든 법적 현황을 보여주게 될 것이며, 측량사는 각종 공공법을 고려하여 업무를 수행하여야 한다.
② 조직 구조	통합된 조직구조를 가져야 하며, 도면과 등기부의 분리제도는 사라지게 된다.
③ 도면의 역할	지적에서 지적도의 작성은 사라지고 모델링(토지행정 도메인 모델)으로 대체될 것이며 제도사와 도면 제작사는 없어질 것이다.
④ 정보기술	종이와 연필에 의존하는 지적은 사라질 것이다.
⑤ 민영화	민영화가 더욱 높아질 것이고, 공공부분과 민간부분은 서로 긴밀한 협조관계가 될 것이며, 공공부분은 감독 및 통제에 집중할 것이다.
⑥ 비용 회수	지적에 투자한 비용을 회수하게 될 것이며 측량사는 경제성에 관심을 두어야 한다.

출 처 : J. Kaufmann, D. Steudler, 1998, "Cadastre 2014", FIG commission 7, p.11; 국제측량사연맹 홈페이지 (http://www.fig.net) 참조작성.

 기초지식

※ 토지행정 도메인 모델의 핵심 요소

도메인 모델의 구성		세부 내용
등록객체 (Register Object)	정의	법에 의해 등기할 수 있는 객체로서 동산 부동산을 포함
	속성	사용용도, 세금, 객체의 가치, 객체의 존속 기간 등
등록주체 (Person)	정의	권리, 책임, 제한의 주체라고 할 수 있는 자연인 또는 법인
	속성	주체 이름, 주체의 역할, 주체의 유형
권리 (Right)	정의	등록객체와 등록주체 간의 등기를 기반으로 한 소유권
	속성	임차, 점유, 소유 등
제한 (Restriction)	정의	권리에 대한 법적인 제한
	속성	현재 ISO 미완성 단계
책임 (Responsibility)	정의	소유권 보존을 수행하기 위한 책임
	속성	소유권 아래 수로, 측량 관련 표석 등을 관리할 책임

(3) 지적제도에 관한 설문조사

1994년 각국 70여 명의 지적전문가에게 설문 조사를 하고 그 결과는 다음과 같다.

① 지적제도는 토지 소유권을 등록하기 위한 목적으로 창설되었으며 지적공부에 강제적으로 등록하고 있는 것으로 분석되었다.

② 지적공부에 등록된 권리는 정확하며 등록에 의하여 개인의 권리가 보호되고, 오류 등록으로 인한 손실은 국가에서 배상책임을 지고 있는 것으로 분석되었다.

③ 지적제도를 활용하거나 지원할 수 있는 분야는 법적·재정적 분야·시설관리와 기본도·환경영향평가·토지이용계획 및 토지에 대한 가격평가 등의 순서로 분석되었다.

④ 지적제도에 관한 투자비용의 회수는 40% 미만이 6개국, 40% 이상 80% 미만이 3개국, 80% 이상 100%가 11개국, 100% 이상이 4개 국가로 분석되었다.

⑤ 지적제도의 개혁 목적은 고객에 대한 서비스의 개선, 데이터의 질적인 향상, 지적제도의 효율성 제고에 있는 것으로 분석되었다.

(4) 미래 지적제도의 측량사 역할

① 측량사는 모든 법적 토지객체의 위치를 확정시키는 중요한 역할을 할 것이며, 개인 토지의 필지만을 다루지는 않을 것이다.

② 토지측량사는 사법적 처리 과정 및 토지가치의 원칙을 이해하여야 한다.

③ 측량사는 토지행정제도를 다룰 수 있어야 하고, 시민·기업·공공·기관·정치적 의사결정자 등에게 토지정보를 제공할 수 있어야 한다.

④ 측량사에게 요구되는 기술은 더욱 확대 개발되고 측량사의 면허증은 다시 정의되어야 하며, 사회에서 토지측량사의 역할은 더욱 중요하게 될 것이다.

2. 국제측량사협회

국제측량사연맹(FIG)은 1878년 7월 프랑스 파리에서 프랑스, 벨기에, 독일, 이탈리아, 스위스, 영국, 스페인 등 7개국의 국가 측량사위원회를 중심으로 시작된 비정부 기구(Non-Governmental Organization)로 상시사무소는 덴마크 코펜하겐에 설립되어 있고 비정부 국제기구(NGO : Non-Governmental Organization)로 운영된다.

1) 개요

국제측량사연맹(FIG : International Federation of Surveyors, Federation Inter-

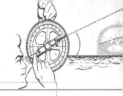

national des Geometers)은 측량사의 지위 향상 및 교류 증진과 측량기술의 교육훈련 및 연구 등을 위해 1878년 7월 파리에서 프랑스, 벨기에, 독일, 이탈리아, 스페인, 스위스, 영국 등 7개국이 참가하여 창설된 국제기구로 2012년 현재 88개국에서 106개의 단체가 등록되어 있다.

FIG는 10개의 분과로 구성되어 있고 측량의 표준과 실행은 물론 측량전문교육과 공간정보의 관리와 측량(수로측량 , 토목측량, GNSS 등) 및 위치 결정 그리고 지적과 토지관리, 부동산 평가 및 관리 등의 다양한 분야와 관련되어 있다.

그래서 측량과 지적 그리고 부동산에 이르는 다양한 분과에서 전 세계 각국의 토지와 관련된 기본적인 방향을 설정하고 국가 간 협력체제를 통한 정보공유와 교육 등을 통한 보다 발전된 미래상을 구현하기 위한 활동을 실시하고 있다.

우리나라는 대한측량협회 300명과 대한지적공사 550명으로 총 850명이 공동으로 조직한 한국측량사총연맹(KCS : Korea Confederation of Surveyors)에서 1981년 스위스의 몽트리에서 열린 제16차 총회에서 46번째의 정회원으로 가입하였다.

기초지식

※ 한국측량사 총연맹(KCS : Korea Confederation of Surveyors)

한국측량사 총연맹의 설립은 1981년 5월 31일 대한지적공사와 대한측량협회가 공동으로 결성하여 총 850명(대한지적공사 : 550명, 대한측량협회 : 300명)으로 구성되어 있으며, 여의도동 45번지에 위치하고 있다.
또한 회장 1명과 부회장 2명 그리고 사무국장을 두고 각 분야별로 9개 분과위원회가 있다.

분과	세부 업무
제1분과	지적 및 측량기술 진흥
제2분과	국내외 지적 및 측량관련 정보교류 및 소개
제3분과	국내외 지적 및 측량관련학회, 단체 및 교육기관과 유대강화 및 정보교류
제4분과	지적 및 측량기술진흥을 위한 회의 주체 및 주선
제5분과	지적 및 측량기술관련 자료수집 및 조사연구
제6분과	각종 간행물 발간
제7분과	FIG 회의 참가로 한국측량사의 국제적 교류 증진
제8분과	국외측량 도면제작 관련기관과 정보교환 및 기술자 교류
제9분과	국외 측량관련 전문가초청 강연회 주최

출 처 : 측천양지(http://cafe.daum.net) 참조작성.

2) FIG의 설립 목적

  (1) 각국 측량단체 간의 정보교환 및 회원단체 간의 상호 협력

  (2) 측량사 간 지위 향상에 관한 정보교환

  (3) 측량사에 유용한 연구성과의 보급 및 장려금 지급

  (4) 새로운 측량기술에 관한 교육훈련

  (5) 각국 측량사 간의 교류 증진

3) 조직 구성 및 주요 활동

  FIG의 조직 구성은 회장을 중심으로 10개의 분과위원회와 상임위원회 그리고 사무
국과 국제지적 및 토지등록 사무소로 구성되어 있으며, 회장 1명과 각 분과 A, B, C의
3개 그룹의 그룹장인 3명의 부회장을 포함해 총 4명의 부회장을 두고 있다.

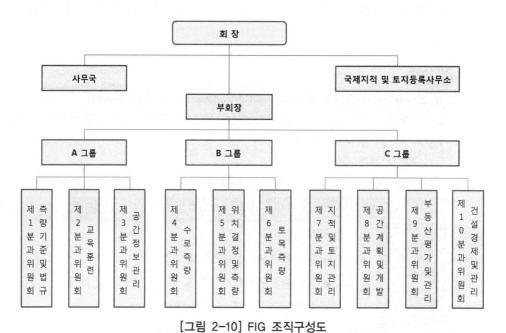

[그림 2-10] FIG 조직구성도

출 처 : FIG 정관 제5조 3항(http://www.fig.net)

  FIG의 주요 활동은 먼저 정기적인 총회의 개최, 측량장비 전시회, 측량관련 국제기
구와의 교류, 회원단체 및 회원에 연구장려금 지급, 특별위원회 구성 및 연구활동·결
과 보급, 각종 연구결과 및 간행물 등의 발간 및 보급 등이다.

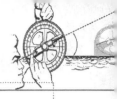

FIG의 총회 개최는 4년을 주기로 실시되며, 1년 주기로 상임위원회 개최, 총회 및 상임위원 회의 시 각 분과위원회 보고회의, 분과위원회별 국제회의 등을 개최한다.

각 기술분과위원회는 10개 분과로 구분되어 있고, 각 분과는 A, B, C의 3개 그룹으로 나누고 각 그룹의 장을 FIG 부회장으로 선임한다.[111]

사무국은 3년 또는 4년 주기로 사무국의 설치 국가가 변경되는 형식을 취하며 사무국에는 회장, 사무국장, 재무국장, 총회 조직위원장 등이 사무국의 설치 국가 구성원에 의해 이루어진다.

그리고 측량관련 국제기구와의 교류는 ISPRS(국제사진측량, 원격탐사학회), CCA(국제도면제작위원회), IUSM(국제측량 및 도면제작연맹), FAO(국제연합식량농업기구) 등과 관련교류를 시행하고 있다.

4) 우리나라와 FIG

우리나라의 경우 1981년 제16차 총회(스위스 몽트르)에서 46번째의 정회원으로 등록 가입하였고 제68차 상임위원회의 유치를 2001년 5월 6일부터 11일까지 서울에서 개최하여 '2001 국제측량사연맹 상임위원회'는 한국측량사총연맹(대한지적공사/대한측량협회)이 주관한 행사로서 47개국 962여 명이 참가하였다.

또한 국제지적사무소(OICRE)는 제7분과에 속하는데 2007년 5월 FIG 제7분과 연례회의가 서울에서 개최되어 15개국 27명의 대표자가 참가하였다.

그리고 최근 2018년 5월 6일에는 한국국토정보공사는 터키 이스탄불에서 개최된 '국제측량사연맹(FIG) 상임위원회'에 참석해 그동안 연구한 2편의 논문을 발표하고 'LX 홍보관'을 운영하였다. 한국국토정보공사에서는 FIG 상임위원회에 'ICT기반 토지정보화 모델'과 '최적화된 재난지역 조사방법' 등 토지관리와 공간정보 분야에 대한 2편의 논문을 발표하였다.

또한 국제측량사연맹(FIG)과 우리나라의 국토정보공사에서는 개발도상국 토지행정 관계자와의 인적 네트워크 구축 등 다양한 국제협력 방안을 모색하기도 하고 지적측량의 해외시장 개척 및 확장을 위해 협력하고 있다.

2018년에는 터키 국가측량청과 지적, 토지행정, 공간정보 노하우 교류와 활성화 방안 등 양국 간 해외진출과 상호 교류 협력을 약속하기도 하였고, 3D 측량 및 UAV를 활용한 우루과이 협력사업 등 한국의 최신 공간정보기술과 노하우를 소개하는 'LX 홍보 부스'를 운영하기도 하였다.

---

111) 국제측량사연맹 홈페이지(http://www.fig.net) 참조 작성.

〈표 2-33〉 FIG의 각 분과별 세부 업무

구분	세부 업무
제1분과	측량의 표준과 실행
제2분과	측량전문 교육
제3분과	공간정보 관리(천연자원, 토지이용, 환경공해 등의 국토정보의 수집, 처리체계 제공)
제4분과	수로측량(해상자료의 표준화, 위치 결정 및 해저측량)
제5분과	위치결정 및 측정(측량기기, 지형해석, 인공위성체계, GNSS 개발과 현대화)
제6분과	토목측량(구조물측량, 시설물 변형 측량, 지하시설물 측량, 토지측량)
제7분과	지적 및 토지관리(다목적 지적과 자료구성, 관광과 환경, 지적 및 토지대장 국제국)
제8분과	공간계획 및 개발(공간계획과 공간개발 및 환경영향 평가)
제9분과	부동산 평가 및 관리(토지개량과 평가, 부동산 등기, 토지평가 교육)
제10분과	경제 및 관리의 구성

5) FIG의 역할

2021년 현재 국제측량사연맹에 세계 각국 측량단체 또는 측량협회가 88개의 국가에서 104개의 회원과 교육 또는 연구를 촉진하는 조직이나 기관으로 51개국에서 88개의 멤버협약을 맺고 있다.

각 국가별 측량 및 지적이 나아가야 할 방향을 설정하여 주며, 측량기기 및 교육과 기술개발 등으로 인한 국가의 지위상승과 합리적인 제도정착에 있어 원초적인 초석으로서의 역할을 수행한다.

그리고 측량사 및 지적사의 유용한 정보교환을 통한 국가의 위상 정립은 물론 각국의 측량관련 전문가를 초청하여 강연회의 개최나 전문교육을 받는 등 기술교육을 통한 국가 전문성을 강화시킨다.

또한 국외측량의 도면제작 관련기관과 정보교환의 장과 기술자 교류로 인한 지적의 다양한 문제점을 연구하고 사례 검토 및 적용 등의 정책방법론의 의사결정을 보완하는 역할을 수행한다.

[그림 2-11]은 현재 FIG 회원국과 비회원국을 보여주고 있는데, 회원국이 비회원국보다 더 많은 것을 알 수 있으며, 부분적으로 확대한 그림은 우리나라를 보여주고 있다.

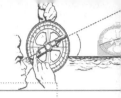

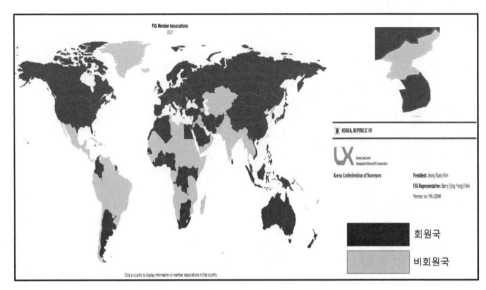

[그림 2-11] FIG 회원국과 비회원국

출 처 : http://www.fig.net

토지조사 및 임야조사

토지조사 및 임야조사

제1절 토지조사사업

1. 토지조사사업의 개요

일본은 1905년(대한제국 광무 9년) 11월 을사조약이 맺어지고 통감부가 설치되었을 때부터 조선의 토지제도 재편을 구상하여 왔으며, 토지조사사업이 본격적으로 추진된 것은 1910년(융희 4년) 3월 조선통감부에 토지조사국을 설치하면서 시작되었다. 그리고 한일병합 후에는 토지조사국 사무를 조선총독부로 이관하여 조선총독부 안의 임시토지조사국에서 전담하도록 하였다[112].

1) 목적

토지조사사업의 목적은 첫째로 정확한 측량을 기초로 하여 지세를 공평히 하는 것이었다. 이것은 결국 공평지세를 위해 은결이나 누결 등을 찾아내어 세원을 보다 확대하여 식민지 통치를 위한 조세수입 체계를 확립하기 위한 것이다.

둘째는 토지의 소유권을 보호하여 매매·양도를 원활히 하며 이로써 토지의 개량 및 이용을 자유롭게 하여 토지의 생산력을 증진시켜 식민지 통치를 위한 확실한 재정적 기초를 위한 것이었다. 불확실한 토지소유 또는 점유 등 미개척지를 점유함은 물론 역둔토 등 각종 국유지를 조선총독부에서 수탈하기 위한 것이었다.

또한 이민자에게 토지를 불하하여 일본인에 대한 우대나 지원대책을 위한 것이며, 식량부족에 대비하여 식량과 원료를 일본으로 수출하도록 지원하는 토지이용제도를 정비하기 위하여 실시한 것이다.

셋째는 토지조사사업을 통해 상업 고리대 자본의 토지점유가 보장되는 법률적 제도를 확립하고 관습적으로 인정되어 오던 소작농민들의 여러 가지 권리를 폐지하여 법적 지위를 불완전하게 함으로써 노동력을 쉽게 착취하기 위한 것이었다.

---

112) 국사편찬위원회, 우리역사넷(http://contents.history.go.kr), 토지조사령

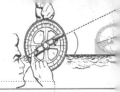

2) 토지조사사업의 주요 내용

(1) 특징

토지조사사업은 토지수탈과 조세정책에 직접 관련된 것으로 사법적인 성격을 갖고 업무를 수행하였고 연속성과 통일성을 확립하려고 노력하였다. 토지소유권의 측면에서 매도자보다는 매수자의 소유를 법률적으로 보장하기 위한 제도로 사유제도를 확립하려는 것보다 법률적 인정에 있었다.

그러나 그러한 과정에서 일본인의 토지점유와 매입에 장애요인이 된 소작농의 관습상의 경작권, 도지권 등 소작농의 모든 권리를 소멸시켰고, 조선총독부는 토지조사사업을 통해 역둔토를 국유화하여 방대한 토지를 약탈 점유하고 소작료를 징수하여 조선총독부의 수입을 증대시키는 한편 점유한 토지의 불하를 준비시켰다.

토지조사사업에서 신고주의의 방법의 채택과 토지소유권이 확립되었기 때문에 조사사업은 과세 대상지를 정리하여 모든 경작지를 과세지로 만들어 재정수입을 확대할 수 있었다. 또한 과세를 목적으로 하였으므로 도로, 구거, 하천 등의 비과세 토지는 제외되었고 임야 내의 게재지는 조사를 하지 않아 부분적인 사업이 되었다.

(2) 내용

1910년 토지조사국 관제와 토지조사법을 제정 및 공포하여 토지조사 및 측량에 착수하였으나 한일병합(합방) 조약에 의해 일제는 1910년 조선총독부 산하에 임시토지조사국을 설치하여 본격적인 토지조사사업을 전담하도록 하였다. 토지조사사업의 내용은 지적제도와 등기제도의 확립을 위한 토지소유권 조사와 지세제도의 확립을 위한 토지가격조사, 우리나라 국토를 체계적으로 정리하기 위한 지형 및 지모조사로 실시하였다. 토지제도와 지세제도 및 지적제도를 체계적으로 확립하여 토지에 관한 행정과 정책과세, 소유권의 확립, 거래의 편의성 등 국가의 통치기반에 중요한 사업이었다.

토지소유권 조사는 임야를 제외한 전국 토지의 종류와 소유자를 조사하고 토지조사부 및 지적도를 작성하여 토지의 소유자 및 강계를 사정함으로서 토지분쟁을 해결하고 지적제도를 확립하기 위해 준비조사, 일필지 조사, 분쟁지 조사, 지반측량, 사정으로 구분하여 실시하였다.

토지가격 조사는 지위등급조사, 지위등급의 결정, 지가의 산정에 대한 업무로 구분하여 실시하였으므로 과세의 공평을 위해 시가지는 지목에 관계없이 토지가격에 따라 지가를 결정하여 지세제도를 확립하였다.

토지의 지형 및 지모는 지형측량에 의해 지형도를 작성하고 지상에 표시되는 자연적
인 지형과 인위적인 지물을 도화한 후 지형의 높고 낮음과 각각의 분포를 지형도에 명
확하고 체계적으로 표시하였다.

기초지식

※ 토지조사사업

	세부 내용
목적	① 공평지세를 위해 은결이나 누결 등을 찾아내어 세원을 보다 확대하여 식민지 통치를 위한 조세수입 체계를 확립하기 위한 것 ② 불확실한 토지소유 또는 점유 등 미개척지를 점유함은 물론 역둔토 등 각종 국유지를 조선총독부에서 수탈하기 위한 것 ③ 일본인에 대한 우대나 지원대책을 위한 것이며, 식량부족에 대비하여 식량과 원료를 일본으로 수출하도록 지원하는 토지이용제도를 정비하기 위한 것 ④ 상업 고리대 자본의 토지점유가 보장되는 법률적 제도를 확립하고 관습적으로 인정되어 오던 소작농민들의 권리를 폐지하여 노동력을 쉽게 착취하기 위한 것
특징	① 토지수탈과 조세정책에 직접 관련된 것으로 사법적인 성격을 갖고 업무를 수행하였고 연속성과 통일성을 확립하려고 노력 ② 일본인의 토지점유와 매입에 장애요인이 된 소작농의 관습상의 경작권, 도지권 등 소작농의 모든 권리를 소멸시켰고, 조선총독부는 토지조사사업을 통해 역둔토를 국유화하여 방대한 토지를 약탈 점유하고 소작료를 징수함 ③ 신고주의 방법채택과 토지소유권이 확립되었기 때문에 조사사업은 과세 대상지를 정리하여 모든 경작지를 과세지로 만들어 재정수입을 확대할 수 있었음 ④ 도로, 구거, 하천 등의 비과세 토지는 제외되었고 임야 내의 개재지는 조사를 하지 않아 부분적인 사업이 됨
내용	① 1910년 실시한 토지조사사업의 내용은 지적제도와 등기제도의 확립을 위한 토지소유권 조사와 지세제도의 확립을 위한 토지가격조사, 우리나라 국토를 체계적으로 정리하기 위한 지형 및 지모조사로 실시함 ② 토지제도와 지세제도 및 지적제도를 체계적으로 확립하여 토지에 관한 행정과 정책과세, 소유권의 확립, 거래의 편의성 등 국가의 통치기반에 중요한 사업이 됨 ③ 토지소유권 조사는 임야를 제외한 전국 토지의 종류와 소유자를 조사하고 토지조사부 및 지적도를 작성하여 토지의 소유자 및 강계를 사정함으로서 토지분쟁을 해결하고 지적제도를 확립하기 위해 준비조사, 일필지 조사, 분쟁지 조사, 지반측량, 사정으로 구분하여 실시함 ④ 토지가격 조사는 지위등급조사, 지위등급의 결정, 지가의 산정에 대한 업무로 구분하여 실시하였으므로 과세의 공평을 위해 시가지는 지목에 관계없이 토지가격에 따라 지가를 결정하여 지세제도를 확립함 ⑤ 토지의 지형 및 지모는 지형측량에 의해 지형도를 작성하고 지상에 표시되는 자연적인 지형과 인위적인 지물을 도화한 후 지형의 높고 낮음과 각각의 분포를 지형도에 명확하고 체계적으로 표시함

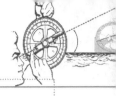

※ 한일병합 조약 및 내용(토지조사사업 진행을 위한 직·간접적 배경 조약)

세부 내용	
한일병합 조약	① 한일병합조약(韓日倂合條約) 또는 한국 병합에 관한 조약은 1910년 8월 22일에 조인되어 8월 29일 발효된 대한제국과 일본 제국 사이에 이루어진 합병조약으로 한일합방조약(韓日合邦条約)이라고도 불린다. ② 대한제국의 내각총리대신 이완용과 제3대 한국 통감인 데라우치 마사타케가 형식적인 회의를 거쳐 조약을 통과시켰으며, 조약의 공포는 8월 29일에 이루어져 이날 일본 제국 천황이 한국의 국호를 고쳐 조선이라 칭하는 건과 한국 병합에 관한 조서를 공포함으로써 대한제국은 일본 제국의 식민지가 되었다. 한국에서는 국권피탈, 경술국치(庚戌國恥) 등으로 호칭하기도 한다.
조약내용	한국 황제 폐하와 일본국 황제 폐하는 두 나라 사이의 특별히 친밀한 관계를 고려하여 상호 행복을 증진시키며 동양의 평화를 영구히 확보하자고 하며 이 목적을 달성하고자 하면 한국을 일본국에 병합하는 것이 낫다는 것을 확신하고 이에 두 나라 사이에 합병 조약을 체결하기로 결정하였다. 이를 위하여 한국 황제 폐하는 내각 총리 대신(內閣總理大臣) 이완용(李完用)을, 일본 황제 폐하는 통감(統監)인 자작(子爵) 사내정의(寺內正毅, 데라우치 마사타케)를 각각 그 전권 위원(全權委員)으로 임명하는 동시에 위의 전권 위원들이 공동으로 협의하여 아래에 적은 모든 조항들을 협정하게 한다. ① 한국 황제 폐하는 한국 전체에 관한 일체 통치권을 완전히 또 영구히 일본 황제 폐하에게 양여함 ② 일본국 황제 폐하는 앞 조항에 기재된 양여를 수락하고, 완전히 한국을 일본 제국에 병합하는 것을 승락함 ③ 일본국 황제 폐하는 한국 황제 폐하, 태황제 폐하, 황태자 전하와 그들의 황후, 황비 및 후손들로 하여금 각기 지위를 응하여 적당한 존칭, 위신과 명예를 누리게 하는 동시에 이것을 유지하는데 충분한 세비를 공급함을 약속함 ④ 일본국 황제 폐하는 앞 조항 이외에 한국황족 및 후손에 대해 상당한 명예와 대우를 누리게 하고, 또 이를 유지하기에 필요한 자금을 공여함을 약속함 ⑤ 일본국 황제 폐하는 공로가 있는 한국인으로서 특별히 표창하는 것이 적당하다고 인정되는 경우에 대하여 영예 작위를 주는 동시에 은금(恩金)을 줌 ⑥ 일본국 정부는 앞에 기록된 병합의 결과로 완전히 한국의 시정을 위임하여 해당 지역에 시행할 법규를 준수하는 한국인의 신체 및 재산에 대하여 전적인 보호를 제공하고 또 그 복리의 증진을 도모함 ⑦ 일본국 정부는 성의충실히 새 제도를 존중하는 한국인으로 적당한 자금이 있는 자를 사정이 허락하는 범위에서 한국에 있는 제국 관리에 등용함 ⑧ 본 조약은 한국 황제 폐하와 일본 황제 폐하의 재가를 받은 것이므로 공포일로부터 이를 시행함 <div style="text-align:center">위 증거로 삼아 양 전권위원은 본 조약에 기명 조인함 융희 4년 8월 22일 내각총리대신 이완용 메이지 43년 8월 22일 통감 자작 데라우치 마사타케</div>

기초지식

※ 을사조약 및 내용(토지조사사업이 진행되기 위한 연결고리 역할)

	세부 내용
을사조약	① 을사조약(乙巳條約) 혹은 제2차 한일협약(第二次韓日協約), 을사늑약(乙巳勒約)으로 불리며, 1905년 11월 17일 대한제국의 외부대신 박제순과 일본 제국의 주한 공사 하야시 곤스케에 의해 체결된 조약이다. ② 체결 당시에는 아무런 명칭이 정해지지 않았으며 대한제국이 멸망한 후 조선총독부에 의해 편찬된 고종실록에는 한일협상조약(韓日協商條約)이라고 기재되었다. ③ 을사년에 체결되었기 때문에 을사협약(乙巳協約), 을사5조약(乙巳五條約), 또는 불평등 조약임을 강조하는 목적으로는 을사늑약(乙巳勒約) 등으로 불리기도 한다.
조약내용	조약은 전문과 5개 조항, 결문, 외부대신 박제순과 일본특명전권공사 하야시의 서명으로 되어 있다. 전문에는 '한국 정부와 일본국 정부의 공통 이해를 위해 한국이 부강해질 때까지'라는 형식상의 명목과 조건이 붙어 있다. ① 일본국 정부는 재동경 외무성을 경유하여 한국의 외국에 대한 관계 및 사무를 감리, 지휘하며, 일본국의 외교대표자 및 영사가 외국에 재류하는 한국인과 이익을 보호한다. ② 일본국 정부는 한국과 타국 사이에 현존하는 조약의 실행을 완수하고 한국정부는 일본국정부의 중개를 거치지 않고 국제적 성질을 가진 조약을 절대로 맺을 수 없다. ③ 일본국정부는 한국 황제의 궐하에 1명의 통감을 두어 외교에 관한 사항을 관리하고 한국 황제를 친히 만날 권리를 갖고, 일본국정부는 한국의 각 개항장과 필요한 지역에 이사관을 둘 권리를 갖고, 이사관은 통감의 지휘하에 종래 재한국 일본영사에게 속하던 일체의 직권을 집행하고 협약의 실행에 필요한 일체의 사무를 맡는다. ④ 일본국과 한국 사이의 조약 및 약속은 본 협약에 저촉되지 않는 한 그 효력이 계속된다. ⑤ 일본국정부는 한국 황실의 안녕과 존엄의 유지를 보증한다는 것을 주요 내용으로 한다.

(3) 토지조사사업의 기본 준비

① 토지조사법규의 제정

토지조사를 시행하기 위해 수많은 법규를 제정, 시행하였고 그 형태는 칙령, 제령, 부령, 규정, 규칙, 훈령, 예규, 국훈령, 국고시, 국내훈, 국결정, 국의 결정, 국보, 국장

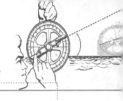

통첩, 국장지령, 국장시달, 국장주의, 지침, 훈시 등 다양하였고 수시로 개정되었는데 임시토지조사국 처무규정은 11회 개정되었다.

② 토지소유권증명 임시조치

대한민국의 국권이 박탈되고 일제 통감부가 수립되면서 토지소사사업의 계획이 시작된다. 통감부는 외국인의 토지소유가 법률로 금지된 점과 지주의 토지소유권은 확립되었으나 소작논의 관습상 경작권과 도지권 등 농민의 권리까지도 병행하여 성립되어 외국인의 토지점유와 매입에 제약이 있었던 것을 제거하였다. 또한 토지거래 규정을 명확히 하여 문서화하고 법률에 의해 완전히 보장하는 토지등기제도의 불완전한 점과 일본인의 토지매매에서 한국의 농민과 양반 관료들이 저항한 점을 제거하였다.

③ 토지관습조사와 토지소유권

조선총독부는 토지소유권 등에 관한 증명의 임시조치를 시행함과 동시에 저항과 분쟁에 대처하기 위해 토지관습조사를 실시하였다.

토지관습조사는 토지의 명칭과 사용 목적, 행정구역의 명칭, 경지의 경계, 산림 및 원야의 경계, 토지표시 부호, 토지의 지위·등급, 면적·결수의 수정, 토지 소유권, 과세지와 비과세지, 질권 및 저당권, 소작인과 지주와의 관계, 토지에 관한 장부서류, 인물조사 등을 중심으로 실시하였다.

또한 토지소유권은 개인소유, 국유, 공공단체 소유, 제실유지, 조합 또는 계의 소유, 공익법인의 소유, 회사의 소유 등으로 구분하였다.

귀속되는 주체에 따라 분류하여 민유지, 국유지, 궁내유지, 공유지로 구분하며 여기서 민유지는 개인의 소유를 말한다.

(4) 국유지 조사정리와 예비조사

1907년 궁내부 관리재산을 재실재산과 국유재산으로 구분하여 제실재산을 축소하고 모두 국유지로 편입시키기 위해 1906년 7월부터 궁내부 소관의 황무지 개간을 개인에게 인허가하지 않았다. 1907년 6월 궁내부 제도국에 임시정리부를 두고 7월 임시제실유 및 국유재산조사국을 설치하여 조사하였으나 11월 폐지하고 제실재산정리국을 설치하여 사무를 담당하였다. 1907년 국유지로 간주되는 토지소작료 징수는 궁내부에서 탁지부로 이관하였다. 궁장토와 역둔토와 관련된 토지는 미리 표지를 세우고 국유지로 편입시킨 후 발생하는 문제를 해결하였다.

예비조사는 1909년 11월 20일부터 1910년 2월 20일까지 경기도 부평군 일대에서 예비조사를 실시하였다. 예비조사는 지주에게 소유지의 신고서를 제출하고 지주는 소유지에 자호, 사표, 지목 및 지주명 등을 기재한 측량표지 막대를 세우고 실지조사에 입회하였다. 지주는 동리마다 1~2명의 위원을 세워 편의조사에 관한 사무를 담당하도록 하였다. 사무업무와 측량업무로 구분하고 사무업무는 준비조사원, 실지조사원, 부속원으로 구반하여 준비조사원은 면, 동, 리의 강계조사, 신고취집 및 관습조사에 종사하였다. 실지 조사원은 일필지의 조사, 부대원은 통역에 종사하였다.

3) 토지조사사업 업무

토지조사사업 업무는 행정업무와 측량업무로 크게 구분할 수 있다. 행정업무는 준비조사 · 일필지 조사 · 분쟁지 조사로 구분하여 실시하였고 이 외에도 지위등급조사, 장부작성, 지방토지조사위원회, 고등토지조사위원회, 사정, 이동지 정리업무를 담당하였다.

측량업무는 삼각측량의 도근측량, 세부측량, 면적계산, 지적도 작성, 이동지 측량, 지형측량 등을 말한다.

(1) 준비조사

군별로 면장, 동리장, 지주총대 및 주요한 지주를 일정 장소에 소집하고 당국자, 경찰, 관헌 및 그 지방을 담당할 준비조사원이 참석하여 토지조사의 취지와 방법, 지주의 의무, 지주에 대한 주의사항 등을 배부하였다.

또한 과세지 견취도, 결수연명부, 국유지대장, 역둔토대장, 민적부 등의 자료를 수집하고 면 면, 동리의 명칭 및 경계를 조사하여 측량자료로 활용하고 토지신고서가 접수되면 신고에 따라 필지별로 조사를 실시하였다.

(2) 일필지 조사

일필지 조사는 지주의 조사, 강계 및 지역의 조사, 지목의 조사, 지번의 조사, 증명 및 등기필지의 조사 등으로 실시하였다. 일필지 조사는 토지신고서가 접수되면 신고에 따라 일필지 조사를 실시하여 토지소유자가 결정되었으며 조사대상에 포함되지 않으면 소유관계가 확정되지 않았다.

일필지 조사의 대상으로 조사지와 조사하지 않는 불조사지로 구분하였다. 조사대상 지목은 전, 답, 대, 지소, 잡종지, 임야와 다른 조사지 간에 개재해 있다.

도로, 구거, 하천, 제방, 성첩, 철도선로, 수도선로와 현재는 경작하고 있으나 일시적인 경작상태에 있는 전, 답, 경사가 30도 이상인 화전은 조사하지 않았다.

지주의 조사는 원칙으로 신고주의를 채택하고 토지소유자에게 상당 기간 안에 그 주

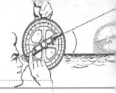

소, 성명, 또는 명칭과 소유지의 소재, 지목, 자번호, 등급, 지적과 면적, 결수를 신고하도록 하였다.

기초지식

※ 토지조사당시의 과대, 비과세, 면제대상

구분	세부 내용		
과세대상 : 6개	① 전	② 답	③ 대
	④ 지소	⑤ 임야	⑥ 잡종지
공공용지로서 면제대상 : 5개	① 사사지	② 분묘지	
	③ 공원지	④ 철도용지	
	⑤ 수도용지		
개인소유를 인정하지 않는 비과세대상 : 7개	① 도로	② 하천	
	③ 구거	④ 제방	
	⑤ 성첩	⑥ 철도선로	
	⑦ 수도선로		

기초지식

※ 토지조사사업의 업무계획

사업 구분	세부 내용	
행정업무	• 준비조사	• 일필지 조사
	• 분쟁지 조사	• 지위등급조사
	• 장부조제	• 지방토지 조사 위원회
	• 고등토지 조사 위원회	• 토지의 사정
	• 이동지 정리	
측량업무	• 삼각측량	• 도근측량
	• 세부측량	• 면적계산
	• 지적도 작성	• 이동지 측량
	• 지형	

(3) 분쟁지 조사

분쟁지 조사는 국유지 분쟁, 국유지 외 분쟁, 소유권 분쟁, 강계 분쟁, 분쟁지 외업조사, 분쟁지 내업조사, 위원회의 심사로 구분하여 실시하였다.

외업조사는 당사자의 성명, 주소, 분쟁지의 소재, 지번, 지목, 당사자의 사실증명사유, 조사원의 인정의견 및 그 사유 등으로 진행되었고, 내업조사는 분쟁지 외업반이 조사한 것을 총무과 계정지계에서 반복적으로 심사를 진행하였다. 또한 위원회의 심사는 1913년 5명의 고등관으로 구성된 심사특별기관으로 회부된 분쟁지를 반복적으로 심사하여 임시토지국장에서 제출하였다.

분쟁지 조사의 대부분은 소유권 분쟁으로, 주된 이유가 토지소속의 불분명, 역둔토 등의 정리 미비, 토지소유권 증명 미비, 미개간지 등에 따른 문제점이 대부분이다.

기초지식

구분	세부 내용
※ 불조사지의 종류	
① 조사하지 않는 임야 속에 존재하거나 이에 접속되어 조사의 필요성이 없는 경우	• 도로, 하천, 구거, 제방, 성첩, 철도선로, 수도선로 • 일시적인 시험경작으로 인정되는 전, 답 • 경사 30° 이상의 화전
② 조사하지 않은 임야 속에 여기저기 흩어져 있어 조사하지 않은 경우	• 지소, 분묘지, 포대용지, 등대용지, 사사지 • 봉산, 금산의 구역 내 보안림 및 국유임야로 결정된 구역 내에서 다른 용도로 쓰이는 토지 • 산림령 또는 국유 미간지 이용법에 의해 대부한 토지로서 아직 개간 등을 완료하지 못한 토지 • 산간부 경사지에 있는 3,000평 미만의 화전 • 한 집단지의 면적이 10,000평 이내의 화전 • 가장 가까운 조사지역에서 2,000간 이상 떨어진 지역으로 그 집단지의 면적이 10,000평 이내의 화전 • 조사를 하지 않은 화전과 임야 사이에 점재(點在)한 대(垈)
③ 도서로서 조사하지 않은 경우	• 압록강 및 두만강 유역 내에 있어 1개 도서가 행정구역상 1개면을 구성하지 못하는 경우 또는 경작면적이 100결 이하인 경우 • 1개 섬이 1면을 이루지 못한 도서로서 대 및 경지의 총계 10정보 또는 2결 미만이거나 편의한 지역에서 매월 3회 이상의 선편이 없고 또는 임시 용선이 불가능하여 1항해에 2일을 넘는 경우

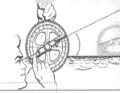

※ 별필(별개의 필지)로 하여야 하는 경우

세부 내용	
강계 시 일반 필지와 다른 구조 또는 형태로 별개의 필지로 취급하여 사정하여야 하는 필지	
대상	① 도로, 구거, 하천, 제방, 성첩(성곽) 등에 의해 자연적으로 구획을 형성한 필지 ② 면적이 광대하거나 토지의 형상이 심하게 굽거나 또는 협장한 필지 ③ 지반의 고저가 심한 필지 ④ 분쟁 대상 필지 ⑤ 조선총독부가 정한 공공단체 소유의 공공용지 ⑥ 잡종지 중의 염전 및 광천지로 구획이 명확한 필지 ⑦ 전당권 설정증명이 있는 필지 ⑧ 이미 소유권 증명을 거친 필지 ⑨ 시가지의 벽돌담, 돌담 등 영구적 건축물이 있는 필지

4) 토지조사사업계획

(1) 제1차 사업계획

1909년 부평군의 시범조사를 통해 전체적인 작업공정계획을 수립하여 1910년 3월부터 1917년 10월까지 약 7년 8개월에 걸친 사업수행을 계획하였다.

제1차 사업계획은 사무분장과 조직의 구성 그리고 출장소의 관리 및 토지소유권의 조사와 토지조사부를 만드는 것을 목적으로 하였다.

가장 중요한 것은 토지조사의 대상이 되는 대상의 설정과 토지의 강계(疆界), 소유자, 지목(地目) 및 지위 등급을 조사하여 명확한 사정원부를 위한 대장(臺帳)을 만드는 것으로 사실상 토지조세와 국가재정을 강화시키기 위한 것이었다.

또한 전국적인 대대적인 측량을 위해 가장 기준이 되는 삼각점의 선점과 연결방식 적용을 위해 일본의 동경원점을 기준으로 한국과 일본의 중간에 있는 대마도를 연락망으로 삼아 부산의 절영도와 거제도에 대삼각점의 설치를 계획하였다.

그래서 대삼각측량은 일본의 육군 측지부가 설치한 일본 국내의 일등삼각측량과 연락을 갖기 위해 쓰시마의 일등삼각본점인 온다케(御岳)와 아리아케야마(有名山)를 기초로 우리나라의 대삼각점인 절영도와 거제도의 경위도 및 거리를 결정한 뒤 이것을 기초로 전국토의 측량을 실시하였다.[113]

---

113) 서철수 외, 2007, 「한국의 지적사」, 기문당.

(2) 제2차 사업계획

제2차 사업계획은 앞선 제1차 사업계획을 보완하는 것으로 1910년 3월부터 1916년 12월까지 약 7년 1개월로 하여 기존의 계획보다 약 7개월 단축시키는 것이었다. 또한 토지조사는 대지와 농경지에만 국한하도록 하되 그 밖의 지역 토지는 조사지역 속에 포함되어 있는 지역에 한하여 조사함을 원칙으로 하였다. 또한 1개의 군이 완료되면 전체사업의 완료를 기다리지 않고 측량부에서는 대삼각형, 소삼각측량, 도근측량, 일필지측량을 실시하여 토지대장과 지적도를 조제하여 해당 부·군에 인계하는 것으로 계획하였다. 기타 사무분장과 조직의 구성은 제1차의 계획과 동일한 것이었다.

(3) 제3차 사업계획

제3차 사업계획은 앞선 제2차 사업계획을 변경하는 것으로 당초 조사지역의 면적보다 약 60%, 필지수는 약 19.2%가 증가함에 따라 예정기간을 1910년 3월부터 1918년 9월까지 약 8년 7개월에 해당하는 기간으로 기존 사업계획보다 약 1년 6개월이 늘어나는 것이었다.

제3차 사업계획은 각 토지소유자별 지세금액을 산정하기 위한 지세명기장의 조제, 이동지 정리를 위한 조편성, 지적원도의 축도에 따른 1/50,000 지형도 제작, 그리고 조선부동산등기규정에 따른 지권의 발행계획 폐지 등이 주요 내용이다.

(4) 제4차 사업계획

제4차 사업계획은 기존의 제3차 사업계획을 변경하여 당초 조사지역의 면적과 필지 수가 조사가 진행됨에 따라 증가하여 이동지 정리필 수가 당초계획의 2배에 달하는 등으로 인해 예정기간을 1910년 3월부터 1918년 12월까지 약 8년 10개월로 기존의 사업계획보다 약 3개월 더 연장하기로 하였다. 사업이 장기화됨에 따라 종사원의 사기증진을 위해 상여금 제도의 마련을 하였고 사무 간소화 및 공정의 진도를 높일 수 있는 계획으로 발전되었다.

제4차 사업계획의 주요 내용을 살펴보면, 도서 및 북한의 조사와 측량은 간소화하며, 결수연명부와 토지신고서의 대조사무 폐지, 세부측량원도 및 지적도에 등고선 등의 지형선 등재 폐지, 면적 일람부 조제방법의 개량 및 이동지 정리 간소화, 지형도 제판사무를 육지측량부로 위탁, 사무분장 규정 개정 및 측량외업원의 증원, 원도등사를 위한 전문적 기술자인 사도부 채용, 외업원과 내업원의 시간 외 특별근무수당 등에 대한 내용으로 세분되었다. 그래서 최종적으로 토지관습조사부터 시작하여 토지조사사업이 최종적으로 완료된 기간은 1909년 11월 17일부터 1919년 3월 31일까지 약 9년 4개월이 소요되었다.

〈표 3-1〉 토지조사를 위한 세부조사 내용

토지관습 조사	준비 조사	일필지 조사	분쟁지 조사
① 토지소유권 ② 토지의 명칭과 사용목적 ③ 행정구역의 명칭 ④ 경지의 경계 ⑤ 산림의 경계 ⑥ 토지표시 부호 ⑦ 토지의 지위·등급 ⑧ 면적·결수의 사정관행 ⑨ 결의 등급별 구분 ⑩ 과세지와 비과세지 ⑪ 질권 및 저당권 ⑫ 소작인과 지주와의 관계 ⑬ 토지에 관한 장부서류 ⑭ 인물조사	① 토지조사의 홍보 ② 기초 참고자료 조사 ③ 행정명칭·행정 경계조사 ④ 토지소유 신고서 배부작성 ⑤ 신고서 이의 수집 ⑥ 지방경계 현황조사 ⑦ 지방관습조사	① 지주의 조사 ② 강계·지역 조사 ③ 지목조사 ④ 지번조사 ⑤ 증명·등기필 조사	① 국유지 분쟁조사 ② 국유지 외 분쟁조사 ③ 소유권 분쟁조사 ④ 강계분쟁 조사 ⑤ 분쟁지 내업조사 ⑥ 분쟁지 외업조사

※ 분쟁지·지위등급·장부제조·지형지모 등의 조사
세부 내용
• 분쟁의 원인 ① 토지소속 불분명 ② 역둔토 정리 미비, 소유권 정리 미비 ③ 미간지 발견(주인없는 땅) ④ 제언(저수지)의 모경(정비 미안정) ⑤ 세제의 결합   • 장부조제 ① 토지분할의 경우 지적도 정리 시 새로운 강계선을 붉은색으로 정리한 후 흑색으로 변경함 ② 지적도의 가제정정 방법 : 간접자사법 ③ 지적도 조제의 검사방법 : 선시법 ④ 지적약도의 조제방법 : 투시등사법
• 분쟁지 조사방법 : ① 외업조사 → ② 내업조사 → ③ 고등토지조사위원회의 심사
• 지위등급조사 : 토지의 지목에 따라 수익성의 차이에 근거하여 지력의 우월을 구별
• 지형·조모조사 : 삼각측량, 도근측량, 세부측량, 지적도, 토지대장, 면적계산을 통한 일본식 지명 바꾸기 조사
• 이동지 조사방법 ① 토지소유권을 비롯한 강계의 확정에 따라 토지신고 이후의 각종 변동사항 정리 ② 이동지 정리 대상 : 소유권 이전, 민유지 국유지 구별, 주소 성명의 변경, 지목 변경, 분할 합병 ③ 이동지 정리 범위 : 사정한 토지에 대하여 토지신고 후부터 사정공시 당일까지 정함

기초지식

※ **토지조사사업의 계획 및 사업구분**

계획 구분	세부 내용
1차 계획	• 재정상의 이유로 실시 • 토지조사사업 계획을 변경함 • 토지조사사업 최초로 지권을 발행
2차 계획	• 조사지역의 면적이 늘어남으로써 계획이 용이하게 됨
3차 계획	• 이동지 정리 필수가 초기 계획의 21배 • 사무소 간소화 공정 의지도를 높이기 위한 계획 변경
4차 계획	• 새로운 업무의 증가로 경비 증가 및 사업완료 시기가 늦어짐 • 4차 계획까지 1909년부터 1919년 3월 31일까지 9년 4개월 소요
준비조사	① 토지조사의 홍보 ② 기초 참고자료 조사 ③ 행정명칭·행정경계조사 ④ 토지소유 신고서 배부작성 ⑤ 신고서 이의 수집 ⑥ 지방경계 현황조사 ⑦ 지방관습조사
일필지 조사	① 지주의 조사 ② 강계·지역 조사 ③ 지목조사 ④ 지번조사 ⑤ 증명·등기필 조사
분쟁지 조사	① 국유지 분쟁조사 ② 국유지 외 분쟁조사 ③ 소유권 분쟁조사 ④ 강계분쟁 조사 ⑤ 분쟁지 내업조사 ⑥ 분쟁지 외업조사

5) 조사내용

토지조사사업의 조사내용은 첫째, 토지소유권 조사, 둘째, 토지가격(地價) 조사, 셋째 지형지모(地形地貌)의 3가지 조사로 이루어졌다.

(1) 토지소유권 조사

토지소유권을 확실히 하기 위한 물리적 현황은 물론 소유자를 조사하여 각 필지의 강계·지목·지번 등을 조사하여 토지사정을 실시한다.

이러한 절차에 따라 사정을 거친 토지는 대부분 분쟁 소유자에 관한 것으로 사정은 곧 소유자의 권리를 법적으로 구속하는 행정처분의 강한 확정력을 가진다.

사정에 의한 소유자의 결정은 이전의 소유권은 소멸되며 새로운 원시취득에 해당하는 효력을 가지게 된다. 그래서 이러한 사정절차는 명확히 법적으로 그 기준을 정해 놓고 사정기관과 사정권자, 재심기간 및 재심절차 등 재결과 관련된 사항 등을 규정화하여 소유권과 관련한 억울한 심사가 없도록 하였다.

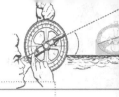

(2) 토지가격 조사

토지의 지목에 따라 수익성에 근거한 지력을 구별하는 지위등급 조사를 통해 등급의 구분, 표준지의 선정, 표준지에 따른 지위등급 결정, 개별 필지의 지위등급 결정 및 등급심사의 순으로 진행하였다.

토지가격은 필지별 특성에 따라 상이하기 때문에 토지의 시가와 임대가격 및 수익성, 작물가격 등을 감안하여 조사하였다. 특히 시가지와 비시가지를 다르게 구분하여 시가지는 지목과 관계없이 지가를 전부 조사한 반면 비시가지는 임대가격을 기초로 지가를 결정하며, 기타 전, 답, 지소 및 잡종지는 필지에서 농작물 등 생산성에 따른 수익성을 기초로 지가를 결정하였다.

토지등급의 구분은 단위면적당 수확고를 기초로 전인 경우 각 토지의 등급별 100평당 5년간 최저수확고를 기준으로 하였고, 논의 경우 풍·흉년을 제외한 5년간의 평균 수확고를 기준으로 등급을 구분하였다.

이러한 절차를 거쳐 산정된 지가는 1918년 지세령 개정을 통해 지세부과의 표준으로 이용되었고 결국 종래의 결부제에 의한 지세부과방식 대신 금납제로 전환되었다.

(3) 지형지모 조사

지형지모 조사는 지형측량을 실시하여 지형도의 작성, 면적 산출, 이동지의 토지대장 및 지적도의 조제, 이동지 정리 등의 내용을 중심으로 조사하였다.

7종으로 나누어 조사를 실시하였는데 삼각측량, 도근측량, 세부측량, 면적계산, 제도, 이동지 측량, 지형측량으로 구분하였다.

지형지모 조사를 위한 측량을 수행하기 위하여 지적측량 기준점의 설치를 통해 토지의 경계점에 대해 지형측량을 실시하여 지상의 중요한 지형·지물에 대한 지형도가 작성되었다. 지형도의 종류는 1/10,000, 1/25,000, 1/50,000, 1/200,000, 1/500,000과 특수지형도로 구분하여 제작하였다. 지형도의 제작업무는 토지조사령에 의해 임시토지조사국에서 지도를 작성하도록 의무를 부여하였다.

기초지식

> ※ **토지조사부와 토지대장**
> ① 토지조사부 : 토지소유권의 사정원부로 이용하기 위하여 토지소재, 지번, 지목, 면적, 토지소유자 등을 기록하였음
> ② 토지대장 : 토지조사부와 등급조사부 등의 자료에 의해 작성하였음

〈표 3-2〉 토지조사사업과 토지관습 조사의 세부 내용

토지조사사업(소유권, 토지가격, 지형지모의 3가지 조사)		토지관습조사
토지 소유권 토지 가격	① 리·동의 명칭과 구역·경계 정리, 지명통일과 강계조사, 신고서류의 수합, 지방경제사정과 토지의 관행을 명확히 하는 준비조사 ② 토지소유권을 확실히 하기 위한 지주·강계·지목·지번 일필지조사 ③ 불분명한 국유지와 민유지, 미정리 역둔토, 불확실한 소유권 미개간지를 정리하기 위한 분쟁지조사 ④ 토지의 지목에 따라 수익성에 근거한 지력을 구별하는 지위 등급조사 ⑤ 토지조사부·토지대장·토지대장집계부·지세명기장의 필요에 따른 장부조제 ⑥ 토지소유권 및 그 강계 심사의 임무를 위한 토지조사위원회 구성과 사정 ⑦ 토지소유권 및 강계확정에 따른 토지신고 후의 변동사항을 위한 이동지 정리 ⑧ 이동지의 토지대장 및 지적도를 확실히 하기 위한 지적조사	① 토지소유권 ② 토지의 명칭과 사용목적 ③ 행정구역의 명칭 ④ 경지의 경계 ⑤ 산림의 경계 ⑥ 토지표시 부호 ⑦ 토지의 지위·등급 ⑧ 면적·결수의 사정관행 ⑨ 결의 등급별 구분 ⑩ 과세지와 비과세지 ⑪ 질권 및 저당권 ⑫ 소작인과 지주의 관계 ⑬ 토지에 관한 장부서류 ⑭ 인물조사
지형 지모	① 삼각측량 ② 도근측량 ③ 세부측량 ④ 면적계산 ⑤ 지적도 등의 조제 ⑥ 이동지 정리	
• 1909년 11월 부평군의 3개 면의 시범조사 후 사업계획 수립		

〈표 3-3〉 토지조사사업 당시의 지목 구분

토지조사사업의 지목 : 18개		해당 지목	
과세 구분	과세대상 : 6개	① 전 ③ 대 ⑤ 임야	② 답 ④ 지소 ⑥ 잡종지
	공공용지로서 면제대상 : 5개	① 사사지 ③ 공원지 ⑤ 수도용지	② 분묘지 ④ 철도용지
	개인소유를 인정하지 않는 비과세대상 : 7개	① 도로 ② 하천 ③ 구거 ④ 제방 ⑤ 성첩 ⑥ 철도선로 ⑦ 수도선로	※ 토지조사령 2호 규정 비과세지목은 일반적인 지번을 부여하지 아니할 수 있음

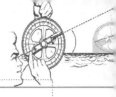

<표 3-4> 토지조사사업의 주요 내용

구분	세부 내용
기간	1910년 3월~1918년 12월 (8년 10개월)
조사대상	전국의 토지 중 과세 대상토지(전, 답, 대, 잡종지 등), 낙산임야
조사내용	토지소유권조사, 토지가격조사, 지형・지모조사
근거법령	토지조사령
조사기관	임시토지조사국
사정기관	임시토지조사국장
재결기간	고등토지조사위원회
도면 축척	시가지 : 1/600 평야지 : 1/1,200 산간지 : 1/2,400
공부	토지대장 및 지적도

2. 토지조사사업의 사정

1) 사정

(1) 절차 및 방법

토지의 사정은 먼저 조선총독부에서 소유자가 토지의 소재, 지목 사표 등을 기재한 서면을 토지조사국에 신고・접수하면 신고서의 내용을 토대로 결수연명부와 대조하여 신고자와 소유자와의 대조를 하였다.

이렇게 신고된 필지를 통해 소유자와 경계, 지번 및 지목을 조사하는 일필지조사를 실시하여 실지조사부를 작성하였으며 그것을 토대로 토지조사부가 작성되었고, 지적도는 측량 결과에 따라 작성된 지적원도를 기초로 하여 조제하였다.

토지의 강계는 지적도에 등록된 토지의 경계선인 강계선을 대상으로 실시하였고 지역선에 대해서는 사정하지 않았기 때문에 사정대상에서 제외되었다.

이런 과정을 거쳐 최종적인 소유권의 확정은 토지의 사정을 통해 실시되었는데 토지의 사정은 토지조사령에 근거한 법적인 행정처분으로 토지의 소유자와 강계(경계)를 명확하게 결정하여 원시취득(原始取得)할 수 있는 임시토지조사국장에 전속된 권한이었다.

사정에 의해 결정된 토지의 경계를 사정선 혹은 강계선이라고 하였고 이것은 임야조사사업 때에는 경계선이라 일컬었다.

따라서 토지조사사업 당시의 사정은 30일간 공시하고 이에 불복하는 자는 60일 이내에 고등토지조사위원회에 이의신청을 하여 재결을 요청할 수 있으며,[114] 사정사항에 불복하여 재결을 받은 때의 효력발생은 사정일로 소급하였다.

토지소유자는 개인 또는 법인 그리고 이와 유사한 법령·관습상의 서원이나 종중 등도 인정하였다.

기초지식

※ 사정(査定)의 절차 및 이의신청
① 공시기간 : 사정 결과를 30일간 공시
② 고등토지위원회의 이의 신청 : 사정에 불만이 있는 경우 사정일로부터 60일 이내에 재결 (사정의 확정, 또는 재결이 서류위조 및 불법으로 이뤄진 경우 3년 이내에 고등토지조사위원회에 재심을 청구할 수 있음)
③ 효력 발생 : 확정의 효력은 사정 당일에 소급적용됨

※ 사정방법
① 사정은 토지신고 또는 통지가 있는 날 현재의 토지소유자 및 강계를 기초로 하였으며, 신고 또는 통지를 하지 아니한 토지는 사정 당일 현재에 따르도록 규정함
② 사정은 일필지의 지주·강계·지목·지번조사가 끝난 후 최종적으로 토지조사부와 지적도를 기준으로 하였으며, 자연인과 법인으로 하고 지주가 사망하고 상속자가 정해지지 않은 경우 사망자의 명의로 사정함
 (토지조사부 : 지번·가지번·지목·지적·신고 또는 통지연월일·소유자 주소·이름 또는 명칭을 등록한 것)
 (지적도 : 토지구역의 위치·지목·지주를 달리하는 토지와 토지와의 강계선·동일지주의 소유에 속한 일필지와 일필지의 한계·조사 시행지와 미시행지인 도로, 구거, 산야 등과의 지계를 표지하는 지역선을 묘화한 것)
③ 토지의 실지를 조사한 날의 토지소유자 및 강계를 사정 당일로 하여 사정하였음

※ 사정(査定)의 효력(效力)
① 행정처분의 효력(토지의 사정은 토지조사령의 법적 규정하에 이루어진 행정행위)
② 원시취득의 효력(기존의 권리를 무시하고 새로이 권리를 취득하는 것이므로, 기존의 권리는 소멸되며, 허위신고 또는 착오, 담당자의 과오 등으로 처리되었다 하더라도 사정내용은 고등토지조사위원회에 재심 또는 불복 신청하는 이외에는 절대로 변경이 되지 않았음)
③ 사정은 재결이 있을 경우 무효(재결은 재심의를 통해 사정하므로 기존 사정은 무효)
 → 따라서 토지대장에 등록된 필지는 임시토지조사국에서 사정을 거친 필지만 등록 가능

---

114) 토지조사령 제11조 규정.

※ 원시취득과 승계취득의 비교

구분	세부 내용
원시취득 (原始取得)	• 타인의 권리를 기초로 하거나 권리관계와 상관없이 새로이 특정권리를 취득하는 것으로, '절대적 권리발생'으로 새로운 권리가 발생한다는 것이다. • 원시취득의 종류로는 점유시효취득(민법 245~248조), 선의취득(민법 249~251조), 무주물 선점(민법 252조), 유실물 습득(민법 253조), 건물을 신축하고 난 뒤 그 신축한 건물소유권 취득, 매매를 통한 채권의 취득 등이 해당된다. • 원시취득에 의하여 취득된 권리는 지금부터 새로운 권리가 발생하는 것으로 비록 그 이전의 권리에 어떠한 하자가 있었더라도 원시취득자에게 승계되지 않는다. 또한 취득한 물권의 객체가 타인의 지상권이나 저당권 등의 목적물로 되어 있었을 경우에도 원시취득함과 동시에 모두 소멸되며, 원시취득에 반대의 개념이 승계취득이다.
	※ 원시취득의 경우에 있어서 민법 제187조에서는 등기를 요하지 아니하는 부동산물권취득에 관한 내용으로 상속, 공용징수, 판결, 경매 기타 법률의 규정에 의한 부동산에 관한 물권의 취득은 등기를 요하지 아니한다. 그러나 등기를 하지 아니하면 이를 처분하지 못한다. 즉 물권을 매매하거나 처분하기 위해서는 등기를 하여야 한다는 의미이다.
승계취득 (承繼取得)	• 타인의 권리를 기초로 하여 그 권리를 승계해서 취득하는 것으로, 원시취득과 반대의 개념이며, 승계취득은 2가지로 구분할 수 있는데 '이전적 승계'와 '설정적 승계'이다. • 이전적 승계는 승계취득은 취득 전 권리자가 보유하고 있는 권리를 그대로 취득하는 것을 말한다. • 설정적 승계취득은 타인의 권리가 그대로 존속하면서 특정인이 그 권리의 내용의 일부에 어떤 권리를 취득하는 것으로 소유권에 의거한 지상권, 저당권 설정 등이 해당된다.

※ 위원회의 구성

① 사정권자는 임시토지조사국장, 토지사정에 대한 자문기관은 지방토지조사위원회가 담당
② 사정에 불복이 있을 때 재심을 청구할 수 있는 최고 심의기관인 고등토지조사위원회에 재결청구
③ 재결은 토지조사부와 지적도에 의거 사정사항에 대해 고등토지조사위원회에 요청하는 행위

구분	지방토지조사위원회	고등토지조사위원회
업무	• 토지조사국장의 토지사정에 있어 매 필지의 소유자 및 강계의 조사를 자문하는 기관	• 임시토지조사국의 사정에 대한 불복 및 재심의 신청에 대해 재결하는 기관으로 토지소유권 확정에 관한 최고 심사기관
구성	• 각도에 설치 위원장 1명과 상임위원 5명의 총 6명으로 구성 • 필요시 3명 이내의 임시위원 위촉	• 위원장 1명, 위원 9명, 간사 1명, 서기 및 통역생(약간명)
임명권	• 위원장은 도장관이 당연직으로 겸임하고 상임위원 5명 중 3명은 도참여관(道參與官) 및 도부장급(道部長級)으로 하고 2명은 도 내의 명망있는 자 중에서 조선총독이 직접 임명	• 위원장은 총독부정무통감으로 하고 조선총독의 요청에 의해 3명은 조선총독부 판사를 임명하고 조선총독부 고등관 및 임시토지조사국 고등관 중에서 6인 임명 • 서기와 통역생은 조선총독부 고등관 또는 임시토지조사국 판임관 중에서 조선총독이 직접 임명
운영	• 위원회의 운영은 정원의 1/2 이상 출석으로 개회하고 출석위원의 1/2 이상으로 의결하였으며 가부동수(可否同數)일 때에는 위원장이 결정권을 행사함	• 총회는 법규해석의 통일을 일정하게 하고 재결을 변경할 필요가 있는 경우 개회하는 것으로 위원장을 포함하여 16명 이상 출석으로 개최 • 총회와 부회는 출석 위원의 1/2 이상 출석하지 않으면 의결하지 못하였고 회의의 의사는 과반수로서 결정하며 가부동수일 경우에는 위원장이 결정
업무시점	• 1913년 10월 평안북도 신의주 및 의주 시가지의 자문이 최초로 개회하였고 1917년 함경북도 명천군의 자문에 관한 건이 마지막으로 종료됨	• 최초의 재결은 1914년 8월 1일 공고되고 마지막 재결은 1921년 8월 5일에 이뤄졌으며 재심 청구기간 3년을 계산하면 1924년 8월 5일에 종료됨

※ 고등토지조사위원회의 재결

① 재심에 청구된 업무는 간이 사건처리와 복잡한 사건처리의 2가지로 구분하였음

② 간이 사건처리는 임시토지조사국장의 토지사정 공시가 있을 때마다 위원장이 사건의 난이도에 관계없이 토지소재의 부·군·도별로 각 부에 지정

③ 복잡한 사건처리의 경우 각 부장이 전임위원, 겸임위원의 사무의 번한을 안배하여 처리의 지체를 방지하기 위해 주사위원을 지정하여 당사자 및 증인 등을 조사함

④ 신청서의 불비 또는 불명확한 사항은 신청인과 사정명의인에게 보정 또는 해명을 하도록 하고 상대방이 승낙한 것, 재결예가 있는 것, 확정판결이 있는 것, 내용이 간단하여 사실이 명백한 것, 신청기간이 경과한 것, 토지조사의 완료가 안된 지방의 토지에 대한 것, 성명·용재(用子)의 정정, 면적·지목의 상위 또는 사정후의 이동에 관계된 것, 기타 사정처분에 해당되지 않은 것과 난건으로 구별하여 난건 이외의 것은 재결서안 또는 반려, 취하의 처리안을 입안하였음

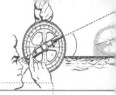

(2) 사정선의 구분

토지조사사업은 세부적으로는 강계선(疆界線)·지역선(地域線)·경계선(境界線)으로 구분되며, 크게는 강계선과 지역선으로 구분된다.

〈표 3-5〉 강계선(疆界線)·지역선(地域線)·경계선(境界線)

구분	세부 내용
강계선(疆界線)	① 반드시 임시토지조사국장의 사정을 거친 경계선 ② 토지소유자 및 지목이 동일하고 지반이 연속된 1필지가 원칙 ③ 토지 분쟁지에 대한 사정으로 생긴 경계선을 강계선이라고 함 ④ 임야도면의 경계는 경계선이라 하였고, 강계선 = 사정선
지역선(地域線)	① 토지조사사업 당시 사정하지 않은 경계선 ② 소유자는 같으나 지목이 다른 경우 ③ 소유자는 같으나 지반이 연속되지 않은 경우 ④ 소유자를 알 수 없는 토지와의 구획선 ⑤ 조사지와 불조사지와의 지계선(地界線) ⑥ ②+③을 합하여 소유자가 같은 토지와의 구획선이라고도 함
경계선(境界線)	① 임야조사사업 당시의 사정선 ② 강계선과 지역선을 합쳐서 경계선으로 부름(강계선+지계선)

먼저 강계선은 토지조사령에 의하여 임시토지조사국장의 사정을 거친 지적도상의 경계선으로 사정선을 말하며 일필지의 강계선은 소유권의 경계와 지목 등에 의해 구별된 선을 의미한다.

반면 지역선은 토지조사 당시 사정하지 않은 토지경계로서, 토지조사 당시 소유자는 같으나 지목이 다른 경우, 소유자는 같으나 지반이 연속되지 않은 경우 그리고 조사지와 불조사지(不調査地)[115]와의 지계선(地界線)을 포함하여 모두 지역선이라고 하며, 경계선은 임야도면상의 경계를 경계선이라 하였고, 임야조사사업의 사정선 역시 경계선이라고 한다.

---

115) 불조사지는 토지조사의 미시행지로 도로, 하천, 구거, 제방, 성첩, 철도선로, 수도선로처럼 지목만 조사하고 지번을 부여하지 않으며 소유자를 조사하지 않은 토지가 해당된다.

제2절 임야조사사업

1. 사업의 개요

1) 추진 배경 및 목적

1908년 발표된 '삼림법' 제19조에는 "삼림 산야의 소유자는 본법 시행일로부터 3개년 이내에 지적도 및 면적의 약도를 첨부하여 농상공부 대신에게 신고하되 기간 내에 신고하지 아니한 것은 모두 국유로 간주한다"라고 규정되어 있었다.

이 법의 공포로 임야 소유자들은 1911년까지 지적신고서를 제출하여야 했으나 신고 실적이 부진하여 전체 임야 1,600만 정보 가운데 220만 정보만 신고서가 제출되었다.

제출된 신고서를 토대로 국유와 민유를 구분하기 위해 1912년에는 '삼림·산야 및 미간지 국유·사유 구분표준'을 제정하고 국유와 민유임야의 인정표준(認定標準)을 제시하여 국유림만을 대상으로 일본인 자본가나 일본인 이민들에게 대부 양여해 주었다.

토지에 대한 사정이 진행 중이었기 때문에 임야에 대한 조사를 별도로 시행하지 않고 '삼림법'과 '삼림령'으로 국유림 구분조사를 실시하여 임야정비를 대신하려고 하였다.

그러나 1908년 '삼림법' 제19조에서 정비 조치를 취하였으나 홍보 부족, 비용부담 가중 등으로 제대로 수행되지 못하였고 임야 소유권과 관련경계에 관한 민원이 증가되어 토지조사사업이 종료될 시점부터 임야조사사업을 별도로 계획하게 되었다.

임야조사사업은 1916년 시험조사로부터 1924년까지 시행되었고 조사방법이나 절차는 토지조사사업의 내용 그대로 진행되었다.

임야조사사업은 토지조사사업에서 제외된 5만 평 이상의 임야지역 및 임야 내의 개재지인 토지를 대상으로 국유임야의 소유권을 확정하고 민유(사유)임야의 소유관계를 재편하여 임야에 대한 권리확보 및 이용을 편리하게 하기 위함이 목적이었다.

임야지역의 경우 경제적 가치가 토지에 비해 떨어지며 측량상의 어려움이 많은 문제점이 있어 토지사업에 비해 측량정확도가 떨어졌다.

임야지역의 조사와 측량은 부윤·면장의 비용 지원하에 이루어졌고, 실제 소유권의 사정업무는 국비로 실시하였다.

1차적으로 부윤[116]·면에서 측량을 실시하고 그 결과를 도지사에게 보고하면 도지

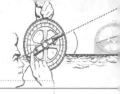

사가 사정하여 그 경계를 일반인에게 공개하는 순서로 진행되었다.

또한 임야조사사업은 사업이 진행됨에 따라 이의신청 필지수가 예상보다 증가하여 사업기간의 두 차례 연장 끝에 1924년까지 9년간 제1차 사정사무(查定事務 : 조사와 측량 포함)를 마치게 되었고, 이에 부수하는 제2차 재결사무(裁決事務)는 조선총독부 임야조사위원회의 주관으로 1919년에 개시하여 1935년에 비로소 완결되었다.[117]

2) 조사방법

임야조사와 토지조사의 가장 큰 차이는 방법과 절차면에서 일부 다르다고 할 수 있는데 먼저 임야조사는 임야 소유자와 국유림의 연고자의 신고 또는 통지를 토대로 시행하는 것을 원칙으로 하였고 임야조사 착수 전에 지역과 신고기간을 고시하여 실제 조사·측량하는 날짜를 미리 해당 부·군·면에 통지하였다.

조사측량은 부(府)와 면(面)에서 소유자의 입회하에 실시하였고 일필지 측량은 교회법, 도선법, 광선법, 종횡법에 의해 수행하였다. 그리고 일필지 측량 결과를 토대로 도근도(圖根圖)에 관계사항을 기재, 이를 기초로 원도(原圖)를 작성하였다.

그래서 조사측량한 결과를 토대로 임야조사서와 임야도(林野圖)를 작성하여 도지사에게 제출하였고 이에 도지사는 사정을 실시하였다.

임야조사사업이 토지조사사업과 가장 다른 것은 행정조직의 구성으로 먼저 조사 및 측량기관은 부와 면이 되고 사정기관은 도지사, 분쟁지에 대한 재결은 도지사 산하에 설치된 임야조사위원회에서 처리하는 것을 원칙으로 하였다.

실지조사에 있어서는 각 필지마다 소유권과 연고에 대하여 조사하고 측량 및 경계를 통한 지목등급까지 조사하여 국유지와 사유지로 구분하여 기록하였다.

3) 분쟁지 조사

임야조사사업 당시 분쟁지 조사는 업무내용도 복잡하고 조사관계가 곤란하였기 때문에 토지조사국에서 '분쟁지 조사 규정'을 제정하고 총무과 계쟁지계(係爭地系)를 두어 사무를 분장하였다.

임야조사의 분쟁지는 대부분 경계와 소유권에 관한 분쟁으로 대부분 국가와 국가 또는 개인과 개인 간의 분쟁이 제일 많았고, 그리고 면과 부락민, 부락민과 개인 간의 분쟁은 극히 소수였다.

---

116) 부윤은 오늘날 시장에 해당한다.

117) 박태식 외, 1997, 「산림정책학」, 향문사, p.39. 참조작성.

그 당시 분쟁 비율은 200필지 중 1필지의 비율로 발생하였는데 5명의 고등관으로 구성된 분쟁지 심사위원회에서 결정하였다.

분쟁지 조사항목으로는 관계서류의 대조, 권원조사 및 점유사실, 실상황 및 참고인 증명진술, 양안 및 조세사실, 결수연명부와 과세지견취도, 법규 및 관습, 관의 기록 및 기타 참고서적 등을 전체적으로 참조하여 조사에 임하였다.

또한 지적신고서를 냈다고 하더라도 모든 땅이 사유지로 인정된 것은 아니었고 1912년 2월에 조선총독부가 발표한 '국유·사유 구분 표준'에 해당되는 땅만이 사유권을 인정받을 수 있었다.

그래서 관청 또는 관아의 인정을 받은 증명 또는 문기 등이 있는 토지, 사유지임을 인정받은 확정 판결 처분 토지, 확실한 증거가 있는 사패지(賜牌地),[118] 오랫동안 수목을 키워온 토지, 조선총독부가 특별히 지정한 곳 등의 토지만을 인정하였다.

그러나 법 규정이 애매하여 인정을 받지 못하거나 또는 분쟁의 대상이 되는 필지가 많이 존재하는 결과가 발생하게 되었다.

특히 분쟁의 대상은 거의 국유지에서 집중적으로 일어났는데 국유지분쟁의 경우 결정적 증거로 채택한 것은 결수연명부와 양안이었고, 현실적인 거래관행이나 소유관계는 증거로 채택할 수 없다는 입장을 취하였기 때문에 국유지로 편입된 많은 민유지가 소유권을 인정받지 못하였다.

〈표 3-6〉 분쟁지 조사 내용 및 처리

구분	세부 내용
분쟁지 조사	① 관계서류의 대조
	② 소유권원(權原) 조사 및 점유사실
	③ 실지상황 및 참고인 진술
	④ 양안 및 법규관습
	⑤ 결수연명부와 과세지견취도의 조세사실
	⑥ 관청보관문서 및 기타 서적
분쟁 종류	① 국가와 국가 간 ② 국가와 사인 간 ③ 사인 간 ④ 면과 부락민 ⑤ 부락민과 개인 간
분쟁지 처리	5명의 고등관으로 구성된 분쟁지 심사위원회

118) 임금 또는 국가가 공신이나 공로 있는 향리들에게 하사하였던 토지를 말한다.

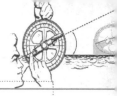

또한 '국유·사유 구분 표준'에는 "수목을 오랫동안 금양해온 곳" 등을 사유지로 인정하도록 규정되어 있었으나 신고자가 신고한 지역의 나무가 평균 수령 10년 이상에 달하는 경우에만 인정받을 수 있었고 사유의 사실이 확실한 토지라도 나무가 울창하지 않거나 평균 나이가 10년이 되지 못하면 곧바로 국유지로 강제 편입시키는 등 이 외에도 다양한 이유에 따라 분쟁의 대상이 되는 필지가 많이 존재하였다.

〈표 3-7〉 사유지 인정 및 분쟁의 원인

구분	세부 내용
사유지임을 인정한 산림·산야	① 문기, 입안을 통해 관청에서 사유지로 인정한 토지 ② 토지가옥 증명규칙 등을 통해 사유지로 인정받은 토지 ③ 이미 소유증명과 관련한 확정판결을 받은 토지 ④ 확실한 증거가 있는 사패지(賜牌地) ⑤ 관청의 환부·부여·양도 등에 관한 증거가 있는 토지 ⑥ 10년 이상 수목을 키워왔던 토지 ⑦ 조선총독부가 인정한 토지
분쟁의 원인	① 토지소속 불분명 ② 역둔토·궁장토 등의 정리 미비 ③ 미간지·제방의 모경·기타 모경(冒耕)119) ④ 소유증명의 서류 미비

 기초지식

※ 분쟁지 조사방법
- 토지조사국은 5명의 고등관으로 분쟁지 심사위원회를 조직
- 분쟁지의 소유권 판별작업은 외업조사, 내업조사, 분쟁지심사위원회 심사의 3단계로 구분

2. 임야조사사업의 사정

1) 사정

사정은 부윤·면의 측량조사를 기초로 도지사가 확인하여 사정을 진행하였는데 도지사는 '조선임야조사령'을 근거로 토지조사사업에서 제외된 임야지역과 그 임야지역 내의 토지를 사정하도록 하였다.

임야조사사업의 사정 시 토지조사사업과 절차나 과정상에서는 유사하지만 조사기관

119) 주인의 허락없이 남의 땅에 몰래 농사를 짓는 것을 말한다.

이나 재결기관 그리고 조사측량기관이 서로 상이함을 다음 표[120])에서 알 수 있다.

1필지의 임야조사서와 임야도를 중심으로 임야의 소유자와 경계를 사정하였다. 사정은 토지조사와 유사한 형태로 진행되었고, 사정에 대하여 불복이 있는 자는 공시 기간 만료 후 60일 이내에 임야조사위원회에 재결을 신청할 수 있도록 하였다.

사정 시 임야신고와 입회조사를 기초로 진행하였고 정당한 사유 없이 입회하지 않을 경우 사정 결과에 대해 부정하거나 이의를 제기할 수 없도록 하였다.

또한 사정과 재결에 관련하여 이유여하를 막론하고 어떠한 소송도 할 수 없었다. 다만 사정으로 확정되었거나 재결을 거친 사항이라도 처벌받은 행위로 사정 또는 재결이 되었을 때, 증빙문서를 위조 또는 변조하여 처벌될 행위로 결정이 난 경우에는 그렇지 않았다.

〈표 3-8〉 토지·임야조사사업의 비교

항목	토지조사사업	임야조사사업
기간	1910년 3월~1918년 12월(8년 10개월)	1916년~1924년(9년)
근거법령	토지조사령	조선임야조사령
조사대상	전, 답, 대, 잡종지, 5만평 이하의 낙산임야	5만평 이상의 임야, 임야 내 토지
사정권자	임시토지조사국장	도지사
재결기관	고등토지조사위원회	임야심사위원회
조사측량기관	임시토지조사국	부(府)와 면(面)
도면 축척	1/600, 1/1,200, 1/2,400	1/3,000, 1/6,000
지적공부	토지대장 109,188권, 지적도 812,093매	임야대장 22,202권, 임야도 116,984매

〈표 3-9〉 토지·임야조사사업의 성과 비교

구분		토지조사사업	임야조사사업
조사 내용		토지소유권, 토지가격, 지형·지모	
소유권 조사	등록필지	19,107,520필	3,479,915필
	등록면적	14,613,214,028평(坪)	16,302,429정, 0129보
	사정소유자	1,871,635인	미상
	분쟁지	33,937건(99,445필)	17,925건(28,015필)

---

120) 지적기사시험연구회, 1999, 『지적기사 수험총서』, 형설출판사, p.43. 참조작성.

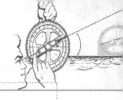

지가조사	지적공부 작성	토지대장 : 109,188권	임야대장 : 22,202권
		지적도 : 812,093매	임야도 : 116,984매
	도면축척	1/600, 1/1200, 1/2400	1/3,000, 1/6,000, 1/50,000
	대상토지	18,352,380필	
	총토지가격	939,203,459원	
	시가지	지가 (115급으로 구분등록)	
	시가지 이외의 택지	임대가격 (53급으로 구분등록)	
	전, 답, 지소, 잡종지	수익에 의한 지가(132급으로 구분등록)	
지형 지모조사	지형도 작성	총 925매	
		1/50,000 : 724매	
		1/25,000 : 144매	
		1/10,000 : 54매 , 특수지형도 : 3매	
기선측량		13개소 : 대전·노량진·안동·하동·의주·평양·영산포·간성·함흥·길주·강계·혜산진·고건원)	
측량 기준점 설치	삼각점	총 34,447점	
		1등삼각점 : 400점	
		2등삼각점 : 2,401점	
		3등삼각점 : 6,297점	
		4등삼각점 : 25,349점	
	도근점	3,551,606점	
	수준점	2,823점(선로장 : 6,693km)	
	검조장	5개소(청진·인천·원산·목포·진남포)	
이동측량		1,818,364필	49,321필(충남북 미상)
종사 인원수	전체 인원수	7,113명(연인원 : 152,629명)	4,670명(연인원 : 913,066명)
	고등관	93명(한국인 : 3명 포함)	
	관입관 이하	7020명(한국인 : 5,666명 포함)	
소요 장비		20,406,489원(전액 국비)	총 3,860,200원
			국비 : 1,207,386원
			부·면비 : 2,652,814원

출 처 : 조선총독부, 1918, 조선토지조사사업보고서: 조선총독부, 1919, 조선토지조사사업보고서 추록.

※ 개재지(介在地) 조사측량

① 개재지는 임야안에 산재하고 있는 토지로 전·답·대지·지소·사사지·분묘지·도로·천·구거·성첩·철도선로·수도선로를 말한다.

② 개재지 조사는 모든 임야에 관한 수속을 준용한 것으로 소유권의 조사는 임야조사령 시행 수속에 해당한 개간지를 조사하였음

③ 조사사항은 부천군 다주, 부내, 계남면과 고양군 연희, 승인면은 지적도에 등록여부에 관계없이 모든 개재지를 조사함

④ 개재지는 모두 1/1,200, 또는 1/6,000의 부도를 리·동마다 1매의 도지(圖紙)에 측량하고 작성하여 경계와 지적도를 접합하였음

※ 기선과 검기선

① 기선과 기선측량

㉠ 삼각형을 결정하기 위해 삼각형의 한 변의 길이와 내각의 크기를 측정하는데 먼저 삼각형의 한 변(邊)의 길이와 내각의 크기를 재서, 그 삼각형을 결정하고, 이것을 바탕으로 하여 여기에 이어지는 삼각망(三角網)을 정하게 되는데, 이때 최초의 삼각형의 한 변을 기선이라 하며, 삼각측량에서 기준선으로 쓰인다.

㉡ 기선은 될 수 있는 대로 수평면에 가까운 평탄한 곳을 선택하여 보통 3~10km의 길이로 잡으며, 이 측정 결과를 바탕으로 하여 수백 km에 걸치는 삼각망의 위치를 정하게 되기 때문에, 그 측정에는 특히 높은 정밀도가 요구되며, 이때 사용된 기선의 길이를 측정하는 것을 기선측량(基線測量)이라고 한다.

㉢ 우리나라의 기선측량은 1910년 8월 대전기선을 시작으로 1913년 10월까지 고건원기선을 끝으로 전국의 13개 기선측량의 39,758m를 실시하였고 제일 기선이 짧은 안동기선 2.0km부터 제일 긴 기선인 평양기선은 4.625km이다.

② 검기선

삼각측량에서 삼각망의 각 변장은 기선의 길이와 측각치에 삼각법을 적용하여 차례로 계산되는 데 그 오차를 점검하고 조정하여 오차의 누적을 방지하기 위하여 적당한 거리를 두고 설치하는 다른 기선을 말하며, 1등 삼각측량에서는 약 200m마다 1본을 설치한다.

출처 : https://www.scienceall.com, 한국국토정보공사, 지적용어사전 참조작성

 기초지식

※ 최초의 용어 사용

최초의 지적용어	1895년 3월 26일(고종 32년) '내부관제 판적국(版籍局)'에서 최초로 지적이란 용어를 사용하면서 법령에 최초로 지적이라는 용어 사용
최초의 측량용어	1894년 '대한제국의 농상아문·공무아문'에서 지형측량·광무측량을 관장한다고 한 것에서 최초로 측량 용어 사용
최초의 지적측량규정	1907년 5월 16일 '대구시가지 토지측량규정'에서 우리나라 최초로 지적측량에 대한 규정을 제정
최초의 임야측량규정	1908년 1월 21일 '삼림법'의 제정·공포 시 우리나라 최초의 산림(임야) 측량에 대한 규정을 제정
최초의 지적도	1914년 6월 30일 '제도·적산 실시 규정'에서 최초로 지적도라는 용어를 사용(이전 토지조사법령에서는 지도라고 하였음)
최초의 임야도	1918년 5월 1일 '조선임야조사령'에서 최초로 임야도라는 용어
최초의 도면작성 규정	1908년 '탁지부 분과규정 제19호'에 지도조제에 최초로 도면작성에 관한 규정을 제정
최초의 지적도 제작	1908년 축척 1/500로 작성된 경기도 '한성부 지도 29매'로서 탁지부 측량과에서 소삼각측량으로 지적도 제작

제3절 토지조사사업의 삼각측량

1. 대삼각본점 및 삼각측량

1) 대마연락망에 의한 대삼각본점

토지조사사업은 1910년 구한국정부에서 계획을 수립하여 동년 3월에 '토지조사국 관제'를 제정하여 준비하던 중 동년 10월에 임시토지조사국이 설치되어 8년 10개월의 기간을 소요하여 전 국토의 측지 및 지형측량을 완료하였다. 그래서 제1차 토지조사사업에서 전국적인 측지 및 지형측량을 위한 기준이 되는 삼각점의 설치가 필요하여 대마도 연락망을 거점으로 부산과 거제도에 대삼각점을 설치하였다.

대삼각측량은 일본의 육군 측지부가 설치한 일본 국내의 일등삼각측량과 연락을 갖기 위해 대마도(쓰시마)[121]의 일등삼각본점인 온다케(御岳)와 아리아케야마(有名山)를 기초로 우리나라의 대삼각점인 절영도와 거제도의 경위도 및 거리를 결정한 뒤 이것을 기초로 전국토의 측량을 실시하였다.[122]

[그림 3-1]에서 좌측은 대마연락망에 의한 우리나라 최초의 대삼각본점이며, 우측은 우리나라 대삼각본점의 설치 순서도[123]를 재구성한 그림을 보여주고 있다.

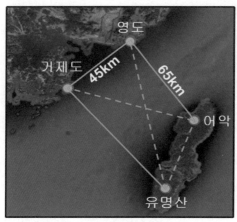

[그림 3-1] 대마연락망에 의한 대삼각 본점(좌), 대삼각 본점 설치순서(우)

---

121) 대마도(對馬島)를 일본인은 대마(對馬)라 표기하고 '쓰시마'로 읽는다.

122) 서철수 외, 2007, 전게서, p.148.

123) 이영진 외, 2000, "높이를 배제한 변환모델링 및 대삼각 측량의 분석", 한국지적학회지 제16권 제2호, pp.15~27.

우리나라 최초의 대삼각본점은 거제도 옥녀봉 정상(삼각점 명칭 거제11·좌표 X=150434.22 Y=1719511.15 H=554.7)과 부산광역시 영도구 봉래산(삼각점 명칭 부산32·좌표 X=324053.45 Y=4971.35 H=394.60)이다.

거제도 옥녀봉과 부산 영도 봉래산에 대삼각본점이 설치된 것은 1910년 6월이며, 일본은 1910년 6월 1일 탁지부 훈령 제62호로 토지측량을 시작한다는 훈령에 따라 대한민국 중앙에 대삼각본점을 설치해 직접 위치를 결정하려 했다.

그러나 경비와 시간문제로 최단거리인 대마도에 일본육지측량부가 설치한 일등삼각본점을 기준으로 거제도 옥녀봉과 부산 영도 봉래산을 구점(求點)으로 사각망을 구성, 관측해 좌표를 확정했으며,[124] 이를 기준으로 전국 400여 개의 삼각점을 연결하였다.

따라서 동경원점을 기준으로 하는 일본의 1등 삼각망의 본점망에 거제도와 절영도를 연결하는 1등 삼각점 본점 측량을 실시한 후 대삼각망을 결합하는 방식을 채용하였는데 그 당시 현실적으로 기술이나 계산능력에 한계가 있었기 때문이다.

또한 평면직각좌표 또는 경위도 좌표의 계산은 평균된 조정방향각 조정거리에 의해 독립적으로 구해졌으며 계산 단위를 낮게 하여 간편하게 구하였고 2등 삼각점의 경우 도해법의 의한 조정계산을 실시하였다.

그래서 현재 우리나라의 지적좌표체계는 구소삼각점과 특별소감각점이 혼재되어 있는 등, 그 실용성과 정확도가 상대적으로 낮고 국지적으로 불부합이 발생되고 있는 현실이다.

〈표 3-10〉 제1차 토지조사사업 작업 예정표

작업 구역	사업량	착수~종료 연월일	공정
대삼각측량	2,700점	1910. 5~1914. 9	1점 15일
소삼각측량	27,000점	1910. 5~1915. 2	1점 3일
준비조사	13,775,000필	1910. 6~1915. 9	1일 120필
도근측량	13,775,000필	1910. 6~1915. 9	1일 60필
일필지 측량	13,775,000필	1910. 8~1915. 11	1일 12필
조사 검사	13,775,000필	1910. 11~1916. 2	1일 80필
정리	13,775,000필	1911. 4~1916. 8	1일 20필
면적 계산	13,775,000필	1911. 1~1916. 3	1일 30필
제도	13,775,000필	1911. 2~1916. 3	1일 40필

---

124) 대한지적공사, 2005, 「한국지적 백년사」, 제3편, pp.475~482.

2) 삼각측량

(1) 기선측량

기선측량은 1910년 8월 대전기선을 시작으로 1913년 10월까지 고건원기선을 끝으로 전국의 13개 기선측량의 39,758m를 실시하였다.

기선은 대전기선(2,500m), 노량진기선(3,075m), 안동기선(2,000m), 하동기선 (2,000m), 의주기선(2,701m), 평양기선(4,625m), 영산포기선(3,400m), 횡성기선 (3,126m), 함흥기선(4,000m), 길주기선(4,226m), 강계기선(2,524m), 혜산진기선 (2,175m), 고건원기선(3,000m)으로 기선의 길이가 제일 짧은 것은 안동기선으로 2.0km이며, 제일 긴 기선은 평양기선으로 4.625km이다.

측기는 25m 인바 줄자(Inver Tape)를 사용하였고, 만능 데오돌라이트, 태양시, 항성시 크로노메타 Y레벨(18인치) 등이며, 정도는 1/100mm 이상이고, 오차는 1/1,436~ 1/1,250,000인 것으로 나타나 있다.[125]

<표 3-11> 기선 및 기선의 길이

기선	길이	기선	길이
대 전	2,500.39410m	횡 성	3,126.11155m
노량진	3,075.97442m	함 흥	4,000.91794m
안 동	2,000.41516m	길 주	4,226.45669m
하 동	2,000.84321m	강 계	2,524.33613m
의 주	2,701.23491m	혜산진	2,175.31365m
평 양	4,625.47770m	고건원	3,400.81838m
영산포	3,400.89002m	총 13개 기선	39,758m

기초지식

※ 토지조사사업의 당시 측량의 기준

경위도원점	동경	북위	원방위각	원방위각 위치
변경 전	127° 03′ 05.1453″ ±0.0950″	37° 16′ 31.9031″ ±0.063″	170° 58′ 18.190″ ±0.148	동학산 2등삼각점
현재	127° 03′ 14.8913″	37°16′ 33.3659	3° 17′ 32.195″	서울과학기술대학교 위성측지기준점
원점 위치	국토지리정보원 (수원시 영통구 월드컵로 92(원천동))			

125) 대한지적공사, 2005, 전게서, pp.475~476.

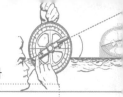

수준원점	험조장	청진, 원산, 목포, 진남포, 인천
	위치	인천광역시 미추홀구 인하로 100
	표고	인천만의 평균해수면으로부터 26.6871m

기초지식

※ **기선측량의 기선 및 길이(13개 기선, 총 길이 39,758m)**

① 가장 긴 기선 및 길이 : 평양, 4.625km
② 가장 짧은 기선 및 길이 : 안동, 2.0km
③ 가장 북쪽에 있는 기선 : 고건원기선
④ 가장 남쪽에 있는 기선 : 하동기선
⑤ 가장 처음으로 설치한 기선 : 대전기선
⑥ 가장 끝으로 설치한 기선 : 고건원기선
⑦ 가장 정확한 기선 : 고건원기선
⑧ 가장 부정확한 기선 : 강계기선

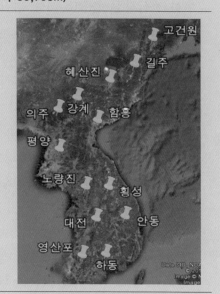

출 처 : 최한영, 2011, 전게서, pp.182~185. 참조작성.

(2) 대삼각본점 측량(1등 삼각점)[126]

대삼각본점 측량은 기선망과 대삼각본점망의 배치는 기선의 최종확대변을 기초로 하여 경도 20분, 위도 15분의 방안 내에 1개점이 배치되도록 전국을 23개 삼각망으로 나누어 작업을 하였다. 대마도의 일등삼각점인 어악과 유명산을 연결하여 우리나라 부산의 절영도(현 영도)와 거제도를 대삼각망으로 구성하여 서북지방으로 삼각점 간 평균변장을 30km로 전개하였다.

측량에 사용된 기기는 0.5초독 정밀도의 칼 반베르히제 데오돌라이트 기기이었고, 관측은 기선망에서 12대회, 대삼각본점망에서 6대회의 방향관측법을 사용하여 평균하였다.

(3) 대삼각보점 측량(2등 삼각점)

126) 대한측량협회, 1993, 『한국의 측량·지도』, 대한측량협회, pp.45~78. 참조작성.

대삼각보점 측량은 각 삼각점 간의 거리가 약 10km가 되도록 하여 경도 20분, 위도 15분 내의 방안에 대삼각보점을 9점 정도의 비율로 설치하여 총 2,401점을 선정하였다.

이 측량에 사용된 측기는 10초독 정밀도의 칼 반베르히제 데오돌라이트이었고, 관측횟수는 9대회 또는 6대회이며, 그 중수를 채택하고 공차 7" 이상일 때는 재측을 하였다.

(4) 소삼각점 측량(3, 4등 삼각점)

소삼각점 측량은 세부측량을 위한 도근측량의 기초가 되는 측량으로 원칙적으로 대삼각측량을 통해 실시하여야 하나 대한제국시기에는 수반되는 측량환경이 여의치 않아 대삼각측량을 거치지 않고 독립적으로 일부지역에 국한하여 실시한 것으로 이를 구소삼각측량이라고 한다.

측량기기는 20초독의 정밀도를 가지는 오트제 또는 가레이제 데오돌라이트를 사용하였고 특별 및 보통 소삼각 측량에서는 칼 반베르히제 및 오트제 데오돌라이트를 사용하였다. 구소삼각측량은 1, 2, 3, 4등으로 나누어지는데 1등은 대삼각측량, 2, 3, 4등은 소삼각측량에 해당된다.

그러나 특별소삼각지역과 구소삼각지역의 일부지역을 제외한 나머지 지역은 전부 보통삼각측량을 실시하였으며 1등점과 2등점으로 구분하였다. 보통 소삼각측량은 5km 이내에 1등점 1점, 2등점 3점의 비율로 배치하였고, 점간거리는 1등점은 평균 5km, 2등점은 평균 2.5km로 하였다.

2. 구소삼각원점 및 특별소삼각원점

1) 구소삼각원점

일본은 광무양전을 중단시키고 탁지부 양지과 및 대구·평양·전주측량기술견습소를 설치하고, 견습소가 소재한 시가 및 부근을 경험측량을 실시하므로서 앞으로 있을 전면적인 토지조사사업에 대비하게 되는 시기에 설치된 원점이다. 대한제국 이후 최초로 서울·경기지역과 대구·경북지역에 우리나라의 독자적인 지적세부측량을 위한 삼각점을 설치하였고 전국적으로 확대하여 추진할 계획이었으나 한·일합방으로 인해 조선총독부의 임시토지조사국에서 토지조사사업을 시행함에 따라 한반도에 일제히 삼각점을 설치하게 되면서 조선총독부에 의한 삼각점과 서로 구분하기 위해 탁지부에서 시행한 삼각측량을 구소삼각측량, 삼각점을 구소삼각점, 삼각측량지역을 구소삼각측량지역이라고 한다.[127]

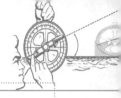

그 당시 소삼각측량은 도근측량과 일필지 측량을 위한 기초점이 되는 대삼각측량을 실시하여야 하나 대규모 지역이라는 점과 비용 등의 과다로 인해 이를 시행할 수 없어 특정지구인 서울·경기지역과 대구·경북지역에 독립적으로 소삼각측량을 실시하여 그 성과를 대삼각망과 연계시키는 방법을 적용하였다.[128]

구소삼각측량지역은 종·횡 5,000리를 1구역으로 설정하였고, 중앙부에 위치한 삼각점에서 북극성의 최대이각(elongation)을 측정하여 진자오선과 방위각을 결정하였다.[129] 또한 구소삼각의 2등점의 점간거리는 약 5km(2,750간), 3등점은 약 2.5km(1,400간)으로 선점하였다.

1등 삼각측량은 실시되지 않았으며 2등~4등 구소삼각점수는 경기·인천지역에 821점, 대구·경북지역에 798점으로 합계 1,619점이며, 이 중 경기·인천지역의 40점, 대구·경북지역의 63점 합계 103점은 통일원점의 성과가 병기되었고, 측량면적은 94,000방리(方里)[130](14,498km^2)로 국토의 15분의 1에 해당한다[131].

기선측량은 지반이 견고하고 평탄하거나 개활한 지점으로 선정하고 기선 간의 거리는 12,000간(약 21.8km) 정도로 하며, 그 길이는 900간(약 1.6km) 정도로 하고 부득이한 경우 450간(약 0.8km) 이상으로 4회 측정하여 중수를 채용하였으며, 기선의 공차는 $0.003\sqrt{전장(m)}$ 으로 하였다[132].

구소삼각점 기선망의 평균계산방법은 대삼각 기선망의 평균계산방법과 같지만, 구소삼각에서는 좁은 구역의 소삼각측량을 실시하므로 지구의 표면은 평면으로 보아 구과량을 고려하지 않았고, 구소삼각지역의 방위각은 2등 삼각측량을 실시한 구역의 중앙부에 있는 삼각점의 자오선이 통과되는 북극성을 관측하여 방위각을 결정하였다.

---

127) 원영희, 2008, 「한국지적사」, 보문출판사, pp.235~236.

128) 허원호, 2009, "구한말 대구지역 토지조사사업에 관한 연구", 석사학위논문, 영남대학교 대학원. p.11.

129) 김준현 외, 2012, "대구경북지역의 구소삼각점 관리실태 및 개선 방안", 한국지적정보학회지, 제14권 제1호, pp.115~134.

130) 방리(方里) : '삼각측량작업결료보고(1916)'에는 940방리로 기록되어 있다. 당시는 일제강점기이므로 일본 기준의 거리 단위로 기록된 것으로 보이고 1척(尺)=10/33m, 1간(間)은 6척, 1정(町)은 60간, 36정은 1리(里)이며 약 3,927.27m이다. 1방리는 1리×1리이므로 940방리는 약14,498km^{2}이다. 그러나 기존의 많은 문헌에서 우리나라 단위로 대부분 기록되어 있으므로 여기에서는 우리나라 단위인 94,000방리로 기록하였다.

131) 최한영, 2012, 지적측량원론, 구미서관(서울), pp. 347-353.

132) 원영희, 1988, 한국지적사(4정판), 신라출판사, pp. 251-255.

〈표 3-12〉 구소삼각측량과 구소삼각원점의 세부 내용

구분	종류	구소삼각측량 2등	구소삼각측량 3, 4등	지역	원점명	지역	위치	단위
현행등급		3	4	서울·경기	망산	강화	37° 43′ 07″ / 126° 22′ 24″	間
점간거리		5km	2.5km		계양	부천 김포 인천	37° 33′ 01″ / 126° 42′ 50″	間
수평각 관측 및 오차	대회수	3	2		조본	성남 광주	37° 26′ 35″ / 127° 14′ 07″	m
	관측법	방향관측	방향관측		가리	안양시흥 광명인천	37° 25′ 31″ / 126° 51′ 59″	間
	각회차	30	30		등격	수원화성 평택	37° 11′ 53″ / 126° 51′ 33″	間
	폐색차	20	20		고초	용인 안성	37° 09′ 04″ / 127° 14′ 42″	m
	180차	30	보각					
방위각 관측		중앙 자오선에서 북극성 관측						
연직각 관측		양쪽 2회 공차 40초						
측량장비		독일 오토펜넬, 17.5cm		대구·경북	율곡	영천 경산	128° 57′ 30″ / 35° 37′ 21″	m
표석재료		미상						
표기		홍상백하	백상홍하		현창	대구 경산	128° 46′ 03″ / 35° 51′ 46″	m
성과계산	방법	최소제곱법(기선망) 약근계산법						
	단위	소수 이하 3자리(간)	소수 이하 2자리(간)		구암	대구	128° 35′ 46″ / 35° 51′ 30″	間
좌표	원점위치	중앙부						
	가산수치	없음			금산	대구 고령	128° 17′ 26″ / 35° 43′ 46″	間
	+,- (부호)	존재						
기선측량	길이	0.8~1.6km						
	기선공차	$0.003\sqrt{전장}$ (m)			소라	청도	128° 43′ 36″ / 35° 39′ 58″	m
	거리측량	4회						
	각관측	4대회						
	장비	강유척						

출처 : 대한지적공사, 2005, 전게서, p.806; 리진호, 1999, 전게서 p.406. 참조작성.

2등 삼각점의 수평각 관측은 독일제 '옷트 펜넬 17.5cm 경위의' 또는 미국제 '갈레 20초독 경위의'를 사용하여 관측하였는데 각 점에서 동일한 기구를 사용하여 각도를 모두 관측하였다[133]. 또한 2등 삼각점의 수평각은 방향관측법에 의하였고, 3·4등 삼각점을 제외한 모든 점에 기계를 세워 수평각과 연직각을 관측하였고, 독정은 10"이고 기선망의 관측은 정·반 각각 4측회(4대회), 2등 삼각점은 정·반 각각 3측회(3대회),

133) 리진호, 1991, 대한제국 지적 및 측량사(증보), 토지, pp. 46-47.

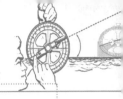

3·4등 삼각점은 정·반 각각 2측회(2대회)로 하였다.

구소삼각측량에서 거리의 계산은 현장에서 관측할 수 있는 거리는 지표상의 두 점간 거리를 지면의 형태에 따라 측정한 경사거리로서, 경사거리를 연직각을 고려하여 기하학적으로 계산하면 수평거리를 계산할 수 있고 수평거리는 표고값에 의한 보정을 하여 타원체면으로 변환한 기준면 상의 거리로 환산하고, 이렇게 구해진 기준면 상의 거리에 축척계수(scale factor, 평면투영 증대율, 선 증대율, 확대율)를 곱하면 평면거리가 계산된다[134].

[그림 3-2] 구소삼각측량지역

출 처 : 신현선, 2019, "통일원점 및 구소삼각원점 간 자오선 수차 검증을 통한 구소삼각망도 구현" 박사학위논문, 경북대학교 대학원, p.18.

서울·경기지역과 대구·경북지역의 경우 구소삼각원점과 현행 4개의 통일원점 중 서부원점 및 동부원점 등을 상호 연계하여 일필지 세부측량에 활용되고 있다.

    ① 경인지역(19개) : 시흥, 교동, 김포, 양천, 강화, 진위, 안산, 양성, 수원, 용인, 남양, 통진, 안성, 죽산, 광주(광주), 인천, 양지, 과천, 부평

    ② 대구 인근지역(8개) : 대구, 고령, 청도, 영천, 현풍, 자인, 하양, 경산

현재 서울·경기지역에 6점과 대구·경북지역에 5점으로 총 11점이 있으며, 전체

---

134) 이용문, 최원준, 2000, 구소삼각 및 특별소삼각지역의 성과점검 및 통일원점 좌표산출을 위한 연구, 대한지적공사 지적기술교육연구원, pp. 43~44.

27개 지역으로 거리 단위는 m와 간(間)을 이용하여 측량하였다.

※ 구소삼각측량 주관기관 및 추진 현황

시행 일자	기관별 업무내용	추진 내용
1905. 4. 13.	측량 담당 기구 축소	• 양지국을 폐지하고 사세국에 양지과 설치 • 양지국 양무과 → 사세국 양지과
1905. 6. 26.	측량기술견습소 개소	• 양지과 측량기술견습소에서 측량강습 • 측량강습 : 쓰스미게이죠
1906. 5. 1.	대구측량기술견습소 개소	• 소장 : 도요타(豊田四郞) • 제1기 수료생 1907.1.18.부터 시가지 측량 실시
1906. 6.	경성시가지측량 착수	• 양지과 측량기술견습소에서 구소삼각측량 시행
1906. 10. 13.	평양측량기술견습소 개소	• 소장 : 이케다(池田活之祐)
1907. 7. 20.	전주측량기술견습소 개소	• 소장 : 이시카와(石川利政)
1907. 12.	양지과수업규정 제정	• 대만의 경험을 토대로 양지과 수업규정 제정
1908. 7.	소삼각측량으로 최초 지적도 제작	• 축척 1/500 '경기도 한성부지도' 29매 제작 • 우리나라 최초의 지적도
1908. 7. 23.	임시재산정리국 설립 대구, 평양, 전주출 장소로 개칭	• 칙령 제55호로 재산의 정리 • 토지측량에 관하여 규정하고, 출장소 설치 규정 마련

출처 : 한국국토정보공사, 2005, 한국지적백년사(역사편), pp.1360-1366. 참고 작성

※ 토지조사사업의 측량 성과 및 구소삼각원점 설치 내역

측량 성과	• 기선측량 : 13개소	• 대삼각본점 : 400점 • 대삼각보점 : 2,401점 • 소삼각점 : 31,646점 • 도근측량 : 1, 2등 도근점 3,551,606점 • 세부측량 : 19,101,989필
구소삼각점 설치 내역		• 구소삼각원점 중 m 단위를 사용한 원점 : 고초, 조본, 율곡, 현창, 소라 • 제일 남쪽에 위치한 원점 : 소라원점(청도) • 제일 북쪽에 위치한 원점 : 망산원점(강화) • 구소삼각원점 지역 : 경인지역(19개) 및 대구지역(8개) 총 27개 지역에 설치 • 구소삼각원점 개수 : 11개 원점

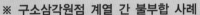

기초지식

※ 구소삼각원점 계열 간 불부합 사례

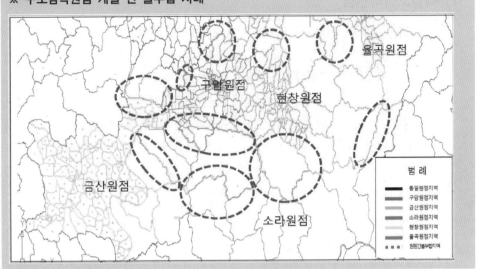

출 처 : 신현선·김준현·엄정섭, 2018, "세계측지계 기준 대구 경북 구소삼각지역의 방위각 오차 비교 분석",
한국지적학회지, 제34권 제1호, pp.133~150.

기초지식

※ 대구·경북지역의 구소삼각점망도

출 처 : 신현선·김준현, 2018, "구암원점지역의 삼각점 성과 분석을 통한 삼각망도 구현", 한국지적정보학회지,
제20권 제2호, pp.65~82.

2) 특별소삼각원점

특별소삼각원은 1912년 임시토지조사국에서 시가지의 지세를 급히 징수하여 늘어나는 재정수요에 충당하기 위한 목적으로 실시되었다. 대삼각측량을 실시하지 않았으며, 시가지에 독립된 특별소삼각원점을 정하고 측량을 시행하여 이를 일반삼각점과 연결하는 방식을 취하였다. 도시지역에 대한 토지조사사업을 조속히 추진하였으나 대삼각측량이 완료되지 않은 일부 도시지역과 대삼각망과의 연결이 불가능하였던 울릉도에 대한 대삼각측량은 생략하였다. 그래서 이러한 지역에는 독립된 특별소삼각측량을 실시하여 나중에 이를 일반삼각점과 연결하는 방식을 취하였는데 울릉도를 제외한 전 지역의 삼각점은 경위도 원점과 연결하여 사용하고 있다.

특별소삼각측량은 종선(X)=10,000m, 횡선(Y)=30,000m로 가상의 수치를 이용하여 원점의 결정은 기선의 한쪽 점에서 북극점 또는 태양의 고도관측에 의하여 방위각을 결정하였으며 원점은 19개로 각 측량 지역에 한 점씩 설치하였다. 1등점은 점간거리가 2~4km이고, 2등점은 1~2km로 배치하여 기선의 길이는 0.4~1.0km로 하였으며, 현재 특별소삼각원점의 거리 단위는 m 단위를 사용하고 있다. 지금은 통일원점에 연결되었지만 지적측량을 실시한 때에는 성과를 별도로 관리하고 있다.

① 실시지역(19개) : 평양, 의주, 신의주, 진남포, 전주, 강경, 원산, 함흥, 청진, 경성, 나남, 회령, 마산, 진주, 광주, 나주, 목포, 군산의 18개 지역과 대삼각측량으로 연결할 수 없는 울릉도에 독립된 원점이 있다.

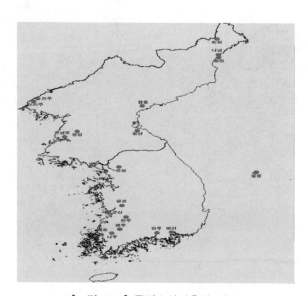

[그림 3-3] 특별소삼각측량 지역

<표 3-13> 토지조사사업 당시의 기초 측량

구분	기선측량	세부내용
삼각측량	대삼각본점측량	• 대마도의 일등삼각점인 어악과 유명산을 연결하여 우리나라의 부산의 절영도와 거제도를 대삼각망으로 구성하여 서북지방으로 삼각점 간 평균변장을 30km로 전개 • 기선망과 대삼각본점망의 배치는 기선의 최종 확대변을 기초로 하여 경도 20분, 위도 15분의 방안 내에 1개점이 배치되도록 전국을 23개 삼각망으로 나누어 400점 설치 • 측량에 사용된 기기는 0.5초독 정밀도의 칼 반베르히제 데오돌라이트 기기이었고, 기선망에서 12대회, 대삼각본점망에서 6대회의 방향관측법을 사용하여 평균
	대삼각보점측량	• 대삼각보점 측량은 각 삼각점 간의 평균변장이 약 10km가 되도록 하여 경도 20분, 위도 15분 내의 방안에 대삼각보점을 9점 정도의 비율로 설치하여 총 2,401점 선정 • 측량에 사용된 측기는 10초독 정밀도의 칼 반베르히제 데오돌라이트이었고, 관측횟수는 9대회 또는 6대회이며 그 중수를 적용
소삼각측량	구소삼각측량	• 도근측량과 일필지측량을 위한 대삼각측량을 실시하여야 하나 대규모 지역·비용의 과다로 특정지역인 서울·경기지역과 대구·경북지역에 독립적으로 소삼각측량을 실시하여 그 성과를 대삼각망과 연계 • 종·횡 5,000리를 1구역으로 설정하였고, 중앙부에 위치한 삼각점에서 북극성의 최대이각(elongation)을 측정하여 진자오선과 방위각을 결정 • 원점의 수치는 종선(X)=0m, 횡선(Y)=0m
삼각측량	특별소삼각측량	• 조선총독부의 재정수요를 충당하기 위한 목적으로 도시지역 중 대삼각측량이 완료되지 않은 일부 도시지역과 대삼각망과의 연결이 불가능하였던 울릉도에 실시 • 울릉도를 제외한 전지역의 삼각점은 경위도 원점과 연결하였고 원점은 북극점 또는 태양의 고도관측에 의하여 방위각을 결정하여 19개로 각 측량지역에 1점씩 설치 • 종선(X)=10,000m, 횡선(Y)=30,000m로 가상의 수치 이용
소삼각측량	보통소삼각측량	• 특별소삼각지역과 구소삼각지역의 일부지역을 제외한 나머지 지역은 전부 보통삼각측량을 실시함 • 보통소삼각측량은 5km 이내에 1등점 1점, 2등점 3점의 비율로 배치하고, 점간거리는 1등점은 평균 5km, 2등점은 평균 2.5km로 선점
도근측량		• 도근점은 1/1200은 원도 내에 6점 이상 배치하고 점간거리는 150m 이내로 하였고 1/600은 도근점 8점 이상, 점간거리 100m 이내 • 거리측정은 1/1,200 또는 1/2,400에서는 10cm까지, 1/1,600에서는 측거사 또는 양거척으로 5cm까지 읽은 중수를 적용 • 1등 도선은 Ⅰ, Ⅱ, Ⅲ의 로마숫자, 2등 도선은 A, B, C의 영문으로 표기
세부측량		• 세부측량은 삼각점 또는 도근점에 근거하여 도해법으로 실시하고 경계는 직선으로 하여 지번, 지목, 소유자 등을 기록하는 측량원도를 조제 • 축척은 1/600, 1/1,200, 1/2,400로 구분하여 일필지측량은 지형에 따라 교회법, 도선법, 광선법, 종횡법 중 취사 선택

기초지식

※ 직각좌표계의 사용

• 세계측지계를 사용하지 않는 지역의 직각좌표계(적용기간 : 2020년 12월 31일)

원점명	경도	위도	평면직각좌표		적용지역
서부	동경 125도	북위 38도	X = 500,000	Y = 200,000	124~126E
중부	동경 127도	북위 38도	X = 500,000	Y = 200,000	126~128E
동부	동경 129도	북위 38도	X = 500,000	Y = 200,000	128~130E
동해	동경 131도	북위 38도	X = 500,000	Y = 200,000	130~132E
			단, 제주도는 X = 550,000		

• 세계측지계를 사용하는 직각좌표의 원점

원점명	경도	위도	평면직각좌표		적용지역
서부	동경 125도	북위 38도	X = 600,000	Y = 200,000	124~126E
중부	동경 127도	북위 38도	X = 600,000	Y = 200,000	126~128E
동부	동경 129도	북위 38도	X = 600,000	Y = 200,000	128~130E
동해	동경 131도	북위 38도	X = 600,000	Y = 200,000	130~132E

기초지식

※ 구소삼각원점과 특별소삼각원점의 소재

구소삼각원점(총 11점-서울·경기 : 6점 & 대구·경북 : 5점)				
원점명		지역	단위	비고
서울·경기	망산원점	인천(강화)	間	m(미터 단위)
	계양원점	경기(부천·김포)·인천	間	
	조본원점	경기(성남·광주)	m	고초원점
	가리원점	경기(안양·시흥·광명·인천)	間	조본원점
	등경원점	경기(수원·화성·평택)	間	율곡원점
	고초원점	경기(용인·안성)	m	현창원점
대구·경북	율곡원점	영천·경산	m	소라원점
	현창원점	대구·경산	m	間(간 단위)
	구암원점	대구	間	망산원점
	금산원점	대구(달성)·고령	間	계양원점
	소라원점	경북 청도	m	가리원점
				등경원점
				구암원점
				금산원점
특별소삼각원점				
설치지역			원점 수	
평양, 의주, 신의주, 진남포, 나남, 회령, 원산, 함흥, 청진, 경성, 강경, 전주, 군산, 마산 진주, 광주, 나주, 목포, 울릉도			울릉도 포함 총 19개	

출 처 : 지적박물관 자료 참조작성(https://m.blog.naver.com/)

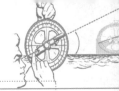

기초지식

※ 세계측지계 변환

- 세계측지계란 지구중심좌표계를 사용하여 지구중심에 원점을 둔 타원체상의 좌표계로 세계 공통으로 쓰일 수 있는 좌표계이다. 우리나라는 2020년까지 지적측량의 기준을 세계적으로 통용되고 있는 세계측지계로 변환하였고, 이에 따라 지역측지계 기준의 지리적 위치로 등록된 지적공부를 세계측지계 기준의 지리적 위치로 변환하는 것을 세계측지계변환이라 함

- 현재 우리나라의 위치 기준은 1910년대 토지조사사업 당시에 설정된 일본의 동경측지계를 사용하고 있어, 세계측지계와 평면위치 오차를 비교하면 지역별로 약 300~400m의 차이가 발생하고 있음

구분	동경측지계	세계측지계	차이
타원체	Bessel(1841)	GRS80(1980)	
장반경	6,377,397.155m	6,378,137.000m	739.845m
단반경	6,356,078.963m	6,356,752.341m	673.378m

동경측지계	세계측지계

- 동경측지계는 일본의 동경을 기준으로 설정된 좌표체계로 1910년 일제 강점기 때부터 지난해까지 우리나라에서 사용되어 왔다. 반면 세계측지계는 우주측량기술을 토대로 한 국제표준의 좌표체계로 유럽·미국·호주·일본 등 대부분 국가에서 사용하고 있다.

- 1910년 일본의 동경원점을 기준으로 제작된 지적공부는 110년 만에 국제 표준의 세계측지원점으로 변환 및 등록을 완료하게 되면서 지적공부의 일제 잔재를 완전히 청산하게 된다.

- 지적공부의 세계 공통의 표준화된 좌표체계 사용은 지적공부 품질 향상으로 이어지고, 향후 각종 공간정보와 융·복합 활용이 용이해져 산업 발전에 크게 기여하게 될 것으로 예상된다.

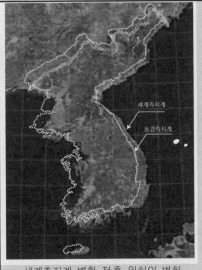

세계측지계 변환 전·후 위치의 변화

출 처 : 국토교통부 보도자료(http://www.molit.go.kr), 2021년 6월 29일 자료

기초지식

※ 동경측지계에서 세계측지계로의 변환 필요성

- 우리나라에서 사용하고 있는 지적·임야도 등 지적공부는 1910년 토지조사 당시부터 지금까지 일본의 동경원점 기준인 동경측지계를 사용하고 있으며, 동경측지계는 세계측지계보다 약 365m 북서쪽으로 편차 발생

- 2010년 측량법을 개정하여 이미 세계측지계로 지표상의 공간정보를 표현하는 지도(지형도, 해도, 군사지도 등)와 동경측지계를 사용하는 지적공부는 호환성이 떨어져 지적공부 기반의 공간정보를 제공하는데 한계가 있음

- 각종 도면 및 지도제작에 있어서 국제표준의 세계측지계로 변환함으로써 모든 지리공간의 기준이 국제표준으로 바뀌게 됨

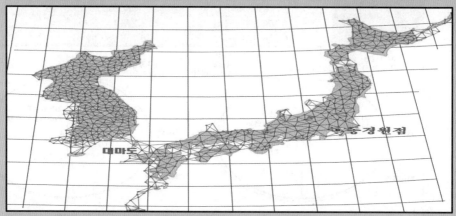

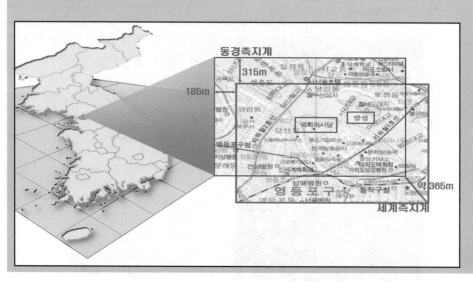

출 처 : 국토교통부, 2015, 국토교통부 보도자료 2015. 3. 6.

토지등록 및 공부

토지등록 및 공부

제1절 토지등록(Land Registration)

1. 토지등록의 의의

1) 의의

토지의 등록(Land Registration)은 지적제도가 세지적·법지적·다목적지적으로 발전해 오는 과정에서 토지의 조세는 물론 토지의 매매, 상속, 증여, 임대 등의 소유권한을 증명하기 위해 국가차원에서 현실의 토지이용 및 토지이동 등을 있는 그대로 등록하기 시작하면서 대두된 개념이다.

이러한 사적 토지소유가 허용되면서 토지의 개발이나 수익창출을 위한 과정에서 국가의 행정이나 정책과 맞물려 오로지 개인의 이익이나 수익의 차원을 넘어 사회적 공공의 복리를 위한 공익의 개념으로 변하여 오고 있다.

그래서 토지의 등록은 국가기관이 주체가 되어 모든 토지의 표시사항을 있는 그대로 공부에 등록하여 이를 비치함과 동시에 공시함으로써 토지소유자나 기타 이해관계자에게 필요한 정보의 제공을 위한 행정행위라 할 수 있다.

공간정보의 구축 및 관리 등에 관한 법률상의 토지등록이라 함은 "국토교통부장관이 모든 토지에 대해 필지별로 토지의 표시사항인 소재·지번·지목·경계·좌표·면적 등을 조사 또는 측량하여 지적공부에 등록하여야 한다"라고 규정하고 있다.[135]

---

[135] 공간정보의 구축 및 관리 등에 관한 법률 제64조 제1항.

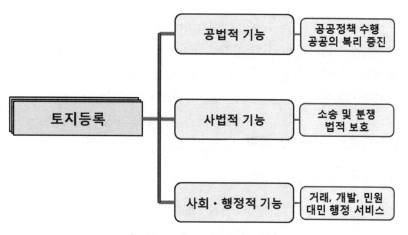

[그림 4-1] 토지등록의 기능

2) 토지등록의 필요성

우리나라의 헌법, 민법, 공간정보의 구축 및 관리 등에 관한 법률 등 각종 상·하위 법에서도 명확하게 국토 또는 토지에 대해서 규정하고 있으며, 세부적으로는 일필지에 대한 등록사항까지도 규정하고 있다.

토지는 넓은 의미에서는 국가의 영토인 동시에 좁은 의미에서는 개인의 사적 소유권에 해당하므로 국가적 차원에서 모든 토지를 등록·관리하여 효율적 토지이용은 물론 국민의 사적 재산권을 보호하도록 규정하고 있다.

토지의 등록은 개인의 재산권은 물론 토지거래 및 관련소송 등에 있어서 아주 중요한 법적 기준이 되기 때문에 실제의 토지이용이나 토지등록사항들을 국가의 공적 기록과 항상 부합시켜야 하며, 이러한 부합여부에 따라 토지분쟁이나 민원 등이 제기될 수 있다.

그래서 토지에 대한 일정한 사항을 조사 또는 측량하여 지적공부에 명확하게 등록함으로써 공적 장부로서의 역할과 국민의 사적 재산권 보호를 위한 소유권리의 안전한 법적 지위를 확보할 수 있으며, 국가의 각종 정책이나 제도 또는 토지이용과 토지거래에 있어 국가기관인 소관청에 의한 등록이 되어 있을 때 보다 안전하고 신속하게 활용될 수 있기 때문이다.

또한 토지등록은 현대사회의 토지이용 세분화·고도화에 따른 압축적이고 고밀도적인 토지개발이나 그 이용을 위해 반드시 필요한 요소이며 그로 인한 각종 토지정보의 이용 및 제공에 정확성과 신뢰성을 부여할 수 있기 때문이다.

따라서 토지의 등록은 현실적인 토지이용을 전적으로 대변할 수 있도록 사실적이고 공정하게 등록되어야 하며, 정확한 토지이용에 따른 공부등록을 통한 공시 및 공개에 있어서 완벽한 기능을 제공하여 국민의 재산권과 법적 분쟁, 토지거래 등에 신속·정확하게 대처할 수 있는 대국민 행정서비스가 제공되어야 한다.

3) 토지등록의 기능 및 효력

(1) 토지등록의 기능

토지는 국가의 정책, 행정, 거래, 개발 등에 있어서 공적 장부에 등록이 되어 있을 때 언제든지 그에 응당한 서비스를 지원받을 수 있다.

토지를 공부에 등록함으로써 사법적인 법적 지위의 보장과 공법적인 국가 정책에 상응하는 개발과 이용 등의 기능은 물론 불부합과 각종 민원, 토지거래 등 행정적·사회적인 기능을 동시에 수행할 수 있다.

그래서 토지의 등록으로 인한 공법적·사법적·사회적 기능 이외에도 실질적인 기능으로 국민의 재산권 보호는 물론 공평과세 실현, 공공정책 수립을 위한 기초 자료 제공, 대민행정 서비스 강화, 토지거래 및 매매의 안전성 유지, 토지관련 민원 및 분쟁 해결, 정보화·선진화를 위한 통계 기능 등으로 다양한 순응적인 기능을 가질 수 있다.

(2) 토지등록의 효력

일반적으로 토지등록은 법률적 기능의 공법적 기능과 사법적 기능을 동시에 갖고 있으며 이러한 기능을 지원하는 효력으로는 국가의 행정처분으로 구속력, 공정력, 확정력, 강제력의 효력이 포함된다.

먼저 구속적 효력은 법적 요건을 충분히 갖추었을 때 그 내용에 따라 이해관계인과 행정청을 구속하는 효력을 말한다.

공정적 효력은 법적 요건을 완전히 갖추지 못하였다고 할지라도 절대 무효인 경우를 제외하고는 그 효력을 부인할 수 없는 효력을 말한다.

확정적 효력은 일단 유효하게 등록된 사항은 일정한 기간이 경과한 뒤에는 그 상대방이나 이해관계인이 그 효력을 다툴 수 없을 뿐만 아니라 소관청 자신도 특별한 사유가 없는 한 그 처분행위를 다툴 수 없는 것이다.

강제적 효력은 토지등록 사항에 대해서 사법권의 힘을 빌릴 것이 없이 지적소관청 공무원의 직권 또는 강제적인 집행을 할 수 있는 강력한 효력을 갖는 것으로 등록의무를 게을리하거나 태만할 경우 과태료 등을 부과할 수 있는 효력을 가진다.

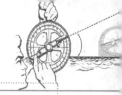

또한 토지등록으로 인한 공법 및 사법적 효력은 물론 사회적·행정적 효력을 가지고 있는데 대표적으로 공부등록으로 인한 토지거래 및 매매의 안전기능과 토지개발 및 이용 등에 따른 임대·양도 등의 기능, 대민행정 서비스의 질적 개선과 등록으로 인한 정책수립 및 통계작성의 유효성 등의 효력을 가진다.

따라서 정보화 시대에 있어서 토지의 등록은 더욱 중요한 요건 중의 하나이며, 등록이 우선시되어야만 다양한 각종 법·제도적인 혜택과 정보의 제공 등으로 인해 지적선진화를 위한 지적의 과학화, 기술화, 종합화 등을 유지할 수 있을 것이다.

〈표 4-1〉 토지등록의 기능 및 효력

구분		세부 기능
기능	법률적 기능	• 공부등록으로 인한 국민의 재산권 보호 및 공공복리 증진 기능 • 공부등록으로 인한 토지관련 민원 및 분쟁 해결 기능
	행정·사회적 기능	• 공부등록으로 인한 대민행정 서비스 강화기능 공평과세 기능 • 공부등록으로 인한 지적선진화를 위한 다양한 통계 기능 • 공부등록으로 인한 공공정책 기초 자료 제공 기능 • 공부등록으로 인한 토지거래 및 매매의 안전기능
효력	구속적 효력 (기속적 효력)	• 공부에 등록함으로써 그 등록내용은 소관청과 소유자 및 이해관계인을 법적으로 기속하는 또는 구속하는 효력을 가짐
	공정적 효력	• 공부에 등록함으로써 법적으로 타 필지와 균등하게 공정한 법적 지위를 보장받을 수 있는 공정성의 효력을 가짐
	확정적 효력	• 공부에 등록함으로써 일정한 기간이 경과되면 당사자, 소유자, 제3자도 그 등록한 내용에 대해서 다툴 수 없는 것을 말한다.
	강제적 효력	• 공부에 등록함으로써 법적인 규정 안에서 토지이용에 따른 의무를 수행하여야 하며, 위배될 경우에는 강제적으로 벌칙 등이 부과되는 강제성의 효력을 가짐

2. 토지등록의 원칙

토지등록의 원칙으로 등록의 원칙, 신청의 원칙, 특정화의 원칙, 국정주의 원칙, 공시의 원칙, 공신의 원칙 등이 있다.

이러한 원칙은 국가의 지적제도와 등기제도 및 기타 법률이 규정하고 있는 세부적인 규정과 법적 지위에 따라 다르게 나타날 수 있으나 일반적으로 토지의 등록은 어느 국가를 막론하고 국가의 영토와 직결되어 있으므로 중요한 사항으로 볼 수 있다.

1) 국정주의의 원칙(Principle of National Decision)

토지등록의 원칙에 있어서 국정주의란 지적업무는 국가사무로서 토지의 표시사항의 결정은 국가의 공권력에 의한 직권으로 결정한다는 원칙이다.

토지표시사항의 결정을 국가가 하는 이유는 다음과 같다.

① 지적제도의 이념이 적극적 등록주의를 채택하고 있어 모든 토지는 실지와 일치하게 지적공부에 정확하고 공정하게 등록하여야 하기 때문이다.

② 지역별 서로 다른 양식의 지적공부는 법적 지위는 물론 거래안전과 정책수립상의 혼란을 야기시키므로 지적공부의 통일성을 기하여야 하기 때문이다.

③ 토지는 재산권과 직결되어 있어 소송 및 분쟁 등의 민원에 있어서 가장 중립적으로 법적 해결을 수행할 수 있는 객관적인 기관이기 때문이다.

④ 토지의 신청 및 이동 등과 관련한 신청의무를 부여하고 있기 때문에 신청의무를 수행하지 않을 경우에는 직권으로 조사·측량하고 결정하여 실제와 공부가 항상 부합하도록 하기 위함이다.

2) 등록의 원칙(Principle of Registration)

지적법에서는 토지에 관한 모든 표시사항을 지적공부에 반드시 등록하여야 법적인 효력이 발생하므로 반드시 토지의 이동이 발생할 경우 그 변동사항을 등록하여야 한다는 원칙이다.

특히 등록의 원칙은 적극적 등록제도(positive system)를 채택하고 있는 국가에서 주로 적용하고 있는데 모든 토지의 소유권리는 지적공부에 등록하지 않고서는 어떠한 법률상의 효력도 가질 수 없다고 규정되어 있다.

그러므로 토지의 등록은 지적제도의 형식주의의 이념에 따라 공부에 등록할 때 법적 효력을 가질 수 있고 그에 따른 신뢰성과 안정성을 부여받을 수 있다는 것이다.

토지의 등록은 곧 무에서 유를 창출하는 과정으로 국가기관의 공적 등록과 동시에 법적인 지위와 보장을 갖게 되어 어떠한 권리행사에 있어서도 안정성과 기속성에 따라 적극적으로 보호될 수 있는 것이다.

우리나라의 모든 토지는 필지마다 지번, 지목, 경계 또는 좌표와 면적을 정하여 지적공부에 등록하여야 한다는 법률의 규정은 토지의 신규등록에서부터 각종 등록사항의 이동까지도 지적공부에 변경·등록되도록 신청의무를 부여하고 있으며, 정당한 절차에 따른 신청은 언제나 법의 테두리 안에서 그 효력을 발휘할 수 있다는 것이다.

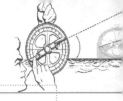

또한 등기제도에서도 민법 제186조에는 "부동산에 관한 법률행위로 인한 물권의 득실변경은 등기를 하여야 그 효력이 생긴다"라고 규정하고 있어 등기제도도 지적제도와 마찬가지로 등기부에 등록할 때만 온전한 법적 지위를 받게 된다.

3) 신청의 원칙(Principle of Application)

지적법상 지적 정리를 함에 있어서 토지 소유자의 신청을 전제로 하되 신청이 없을 때에는 직권으로 직접 조사하거나 측량하여 처리토록 규정하고 있다.

지적제도에는 지적정리와 지적정리를 위한 신청행위가 있는데 신청행위는 지적정리를 위한 행정행위의 효력 발생 요건이라 할 수 있으며, 지적정리에 관한 신청의 주체는 토지소유자 단독을 원칙으로 한다.

지적제도는 단독신청을 원칙으로 하고 있으나 그 예외로서 대위신청을 법으로 규정하고 있으며, 등기제도의 경우에는 공동신청을 기본원칙으로 하고 있으나 법원의 확정판결에 의한 등기나 상속, 말소등기 등과 같이 권리관계가 명확한 경우에는 단독신청을 예외적으로 허락하고 있다.

4) 특정화의 원칙(Principle of Speciality)

토지등록에 있어서 특정화의 원칙은 토지를 등록함으로써 지번과 고유번호 등을 부여하여 하나의 완전한 객체로서 외부에서 인식할 수 있도록 차별화·개별화된다는 원칙이다.

일반적으로 지적제도에서 특정화를 위한 가장 기본적인 요소로 지번을 들 수 있는데 지번을 부여함으로써 여타의 토지와 구분되어 고유한 그 필지만의 권한을 가진다는 의미로 볼 수 있다.

토지를 특정화하여 표현할 수 있는 방법은 지번 이외에도 인적 편성주의를 채택하고 있는 국가에서는 소유자명이 지번의 역할을 대신할 수 있고 미국의 그리드 시스템(Grid System)과 같이 격자화 체계로 구분되어 해당하는 격자번호 내의 일련번호에 따라 토지를 특정화시키는 방법 등이 있다.

따라서 현재 등록되어 있는 모든 필지는 유일무이한 것으로 각 필지마다 고유한 하나의 물권객체로서 인식하여 타 토지와 연관되어 각종 정책이나 계획수립에 개별적으로 구분되어 이용되고 있다.

5) 공시의 원칙(Principle of Public Notification)·공개주의(Principle of Publicity)

공시의 원칙은 지적공부에 등록되어 있는 모든 등록사항은 외부에 알려야 한다는 원칙으로 일명 '공개주의 원칙'이라고도 한다.

지적에 있어서 '공개주의 원칙'은 공부상에 등록된 모든 등록사항의 열람이나 교부 및 발급에 있어서 토지소유자는 물론 일반인에게 정정당당하게 이용할 수 있도록 공시 방법을 통해 공개하여야 한다는 이념이다.

공시의 원칙과 공개주의 원칙은 결국 지적공부의 공정적 효력이나 구속적 효력 또는 확정적 효력을 보여주는 일련의 예로서 지적공부의 공개라는 것은 곧 정부를 위한 편익보다는 국민의 재산권 보호라는 측면이 더 중요시되기 때문이다.

지적공부의 공시 및 공개주의 원칙이 현행 제도상에서 이루어지고 있는 대표적인 사례로는 다음과 같은 것들이 있다.

① 소정의 절차를 밟아 열람·교부를 통한 개별필지의 속성을 확인할 수 있는 것

② 토지의 분쟁 시 지적도나 임야도의 경계를 현지에 그대로 복원시키는 것

③ 공부등록사항과 현실의 토지이용을 그대로 적용하여 변경하는 것

토지등록에 있어서 지적공부는 신청 또는 직권에 따라 모든 토지의 표시사항 등록을 강제적, 적극적으로 등록하고 있어서 지적제도는 공시의 원칙을 인정하고 있다.

그러나 현재 부동산등기제도는 공시의 원칙은 인정하고 있지 않고 다만 토지의 변동 사항에 대한 공개성의 기능만을 가지고 있다.

6) 공신의 원칙(Principle of Public Confidence)

공신의 원칙은 정당한 절차를 밟아 공시된 내용이 비록 그 공시방법이 진실한 권리관계에 부합하지 않더라도 그 공시된 내용의 권리를 인정하여 이를 보호하여야 한다는 것이다.[136]

일반적으로 공신력이란 있는 그대로의 외형적 사실을 믿고 거래한 자를 보호하여 진실로 등기내용과 같은 권리관계가 존재하는 것처럼 법률 효과를 인정하려는 법률원칙을 말한다.

그래서 공신의 원칙에 입각해서 기록된 모든 토지의 등록·표시사항은 국가의 직권에 의해 적극적으로 등록되어 있으므로 믿고 신뢰할 수 있다는 원칙이다.

---

136) 이왕무 외, 2002, 전게서, pp.148~149.

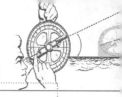

반면, 등기제도는 형식적 성립 요건만 갖추면 다른 조사 없이 서류심사만으로 등기할 수 있도록 되어 있으므로 등기내용이 사실과 달라서 피해를 입었을 경우, 등기 공무원이 등기에 관한 실질적인 심사권이 없다는 이유 등으로 공신력을 인정하고 있지 않다.

외국의 경우 프랑스도 우리나라와 마찬가지로 공신력을 불인정하는 대신 등기의 공시에 반드시 공증증서를 제출하도록 하고 있으며, 독일이나 스위스는 물론 영국, 호주, 미국 등의 토렌스식 등기제도를 채택하고 있는 나라에서는 권원증명서를 발급하여 등기의 공신력을 인정해 주고 있다.

〈표 4-2〉 토지등록의 원칙

구분	세부 내용
국정주의 원칙	지적은 국가 고유사무로서 토지의 표시사항에 대한 결정은 신청의 유무에 불구하고 국가공권력에 의한 직권으로 결정한다는 원칙
등록의 원칙	토지에 모든 표시사항은 공부에 반드시 등록되어야 하며, 또한 토지이동이 이루어지면 공부에 그 변동사항을 등록하여야 한다는 원칙
신청의 원칙	지적정리를 함에 있어 토지소유자의 신청을 전제로 하되 신청이 없을 때에는 소관청의 직권으로 조사, 측량하여 처리한다는 원칙
특정화의 원칙	모든 토지는 개별성 있게 명확히 인식될 수 있어야 한다는 원칙
공시의 원칙	토지의 이동 및 물권의 변동은 반드시 이를 등록하여 외부에 알려야 한다는 원칙
공신의 원칙	공적인 장부를 믿고 거래한 모든 거래자를 보호하여 그러한 공시내용과 같은 권리관계가 존재하는 것처럼 법률효과를 인정한다는 원칙

제2절 토지등록의 유형 및 편성

1. 토지등록의 유형

토지등록의 유형은 일괄등록제도, 분산등록제도, 통합등록제도, 날인증서등록제도, 권원등록제도, 적극적 등록제도, 소극적 등록제도 등으로 구분할 수 있다.

1) 일괄등록제도

일괄등록제도는 일정지역 내의 모든 필지를 일시에 체계적으로 조사·측량하여 지적공부에 등록하는 제도로서 우리나라, 대만, 일본 등 국토면적이 좁고 필지수가 많은 지역에 적당한 방법으로 연속형 지적도의 체계로 운영된다.

이 방법은 국토관리에 정확도가 높은 지적도를 기본도로 이용하게 되어 불부합이나 분쟁 등을 최소화할 수 있어 국토의 체계적 관리가 용이하다.

한번 해당지역 내의 지적도가 구축되면 그 이후의 토지이동 등에 따른 필지별 등록단가가 저렴한 반면 초기에는 일시적으로 많은 필지가 등록되어 업무의 과다로 인한 초기 투자비용이 많이 투입된다.

그래서 국토 면적이 협소하고 필지수가 많은 국가의 경우 지적재조사를 실시할 때 일정 해당지역을 측량한 도면이나 대장을 등록할 때 지역 내의 정해진 필지를 유기적으로 연계하여 등록할 수 있어 업무의 일관성과 통일성을 유지할 수 있는 장점이 있다.

2) 분산등록제도

분산등록제도는 토지매매 또는 토지개발 등이 이루어지거나 소유자가 토지의 등록을 요구할 경우 공부에 등록하는 제도로서 국토면적이 넓은 지역에 용이하며 정밀도가 높지 않은 지형도 등을 기본도로 이용하는 특징을 갖고 있다.

국토면적은 넓은 반면 비교적 인구가 적고 도시지역에 집중하여 거주하고 있는 미국, 호주, 캐나다 등과 같은 국가에서 채택하고 있는 제도이다.

즉, 국토의 면적이 넓은 지역이기 때문에 토지의 소유에 대한 인식도가 낮고 법적인 토지분쟁이 많이 발생하지 않는 장점도 있어 고정밀의 높은 정확도를 요하지 않는다.

그래서 토지의 등록이 점진적으로 이루어지며 도시지역 등 주거지역 위주로 지적도

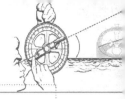

를 작성하고 산간지역과 사막지역 등은 지적도를 작성하지 않는 고립형 지적도 체계로 운영되는 경향을 보인다.

　필지별 등록단가가 높고 공부등록에 관한 예측이 불가하지만 일시적으로 많은 비용이 투입되지 않는 특징을 갖고 있다.

※ 고립형 지적도와 연속형 지적도

• 고립형 지적도(Island Map or Insular Map)

　도로나 구거 및 하천 등 지형・지물에 의한 블록별로 지적도면을 작성하기 때문에 지적도에 도곽의 개념이 없고 인접 지역과 연속하지 않기 때문에 도면의 접합이 불가능하다.
그래서 도면제작이 쉬워 비용이 저렴하며, 도시지역에 인구가 집중되어 있는 경우 효과적인 반면 도면관리나 대규모 개발사업 등의 사업계획 수립에 어려움이 있다.
국가로는 네덜란드와 프랑스 등에서 사용하고 있으나 특정지역의 현황을 파악하기 위해서는 별도도면을 작성해야 하는 단점이 있어 점차 연속형 지적도로 바뀌는 추세에 있다.

• 연속형 지적도(Serial Map or Continuous Map)

　일차적으로 먼저 개별 도곽별로 도면을 작성하여 인접 도면과 연속적으로 접합하여 만든 지적도면으로 모든 토지를 체계적이고 획일적으로 조사・측량하여 등록하는 일괄등록제도(Systematic System)를 채택하고 있는 지역에서 적용되고 있다.
지적도를 편리하게 사용하기 위해 일람도와 색인도를 작성하여 지번 검색 등을 용이하게 하는 반면 모든 경계가 도해적으로 강제 접합되어 있어 정확성이 결여되어 있다.

3) 통합등록제도

　통합등록제도는 지적제도와 등기제도가 일원화되어 있는 국가에서 많이 적용하는 등록제도로 모든 필지를 지적과 등기가 서로 연계되어 통합적, 체계적으로 등록하는 방법이다.

　지적과 등기가 일원화되어 있어 업무의 상호 유기적인 교류나 긴밀한 협조체제를 유지하고 있어 최신의 정확한 정보를 제공할 수 있다.

　이러한 제도를 채택하고 있는 국가에서는 업무의 신뢰성과 효율성이 높으며, 법적 분쟁이나 민원이 극소수에 불과하고 민원편의를 위한 서비스의 질적인 제공이 아주 용이하다.

　그러나 지적과 등기가 이원화된 국가에서는 이러한 제도를 도입하더라도 상당한 각 필지별 면적이나 경계 소유자 등의 대조작업이 필요하여 도입 시 많은 시간과 인력이 소요되게 된다.

우리나라의 경우 사실상 지적과 등기가 토지의 이동이나 변경사항이 발생하였을 경우 등기촉탁이나 소관청에서의 등기업무를 위한 창구개설 등을 통해 유기적인 업무체제를 유지하고 있지만 각 개별필지의 세부 등록사항이 두 부서에서 관리되고 있어 상호 부합되지 않는 경우가 종종 발생하고 있다.

4) 날인증서등록제도

토지의 이익에 영향을 미치는 문서의 공적 등기를 보전하는 것을 날인증서등록제도 (registration of deed)라고 한다. 특정한 거래가 발생한 기록은 나타나지만 그것을 법적으로 입증하지 못하므로 거래의 유효성을 증명하지 못한다.

토지 매입 시 매입자는 소유의 사실에 대해 판매자의 권리에 대한 증거를 찾는 법률에 의하여 그 권리가 인정된다.

등기가 보전되는 방법에 따라 다양한 효과를 갖는 것으로서 가장 기본적인 원칙은 집행 날짜가 아니라 등록된 날짜를 언급함으로써 등록된 문서가 등록되지 않은 문서 또는 뒤늦게 등록된 문서보다 우선권을 보장받을 수 있다.

문서에 의한 양도증서 작성체계는 기본적인 결점이 있는데 이것은 공공성의 결여에서가 아니라 문서 그 자체의 속성에서 오는 것이다.

5) 권원등록제도

권원등록(registration of title)제도는 공적 기관에서 보존되는 특정한 사람에게 귀속된 명확히 한정된 단위의 토지에 대한 권리와 그러한 권리들이 어떠한 상태에 놓여 있는가를 보여주는 등록이다. 권원등록제도는 기존의 날인증서등록제도의 본질적인 소유권을 입증하지 못하는 문제점을 보완하는 것으로 구체적인 권리등록을 위한 세부적인 사항까지 검토하는 특징을 가진다.

권원등록은 반드시 물권에 대한 정확한 내역이나 상태 그리고 이해관계와 하자 등을 정확하게 조사하여 반영한다.

① 정확한 물권의 내역

② 물권에 대한 소유권이나 이해관계

③ 재산권이나 기타 이해관계의 상태

④ 권원에 영향을 미치는 하자들

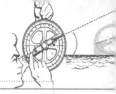

이러한 구체적인 사항들을 조사함으로써 공공기록상에 존재하는 소유자명, 물권의 법적인 특정권리, 타인 토지의 영향을 미치는 특정이익 등을 명확하게 확인할 수 있으며, 이를 통해 토지표시부, 소유권, 저당권 및 기타 권리로 구분되어 등록된다.

6) 소극적 등록제도

소극적 등록제도(negative system)는 국가가 토지의 이용이나 토지의 등록에 있어서 국가가 적극적, 강제적인 업무수행이 아니라 기본적으로 거래와 관련한 거래증서에 변경된 내역을 기록하는 것이다.

이러한 소극적 등록하에서는 소유권의 변경이 있을 시 그에 따른 기록을 정리하는 것이며, 단지 거래사항을 등록하는 것일 뿐 권리 자체를 보장하지는 않는다.

이 제도를 채택하고 있는 나라에서는 거래행위에 따른 토지등록은 일반적으로 사유 재산 양도증서 작성(private conveyancing)과 날인증서 등록(registration of deed)으로 구분한다.

특히 토지등록을 의무화하고 있는 것이 아니므로 등록은 신청에 의하고 거래증서의 등록 시에 변경내역에 대한 사항을 확인하게 된다.

그래서 거래계약증서의 등록을 토지등록이라고 하고 있으며 이때의 증서는 권리의 행사를 주장하거나 거래를 기록하는 것으로 개인의 이익과 공공의 편의를 위해서 등록된다.

소극적 등록제도는 네덜란드, 영국, 프랑스, 이탈리아 그리고 미국의 일부 주(州) 및 캐나다와 같은 여러 나라에서 시행되고 있다.

7) 적극적 등록제도

적극적 등록제도(positive system)하에서의 토지등록은 지적공부에 등록되지 않은 토지는 그 토지에 대한 어떠한 권리도 인정될 수 없고 등록은 강제되고 의무적이다.

토지등록의 효력이 국가에 의해 법률적으로 안전하게 보장되기 때문에 거래 시 선의 의 제3자의 법적 피해가 완벽하게 보호받게 되는 토렌스제도가 있다.

적극적 등록제도는 오스트레일리아, 뉴질랜드, 스위스 및 미국의 몇 주와 캐나다의 일부에서 채택하여 사용되고 있다.

적극적 등록제도에 있어서는 등기공무원의 완벽한 성실성과 판단에 의해서 좌우되는 것이 사실이며, 권리주장의 부당성에 대하여 보상받을 수 있다.

거래증서의 등록은 일반적으로나 행정적으로 세분된 기관에서 수행되며 간혹 소극적 등록제도의 단점을 제거하는 데 이용되기도 한다.

> ※ **토렌스 제도(Torrens System)**
> 오늘날 토렌스 제도는 적극적 지적제도의 효시로서 경계표시와 등기에 관계된 모든 권리증명을 명확히 하기 위해 토지의 권원(Land Title)을 조사함은 물론 토지거래에 따른 변동사항을 권리증서에 등록하여 그 공신력을 인정받는 제도로 권원조사를 위한 거울이론, 커튼이론, 보험이론의 3가지 이론을 담고 있다. (제1장 제4절 참조)

2. 토지등록의 편성

1) 물적 편성주의(物的 編成主義)

물적 편성주의는 개별 토지를 중심으로 등록부를 편성하는 것으로서 1토지에 1용지를 두는 경우이다.

인적 편성주의와 대조적인 편성으로 토지를 중심으로 등록·관리되는 방법이므로 정책 수립 또는 토지의 이용 및 개발 등의 측면에서는 편리하나 납세 등을 위한 소유자별 토지소유현황 등의 파악이 어려운 것이 단점이다. 우리나라를 비롯한 일본, 대만 등의 국가에서 물적 편성주의를 채택하고 있다.

2) 인적 편성주의(人的 編成主義)

인적 편성주의는 토지 소유자를 중심으로 등록부를 편성하는 방식으로 등기부상에 토지를 소유하고 있는 소유자의 이름별로 작성하여 동일한 소유자가 갖고 있는 모든 토지는 동일 소유자의 대장에 기록되는 방식이다.

과세자의 과세물건을 정확히 등록하여 과세금액을 정확하게 산정하기 위한 세지적의 소산이라 할 수 있으며 우리나라의 경우 지세명기장[137]이 여기에 해당된다.

지세명기장은 지세징수를 위하여 토지이동정리를 끝낸 토지대장 중 국유지가 아닌 민유지 중에서 과세대상지만을 추출하여 각 면마다 소유자별로 기록한 과세징수대장으로 인적 편성주의 방식을 취하고 있다.

---

137) 1878년에 작성되기 시작하였으나 토지조사사업 당시에 지세징수를 위해 1914년 지세명기장의 조제를 규정하여 1918년 5월에 과세대장지의 지세업무를 완료하였다.

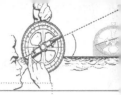

3) 연대적 편성주의(年代的 編成主義)

연대적 편성주의는 토지 소유자의 신청이나 신고된 시간적 순서에 따라 순차적으로 등록부에 기록하는 방식으로 프랑스와 미국에서 일부 사용되는 리코딩 시스템(recoding system)이 이에 속한다.

미국의 리코딩 시스템(recording system)은 일명 권원증서 등록제도라 하는데 이것은 토지에 관한 권리 자체를 등록하는 것이 아니라 단순히 토지의 처분에 관한 연대적인 변동내역 등을 등록하여 뒷날의 증거로 삼는 제도이다.

이것은 등기부의 편성방법으로서 가장 유효한 것이며, 그 자체만으로써는 공시의 기능을 발휘할 수 없으나 필요한 부분을 쉽게 찾을 수 있도록 하기 위하여, 최소한 어떤 색인을 만든다는 것이 필요하다.

4) 물적 · 인적 편성주의(物的 · 人的 編成主義)

물적 편성주의를 기본으로 등록부를 편성하되 인적 편성주의의 요소를 가미하여 토지의 물권별로 등록부를 일차적으로 편성하여 이것을 토대로 소유자별 토지등록부를 동시에 마련함으로써 행정업무의 효율성을 증대시키기 위한 것이다.

물적 편성주의와 인적 편성주의를 동시에 채택하고 있는 국가는 스위스나 독일의 경우가 이에 속한다.

〈표 4-3〉 토지등록 편성주의 비교

물적 편성주의	인적 편성주의	연대적 편성주의
• 토지 중심으로 편성	• 토지소유자 중심으로	• 편성특정기준 없음
• 1토지 1 대장	• 개인에 속한 모든 토지 등록	• 신청에 따라 순차적으로 등록
• 현재 우리나라 편성방법	• 개인별 과세산출 명확한 방법	• 가장 유효한 권원증서 등록방법
• 소유자별 파악이 곤란	• 토지행정상에 지장이 많음	• 공시기능 발휘의 어려움
• 국가 : 우리나라, 일본, 대만	• 국가 : 네덜란드	• 국가 : 프랑스, 미국의 일부 주
물적 편성주의 + 인적 편성주의(스위스, 독일)		※ 참고
• 물권별로 등록부를 먼저 편성하고 이를 토대로 소유자별 토지등록부를 마련하여 행정업무의 효율성 증대됨		• 우리나라 편성주의(물적 편성주의) • 우리나라 최초 인적 편성주의 장부(지세명기장 : 1913년)

제3절 토지등록과 등기

1. 토지등록의 발전 과정

토지등록제도는 곧 지적공부에 등록하는 등록사항과 관련된 모든 업무를 총칭하는 의미이므로 지적공부의 발전 과정과 같은 맥락으로 볼 수 있다.

그래서 토지등록의 발전 과정을 삼국시대에서부터 현재에 이르기까지 살펴보면 다음과 같다.

1) 대한제국 이전

삼국시대의 지적공부에 해당하는 것으로는 고구려의 도부, 백제의 도적, 신라의 장적이 대표적인 것인데 고구려나 백제에 대한 구체적인 기록은 존재하지 않으나 신라의 장적문서는 현존하고 있어 그 내용으로 토지등록에 관련된 사항을 확인할 수 있다.

신라 장적문서의 내용에 따르면 현재 청주지방 부근의 4개 촌락의 명칭, 크기, 호구수, 다양한 전답의 면적, 마전(麻田), 뽕나무·백자목·추자목 수량, 가축의 수 등을 기록한 문서로서 3년 간의 사망·이동 등 변동내역 등이 기록되어 있는데 촌락의 명칭은 오늘날의 소재에 해당하며, 전답의 면적은 오늘날의 지목과 면적 그리고 경계에 해당하는 기록으로 볼 수 있다.

그리고 고려 초기나 중기는 전시과 제도를 시행하였으므로 관품, 인품 등 18과로 구분한 점 등으로 미루어 소유주, 위치(사표), 전품 등을 기록하였고 고려 말기에는 과전법의 실시로 인해 양안도 초기나 중기의 것과는 전혀 다른 과전법에 적합한 양식으로 고쳐지고 토지의 정확한 파악을 위하여 오늘날의 지번설정과 같은 지번(자호)제도를 창설하게 되었다.

이러한 증거로 고성의 삼일포 매향비나 정두사 오층석탑조성형지기 등을 볼 수 있는데 토지기록부의 기재형식은 매 필지에 대하여 토지소유자 아래에 토지소재지, 전답구분, 토지형상, 양전의 방향, 면적, 사표, 총 결수는 물론 자호(지번)까지 기록하고 있어 오늘날의 토지등록사항과 아주 유사한 형태로 발전되었다.

조선시대로 들어오면서 양안에는 토지소재, 지번, 면적, 결부, 측량순서, 토지등급, 토지모양(지형), 사표(四標), 진기(陳起)상황, 신구 토지경작자 등이 기재되어 있어 고려시대보다 좀 더 보완된 공부의 형태를 보이고 있다.

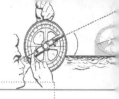

또한 문기나 입안과 같은 토지거래를 위한 매매계약서나 권리공증을 위한 제도가 나타나기 시작한 것으로 볼 때 소유권의 개념이 처음으로 등장하였다고 볼 수 있다.

그리고 수취제도를 위해 1876년에 만들어진 결수연명부에 대한 기록으로 미루어 이때부터 개인별 과세를 위한 징세대장이 만들어졌으나 수령과 아전 등의 착취 및 횡령 등의 폐단으로 인해 정확한 과세기록이 작성되지 않았고 1908년에 이르러 수령과 아전들의 폐단에서 완전히 벗어난 새로운 결수연명부를 작성하게 되었다.

2) 일제강점기 시대 이후

일제강점기 시대의 토지등록제도는 1911년 3월 임시토지조사국에서 처음으로 지번, 지목 등의 지적도의 제조에 착수하였고 1912년 11월 '결수연명부규칙'을 공포하여 1912년 1월부터 시행하였으며, 동년 3월에는 결수연명부의 문제점을 보완하기 위해 과세지견취도를 작성하도록 지시하였다.

1912년 3월에는 '조선부동산등기령'과 '부동산증명령'을 공포하여 토지증명부와 건물증명부를 작성하도록 하여 토지와 건물에 대한 권리증명을 위한 대장의 작성이 시작되었다. 1913년 1월 토지대장을 제조하여 다음해 토지대장 집계부 및 지세명기장의 제조를 실시하였다.

1914년 4월의 '토지대장규칙'과 1920년의 '임야대장규칙'이 공포되어 토지대장, 지적도, 임야대장, 임야도의 등록사항과 양식, 부·면에 비치하는 규정과 열람 및 등본발급에 대한 규정이 마련되어 우리나라에서 처음으로 공부의 열람제도가 만들어졌다.

그리고 1922년 6월에는 지적약도의 제작 및 증보에 대한 내용과 지적약도의 보관에 관한 지시가 내려졌으며, 1934년 4월에 지적업무에서 지세를 분리하여 세무서에 이관하기로 하였다.

그래서 일제강점기 시대부터 오늘날의 토지등록사항과 유사한 토지소재, 지번, 지목, 면적, 경계 등이 기록되어 고려와 조선시대에 비해 더 많이 오늘날의 등록사항에 가깝게 발전하게 된다.

3) 1950년대 이후

1950년 12월 1일 법률 제165호로 지적법이 공포되었는데 부칙까지 합쳐서 전문 41개의 조문으로 기존의 법을 폐지하고 '지적법'과 '지세법'을 분리·제정하여 우리나라의 독립적인 새로운 '지적법'을 제정하였다.

이때 최초의 지적공부로 지적도, 임야도, 지적대장, 임야대장의 4가지만을 정식 공부로 인정하여 출발하였다.

1976년에는 급속한 시가지의 확산으로 도해지적으로는 한계가 있어 수치지적부를 처음으로 지적공부에 포함시켰으며, 1984년에 '집합건물의 소유 및 관리에 관한 법률'이 제정되면서 1986년 공유지연명부의 비치 및 등록사항을 규정하였다.

1990년 컴퓨터의 보급이 확산되면서 업무의 효율성을 위해 전산파일을 지적공부로 보도록 규정하였고 1995년에는 전산파일이 지적공부로 정식 등록되었다.

1996년에는 대지권등록부의 등록사항 및 비치규정을 신설하도록 하였으나 지적공부에는 포함시키지 않았으며, 1996년까지 지적공부는 토지대장·지적도·임야대장·임야도·수치지적부·지적전산파일의 6가지의 공부만 존재하였다.

그리고 2001년에 들어오면서 수지치적부를 경계점좌표등록부로 명칭을 변경하고 기존의 공유지연명부, 대지권등록부의 작성과 비치에 대한 규정만을 언급하였으나 공유지연명부, 대지권등록부를 정식으로 지적공부에 포함시키면서 토지대장·지적도·임야대장·임야도·대지권등록부·공유지연명부·경계점좌표등록부 그리고 지적전산파일의 총 8가지의 지적공부를 규정하여 현재에 이르고 있다.

그래서 현재의 공부등록사항인 토지의 소재, 지번, 지목, 면적, 좌표, 면적, 경계 등과 기타 공부의 특성별 관련사항까지도 모두 등록되어 있다.

2. 등기의 발전 과정

등기는 토지소유 권한을 법적으로 명확하게 기록하여 개인의 재산권을 보호하기 위한 것으로 이것은 조선시대의 토지거래 또는 매매계약서에 해당하는 문기와 문기에 따른 증명제도인 입안으로부터 우리나라의 등기제도는 출발 되었다. 오늘날의 등기사항과 그 내용을 비교하자면 상당히 부족하고 미비하였지만 권리 유무(有無)의 자체적인 기록만으로 볼 때 등기제도의 기본적인 소유권한을 입증하는 기록으로 볼 수 있다.

그래서 조선시대 이후부터 오늘날에 이르기까지 그 발전 과정을 살펴보면 다음과 같다.

1) 가계(家契) 및 지계(地契)제도

조선시대의 문기의 공증을 위한 입안제도는 1905년까지 가계제도와 지계제도로 구분되어 시행되었으나 토지조사의 미비와 국민들의 의식부족으로 충남과 강원도 일부 지역에서 실시하다가 중단되었다.

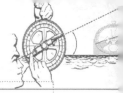

그러나 가계제도와 지계제도는 엄밀히 따지면 고려시대의 입안과 동일한 성격으로 입안제도보다는 좀 더 발전된 형태라 할 수 있다.

가계제도는 가옥소유 및 매매·양도 등에 대한 관의 인증으로 가계발급은 의무적·강행적으로 이루어졌다. 1893년 한성부에서 처음으로 발급되어 무역교류를 위한 개항지나 시가지에 발급되어 제3자에게 권리를 대항하기 위한 요건을 가졌다.

반면 지계제도는 전답소유자가 전답을 매매 또는 양여한 경우 관계(官契)로서 토지의 소유권을 명기한 공문서의 역할을 수행하였다.

가계 및 지계에는 그 앞면에는 문언이 인쇄되어 있고 끝부분에 담당공무원, 매도인, 매수인, 증인 등이 기록되어 있으며 뒷면에는 가계 또는 지계에 대한 세부규칙 조항들이 기술되어 있다.

그래서 가계 및 지계제도는 소유권 증명을 위한 근대적 제도라고 볼 수 있다.

 기초지식

※ 가계(家契) 및 지계(地契)제도

구분	세부 내용
가계제도	가옥(집)의 소유에 대한 관청의 공적증명(지계보다 10년 앞서 시행)
지계제도	전답(토지) 등의 소유에 대한 관청의 공적증명(입안의 근대화)
수록내용	가계 또는 지계의 문언, 담당공무원, 매도인과 매수인, 증인 서명, 당상관의 화압, 뒷면에는 가계 또는 지계규칙이 수록

2) 토지증명제도(土地證明制度)

토지증명제도는 가계 및 지계제도를 뒤이어 보다 발전된 공시방법인 등기제도에 해당하는 것으로 소유권과 전당권에 대해서 그 계약의 내용을 조사하여 인증해 주었다.

부동산 증명제도를 도입하게 된 여러 가지 이유 중 하나는 그 당시에 토지는 거주하고 있는 지역에서 4km 이내로 제한하였기 때문에 이 제한거리를 넘어서는 토지를 소유할 수 있는 법적 근거를 마련한 것으로 판단된다.

그래서 1906년 10월 31일 고종황제의 칙령 제65호로서 '토지가옥증명규칙'과 동년 12월에 칙령 제80호로 '토지가옥전당집행규칙'을 공포하여 토지가옥의 매매, 교환, 증여, 전당 및 채무불이행 등의 경우에 그 계약서에 통수나 동장의 인증을 거친 후에 대장에 그러한 증명사실을 기재하고 군수나 부윤에게 신청하여 소유권의 증명을 받을 수 있도록 하였다.

그리고 1912년 3월 18일 제령 제9로 '조선부동산등기령'과 동년 3월 22일 제령 제15호로 '조선부동산증명령'이 공포되어 4월부터 시행되면서 부동산등기는 일본의 '부동산 등기법'에 의하되 관서나 관청에 토지증명부 및 건물증명부를 비치할 것 등을 규정하였는데 이것이 오늘날 부동산등기에 관한 법령의 효시가 되고 있다.

이 법으로 인해 기존의 토지건물의 증명 및 전당집행에 관한 토지가옥증명규칙과 토지가옥전당집행규칙이 폐지되었고 1914년 '토지대장규칙'에 따라 토지조사와 소유자의 사정(査定)과 재결(裁決)을 바탕으로 토지대장등기부가 작성되어 1918년 전 한반도에 등기령을 시행하게 되었다.

3) 부동산 등기제도

광복 후에도 '조선민사령'과 '조선부동산등기령'에 의한 등기제도가 계속 유지되다가 1960년 1월 1일에 이르러 현행 민법의 시행과 함께 부동산등기법과 동법시행규칙이 제정·시행되어 우리나라의 법에 의한 등기제도가 완성되었다.

그래서 조선시대의 매매계약서인 문기를 보다 더 확실히 공증하기 위한 입안과정을 거쳐 대한제국의 가계 및 지계제도 그리고 일제강점기 시대의 토지대장과 사정에 따른 등기부가 작성되는 발전 과정을 거쳐 오늘날과 같은 등기제도는 1960년대 이후부터 확립되었다고 볼 수 있다.

3. 토지등록과 등기의 관계

지적공부는 지적관리를 위하여 만들어진 국가의 공적 장부인 반면에 등기부는 토지의 권리관계를 명확하게 하기 위해 비치한 장부이므로 지적공부는 토지에 관한 사실관계 측면을, 등기부는 권리관계 측면을 정확히 파악하는 것이 기본적인 업무사항이다.

1) 토지등록과 토지등기의 차이

(1) 토지등록

토지의 등록은 토지 자체의 현황을 공시함을 주요 기능으로 하여 그 기재사항은 소재, 지번, 지목, 경계, 좌표, 면적 등 주로 물리적인 현황에 따른 사실관계를 기록하고 있다.

등록의 절차는 소유자의 신고 또는 신청의무 해태의 경우나 지번의 변경, 경정 또는 축척변경 등 소유자의 신고 또는 신청에 일임할 수 없는 사항에 관하여는 등록기관의

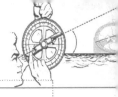

직권에 의하여 등록한다.

토지등록의 국정주의와 적극적 등록주의라는 등록의 기능면에서 실제의 토지현황과 등록부상의 토지표시는 항상 부합하여야 하며, 국가 영역 내의 모든 토지는 반드시 등록되어 통일성은 물론 정확하고 신뢰성이 있어야 하기 때문이다.

(2) 등기

토지에 관한 권리관계를 공시함을 그 기능으로 하는 만큼 그 기재 절차에는 엄격한 요식행위가 요구되고 또 그 기재의 당부에 관한 이의가 있을 때에는 그 이의신청만으로 즉각 사법적 판단을 받게 된다.

등기기관의 착오에 기인한 기재의 오류, 착오의 정정에 있어서도 관할법원장의 허가를 요하는 등 등기기관의 재량권을 배제하고 허위의 기재를 하게 한 자에 대하여는 공증증서 원본 부실기재의 죄로 문책하게 된다.

등기는 원칙적으로 등기권리자와 등기의무자, 즉 당해 등기로 인하여 부동산에 관한 권리를 취득 또는 확장하는 자와 그 권리가 소멸 또는 축소되는 자의 쌍방신청이나 관공서의 촉탁에 의하고 등기기관이 직권으로 하는 것은 극히 예외적인 경우에 한한다.

등기가 공시하는 권리관계는 토지에 관한 소유권을 위시하여 지상권, 지역권, 전세권, 임차권, 권리 질권의 설정, 보존, 이전, 변경, 처분의 제한 또는 소멸 등 다양한 형태의 변동사항과 각 권리관계 등의 세부적인 내용까지 포함하고 있다.

등기의 신청은 실체법상 또는 절차법상으로 적법한가에 따라 법률적 해석이 달라지는데 실체법이란 권리의무의 성격·소재·범위와 종류·내용·발생·변경·소멸 등에 관한 실체적 사항을 규정하는 법이며, 실체법상의 권리를 실행하거나 또는 의무를 실행시키기 위한 절차에 관한 법이다.

그래서 절차법은 실체법이 없으면 그 의미가 없고, 실체법은 절차법의 도움을 받아 비로소 그 내용의 실현이 보장되는 것이라 볼 수 있다.

2) 등록과 등기와의 관계

등기는 토지에 대한 관리관계를 공시하고, 등록은 토지에 대한 사실관계를 공시한다는 점에서 차이가 있다 할지라도 그 대상은 동일 토지라는 점에서 등기와 등록은 밀접한 관련을 가진다.

권리관계를 공시함에도 그 목적물이 특정되어야 하고 사실관계를 공시함에 있어서도 권리 변동의 효력이 발생하여야 그 신고 또는 신청의무자가 특정되는 것이므로 등기와 등록은 그 목적물의 표시 내지 소유권의 표시에 관한 한 항상 부합되어야 한다.

즉, 지적공부에 등록된 특정화된 개별토지에 대해서 과세 및 징수 등의 행정목적을 달성하기 위해서는 그 토지에 대한 소유관계 등의 권리관계가 정확하게 파악되어야 한다는 의미이다.

그러나 두 가지 기능이 상호의존적이지 못할 경우에는 지적공부의 오류는 바로 등기의 오류로 이어질 수 있고 또한 등기의 오류는 지적공부의 오류를 초래하므로 양 공부는 서로의 내용이 일치되어야 한다는 것이다.[138]

등기와 토지등록의 부합여부는 토지등록과 현실 토지이용과의 부합여부와 등기와 실체권리의 부합여부와는 전혀 다른 별개의 문제이다.

실제로 등기와 토지등록이 부합한다 할지라도 토지등록과 현실 토지이용이 부합하지 않거나 등기와 실체 권리관계가 부합하지 않을 경우에는 등기와 토지등록의 부합은 아무런 의미가 없다.

특히 우리나라의 경우 등기제도와 지적제도가 이원화 체계로 구성되어 있어서 보존 또는 표시변경등기의 의무화 규정, 등록기관의 불부합 통지에 의한 등기기관의 직권등기제도 등을 규정하고 있는 것도 등기와 토지등록의 상호 유기적인 업무의 연계성 또는 의존성을 의미한다.

그래서 현실적으로 이원화되어 있으나 등기제도와 지적제도가 업무의 상호 유기적인 교류 또는 연관성을 갖고 있기 때문에 일원화체제를 유지하면 보다 더 많은 편익이 발생된다는 이유에서 일원화가 되어야 한다는 것이다.

설령 현실의 법제도적인 구조 등으로 볼 때 일원화가 되기 어렵다 하더라도 부정한 방법 또는 등기의 과오나 착오로 인한 권리의 유·무 등이 사적 재산에 미치는 영향은 아주 상반된 결과를 초래할 수 있다.

그러므로 등기업무에서는 부실등기의 요인을 제거하고 토지등록 업무에서는 토지표시의 불일치 요인을 제거하는 것이 무엇보다 선행되어야 하는 과제이며, 이러한 과제는 결국 국민의 재산권 보호를 위한 지극히 당연한 국가업무라 할 수 있다.

---

138) 이성화, 2009, "지적과 등기제도의 공시일원화를 위한 법제 통합방향 연구", 한국지적정보학회지, 제11권 제1호, pp.65~87.

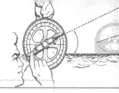

기초지식

※ 토지등록과 등기의 차이

구분	토지등록	등기
신청대상	토지	토지 및 건물
등록공부	지적공부	등기부
신청순서	선 등록	후 등기
세부내용	일필지 표시사항	일필지 권리관계 및 기타 권리

4. 지적제도와 등기제도의 비교

1) 기본 이념(원리)

지적제도와 등기제도는 토지와 토지 위에 존재하는 부속물을 대상으로 하는 점에서 공통적인 요소가 존재하나 먼저 법 제정의 목적부터 서로 상이하기 때문에 법체계·기본 이념·등록사항·담당기관 등이 완전히 다른 구성으로 이루어져 있다.

(1) 지적제도

지적제도의 특성은 첫째 지적업무는 국가의 고유사무로서 지적공부의 등록사항인 토지의 소재·지번·지목·면적·경계·좌표 등은 국가만이 결정할 수 있는 권한을 가지는 국정주의 원칙을 채택하고 있다.

둘째, 모든 토지는 지적공부에 등록을 해야만 효력이 발생하며, 지적공부에 등록되는 순간부터 그 효력이 발생하는 형식주의 원칙을 채택하고 있다.

셋째, 토지에 대한 물리적 현황과 법적 권리관계 등을 토지소유자나 이해관계인은 물론 기타 일반국민에게도 공시방법을 통하여 신속·정확하게 공개하여 정당하게 언제나 이용할 수 있는 공개주의 원칙을 채택하고 있다.

넷째, 토지에 대한 사실관계를 정확하게 등록·공시하는 제도로서 새로이 지적공부에 등록하는 사항이나 이미 지적공부에 등록된 사항을 변경 등록하고자 할 경우 실질적으로 조사·측량을 한 후 부합여부를 심사하여 지적공부에 등록하도록 하는 실질적 심사주의 원칙을 채택하고 있다.

마지막으로 토지의 이동 시 소유자가 신청하는 것이 원칙이며, 소유자가 신청하지 않으면 소관청(시장·군수·구청장)이 직권으로 조사·측량하여 강제적으로 지적공부에 등록·공시하도록 하는 적극적 등록주의 원칙을 채택하고 있다.

(2) 등기제도

우리나라 등기제도의 기본 원리는 첫째, 등기부의 편성에 있어서는 물적 편성주의를 취하며 등기부의 구성은 표제부, 갑구, 을구로 구분되어 있다.

둘째, 등기절차에 있어서는 거래 당사자의 공동 신청주의와 서류상에 의한 형식적 심사주의를 채택하고 있다.

셋째, 물권변동에 있어서 당사자의 의사표시만으로는 물권변동의 효력이 발생하지 않고, 일정한 형식의 공시방법을 갖추어야만 비로소 물권변동이 발생하며, 제3자에게 대항할 수 있는 성립요건주의를 채택하고 있다.

넷째, 등기의 공신력은 인정하지 않고 등기가 되어 있으면 그에 상응하는 실질적 법률관계가 존재하는 것으로 미루어지는 추정적 효력이 있다.

다섯째, 등기관이 고의 과실로 인하여 부당한 처분을 받은 경우에 피해를 입은 개인의 재산권에 대해 국가배상법의 규정에 의하여 국가가 손해배상책임을 갖도록 하고 있다.

(3) 등기의 효력

부동산등기란 부동산의 귀속과 그 귀속의 형태를 외부에서 인식할 수 있도록 공시하는 방법으로 그 효력은 다음과 같다.

① 권리변동적 효력

민법 제186조에서 규정하고 있는 것과 같이 부동산에 관한 법률행위로 인한 물건에 대한 득실 변경은 등기를 하여야 그 효력이 발생한다는 의미이다.

② 대항적 효력

지상권, 지역권, 전세권, 저당권 등과 같이 등기를 함으로써 제3자에게 대항력이 생기는 경우가 있는데 이를 의미한다.

③ 순위확정적 효력

부동산등기법 제5조에서 규정한 동일한 부동산에 관하여 등기한 권리의 순위는 법률에 다른 규정이 없는 때에는 그 등기의 전후에 의하여 순위가 정하여지는 효력을 의미한다.

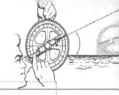

④ 점유적 효력

민법 제245조 제2항에서 규정하고 있는 20년간 소유의 의사로 평온, 공연하게 부동산을 점유하는 자는 등기함으로써 그 소유권을 취득하며, 부동산의 소유자로 등기한 자가 10년간 소유의 의사로 평온, 공연하게 선의이며 과실없이 그 부동산을 점유한 때에는 소유권을 취득한다는 것으로 점유하고 있을 때 발생되는 효력을 의미한다.

⑤ 추정적 효력

부동산 등기가 있으면 그에 대응하는 실질적인 권리관계가 있는 것으로 추정한다는 의미로 등기상의 권리관계에 의해 추정하는 효력을 의미한다.

⑥ 순위보존적 효력

부동산등기법 제6조 제2항에서 규정하고 있는 가등기의 경우 가등기에 기하여 본등기를 할 때에는 본등기의 순위는 가등기의 순위에 의하는 것으로 본등기의 효력은 본등기를 실행한 때로부터 발생하는 것이나 그 순위를 결정하는 표준시기는 가등기를 한 때로 하는 것에 대한 효력을 의미한다.

⑦ 후등기 저지력(형식적 확정력)

비록 실체법상 효력이 없어도 형식적으로 등기부가 존재하는 이상 이와 동일한 등기는 실행하지 못하는 효력을 의미한다.

⑧ 등기의 공신력

등기를 신뢰하고 거래한 자를 보호하기 위해 등기가 실체와 불부합될 경우에도 등기에 대응하는 실체관계가 있는 것과 같은 효력을 의미하는 것으로 우리나라에서는 공신력이 인정되지 않기 때문에 실제관계와 부합하지 않는 등기를 믿고 거래한 자는 권리를 취득하지 못하기 때문이다.

기초지식

※ 등기의 효력

구분	세부 내용
권리변동적 효력	• 물권행위와 그것에 대응하고 부합하는 등기가 있으면 부동산에 관한 물권의 변동이 생긴다는 효력
추정의 효력(추정력)	• 어떤 등기가 있으면 그에 대응하는 실제적 권리관계가 존재하는 것으로 추정된다는 효력
순위확정적 효력	• 동일한 부동산에 관하여 설정된 여러 가지 권리관계가 존재하는 것으로 추정된다는 효력
대항적 효력	• 등기법의 환매특약의 등기 또는 지상권·지역권·전세권·저당권·임차권 등의 등기를 한 때에는 그 등기의 내용으로서 기재된 일정한 사항을 가지고 제3자에 대하여서도 대항할 수 있는 효력
가등기 효력	• 가등기에 의해 본등기를 한때에는 본등기의 순위는 가등기의 순위에 의하며, 본 동기의 순위가 가등기의 순위에 소급되는 효력
예고등기 효력	• 등기원인의 무효, 취소로 인한 말소 또는 회복의 소가 제기된 경우 법원의 촉탁에 의해서 하는 등기의 효력
점유적 효력	• 부동산의 소유자로 등기되어 있는 자가 10년 동안 지주 점유를 한 때에는 소유권을 획득한다는 효력
후등기 저지력 (형식적 확정력)	• 비록 실체법상 효력이 없어도 형식적으로 등기부가 존재하는 이상 이와 동일한 등기는 실행하지 못하는 효력
점유의 추정력 배제	• 등기된 부동산에 대하여는 점유의 추정력이 배제된다는 다수설과 판례의 입장에 따른 효력 ※ 민법 제200조(권리의 적법의 추정) "점유자가 점유물에 대하여 행사하는 권리는 적법하게 보유한 것으로 추정한다."
등기의 공신력	• 등기를 신뢰하고 거래한 자를 보호하기 위해 등기가 실체와 불부합될 경우에도 등기에 대응하는 실체관계가 있는 것과 같은 효력 (우리나라에서는 공신력이 인정되지 않기 때문에 실제관계와 부합하지 않는 등기를 믿고 거래한 자는 권리를 취득하지 못한다.)

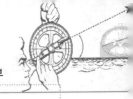

〈표 4-4〉 등기부 등본의 구성

구분	세부 내용
표제부	표제부는 토지와 건물의 표시사항과 관련된 것으로 건물의 경우 표제부는 2장으로 구성되어 있다. 첫 장은 건물의 전체 면적(1동), 둘째 장은 전유부분에 관한 건물호수와 대지지분이 기재되어 있음
갑구	갑구는 소유권에 관련된 사항으로 갑구에는 부동산의 소유권 보존, 소유권 이전, 가등기, 가처분, 압류, 경매신청, 가압류, 파산 등의 소유권 변동을 일으키는 원인들이 기재되어 있음(아파트의 경우에는 대지권에 대한 사항 기재)
을구	을구는 소유권 이외의 기타 권리사항과 관련된 것으로 저당권, 전세권, 지역권, 지상권에 관한 등기사항이 기재되어 있으며, 해당 부동산의 담보 또는 담보설정 등에 대한 내용이 기재되어 있음
등기부 편성	

[을 구] (소유권이외의 권리에 관한사항)

순위번호	등 기 목 적	접 수	등 기 원 인	권리자 및 기타사항

[갑 구] (소유권에 관한 사항)

순위번호	등 기 목 적	접 수	등 기 원 인	권리자 및 기타사항

[표 제 부] (전유부분의 건물의 표시)

표시번호	접 수	건물번호	건 물 내 역	등기원인 및 기타사항
		제5층 520호	철근콩크리트조 80.96㎡ → 구 조 → 면 적	

등기부 등본 (말소사항 포함) - 집합건물

00도 00시 00구 00동 0000-0　　　　고유번호 0000-0000-000000

[표 제 부] (1동의 건물의 표시)

표시번호	접 수	소재지번, 건물명칭 및 번호	건 물 내 역	등기원인 및 기타사항

등기부 등본 (말소사항 포함) - 토지

경상북도 칠곡군 전보면 이촌리 11-1　　고유번호 1313-1996-439206

[표 제 부] (토지의 표시)

표시번호	접 수	소 재 지 번	지목	면 적	등기원인 및 기타사항
1 (전 2)	1992년9월1일	경상북도 칠곡군 전보면 이촌리 11-1	대	5.0㎡	

2) 주요 특성

지적제도와 등기제도의 가장 주요한 특성은 먼저 지적제도는 국정주의와 직권등록 주의를 채택하여 모든 토지를 강제적으로 등록 공시하고 있으며, 등기제도는 당사자 신청주의와 성립요건주의(형식주의)를 채택하여 모든 토지는 당사자의 등기신청이 있는 경우에 한하여 토지등기부에 기재하게 되고 등기하는 공시방법을 갖추어야만 비로소 물권변동이 발생한다.

또한 지적제도는 실체법상 사실관계의 부합 여부까지도 심사하여 지적공부에 등록하는 실질적 심사주의를 채택하여 운영하고 있기 때문에 적어도 지적공부에 등록 공시된 토지의 표시사항만은 공신력을 인정하고 있는 반면, 등기제도는 등기관이 실체법상 사실관계의 일치여부에 관한 조사를 할 수 없는 형식적 심사주의를 채택하여 운영하고 있어 등기를 신뢰하고 거래한 자는 그 등기가 진정한 권리형태와 부합되지 않는 경우에도 그 신뢰를 보호한다는 소위 등기의 공신력을 인정하지 않고 있다.

3) 제도의 비교

지적제도는 국가 또는 국가로부터 위임받은 기관(소관청)이 대한민국의 모든 영토를 개별 필지 단위의 물리적 현황과 법적 권리관계 등을 공적장부인 대장과 도면 등의 8개의 지적공부에 등록, 공시하고 그 변경사항을 영속적으로 등록, 관리하는 국가사무이다.

지적공부의 등록사항은 일필지의 표시사항인 소재, 지번, 지목, 경계, 면적, 좌표 등 토지의 물리적인 현황은 물론 세부적인 토지이용 등을 확인할 수 있도록 토지의 권리관계를 제외한 전반적인 모든 사항을 기록하고 있다.

지적공부에 등록하기 위한 방법으로 대한지적공사의 대행체제의 지적측량을 통해 정확하게 객관성 있는 필지의 경계나 면적측정 등을 법적으로 규정하고 있으며, 국토교통부 산하의 각 지적소관청의 지적직 공무원에 의해 수행되고 있다.

지적제도에서는 등록범위는 한반도와 그 부속도서로서 최대만수위 이내의 모든 토지가 등록되어 있어서 개별 토지의 정체성과 그 실체를 확인할 수 있다.

등기제도는 등기라는 특수한 방법으로 부동산에 대한 권리관계를 공시하는 제도이며, 등기란 국가기관으로서의 등기관[139]이 등기부라는 공적 장부에 토지와 건물 등 부동산의 표시와 이에 대한 일정한 권리관계 등의 사항을 공시하기 위하여 법적 절차에 따라 기재하는 것 또는 그러한 기재 자체를 의미한다.

---

139) 부동산등기법 중 개정 법률(법률 제5592호, 1998.12.28) 제12조에 의하여 등기사무의 처리자인 등기공무원을 등기관(登記官)으로 그 명칭을 개정함

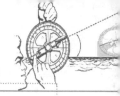

토지에 대한 효율적 관리와 권리변동의 정확한 파악을 위해 먼저 지적조사를 통해 파악된 토지의 물리적 현황은 지적공부의 등록사항이 되고 지적공부의 등록사항은 등기부의 표제부 등기사항의 기초가 된다.[140]

그러므로 지적공부의 물리적 현황의 등록을 기초로 무형적인 권리관계를 등기부에 기재하여 공시하는 제도로서 사법부인 법원행정처 주관하에 지방법원과 지원 및 등기소에서 부동산 등기법령에 의해 수행되고 있는 국가제도이다.

등기의 등록대상은 토지와 건축물로서 토지에 관한 등기는 토지대장, 건물에 관한 등기는 건축물대장에 등록된 1동을 기준으로 등록하고 있다.

4) 등기제도의 특징

지적제도에 대해서는 앞서 지적의 개념, 기능, 구성 요소, 시대적 변천사, 등록사항 등을 구체적으로 언급하였으므로 제외하고 등기제도의 주요 특징에 대한 내용은 아래와 같다.

(1) 물적 편성주의

물적 편성주의는 등록의 대상인 개개의 부동산을 중심으로 편성하는 제도로, 즉 1부동산에 1등기용지를 두는 편성방법이며, 등기부의 내용을 간명(簡明)하게 하고, 1필의 토지 또는 1동의 건물에 대하여 표제부, 갑구, 을구로 나누어 1물 3카드를 작성하도록 규정하고 있다.

(2) 신청주의

등기제도에 있어서 물권변동은 당사자들의 자유의사에 의해 일어나는 것이 원칙이기 때문에 당사자 신청주의를 채택하고 있으며 공동신청주의와 단독신청주의로 구분할 수 있다.

공동신청주의는 등기권리자(능동적 당사자)와 등기의무자(수동적 당사자)의 양자가 공동으로 신청하는 방식이며, 단독신청주의는 등기권리자 또는 등기의무자 중 어느 한 사람만의 신청으로 할 수 있는 것을 말한다.

등기법 제27조제1항은 "등기는 법률에 다른 규정이 있는 경우를 제외하고 당사자의 신청 또는 관공서의 촉탁이 없으면 이를 할 수 없다"고 규정함으로써 공동신청주의의 원칙을 취하고 있다.

---

140) 이성화, 2009, 전게논문. pp.65~87.

(3) 형식적 심사주의

형식적 심사주의는 등기신청절차에 있어서 등기에 필요한 형식적 법정 요건으로 등기신청능력(권리능력, 행위능력), 신청의사 등이 갖추어져 있는지에 대해 심사한다는 원칙이며, 등기부의 기재내용과 신청인이 제출한 신청서 및 그 첨부서면만을 심사자료로 하여 심사하고 있다.

형식적 심사주의는 등기신청의 절차상 적법성 여부만을 조사하는 권한을 가질 뿐 실체법상의 실체관계와의 일치여부에 관해서는 조사할 권한이 없다는 의미이다.

(4) 등기의 공신력

공신의 원칙이란 선의의 거래자를 보호하여 진실로 그러한 등기내용과 같은 권리관계가 존재한 것처럼 법률효과를 인정하려는 법률원칙으로 부동산물권의 공시방법이 진정한 권리관계와 일치하지 않더라도 진정한 권리관계가 존재하는 것같이 보이는 등기를 믿고 거래를 한 자를 보호하려는 것을 의미한다.

그러나 우리나라의 등기공신력 유무에 관하여 명문으로 규정하고 있지는 않으나 공신력이 인정되지 않는다는 것이 일반적인 통설이다.

(5) 등기의 추정력

부동산등기에는 그 기재내용에 대해 존재하는 사실 자체로부터 등기에 의하여 표시된 권리 또는 법률관계가 존재하는 것으로 추정하고, 말소된 등기에는 그 권리 또는 법률관계가 존재하지 않는 것으로 추정하는 원칙이다.

등기부상에 토지소유에 의한 보존등기나 이전등기가 되어 있으면 그 부동산을 미루어 짐작하여 효력을 추정한다는 의미이다.

(6) 국가배상책임주의

헌법 제29조, 국가배상법 제2조 제1항의 규정에 따라 등기공무원이 고의 또는 과실로 법령에 위반하는 부당한 처분을 하여 사인에게 피해를 준 경우에는 국가 배상책임을 진다는 원칙이다.

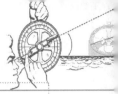

〈표 4-5〉 지적제도와 등기제도의 비교

구분	지적제도	등기제도
근거 법령	• 공간정보의 구축 및 관리 등에 관한 법률	• 부동산 등기법
목적	• 효율적인 토지관리와 소유권의 보호목적으로 토지의 실체를 명확히 하기 위한 제도 • 토지에 대한 물리적 현황의 등록공시 • 국가적 필요에 의한 제도	• 토지에 대한 법적권리관계의 등기공시 • 부동산물권의 공시수단 및 권리변동의 효력 발생 요건으로 거래의 안전을 위한 공시제도 • 개인의 권리 보호를 위한 제도
기본 이념	• 국정주의, 공개주의, 형식주의(3대 이념) • 직권등록주의, 실질적 심사주의(5대 이념)	• 당사자 신청주의, 성립요건주의 • 형식적 심사주의
공부 종류	• 토지대장, 임야대장, 지적도, 임야도 • 경계점좌표등록부, 공유지연명부, 대지권등록부 • 전산파일	• 토지등기부, 건물등기부 • 표제부(표시사항), 갑구(소유권), 을구(기타 권리)
등록 사항	• 소재, 지번, 지목, 면적, 소유자의 주소, 성명, 고유번호, 도면번호, 등급, 용도지역 등	• 소유권, 지상권, 지역권, 전세권, 저당권 등의 설정·보존·이전·변경·소멸·처분의 제한 등
담당 기관	• 행정구역 중심으로 운영 • 국토부(특별시, 광역시, 시·도, 시·군·구)	• 재판관할구역 중심으로 운영 • 사법부(법원행정처, 지방법원, 등기소)
등록 방법	• 적극적 등록주의(직권등록주의) • 단독 신청주의	• 소극적 등록주의 • 당사자신청주의(공동 신청주의)
심사 방법	• 실질적 심사주의	• 형식적 심사주의(서면 심사)
편제 방법	• 물적 편성주의(1필지 1카드) • 동·리별 지번순 • 약 3500만 필지	• 물적 편성주의(1필지 3카드) • 동·리별 접수순에서 지번순 • 약 3400만 필지(등기 : 신청주의므로 차이 발생)

5. 외국의 지적제도와 등기제도

1) 지적과 등기의 일원화

현재 우리나라의 지적제도와 등기제도는 관할 기관이 서로 다른 이원화 체제로 이루어져 있다.

우리나라와 같이 이원화되어 있는 국가는 독일로서 독일 역시 지적과 등기가 통합되지 않은 형태로 운영되고 있다.

그리고 일본의 영향을 받은 대만 역시도 지적과 등기가 일원화된 채로 운영되고 있으며, 일본은 지적제도보다 등기제도가 먼저 발달하였다.

프랑스의 경우 중앙정부와 시·도 간의 지적과 등기는 통합되어 일원화되어 있으나 시·군·구로 내려갈수록 아직 이원화되어 운영되고 있어 부분적인 통합이 이루어진 형태이다.

〈표 4-6〉 외국의 지적·등기제도

구분	프랑스	스위스	네덜란드	독일	일본	대만
지적·등기	일원화	일원화	일원화	이원화	일원화	일원화
통합 연도	부분 통합	1820년	1832년	–	1966	1930
등기 구성	토지·건물	토지·건물	토지·건물 선박·항공기	–	토지·건물	토지·건물

제4절 지적공부(Land Record)

1. 의의

지적공부는 지적에 관련된 사항을 등록 또는 관리하는 장부이다. 즉, 토지의 거래 및 과세 그리고 토지정보를 위한 기초 자료로서 이용하기 위해 토지를 측량하여 구획된 단위 토지(필지)를 등록해서 비치하는 공적인 장부를 말한다. 따라서 지적공부는 법에 의하여 그 형식과 규격이 정하여져 있으며 항상 일정한 장소에 비치 보관해야 한다.

현재 법률상으로 토지대장, 임야대장, 지적도, 임야도, 경계점좌표등록부, 공유지연명부, 대지권등록부, 지적 파일의 8가지를 지적공부로 보고 있다.

지적공부는 국가기관인 시장, 군수, 구청장이 비치 관리하는 토지에 대한 물리적인 현황과 법적인 권리관계를 등록·공시하는 공적 장부이다.

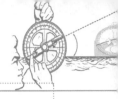

따라서 지적공부는 법에 의하여 그 형식과 규격이 정하여져 있으며 항상 일정한 장소, 즉 지적서고에 비치·보관하고 이를 영구히 보존하도록 하고 있다. 또한 천재·지변 등 위난을 피하기 위하여 필요한 때를 제외하고는 지적공부는 소관청의 청사 밖으로 반출하지 못하도록 하고 있다. 다만 국토교통부장관의 승인을 득한 때에는 반출할 수 있다.

2. 우리나라 초기의 지적 관련 장부

우리나라의 초기 지적제도는 지적업무와 지세업무를 구분하지 않고 임시토지조사국에서 관장하였으므로 지적과 지세와 관련된 공부와 장부로 구분할 수 있다.

먼저 지적공부로는 토지대장, 임야대장, 지적도, 임야도의 4종류가 있으며, 지적관련 장부로서 토지조사부, 임야조사부, 지세명기장, 토지대장집계부, 과세지견취도, 민유임(산)야약도, 결수연명부와 도면으로 지적약도, 임야약도, 역둔토도 등이 있었다.

1) 토지조사부와 임야조사부

토지조사부는 1911년부터 1918년까지 만들어진 것으로 토지사정을 위한 원부로 사용된 것으로 리·동마다 지번순에 의하여 지번, 가지번, 지목, 지적, 신고 연월일 및 소유자의 주소, 성명이 등록되어 있었다. 분쟁지는 기타 특수사항 적요란에 기입하였으며, 국유지와 사유지를 구분하여 집계하였다.

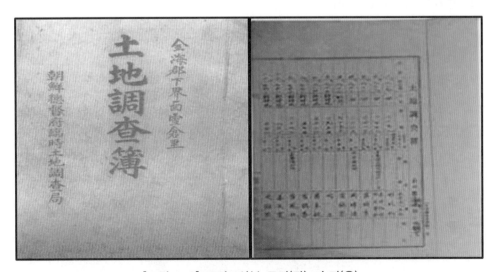

[그림 4-2] 토지조사부 표지(좌), 속지(우)

출 처 : http://www.findarea.co.kr; 석창덕, 1999, 「한국토지제도사」, 황성출판사, p.102.

임야조사부는 1918년부터 1924년까지 만들어진 것으로 임야의 사정을 위한 원부로 사용된 것으로 토지조사부와 유사하지만 가지번은 없고 소유자와 연고자를 확인할 수 있으며, 이것을 근간으로 지방자치단체가 세금징수 등의 행정 목적을 위해 만들어진 구토지대장과 소유자의 권리관계를 기재한 법원의 구등기부가 만들어졌다.[141]

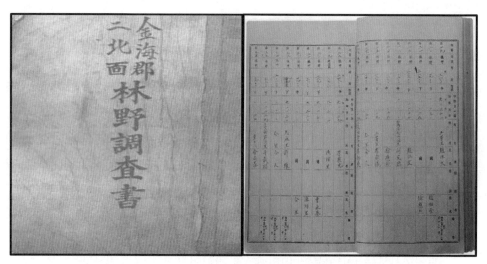

[그림 4-3] 임야조사부 표지(좌), 속지(우)

출 처 : http://www.findarea.co.kr; 석창덕, 1999, 전게서, p.102.

2) 토지대장 및 집계부

1914년 토지대장규칙과 함께 토지대장 등록사항, 토지대장 양식 등을 규정하여 작성하였고 토지대장은 1필 1매 작성과 토지조사부, 등급조사부, 100평당 지가금표를 자료로 1동·리마다 작성하였고 약 200필지를 1책으로 편성하였다.

토지의 소재, 지번, 지목, 지적사정월일, 소유자 주소 성명을 기재 그리고 1필지마다 등급과 임대가격과 경지에 대해서는 기준수확량을 기재하였다.

토지대장집계부는 1개면마다 국유지, 민유과세지, 민유비과세지로 구분하여 지목마다 지적, 지가, 필수를 기재하였다.

---

141) http://www.findarea.co.kr

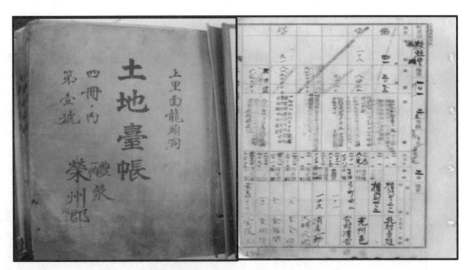

[그림 4-4] 구 토지대장(한지부책식)

출 처 : 국토교통부, 보도자료, (2011.2.16)

3) 임야대장 및 집계부

1920년 '임야대장 규칙'에서 대부분 토지대장 규칙을 준용하도록 하여 작성하였으며, 임야조사서와 임야조사위원회의 재결등본에 의한 공유지의 경우는 공유지연명부를 작성하였다.

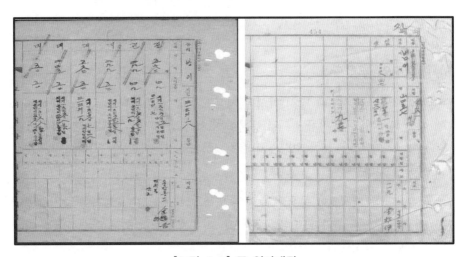

[그림 4-5] 구 임야대장

출 처 : http://www.findarea.co.kr

4) 지적도

우리나라 초기의 지적도는 세부측량원도를 이용하여 점사법, 직접자사법으로 등사하여 작성하였고 지적도에는 경계, 지번, 지목 등이 등록되어 있다.

초기 지적도의 도곽 크기는 세로 1척 1촌(33.33cm), 가로 1척 3촌 7분 5리(41.67cm)이었으며, 도곽 내에 산림에 대한 등고선을 표시하였으며, 토지의 분할 시 신 강계선은 홍색으로 표시하여 지적정리를 실시하였다.

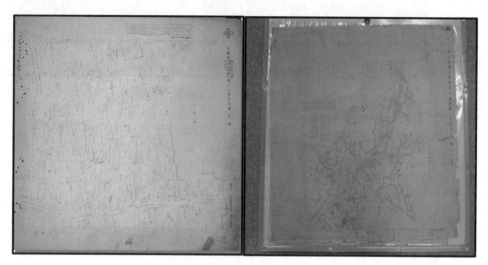

[그림 4-6] 종이 지적도

출 처 : http://www.findarea.co.kr; 대한지적공사, 2007, 지적연수원 자료실.

5) 증보도와 부호도

증보도는 토지조사 당시 작성된 지적도 이후에 추가적으로 작성된 도면으로 지적도에 등록하지 못할 위치에 새로 등록할 토지가 있는 경우 새로 만드는 지적도로서, 도면번호를 증1, 증2, 증3 등의 순서로 작성하였으며, 증보도는 하나의 지적도이고 보조도면이 아니다.

부호도는 지적도에 등록된 토지의 도형 안에 지번이나 지목을 주기할 수 없을 때 도면에는 부호를 주기하고 다른 용지에 그 부호를 기입하고 관련사항을 기록한 것으로 부호도는 지적도의 일부이다.

6) 임야도

초기 임야도의 크기는 남북 1척 3촌 2리(40cm), 동서 1척 6촌 5리(50cm)이었다. 축척은 1/3,000, 1/6,000로 등록사항은 지적도와 같았다.

지적도 시행지역은 담홍색으로 표시하였고, 하천은 청색, 임야 내 미등록 도로는 양홍색으로 표시하였다.

[그림 4-7] 종이 임야도

출 처 : 명재연구소 역사자료실

7) 간주임야도

임야조사사업 당시 이용가치가 낮고 측량 실시가 곤란한 광대한 산, 국유림 일부에 대해서 임야도를 작성하지 않고, 1/25,000, 1/50,000 지형도상에 임야를 조사·등록하여 임야도로 활용한 지형도를 말한다.

간주임야도 시행지역에는 전북 무주군(덕유산), 경북 영양군(일월산), 경남 함양군·산청군·하동군(지리산)이 있다.

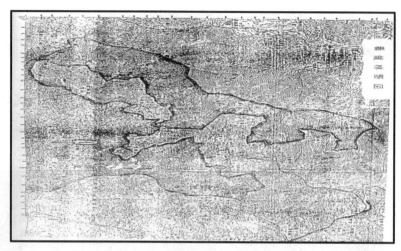

[그림 4-8] 간주 임야도

출 처 : 강태석, 2000, 「지적측량학」, 형설출판사, p.26.

8) 결수연명부

결수연명부의 기재양식은 토지의 소재지, 자호(字號), 신번호, 지목(地目), 배미수, 두락수, 결수, 사표(四標), 지주의 주소와 씨명(氏名), 적요 순이다.

일제 초기라서 천자문의 자호 순서로 토지의 번호를 매긴 방식과 새로운 지번을 함께 기재하였다. 그리고 배미수, 두락수, 결수를 함께 적음으로써 전통적 방식의 토지면적 산출방식의 변화도 보여주고 있다.

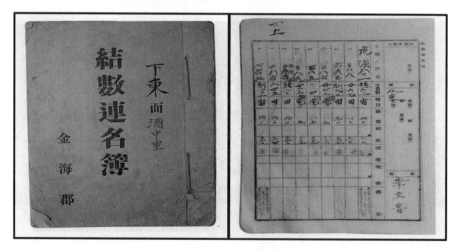

[그림 4-9] 결수연명부 표지(좌), 속지(우)

출 처 : 대한지적공사, 2007, 지적연수원 자료실.

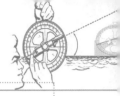

9) 과세지견취도

과세지견취도는 결수연명부의 단점을 보완하기 위해 만든 원시적인 지적도로 과세지의 전모와 소유자를 현장에서 바로 파악할 수 있도록 하기 위해 만들었다.

조선총독부의 과세견취도의 작성취지는 "지세는 부·군에 비치한 결수연명부에 의하여 부과해도 지도가 없기 때문에 장부에 등록된 토지의 소재를 확인할 방법이 없고 지세부과에 누락된 토지가 있어도 이를 인지할 수 없어 작성한 것"으로 표면상으로는 경계확정과 토지의 결수연명부 완성을 목표로 작성한 것이었다.[142]

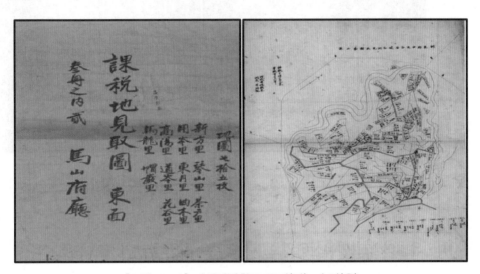

[그림 4-10] 과세지견취도 표지(좌), 속지(우)

출 처 : http://www.findarea.co.kr; 대한지적공사 지적연수원 자료실, 2004.

10) 지세명기장

1914년 4월에 만들어진 '지세령시행규칙'에 따라 토지대장이 있는 군(郡)에서 지세부과를 위해 사용하였다.

지세명기장은 지세징수를 위하여 이동정리를 끝낸 토지대장 중 민유과세지만 면마다 소유자별로 합계한 것이다. 이것은 인적 편성방법으로 편성되었다.

면(面)별로 작성하였으며, 납세자별로 납세자의 주소와 성명을 기입하고, 납세자가 해당지역에서 납부할 토지의 동·리명, 지번, 지목, 지적, 지가, 결수 및 납기별 세액을 기록하였다. 납세관리인과 함께 납세의무자의 주소·성명을 실었으며, 토지의 소재를

---

142) 조선총독부관보, 제261호, 1913.6.14, '과세지견취도 작성실적', 조선총독부, 과세지견취도조제경과보고.

밝히기 위해 이전 자번호 대신 지번을 사용하였다. 토지가격란을 새로 만들고 세액을 기재할 때 납기별로 구분하였다.

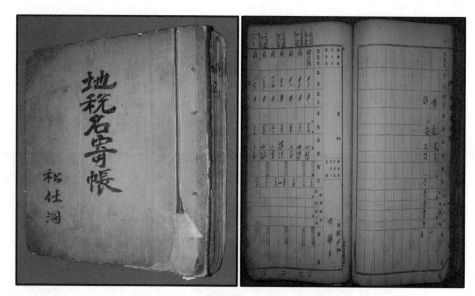

[그림 4-11] 지세명기장 표지(좌), 속지(우)

출 처 : http://www.hanauction.com

11) 민유임야약도(민유산야약도)

민유임야약도는 삼림법 제19조에 "민유임야는 3년 이내에 산림산야의 지적 및 면적과 견취도(약도)를 첨부하여 농상공부대신에게 제출하라는 규정"에 따라 만들어진 것으로 토지 소유자가 직접 측량기사를 초빙하여 측량수수료를 부담하고, 민유임야약도를 작성한 후 제13호 양식인 '지적보고'를 농상공부 대신에게 하도록 하였다. 만약 기한 내 신고하지 않으면 국유로 처리하도록 하여 통감부가 소유권을 갖도록 하였으니 이러한 규정이 오늘날 '조상땅 찾기'에서 선조들의 토지가 국유지 또는 일본인 소유 등으로 되어 있는 사례들을 만드는 원인이 된 것으로 볼 수 있다.

민유임야약도는 채색되어 있으며 범례와 등고선이 삽입된 것도 있지만, 흑백으로 제작된 것도 있다. 민유임야약도는 지번만 빠져 있으며, 임야의 소재, 면적, 소유자, 축척, 사표, 측량 연월일, 방위, 측량자 성명, 날인 등이 기록되어 있어 오늘날의 임야도 요소를 모두 갖추었다. 축척은 1 : 200, 1 : 300, 1 : 600, 1 : 1,000, 1 : 1,200, 1 : 2,400, 1 : 3,000, 1 : 6,000 등 8종이 있다. 일정한 기준을 따른 것이 아니라 측량자가 임야의 크기에 따라 축척을 정한 것 같다.[143]

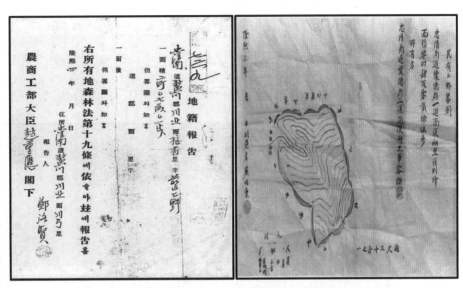

[그림 4-12] 지적보고(좌) 및 민유임야약도(민유산야약도)(우)

출 처 : http://www.findarea.co.kr

12) 간주지적도

임야도로써 지적도로 간주(看做)하게 된 임야도를 간주지적도라 하였다. 간주지적도
의 내역은 1914년 4월 조선총독부령 제15호 제3항에 따라 "고시하는 지역에서는 토지
대장에 등록한 토지에 대하여 임야도로써 지적도로 간주한다"고 규정하였다. 이 규정
을 계승하여 보완된 1943년 3월 제령 제6호 조선지세령 제5조 제3항에는 "조선총독이
지정하는 지역에서는 임야도로써 지적도로 간주한다"고 규정하였다.

이에 대한 사무적 조치로 1924년 4월 1일 조선총독부 고시 제60호로 시작하여 그 후
1934년 2월 1일 조선총독부 고시 제36호에 이르기까지 15회의 개정을 거쳐 "임야도로써 지
적도로 간주하는 지역지정의 건"으로 우리나라에 수천 개 지역을 고시한 바 있다.

당시에는 일반적으로 임야에 전·답·대 등 이른바 과세지를 등록하는 일이 없었
다. 그러나 주로 육지에서 멀리 떨어진 도서부 혹은 토지조사구역에서 멀리 떨어진 산
간벽지 등에 지목이 전·답·대 등에 해당하는 이른바 과세지가 있을 경우에는 이를
당시 지적도의 축척인 1/600, 1/1,200, 1/2,400로 측량하지 않고, 임야도의 축척인
1/3,000, 1/6,000로 측량하여 임야도에 그 전·답·대 등을 등록하였다.

특히 간주지적도인 임야도에는 녹색 1호선으로써 그 구역을 표시하고 등록면적은 1

143) 김추윤, 송호열, 2005, "대한제국기의 대축척 실측도에 관한 사례 연구", 한국지도학회지, 제5권 제1호,
pp.41~53.

무(30평)를 단위로 등록하였으며, 이 구역 안의 토지대장은 일반 토지대장과 달리 별
책으로 하여 이를 산토지대장, 별책토지대장, 을호토지대장이라 하였다.

그 대상은 토지조사시행지역에서 약 200간(間 : 약 360m) 이상 떨어진 산간벽지와
도서지방이 이에 해당되었다.

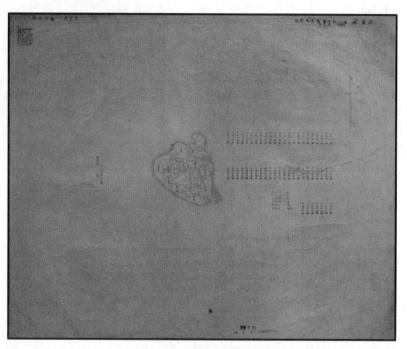

[그림 4-13] 간주지적도

출 처 : http://www.findarea.co.kr

 기초지식

※ 토지조사사업 당시의 공부 관련 규정 및 세부내용

구분	세부 내용
토지조사부	• 1911년 11월 작성하여 토지소유권의 사정원부가 된 것으로 지번, 가지번, 지목, 지적(면적), 신고 또는 통지 연월일, 소유자성명 및 주소, 비고 등의 사항이 기록되어 있는 토지조사사업 당시에 작성한 지적공부
결수연명부	• 토지에 대한 지세를 부과하는 토지를 전, 답, 대, 잡종지로 구분하여 지주 또는 소작인의 신고와 구 양안 및 문기 등을 참고로 작성한 지세징수업무에 활용하기 위한 보조장부
과세지견취도	• 토지에 대한 지세를 부과하기 위해 원시적인 측량방법을 활용하여 작성한 도면으로 결수연명부의 결점을 보완하여 속성으로 작성한 원시적인 지적도

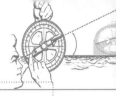

지세명기장	• 지세징수를 위하여 이동정리를 끝낸 토지대장 중에서 민유과세지만을 뽑아 각 면마다 소유자별로 기록한 인적 편성주의 방식으로 200매를 1책으로 하고 책머리에 소유자 색인을 붙이고 책 끝에는 면(面)계를 붙여 동명이인(同名異人)인 경우 동·리명, 통호명을 부기하여 식별하도록 한 장부
등사도 규정	• 1913년 세부측도실시규정에서 세부측도 업무는 원도 및 등사도(박미농지를 이용)를 조제하도록 규정하고 있음
소도작성 규정	• 오늘날의 측량준비도에 해당하며, 소도는 지적도를 등사하여 측량원도에 자사하여 작성한 도면으로 1910년부터 사용되다가 1995년에 측량준비도로 개정 변경
측량원도 규정	• 오늘날의 측량결과도로 1913년 세부측도 실시규정에 원도작성규정이 있으나 1995년까지 측량원도로 사용되다가 1995년 측량결과도로 변경 • 측량원도 규정이 신설되면서 1912년도 이전까지 개황도를 제작하여 장부조제의 참고자료로 활용하였으나 개황도[144]를 폐지하고 측량원도를 등사하여 사용
지적약도	• 부와 면에 비치하기 위하여 이동 정리를 완료한 측량원도를 등사한 것

3. 현행 지적공부

1) 지적공부의 변천 과정

우리나라의 지적공부는 대한제국 이전에는 고려와 조선에서 사용된 오늘날의 지적공부인 양안이 존재하였고 기재내용은 자호(지번), 양전방향, 토지등급, 지형 및 척수, 사표, 진기, 결부수, 주 등이 표기되어 있었으나 오늘날의 지적공부형식에 비하면 아주 기초적인 사항만을 등록하였다.

대한제국시대에 들어와 토지조사사업을 추진하기 위해 1910년 8월 토지조사법을 제정하여 지적측량에 있어서 기초 측량은 경위의 측량방법으로, 세부측량은 측판측량방법에 의하도록 규정하고 이것이 최초의 지적공부의 작성근거를 마련하는 계기가 되었으나 한일합방으로 인해 토지조사법을 시행하지 못하게 되면서 사실상 지적공부는 작성되지 않았다.

실질적인 지적공부는 토지조사령 제17조의 규정에서 처음으로 언급하였는데 제17조에는 토지조사 및 측량에 의한 사정으로 확정된 사항 또는 재결을 거친 사항을 등록하도록 규정하여 토지대장 및 지도(지적도를 지도라 함)를 조제하도록 공포하였다.

---

144) 개황도는 일필지 조사 후 그 강계 및 참고적인 개황을 작성하여 장부조제 및 세부측량을 위한 기초 자료로 활용한 것을 말한다.

그리고 1914년 지세령에 의한 토지대장과 결수연명부를 비치하고 지세에 관한 사항을 등록하도록 하였고 동년 4월에 공포된 토지대장 규칙 제1조에서 토지의 소재, 지번, 지목, 지적, 지가, 소유자의 주소·씨명 또는 명칭을 등록하도록 하여 부·군·도에 지적도를 비치하도록 함에 따라 토지대장 규칙에서 최초로 토지대장의 등록사항을 규정하게 되었다. 또한 토지대장규칙에는 오늘날의 공유지연명부와 동일한 기능과 목적을 위해 하나의 토지에 2인 이상의 공유지분 토지에 대해서 별도로 공유지연명부를 작성하고 비치하도록 규정하였다.

1918년 5월에 조선임야조사령에 따라 임야대장과 임야도를 조제하고 사정으로 확정된 사항을 등록하도록 규정하면서 1950년대까지 지적공부는 토지대장, 지적도, 임야대장, 임야도로 구성되었다.

1976년 지적법 전문 개정 시 수치지적부를 포함시켜 총 5종으로 늘어났으며, 1995년에는 전산파일이 지적공부로 정식 등록되어 2001년까지 총 6종의 공부가 존재하였다.

그리고 2002년에 들어오면서 수지치적부를 경계점좌표등록부로 명칭을 변경하였고 기존의 1986년 공유지연명부의 작성·비치 규정과 1996년 대지권등록부의 작성·비치 규정을 토대로 정식으로 지적공부에 포함시키면서 토지대장·지적도·임야대장·임야도·대지권등록부·공유지연명부·경계점좌표등록부 그리고 지적전산파일의 총 8가지의 지적공부를 규정하고 있다.

2009년까지 지적법, 시행령, 시행규칙에서 지적공부에 대한 등록사항이나 공부관리에 대한 내용을 규정하였으나 측량법과 수로업무법 그리고 지적법을 통·폐합하여 공간정보의 구축 및 관리 등에 관한 법률의 적용을 받아 현재에 이르고 있다.

〈표 4-7〉 지적공부의 변천 과정

구분	1910~1924	1925~1975	1976~1995	1995~2001	2002~현재
	총 4종	총 4종	총 5종	총 6종	총 8종
공부 종류	토지대장 임야대장 지적도 임야도	토지대장 임야대장 지적도 임야도	토지대장 임야대장 지적도 임야도 수치지적부(신설)	토지대장 임야대장 지적도 임야도 수치지적부 지적파일(신설)	토지대장 임야대장 지적도 임야도 경계점좌표등록부 지적파일 공유지연명부(신설) 대지권등록부(신설)

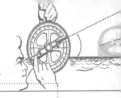

2) 지적공부의 법적 성격

토지의 등록은 지적공부를 토대로 하고 토지의 경계는 지적도면에 등록한다. 공적 증명력으로 반증이 없는 한 반복되지 않으며, 경계확정의 법적인 기초적인 역할을 수행하는 것은 지적공부의 등록사항을 기준으로 경계가 결정된다.

그래서 무엇보다 토지분쟁 시 지적도나 임야도에 등록된 경계를 중심으로 법적 기준이 결정되기 때문에 도면의 정확성, 안전성, 통일성 등이 완벽하게 구현되어야 한다.

지적공부에 있어서 그 정확도는 대민서비스 제공과 바로 직결되어 있는 만큼 매우 중요한 기본 요소이며 특히 지적공부는 일필지의 속성정보를 모두 내포하고 있어서 토지분쟁, 민원발생 시, 그 기준으로 매우 중요한 법적 지위를 갖는 공적 장부이기 때문에 항상 그 정확성을 유지하여 실제의 토지이용과 부합하도록 실질적 심사를 통한 정확한 등록에 따른 법적 효력 발생을 위해 상시적으로 정확성을 확보하여야 한다.[145]

3) 현행 지적공부의 종류

(1) 도면

지적공부의 종류 중 도면으로는 지적도와 임야도가 이에 해당된다. 지적도는 토지대장에 등록된 토지를 등록하는 도면이며 임야도는 임야대장에 등록된 토지를 등록한 도면을 말한다.

① 지적도면의 종류와 축척

지적도면은 지적도와 임야도로서 주로 토지에 대한 소유권 등 물권이 미치는 범위와 필지의 모양 등을 나타내는 경계를 등록·공시하는 지적공부이다.

지적도면은 시가지, 농촌지, 산림지 등에 따라 지적도와 임야도로 구분되고, 축척은 척관법에 편리한 1/600, 1/1,200, 1/2,400, 1/3,000, 1/6,000이 있으며 지리산이나 덕유산 그리고 일월산 등의 임야지역에서는 1/50,000 지형도를 임야도로 간주하여 사용하기도 하였다.

1975년 지적법 개정에 따라 미터법에 의한 1/500, 1/1,000의 축척을 추가하였고, 1995년 다시 지적법 개정으로 지적도에 1/3,000, 1/6,000이 추가되어 현재는 지적도가 7종, 임야도가 2종이다.

---

145) 김준현 외, 2010, "지적공부의 신뢰성 확보를 위한 제도적 개선 방안", 한국지적학회지, 제26권 제1호 , pp.221~236.

〈표 4-8〉 지적도 및 임야도의 축척

구분	지적도	임야도
축척	1/500, 1/600, 1/1,000, 1/1,200, 1/2,400, 1/3,000, 1/6,000	1/3,000, 1/6,000

출 처 : 공간정보의 구축 및 관리 등에 관한 법률 시행규칙 제69조(지적도면 등의 등록사항 등)

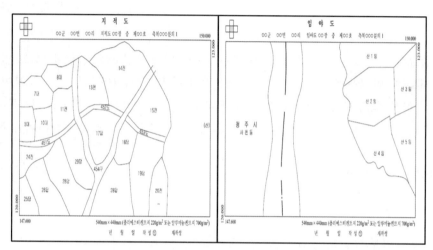

[그림 4-14] 지적도(좌) 및 임야도(우)

② 지적도면의 등록사항

토지조사사업 당시의 초기의 지적도는 세부측량 원도를 점사법 또는 직접자사법으로 등사하여 작성하고 정식 작업은 수기법에서 활판 인쇄를 하여 작성되었다.

지적도와 일람도는 당초에 켄트지에 그린 그대로 소관청에 인계하였으나 열람, 이동 정리 등 사용이 빈번하여 파손이 생겨 1917년 이후에는 지적도와 일람도에 한지를 이 첩하였고 1917년 이전에 작성된 것도 추가적으로 이첩하여 사용하였다.

현재 우리나라에서 사용하고 있는 지적도면은 지적도와 임야도를 총칭하여 말하며, 1975년 12월 31일 제2차 지적법 전문개정 이전에는 세로쓰기 형태로 만들어져 있었으나, 현행 도면의 제도방법은 가로쓰기 형태로 하고 있다.

용지는 주로 켄트지를 사용하고 있으며, 중간에 알루미늄 켄트지가 사용되기도 하고 현재는 폴리에스테르 켄트지가 많이 사용되고 있다.

지적도의 도곽은 남북으로 1척 1촌(33.33cm), 동서는 1척 3촌 7분 5리(41.67cm)로 하 였으나, 1976년 이후 미터법을 적용하는 지역에서는 지적도 도곽이 30×40cm이며, 임야 도는 40×50cm이다. 그래서 구 지적도는 토지조사사업 당시의 축척인 1/600, 1/1,200,

1/2,400로 되어 있으며 현재의 지적도면도 시가지를 제외한 지역에서는 1/1,000, 1/1,200이 주를 이루고 있으며 도곽의 크기는 가로 416.67mm 세로 333.33mm이다.

일필지 경계선은 도상 0.1mm 선의 굵기로 제도되지만 축척에 따라 영향을 받으며, 도면용지의 신축에 의하여 휘어지거나 왜곡될 우려가 있다.

지번은 본번이나 본번과 부번의 결합으로 구성되어 리·동 또는 이에 준하는 지역의 지번설정지역에 순차적으로 부여하며, 지목은 토지의 주된 사용목적에 따라 28가지로 구분하여 표시한 것으로서 일필지마다 하나의 지목만을 부여한다.

경계점좌표등록부 시행지역의 경우에는 일필지 경계 굴곡점의 좌표가 추가되며, 경계굴곡점의 좌표는 평면직각 종횡선좌표체계의 값으로 좌표로부터 방위각, 거리 및 면적 계산이 가능하다. 일필지경계선은 좌표의 연결로 표현하기 때문에 축척, 도면의 신축 등의 영향을 받지 않는다.

그러나 지적도면의 등록사항 중 도해지역 지적도면의 중요한 도형 요소는 일필지 경계선과 도곽선, 지번 및 지목, 지적측량기준점 등이 있으나, 필지 내의 건축물이나 구조물의 경계가 표시되지 않아 필지 내의 건축물 위치 식별이 어렵고, 현황측량에 따른 많은 비용과 시간이 소요되는 단점을 갖고 있기도 하다.[146]

〈표 4-9〉 도면의 등록사항

구분		공간정보의 구축 및 관리 등에 관한 법률	국토교통부령으로 정하는 사항
등록사항		① 토지의 소재 ② 지번 ③ 지목 ④ 경계 ⑤ 그 밖에 국토교통부령이 정하는 사항	① 도면의 색인도 ② 도면의 제명 및 축척 ③ 도곽선 및 그 수치 ④ 좌표에 의하여 계산된 경계점 간 거리 ⑤ 삼각점 및 지적측량기준점의 위치 ⑥ 건축물 및 구조물 등의 위치 ⑦ 그 밖에 국토교통부장관이 정하는 사항
		① 경계점좌표등록부를 갖춰 두는 지역의 지적도에는 해당 도면의 제명 끝에 "(좌표)"라고 표시하고, 도곽선의 오른쪽 아래 끝에 "이 도면에 의하여 측량을 할 수 없음"이라고 적어야 한다. ② 지적도면에는 지적소관청의 직인을 날인하여야 한다. 다만, 정보처리시스템을 이용하여 관리하는 지적도면의 경우에는 그러하지 아니하다. ③ 지적소관청은 지적도면의 관리에 필요한 경우에는 지번부여지역마다 일람도와 지번색인표를 작성하여 갖춰 둘 수 있다.	

출처 : 공간정보의 구축 및 관리 등에 관한 법률 제72조, 시행규칙 제69조 참조작성.

---

146) 박기헌 외, 2009, "지적도면상의 건축물 등록을 위한 건축도면 활용 방안" 한국지적정보학회지, 제11권 제1호, pp.45~64. 참조작성.

<표 4-10> 축척별 규격 및 거리

축척 구분	도상규격(cm)		지상거리(m)		포용 면적(㎡)
1/500	30	40	150	200	30,000㎡
1/600	33.3333	41.6667	200	250	50,000㎡
1/1,000	30	40	300	400	120,000㎡
1/1,200	33.3333	41.6667	400	500	200,000㎡
1/2,400	33.3333	41.6667	800	1,000	800,000㎡
1/3,000	40	50	1,200	1,500	1,800,000㎡
1/6,000	40	50	2,400	3,000	7,200,000㎡

③ 지적도면의 역할

일필지의 정확한 도면제작을 위해서는 기본적으로 필지의 위치와 경계에 대해 지적측량을 실시하고 정확한 측량성과를 토대로 도면을 제조하여야 한다.

이러한 지적측량의 결과로 작성되는 지적도면의 초기 사용목적은 국가와 토지소유자 간의 세수 확보를 위한 수단으로 사용되었고, 점차 소유자와 소유자 간의 소유권 확보를 위한 수단으로 발달하였다. 현재 우리나라의 지적제도는 법지적과 정보지적제도의 과도기에 있다고 할 수 있으며, 21세기 전자정부 출현에 따른 정보사회에 부응하여 지적제도도 각종 정책 및 행정수행을 위한 정보제공에 기여하고 있다.

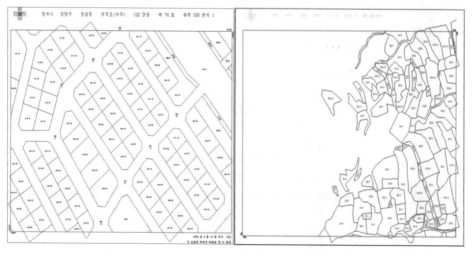

[그림 4-15] 수치지적도(좌), 지적도 전산파일(우)

(2) 토지대장 및 임야대장

공간정보의 구축 및 관리 등에 관한 법률 제71조 제1항에는 대장의 등록사항을 토지의 소재, 지번, 지목, 면적, 소유자의 성명 또는 명칭·주소 및 주민등록번호(외국인은 등록번호), 국토교통부령이 정하는 사항(토지의 고유번호, 도면번호와 필지별 대장의 장 번호 및 축척, 토지의 이동 사유, 토지소유자가 변경된 날과 그 원인, 토지등급 또는 기준수확량등급과 그 설정·수정연월일, 개별공시지가와 그 기준일)을 등록하도록 규정하고 있다.

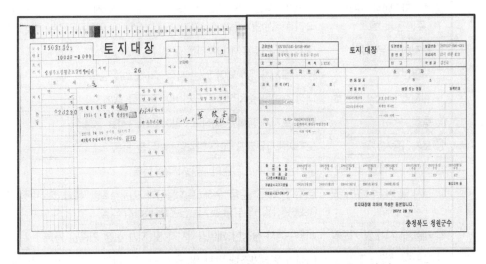

[그림 4-16] 카드식 토지대장(좌), 토지대장 전산파일(우)

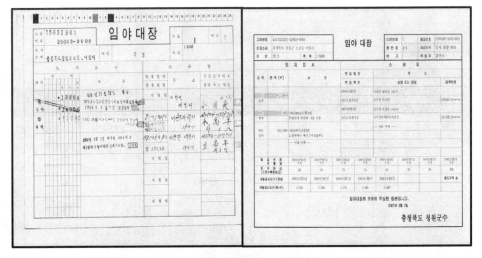

[그림 4-17] 카드식 임야대장(좌), 임야대장 전산파일(우)

<표 4-11> 대장의 세부 등록사항

구분	세부 등록사항
① 토지의 소재	지번부여지역인 법정 동·리 단위까지 기재
② 지번	본번과 부번은 아라비아 숫자로 표기하고, 임야대장은 지번 앞에 "산"자를 표기
③ 지목	지목의 코드번호와 두문자·차문자 기호에 의한 정식 명칭 기재
④ 면적	미터법에 의한 제곱미터(㎡)를 단위로 등록하되, 1/500과 1/600지역은 0.1제곱미터(㎡), 그 외 축척은 1제곱미터(㎡) 단위로 등록
⑤ 소유자·명칭·주소·주민등록번호	소유자·주소·주민등록번호(국가·지방자치단체·법인·사단·재단·외국인 등록번호) 등록(소유자가 2인 이상일 때 공유지연명부 작성)
⑥ 토지의 고유번호	필지 고유번호로서 19자리로 구성
⑦ 도면번호	당해 토지가 등록되어 있는 지적도의 도호를 등록
⑧ 필지별 대장의 장번호	대장 순번을 순차적으로 아라비아 숫자를 등록
⑨ 축척	당해 토지가 등록된 지적도·임야도의 축척을 등록
⑩ 토지이동사유	토지이동사유코드·이동연월일·사유를 등록
⑪ 소유자 변동일 및 원인	등기원인일과 소유권의 변동사유를 등록
⑫ 토지 및 기준수확량 등급·수정 연월일	토지의 과세기준을 위해 토지등급과 기준수확량 등급 및 수정 연월일(1996년 1월 1일부터 토지등급은 등록하지 않음)
⑬ 개별공시지가 및 기준일	시군구에서 산정한 개별공시지가 및 지가 산정 기준일 등록
⑭ 소관청 직인·직인 날인 번호	대장의 위·변조를 방지 및 원본 확인을 위한 직인날인·날인번호 기재(전산정보처리조직에 의한 지적공부는 제외)

기초지식

※ 토지고유번호

구분	시·도	시·군·구	읍·면·동	리	대장구분	본번	부번
19자리	2자리	3자리	3자리	2자리	1자리	4자리	4자리

4 7 8 2 0 3 4 0 4 4 1 0 5 7 8 0 0 0 1

경북 청도군 이서면 학산리	본 번	부 번
총 10자리	총 4자리	총 4자리

토지대장 (총 1자리)

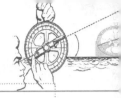

▶ 위 19자리 고유번호의 의미는 "경북 청도군 이서면 학산리 578-1의 토지"라는 의미
　• 4782034044는 경북 청도군 이서면 학산리의 법정동 코드를 의미
　• 1은 대장 구분 코드 중 토지대장에 등록된 필지라는 의미
　• 0578은 본번, 0001은 부번을 의미

▶ 대장 구분은 "1", "2", "8", "9"로 표기함
　• "1"은 토지대장, "2"는 임야대장으로 표기
　• 폐쇄된 토지대장은 "8", 폐쇄된 임야대장은 "9"로 표기함
　• 기존에는 "3"은 경계점좌표등록부 시행지역이었으나 법이 개정되면서 "3"은 폐지됨

기초지식

※ 법정동 코드

법정동 코드는 법적인 등록 또는 관리 등을 위한 기준이 되는 코드로 지방자치단체가 임의로 정할 수 없고 중앙행정기관이 법률로 공포하는 것으로, 지적업무 및 등기업무 등 개인의 재산권에 관련된 증명이나 우편물 배달 등은 법정동으로 등록된 주소지를 사용한다.

※ 행정동 코드

행정동 코드는 법정동을 기준으로 행정운영의 편의에 따라 세분화한 코드로 수시로 조정이 가능하고, 법정동과 행정동이 같은 경우도 있다. 그러나 도시지역에는 하나의 법정동을 기준으로 ○○동사무소 등으로 몇 개의 행정동으로 세분하여 시민의 행정업무를 수행하고 있다.

기초지식

※ 표준지 공시지가

'표준지 공시지가'는 국토교통부장관이 감정평가사에게 의뢰하여 토지이용상황이나 주변 환경 기타 자연적, 사회적 조건이 일반적으로 유사하다고 인정되는 일단의 토지 중에서 대표할 수 있는 토지의 단위면적당(m^2) 가격으로 전국의 52만 필지(2021년 1월 1일 기준)의 적정가격을 조사·평가하여 국토교통부장관이 결정·공시한 매년 1월 1일 기준의 가격

기초지식

※ 개별공시지가

'개별공시지가'는 국토교통부장관이 매년 공시하는 표준지공시지가와 토지가격비준표를 기준으로 시장·군수·구청장이 토지의 특성을 조사하고 그 특성을 표준지공시지가의 토지특성과 비교하여 지가를 산정한 후 감정평가사의 검증과 토지소유자의 의견 수렴, 구부동산평가위원회 심의 등의 절차를 거쳐 매년 5월 31일까지 구청장이 결정·공시하는 개별토지의 단위면적당(m^2) 가격

출 처 : 국토교통부, 2014, 부동산 가격공시 및 감정평가에 관한 법률 제2조 제5항, 제3조, 제11조 참조작성.

기초지식

※ 토지특성 조사 및 조사항목

토지특성 조사는 공시지가를 결정하기 위한 기초 자료로 활용하기 위하여 각 필지별 물리적, 입지적 특성 등을 조사하는 것으로 조사항목으로는 지목, 면적, 용도지역, 지구, 기타 공적 제한을 받는 구역, 토지의 형상 및 방위, 지세, 토지이용현황, 도로조건, 혐오시설물 접근성 등이 있다. 이러한 토지의 특성조사 내용을 기초로 하여 개별공시지가를 산정한다.

조사 항목	항목별 분류
지목	조사대상 필지와 비교표준지의 토지이용상황이 같은 경우에만 적용하되 건축물이 없는 토지(전, 답, 임야)에 대해 적용, 택지개발사업지구, 구획정리 사업지구 기타 대규모 개발사업이 진행 중인 토지에 대하여는 지목배율을 비적용
토지면적	면적배율은 비교표준지와 조사대상필지의 토지이용상황이 동일한 임야(주용도)일 때에만 적용하며, 지목상 임야라고 하더라도 현재의 토지이용상황이 임야가 아니면 면적배율을 적용하지 않음
공적규제	용도지역, 용도지구, 도시계획시설, 기타 제한구역으로 세분화하여 분류
농지구분	농지구분을 농업진흥구역, 농업보호구역, 농업진흥지역 외 지역으로 구분하여 비옥도, 경지정리 항목으로 분류
임야구분	토지용도가 임야인 토지에 적용되며, 보전임지와 준보전임지로 분류
토지용도	주거용, 상업·업무용, 주·상 복합용, 공업용, 전, 답, 임야로 분류
지형지세	토지고저, 토지형상, 방위로 분류
도로조건	도로접면과 도로거리로 분류-도로접면은 다시 12가지로 분류되며, 도로거리는 읍, 면의 비도시지역에서만 적용
유해시설	철도, 지상전철, 폐기물, 수질오염(쓰레기, 오물처리장) 같은 유해시설물 거리는 50m 이내(당해 지역 포함), 100m 이내, 500m 이내, 그 이상으로 구분

출 처 : 건설교통부, 2006, 2006년 적용 개별공시지가 조사·산정지침, pp.106~111

(3) 공유지연명부와 대지권등록부

공간정보의 구축 및 관리 등에 관한 법률 제71조 제2항에는 공유지연명부는 토지소유자가 2인 이상인 경우에 작성하는 공부이며, 제3항에는 대지권등록부는 토지대장 또는 임야대장에 등록하는 토지가 부동산등기법에 의하여 대지권등기가 설정된 경우에 작성하는 공부이다.

① 공유지연명부의 등록사항

토지의 소재, 지번, 소유권 지분, 소유자의 성명 또는 명칭·주소 및 주민등록번호, 국토교통부령으로 정하는 사항(토지의 고유번호, 필지별 공유지연명부의 장 번호, 토

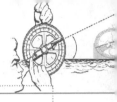

지소유자가 변경된 날과 그 원인) 등이다.

② 대지권등록부의 등록사항

토지의 소재, 지번, 대지권 비율, 소유자의 성명 또는 명칭·주소 및 주민등록번호, 국토교통부령으로 정하는 사항(토지의 고유번호, 전유부분의 건물표시, 건물명칭, 집합건물별 대지권등록부의 장번호, 토지소유자가 변경된 날과 그 원인, 소유권 지분) 등이다.

[그림 4-18] 대지권등록부(좌), 공유지연명부(우)

(4) 경계점좌표등록부

경계점좌표등록부는 토지의 경계점 위치를 평면직각종횡선 수치인 좌표로 등록하는 지적공부를 말한다. 1975년부터 작성하기 시작하였으나, 그 당시에는 수치지적부라 하였고, 2001년 1월 26일 지적법 개정으로 현재는 경계점좌표등록부라 한다.

공간정보의 구축 및 관리 등에 관한 법률 제73조의 경계점좌표등록부의 등록사항은 토지의 소재, 지번, 좌표, 국토교통부령이 정하는 사항(토지의 고유번호, 도면번호, 필지별 경계점좌표등록부의 장 번호, 부호 및 부호도), 소관청의 직인 및 직인날인번호를 기재하여야 한다.

또한 공간정보의 구축 및 관리 등에 관한 법률 시행규칙 제69조 제3호에는 경계점좌표등록부를 갖춰 두는 지역의 지적도에는 해당 도면의 제명 끝에 "(좌표)"라고 표시하고, 도곽선의 오른쪽 아래 끝에 "이 도면에 의하여 측량을 할 수 없음"이라고 적어야 하며, 지적도면에는 지적소관청의 직인을 날인과 지적도면의 관리에 필요한 경우에는 지번부여지역마다 일람도와 지번색인표를 작성하여야 한다고 규정하고 있다.

경계점좌표등록부를 정리할 경우 부호도의 각 필지의 경계점부호는 왼쪽 위에서부터 오른쪽으로 경계를 따라 아라비아 숫자로 연속하여 부여하며 토지의 빈번한 이동정리로 부호도가 복잡한 경우 또는 합병이나 분할 후 필지의 부호도 및 부호의 정리 시에도 위와 동일한 방법에 의해 아래 여백에 새로이 정리할 수 있다.

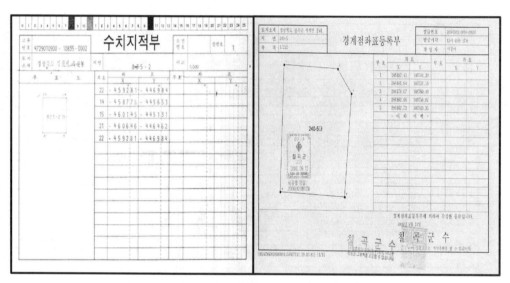

[그림 4-19] 수치지적부(좌), 경계점좌표등록부(우)

기초지식

※ 공유지연명부의 등록사항
① 토지의 소재   ② 지번   ③ 소유권 지분
④ 소유자의 성명 또는 명칭·주소 및 주민등록번호   ⑤ 토지의 고유번호
⑥ 필지별 공유지연명부의 장 번호   ⑦ 토지소유자가 변경된 날과 그 원인

※ 대지권연명부의 등록사항
① 토지의 소재   ② 지번   ③ 대지권 비율
④ 소유자의 성명 또는 명칭·주소 및 주민등록번호   ⑤ 토지의 고유번호
⑥ 전유부분의 건물표시   ⑦ 건물명칭
⑧ 집합건물별 대지권등록부의 장번호   ⑨ 토지소유자가 변경된 날과 그 원인
⑩ 소유권 지분

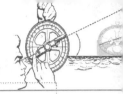

※ 경계점좌표등록부의 등록사항

① 토지의 소재   ② 지번   ③ 좌표
④ 토지의 고유번호   ⑤ 도면번호   ⑥ 부호 및 부호도
⑦ 필지별 경계점좌표등록부의 장 번호   ⑧ 소관청의 직인 및 직인날인번호

※ 공통적인 등록사항 : 소재·지번

등록사항	대장		도면		경계점 좌표등록부	공유지 연명부	대지권 등록부
	토지대장	임야대장	지적도	임야도			
소재	○	○	○	○	○	○	○
지번	○	○(산)	○	○(산)	○	○	○
지목	○ (정식명칭)		○ (두문자 24개/차문자 4개)		X	X	X
면적	○(m²)		X	X	X	X	X
경계	X	X	○	○	X	X	X
좌표	X	X	X	X	○	X	X
고유번호 (19자리)	○(1)	○(2)	X	X	○(3)	○(1)	○(1)

출 처 : 공간정보의 구축 및 관리 등에 관한 법률 제71조~제73조 참조작성.

※ 지적공부·건축물대장·토지등기부의 등록사항 비교

등록사항		지적공부		건축물대장		토지등기부
		대장	도면	일반건축물	집합건축물	표제부
토 지 표 시 사 항	토지소재	○	○	○	○	○
	지번	○	○	○	○	○
	지목	○	○			○
	면적	○		○	○	○
	이동사유	○				○
	경계		○			
	좌표	○ (경계점좌표등록부)				
	경계점간 거리	○ (경계점좌표등록부)				

출 처 : 공간정보의 구축 및 관리 등에 관한 법률 제71~제73조, 부동산등기법 제2조, 건축법 제29조, 건축물
대장의 기재 및 관리 등에 관한 규칙 참조작성.

4. 외국의 지적공부

우리나라에서 지적이라는 의미로 영어의 'Cadastre'라는 용어를 사용하고 있으나 외국의 경우 구체적으로 구분되어 토지의 경우는 'Land cadastre', 건물은 'House cadastre', 과세대장은 'Fiscal cadastre', 또는 'Taxation cadastre', 지하시설물은 'Utility cadastre' 등으로 사용하고 있으며, 기타 광산 등록부는 'Dike cadastre', 수로관리를 위한 토지 등록부는 'Sluice cadastre' 등 여러 가지 형태로 이용되고 있다.

1) 유럽국가의 지적공부

유럽국가의 지적공부는 프랑스, 독일, 네덜란드, 스위스에 관련된 연구[147][148]가 있어 각국의 지적공부를 비교하면 다음과 같다.

먼저 프랑스의 경우 고립형 지적도의 형식을 채택하고 있고, 토지대장, 건물대장, 지적도, 도엽기록부, 색인도 등의 지적공부가 존재하며 지적도는 도시지역은 1/500, 농촌지역은 1/1,000, 기타 지역은 1/2,000의 축척으로 지적과 임야를 구분하지 않고 작성하고 있다.[149]

또한 지적도는 경계, 지번, 측량기준점, 중요시설물과 도로명칭, 건물의 정위치 및 번호 등을 등록하고 있으며, 지적도의 비치는 지적사무소 비치용과 시청 비치용으로 구분하여 비치하되 지적사무소 비치용은 수시적으로 변동사항을 정리하고 시청 비치용은 연도별 변동사항에 대해 가제정리를 실시하고 있다.[150]

독일의 경우는 프랑스와 마찬가지로 고립형 지적도의 형식을 채택하고 있으나 연속형 지적도로 전환 중에 있으며, 유럽의 대부분 국가와 마찬가지로 건물의 정위치를 지적도에 등록하여 건물은 도로를 중심으로 홀수 또는 짝수로 구분하여 번호를 부여하고 있다.[151] 독일의 지적공부는 부동산 지적부, 부동산 지적도, 수치지적부로 크게 구성되어 있고 그 안에 부동산 지적부에는 소유자별 토지등록카드, 지번별 색인목록부, 성명별 색인목록부로 구성되어 있다. 지적도의 축척은 도시지역은 1/500, 농촌지역은 1/1,000, 임야 및 산간지역은 1/2,000, 1/5,000로 구분하고 있다.

네덜란드의 지적공부는 프랑스, 독일과 마찬가지로 고립형 지적도 형식을 채택하고

---

147) 김정환, 2011, "유럽의 지적제도 비교·분석을 통한 한국형 지적제도 모형개발", 석사학위논문, 명지대학교 대학원, pp.39~57.

148) 박순표 외, 1992, "외국의 지적제도 비교연구 보고서", 내무부·한국전산원, 「지적개선사례」, p.23.

149) 박순표, 외, 1992, 전게서, p.25.

150) 내무부·한국전산원, 1992, 「지적정보화 사례」, p.91.

151) 류병찬, 1999, 전게서, p.526.

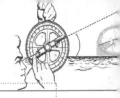

있고 축척은 도시 고밀도 지역은 1/500, 도시 저밀도 지역은 1/1,000, 농촌고밀도 지역은 1/2,500, 농촌 저밀도 지역은 1/5,000로 구분하고 있다.

지적공부는 위치대장, 부동산등록부, 지적도로 구성되어 있으며, 부동산등록부는 권리 등록부, 일필지 등록부, 성명색인부와 측량사무소에서 사용하는 카드식 토지목록이 있고 프랑스와 독일과 마찬가지로 건물의 정위치를 지적도에 등록하고 있다.

스위스 역시 고립형 지적제도를 채택하고 있고 부동산등록부, 소유자별 대장, 지적도, 수치지적부 등으로 전국적으로 26개의 주(Canton)으로 구성되어 있어 각기 주마다 행정운영상의 차이는 있으나 지적공부에 관한 법률이 별도로 규정되어 있어 각 주마다 공부작성 및 관리에 대해 법적으로 통일시키고 있다. 또한 스위스의 경우 산악지대가 많은 국가이므로 지적도의 축척은 시가지는 1/500, 삼림지역은 1/2,000, 산악지역 1/10,000의 축척으로 유럽의 다른 국가에 비해 산악지역은 1/10,000로 구분하고 있는 것이 다른 특징이다. 특히 스위스의 일부 산악지역(국토의 약 3%)은 매우 험준하고 경제적 가치 등이 고려되어 아직까지 지적공부에 등록이 이루어지지 않은 실정이다.[152]

2) 아시아 국가의 지적공부

아시아 국가의 경우 우리나라와 대만 그리고 일본의 3나라와 관련된 연구가 있어 지적공부를 비교하면 다음과 같다.

일본의 경우 연속형 지적도 형태를 채택하고 있으며 지적공부로는 지적부, 지적도, 토지등기부, 건물등기부로 토지행정제도와 같이 토지등기부와 건물등기부로 구분되어 있다. 지적도의 축척은 도시지역 1/250, 1/500, 촌락 및 농촌지역은 1/500, 1/1,000, 산림 및 원야지역은 1/2,500, 1/5,000 등으로 구분하고 있다.[153]

대만의 경우 일본과 마찬가지로 연속형 지적도 형태를 채택하고 있으며, 지적도 중측사업 이전에는 지적도와 임야도를 구분하고 도시지역은 1/600, 농지 및 산지는 1/1,200, 고산지역은 1/3,000, 1/5,000 등의 축척으로 작성하였다.

그러나 지적도 중측사업을 실시하면서 미터법의 도입과 지적도와 임야도의 구분을 하지 않고 도시지역은 1/250, 1/500, 농지 및 산지는 1/1,000, 1/2,000 등의 축척으로 작성하고 있다.[154]

토지등록부, 건축물 개량등기부, 지적도의 3가지 공부로서 지적도에는 1/250,

152) 대한지적공사, 1978, 「외국의 지적제도(서독, 스위스, 네덜란드편)」, p.89.

153) 대한지적공사, 1997, 「지적재조사사업 준비를 위한 외국의 사례연구」, pp.145~149.

154) 임승권, 1986, 전게논문, pp.8~11.

1/500, 1/1,000, 1/2,000, 1/3,000, 1/6,000의 6가지의 축척을 가지고 있다.

<표 4-12> 외국의 지적공부

구분	프랑스	스위스	네덜란드	독일	일본	대만
지적공부	토지대장 건물대장 지적도 도엽기록부 색인도	토지공부 지적도 보조등기부 증서 부동산설명서 일계서	위치대장 부동산등록부 지적도	부동산지적부 부동산지적도 수치지적부	지적부 지적도 토지등기부 건물등기부	토지등록부 건축물개량 등기부 지적도
지적도 축척	1/500, 1/1,000 1/2,000	1/500 1/2,000 1/10,000	1/500 1/1,000 1/2,500 1/5,000	1/500 1/1,000 1/2,500 1/5,000	1/250 1/500 1/500 1/1,000 1/2,500 1/5,000	1/250 1/500 1/1,000 1/2,000 1/3,000 1/5,000
형식	고립형 지적도	고립형 지적도	고립형 지적도	고립형 지적도	연속형 지적도	연속형 지적도
주요 등록사항	건물위치 건물번호 도로명칭	생년월일 건물번호 건물번호	건물위치 건물번호 도로명칭 생년월일 배우자유무 직업	지목 건물위치 건물번호 도로명칭 토양종류	지목	지목 신분증 자호
편성주의	연대적 편성	물적·인적 편성	인적 편성	물적·인적 편성	물적 편성	물적 편성

출 처 : 류병찬, 1999, 전게논문, pp. 161~218: 김정환, 2011, 전게논문, pp.39~57, 참조작성

5. 대장의 유형 및 보관

대장의 유형이란 대장을 어떻게 보존 또는 편철하여 관리하고 있는가를 의미하는 것으로 토지대장의 경우 장부식 대장, 편철식 대장, 편철식 바인더, 카드식 대장, 전산식 대장으로 구분할 수 있다.

1) 대장의 유형

(1) 장부식 대장

장부식 대장은 토지조사사업 당시의 사정필지를 기준으로 수기방법에 의하여 기록한 것으로 일반적으로 하나의 묶음으로 연속적인 기록이 되어 있어 책(권)의 형태로 되

어 있다. 이러한 장부식 대장은 하나의 장부로 연속적으로 기록되어 있어 열람이나 토지이동 정리 시 바로 확인하기 위해서는 일일이 찾아 확인하여야 하는 데 많은 소요시간이 투입된다.

특히 합병이나 말소 등의 경우에 기존의 해당 페이지에서 이동정리를 하여야 하므로 새로운 페이지를 추가하거나 또는 추가사항을 별도의 장부로 새로 만들어야 하는 단점이 있다.

연대적 편성주의를 채택하고 있는 국가에서는 시간의 흐름에 따라 순차적으로 기록하여야 하기 때문에 필지의 확인 작업 과정에서 상당부분 많은 시간이 투자되어야 한다. 또한 기록과 정리를 위한 시간도 페이지의 기록공간의 유무가 중요한 사항이며, 필지별 등록사항의 내역을 알 수 있는 이점이 있으나 현재 사항만을 알 필요가 있을 때에는 불편한 점이 많다.

(2) 편철식 대장

편철식 대장은 장부식 대장을 보다 보완한 것으로 기존의 장부식 대장은 기록공간이 없거나 애매한 경우 별도의 관련장부를 만들어야 하였으나 편철식 대장은 50매, 100매, 200매 등으로 구분하여 편철식으로 만든 것을 말한다.

즉, 필지별로 묶어 50매, 100매, 200매 등으로 편철하여 이동정리를 위해 중간중간에 새로이 삽지를 추가하거나 합병 또는 말소 등의 정리에 불필요한 부분을 제거할 수 있다. 특히 편철식 대장은 물적 편성주의를 채택하고 있는 국가에서 지번별로 일정 필지를 묶어 하나의 장부와 같이 편철하는 것으로 토렌스제도를 채택하고 있는 국가에서 쉽게 찾아볼 수 있다.

(3) 편철식 바인더(loose-leap binder)

1976년 토지대장을 카드화한 이후 분실 또는 다른 필지의 카드와의 혼합을 방지하기 위해 지번지역별로 바인더에 다시 묶어 일목요연하게 확인할 수 있도록 하면서부터 편철식 바인더가 만들어졌다.

이 대장은 손쉽게 필요한 필지별 카드나 자료를 빼내거나 삽입하기가 용이하고 바인더의 크기에 따라 필지수를 증감시킬 수 있는 장점이 있으며, 영국과 독일 등에서 사용하고 있다.[155]

(4) 카드식 대장

카드식 대장은 필지별 등록사항을 카드화하여 보관한 대장으로 토지대장 전산화 이

---

155) 이왕무 외, 2002, 전게서, p.187.

전까지 사용되었다. 지적공부인 토지대장·임야대장·공유지연명부·대지권등록부 및 경계점좌표등록부의 카드화를 진행하면서 켄트지 사이에 나일론 망사를 넣어 접착시킴으로써 잘 찢어지지 않고 오래 견딜 수 있도록 하였다.

현재 지적업무에서 사용하고 있는 각종 대장 및 경계점좌표등록부를 카드화한 이후 지번부여지역별 100장 단위로 바인더에 넣어 보관·관리하고 있다.

카드식 대장 편철은 손쉽게 필요한 필지별 카드나 자료를 빼내거나 삽입하기가 쉽고 바인더의 크기에 따라 필지수를 증감시킬 수 있는 장점이 있다.

(5) 지적전산파일 대장

현재 우리나라의 모든 지적공부는 전산화로 인해 기존의 대장에 등록한 사항을 전산정보처리조직에 의하여 처리할 수 있는 형태로 작성하여 지적공부로 인정하고 있다. 그래서 기존의 장부식, 편철식, 카드식 대장 등을 모두 전산화하여 이를 지역전산본부에 보관·관리하여 2중적으로 안전하게 운영하고 있으며, 관리 및 운영 등에 관한 사항은 국토교통부령으로 규정하고 있다.

또한 지적에 관한 전산정보자료를 이용 및 활용하고자 하는 경우 관계중앙행정기관의 승인을 얻어야 하고, 이용·활용에 따른 사항은 대통령령으로 규정하고 있으며, 국토교통부장관이 결정한 수수료를 납부하여야 한다.

기초지식

※ 지적전산자료의 이용 및 활용
- 이용 및 활용 : 대통령령으로 규정
- 수수료 : 국토교통부장관이 결정한 수수료를 납부하도록 규정

구분	단위 및 심사권자	해당 사항
승인권자	전국 단위	• 국토교통부장관 • 시·도지사 • 지적소관청
	시·도 단위	• 시·도지사 • 지적소관청
	시·군·구 단위	• 지적소관청
신청서 기재사항	중앙행정기관장에게 제출	• 자료의 이용 또는 활용목적 및 근거 • 자료의 범위 및 내용 • 자료 제공방식, 보관기관 및 안전관리대책 등

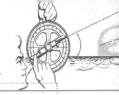

심사사항	관계 중앙행정기관장의 심사	• 신청 내용의 타당성, 적합성 및 공익성 • 개인의 사생활 침해 여부 • 자료의 목적 외 사용 방지 및 안전관리대책
	• 국토교통부장관 • 시·도지사 • 지적소관청 승인심사 실시	• 신청 내용의 타당성, 적합성 및 공익성 • 개인의 사생활 침해 여부 • 자료의 목적 외 사용 방지 및 안전관리대책 • 신청한 사항의 처리가 전산정보처리조직으로 가능한지 여부 • 신청한 사항의 처리가 지적업무수행에 지장을 주지 않는지 여부
심사대상 제외		• 토지소유자가 자기 토지에 대한 지적전산자료를 신청하는 경우 • 토지소유자가 사망하여 그 상속인이 피상속인의 토지에 대한 전산자료를 신청하는 경우 • 「개인정보보호법」 제2조 1호에 따른 개인정보를 제외한 지적전산자료를 신청하는 경우
자료 제공범위		• 필요한 최소한의 범위에 한하여 제공하되, 지적공부의 형식으로 복제 또는 정보처리시스템에 기록·저장된 그 자체의 제공을 요구하는 내용의 신청은 할 수 없다.
사용료		• 심사를 거쳐 자료의 이·활용을 승인한 때에는 그 내용을 기록·관리하고 승인자료를 제출하여야 한다.
	전산매체로 제공하는 때	인쇄물로 제공하는 때
	1필지당 20원	1필지당 30원
부동산 종합공부 발급	방문발급	인터넷 발급
	종합형 : 1필지당 1500원	종합형 : 1필지당 1000원
	맞춤형 : 1필지당 1000원	맞춤형 : 1필지당 800원

2) 지적공부의 보관

(1) 영구보존

지적공부의 보관은 지적서고를 설치하여 영구히 보존하여야 하며 특별한 경우 이외에는 해당 청사 밖으로 지적공부를 반출할 수 없도록 규정하고 있다.

- 천재지변이나 그 밖에 이에 준하는 재난을 피하기 위하여 필요한 경우
- 관할 시·도지사 또는 대도시 시장의 승인을 받은 경우

또한 지적공부를 정보처리시스템을 통하여 기록·저장한 경우 관할 시·도지사, 시장·군수 또는 구청장은 그 지적공부를 지적 전산정보시스템에 영구히 보존하여야 하며, 지적공부가 멸실되거나 훼손될 경우를 대비하여 지적공부를 복제하여 관리하는 시스템을 구축하도록 규정하고 있다.

(2) 보관방법

지적공부 중 부책(簿冊)으로 된 토지대장·임야대장 및 공유지연명부는 지적공부 보관상자에 넣어 보관하고, 카드로 된 토지대장·임야대장·공유지연명부·대지권등록부 및 경계점좌표등록부는 100장 단위로 바인더(binder)에 넣어 보관하여야 한다.[156]

그리고 일람도·지번색인표 및 지적도면은 지번부여지역별로 도면번호순으로 보관하되, 각 장별로 보호대에 넣도록 규정하고 있다.

또한 지적공부를 정보처리시스템을 통하여 기록·보존하는 때에는 그 지적공부를 '공공기관의 기록물 관리에 관한 법률'에 따라 기록물 관리기관에 이관할 수 있도록 되어 있다.

(3) 지적서고

지적서고는 지적사무를 처리하는 사무실과 연접하도록 설치하여 지적서고는 제한구역으로 지정하고, 출입자를 지적사무담당 공무원으로 한정함과 동시에 인화물질의 반입금지, 지적공부, 지적관계서류 및 지적측량장비만 보관하도록 규정하고 있다.[157]

기초지식

※ 지적서고 설치 기준 및 기준 면적

구분	세부 내용
지적서고 설치 기준	골조는 철근콘크리트 이상의 강질로 할 것
	바닥과 벽은 2중으로 하고 영구적인 방수설비를 할 것
	창문과 출입문은 2중으로 하되, 바깥쪽 문은 반드시 철제로 하고 안쪽 문은 곤충·쥐 등의 침입을 막을 수 있도록 철망 등을 설치할 것
	온도 및 습도 자동조절장치를 설치하고, 연중 평균온도는 섭씨 20±5도를, 연중 평균습도는 65±5퍼센트를 유지할 것
	전기시설을 설치하는 때에는 단독퓨즈를 설치하고 소화장비를 갖춰 둘 것
	열과 습도의 영향을 받지 아니하도록 내부공간을 넓게 하고 천장을 높게 설치할 것
	지적공부 보관상자는 벽으로부터 15cm 이상 띄워야 하며, 높이는 10cm 이상의 깔판 위에 올려놓을 것

출 처 : 공간정보의 구축 및 관리 등에 관한 법률 시행규칙 제65조 참조작성.

---

156) 공간정보의 구축 및 관리 등에 관한 법률 시행규칙 제66조(지적공부의 보관방법 등)

157) 공간정보의 구축 및 관리 등에 관한 법률 시행규칙 제65조 (지적서고의 설치기준 등)

필지 수	지적서고의 기준면적
10만 필지 이하	80m²
10만필지 초과 20만필지 이하	110m²
20만필지 초과 30만필지 이하	130m²
30만필지 초과 40만필지 이하	150m²
40만필지 초과 50만필지 이하	165m²
50만필지 초과	180m²에 60만필지를 초과하는 10만필지마다 10m²를 가산한 면적

출 처 : 공간정보의 구축 및 관리 등에 관한 법률 시행규칙 제65조 제2항 제2호 참조작성.

6. 도면의 제도

1) 도면의 작성 및 재작성 방법

(1) 도면의 작성방법

① 직접자사법·간접자사법 또는 전자자동제도법에 의한다.

② 경계점좌표등록부 시행지역에서 지적도의 경계는 경계점의 좌표를 전개하여 필지별로 경계점 간을 직선으로 연결한다.

③ 도면은 측량결과도 또는 경계점좌표에 의하여 작성하거나 정리하여야 한다.

④ 소관청은 도면을 재작성하기 전에 대장과 도면의 등록사항 및 토지이동의 정리누락 여부 등을 조사하여 도면을 정리하여야 한다.

(2) 도면의 작성 및 재작성 요구사항

① 도곽선에 0.5mm 미만의 신·축이 있는 측량결과도에 의하여 간접자사법으로 도면을 작성하는 경우 등사도의 작성은 측량결과도를 폴리에스테르 필름 등에 정밀복사하여 작성하며, 부득이한 경우에는 수작업으로 등사도를 작성할 수 있다.

② 도곽선에 0.5mm 미만의 신·축이 있는 도면을 간접자사법으로 재작성하는 경우 등사도의 작성은 도면의 ①항의 규정을 준용한다.

③ 자사법으로 도면의 작성 및 재작성을 하는 경우 경계는 연필로 제도한 후 검은색으로 제도한다. 이 경우 도면의 제명·축척·지번 및 지목은 레터링으로 제도한다.

④ 도면에 등록하는 삼각점 및 지적측량기준점은 그 삼각점 등의 좌표를 전개하여 제도한다.

⑤ 전자자동제도법에 의하여 도면의 작성 및 재작성한 도면을 다시 작성하는 때에는 당초 사용한 입력자료에 그 이후의 토지의 이동사항을 입력하여 제도한다.

⑥ 재작성하는 도면의 경계 등을 식별하지 못하는 경우에는 종전도면 및 측량결과도 등을 참고하여 제도한다.

⑦ 전자자동제도법에 의하여 도면을 작성하는 때에는 도면에 격자점을 제도할 수 있다. 이 경우 격자점은 1변의 길이 3mm로 교차하여 붉은색으로 제도하되, 도면의 왼쪽 아래 종횡선이 교차하는 도곽선을 기준으로 하여 가로·세로 10cm의 간격으로 제도한다.

⑧ 간접자사법으로 도면의 작성 및 재작성을 하는 때에는 검사가 완료된 등사도에 의한다.

(3) 도면의 재작성 대상

① 토지의 빈번한 이동으로 경계선의 식별이 곤란한 경우

② 도면의 손상으로 인해 토지등록사항이 불분명한 경우

③ 도곽선의 신축량이 0.5mm 이상인 경우

④ 행정구역 개편에 따른 1장의 도면에 2개 이상의 리·동이 등록되어 있는 경우

⑤ 1장의 도면에 등록된 토지 일부가 도시개발사업 등의 시행지역에 편입된 경우

(4) 도면 작성 및 재작성 검사

도면의 작성 및 재작성을 완료한 때에는 소관청의 검사를 거쳐 특별시장·광역시장 또는 도지사가 재검사하여야 하며 그 기준은 다음과 같다.

① 전자자동제도법으로 도면의 작성 및 재작성을 완료한 때에는 종전도면의 등록사항 누락여부 확인

② 자사법에 의하여 도면의 작성 및 재작성을 완료한 때에는 등사도 등에 의하여 도면의 등록사항 누락여부 확인

③ 도면의 작성 및 재작성 검사를 완료한 때에는 〈표 4-13〉의 문안에 날인한다.

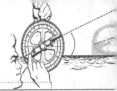

〈표 4-13〉 등사도의 검사 날인 문안

작 성	연 월 일	
	직·성명	서명 또는 인
검 사	연 월 일	
	직·성명	서명 또는 인

2) 도면의 제도

(1) 도곽선 및 도곽선 수치

도면의 윗방향은 항상 북쪽이 되어야 하며, 도곽은 평면직각종횡선으로 구획된 것으로서 통상 일정하게 직사각형으로 구획되며, 도곽구획 이외에도 도곽선의 역할은 아래와 같다.

- 인접 도면의 접합 기준
- 측량준비도에서의 북방향선
- 지적측량기준점 전개 시의 기준
- 도곽 신축량을 측정하는 기준
- 외업 시 측량준비도와 현황의 부합확인 기준

도곽선 및 도곽선의 수치에 대한 제도는 다음과 같다.

① 지적도의 도곽 크기는 가로 40cm, 세로 30cm, 임야도의 도곽 크기는 가로 50cm, 세로 40cm의 직사각형으로 한다.

② 도곽의 구획은 좌표의 원점을 기준으로 하여 정하되, 그 도곽의 종횡선수치는 좌표의 원점으로부터 기산하여 종횡선수치를 각각 가산한다.

③ 이미 사용하고 있는 도면의 도곽 크기는 종전에 구획되어 있는 도곽과 그 수치로 한다.

④ 도곽선은 0.1mm의 폭으로, 도곽선의 수치는 도곽선 왼쪽 아랫부분과 오른쪽 윗부분의 종횡선교차점 바깥쪽에 2mm 크기의 아라비아 숫자로 제도한다.

⑤ 도곽선과 도곽선 수치는 홍색으로 제도하여야 한다.

(2) 제명 및 축척

제명 및 축척은 도곽선 윗부분 여백의 중앙에 "○○시·군·구 ○○읍·면 ○○동·리 지적도 또는 임야도 ○○장 중 제○○호 축척 ○○○○분의 1"이라 제도한다.

① 글자크기는 5mm로 하고 글자 사이의 간격은 글자크기의 2분의 1 정도 띄운다.

② 축척은 제명의 끝에서 10mm를 띄운다.

(3) 경계의 제도

① 경계는 0.1mm 폭으로 제도한다.

② 1필지의 경계가 도곽선에 걸쳐 있는 경우 도곽선 밖의 여백에 경계를 제도하거나 또는 도곽선을 기준으로 다른 도면에 나머지 경계를 제도한다. 이 경우 다른 도면에 등록된 경계의 지목과 지번은 붉은색으로 한다.

③ 경계점좌표등록부 시행지역의 도면(경계점 간 거리등록을 하지 아니한 도면을 제외)에 등록하는 경계점 간 거리는 검은색으로 1.5mm 크기의 아라비아 숫자로 제도한다. 다만, 경계점 간 거리가 짧거나 경계가 원을 이루는 경우에는 거리를 등록하지 아니할 수 있다.

④ 지적기준점 등이 매설된 토지를 분할하는 경우 그 토지가 작아서 제도하기가 곤란한 경우 그 도면의 여백에 그 축척의 10배로 확대하여 제도할 수 있다.

(4) 지번 및 지목의 제도

① 지번 다음에 지목을 제도하며, 명조체의 2mm 내지 3mm의 크기로, 지번의 글자 간격은 글자크기의 4분의 1 정도, 지번과 지목의 글자 간격은 글자크기의 2분의 1 정도 띄워서 제도한다.

② 지번 및 지목은 경계에 닿지 않도록 필지의 중앙에 제도하며, 1필지의 토지가 형상이 좁고 길어서 필지의 중앙에 제도하기가 곤란한 때에는 가로쓰기가 되도록 도면을 왼쪽 또는 오른쪽으로 돌려서 제도할 수 있다.

③ 1필지의 면적이 작아서 지번과 지목을 필지의 중앙에 제도할 수 없는 때에는 ㄱ, ㄴ, ㄷ, ... ㄱ^1, ㄴ^1, ㄷ^1, ... ㄱ^2, ㄴ^2, ㄷ^2 ... 등으로 부호를 붙이고, 도곽선 밖에 그 부호·지번 및 지목을 제도한다. 이 경우 부호가 많아서 그 도면의 도곽선 밖에 제도할 수 없는 경우에는 별도로 부호도를 작성할 수 있다.

④ 전산정보조직이나 레터링으로 작성하는 경우에는 고딕체로 할 수 있으며 글자의 크기와 ③의 규정을 적용하지 아니할 수 있다.

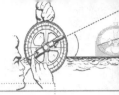

(5) 색인도

색인도는 도곽선의 왼쪽 윗부분 여백의 중앙에 다음과 같이 제도한다.

① 가로 7mm, 세로 6mm 크기의 직사각형을 중앙에 두고 그의 4변에 접하여 같은 규격으로 4개를 제도한다.

② 1장의 도면을 중앙으로 하여 동일 지번부여지역 안 위쪽·아래쪽·왼쪽 및 오른쪽의 인접 도면번호를 각각 3mm의 크기로 제도한다.

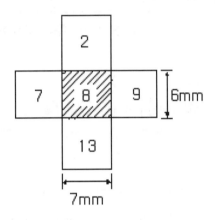

[그림 4-20] 색인도

(6) 측량기준점 제도

① 삼각점 및 지적측량기준점은 0.2mm 폭의 선으로 제도하는 것을 원칙으로 하며, 1등 및 2등 삼각점은 직경 1mm, 2mm 및 3mm의 3중원으로 제도한다. 이 경우 1등 삼각점은 그 중심 원 내부를 검은색으로 엷게 채색한다.

② 3등 및 4등 삼각점은 직경 1mm, 2mm의 2중원으로 제도한다. 이 경우 3등 삼각점은 그 중심 원 내부를 검은색으로 엷게 채색한다.

③ 지적삼각점 및 지적삼각보조점은 직경 3mm의 원으로 제도하되 지적삼각점은 원 안에 십자선을, 지적삼각보조점은 원 안에 검은색으로 엷게 채색한다.

④ 도근점은 직경 2mm의 원으로 다음 그림과 같이 제도한다.

⑤ 지적측량기준점의 명칭과 번호는 당해 지적측량기준점의 윗부분에 제도한다. 다만, 경계에 닿는 경우에는 적당한 위치에 제도할 수 있다.

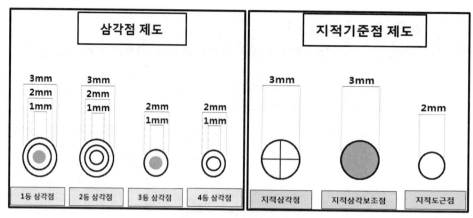

[그림 4-21] 측량기준점 제도

(7) 행정구역선 제도

① 도면에 등록하는 행정구역선은 0.4mm 폭으로 다음 각 호와 같이 제도한다.
다만, 동·리의 행정구역선은 0.2mm 폭으로 한다.

② 행정구역선이 2종 이상 겹치는 경우에는 최상급 행정구역선만 제도한다.

③ 행정구역선은 경계에서 약간 띄워서 그 외부에 제도한다.

④ 행정구역의 명칭은 도면여백의 대소에 따라 4mm 내지 6mm의 크기로 경계 및 지
적측량기준점 등을 피하여 같은 간격으로 띄워서 제도한다.

⑤ 국계는 실선 4mm와 허선 3mm로 연결하고 실선 중앙에 1mm로 교차하며, 허선에
직경 0.3mm의 점 2개를 제도한다.

⑥ 시·도계는 실선 4mm와 허선 2mm로 연결하고 실선 중앙에 1mm로 교차하며, 허
선에 직경 0.3mm의 점 1개를 제도한다.

⑦ 시·군계는 실선과 허선을 각각 3mm로 연결하고, 허선에 0.3mm의 점 2개를 제도한
다.

⑧ 읍·면·구계는 실선 3mm와 허선 2mm로 연결하고, 허선에 0.3mm의 점 1개를 제도
한다.

⑨ 동·리계는 실선 3mm와 허선 1mm로 연결하여 제도한다.

⑩ 도로·철도·하천·유지 등의 고유 명칭은 3~4mm의 크기로 같은 간격으로 띄워
서 제도한다.

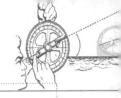

제4장 토지등록 및 공부

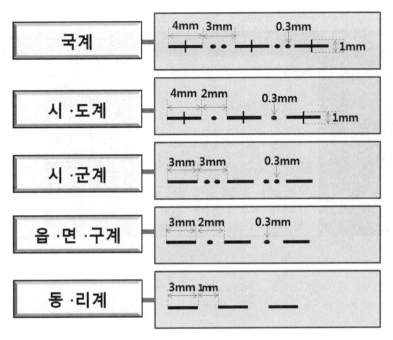

[그림 4-22] 행정구역선 제도

〈표 4-14〉 지적도면 및 일람도의 제도

구분	지적도면의 제도	구분	일람도의 제도
0.1mm선	• 경계선 0.1mm • 도곽선은 0.1mm의 홍색	글자크기	• 9mm(자간 : 자대 1/2)
0.2mm(선)	• 지적측량기준점 • 동·리의 행정구역선	축척	• 제명 끝에서 20mm 띄움
0.4mm(선)	• 행정구역선(동·리 제외)	도면번호	• 3mm
1.5m	• 경계점 간 거리(아라비아 숫자)	인접 동·리명칭	• 4mm
		행정구역 명칭	• 5mm
2mm	• 도곽선 수치(아라비아 숫자)	지방도로	• 검은색 0.2mm의 2선
2mm ~ 3mm	• 지번 및 지목표기(명조체) • 지적기준점의 명칭·번호(명조체)		
3mm	• 색인도의 도면번호	기타 도로	• 0.1mm 선
3mm ~ 4mm	• 도로, 철도, 하천, 유지 등의 명칭	철도용지	• 붉은색 0.2mm의 2선
4mm ~ 6mm	• 행정구역 명칭	수도용지 중 선로	• 남색 0.1mm의 2선

구분	지적도면의 제도	구분	일람도의 제도
5mm	• 제명·축척의 크기(자간 : 자대 1/2) • 색인도 글자크기	하천·구거·유지	• 남색 0.1mm선 (내부는 남색으로 엷게 채색, 단, 소규모일 때 남색선으로 제도)
묵 색	• 별도의 색별규정이 없는 한 묵색		
홍 색	• 도곽선·도곽선수치·말소선 • 2개 도면 이상에 걸쳐 필지 일부가 다른 도면에 등록된 지번·지목 주기	취락지, 건물	• 0.1mm선 (내부는 검은색으로 엷게 채색)

제5장

토지등록사항

토지등록사항

제1절 필지(Parcel)

1. 필지

1) 의의

필지란 지적공부에 등록하기 위한 하나의 지번이 붙는 토지의 등록단위로서 법률에 의해 정해지는 가장 최소한의 단위인 하나의 필지를 일필지라 한다.

일반적으로 지적에서는 필지의 개념을 사용하며, 부동산에서는 획지의 개념이 사용되고 있다.

필지는 면적이나 형태에 관계없이 하나의 경계로 폐합되어 그 폐합된 면적이나 경계 내에서 토지소유권이 미치는 범위를 의미하고, 반면 획지는 인위적·자연적·행정적 조건에 의해 다른 토지와 구별되는 가격 수준이 비슷한 토지를 의미하는 토지 이용상의 구분 단위로서 부동산 경제상의 개념으로 볼 수 있다.

또한 일필지(1필지)라는 말은 흔히 사용되고 있는 사회 통상적인 단어로서 토지에 대한 기록을 할 때 과거 벼루에 먹을 갈아 붓을 사용하면서 '붓으로 한번 돌려 그린 구역의 토지라는 의미'에서 생성된 것으로 일필지 또는 일필의 토지, 일지번의 토지 등은 모두 같은 의미로 사용된다.[158]

일필지의 토지를 일필지라고 하는 것은 과거 법률상의 용어로서 등기법령에 사용해 오다가 '조선지세령'의 개정에 따라 등기법령 중의 '일필지의 토지'라는 것은 '1지번의 토지'로 '분필'은 '분할'로 '합필'은 '합병'으로 고쳐지고 법률상으로는 '필'이라는 명칭은 자취를 감추었다. 그래서 일반적으로 '1지번의 토지'라고 하기보다는 '1필지'라고 표현하는 것이 사회에서도 의미가 쉽게 전달되고 있다.[159]

---

158) 지종덕, 2001, 「지적의 이해」, 기문당, pp.141~143.

159) 원영희, 1972, 「해설지적학」, 보문출판사. pp.9~11.

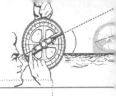

　　토지를 필지 단위로 구분하는 가장 큰 목적은 연속적이고 집단적으로 전개되는 토지를 권리 영역별로 개별화하기 위함이다.

　　그러므로, 일필지는 단순히 지형·지물 등의 형상을 기준으로 인위적으로 구획한 지리학적 단위가 아니고 국가의 법률에 의거하여 여타의 필지와 구분하기 위한 기초적인 단위이다.

2) 일필지의 성립 조건

　　일필지는 토지의 물리적 현황을 기준으로 인위적으로 국가의 법적 기준에 근거하여 만들어진 기초 단위구역으로서, 하나의 지번 또는 하나의 필지가 되기 위해서는 법률적 근거에 따른 일정한 조건이 성립되어야 한다.

　　그래서 일필지가 성립되기 위해서는 먼저 지번부여지역과 지목, 축척, 지반의 연속, 소유자, 등기여부 등이 모두 동일하거나 같을 때 일필지로 존재하게 된다.

(1) 지번부여지역이 같을 것

　　일필지의 조건을 충족시키기 위해서는 지번부역지역이 같아야 한다는 원칙이다.

　　지번부여지역은 대개 행정구역의 최하 조직인 법정 리·동이 일치하여야 하며, 필지의 동·리 또는 이에 준하는 지역이 다른 경우 1필지로 획정할 수 없다.

(2) 지목이 같을 것

　　일필지의 조건을 충족시키기 위해서는 토지의 사용 용도, 즉 주목적으로 이용되고 있는 지목이 동일하여야 하는 원칙이다.

　　1필지 내 토지의 일부가 주된 목적의 사용 목적 또는 용도가 다른 경우에는 1필지로 획정할 수 없다. 다만, 주된 토지에 편입할 수 있는 토지의 경우에는 필지 내 토지의 일부가 지목이 다른 경우라도 주지목추정의 원칙에 의하여 1필지로 획정할 수 있다.

(3) 도면의 축척이 같을 것

　　일필지의 조건을 충족시키기 위해서는 해당 필지가 등록된 도면의 축척이 같아야 한다는 원칙이다.

　　도면은 지적도와 임야도를 합쳐서 의미하는 것으로 지적(임야)도의 축척은 1/500, 1/600, 1/1,000, 1/1,200, 1/2,400, 1/3,000, 1/6,000이다.

특히 도해지적에서 토지의 경계는 도면에 등록된 선을 의미하기 때문에 축척이 다른 도면에 등록된 토지는 1필지로 합병할 수 없다.

그래서 도면에 신규등록하는 경우를 제외한 이미 2필지 이상으로 등록되어 있는 토지를 1필지로 합병하는 경우에 해당되며, 수치지적의 경우는 도면의 축척에 관한 문제가 발생하지 않기 때문에 축척에 관한 조건은 빼놓고 다른 조건만 충족된다면 1필지로 합병할 수 있다.

(4) 지반이 연속될 것

일필지의 조건을 충족시키기 위해서는 1필지로 획정하고자 하는 토지는 지형·지물 (도로, 구거, 하천, 계곡, 능선) 등에 의하여 지반이 끊어지지 않고 연속되어야 한다는 원칙이다. 즉 1필지로 하고자 하는 토지는 지반이 연속되지 않은 토지가 있을 경우 별 필지로 획정하여야 한다.

(5) 소유자가 같을 것

일필지의 조건을 충족시키기 위해서는 토지의 소유자가 동일하여야 한다는 원칙이다. 만약 토지의 소유자가 각각 다른 경우에는 1필지로 획정할 수 없다. 또한 소유권 이외의 권리관계까지도 동일하여야 한다.

(6) 등기여부가 같을 것

일필지의 조건을 충족시키기 위해서는 등기 혹은 미등기의 구별이 같아야 한다는 원칙이다. 기존에 등기가 되어 있느냐 또는 등기가 되어 있지 않느냐에 따라 달라질 수 있으며, 특히 지적공부에 각각 등록된 토지를 일필지로 합병하는 경우에 반드시 유의하여야 한다.

(7) 소유권 이외의 권리관계가 같을 것

일필지의 조건을 충족시키기 위해서는 토지의 소유권 이외에도 기타 여러 가지 지상권·지역권·저당권·전세권 등과 관련된 물권이 같아야 한다는 원칙이다. 예를 들면 지상권자 및 그 존속기간이 같아야 일필지로 할 수 있는 것이다. 그러나 소유권 이외의 권리가 서로 다르더라도 그 전원의 동의가 있으면 이를 일필지로 할 수 있다.

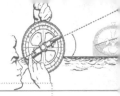

〈표 5-1〉 일필지 성립 기준

성립 기준	세부 내용
① 지번부여지역 동일	지번부여지역인 동·리 또는 이에 준하는 지역이 동일하여야 한다.
② 지목 동일	토지의 주된 사용 용도가 동일하여야 한다.
③ 도면축척 동일	토지가 각각 등록된 도면의 축척이 동일하여야 한다.
④ 지반의 연속	지형·지물에 의해 지반이 끊기지 않고 연속되어야 한다.
⑤ 소유자 동일	토지의 소유자가 동일하여야 한다.
⑥ 등기여부 동일	토지는 등기 혹은 미등기의 구별이 동일하여야 한다.
⑦ 기타 권리관계 동일	지상권, 지역권, 전세권, 임차권 등의 기타 물권이 동일하여야 한다.

(8) 별개의 필지(별필)로 할 수 있는 경우

일필지로 할 수 있는 토지가 위의 제반 요건을 모두 갖추었다 하더라도 예외적으로 제도적·현실적인 상황에 따라 이를 별개의 필지로 구성할 수 있다.

〈표 5-2〉 별개의 필지(별필)로 할 수 있는 경우

구분	세부 내용
①	전 또는 답의 면적이 약 16,500m²(약 5,000평)를 넘고 또 그를 구획하는 목표가 될만한 지물이 존재할 때
②	전·답 또는 대의 형상이 현저하게 구부러졌거나, 또는 협장(狹長)하고 이를 구획할 목표가 될 만한 지물이 존재할 때
③	임야를 제외한 토지의 위치에 현저한 고저차가 있을 때
④	시가를 형성하는 지역 내의 대로서 돌담, 벽돌담과 같은 영구적 건설물에 의하여 구획되었을 때
⑤	이외에 시장·군수가 특별히 별지번으로 하여야 함이 마땅하다고 인정하는 경우로 토지에 생긴 형태가 현저하게 차이가 있거나 또는 기타 토지소유자가 특별히 별지목으로 하여야 할 상당한 이유가 있을 때 등이다.

2. 양입지

1) 의의

양입지란 나란히 이웃하고 있는 두 필지 중에서 주용도로 사용되고 있는 주된 토지와 그에 부속하여 협소하거나 작은 토지의 종된 토지의 관계에 놓여 있을 때 종된 토지를 주된 토지에 편입시킬 수 있느냐 없느냐를 가리는 것으로 편입이 가능한 토지를 양입지라 한다. 그러므로 법률적으로 양입지에 대한 규정과 예외 규정을 두고 있다.

(1) 양입지 대상 토지

① 주된 용도의 토지 편의를 위하여 설치된 도로·구거 등의 부지

② 주된 용도의 토지에 접속하거나 주된 용도의 토지로 둘러싸인 토지로서 다른 용도로 사용되고 있는 토지

(2) 양입지 제외 대상

① 종된 토지의 지목이 대인 경우

② 종된 토지의 면적이 주된 토지면적의 10%를 초과하는 경우

③ 종된 토지의 면적이 330m²를 초과하는 경우

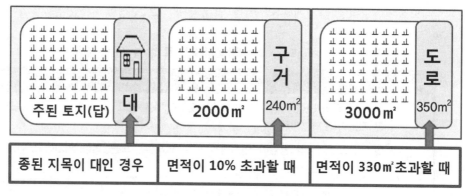

[그림 5-1] 양입지 제외 대상

기초지식

※ 토지조사사업 당시의 양입지 처리 표준

• 토지조사사업 당시 일필지 경계에 대한 필지 구분의 표준인 지주, 지목이 동일하고 토지가 연접한 경우에 대한 예외 구분이다.

① 전 또는 답에 속하는 지목을 병합하는 경우에는 주된 토지 총 면적의 약 1/6 이내는 병합 가능하나 1개소의 면적이 300평을 넘는 것은 별개의 필지로 한다.

② 전, 답, 대 이외의 지목에 병합하는 경우에는 각 지목에 따라 일정한 면적을 규정한다.

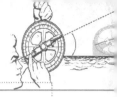

제2절 토지경계(Land Boundary)

1. 토지경계의 개념

1) 경계의 개념

(1) 일반적인 개념

일반적으로 경계는 인접한 두 지역을 구분하는 외적인 표시에 의한 선이나 인공적인 구조물 등에 의한 구분으로 경계에도 지상경계, 도상경계, 현실경계, 점유경계, 사실경계, 법정경계 등 다양한 경계의 유형이 있다.

여기서 지상경계와 현실경계, 점유경계는 넓은 의미에서 볼 때 지상에 존재하는 경계로 토지소유자가 사실상 점유하고 있는 현실적 경계를 의미하므로 묵시적으로 인정하는 있는 지상의 점유경계를 의미한다고 볼 수 있다.

〈표 5-3〉 경계의 유형

경계유형	세부 내용
지상경계	지상에 존재하는 경계로 도상경계를 지표상에 복원하여 표시한 경계 또는 토지소유자가 사실상 소유하고 있는 지상의 점유경계를 의미함
도상경계	지적도와 임야도에 등록된 경계로서 도면상에 표시된 경계선을 의미하며, 공부상의 경계라고도 함
현실경계	인접된 토지소유자들이 사실경계로 보고 묵시적으로 인정하는 있는 지상경계를 의미함
점유경계	토지소유권자가 사실상의 점유권을 행사하며 지배하고 있는 경계를 의미함
사실경계	토지경계에 있어서 원시적으로 토지소유자들이 결정한 지상경계로서 진정한 토지소유권을 가진 경계를 의미한다. 경계복원측량의 경우 사실상의 경계를 복원할 목적으로 진행함
법정경계	법적으로 인정하는 경계를 의미하며, 특별한 사유가 없는 한 지적도면상 경계와 경계확정 판결에 의한 경계, 특별한 사정이 있는 경우의 현실경계를 의미하며, 현실경계와 도상경계가 모두 법정경계와 일치하지 않을 때 경계분쟁이 발생함

출 처 : 이범관, 1997, "경계분쟁의 실태와 해결방향(대구광역시 분쟁사례를 중심으로)", 한국지적학회, 13(1): pp.127~148; 최한영, 2003, 「지적기술사」, 예문사, pp.114~115. 참조작성.

　　그리고 도상경계와 사실경계 및 법정경계는 점유경계와는 달리 법적인 소유권과 관련된 것으로 도상경계는 지적공부에 등록된 경계를 의미하고, 사실경계는 사실상의 소유권을 가진 경계, 그리고 법정경계는 법적으로 등록하는 경계를 의미한다고 볼 수 있다.

　　따라서 일반적인 경계의 개념은 현실적으로는 점유하고 있는 두 필지를 구분하는 인공적인 구조물 또는 실제로 존재하지 않으나 이웃 필지 간의 묵시적·명시적 합의에 의해 정해진 것으로 객관적인 경계로 통용되는 가상적인 선의 점유경계를 의미한다.

2) 법률적인 경계의 개념

(1) 공간정보의 구축 및 관리 등에 관한 법률상의 경계

　　공간정보의 구축 및 관리 등에 관한 법률상의 경계라 함은 민법이나 형법에서 정의하는 경계와는 달리 필지별로 경계점들을 직선으로 연결하여 지적공부에 등록한 선을 의미하며,[160] 경계점이란 "필지를 구획하는 선의 굴곡점으로서 지적도나 임야도에 도해(圖解) 형태로 등록하거나 경계점좌표등록부에 좌표 형태로 등록하는 점"을 의미한다.[161]

　　즉, 인위적 또는 자연적인 사유로 인한 지표상의 필지경계를 지적측량을 통하여 소유권이 미치는 범위를 규정하여 지적도 또는 임야도에 등록한 구획선 또는 경계점좌표등록부에 등록된 좌표의 연결을 의미한다.

　　또한 공간정보의 구축 및 관리 등에 관한 법률 제55조에서는 지상경계의 설정 기준을 별도로 규정하고 있다.

　　지상경계의 설정 기준은 5가지로 규정하고 있으며 세부내용 및 그림은 아래와 같다.

　　① 연접되는 토지 사이에 고저가 없는 경우에는 그 지물 또는 구조물의 중앙

　　② 연접되는 토지 사이에 고저가 있는 경우에는 그 지물 또는 구조물의 하단부

　　③ 토지가 해면 또는 수면에 접하는 경우에는 최고만조위 또는 최대만수위가 되는 선

　　④ 도로, 구거 등의 토지에 절토된 부분이 있는 경우에는 그 경사면의 상단부

　　⑤ 공유 수면매립지의 토지 중 제방 등을 토지에 편입하여 등록하는 경우에는 바깥쪽 어깨부분

---

160) 국토교통부, 2015, 공간정보의 구축 및 관리 등에 관한 법률, 제2조 제26호 규정

161) 국토교통부, 2015, 공간정보의 구축 및 관리 등에 관한 법률, 제2조 제25호 규정

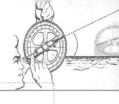

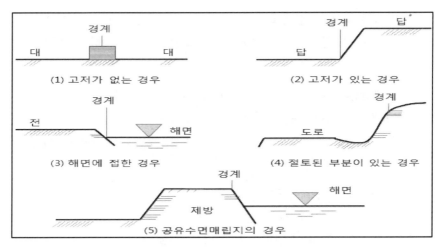

[그림 5-2] 지상경계의 결정방법

출 처 : 공간정보의 구축 및 관리 등에 관한 법률시행령, 제55조 참조작성.

따라서 지적공부에 일필지의 토지로 등록되어 있다면 그 토지에 대한 소유권의 범위는 지적공부에 등록된 경계선의 범위 내에서 확정된다고 볼 수 있으므로 민법상의 경계 개념과는 다르다.

(2) 민법상의 경계

민법 제237조 제1항에는 인접하여 토지를 소유한 자는 공동비용으로 통상의 경계표나 담을 설치할 수 있다라고 규정되어 있고, 동법 제2항에는 경계표나 담장의 설치는 쌍방이 절반하여 부담하도록 규정하고 있다.

반면, 측량비용은 토지의 면적에 비례하여 부담하도록 규정하고 있어서 오직 경계표지나 담장의 경우에만 쌍방의 공유로 인정하고 있으며, 경계표나 담장 및 구거 등을 일방적으로 또는 단독으로 그 비용을 지출한 경우와 담이 건물의 일부인 경우에는 공유로 보지 않고 있다.

따라서 민법상의 경계는 현실적으로 토지의 경계에 설치한 담장, 전, 답 등으로 구획된 둑 또는 주요 지형지물에 의하여 구획된 구거 등을 말하는 것으로 실제로 점유하고 있는 지표상의 경계를 의미하고 있어서 민법상의 경계는 지상경계로 볼 수 있다.

(3) 형법상의 경계

형법에서는 물리적 경계를 그 기준으로 인정하여 현실적으로 이용되고 있는 현실경계 또는 점유경계에 법적 효력을 부여하고 있다.

형법상의 경계표는 소유권 등 권리의 장소적 한계를 나타내는 표지를 의미하는 것으로 법 제370조에는 "경계표를 파손, 이동 또는 제거하거나 기타 방법으로 토지의 경계를 인식 불능케 한 자는 3년 이하의 징역 또는 500만원 이하의 벌금에 처한다"라고 경계침범죄에 관하여 규정하고 있다.

즉, 형법상의 경계는 소유권 등 권리의 장소적 한계를 나타내는 지표를 의미하는 것으로 토지취득 당시 또는 이해관계인들로부터 승인되었거나 일반적으로 묵시적·명시적 합의에 의해 정해진 것으로 객관적인 경계로 통용되어 사용하였다면 형법에서 말하는 경계로 볼 수 있다.

따라서 기존의 경계를 진실한 권리상태와 부합하지 않는다는 이유로 당사자의 한쪽이 측량과 같은 방법을 써서 권리에 합치된 경계라고 주장하여 표시한 좌표는 경계라고 할 수 없다라고 하여 민법과 함께 현실적으로 점유하고 있는 지표상의 경계를 의미하고 있다.

〈표 5-4〉 법적 경계의 비교

경계 유형	세부 내용
공법경계	공법경계란 공간정보의 구축 및 관리 등에 관한 법률의 경계를 의미하는 것으로 지적도와 임야도상에 존재하는 경계로서 사실경계와 법정경계와 상관없이 현재 도면상에 나타난 경계를 말한다.
사법경계	사법경계란 민법상의 경계로서 지상경계인 현실경계를 말한다. 민법상의 경계에 관한 규정은 경계표, 담장, 구거를 중심으로 한 상린권에 관한 규정이 주를 이루고 있다.
형법경계	형법경계란 형법에서 규정하고 있는 경계로서 지상경계인 현실경계를 의미하고 있다. 그래서 지상경계인 현실경계를 중심으로 경계침범죄의 성립여부가 정해진다.

출 처 : 이범관, 2000, "취득시효로 인한 도상경계의 설정 연구", 한국지적학회, 제16권 제1호, pp.9~21 참조작성.

기초지식

※ 경계의 특성 및 물리적 경계에 따른 분류

경계의 기능	경계의 특성
소유권의 범위	• 인접한 필지 간에 성립한다. • 각종 공사 등에서 거리를 재는 기준선이 된다
토지의 위치 결정	• 필지 간의 이질성을 구분하는 구분선의 역할을 한다. • 인위적으로 만든 인공선이다.
필지의 형상·모양 결정	• 위치·길이는 있으나 면적과 넓이는 없다. • 필지 간의 경계는 1개만 존재한다.
면적의 결정	• 경계점 간 최단거리를 연결한 것이다. • 인접한 토지에 공통으로 작용한다.

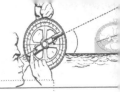

※ 경계의 특성 및 물리적 경계에 따른 분류

구분		세부 내용
경계 특성에 따른 분류	일반 경계	1875년 영국의 토지등록제도에서 규정하였다. 토지의경계가 도로, 하천, 해안선, 담, 울타리, 도랑 등의 자연적인 지형지물로 이루어진 경우. 지가가 저렴한 농촌지역 등에서 토지등록방법으로 이용
	고정 경계	정밀지적측량에 의하여 특별히 결정된 경계를 말한다. 법률적 효력은 일반경계와 유사하지만 그 정확도가 높다. 경계선에 대한 정부의 보증이 인정되지는 않는다.
	보증 경계	토지측량사에 의하여 정밀지적측량이 시행되고 지적소관청의 사정이 완료되어 확정된 경계를 말한다.
물리적 경계에 따른 분류	자연적 경계	토지의 경계가 산등선, 계곡, 하천, 호수, 구거 등의 자연적 지형지물로 이루어진다. 지상에서 지형, 지물 등에 의하여 경계로 인식될 수 있는 경계이다. 지상경계이며 관습법상 인정되는 경계이다.
	인공적 경계	토지의 경계가 담장, 울타리, 철조망, 운하, 철도선로, 경계석 경계표지 등을 이용하여 인위적으로 설정된 경계이다.

2. 경계설정 및 경계결정 이론

1) 경계설정 원칙

(1) 축척종대의 원칙

동일한 경계가 축척이 다른 도면에 각각 등록되어 있는 경우 대축척 도면에 따른다는 원칙이다.

일반적으로 대축척은 1/500, 1/600 등의 축척으로서 시가지나 도시개발 또는 토지개발사업 등의 지역에서 적용되는데 이러한 지역은 대부분 타 지역에 비해 ㎡당 지가(地價)가 높은 지역이기 때문에 보다 고정밀도한 도면으로 관리되어야 한다.

그러므로 소축척의 도면보다 정밀도가 높은 대축척의 도면을 적용하는 것이 토지분쟁이나 기타 민원의 해결을 용이하게 처리할 수 있다.

(2) 경계불가분의 원칙

토지의 경계는 필지와 필지 사이에 하나밖에 없는 유일무이한 것으로 어느 한 토지만의 경계역할을 수행하는 것이 아니라 공통적으로 작용하여 2개 이상의 경계는 존재할 수 없는 원칙을 말한다.

(3) 경계국정주의

경계는 국가기관인 소관청에서 결정한다는 원칙으로 토지의 표시사항은 결국 개인의 재산권과 직결되어 있으므로 소재, 지번, 지목, 좌표 등은 물론 면적과 경계는 항상 국가기관에 의해서 관리되어야 한다.

(4) 경계직선주의

지적법상 경계는 굴곡이 있는 위치에서는 곡선처럼 보이지만 실제로 도면에 등록할 경우에는 항상 굴곡점 간의 경계거리는 직선으로 연결하여야 한다는 원칙이다.

그래서 곡선으로 보이는 경계의 경우 직선을 짧게 여러 번 연결하여 제도하기 때문에 그렇게 굴곡이 있는 것처럼 보이지만 사실은 직선을 연결하여 만든 경계이다.

기초지식

※ **경계설정 원칙**

구분	세부 내용
① 축척종대의 원칙	동일한 경계가 축척이 다른 도면에 등록되어 있는 경우 대축척 도면에 따른다.
② 경계불가분의 원칙	경계는 유일무이한 것으로 2개 이상의 경계는 존재할 수 없다.
③ 경계국정주의	경계는 국가기관인 소관청에서 결정한다.
④ 경계직선주의	경계는 항상 직선으로 연결하여야 한다.

2) 경계결정 이론

공간정보의 구축 및 관리 등에 관한 법률 제55조에서는 지상경계의 결정방법을 별도로 규정하고 있으나 지상경계를 결정하기 어려운 경우 다음과 같은 학설에 따라 결정한다.

(1) 점유설

토지경계가 불분명한 반면 이웃하고 있는 토지의 두 소유자가 점유하는 경계가 명확할 때 양자 간의 점유경계에 따라 경계를 설정해야 한다는 이론이다.

실제로 경계복원이 어려운 지역 또는 지적불부합 등으로 인해 측량의뢰를 받아주지 못하는 일부지역 등에서 점유론은 지상경계의 결정에 중요한 논리로 선택될 수 있다.

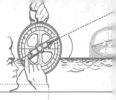

(2) 평분설

경계가 불분명하거나 경계복원이 어려운 지역과 점유상태까지 확정할 수 없을 경우에 이웃하고 있는 두 토지 중 분쟁의 대상이 되는 면적을 물리적으로 평분하여 경계를 설정하는 이론이다.

(3) 보완설

점유설이나 평분설에 의하여 결정된 경계가 이미 조사된 신뢰할 만한 자료와 일치하지 않을 경우 이를 감안하여 정당한 방법과 수단을 통해 보완하거나 또는 두 소유자 간의 합의점을 좀 더 보완하여 적절한 방안을 찾아 경계를 결정한다는 이론이다.

기초지식

※ 현지경계 결정방법

구분	세부 내용
점유설	현재 두 쌍방이 점유하고 있는 토지경계를 기준으로 경계를 결정한다는 이론
평분설	분쟁의 대상이 되는 경계를 서로 공평하게 반반씩 평분하여 결정한다는 이론
보완설	점유설과 평분설로 해결이 안 될 경우 기존자료를 좀 더 보완하여 결정한다는 이론

3) 경계분쟁

토지의 경계를 기준으로 소송 또는 민원 등을 통한 경계분쟁은 법적으로 정확한 경계의 확정을 위한 경우에 해당되는 것으로, 현재 경계분쟁 시 현행 지적공부 또는 등기부의 공적 장부에 등록된 사항을 중심으로 정확한 경계확정이 이루어져 법적인 소송을 해결하고 있다.

토지경계의 물리적인 분쟁의 원인으로는 경계불일치, 면적불일치, 지목불일치의 유형으로 구분할 수 있는데 그 중 경계는 개인의 사적 재산권의 범위를 결정하기 때문에 여타의 등록사항에 비해 아주 중요한 요소로 볼 수 있다.

경계분쟁의 구체적인 원인으로는 축척의 다양함, 원점계열의 상이함, 측량기준점들의 정확성 결여 및 기준점 관리의 부실, 측량방법 또는 측량기술상의 오류, 지적제도 또는 재조제 등에 따른 부정확, 종이도면에 의한 관리 및 보관상의 신축, 마모, 훼손 등의 문제 등에 따라 대부분의 경계가 서로 맞지 않거나 변경되어 경계분쟁의 원인이 발생된다.

<표 5-5> 경계분쟁의 원인

구분	세부 내용
축척의 다양성	다양한 축척으로 인한 도곽 접합 시의 불일치 발생
원점계열의 상이	원점계열별 다양한 측량정확도로 인해 좌표변환 요소의 통일성 결여
지적도 관리의 부실	종이도면에 의한 도면의 신축 및 마모 발생
도면 재작성의 부정확	신축에 따른 기존 경계의 재현이 어렵고, 등사 오류, 착묵 오류, 자사의 부정확 등
측량기준점의 부정확	토지조사사업 당시 측량기술 및 측량방법에 따른 정확도 저하
측량기준점 관리소홀	측량기준점의 망실에 따른 현황측량 위주로 인한 정확도 결여 및 좌표계 접속지역의 측량오류 발생
이동측량의 부정확	경사지의 평판측량 시 경사보정의 미실시

출 처 : 신동헌 외 2009, 「판례분석을 통한 토지경계분쟁 해소방안에 관한 연구」, 한국지적학회, 제25권 제1호, pp.1~13. 참조작성

제3절 지번(Parcel Number)

1. 지번제도

1) 의의

공간정보의 구축 및 관리 등에 관한 법률 제2조에는 "지번이란 필지에 부여하여 지적공부에 등록한 번호를 말하며, 지번부여지역이란 지번을 부여하는 단위지역으로서 동·리 또는 이에 준하는 지역을 말한다"라고 규정하고 있다.

즉, 지번은 토지를 개별화하고 특정화하여 등록하기 위한 번호이며, 소관청이 지번 설정지역별로 기번하여 정한다는 의미이다.

현재 지번은 본번만으로 된 지번과 본번과 부번이 동시에 존재하는 지번이 있고 아라비아 숫자로 표기하되 임야의 경우에는 지번 앞에 '산'자를 붙여 표기하고 있다.

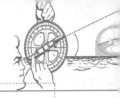

지번을 부여하는 가장 큰 이유는 여타의 토지와 구분되어 고유한 그 필지만의 특성과 이용 및 기타 권리를 받기 위한 것으로 볼 수 있다.

2) 지번제도의 발전 과정

초기의 지번제도는 문헌상으로 나타나는 것은 고려 말 과전법의 실시로 인한 자호제도로서 오늘날의 지번제도의 모태가 되는 지번제도였다.

고려시대 자호제도는 천자문의 차례에 따라 번호를 부호하여 천자정(天), 지자정(地) 등으로 천자문의 최종자인 야자정(也)까지 1천정이 되면 ○○읍 ○○정이라 하고, 그 다음 지역은 새로이 1정의 자호를 부여하였다. 여기서 정(丁)은 지방행정구역으로서 여러 개의 정(丁)을 모아 읍이 되었고 지역사정에 따라 10결, 15결, 20결을 1개의 정의 단위로 삼았다.

이것이 점차 발전되어 조선시대 중기에 들어와 일자오결제도로 변하였는데 일자오결제도는 천자문의 일자는 경작 여부를 막론하고 5결이 되면 부여하였으며, 천(天), 지(地), 인(人) 등의 천자문 글자 순서대로 토지에 부호를 붙이고 다시 1, 2, 3... 등의 숫자를 순차적으로 부여하였고 고려의 정(丁) 대신 답(畓)을 표기하여 천자답(天) 제1호, 지자답(地) 제2호로 하였다. 천자문 1자는 토지 면적 8결로 한정하였고 5결마다 1자 중의 번호로 끝맺고 다음으로 넘어갔다.

그리고 일제의 토지조사사업으로 넘어오면서 오늘날의 지번제도와 같은 기번제도로 발전하였고 기번제도는 원지번에 기초하여 부번을 붙일 수 있도록 하여 문자나 기호색인 등을 통해 지번을 표기하는 제도를 말하며 분기제도라고도 하였다.

그래서 토지조사사업에서는 지금의 지번부여지역을 기번지역으로 하였고 1975년에는 지번지역으로 바뀌게 되면서 기존의 북동기번법과 한자를 사용한 지번에서 이제는 북서기번법과 한글로 지번을 표기하게 되었다.

1995년에는 지번설정지역으로 바뀌게 되었고 2001년에 들어와서 지금과 같은 지번부여지역으로 이름을 변경하였다.

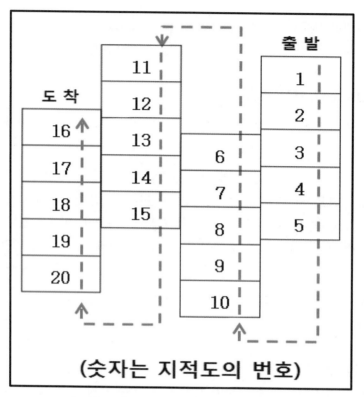

(숫자는 지적도의 번호)

[그림 5-3] 토지조사사업의 지번 진행순서

출 처 : 지종덕, 2001, 전게서, pp.187. 참조작성.

3) 지번의 특성 및 요건

(1) 지번의 특성

지번을 부여함과 동시에 그 필지만의 고유한 여러 가지 특성을 갖게 되는데 먼저 지번부여지역에 속한 필지들은 지번에 의해 개별성을 보장받기 때문에 여타의 필지와 구분하는 차별성 또는 특정성을 갖게 된다.

둘째, 지번은 단식 지번과 복식으로 크게 구분하는데 단식 지번과 복식 지번의 역할이나 기능은 동일하므로 형태와 순번에 관계없이 모두 동등한 동질성을 갖게 된다.

셋째, 지번을 부여함으로써 법적인 보호는 물론 권리를 행사할 수 있는 소유권한을 갖게 되며, 국가 기관이나 소관청에 의한 관리의 대상이 됨으로 인해 안정성을 갖게 된다.

넷째, 지번은 홀로 존재하지 않으며 기존의 지번과 연계하여 연속적으로 부여되며, 이미 설정된 선 지번 등과 함께 연계되는 종속성을 갖게 된다.

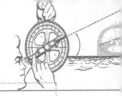

마지막으로 지번은 물권변동이나 기타 권리관계의 설정 등에 따른 각 권리에 의해 분리되지 않는 불가분성을 지니게 된다.

(2) 지번의 요건

지번이 갖추어야 할 요건에 대해 영국의 데일(P.F. Dale)과 미국의 맥라울린(J.D. Mclaughlin)이 다음과 같이 기술하고 있다.

① 일반국민의 이해가 쉬어야 한다.

② 토지소유자가 기억하기 쉬워야 한다.

③ 일반국민이나 행정가들이 쉽게 사용할 수 있어야 한다.

④ 토지의 매각 또는 거래에 따라 지번이 변경되지 않고 영구적이어야 한다.

⑤ 분할이나 합병의 경우에는 지번의 변경이 가능하여야 한다.

⑥ 지적공부의 등록사항과 실제현황이 완벽하게 일치하여야 한다.

⑦ 지번부여 과정에 착오가 없이 정확하여야 한다.

⑧ 모든 행태의 토지행정에 활용할 수 있도록 적응성이 있어야 한다.

⑨ 지번체계의 도입과 유지관리에 경제적이어야 한다.

4) 지번의 구성 및 유형

(1) 지번부여 기준

① 지번은 소관청이 지번부여 지역별로 순차적으로 부여한다.

② 지번은 북서에서 남동으로 순차적으로 부여한다.

(2) 지번의 구성 및 부여방법

① 지번의 구성은 본번과 부번으로 구성한다.

② 본번과 부번의 사이에 '-' 표시로 연결한다. 경우 '-'표시는 '의'라 읽는다.

③ 지번의 표기는 아라비아 숫자로 표기한다.

④ 임야대장 및 임야도에 등록하는 지번은 숫자 앞에 '산'자를 붙인다.

지번은 본번으로만 된 지번도 있고 본번과 부번이 동시에 존재하는 지번이 있는데 본번만으로 구성된 지번을 단식 지번이라 칭하고 본번과 부번으로 구성된 지번을 복식 지번이라고 한다.

<표 5-6> 지번의 구성

구분	본번으로 구성(단식 지번)	본번과 부번으로 구성(복식 지번)
토지대장·지적도	1, 12, 123, ··· 1234 등	1-1, 12-2, 123-3 ··· 1234-4 등
임야대장·임야도	산1, 산12, ··· 산100 등	산1-1, 산12-2, ··· 산100-3 등

2. 지번설정방법

지번의 설정방법은 지번진행방향과 부여단위 그리고 기번의 위치에 따라 분류할 수 있는데 지번의 진행방향에 따른 설정방법에서는 사행식, 기우식, 단지식, 절충식으로 구분할 수 있고 부여단위에 따른 분류에는 지역단위법, 도엽단위법, 4단지단위법이 있다. 그리고 기번의 위치에 따른 설정방법에는 북동기번법과 북서기번법이 있다.

1) 지번진행방향에 따른 분류

지번의 진행방향에 따른 방식으로는 사행식, 기우식, 단지식, 절충식의 4가지 방법이 있다.

사행식은 지번을 설정하는 것이 마치 뱀이 기어가는 형태와 유사하다고 하여 붙여진 이름으로 우리나라의 약 95%가 이 방식에 해당된다.

기우식은 도로를 중심으로 한쪽은 홀수 다른 한쪽은 짝수를 부여하는 방법이고, 단지식은 토지개발사업 등에 따라 여러 개의 단지로 조성되어 있는 경우에 사용되는 방법이며, 절충식은 위의 3가지 중 하나의 방법을 적용하기 어려운 애매한 지역 등에 있어서 두 가지의 방법을 서로 절충하여 부여하는 방법이다.

<표 5-7> 지번진행방향에 따른 분류

구분	세부 내용
사행식	뱀이 기어가는 형상과 같다고 하여 사행식이라 말하며, 토지의 배열이 불규칙한 농촌지역에서 주로 이용되며, 우리나라의 대부분 토지가 해당됨
기우식 (교호식)	시가지가 들어서면서 도로가 개설되어 만들어지기 시작한 방식으로 도로를 따라 한쪽은 기수(홀수) 한쪽은 우수(짝수)로 지번을 부여하는 방식
단지식 (블록식)	토지구획 등의 토지개발사업에 따라 만들어진 방식으로 하나의 단지(블록)에 하나의 지번을 붙이고 다시 부번을 순차적으로 부여하는 방식
절충식	사행법·기우법 등을 적당히 취사선택하여 부번하는 방식

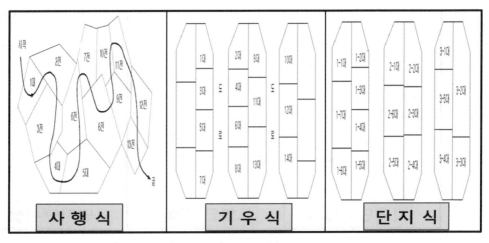

[그림 5-4] 지번진행방향에 따른 분류

2) 부여단위에 따른 분류

부여단위에 따른 분류는 지번의 부여단위별로 구분하여 나타내는 방법으로 지역단위법, 도엽단위법, 단지단위법이 있다.

지역단위법은 일정 지역을 대상으로 순차적으로 부여하는 방법으로 지역의 면적이 비교적 적은 경우에 이 방법을 적용한다.

도엽단위법은 지적도나 임야도의 도엽을 중심으로 지번을 부여하는 방법으로 단위면적이 비교적 넓은 경우에 이 방법을 적용한다.

단지단위법은 개별 단지를 기준으로 순차적으로 지번을 부여하는 방법으로 토지개발사업 등에 따른 경지 또는 택지지구에 적용되는 방법이다.

〈표 5-8〉 지번부여단위에 따른 분류

구분	세부 내용
지역단위법	지번부여지역 전체를 대상으로 순차적으로 지번을 부여하는 방법으로 지번부여지역의 면적이 비교적 작고, 지적도의 매수가 적을 경우, 토지의 구획이 정연한 시가지 등에서 노선전장이 비교적 긴 가로별로 지번을 연속시킬 필요가 있을 때에 적용
도엽단위법	지적도·임야도의 도엽별로 지번을 순차적으로 부여하는 방법으로 대부분의 국가에서 채택하고 있으며 지번부여지역의 면적이 비교적 넓고 지적도의 매수가 많을 때에 적용
단지단위법	단지별로 지번을 순차적으로 부여하는 방법으로 단지수는 많으면서도 그 면적이 각각 작게 구획된 시가지계획지구나 경지정리지구 등에 적용

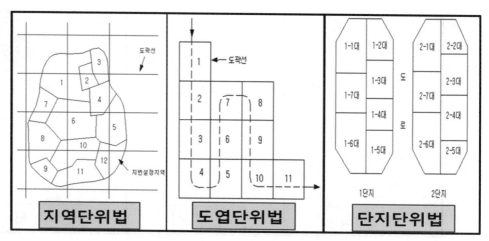

[그림 5-5] 지번부여단위에 따른 분류

3) 기번의 위치에 따른 분류

〈표 5-9〉 기번의 위치에 따른 분류

구분	세부 내용
북동기번법 (북동남서기번법)	기번을 북동에서 시작하여 남서쪽으로 순차적으로 지번을 부여하는 방식으로 한자를 사용하는 국가에서 주로 사용
북서기번법 (북서남동기번법)	기번을 북서에서 시작하여 남동쪽으로 순차적으로 지번을 부여하는 방식으로 한글, 영어, 아라비아 숫자 등을 사용하는 국가에서 주로 사용(우리나라)

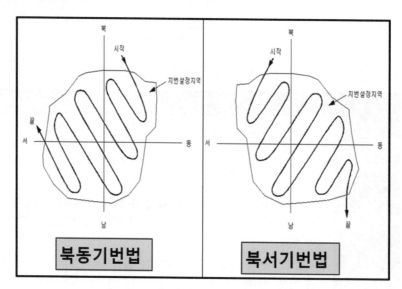

[그림 5-6] 기번의 위치에 따른 분류

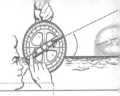

3. 부번의 설정방법

일반적으로 지번은 본번과 부번으로 크게 구분할 수 있는데 여기서 부번이란 기존의 본번이 존재하나 토지이동이 발생하여 필지를 분할하는 경우 또는 기타 행정구역 등의 여건에 따라 지번을 새로이 설정하여야 하는 경우 등에 있어서 본번의 단식 지번만으로 구성하는 것보다 본번과 부번의 복식 지번으로 구성하는 것이 더 유리하다고 판단될 때 이용되는 방법이다.

우리나라의 부번제도는 일반적인 부번식으로서 기존 본번에 새로이 부번을 부여할 경우 -1, -2, -3 등으로 표기되는데 본번이 가령 100번지라면 100-1, 100-2는 100의 1, 100의 2로 부르며, 종전에는 이것을 100의 一, 100의 二로 한자를 부여하였으나 1976년 부번제도가 시작되면서 한글로 바꿔어 표기하고 있다.

1) 분수식

본번을 분자로 하고 부번을 분모로 나타내는 지번형태이다. 예를 들어 지번이 7-3인 경우 7/3으로 표시되며, 이것이 2필지로 분할되고 동일한 지번설정지역 내 최종지번이 7-5일 때 원지번 7/3은 사라지고 7/6, 7/7로 표시된다.

또 다른 경우는 본번이 분모가 되고 부번이 분자가 되는 경우로서 555번지가 2필로 분할되고 동일한 지번설정지역 내 최종부번이 15라면 새로운 지번은 16/555, 17/555로 한다.

분수형 지번부여제도는 본번을 변경하지 않는 장점이 있으나 분할 후의 지번이 정확히 어느 지번에서 파생되었는지 그 유래를 파악하기가 용이하지 않으며 근본적으로 지번을 주소로 활용할 수 없는 단점이 있으나 독일·오스트리아·핀란드·불가리아 등의 국가에서 채택하고 있다.

2) 기번(岐番)식

인접지번 또는 지번의 자리수와 함께 원지번의 번호로 구성되어 지번상의 근거를 알수 있게 된다. 이 경우 사정 지번이 모번지로 편철 보존될 수 있다.

예를 들면 700번지가 분할될 경우 이것을 700^a, 700^b, 700^c로 표시하고 그 중 700^b가 또다시 3필로 분할될 경우 이것은 700^{b1}, 700^{b2}, 700^{b3}로 표시된다.

3) 자유식

자유형 지번부여방법(free numbering system)이라 함은 분할 후에 기존 지번을 사용하지 않고 지번부여 구역 내 최종 지번의 다음 지번으로 부여하는 제도를 말한다. 이 제도는 새로운 경계를 설정하기까지의 모든 절차상의 번호가 영원히 소멸되고 지번설정지역 내에서 사용되지 않는 최종지번 다음 번호로 대치된다.

예를 들면 100번지를 4필지로 분할하는 경우에는 당해 지번부여지역 내의 최종 지번이 500번지일 경우 분할 후의 지번을 각각 501, 502, 503, 504번지로 부여한다.

〈표 5-10〉 부번설정 방법

구분	세부 내용
분수식	지번을 분수식으로 나타내는 방식
기번식	지번을 기번하여 나타내는 방식
자유식	종전의 지번은 소멸시키고 새로운 본번으로 나타내는 방식

4. 토지이동에 따른 지번의 부여방법

1) 신규등록 및 등록전환

〈표 5-11〉 신규등록 및 등록전환의 지번부여 방법

구분	세부 내용
원칙 규정	• 지번부여지역 안의 인접토지 본번에 부번을 붙여 지번을 부여한다.
예외 규정	• 최종 본번의 다음 본번으로 순차적으로 지번을 부여할 수 있는 경우 ① 대상토지가 지번부여지역 안의 최종 지번의 토지에 인접되어 있는 경우 ② 대상토지가 이미 등록된 토지와 멀리 떨어져 있어 등록된 토지의 본번에 부번을 붙이는 것이 불합리한 경우 ③ 대상 토지가 여러 필지로 되어 있는 경우

(원칙 규정)

• 지번부여지역 안의 인접토지 본번에 부번을 붙여 지번을 부여한다.

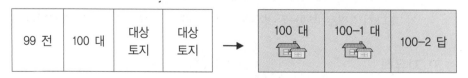

[그림 5-7] 신규등록과 등록전환의 지번설정 원칙

(예외 규정)

① 최종 지번과 인접한 신규등록 또는 등록전환하는 경우

77 대		78 대	
79 대	76도	80 대	83 대
81 대		82 대	

(신규등록, 등록전환 대상 토지)

[그림 5-8] 최종지번과 인접한 경우의 지번설정

(예외 규정)

② 이미 등록된 토지와 멀리 떨어져 있어 등록된 토지의 본번에 부번을 붙이는 것이 불합리한 신규등록 또는 등록전환의 경우

77 대		77-1 대	
77-2 대	76도	77-3 대	77-6 대
77-4 대		77-5 대	

(신규등록, 등록전환 대상 토지)

[그림 5-9] 멀리 떨어진 경우의 지번설정

(예외 규정)

③ 신규등록 또는 등록전환 대상 토지가 여러 필지로 되어 있는 경우

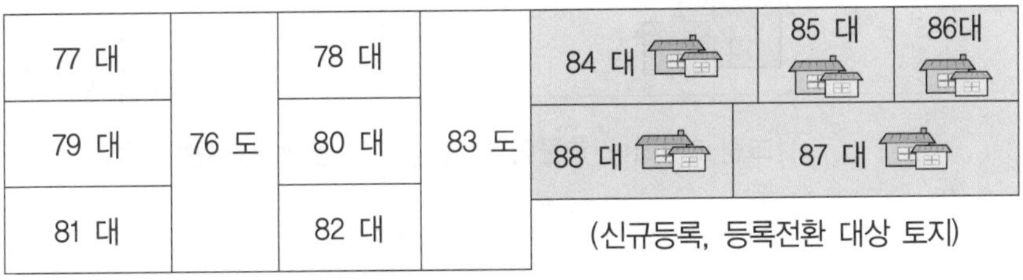

77 대		78 대		84 대	85 대	86대
79 대	76 도	80 대	83 도	88 대	87 대	
81 대		82 대				

(신규등록, 등록전환 대상 토지)

[그림 5-10] 대상필지가 많은 경우의 지번설정

2) 분할

〈표 5-12〉 분할의 지번부여 방법

구분	세부 내용
원칙 규정	분할 후의 필지 중 1필지의 지번은 분할 전의 지번으로 하고, 나머지 필지의 지번은 본번의 최종 부번의 다음 순번으로 부번을 부여한다.
예외 규정	분할되는 필지에 주거·사무실 등의 건축물이 있는 필지에는 분할 전의 지번을 우선하여 부여하여야 한다.

(원칙 규정)

• 1필지를 3필지로 분할하는 경우

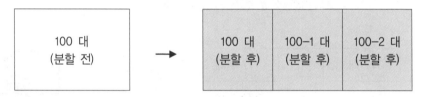

[그림 5-11] 분할 시 지번설정 원칙

(예외 규정)

① 분할되는 필지에 주거·사무실 등의 건축물이 있는 필지에 대하여는 분할 전의 지번을 우선하여 부여하여야 한다.

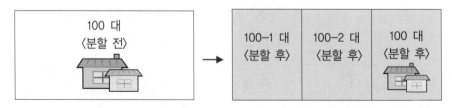

[그림 5-12] 건축물이 있는 경우의 분할 시 지번설정

3) 합병

〈표 5-13〉 합병의 지번부여 방법

구분	세부 내용
원칙 규정	합병대상 지번 중 선순위의 지번을 그 지번으로 하되, 본번으로 된 지번이 있는 때에는 본번 중 선순위의 지번을 합병 후의 지번으로 한다.
예외 규정	토지소유자가 합병 전의 필지에 주거·사무실 등의 건축물이 있어서 그 건축물이 위치한 지번을 합병 후의 지번으로 신청하는 때에는 그 지번을 합병 후의 지번으로 부여하여야 한다.

(원칙 규정)

• 선순위의 지번으로 지번을 부여하는 경우

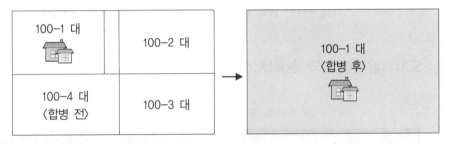

[그림 5-13] 합병 시 지번설정 원칙(선순위 지번에 의한 경우)

• 본번만으로 된 지번이 있는 경우

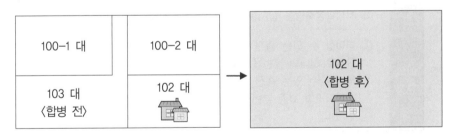

[그림 5-14] 합병 시 지번설정 원칙(본번의 지번에 의한 경우)

(예외 규정)

① 토지소유자가 합병 전의 필지에 주거·사무실 등의 건축물이 있어서 그 건축물이 위치한 지번을 합병 후의 지번으로 신청하는 때에는 그 지번을 합병 후의 지번으로 부여하여야 한다.

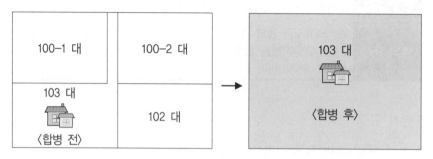

[그림 5-15] 합병 시 건축물의 지번을 그대로 부여하는 경우

4) 도시개발사업 등의 완료(지적확정측량을 실시한 지역)

〈표 5-14〉 도시개발 사업의 완료 시 지번부여 방법

구분	세부 내용
원칙 규정	• 종전의 지번 중 본번으로 부여하되 다만 다음의 본번은 제외한다. ① 지적확정측량을 실시한 지역 안의 종전의 지번과 지적확정측량을 실시한 지역 밖에 본번이 같은 지번이 있을 때 그 지번 ② 지적확정측량을 실시한 지역의 경계에 걸쳐 있는 지번
예외 규정	① 부여할 수 있는 종전 지번의 수가 새로이 부여할 지번의 수보다 적은 경우 블록 단위로 하나의 본번을 부여한 후 필지별로 부번을 부여 ② 부여할 수 있는 종전 지번의 수가 새로이 부여할 지번의 수보다 적은 경우 지번부여지역의 최종 본번의 다음 순번부터 본번으로 하여 순차적으로 지번을 부여할 수 있다.

(원칙 규정)

• 종전의 지번 중 본번으로 부여한다. 다만 다음의 본번은 제외한다.

① 지적확정측량을 실시한 지역 안의 종전의 지번과 지적확정측량을 실시한 지역 밖에 본번이 같은 지번이 있을 때 그 지번

② 지적확정측량을 실시한 지역의 경계에 걸쳐 있는 지번

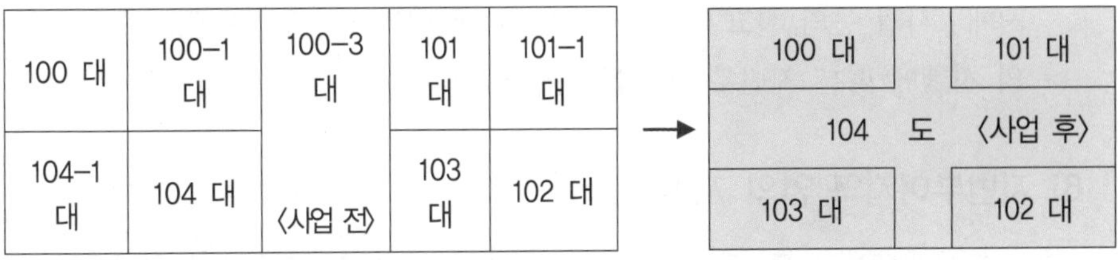

100 대	100-1 대	100-3 대	101 대	101-1 대
104-1 대	104 대	〈사업 전〉	103 대	102 대

100 대		101 대
104 도	〈사업 후〉	
103 대		102 대

[그림 5-16] 도시개발 사업의 완료 시 지번설정 원칙

(예외 규정)

① 부여할 수 있는 종전 지번의 수가 새로이 부여할 지번의 수보다 적은 경우 단지 (블록)단위로 하나의 본번을 부여한 후 필지별로 부번을 부여한다.

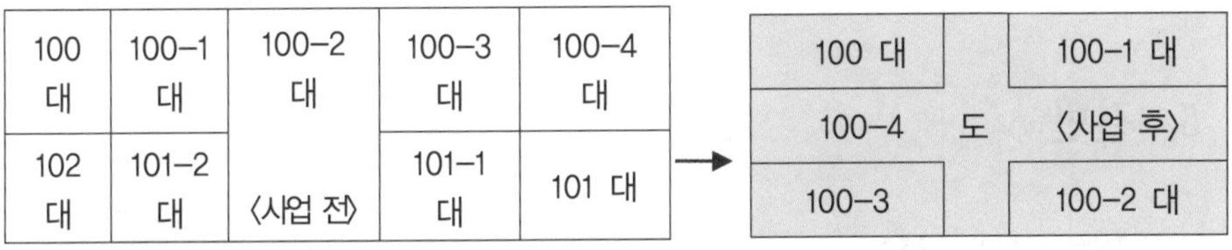

100 대	100-1 대	100-2 대	100-3 대	100-4 대
102 대	101-2 대	〈사업 전〉	101-1 대	101 대

100 대		100-1 대
100-4 도	〈사업 후〉	
100-3		100-2 대

[그림 5-17] 도시개발 사업의 완료 시 예외 규정(본번+부번을 부여하는 경우)

② 부여할 수 있는 종전 지번의 수가 새로이 부여할 지번의 수보다 적은 경우 지번 부여지역의 최종 본번의 다음 순번부터 본번으로 하여 순차적으로 지번을 부여할 수 있다.

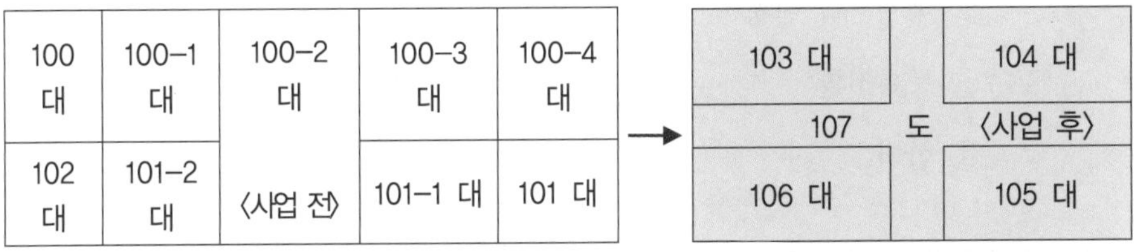

100 대	100-1 대	100-2 대	100-3 대	100-4 대
102 대	101-2 대	〈사업 전〉	101-1 대	101 대

103 대		104 대
107 도	〈사업 후〉	
106 대		105 대

[그림 5-18] 도시개발 사업의 완료 시 예외 규정(본번만을 부여하는 경우)

5) 도시개발사업 등의 준공 전

도시개발사업 등이 준공되기 전에 사업시행자가 지번부여를 신청하는 경우에는 도시개발사업 등의 신고·착수·변경 시 제출한 사업계획도에 의하되 도시개발사업 등의 시행에 따른 지번부여방법의 규정에 의하여야 한다.

6) 지번부여지역 안의 지번변경

도시개발사업 등의 시행에 따른 지번부여방법을 준용하여 지번을 부여한다.

7) 행정구역 개편 시의 지번변경

도시개발사업 등의 시행에 따른 지번부여방법을 준용하여 지번을 부여한다.

8) 축척변경 시의 지번변경

도시개발사업 등의 시행에 따른 지번부여방법을 준용하여 지번을 부여한다.

5. 결번

1) 결번 발생 사유

결번이란 지번부여지역의 동·리 단위로 연속적으로 지번이 부여되어야 하나 행정상 또는 여건상의 사유로 인해 지번이 순차적으로 지적공부에 등록되지 않고 제외되거나 누락된 지번이 발생하는 것을 의미하며, 결번이 발생하는 경우는 다음과 같다.

- **결번의 발생 사유**

  ① 지번 변경   ② 지번 정정

  ③ 행정구역 변경   ④ 축척 변경

  ⑤ 등록전환   ⑥ 도시개발사업의 시행

  ⑦ 합병   ⑧ 해면성 말소

2) 결번대장의 비치

지적소관청은 결번이 발생한 경우에 그 사유를 결번대장에 기재하여 영구히 보존하여야 하며 결번이 발생한 도면 및 대장은 그대로 유지하여야 하며 폐쇄시킬 수 없다.

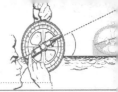

기초지식

※ 결번 발생사유 및 결번대장의 비치

	결번의 발생사유	결번대장의 비치
구분	① 지번 변경	
	② 지번 정정	
	③ 행정구역 변경	소관청은 지번에 결번이 생긴 때에는 지체없이 그 사유를 결번대장에 기재하여 **영구히 보존**하여야 한다.
	④ 축척 변경	
	⑤ 등록전환	
	⑥ 도시개발사업의 시행	
	⑦ 합병	
	⑧ 해면성 말소	

기초지식

※ 지번의 기능

구분	세부 내용
기능	① 토지를 필지별로 구별하는 개별성, 특정성의 기능 내포
	② 특정성의 기능 내포
	③ 주소표기의 기준(토지의 식별)
	④ 토지의 소재와 위치파악 용이 및 위치 확인이 가능
	⑤ 각종 토지관련 정보시스템의 검색기준
	⑥ 등록공시의 단위
	⑦ 토지의 특정화
	⑧ 토지의 개별화
	⑨ 토지의 고정화
	⑩ 토지의 식별화
	⑪ 토지 위치의 확인

〈표 5-15〉 토지이동에 따른 지번부여 방법

토지이동	구분	세부 내용
신규등록 · 등록전환	원칙	• 지번부여지역 안의 인접토지 본번에 부번을 붙여 부여
		• 최종 본번의 다음 본번으로 순차적으로 지번을 부여
	예외	• 대상토지가 지번부여지역 안의 최종 지번의 토지에 인접되어 있는 경우 • 대상토지가 이미 등록된 토지와 멀리 떨어져 있어 등록된 토지의 본번에 부번을 붙이는 것이 불합리한 경우 • 대상토지가 여러 필지로 되어 있는 경우
분 할	원칙	• 분할 후의 필지 중 1필지의 지번은 분할 전의 지번으로 하고, 나머지 필지의 지번은 본번의 최종 부번의 다음 순번으로 부번을 부여
	예외	• 분할되는 필지에 주거·사무실 등의 건축물이 있는 필지에 대하여는 분할 전의 지번을 우선하여 부여
합 병	원칙	• 합병대상 지번 중 선순위의 지번을 그 지번으로 하되, 본번으로 된 지번이 있는 때에는 본번 중 선순위의 지번을 합병 후의 지번으로 부여
	예외	• 토지소유자가 합병 전의 필지에 주거·사무실 등의 건축물이 있어서 그 건축물이 위치한 지번을 합병 후의 지번으로 신청하는 때에는 그 지번을 합병 후의 지번으로 부여
도시개발사업 등의 완료	원칙	• 종전의 지번 중 본번으로 부여하되 다만 다음의 본번은 제외 • 지적확정측량을 실시한 지역 안의 종전 지번과 지적확정측량을 실시한 지역 밖의 본번이 같은 지번이 있을 때 그 지번 • 지적확정측량을 실시한 지역의 경계에 걸쳐 있는 지번
	예외	• 부여할 수 있는 종전 지번의 수가 새로이 부여할 지번의 수보다 적은 때에는 블록단위로 하나의 본번을 부여한 후 필지별로 부번을 부여하거나 그 지번부여지역의 최종 본번의 다음 순번부터 본번으로 하여 순차적으로 지번을 부여
도시개발사업 등의 준공 전		• 도시개발사업 등이 준공되기 전에 사업시행자가 지번부여를 신청하는 경우에는 도시개발사업 등의 신고(착수 또는 변경) 시 제출한 사업계획도에 의하되 도시개발사업 등의 시행에 따른 지번부여방법의 규정을 따름
지번부여지역 안의 지번 변경 · 행정구역 개편·축척 변경		• 도시개발사업 등의 시행에 따른 지번부여방법을 준용하여 지번 부여

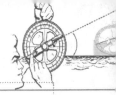

제4절 지목

1. 지목

1) 의의

공간정보의 구축 및 관리 등에 관한 법률에서의 지목이라 함은 토지의 주된 용도에 따라 토지의 종류를 구분하여 지적공부에 등록한 것을 말하며, 모든 토지는 일필일목원칙(一筆一目原則)에 따라 하나의 필지에 하나의 지목만을 설정하도록 하고 있다.[162]

현재 지목은 토지의 합리적이고 효율적인 보전과 관리 및 이용규제 등을 위해 일필지의 개별적 토지특성이나 용도 등에 따라 토지의 종류를 구분하여 법적으로 28개 지목을 설정하여 사용되고 있다.

1912년의 토지조사사업 당시의 18개 지목에서 현재의 28개 지목으로 다양한 목적에 따라 해당 지목의 수가 점차 증가한 원인 또한 토지의 이용 및 활용에 있어서 더욱 고도화·입체화되고 있음은 물론 시대의 흐름에 따른 토지의 활용면에서의 다양화를 대변해 주고 있다.[163]

2) 지목의 발전 과정

우리나라의 현재 지목은 1910년 토지조사법에 의한 토지조사사업 때부터 시작되었다고 볼 수 있으며, 그 당시 18개의 지목으로 구분하였다.

토지조사사업 당시의 18개의 지목은 전, 답, 대, 지소, 임야, 잡종지의 6개 과세지목과 사사지, 분묘지, 공원지, 철도용지, 수도용지의 5개 면세지목 그리고 도로, 하천, 구거, 제방, 성첩, 철도선로, 수도선로의 7개 비과세지목으로 과세성향에 따라 과세지목, 면세지목, 비과세지목의 3가지로 구분되었다.

그리고 1914년 지세령이 제정되면서 지소에서 분리되어 유지지목이 생겨나면서 19개의 지목으로 발전하였고, 1943년 조선지세령에 의해 염전과 광천지의 지목이 생겨나면서 21개의 지목으로 발전되었다.

---

162) 공간정보의 구축 및 관리 등에 관한 법률, 제2조 제24항, 동법시행령, 제59조 제1항.

163) 김준현 외, 2011, "대 지목의 효율적 토지이동 등록을 위한 지목세분화 방안" 한국지적학회지, 제27권 제1호, pp.65~79.

1950년 최초의 지적법을 근간으로 독립적인 지적제도가 시작되면서 1975년까지 21개의 지목으로 구성되었다가 1976년 6개 지목의 신설과 5개 지목의 명칭을 변경하였고, 기존의 유사한 6개의 지목을 철도용지, 수도용지, 유지의 3개의 지목으로 통폐합하면서 24개의 지목으로 발전되었다.

그리고 2001년부터 오늘날의 지목과 같은 28개의 지목으로 발전되었으며, 그 당시 주차장, 주유소용지, 창고용지, 양어장의 4개 지목이 신설되었다.

오늘날의 지목은 급속한 도시화와 토지이용의 다양화, 다변화되어 가는 사회 전반적인 흐름에 따라 현재 2차원의 단일지목체제로 하위적인 세분류(세분화)체계가 없어 복합 다양한 현실의 토지이용을 전적으로 반영하지 못하는 한계성을 갖고 있어 결국 3차원의 입체적인 지적제도의 도입 및 구현을 위해 지하, 지표, 지상의 다양한 토지이용이나 토지활용을 있는 그대로 표현할 수 있는 복수지목제도와 지목의 세분화 등에 대한 검토가 진행되고 있다.[164]

〈표 5-16〉 지목의 발전 과정

토지조사령 1912.8.13 제령2호	지세령 1918.6.18 제령9호	조선지세령 1943.3.31 제령6호	지적법 1975.12.31 제2801호	지적법 91.11.30 제4405호	지적법 01.1.26 제6389호
전	전	전	전	전	전
답	답	답	답	답	답
			과수원	과수원	과수원
			목장용지	목장용지	목장용지
임야	임야	임야	임야	임야	임야
		광천지	광천지	광천지	광천지
		염전	염전	염전	염전
대	대	대	대	대	대
			공장용지	공장용지	공장용지
			학교용지	학교용지	학교용지
					주차장
					주유소용지
					창고용지
도로	도로	도로	도로	도로	도로
철도용지	철도용지	철도용지	철도용지	철도용지	철도용지

164) 김준현 외, 2010, "대 지목의 상업용 토지이용에 따른 지목세분화의 필요성", 한국지적정보학회지, 제12권 제1호, pp.129~137.

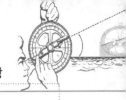

철도선로	철도선로	철도선로			
제방	제방	제방	제방	제방	제방
하천	하천	하천	하천	하천	하천
구거	구거	구거	구거	구거	구거
지소	지소	지소	**유지**	유지	유지
	유지	유지			
					양어장
수도용지	수도용지	수도용지	**수도용지**	수도용지	수도용지
수도선로	수도선로	수도선로			
공원지	공원지	공원지	**공원**	공원	공원
			운동장	**체육용지**	체육용지
			유원지	유원지	유원지
사사지	사사지	사사지	**종교용지**	종교용지	종교용지
성첩	성첩	성첩	사적지	사적지	사적지
분묘지	분묘지	분묘지	묘지	묘지	묘지
잡종지	잡종지	잡종지	집종지	집종지	잡종지
I 18개 지목	I 분리 지소 지목에서 지소와 유지로 분리 ※ 총 19개	I 신설 광천지 염전 ※ 총 21개		I 변경 운동장 지목이 체육용지로 변경 ※ 총 24개	I 신설 주차장 주유소용지 창고용지 양어장 ※ 총 28개
			※ 총 24개		

3) 지목의 분류

오늘날 지목은 일필지의 토지이용을 어떠한 목적에 따라 어떻게 사용하느냐를 의미하는 것으로, 지상의 토지이용은 물론 지하의 상가나 도로 등과 같은 지하 구조물의 설비로 인해 수직적인 토지이용이 이루어지고 있으므로 어떠한 목적으로 분류하느냐에 따라 다양하게 세분될 수 있다.

지목의 분류는 토지현황별, 소재지역별, 산업별, 국가발전별, 구성내용별로 다양하게 분류할 수 있다.

(1) 토지현황에 의한 지목의 분류

토지현황에 의한 지목의 분류는 용도지목, 토성지목, 지형지목의 3가지가 존재한다.

① 용도지목

용도지목은 토지를 어떠한 용도로 이용 또는 활용하고 있는가에 따라 지목을 구분하는 것으로 지형이나 토양 등에 관계없이 현실적으로 이용하고 있는 토지의 주된 사용목적에 따라 구분된다.

우리나라의 지목구분에 있어 적용하고 있는 방법이기도 하며, 인간의 주거생활 및 농·상·공업적 이용 등의 일상생활과 가장 밀접한 관계를 형성하는 법정지목 결정방법이다.

② 토성지목

토지의 성질(토성, 토질)인 지층이나 암석 또는 토양의 종류 등에 따라 결정한 지목을 토성지목이라고 한다. 토성은 암석지, 조사지(粗沙地), 점토(粘土地), 사토지(砂土地), 양토지(壤土地), 식토지(植土地) 등으로 구분한다.

③ 지형지목

지형지목은 지표면의 형태, 토지의 고저, 수륙의 분포상태 등 지형의 물리적인 특성에 따라 지목을 결정하는 방법이다. 지형은 주로 그 형성과정에 따라 하식지(河蝕地), 빙하지, 해안지, 분지, 습곡지, 화산지 등으로 구분한다.

지형지목은 대단위의 국토계획 등을 위한 목적으로 이용가치는 높을 수 있으나 일필지의 조세산정이나 의도적인 관리부분에 있어 상당히 합리적이지 못한 방법이다.

(2) 소재지역에 따른 분류

소재지역에 의한 지목의 분류는 지목이 소재하는 지역적인 특성을 바탕으로 국토계획이나 광역계획 등 대단위의 농촌관리계획이나 도시관리계획 등에 있어서 아주 유용한 방법이다.

그러나 농촌과 도시의 특성이 뚜렷이 구별되는 지역이나 국가에 적합한 방법이며, 선진국의 경우와 같이 국가 전반적으로 도시화·산업화가 진행되어 농촌성향과 도시성향이 구분이 명확하지 않을 때에는 적용하기에 다소 한계가 있는 방법이다.

토지이용 관리나 정책수립 시 비교적 많은 시간적 소요를 줄일 수 있는 방법이므로 다양한 지역적 정보평가나 소재지별 토지이용 계획 및 통계 그리고 그 지역의 발전방향 계획 등을 수립함에 있어 아주 유용한 방법이다.

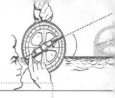

① 농촌형 지목

농촌형 지목은 농업·어업·축산업 등을 경작하거나 운영하는 지역에서 많이 이용하는 지목으로 새로 신설되기보다는 기존의 지목을 그대로 현재까지 이용하고 있는 경우가 많다. 이러한 지목으로 임야, 전, 답, 과수원, 목장용지, 염전, 광천지, 제방, 유지, 양어장, 잡종지 등이 있다.

② 도시형 지목

도시형 지목은 도시화·산업화 등의 과정에서 형성된 지목으로 공업 및 서비스업에 많이 나타나는 지목형태이다.

이러한 지목으로는 대, 공장용지, 수도용지, 학교용지, 종교용지, 도로, 공원, 체육용지, 주차장, 주유소 등이 있다.

(3) 산업별 분류

산업별 분류는 현재 1차, 2차, 3차 산업이 존재함에 따라 각 산업에 따른 분류를 한 것으로 토지의 사용 목적이 어떤 산업과 관련되어 이용되고 있는가에 따라 분류한 것이다.

① 1차 산업형 지목

1차 산업형 지목이란 토지가 농업·어업·축산업 등의 용도로 이용되고 있는 지목으로 앞에서 언급한 소재지역에 따른 분류 중 농촌형 지목이 여기에 해당된다. 그래서 1차 산업형 지목에는 임야, 전, 답, 과수원, 목장용지, 염전, 제방, 유지, 양어장, 잡종지 등이 있다.

② 2차 산업형 지목

2차 산업형 지목이란 일필지의 토지용도가 제조업 중심으로 이용되고 있는 지목으로 공장용지, 창고용지, 수도용지, 하천 등이 일반적인 지목이다.

③ 3차 산업형 지목

3차 산업형 지목이란 일필지의 토지용도가 서비스산업 위주로 이용되는 것으로 소재지역에 따른 분류 중 도시형 지목에 해당되며 문화시설용도로 사용되는 지목형태가 이에 속한다. 학교용지, 사적지, 주유소, 주차장, 광천지 등이 여기에 해당한다.

(4) 국가발전에 따른 분류

국가발전에 따른 분류는 지목의 이용에 따른 구성 비율로서 그 국가의 전체적인 토지이용의 유형은 어떠하며, 전체 필지수나 유형별 면적 등을 상대적으로 비교하여 국가발전 정도를 파악할 수 있는 분류방식이다.

그러므로 후진국형과 선진국형으로 구분하는데 원시적인 산업에 의한 지목이 많으냐 또는 서비스산업이 많으냐 등에 따라 구분한다.

① 후진국형 지목

후진국형 지목이란 토지의 이용이 1차적인 원시산업과 관련하여 발달된 농·어업에 주로 이용되는 지목으로 토지의 면적, 필지수가 1차 산업형태의 토지이용에서 나타난다. 앞에서 언급한 소재지역에 따른 분류 중 농촌지역에 해당하며, 산업별 분류에서는 제1차 산업에 해당하는 지목이 여기에 해당한다.

② 선진국형 지목

선진국형 지목이란 토지의 이용이 제1차, 제2차 산업 위주가 아닌 제3차 산업을 중심으로 발달된 토지지목을 말한다. 앞에서 언급한 소재지역에 따른 분류 중 도시지역에 해당하며, 산업별 분류에서는 제3차 산업에 해당하는 지목이 여기에 해당한다.

(5) 구성내용에 따른 분류

구성내용에 따른 분류는 일필지의 토지이용에 있어서 오로지 일필일목의 단식지목으로 구성하느냐 또는 일필지의 토지이용을 복식 지목(복수 지목)체계로 2개 이상으로 표기하느냐에 따라 분류한 것을 말한다.

① 단식 지목

1개의 토지에 대하여 하나의 기준에 따라 분류된 지목을 단식 지목이라고 한다.

우리나라의 지목이 여기에 해당하며, 단식 지목은 일필지에 있어서 오직 하나의 지목만을 인정하는 것을 의미한다.

② 복식 지목

1필지의 토지에 대하여 2개 이상의 기준에 따라서 분류된 지목을 복식 지목이라 한다. 지상의 지목은 물론 지하공간상의 지목(지하도로, 지하철도 등)과 지상지목(고가철도, 고가도로 등) 등을 동시에 표현할 수 있는 방법으로 입체적 고도적인 선진국의 토지이용 등에 적합한 방법으로 독일의 경우 용도지목과 토성지목의 복식 지목을 채택하고 있다.

<표 5-17> 지목의 분류

지목의 유형	세부 유형	세부 내용
토지현황별 분류	용도지목	• 토지의 용도에 따라 분류함
	토성지목	• 토지의 성질에 따라 분류함
	지형지목	• 토지의 형태, 고저 등에 따라 분류함
소재지역별 분류	농촌형 지목	• 임야, 전, 답, 과수원, 목장용지, 염전, 광천지, 제방, 유지, 양어장, 잡종지 등
	도시형 지목	• 대, 공장용지, 수도용지, 학교용지, 종교용지, 도로, 공원, 체육용지, 주차장, 주유소 등
산업별 분류	1차 산업형 지목	• 일필지 용도가 농·어업 위주로 이용
	2차 산업형 지목	• 일필지 용도가 제조업 중심으로 이용
	3차 산업형 지목	• 일필지 용도가 서비스 산업에 주로 이용
국가발전별 분류	선진국형 지목	• 토지용도가 3차 산업인 서비스업에 주로 이용
	후진국형 지목	• 토지용도가 1차 산업인 농·어업에 주로 이용
구성내용별 분류	단식 지목	• 1필지의 주 용도에 따라 1개의 기준에 따라 지목을 분류
	복식 지목	• 1필지에 2개 이상의 기준에 따라 지목을 부여

출 처 : 이왕무 외, 2008, 전게서, pp.193~195. 참조작성.

2. 지목의 설정 원칙 및 부호

1) 설정 원칙

지목의 설정 원칙은 지목을 설정함에 있어서 적용되는 원칙으로 우리나라는 토지의 주된 사용 목적을 기준으로 등록하는 용도지목을 법정지목으로 결정하고 있다.

가령 하천 위에 도로가 있는 경우 이것을 하천지목으로 보느냐 아니면 도로지목으로 보느냐에 있어서 지목의 설정 시 어떠한 이유나 목적에 더 많은 비중을 두고 지목을 결정하느냐를 의미하는 원칙이다.

그래서 지목의 설정 원칙은 법정지목의 원칙, 일필일목의 원칙, 등록선후의 원칙, 용도경중의 원칙, 일시변경 불변의 원칙, 주지목추종의 원칙, 사용목적 추종의 원칙을 적용하고 있다.

<표 5-18> 지목설정 원칙

구분	세부 내용
지목법정주의 원칙	지목의 종류 및 명칭을 법률로 규정한다는 원칙
1필지 1지목 원칙	1필지에는 하나의 지목을 설정한다는 원칙
주지목 추종의 원칙	1필지의 일부가 용도가 다른 용도로 사용되는 경우로서 주된 용도의 토지에 편입할 수 있는 토지는 주된 토지의 용도에 따라 지목을 설정한다는 원칙
용도경중의 원칙	1필지의 용도가 도로, 철도용지, 하천, 제방, 구거, 수도용지 등으로서 서로 중복되는 경우 용도의 비중이 더 무거운 지목으로 설정한다는 원칙
등록선후의 원칙	서로 중복되는 경우 지목의 등록순서에 따라 설정한다는 원칙
일시변경불변의 원칙	토지의 주된 용도의 변경이 아닌, 임시적이고 일시적인 사용에 따른 지목변경을 할 수 없다는 원칙
사용 목적 추종의 원칙	도시계획사업, 토지구획정리사업, 농지개량사업 등의 공사가 준공된 토지는 그 사용 목적에 따라 지목을 부여한다는 원칙

2) 지목의 부호 및 코드번호

현재 법률상으로 지목의 표기는 지적공부에 표기하는 경우에 있어 토지대장과 임야대장에 정식명칭 전체를 표기하고, 지적도와 임야도와 같은 도면에 기재할 때에는 28개 지목의 부호를 기재하여 표기하도록 규정하고 있다.

지목의 정식명칭 등록은 원칙적으로 지목의 첫 글자를 따서 그것을 부호로써 표기하고 있는데, 첫 글자의 지목 중 애매하거나 중복될 수 있어 혼란을 유발할 수도 있으므로 첫 글자가 아닌 다음 글자를 표기하는 지목도 있다.

그래서 지목의 부호를 기재할 때에는 첫 글자를 그대로 등록하느냐 또는 다음 글자를 등록하느냐에 따라 두문자 또는 차문자 지목으로 분류된다.

또한 28개 지목을 각각 코드화시켜 지목마다 각기 정해진 번호가 존재한다.

(1) 두문자 지목

우리나라 지목 28개 중에서 24개가 존재하며, 지목의 명칭 중에서 첫번째 글자 중 한 자를 그대로 사용하여 지목의 부호로 하고 있다.

(2) 차문자 지목

28개의 지목 중 4개의 공장용지(장), 주차장(차), 하천(천), 유원지(원) 지목이 해당하며, 지목의 명칭 중 앞글자를 그대로 사용할 경우 중복 또는 혼란을 방지하기 위해 두번째 글자 중 한 자를 부호로 사용하고 있다.

(3) 지목코드

지목코드란 지목 28개에 대해 각 지목별로 고유한 코드번호를 규정한 것으로 지적공부인 토지대장 등에 등록하는 경우 지목코드란을 별도로 만들어 번호를 입력하도록 규정하고 있다.

〈표 5-19〉 지목별 부호 및 코드번호

지목	부호	코드번호	지목	부호	코드번호
전	전	01	철도용지	철	15
답	답	02	제방	제	16
과수원	과	03	하천	천	17
목장용지	목	04	구거	구	18
임야	임	05	유지	유	19
광천지	광	06	양어장	양	20
염전	염	07	수도용지	수	21
대	대	08	공원	공	22
공장용지	장	09	체육용지	체	23
학교용지	학	10	유원지	원	24
주차장	차	11	종교용지	종	25
주유소용지	주	12	사적지	사	26
창고용지	창	13	묘지	묘	27
도로	도	14	잡종지	잡	28

출 처 : 공간정보의 구축 및 관리 등에 관한 법률, 제2조 24호, 제67조, 동법 시행령 제58조 참조작성.

3. 지목의 구분 및 종류

1) 지목의 구분

현재 법정지목은 토지의 주된 사용 목적에 따라 총 28개의 지목으로 구성되어 있으며, 2000년대에 들어오면서 급격한 도시화와 산업화에 따라 토지이용이 기존의 1차 산업 위주에서 점차적으로 2차, 3차 산업이 증가함에 따라 토지의 용도 또한 변화를 적용하기 위해 주차장, 주유소용지, 창고용지, 양어장 등의 새로운 지목이 추가되었다.

우리나라의 지목구분은 토성지목, 지형지목이 아닌 용도지목을 채택하여 주된 사용 목적에 따라 세부적으로 구분하고 있다. 그래서 현재 지목을 28개로 구분하여 24개의 지목은 지목의 명칭 중 앞글자를 그대로 표기하고 있으며 4개의 지목은 지목의 명칭 중 뒷글자를 지목의 부호로 사용하고 있다.

2) 지목의 종류

〈표 5-20〉 지목의 분류

지목	부호	세부 내용
전	전	물을 상시적으로 이용하지 아니하고 곡물·원예작물(과수류를 제외한다)·약초·뽕나무·닥나무·묘목·관상수 등의 식물을 주로 재배하는 토지와 식용을 위하여 죽순을 재배하는 토지
답	답	물을 상시적으로 직접 이용하여 벼·연·미나리·왕골 등의 식물을 주로 재배하는 토지
과수원	과	사과·배·밤·호도·귤나무 등 과수류를 집단적으로 재배하는 토지와 이에 접속된 저장고 등 부속시설물의 부지
목장	목	축산업 및 낙농업을 하기 위하여 초지를 조성한 토지 또는 축산법 제2조 제1호의 규정에 의한 가축을 사육하는 축사 및 부속시설물의 부지
임야	임	산림 및 원야(原野)를 이루고 있는 수림지·죽림지·암석지·자갈땅·모래땅·습지·황무지 등의 토지
광천지	광	지하에서 온수·약수·석유류 등이 용출되는 용출구와 그 유지(維持)에 사용되는 부지
염전	염	바닷물을 끌어들여 소금채취를 위하여 조성된 토지와 이에 접속된 제염장 등 부속시설물의 부지
대	대	영구적 건축물 중 주거·사무실·점포와 박물관·극장·미술관 등 문화시설과 이에 접속된 정원 및 부속시설물의 부지 또는 국토의 계획 및 이용에 관한 법률 등 관계법령에 의한 택지조성공사가 준공된 토지

공장	장	제조업을 하고 있는 공장시설물의 부지, 산업 집적 활성화 및 공장설립에 관한 법률 등 관계법령에 의한 공장부지 조성을 하기 위하여 공사가 준공된 토지와 상기 토지와 같은 구역 안에 있는 의료시설 등 부속시설물의 부지
학교용지	학	학교의 교사와 이에 접속된 체육장 등 부속시설물의 부지
주차장	차	자동차 등의 주차에 필요한 독립적인 시설을 갖춘 부지와 주차전용 건축물 및 이에 접속된 부속건축물의 부지
주유소	주	석유·석유제품 또는 액화석유가스 등의 판매를 위하여 일정한 설비를 갖춘 시설물의 부지 또는 저유소 및 원유저장소의 부지와 이에 접속된 부속시설물의 부지
창고	창	물건 등을 보관 또는 저장하기 위하여 독립적으로 설치된 보관시설물의 부지와 이에 접속된 부속시설물의 부지
도로	도	일반공중의 교통운수를 위하여 보행 또는 차량운행에 필요한 일정한 설비 또는 형태를 갖추어 이용되는 토지, 도로법 등 관계법령에 의하여 도로로 개설된 토지, 고속도로 안의 휴게소 부지 또는 2필지 이상에 진입하는 통로로 이용되는 토지
철도용지	철	교통운수를 위하여 일정한 궤도 등의 설비와 형태를 갖추어 이용되는 토지와 이에 접속된 역사·차고·발전시설 및 공작창 등 부속시설물의 부지
제방	제	조수·자연유수·모래·바람 등을 막기 위하여 설치된 방조제·방수제·방사제·방파제 등의 부지
하천	천	자연의 유수(流水)가 있거나 있을 것으로 예상되는 토지
구거	구	용수 또는 배수를 위하여 일정한 형태를 갖춘 인공적인 수로·둑 및 그 부속시설물의 부지와 자연의 유수(流水)가 있거나 있을 것으로 예상되는 소규모 수로부지
유지	유	물이 고이거나 상시적으로 물을 저장하고 있는 댐·저수지·소류지·호수·연못 등의 토지와 연·왕골 등이 자생하는 배수가 잘 되지 아니하는 토지
양어장	양	육상에 인공으로 조성된 수산생물의 번식 또는 양식을 위한 시설을 갖춘 부지와 이에 접속된 부속시설물의 부지
수도용지	수	물을 정수하여 공급하기 위한 취수·저수·도수(導水)·정수·송수 및 배수 시설의 부지 및 이에 접속된 부속시설물의 부지
공원	공	일반공중의 보건·휴양 및 정서생활에 이용하기 위한 시설을 갖춘 토지로서 국토의 계획 및 이용에 관한 법률에 의하여 공원 또는 녹지로 결정·고시된 토지
체육용지	체	국민의 건강증진 등을 위한 체육활동에 적합한 시설과 형태를 갖춘 종합운동장·실내체육관·야구장·골프장·스키장·승마장·경륜장 등 체육시설의 토지와 이에 접속된 부속시설물의 부지
유원지	원	일반공중의 위락·휴양 등에 적합한 시설물을 종합적으로 갖춘 수영장·유선장·낚시터·어린이놀이터·동물원·식물원·민속촌·경마장 등의 토지와 이에 접속된 부속시설물의 부지

종교용지	종	일반공중의 종교의식을 위하여 예배·법요·설교·제사 등을 하기 위한 교회·사찰·향교 등 건축물의 부지와 이에 접속된 부속시설물의 부지
사적지	사	문화재로 지정된 역사적인 유적·고적·기념물 등을 보존하기 위하여 구획된 토지
묘지	묘	사람의 시체나 유골이 매장된 토지, 도시공원법에 의한 묘지공원으로 결정·고시된 토지 또는 장사 등에 관한 법률의 규정에 의한 납골시설과 이에 접속된 부속시설물의 부지
잡종지	잡	갈대밭, 실외에 물건을 쌓아두는 곳, 돌을 캐내는 곳, 흙을 파내는 곳, 야외시장, 비행장, 공동우물, 영구적 건축물 중 변전소, 송신소, 수신소, 송유시설, 도축장, 자동차운전학원, 쓰레기 및 오물처리장 등의 부지 또는 다른 지목에 속하지 아니하는 토지

① 전

물을 상시적으로 이용하지 아니하고 곡물·원예작물(과수류를 제외한다)·약초·뽕나무·닥나무·묘목·관상수 등의 식물을 주로 재배하는 토지와 식용을 위하여 죽순을 재배하는 토지는 '전'으로 한다.

② 답

물을 상시적으로 직접 이용하여 벼·연·미나리·왕골 등의 식물을 주로 재배하는 토지는 '답'으로 한다. 농작물을 재배하기 위하여 설치한 유리온실·고정식 비닐하우스·고정식 온상·버섯재배사·망실 등의 시설물부지는 '전 또는 답'으로 한다.

③ 과수원

사과·배·밤·호도·귤나무 등 과수류를 집단적으로 재배하는 토지와 이에 접속된 저장고 등 부속시설물의 부지는 '과수원'으로 한다. 다만, 주거용 건축물의 부지는 '대'로 한다.

④ 목장용지

축산업 및 낙농업을 하기 위하여 초지를 조성한 토지 또는 축산법 제2조 제1호의 규정에 의한 가축을 사육하는 축사 및 부속시설물의 부지는 '목장용지'로 한다. 다만, 주거용 건축물의 부지는 '대'로 한다.

기초지식

※ 축산법에 의한 가축

【축산법 제2조】(정의) 이 법에서 사용하는 용어의 정의는 다음과 같다.
　1. '가축'이라 함은 사육하는 소·말·산양·면양·돼지·닭 기타 농림부령이 정하는 짐
　　승·가금 등을 말한다.

【축산법시행규칙 제2조】(가축의 종류) 축산법(이하 '법'이라 한다) 제2조 제1호에서 '기타
농림부령이 정하는 짐승·가금 등'이라 함은 다음 각 호의 것을 말한다.
　1. 노새·당나귀·토끼·개 및 사슴
　2. 오리·거위·칠면조 및 메추리
　3. 꿀벌
　4. 기타 야생습성이 순화되어 사육하기에 적합하며 농가의 소득증대에 기여할 수 있는
　　동물로서 농림부장관이 정하여 고시하는 짐승·가금 및 관상용 조류

⑤ 임야

산림 및 원야(原野)를 이루고 있는 수림지·죽림지·암석지·자갈땅·모래땅·습
지·황무지 등의 토지는 '임야'로 한다.

⑥ 광천지

지하에서 온수·약수·석유류 등이 용출되는 용출구와 그 유지(維持)에 사용되는
부지는 '광천지'로 한다. 다만, 온수·약수·석유류 등을 일정한 장소로 운송하는 송수
관·송유관 및 저장시설의 부지는 제외한다. '광천지'는 조선지세령제정(1943. 3. 31)
당시에 잡종지에서 분리되어 신설된 지목이다.

기초지식

※ 온천

'온천'이라 함은 지하로부터 용출되는 섭씨 25도 이상의 온수로서 그 성분이 인체에 해롭지
않은 경우로 굴착 및 이용하고자 하는 경우 시장·군수의 허가를 받아야 함.
(온천법 제2조·제8조·제13조)

⑦ 염전

바닷물을 끌어들여 소금채취를 위하여 조성된 토지와 이에 접속된 제염장 등 부속시
설물의 부지는 '염전'으로 한다. 다만, 천일제염방식에 의하지 아니하고 동력에 의하여
바닷물을 끌어들여 소금을 제조하는 공장시설물의 부지를 제외한다.

⑧ 대

영구적 건축물 중 주거·사무실·점포와 박물관·극장·미술관 등 문화시설과 이에 접속된 정원 및 부속시설물의 부지 또는 국토의 계획 및 이용에 관한 법률 등 관계법령에 의한 택지조성공사가 준공된 토지는 '대'로 한다.

기초지식

> ※ **영구적인 건축물 중 '대' 지목**
>
> • 영구적 건축물 중 다음의 경우 '대' 로 한다.
> ① 박물관
> ② 극장
> ③ 미술관
> ④ 과수원의 주거용 건축물의 부지
> ⑤ 목장용지 내의 주거용 건축물의 부지
> ⑥ 묘지의 관리를 위한 건축물의 부지

〈표 5-22〉 건축물의 목적에 따른 지목분류

건축물의 종류	사용 목적	지목
주거용 건축물	• 단독주택·공동주택(아파트·연립주택)	대
상업용 건축물	• 상점·소매시장·도매시장 등	대
업무용 건축물	• 국가·지방자치단체·공공기관의 청사 등	대
문화용 건축물	• 박물관·극장·미술관 등	대
의료용 건축물	• 의원·병원·종합병원 등	대
숙박용 건축물	• 일반 숙박시설(호텔·여관·여인숙 등)·관광 숙박시설(관광호텔·휴양콘도미니엄 등) 등	대
요식용 건축물	• 간이주점·유흥음식점·전문음식점 등	대
공장용 건축물	• 제조·가공 또는 수리공장 등	공장용지
주차용 건축물	• 주차빌딩	주차장
주유용 건축물	• 주유소·LPG 판매소 등	주유소용지
교육용 건축물	• 초등학교, 중·고등학교, 대학교 등	학교용지
창고용 건축물	• 양곡보관창고·냉동창고 등	창고용지
철도용 건축물	• 공작창·철도역사 등	철도용지
관광용 건축물	• 경마장·동물원·식물원 등	유원지
체육용 건축물	• 운동장·체육관 등	체육용지
종교용 건축물	• 교회·성당·사찰·재실·사당 등	종교용지
납골보존용 건축물	• 납골당 등	묘지
폐기물 건축물	• 분뇨종말처리장 등	잡종지

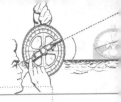

⑨ 공장용지

제조업을 하고 있는 공장시설물의 부지, 산업집적 활성화 및 공장설립에 관한 법률 등 관계법령에 의한 공장부지 조성을 하기 위하여 공사가 준공된 토지와 상기 토지와 같은 구역 안에 있는 의료시설 등 부속시설물의 부지는 '공장용지'로 한다.

⑩ 학교용지

학교의 교사와 이에 접속된 체육장 등 부속시설물의 부지는 '학교용지'로 한다. 단, 학교시설구역으로부터 떨어진 실습지・기숙사・사택 등의 부지와 교육용에 직접 이용되지 아니하는 임야는 학교용지로 보지 아니한다.

⑪ 주차장

자동차 등의 주차에 필요한 독립적인 시설을 갖춘 부지와 주차전용 건축물 및 이에 접속된 부속건축물의 부지는 '주차장'으로 한다. 다만, 주차장법에 의한 노상주차장 및 부설주차장과 자동차 등의 판매목적으로 설치된 물류장・야외전시장은 제외한다.

⑫ 주유소용지

석유・석유제품 또는 액화석유가스 등의 판매를 위하여 일정한 설비를 갖춘 시설물의 부지 또는 저유소 및 원유저장소의 부지와 이에 접속된 부속시설물의 부지는 '주유소용지'로 한다. 다만, 자동차・선박・기차 등의 제작 또는 정비공장 안에 설치된 급유・송유시설 등의 부지는 제외한다.

⑬ 창고용지

물건 등을 보관 또는 저장하기 위하여 독립적으로 설치된 보관시설물의 부지와 이에 접속된 부속시설물의 부지는 '창고용지'로 한다.

⑭ 도로

일반공중의 교통운수를 위하여 보행 또는 차량운행에 필요한 일정한 설비 또는 형태를 갖추어 이용되는 토지, 도로법 등 관계법령에 의하여 도로로 개설된 토지, 고속도로 안의 휴게소 부지 또는 2필지 이상에 진입하는 통로로 이용되는 토지는 '도로'로 한다. 다만, 아파트・공장 등 단일용도의 일정한 단지 안에 설치된 통로 등은 제외한다.

⑮ 철도용지

교통운수를 위하여 일정한 궤도 등의 설비와 형태를 갖추어 이용되는 토지와 이에 접속된 역사・차고・발전시설 및 공작창 등 부속시설물의 부지는 '철도용지'로 한다.

⑯ 제방

조수·자연유수·모래·바람 등을 막기 위하여 설치된 방조제·방수제·방사제·방파제 등의 부지는 '제방'으로 한다.

⑰ 하천

자연의 유수(流水)가 있거나 있을 것으로 예상되는 토지는 '하천'으로 한다.

⑱ 구거

용수 또는 배수를 위하여 일정한 형태를 갖춘 인공적인 수로·둑 및 그 부속시설물의 부지와 자연의 유수(流水)가 있거나 있을 것으로 예상되는 소규모 수로부지는 '구거'로 한다.

⑲ 유지

물이 고이거나 상시적으로 물을 저장하고 있는 댐·저수지·소류지·호수·연못 등의 토지와 연·왕골 등이 자생하는 배수가 잘 되지 아니하는 토지는 '유지'로 한다.

⑳ 양어장

육상에 인공으로 조성된 수산생물의 번식 또는 양식을 위한 시설을 갖춘 부지와 이에 접속된 부속시설물의 부지는 '양어장'으로 한다. '양어장'은 2001. 1. 26 제10차 지적법 전문개정 시 '유지'에서 분리되어 신설된 지목이다.

㉑ 수도용지

물을 정수하여 공급하기 위한 취수·저수·도수(導水)·정수·송수 및 배수시설의 부지 및 이에 접속된 부속시설물의 부지는 '수도용지'로 한다.

㉒ 공원

일반공중의 보건·휴양 및 정서생활에 이용하기 위한 시설을 갖춘 토지로서 국토의 계획 및 이용에 관한 법률에 의하여 공원 또는 녹지로 결정·고시된 토지는 '공원'으로 한다. 다만 도시공원법에 묘지공원으로 결정·고시된 토지는 '묘지'로 구분한다.

㉓ 체육용지

국민의 건강증진 등을 위한 체육활동에 적합한 시설과 형태를 갖춘 종합운동장·실내체육관·야구장·골프장·스키장·승마장·경륜장 등 체육시설의 토지와 이에 접속된 부속시설물의 부지는 '체육용지'로 한다. 다만, 체육시설로서의 영속성과 독립성이 미흡한 정구장·골프연습장·실내수영장·체육도장 등과 유수(流水)를 이용한 요트장·카누장 등 및 산림을 이용한 야영장 등의 토지는 제외한다.

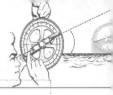

㉔ 유원지

일반공중의 위락·휴양 등에 적합한 시설물을 종합적으로 갖춘 수영장·유선장·낚시터·어린이놀이터·동물원·식물원·민속촌·경마장 등의 토지와 이에 접속된 부속시설물의 부지는 '유원지'로 한다. 다만, 이들 시설과의 거리 등으로 보아 독립적인 것으로 인정되는 숙식시설 및 유기장의 부지와 하천·구거 또는 유지(공유(公有)의 것에 한한다)로 분류되는 것은 제외한다.

㉕ 종교용지

일반공중의 종교의식을 위하여 예배·법요·설교·제사 등을 하기 위한 교회·사찰·향교 등 건축물의 부지와 이에 접속된 부속시설물의 부지는 '종교용지'로 한다.

㉖ 사적지

문화재로 지정된 역사적인 유적·고적·기념물 등을 보존하기 위하여 구획된 토지는 '사적지'로 한다. 다만, 학교용지·공원·종교용지 등 다른 지목으로 된 토지 안에 있는 유적·고적·기념물 등을 보호하기 위하여 구획된 토지를 제외한다.

㉗ 묘지

사람의 시체나 유골이 매장된 토지, 도시공원법에 의한 묘지공원으로 결정·고시된 토지 또는 장사 등에 관한 법률의 규정에 의한 납골시설과 이에 접속된 부속시설물의 부지는 '묘지'로 한다. 다만, 묘지의 관리를 위한 건축물의 부지는 '대'로 한다.

㉘ 잡종지

갈대밭, 실외에 물건을 쌓아두는 곳, 돌을 캐내는 곳, 흙을 파내는 곳, 야외시장, 비행장, 공동우물, 영구적 건축물 중 변전소, 송신소, 수신소, 송유시설, 도축장, 자동차운전학원, 쓰레기 및 오물처리장 등의 부지 또는 다른 지목에 속하지 아니하는 토지는 '잡종지'로 한다. 다만, 원상회복을 조건으로 돌을 캐내는 곳 또는 흙을 파내는 곳으로 허가된 토지는 제외한다.

기초지식

※ 지목 정리

- 온수, 약수, 석유류 등을 일정한 장소로 운송하는 송수관, 송유관 → 잡종지
- 천일제염방식에 의하지 않은 동력을 이용한 제조공장 부지 → 공장
- 공사가 완료된 건축예정지 → 대
- 자연공원법에 의한 공원(군립, 도립, 국립공원) → 임야 : 지리산(임야)
- 도시공원법에 의한 공원 → 남산공원, 앞산공원(공원)
- 골프연습장, 실내수영장, 체육도장 → 대
- 연이 자생하는 토지 → 유지
- 연을 재배하는 토지 → 답
- 남산 1호 터널 → 도로(임야 X)
- 과천어린이 대공원 → 유원지
- 세종대왕릉 → 묘지(사적지 X)
- 향교 → 종교용지(사적지 X)
- 습지, 황무지, 간석지 → 임야(잡종지 X)
- 자동차 운전학원 → 잡종지

---

4. 외국의 지목제도

1) 대만

대만의 지목은 토지법 제2조의 규정에 의하여 4개 용지의 대분류체제에서 이를 다시 36개 종목의 소분류체제로 사막과 설산까지도 지목으로 분류하고 있다.

국가 영역 내의 모든 토지는 국민 전체의 소유에 속하며 법적인 절차에 의해 소유권을 취득한 경우에는 사유지로 규정한다고 되어 있다.

또한 토지법 제17조에는 농지, 임지, 어장, 목지, 수렵지, 염전, 광지, 수원지, 요새군비구역, 영역변경 등의 토지는 외국인에게 이전 설정 부담 또는 임대차를 할 수 없도록 규정하고 있어 외국인에 대하여는 토지취득을 엄격하게 규제하고 있다.[165]

그러므로 대만은 세분류 체제의 지목체계 구분으로 하나의 대분류 용지를 건축용지, 직접생산용지, 교통수리용지, 기타 용지로 설정하여 그에 따른 각각의 개별 지목을 분류하여 총 36개의 지목으로 우리나라의 지목에 비해 지목의 수가 다양화·세분화되어 있다.

---

165) 이민기, 2007, "지목제도의 개선 방안에 관한 연구", 석사학위 논문, 명지대학교 대학원, pp.48~49.

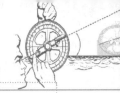

〈표 5-23〉 대만의 지목제도

대분류		소분류					
번호	명칭	번호	명칭	번호	명칭	번호	명칭
1	건축용지 (18개 종목)	1-1	주택	1-2	관서	1-3	기관
		1-4	학교	1-5	공창	1-6	창고
		1-7	공원	1-8	오락장	1-9	회소(會所)
		1-10	사묘(祠廟)	1-11	교당	1-12	성첩
		1-13	군영	1-14	포대	1-15	선부(船埠)
		1-16	마부	1-17	비행기지	1-18	묘장
2	직접생산용지 (9개 종목)	2-1	농지	2-2	임지		어지
		2-4	목지	2-5	수렵지	2-6	광지
		2-7	염지	2-8	수원지(水源池)	2-9	지당
3	교통수리용지 (7개 종목)	3-1	도로	3-2	구거	3-3	수도
		3-4	조박(漕舶)	3-5	항만	3-6	해안
		3-7	제언				
4	기타 용지 (2개 종목)	4-1	사막	4-2	설산		

출 처 : 류병찬, 1999, 전게논문, pp.72~176.

2) 독일

독일의 지목은 총 8개 종목의 대분류체제에서 이를 다시 64개 종목의 소분류로 구분하고 있으며, 용도지목과 토성지목을 동시에 고려하여 복식지목제도로 운영되고 있다.

국토개발, 토목공사, 농업 등 토지관련 업무의 중요한 정보로 활용되고 있으므로 토지과세만을 위한 지목이 아니라 토지 관리를 위한 지목이라고 말할 수 있으며, 농지와 녹지대의 경우는 토양의 종류와 등급, 기후, 수분상태 등을 등록하게 하여 농업 목적 외에 다목적 지적제도를 추구하고 있다.[166]

독일 역시 대만과 마찬가지로 세분류 체제의 지목제도로 건물·토지, 업무용지, 위락지, 교통용지, 경작지, 임야지, 고유수면 그리고 기타 용지의 8개의 대분류 용지를 설정하고 그에 따라 개별 지목을 분류하여 총 64개의 지목으로 대만이나 일본보다 더 많이 세분화되어 있다.

---

166) 이민기, 전게논문, pp.41~42.

〈표 5-24〉 독일의 지목제도

대분류		소분류							
코드	명칭	코드	명칭	코드	명칭	코드	명칭	코드	명칭
100/200	건물 · 대지 (11종)	110	공공용지	130	주거지	140	시장 서비스 용지	170	산업/공업용지
		210	주거복합용지	230	교통시설 물용지	250	공급시설 용지	260	폐기물 시설용지
		270	경지 · 삼림용지	280	위락용지	290	유휴지		
300	업무용지 (46종)	310	채굴지	320	퇴적장	330	야적장	340	공급시설용지
		350	폐기시설용지	360	유휴지				
400	위락지 (3종)	410	체육용지	420	녹지시설	430	캠핑장		
500	교통용지 (12종)	510	도로	51A	도로	52	도로	530	광장
		540	철도용지	54B5	철도용지	550	비행장	55A	비행장
		560	해상운수	80	유지	58A	유지	590	교통부수용지
600	경작지 (10종)	610	경지	620	초지	630	정원	640	포도원
		650	습지	660	하이텍	670	과수원	67A	복합지
		680	업무지	690	휴경지				
700	임야지 (5종)	710	낙엽수림	720	침엽수림	730	혼합수림	740	관목
		750	업무지						
800	고유수면 (12종)	810	하천	81A	하천부수지	820	운하	82A	운하부수지
		830	항만	83A	항만	840	개천	850	굴
		860	호수	870	영해	880	하상	890	늪지
900	기타 용지 (5종)	910	훈련장	920	보호지	930	과적지	940	묘지
		960	유지						

출 처 : 류병찬, 1999, 전게논문, pp.72~176.

3) 일본

일본의 지목은 부동산등기법시행령 제2조와 지적조사 작업규정 준칙 제29조 및 지목조사요령에 의거하여 소분류 체제의 단일 지목으로 우리나라와 같은 구분으로 총 23개의 지목으로 구분하고 있다.

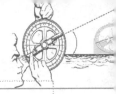

일본의 경우 일필일목의 원칙을 적용하고 있으며, 일본의 전(田)과 전(炡)은 우리나라의 전(밭), 답(논)과 동일한 지목이며, 택지는 우리나라의 대 지목과 같은 개념이다.

〈표 5-25〉 일본의 지목제도

번호	명칭	번호	명칭	번호	명칭	번호	명칭
1	전(田)	2	전(炡)	3	택지	4	염전
5	광천지	6	지소	7	산림	8	목장
9	원야	10	묘지	11	경내지	12	운하용지
13	수도용지	14	용악수로	15	저수지	16	제방
17	정구	18	보안림	19	공중용도로	20	공원
21	철도용지	22	학교용지	23	잡종지		

출 처 : 류병찬, 1999, 전게논문, pp.72-176.

따라서 독일과 대만 그리고 일본의 지목제도와 우리나라의 지목제도를 비교하였을 때 일본과 우리나라만이 소분류의 단일지목체제로 세분류 체계가 운영되지 않는 반면에 독일과 대만의 경우 대분류 체제에서 다시 소분류 체제의 지목을 다양하게 분류한 세분류 체계를 적용하고 있다.

〈표 5-26〉 국가별 지목제도 비교

구분	세분류 체계(개)		
	대분류	중분류	소분류
한국	(없음)	(없음)	1
독일	8	(없음)	64
대만	4	(없음)	36
일본	(없음)	(없음)	1

제5절 면적

1. 토지면적

1) 의의

공간정보의 구축 및 관리 등에 관한 법률상의 면적은 지적공부에 등록한 필지의 수평면상의 넓이를 의미하며,[167] 경사를 가지고 있는 토지를 수평면상에 투영하여 구한 면적으로 위에서 내려다본 밑바닥의 토지면적을 등록하고 있다.

즉, 도면상의 면적은 지구 표면에 접하는 지표면상의 면적이 아니고 이것을 기준면상에 투영한 것으로 평균해면(평균해면 : 평균중등해수면, Mean Sea Level)에 의한 수평면적을 말한다.

일반적으로 면적은 보통 가로 길이에 세로 길이를 곱한 것으로 제곱미터(m^2) 또는 미터제곱으로 표시하며, 면적은 목적에 따라 수평면적, 경사면적, 평균해면상의 면적, 지상면적, 도상면적 등 여러 형태로 구분될 수 있다.

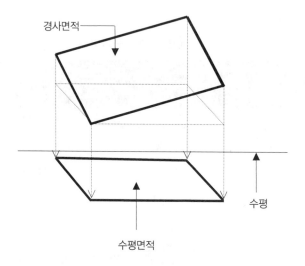

[그림 5-19] 경사면적과 수평면적

---

167) 공간정보의 구축 및 관리 등에 관한 법률 제2조 규정.

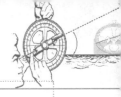

이 중 지적측량에서는 수평면적을 등록하고 있으며 특별한 경우를 제외하고는 간접측정법(도상법)을 원칙으로 하며 현행 법률상 필지별 면적측정은 좌표면적계산방법과 전자면적계산방법을 사용하고 있다.

그래서 토지대장, 임야대장 등에 등록되어 있는 모든 면적은 수평면적을 표기한 것이며, 경계점좌표등록부 시행지역에서는 면적은 좌표로써 등록되어 있다.

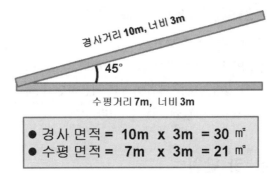

[그림 5-20] 경사면적과 수평면적의 비교

2) 면적관련 제도의 발전 과정

우리나라의 면적이나 길이 등과 관련된 발전사를 살펴보면 먼저 면적·길이와 관련된 단위로 척(尺), 무게의 단위로 관(貫)의 단위를 사용하였는데 이것을 척관법(尺貫法)이라 하며 중국에서 발달하여 우리나라와 일본 등에 널리 보급된 도량형제도(度量衡制度)로서 유수의 세월동안 사용되어 왔다.

중국의 영향을 받아 신라·백제·고구려의 결부제, 두락제, 경부법 등의 면적측정방법으로 이미 지적 또는 당대척 등의 과세를 위한 도량형제도가 존재하였고 고려시대에 양전을 위한 양전척과 같은 토지라도 등급에 따라 척수를 달리하였던 수등이척제가 실시되었다.

그리고 조선시대에는 경국대전에서 주척과 양전척의 사용기록 및 수등이척제와 전분6등법·연분9등법 등의 토지등급을 결정하기 위한 기록들이 존재하고 있다.

특히 1430년 세종 때 공법전세제(貢法田稅制)의 제정으로 양전의 근거 척도를 주척(周尺)으로 고치고 각 도의 전품을 조사해서 1등에서 6등전으로 분등하는 등 기존의 결부법을 보다 보완하게 되었으며 이로 인해 모든 전지의 양전 척도를 동일한 일등전척(一等田尺)으로 통일하여 환산표에 따라 각 전지의 결부수를 산출해 내는 방식으로 발전되어 조선 후기까지 이어졌다.

　　그리고 대한제국을 거쳐 토지조사사업 당시로 넘어 오면서 조선총독부 임시토지조사국에서 삼각측량과 도근측량 등의 기초점 측량에는 미터법을 사용하였으나 지적도나 임야도의 도곽과 토지의 면적 및 세부측량에는 척관법을 적용하여 두 방법을 동시에 혼용하도록 하였다.

　　1961년 법률 제615호로 '계량법'을 공포하였는데, 이때 길이의 단위는 미터(m), 면적의 단위는 평방미터(m²)로 정하였고 행정적인 여건이 미약하여 지적제도에서는 1976년까지 척관법과 미터법을 그대로 혼용하여 사용하고 있었다.

　　결국 지적업무에서도 1975년 12월 31일 법률 제2801호로 지적법을 전문 개정하면서 '평'과 '무'에 의한 척관법에서 길이를 미터(m)로 면적을 평방미터(m²)로 도입하였고 1986년 새로이 평방미터를 제곱미터로 적용하면서 척관법에 의한 등록면적을 모두 m²로 환산 등록하여 오늘날에 이르고 있다.

2. 면적의 종류 및 단위

1) 면적의 종류

　　면적은 성질 또는 이용면에 따라 경사면적과 수평면적 그리고 평균해수면상의 면적으로 구분될 수 있고 측정 유무에 따라 직접법과 간접법에 따라 분류될 수 있다.

① 경사면적 : 경사면에 따라 측정된 면적으로 경사면의 필지경계점을 각각 실측한 거리 또는 너비를 곱하여 계산한 면적

② 수평면적 : 측량에서 일반적으로 사용되는 방법으로 경사를 가지고 있는 토지를 수평면상에 투영하여 구한 평균해수면에 의한 면적으로 위에서 내려다본 토지의 밑바닥 면적

③ 평균해면상 면적 : 어떤 지역에 있는 토지의 경계선을 평균해수면에 투영하였을 때의 넓이를 말하며 지도작성 등 넓은 지역, 소축척에서는 평균해수면에 투영한 면적

　　수평면상의 표고가 있는 수평면적을 평균해수면상의 면적으로 환산하려고 할 때 다음의 식을 이용한다.

$$F = A(1 - \frac{H}{R})^2$$

(F : 평균해수면상의 면적, A : 수평면적, H : 수평면의 표고, R : 지구반경(6,370km))

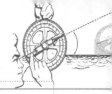

④ 지상면적 : 현장에서 직접 측량기기로 실측한 지표상의 면적

⑤ 도상면적 : 실제 현장에서 측량한 자료를 기초로 일정한 비율에 따른 축척으로 이루어진 도면상에서 구한 면적

2) 면적의 기본 단위

면적의 단위는 토지조사사업 당시에 척관법에 의한 평 또는 보의 단위를 사용하였고 현재에는 제곱미터를 사용하고 있다.

그러므로 척관법에 의한 면적 단위를 제곱미터로 환산하기 위해서는 다음과 같은 기본 단위를 알아야 한다.

(1) 미터법 계열의 기본 단위

$$1m^2 = 1m \times 1m \qquad 1a(아르) = 100m^2$$

$$1ha(헥타르) = 100a \qquad 1km^2 = 100ha$$

(2) 척관법 계열의 기본 단위

$$1평 = 6척 \times 6척 = 1간 \times 1간 \quad 1홉 = 1/10평$$

$$1보 = 1평 \qquad\qquad 1무 = 30평$$

$$1단 = 300평 = 10무 \qquad 1정 = 3,000평 = 100무 = 10단$$

(3) 미터법 단위와의 관계

미터법에서의 환산식은 아래와 같다.

$$평(보) \times \frac{400}{121} = m^2, \quad 평 = 0.3025m^2$$

$$1평(보) = 3.3057851m^2$$

$$1무 = 99.1735530m^2$$

$$1정보 = 9.917m^2 = 0.99174ha = 0.00992km^2$$

(4) 척관법 단위와의 관계

환산식은 앞에서 설명되었듯이 다음과 같다.

$$m^2 \times \frac{121}{400} = 평, \quad 0.3025m^2 = 평$$

$$1m^2 = 0.3025평$$

$$1ha = 1.0083정보 = 3.025평$$

$$1km^2 = 100.83정보 = 302.500평$$

따라서 척관법과 미터법을 비교하면 최종적인 결과에서 $400m^2$ = 121평이므로 이를 다시 세부적으로 계산하였을 때 1척은 0.3030m , $1m^2$는 0.3025평, 1평은 3.305785 m^2(3.3058)임을 알 수 있다.

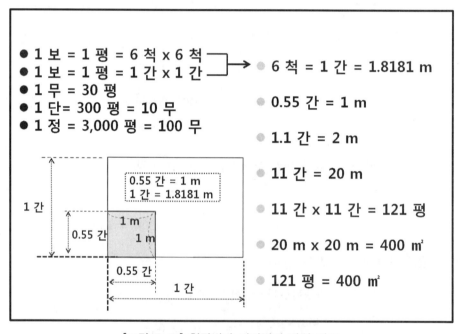

[그림 5-21] 척관법과 미터법의 단위 비교

※ 척관법과 미터법

토지조사사업 당시 조선총독부 임시토지조사국에서 삼각측량과 도근측량 등의 기초점 측량에는 미터법을 사용하였으나 지적도나 임야도의 도곽과 토지의 면적 및 세부측량에는 척관법을 적용하여 두 방법을 동시에 혼용하여 사용하고 있었다.

1975년 '평'과 '무'에 의한 척관법에서 길이는 미터(m)를, 면적은 평방미터(m^2)를 도입하였고 1986년 새로이 평방미터를 제곱미터로 적용하면서 척관법에 의한 등록면적을 모두 m^2로 환산 등록하여 현재에 이르고 있다.

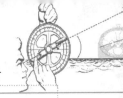

척관법	• 토지조사사업 당시의 면적등록 단위로서 평(平) 또는 보(步)를 사용함 • 토지는 평(平) 단위로 결정하며 최소면적은 합(合)으로 등록 • 임야는 무(畝) 단위로 결정하여 최소면적은 보(步)로 등록		
	• 거리	1치(寸) 또는 1촌 = 3.0303cm	1척(尺) 또는 1자 = 30.3030cm
		1간(間) = 1.8181m = 6척	1장(丈) = 10척 = 3.0303m
		1정(町) = 360척 = 109m	1리(里) = 1296자(척) = 약 0.4km
	• 토지면적	1재(才) = 0.001평	1작(勺) = 0.01평
		1합(合) = 0.1평	1평(平) = 6간(1간)×6간(1간) = 3.3058m²
	• 임야면적	1보(步) = 1평	1무(畝) = 30평
		1단(段) = 300평	1정(町) = 3000평

3. 면적측정 대상

면적측정 대상은 지적공부의 복구·신규등록·등록전환·분할 및 축척변경을 하는 경우, 면적 또는 경계를 정정하는 경우, 도시개발사업 등으로 토지의 표시를 새로이 결정하는 경우(지적확정측량), 경계복원측량 및 지적현황측량에 의하여 면적측정이 수반되는 경우 등이다.

그러나 법률 제26조 규정[168]에는 합병의 경우 경계·좌표 또는 면적은 따로 지적측량을 하지 아니하며, 합병 전 각 필지의 경계 또는 좌표 중 합병으로 필요 없게 된 부분을 말소하여 결정함을 원칙으로 한다. 또한 합병 후 필지의 면적은 합병 전 각 필지의 면적을 합산하여 결정하도록 규정하고 있다.

〈표 5-27〉 면적측정 대상

세부 내용
• 지적공부를 복구하는 경우
• 신규등록의 경우
• 등록전환의 경우
• 분할의 경우
• 축척변경의 경우

---

168) 공간정보의 구축 및 관리 등에 관한 법률 제26조 (합병 등에 따른 면적 등의 결정방법)

- 등록된 면적 또는 경계를 정정하는 경우
- 도시개발사업 등으로 인한 토지이동에 의하여 토지의 표시를 새로이 결정하는 경우
- 경계복원측량 및 지적현황측량에 의하여 면적측정이 수반되는 경우
※ 단, 지번 및 지목변경, 경계복원 및 지적현황측량은 면적측정 대상이 아님

4. 면적의 단위와 결정방법

1) 면적의 단위

〈표 5-28〉 축척별 면적 허용범위

구분	1/500	1/600	1/1000	1/1200	1/2400	1/3000	1/6000
면적 단위	$0.1m^2$		$1m^2$				
최소 등록단위	$0.1m^2$		$1m^2$				

2) 면적 결정 시 끝수처리

면적 결정 시 끝수 처리는 1/500, 1/600, 경계점좌표등록부 비치지역은 $0.1m^2$까지 등록하며, 1/1,000, 1/1,200, 1/2,400, 1/3,000, 1/6,000지역은 $1m^2$까지 등록한다.

1/500, 1/600, 경계점좌표등록부 비치지역은 0.1제곱미터 미만의 끝수가 있는 경우 0.05제곱미터 미만인 때에는 버리고, 0.05제곱미터를 초과하는 때에는 올린다.

반면 1/1,000, 1/1,200, 1/2,400, 1/3,000, 1/6,000지역은 토지의 면적에 제곱미터 미만의 끝수가 있는 경우 0.5제곱미터 미만인 때에는 버리고, 0.5제곱미터를 초과하는 때에는 올린다.

이 경우 축척과 관계없이 모든 지적공부에 등록하는 면적은 5사5입을 적용하여야 한다.

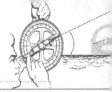

〈표 5-29〉 면적결정 시 끝수처리

축척 구분	등록면적	끝수 처리 방법
1/500 1/600 경계점좌표등록부	0.1m^2	• 토지의 면적은 m^2 이하 한자리 단위로 함 • 0.1m^2 미만의 끝수가 있는 경우 0.05m^2 미만인 때에는 버림 • 0.05m^{2}를 초과하는 때에는 올림 • 0.05m^{2}인 때에는 구하고자 하는 끝자리의 숫자가 0 또는 짝수이면 버리고 홀수이면 올림 • 다만, 1필지의 면적이 0.1m^2 미만인 때에는 0.1m^{2}로 결정
1/1,000 1/1,200 1/2,400 1/3,000 1/6,000	1m^2	• 토지의 면적은 m^{2}의 정수 단위로 함 • m^2 미만의 끝수가 있는 경우 0.5m^2 미만인 때에는 버림 • 0.5m^{2}를 초과하는 때에는 올림 • 0.5m^{2}인 때에는 구하고자 하는 끝자리의 숫자가 0 또는 짝수이면 버리고 홀수이면 올림 • 다만, 1필지의 면적이 1m^2 미만인 때에는 1m^{2}로 결정

3) 측량계산의 끝수처리(5사5입의 적용)

5사5입법은 면적결정에만 적용하는 것이 아니고 방위각의 각치·종횡선의 수치·거리계산에 있어서 구하고자 하는 끝자리의 다음 숫자가 5 미만인 때에는 버리고, 5를 초과하는 때에는 올리며, 5일 때에는 구하고자 하는 끝자리의 숫자가 0 또는 짝수이면 버리고 홀수이면 올린다. 다만, 전자계산조직에 의하여 연산하는 때에는 최종 수치에 한하여 이를 적용한다.[169]

기초지식

※ 반올림과 5사5입

반올림 (4사5입)	• 반올림이라 하면 생략하여 계산할 때 구하고자 하는 끝자리의 다음 숫자가 4 이하인 경우에는 0으로 하여 버리고, 5 이상인 경우에는 10으로 하여 윗자리로 끌어올려서 계산하는 것으로 예전에는 4사5입이라 하였다.
5사5입	• 5사5입은 생략하여 계산할 때 구하고자 하는 끝자리의 다음 숫자가 5인 경우에 한하여 적용하며 이 경우 5 앞의 숫자가 0 또는 짝수이면 버리고 홀수이면 올리는 방법이다. • 구하고자 하는 끝자리의 다음 숫자가 5일 때 • 바로 앞자리가 → 0 또는 짝수(2, 4, 6, 8)일 때 : 5를 버림 • 바로 앞자리가 → **홀수(1, 3, 5, 7, 9)일 때 : 5 앞의 숫자를 반올림함**

---

169) 공간정보의 구축 및 관리 등에 관한 법률 시행령 제60조 규정.

5사5입	예제	• 어떠한 경우라도 반드시 반올림할 뒷자리의 숫자가 5가 되었을 때 5사5입의 대상이 된다. 만약 뒷자리의 수가 5가 아니면 5사5입을 적용하지 못한다.
		• 예) 축척 1/600일 때 524.75를 5사5입 적용한 값은 524.8(7은 홀수이기 때문)
		• 예) 축척 1/1000일 때 524.5를 5사5입 적용한 값은 524(4가 짝수이기 때문)
		• 예) 축척 1/500일 때 524.552를 5사5입 적용한 값은 524.6 (52는 5 이상으로 보기 때문)

5. 면적측정 및 보정

1) 전자면적계에 의한 면적측정

전자면적계(디지털 플래니미터)는 기존의 플래니미터가 단순하게 면적만 측정하던 것을 면적, 좌표, 선길이, 변길이, 반지름 등을 측정할 수 있고 프린터도 장착할 수 있다.

전자면적기를 사용할 경우 도상에서 2회 측정하여 그 교차가 다음 식에 의한 허용면적 이하인 때에는 그 평균치를 측정치로 하도록 하며 측정면적은 $1/100\text{m}^2$까지 계산하여 $1/10\text{m}^2$ 단위로 정한다.

$$A = 0.023^2 \, M \, \sqrt{F} \quad (A : 허용면적, \ M : 축척분모, \ F : 측정면적)$$

〈표 5-30〉 전자면적계의 명칭 및 기능

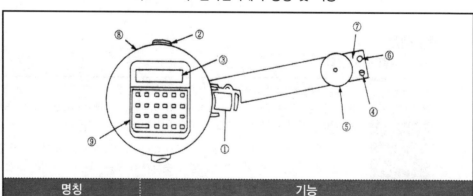

명칭	기능
① 전원스위치	• 올리면 "ON", 내리면 "OFF"
② 접지륜	• 도면상의 미끄러움을 없애고 정확한 왕복운동을 시킨다.
③ 표시화면	• 각종 조작 메시지와 측정결과를 표시한다.
④ 스타트/포인트 스위치	• 측정 개시의 지시와 각 측점의 플로팅을 행한다.
⑤ 이동렌즈	• 대형 이동렌즈로 편심회전렌즈이므로 쉽게 볼 수 있다.

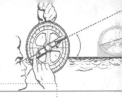

⑥ 연속스위치	• 연속측정모드(곡선용)에서 포인트모드(직선용)로 바꾸어 준다.
⑦ 연속계산표시등	• 빨간불이 들어와 있을 때에는 연속모드가 된다.
⑧ AC충전기 잭	• AC충전기 잭으로 표시화면에 "B"라고 나타나면 충전 요망
⑨ 조작판	• 키보드(자판)로 구성되어 있다.

2) 좌표에 의한 면적측정

좌표를 이용하여 토지의 면적을 계산하는 방법에는 일반적으로 좌표법과 배횡거법(DMD) 등이 있다. 그러나 지적측량에서는 좌표에 의한 면적계산방법을 사용하고 있고, 세부측량을 경위의 측량방법으로 시행한 지역에 행한다. 따라서 지적확정측량을 시행할 때나 또는 확정지역 내의 토지를 수치로 분할한 때 등에는 지구, 가구 및 필지의 면적은 좌표에 의하여 계산하게 되며, 산출면적은 $\frac{1}{1,000}$ m² 까지 산출하여 $\frac{1}{10}$ m² 단위로 정한다.

좌표에 의한 면적계산방법은 아래 그림과 같이 측점 ABCD에서 X축에 내린 수선의 발을 A′, B′, C′, D′라 하면 사변형 ABCD의 면적 S의 결정식은 다음과 같다.

$$S = \frac{1}{2} \{ y_1(x_2 - x_n) + y_2(x_3 - x_1) + .. + y_{n-1}(x_n - x_{n-2}) + y_n(x_1 - x_{n-1}) \}$$

또는

$$S = \frac{1}{2} \{ x_1(y_2 - y_n) + x_2(y_3 - y_1) + \cdots + x_{n-1}(y_n - y_{n-2}) + x_n(y_1 - y_{n-1}) \}$$

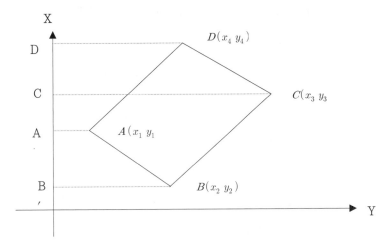

[그림 5-22] 좌표에 의한 면적측정 방법

3) 차인법(면적측정 제외)

일필지의 토지를 2개 이상으로 분할하는 경우에 있어 분할 전 면적이 $5,000\text{m}^2$ 이상으로서 분할된 필지 중 한 개 필지의 면적이 다른 분할 필지에 비해 극히 적은 면적일 때에는 먼저 극히 적은 분할지의 면적만을 측정하고 측정한 면적을 분할 전 필지의 면적에서 뺌으로써 다른 분할 필지의 면적을 별도로 측정하지 않고서도 분할된 2개 필지의 면적을 산출하는 방법이다. 그러나 동일한 측량 결과도에서 측정할 수 있는 경우와 좌표면적 계산법에 의한 경우에는 적용하지 아니하도록 규정하고 있다.

세부측량에서 차인면적 방식으로 면적을 측정할 수 있는 조건은 다음과 같다.

- 면적이 $5,000\text{m}^2$ 이상의 필지의 분할에서 적용
- 분할 후의 필지 중 1개의 면적은 분할 전 면적에 비해 2할(20%) 미만이고 다른 필지는 8할(80%) 이상의 경우에 적용

4) 면적의 보정

면적 보정은 도곽선의 길이가 0.5m 이상의 신축이 있을 때 이를 보정하여야 하며 도면을 재작성할 경우에도 동일하게 면적을 보정하여야 한다.

(1) 도곽선 신축량 계산

$$S = \frac{\Delta X_1 + \Delta X_2 + \Delta Y_1 + \Delta Y_2}{4}$$

S는 신축량, ΔX_1 : 왼쪽 종선의 신축된 차, ΔX_2 : 오른쪽 종선의 신축된 차

ΔY_1 : 위쪽 횡선의 신축된 차, ΔY_1 : 아래쪽 횡선의 신축된 차

$$\text{신축된 차(mm)} = \frac{1000(L - L_0)}{M}$$

(L : 신축된 도곽선 지상길이, L_0 : 도곽선 지상길이, M : 축척분모)

$$\text{보정량} = \frac{\text{신축량(지상)} \times 4}{\text{도곽선상의 총화(지상)}} \times \text{실측거리}$$

$$\text{보정량} = \text{실측거리} \pm \text{거리보정량}$$

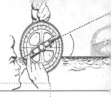

　　실측거리를 보정할 경우 도곽선의 신축에 따라서 신가축감(伸加縮減) 원리를 적용하여 계산한다.

(2) 도곽선 보정계수 계산

　　도곽선이 신축된 경우 면적보정계수의 계산식은 다음과 같으며, 도면의 축척과 도곽선 규격에 따라 보정계수도 서로 달라지게 된다.

$$Z = \frac{X \cdot Y}{\Delta X \cdot \Delta Y}$$

　　　　Z : 보정계수

　　　　X : 도곽선 종선길이

　　　　Y : 도곽선 횡선길이

　　　　ΔX : 신축된 도곽선 종선길이합 ÷ 2

　　　　ΔY : 신축된 도곽선 횡선길이의 합 ÷ 2

보정면적 = 산출면적 × 면적보정계수

　　도곽선이 늘어났을 때에는 (+) 부호를, 줄었을 때에는 (−) 부호를 취하여 계산하며 면적보정계수는 소수점 이하 4자리까지 취하도록 하고 있다.

※ 면적보정계수 산출방법(소수점 4자리)

예제 1) 축척 1/600 지적도에서 도곽신축량이 아래와 같을 때 도곽신축량과 면적보정계수는?

$$\Delta x_1 = -1.0\text{mm}, \quad \Delta x_2 = -0.4\text{mm}, \quad \Delta y_1 = -0.6\text{mm}, \quad \Delta y_2 = -0.8\text{mm}$$

도곽신축량	• 도곽신축량 : $\dfrac{(-1.0)+(-0.4)+(-0.6)+(-0.8)}{4} = -0.7\text{mm}$ • X축 평균 도곽신축량 : $\dfrac{(-1.0)+(-0.4)}{2} = -0.7$ • Y축 평균 도곽신축량 : $\dfrac{(-0.6)+(-0.8)}{2} = -0.7$	
면적보정 계수	척관법	• 1/600, 1/1,200, 1/2,400의 도곽 규격 : X축 333.33mm, Y축 416.67mm, 3가지 축척은 미터법과 척관법의 두 가지 방법으로 모두 풀 수 있다. • $\dfrac{(333.33 \times 416.67)}{(333.33-0.7) \times (416.67-0.7)} = 1.003790 \quad \therefore 1.0038\text{mm}$
	미터법	• 1/600의 지상길이는 가로 200m, 세로 250m이며, 도곽신축량은 0.7mm이므로 지상거리로 환산하면 X축 : 0.7mm×600=0.042 mm, Y축 : 0.7mm×600=0.042mm • 면적보정계수는 $\dfrac{X \cdot Y}{\Delta X \cdot \Delta Y} = \dfrac{X \cdot Y}{(\Delta X - X) \cdot (\Delta Y - Y)}$ 이므로 $\dfrac{200 \times 250}{(200-0.42) \times (250-0.42)} = 1.003790 \quad \therefore 1.0038$

예제 2) 축척 1/1,000 지적도에서 도곽신축량이 2.8mm일 때 면적보정계수를 구하시오.

• 1/1,000의 지상길이는 가로 300m, 세로 400m이며, 도곽신축량은 2.8mm이므로 실제 지상길이로 환산하면 2.8mm×1,000=2800mm=2.8m

• 면적보정계수는 $\dfrac{X \cdot Y}{\Delta X \cdot \Delta Y} = \dfrac{X \cdot Y}{(\Delta X - X) \cdot (\Delta Y - Y)}$ 이므로

$$\dfrac{300 \times 400}{(300-2.8) \times (400-2.8)} = 1.016537 \quad \therefore 1.0167$$

예제 3) 축척 1/1,200 지적도에서 도곽신축량이 −5mm일 때 면적보정계수는?

• 1/600, 1/1,200, 1/2,400의 경우 척관법과 미터법의 2가지 방법으로 다 풀어도 무방하다.

• 척관법 : $\dfrac{(333.33 \times 416.67)}{(333.33-5) \times (416.67-5)} = 1.027559$ 이므로 면적보정계수는 1.0276

• 미터법 : 1/1,200은 가로 400m, 세로 500m이므로 도곽신축량을 지상거리로 환산하면

$-5 \times 1200 = -6,000\text{mm}$로 −6m이다. $\therefore \dfrac{400 \times 500}{(400-6) \times (500-6)} = 1.0276$

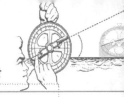

축척 구분	도상규격	지상거리	비고
1/500	30×40cm	150×200m	미터법 적용
1/600	33.3×41.7cm	200×250m	미터법, 척관법 적용
1/1,000	30×40cm	300×400m	미터법 적용
1/1,200	33.3×41.7cm	400×500m	미터법, 척관법 적용
1/2,400	33.3×41.7cm	800×1,000m	미터법, 척관법 적용
1/3,000	40×50cm	1,200×1,500m	미터법 적용
1/6,000	40×50cm	2,400×3,000m	미터법 적용

제6절 토지이동

1. 토지의 이동

1) 의의

일반적으로 토지이동(土地移動)이라는 의미는 지적공부에 등록된 표시사항이 달라지는 것으로 넓은 의미로 볼 때 토지에 대한 일체의 변동을 의미하는 것이고, 좁은 의미로 볼 때에는 소재, 지번, 지목, 면적, 경계, 좌표 등의 순수한 이동만을 의미하는 것으로 토지소유자는 포함되지 않는다.

공간정보의 구축 및 관리 등에 관한 법률에서 토지의 이동[170]은 토지의 표시를 새로 정하거나 변경 또는 말소하는 것을 의미하는 것으로 다시 말하면 토지의 표시사항이 달라지는 것을 의미한다.

법률 제2조 제20항에는 '토지의 표시'란 지적공부에 토지의 소재·지번(地番)·지목(地目)·면적·경계 또는 좌표를 등록한 것을 의미하기 때문에 토지의 소유자는 토지의 이동에 포함되어 있지 않다.

그래서 토지의 표시사항이 달라진다는 것은 신규등록, 등록전환, 분할, 합병, 지목변경, 바다로 된 토지의 등록말소, 축척변경, 등록사항정정 등을 말한다.

---

170) 공간정보의 구축 및 관리 등에 관한 법률 제77조~제85조 규정.

또한 기존에는 토지의 표시사항이 달라진 경우 그 신청의무기간과 의무기간의 위반 시 부과금액에 대해서도 규정하고 있었으나 새로 법률이 통합되면서 신고기간만 정해져 있고 부과금액에 대한 별도의 규정은 현재 존재하지 않는다.

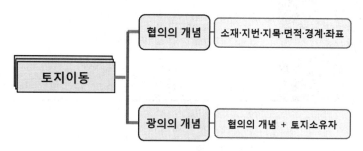

[그림 5-23] 토지이동의 개념

〈표 5-31〉 토지이동의 분류

분류	세부 내용	비고
신규등록	새로 조성된 토지와 지적공부에 미등록된 토지를 지적공부에 등록하는 것	제77조
등록전환	임야대장(임야도)에 등록된 토지를 토지대장(지적도)에 옮겨 등록하는 것	제78조
분할	지적공부에 등록된 1필지를 2필지 이상으로 나누어 등록하는 것	제79조
합병	지적공부에 등록된 2필지 이상을 1필지로 합하여 등록하는 것	제80조
지목변경	지적공부에 등록된 지목을 다른 지목으로 바꾸어 등록하는 것	제81조
해면성 말소	지적공부에 등록된 토지가 바다로 된 경우 등록말소 신청을 하는 것	제82조
축척변경	지적도의 경계점 정밀도를 높이기 위해 소축척을 대축척으로 변경하는 것	제83조
등록사항정정	지적공부의 등록사항에 오류가 있는 경우 직권·신청에 의해 정정하는 것	제84조

출 처 : 공간정보의 구축 및 관리 등에 관한 법률 제77조~제85조 참조작성.

2) 토지의 표시사항

토지의 표시사항은 지적공부에 등록되어 있는 해당 필지의 등록사항을 의미하며, 여기에는 토지의 소재·지번(地番)·지목(地目)·면적·경계 또는 좌표를 등록한 것을 의미한다. 그래서 토지의 표시사항에는 오로지 토지의 물리적인 현황에 따른 사항만을 의미하고 법적인 소유권과 관계된 사항인 토지소유자는 제외되어 있다.

현재 통합된 공간정보의 구축 및 관리 등에 관한 법률에서 토지의 표시사항을 규정하고 있는 것은 다음과 같다.

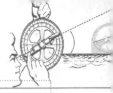

〈표 5-32〉 토지의 표시사항

분류	세부 내용	비고
소재	개별 필지가 위치하고 있는 정확한 공간상의 지점을 지번과 함께 표현함	·
지번	개별 필지에 부여하는 토지의 번호를 의미함	제2조 22항
지목	토지의 주된 사용 목적에 따라 각 필지별로 구분하여 표현한 토지의 용도	제2조 24항
경계	지번별로 획정하여 등록한 선·경계점좌표등록부에 등록된 좌표의 연결	제2조 26항
면적	지적공부에 등록한 필지의 수평면상 넓이를 m²로 표현한 것	제2조 27항
좌표	지적측량기준점·경계점의 위치를 평면직각종횡선수치로 표시한 것	·

3) 토지이동 조사

(1) 토지검사

토지이동 현황조사는 토지조사사업 당시 토지의 지세관리를 위해 이동신고나 신청 등에 대한 확인절차로서 지세조사를 실시하였던 토지검사제도에서 보다 발전된 것으로 볼 수 있으며, 토지검사제도에는 일반적인 토지검사와 무신고 이동지를 조사하는 지압조사가 있었다.

토지검사는 매년 6~9월 사이에 조사를 원칙으로 하되 필요한 경우 임시적으로 수행하였으며, 반면 지압조사는 무신고 이동지를 발견하기 위하여 실시하는 토지검사로서 기본적으로 토지의 이동이 있을 시에는 신고와 신청을 하여야 함이 원칙이나 신고와 신청을 하지 않은 무신고 필지를 조사하여 직권으로 지적공부를 정리하였다.

토지검사를 요하는 토지이동은 다음과 같다.

① 새로이 토지대장이나 임야대장에 토지를 등록할 때(지목설정을 포함)

② 토지의 분할, 토지의 합병을 하거나 지위등급을 알 필요가 있을 때

③ 지목을 변경할 때

④ 지적공부의 오류를 정정할 때(필요한 것에 한함)

⑤ 지적공부에서 토지를 말소할 때

⑥ 기타 특히 실지의 검사를 필요로 할 때 등

그러나 위와 같은 토지검사의 종류에 포함되더라도 도면 혹은 기타의 자료에 의하여 신고 또는 신청한 사실이 적합하며 신뢰성이 있는 경우에는 실제로 검사를 생략할 수

있다.

만약 새로이 토지대장에 등록하는 신규등록의 경우에는 토지대장에 등록대상 토지 유무 또는 지목설정, 여타의 법적 제한 또는 법적 규정 등이 검사항목이 된다.

토지검사 시 검사할 사항은 신고 또는 신청사항을 토대로 신규등록, 분할, 등록전환 등의 토지이동을 조사하는 것이 목적이다.

(2) 지압조사

지압조사는 지적약도 등을 현장에 휴대하여 실제와 도면을 대조하여 그 이동유무와 이동정리 적부 등을 조사하여 과세징수 대상에서 누락된 필지를 조사·정리하였다.

즉, 지적약도와 토지등급도를 펼쳐놓고 현장에서 지번 1로부터 시작하여 2, 3, 4, 5 등의 순서로 실지와 도면의 대조를 실시하여 그 이동유무를 검사하였다.

그러므로 토지검사제도는 신청 또는 신고한 사실대로 개발하거나 또는 이용여부 등을 조사하여 법 위반자에 대해 엄격한 조세를 적용할 목적인 반면 지압조사는 신고와 신청을 하지 않은 무신고 필지를 조사하기 위한 목적에서 실시되었다.

지압조사는 과세징수 대상에서 누락된 필지를 조사하는 것을 목적으로 하였기 때문에 사실상 오늘날 지적업무와 지세업무는 분리되어 있어 그 목적에 있어서는 다르다고할 수 있으나 그 성격상으로는 토지이동 현황조사와 아주 유사하다고 볼 수 있다.

그것은 기본적으로 토지이동 시 신고와 신청을 원칙적으로 하여야 하나 신청을 하지않아 소관청의 직권으로 조사·정리하였다는 관점에서 현행 법률상의 직권정리 규정과 같은 의미인 것이다.

(3) 토지이동현황조사

현재 우리나라의 모든 토지는 필지별로 소재·지번·지목·면적·경계 또는 좌표 등을 조사·측량하여 지적공부에 등록하도록 규정하고 있으며, 위의 표시사항의 변경에 따른 토지의 이동이 있을 때 토지소유자 또는 법인이 아닌 사단이나 재단의 경우에는 그 대표자나 관리인 등의 신청을 받아 지적소관청이 결정하도록 하고 있다.

또한 토지이동의 신청이 없더라도 지적소관청이 직권으로 조사·측량하여 결정할수 있으며, 이 경우 토지의 지번·지목·면적·경계 또는 좌표를 결정하려는 때에는 토지이동현황 조사계획을 시·군·구별로 수립하되, 부득이한 사유가 있는 때에는 읍·면·동별로 수립하도록 되어 있다.

그러므로 기본적으로 신청을 원칙으로 하나 그렇지 않은 경우에는 소관청의 직권정

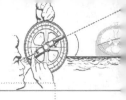

리를 실시한 관점에서 토지조사사업 당시의 토지검사제도나 지압조사도 모두 현재의 토지이동현황조사와 동일한 성격에서 출발한 검사제도라고 볼 수 있다.

현행 법률상 토지의 이동현황을 조사한 때에는 토지이동 조사부에 토지의 이동현황을 적어야 하며, 이것을 토대로 토지의 지번·지목·면적·경계 또는 좌표를 결정한 때에는 이에 따라 지적공부를 정리하도록 규정하고 있다.

토지이동 조사부를 근거로 토지이동조서를 작성하여 토지이동정리 결의서에 첨부하여야 하며, 토지이동조서의 아랫부분 여백에 '법률 제64조 제2항 단서에 따른 직권정리'라고 기록하도록 되어 있다.

여기서 법률 제64조 제2항은 토지이동의 신청이 없더라도 지적소관청이 직권으로 조사·측량하여 결정할 수 있다는 내용이다.

따라서 토지의 이동은 일차적으로 토지소유자나 대위신청에 의한 신청이 있어야 하며, 그렇지 않은 경우 소관청의 직권으로 조사하여 국가 영역 안의 모든 토지에 대하여 필지별로 등록사항을 조사·측량하고 지적공부에 등록하여 효율적 토지관리는 물론 국민 개인의 사적 재산권을 보호하도록 법적으로 규정하고 있다.

〈표 5-33〉 토지검사제도의 비교

구분	세부 내용
지압조사	• 원칙적으로 토지의 이동이 있을 시에는 신고와 신청을 함이 원칙이나 신고와 신청을 하지 않은 무신고 이동지에 대한 토지검사를 지압조사하여 공부등록 및 누락필지를 보완함
토지이동현황조사	• 신청을 원칙으로 하나 그렇지 않은 경우에는 소관청의 직권정리에 따른 토지이동 현황조사를 실시하기 때문에 토지검사제도나 지압조사를 모두 포괄하는 조사방법
토지검사	• 일제 강점기 때의 조세관리를 위해 지세조사를 실시하였던 것으로 일반적인 토지검사와 무신고 이동지를 조사하는 지압조사 모두 토지검사의 한 가지 방법에 속함
토지검사 내용	• 토지검사의 목적은 이동신고, 신청의 확인과 무신고 이동지 조사 • 토지검사는 필요 시 수시로 할 수 있도록 하였음 • 토지검사는 매년 6-9월에 하였고, 검사 시 토지검사수첩에 등재하였음
토지검사 생략	• 비과세지 상호간의 지목변환인 경우 • 조선지적협회 직원의 조사로 이미 인정된 토지 • 지목·임대가격이 도면 및 기타 자료에 의해 적당하다고 인정되는 경우

2. 토지이동의 신청

1) 신청대상

토지이동의 신청대상이란 토지이동에 따른 신청을 하여야 하는 대상으로 법적으로 신청의무와 신청기간을 정해 놓고 있다.

신청대상으로는 신규등록, 등록전환, 분할, 합병, 지목변경, 해면성 말소신청, 축척변경, 등록사항정정 등의 신고가 이에 해당한다.

또한 법률 제86조[171]에는 토지이동 신청에 관한 특례로서 도시개발법에 따른 도시개발사업, 농어촌정비법에 따른 농어촌정비사업, 그 밖에 대통령령으로 정하는 토지개발사업의 시행자는 대통령령으로 정하는 바에 따라 그 사업의 착수·변경 및 완료사실을 지적소관청에 신고하도록 규정하고 있다.

(1) 신규등록신청

① 대상토지

- 공유수면매립준공 토지

- 미등록 공공용 토지(도로·구거·하천 등)

- 기타 미등록토지

② 신청기한

- 신규등록사유 발생일로부터 60일 이내 소관청에 신청

(2) 등록전환신청

① 대상토지

- 관계법령에 의한 토지의 형질변경·개간·건축물의 사용검사 등으로 지목변경을 하여야 할 토지

- 동일한 임야도 내 대부분의 토지가 등록전환되어 나머지 토지를 계속 임야도에 존치하는 것이 불합리하거나 임야대장에 등록된 토지가 사실상 형질 변경되었으나 지목변경을 할 수 없는 경우와 도시계획선에 따라 토지를 분할하는 경우에는 임야대장에 등록된 지목으로 등록전환

② 신청기한

---

171) 공간정보의 구축 및 관리 등에 관한 법률 제86조 (도시개발사업 등 시행지역의 토지이동 신청에 관한 특례)

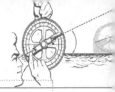

• 등록전환사유 발생일로부터 60일 이내 소관청에 신청

(3) 분할신청

① 대상토지

• 일필지의 일부가 형질 변경 등으로 용도가 다르게 된 때

• 소유권 이전, 매매 등을 위하여 필요로 하는 때와 토지이용상 불합리한 지상경계를 시정하기 위한 토지

② 신청기한

• 1필지의 일부가 지목이 다르게 된 토지는 분할사유 발생된 그날부터 60일 이내 소관청에 신청. 이 경우 지목변경신청서를 동시 제출

(4) 합병신청

① 대상토지

• 주택건설촉진법에 의한 공동주택의 부지

• 도로·제방·하천·구거·유지·공장용지·학교용지·철도용지·수도용지·공원·체육용지 등의 지목으로서 연접하여 있으나 구획 내에 2필지 이상으로 등록된 토지

② 신청기한

• 합병사유 발생된 그날부터 60일 이내 소관청에 신청(아파트 등 공동주택부지가 사업시행이 완료되어 준공된 경우, 준공된 날로부터 60일 이내에 소관청에 합병 신청하여야 하며 신청이 없는 경우 소관청이 직권으로 정리)

• 단, 토지소유자가 필요로 하는 합병은 신청기한이 없음

(5) 지목변경신청

① 대상토지

• 도시계획법 등 관계법령에 의한 토지의 형질변경 등의 공사가 준공된 토지

• 토지 또는 건축물의 용도가 변경된 토지

• 도시개발사업 등의 원활한 사업추진을 위하여 사업시행자가 공사준공 전이라도 토지의 합병을 신청하는 경우에는 토지의 용도가 변경된 토지로 보아 지목변경 가능

• 등록전환을 하여야 할 토지 중 목장용지·과수원 등 일단의 면적이 크거나 토지

대장 등록지로부터 거리가 멀어서 등록전환하는 것이 부적당하다고 인정되는 경우에는 임야대장등록지에서 지목변경을 할 수 있음

② 신청기한

- 지목변경사유 발생된 그날부터 60일 이내 소관청에 신청

(6) 바다로 된 토지의 말소신청

① 대상토지

- 지적공부에 등록된 토지가 지형의 변화 등으로 바다로 된 토지

- 단, 원상으로 회복할 수 없거나 다른 지목의 토지로 될 가능성이 없는 때에는 지적공부에 등록된 토지소유자에게 지적공부의 등록말소신청을 하도록 통지

② 신청기한

- 말소신청을 통지 받은 날부터 90일 이내

- 단, 토지소유자가 등록말소신청을 하지 않는 경우 소관청이 직권으로 그 지적공부의 등록사항 말소

③ 회복등록

- 말소한 토지가 지형의 변화 등으로 다시 토지로 된 경우 소관청이 회복등록 (지적측량성과 및 등록말소 당시의 지적공부 등 관계자료에 의하여 토지의 표시 및 소유자에 관한 사항을 회복등록)

④ 등록말소 및 회복사항 통지

- 지적공부의 등록사항을 말소 또는 회복등록한 때에는 그 정리 결과를 토지소유자 및 그 공유수면의 관리청에 통지

(7) 축척변경

① 일반적인 대상토지

- 빈번한 토지의 이동으로 인하여 1필지의 규모가 작아서 소축척으로는 지적측량 성과의 결정이나 토지의 이동에 따른 정리가 곤란한 토지

- 동일한 지번부여지역 안에 서로 다른 축척의 지적도가 있는 때

② 예외적인 대상토지

- 소관청은 축척변경이 필요하다고 인정되는 때에는 축척변경위원회의 의결을 거친 후 시·도지사의 승인을 얻어 축척변경을 시행하여야 하나 다만 다음의 경우

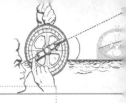

에는 축척변경위원회의 의결없이 축척변경 가능

- 등록전환신청에 따라 축척을 변경하는 경우

- 동일용도의 토지가 축척이 다른 지적도에 등록되어 있어 합병하고자 축척을 변경하는 경우

- 토지개발사업 등의 시행지역 안에 있는 토지로서 당해 사업시행에서 제외된 토지의 축척을 변경하는 경우

③ 축척변경 조건

- 소관청은 축척변경위원회의 의결을 거치기 전에 축척변경 시행 지역 안의 토지소유자의 3분의 2 이상의 동의를 얻어야 함

(8) 등록사항정정신청

① 대상토지

- 지적공부의 등록사항에 잘못이 있는 토지

② 등록사항정정신청서에 첨부할 서류

- 경계 또는 면적의 변경을 가져오는 경우 : 등록사항정정측량성과도

- 그 밖에 등록사항을 정정하는 경우 : 변경사항을 확인할 수 있는 서류

〈표 5-34〉 신청의무기간 및 부과금액 비교

분류	(구) 지적법		공간정보의 구축 및 관리 등에 관한 법률	
	신청의무기간	부과금액	신청의무기간	부과금액
신규등록신청	60일	신청기간 만료 후 1년 미만 : 5만 1년 미만 : 8만	60일	없음
등록전환신청	60일		60일	
분할신청	60일		60일	
합병신청	60일		60일	
지목변경신청	60일		60일	
바다로 된 토지의 등록말소신청	90일		90일	

출 처 : (구)지적법 제17조~제22조; 공간정보의 구축 및 관리 등에 관한 법률 제77~제82조 참조작성.

2) 토지이동 신청에 관한 특례

법률 제86조[172])에는 "도시개발법에 따른 도시개발사업, 농어촌정비법에 따른 농어촌정비사업, 그 밖에 대통령령으로 정하는 토지개발사업의 시행자는 대통령령으로 정하는 바에 따라 그 사업의 착수·변경 및 완료 사실을 지적소관청에 신고하여야 한다"라고 규정하고 있다.

또한 위의 사업과 관련하여 토지의 이동이 필요한 경우에는 해당 사업의 시행자가 지적소관청에 토지의 이동을 신청하여야 하며, 토지의 이동은 토지의 형질변경 등의 공사가 준공된 때에 이루어진 것으로 본다.

그리고 위 사업의 착수 또는 변경의 신고가 된 토지의 소유자가 해당 토지의 이동을 원하는 경우에는 해당 사업의 시행자에게 그 토지의 이동을 신청하도록 요청하여야 하며, 요청을 받은 시행자는 해당 사업에 지장이 없다고 판단되면 지적소관청에 그 이동을 신청하여야 한다.

① 대상토지

- 주택건설촉진법에 의한 주택건설사업
- 택지개발촉진법에 의한 택지개발사업
- 산업입지및개발에관한법률에 의한 산업단지조성사업
- 도시재개발법에 의한 재개발사업
- 지역균형개발 및 지방 중소기업 육성에 관한 법률에 의한 지역개발사업
- 그 밖에 법령에 의한 토지개발사업

② 신청기간

- 도시개발사업 등의 착수·변경 또는 완료사실의 신고는 그 신고사유가 발생한 날로부터 15일 이내에 소관청에 신고

3. 공부정리 및 지적정리

1) 토지이동에 따른 공부정리

(1) 측량을 요하지 않는 공부정리

---

172) 공간정보의 구축 및 관리 등에 관한 법률 제86조 (도시개발사업 등 시행지역의 토지이동 신청에 관한 특례)

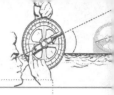

　법률 시행규칙 제98조에는 토지의 이동이 있는 경우에는 토지이동정리 결의서를 작성하여야 하고, 토지소유자의 변동 등에 따라 지적공부를 정리하려는 경우에는 소유자정리 결의서를 작성하도록 규정하고 있다. 그래서 토지대장·임야대장 또는 경계점좌표등록부별로 구분하여 작성하되, 토지이동정리 결의서에는 토지이동신청서 또는 도시개발사업 등의 완료신고서 등을 첨부하여야 하며, 소유자정리 결의서, 등기필증, 등기부 등본 또는 그 밖에 토지소유자가 변경되었음을 증명하는 서류를 첨부하여야 하여야 한다.

〈표 5-35〉 토지이동의 유형별 분류

구분	토지 이동 유형	
측량검사를 요하는 토지이동	• 신규등록 • 분할 • 등록사항정정(면적·위치·경계 등) • 해면성말소 등	• 등록전환 • 도시개발사업 정리완료
현황조사를 요하는 토지이동	• 합 병	• 지목변경 등
기타 토지이동	• 지번변경 • 축척변경 • 등록사항회복	• 행정구역변경 • 지적공부 복구 • 등록사항말소 등
도면작성 대상	• 지번변경과 행정구역개편으로 지번을 새로이 할 때 • 지적공부 복구 • 도시개발사업에 의한 토지이동 • 축척변경	• 신규등록, 등록전환, 분할

　〈표 5-35〉와 같이 측량검사를 요하는 토지이동의 경우 대장과 도면을 모두 정리하여야 하며, 현황조사를 요하는 토지이동 및 기타의 토지이동 중 지번변경, 행정구역변경으로 지번을 새로이 할 때, 축척변경 등을 제외한 모든 토지이동은 대장상의 등록정보만을 수정하여 토지의 표시사항에서 면적이나 경계를 제외한 사항들을 위주로 지적정리를 수행한다. 일반적으로 토지이동이 발생한 경우 신청서의 양식에 따라 기재하도록 규정하고 있으며 〈표 5-36〉과 같이 지적측량의 수행유무와 관계없이 토지이동이 발생한 경우에는 토지이동 신청서를 작성하여야 한다. 또한 신청서의 뒷면에는 〈표 5-37〉과 같이 처리기간과 수수료 및 처리절차가 표기되어 있다.

〈표 5-36〉 토지이동 신청서(앞면)

토지이동 신청서

※ 뒤쪽의 수수료와 처리기간을 확인하시고, [ ]에는 해당되는 곳에 √ 표시를 합니다.　　　　　(앞 쪽)

접수번호		접수일		발급일		처리기간	뒤 쪽 참조
신청구분	[ ]토지(임야)신규등록　　[ ]토지(임야)분할　[ ]토지(임야)지목변경 [ ]등록전환　　　　　　[ ]토지(임야)합병　[ ]토지(임야)등록사항정정 [ ]기타						
신청인	성명				(주민)등록번호		
	주소				전화번호		

신 청 내 용

토지소재			이동전			이동후			토지이동 결의일 및 이동사유
시·군·구	읍·면	동·리	지번	지목	면적(m^2)	지번	지목	면적(m^2)	

위와 같이 관계 증명 서류를 첨부하여 신청합니다.

년　　　　월　　　　일

신청인　　　　　　　　　(서명 또는 인)

시장 · 군수 · 구청장 귀하

수입증지 첨부란
「공간정보의 구축 및 관리 등에 관한 법률」 시행규칙 제115조제1 항에 따른 수수료(뒷면 참조)

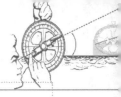

〈표 5-37〉 토지이동 신청서(뒷면)

처리기간			
1. 신규등록 : 3일	2. 토지(임야)분할 : 3일	3. 토지(임야) 지목변경 : 5일	4. 등록전환 : 3일
5. 토지(임야) 합병 : 5일	6. 등록사항 정정 : 3일	7. 바다로 된 토지의 등록말소 : 3일	8. 축척변경 : 3일

수수료	
1. 토지(임야) 신규등록 : 1,400원(1필지)	6. 등록사항 정정 : 무료
2. 토지(임야) 분할 : 1,400원(분할 후 1필지)	7. 바다로 된 토지의 등록말소 : 무료
3. 토지(임야) 지목변경 : 1,000원(1필지)	8. 축 척 변 경 : 1,400원(1필지)
4. 등 록 전 환 : 1,400원(1필지)	9. '공간정보의 구축 및 관리 등에 관한 법률'
5. 토지(임야) 합병 : 1,000원(합병 전 1필지)	제86조에 따른 토지이동 신청 : 1,400원(1필지)

처리절차

신청서 작성 ➡ 접 수 ➡ 확 인 ➡ 결 재 ➡ 정 리 ➡ 통 지

| 신청인 | 시·군·구 (지적업무 담당부서) | 시·군·구 (지적업무 담당부서) | 시·군·구 (지적업무 담당부서) | 시·군·구 (지적업무 담당부서) | |

(2) 측량을 요하는 공부정리

측량을 요하는 토지이동으로는 신규등록, 등록전환, 분할, 축척변경, 도시개발사업 정리완료, 면적 또는 위치와 관련된 공부의 등록사항정정, 해면성 말소토지 등이 있으며, 이 경우 반드시 공부정리업무를 수행하기 위해서는 일차적으로 지적측량을 실시하여야 하며 그에 따른 2차적 업무로서 대장 및 도면의 정리가 필요하다.

또한 측량을 요하지 않는 토지이동 중에서 지번변경 또는 행정구역 개편으로 인해 지번을 새로이 하는 경우 등에 있어서도 도면을 새로이 작성하여야 한다.

(3) 토지이동에 따른 도면정리

토지이동에 따른 도면정리 방법은 다음과 같다.

① 토지이동으로 지번 및 지목을 제도하는 경우에는 이동 전 지번 및 지목을 말소하고, 그 윗부분에 새로이 설정된 지번 및 지목을 제도한다. 이 경우 세로쓰기로 제도된 경우에는 글자배열의 방향에 따라 말소하고, 그 윗부분에 새로이 설정된 지번 및 지목을 가로쓰기로 제도한다.

② 경계를 말소하는 경우에는 짧은 교차선을 약 3cm 간격으로 제도한다. 다만, 경계의 길이가 짧은 경우에는 말소표시의 사이를 적당히 좁힐 수 있다.

③ 말소된 경계를 다시 등록하는 경우에는 말소표시의 교차선 중심점을 기준으로 직경 2mm 내지 3mm의 붉은색 원으로 제도한다. 다만, 1필지의 면적이 작거나 경계가 복잡하여 원의 표시가 인접경계와 접할 경우에는 말소표시 사항을 칼로 긁거나 기타 방법으로 지워서 제도할 수 있다.

④ 신규등록·등록전환 및 등록사항 정정으로 도면에 경계·지번 및 지목을 새로이 등록하는 경우에는 이미 비치된 도면에 제도한다. 다만, 이미 비치된 도면에 정리할 수 없는 경우에는 새로이 도면을 작성한다.

⑤ 등록전환하는 경우에는 임야도의 당해 지번 및 지목을 말소하고, 그 내부를 붉은색으로 엷게 채색한다.

⑥ 분할하는 경우에는 분할 전 지번 및 지번을 말소하고, 분할경계를 제도한 후 필지마다 지번 및 지목을 새로이 제도한다. 다만, 분할 전 지번 및 지목이 분할 후 1필지 내의 중앙에 있는 경우에는 이를 말소하지 아니한다.

⑦ 도곽선에 걸쳐 있는 필지가 분할되어 도곽선 밖에 분할경계가 제도된 경우에는 도곽선 밖에 제도된 필지의 경계를 말소하고, 해당 도곽선 안에 경계·지번 및 지목을 제도한다.

⑧ 합병하는 경우에는 합병되는 필지 사이의 경계·지번 및 지목을 말소한 후 존치될 지번 및 지목을 새로이 제도한다. 이 경우 합병 후 존치되는 지번 및 지목의 위치가 필지의 중앙에 있는 경우에는 그렇지 않다.

⑨ 지목을 변경하는 경우에는 지목만 말소하고 그 윗부분에 새로이 설정된 지목을 제도한다. 다만, 윗부분에 제도하기가 곤란한 때에는 오른쪽 또는 아래쪽에 제도할 수 있다.

⑩ 지번이 변경된 경우에는 변경 전의 지번을 말소하고 변경 후의 지번을 제도한다.

⑪ 지적공부에 등록된 토지가 해면으로 된 경우에는 경계·지번 및 지목을 말소한다.

⑫ 행정구역이 변경된 경우에는 변경 전 행정구역선과 그 명칭 및 지번을 말소하고 변경 후의 행정구역선과 그 명칭 및 지번을 제도한다.

⑬ 도시개발사업·축척변경 등 시행지역으로서 시행 전과 시행 후의 도면축척이 같고 시행 전 도면에 등록된 필지의 일부가 사업지구 안에 편입된 경우에는 이미 비치된 도면에 경계·지번 및 지목을 제도하거나, 남아 있는 일부 필지를 포함하여 도면을 작성한다. 다만, 도면과 확정측량결과도의 도곽선 차이가 0.5mm 이상인 경우에는

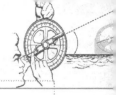

확정측량결과도에 의하여 새로이 도면을 작성한다.

⑭ 도시개발사업·축척변경 등의 완료로 새로이 도면을 작성한 지역의 종전 도면은 지구 안의 지번 및 지목을 말소하고 지구경계선을 따라 지구 안을 붉은색으로 엷게 채색한다.

2) 토지이동에 따른 직권정리 대상

다음의 경우에 토지이동에 따른 소관청이 직권으로 조사·측량하여 정정할 수 있다.

① 지적공부정리결의서의 내용과 다르게 정리된 경우

② 도면에 등록된 필지가 면적의 증감 없이 경계의 위치만 잘못 등록된 경우

③ 지적공부의 작성 또는 재작성 당시 잘못 정리된 경우

④ 지적측량성과와 다르게 정리된 경우

⑤ 지적위원회의 의결에 의하여 지적공부의 등록사항 정정을 하여야 하는 경우

⑥ 지적공부의 등록사항이 잘못 입력된 경우

⑦ 부동산등기법에 의하여 등기신청을 각하한 때 등기관은 그 사유를 소관청에 통지해야 하는 바 이의통지가 있는 경우

3) 토지이동에 따른 지적정리

(1) 지적정리 통지

법률 제90조[173])에는 지적소관청이 지적공부에 등록하거나 지적공부를 복구 또는 말소하거나 등기촉탁을 하였으면 대통령령으로 정하는 바에 따라 해당 토지소유자에게 통지하도록 규정하고 있다. 그러나 통지받을 자의 주소나 거소를 알 수 없는 경우에는 국토교통부령으로 정하는 바에 따라 일간신문, 해당 시·군·구의 공보 또는 인터넷 홈페이지에 공고하도록 하고 있다.

(2) 통지대상

- 소관청이 직권으로 조사·측량하여 지적공부 정리한 때

- 지번변경 정리한 때

- 바다로 된 토지의 등록말소 또는 회복정리한 때

- 지적공부 복구 정리한 때

---

173) 공간정보의 구축 및 관리 등에 관한 법률 제90조 (지적정리 등의 통지)

- 소관청이 등록사항정정을 직권으로 정리한 때
- 행정구역변경으로 지번변경 정리한 때
- 도시개발사업 등에 의한 토지의 이동정리를 한 때
- 대위신청에 의하여 지적공부를 정리한 때
- 등기촉탁을 한 때

(3) 통지시기

지적소관청이 토지소유자에게 지적정리 등을 통지하여야 하는 시기는 다음과 같다.

① 토지의 표시에 관한 변경등기가 필요한 경우

- 그 등기완료(등기필증)의 통지서를 접수한 날부터 15일 이내

② 토지의 표시에 관한 변경등기가 필요하지 아니한 경우

- 지적공부에 등록한 날부터 7일 이내

(4) 통지방법

지적정리를 실시한 경우 일반적으로 지적소관청이 토지소유자에게 하는 지적정리의 통지는 등록일로부터 7일 이내 또는 등기촉탁을 한 경우에는 그 등기필증이 접수된 날부터 15일 이내에 통지하도록 되어 있으며, 통지받을 자의 주소나 거소를 알 수 없는 경우에는 국토교통부령으로 정하는 바에 따라 일간신문, 해당 시·군·구의 공보 또는 인터넷 홈페이지에 공고하여 지적정리의 사실을 알리고 있다.

그러나 다음의 경우에 해당하는 때에는 그 공고 또는 통지로써 소관청의 통지에 갈음하도록 되어 있다.

- 멸실된 지적공부의 토지표시사항만을 복구하고 공고한 때
- 도시개발사업 등에 의하여 지적공부에 등록하는 경우 사업시행자 또는 대위신청자가 다른 법령의 규정에 의하여 공고하거나 토지소유자에게 통지한 때(토지이동사항이 포함되거나 이를 알 수 있는 경우에 한함)

(5) 지적공부 정리 시기

지적공부의 정리는 토지이동의 사유가 완성된 때에 행하는 것으로 형질변경을 수반하는 때에는 형질변경의 원인이 되는 공사 등이 준공된 때에 완성된 것으로 보며, 토지구획정리사업 등에 의한 토지이동은 공사가 준공된 때 이동이 있는 것으로 본다.

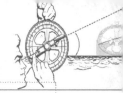

4) 토지이동의 대위신청

일반적으로 토지의 이동이 발생한 경우 토지소유자가 신청하여야 함이 원칙이나 특정한 사유가 있을 경우를 대비하여 다음에 해당하는 자가 이를 대위하여 신청할 수 있도록 규정하고 있다.

① 공공사업 등으로 인하여 학교용지 · 도로 · 철도용지 · 제방 · 하천 · 구거 · 유지 · 수도용지 등의 지목으로 되는 토지의 경우에는 그 사업시행자

② 국가 또는 지방자치단체가 취득하는 경우 토지를 관리하는 국가기관 또는 지방자치단체의 장

③ 주택건설촉진법에 의한 공동주택의 부지의 경우에는 집합건물의 소유 및 관리에 관한 법률에 의한 관리인(관리인이 없는 경우에는 공유자가 선임한 대표자 또는 사업시행자)

④ 민법 제404조의 규정에 의한 채권자

※ 민법 제404조 및 제405조

구분	세부 내용
제404조	• (채권자 대위권) ① 채권자는 자기의 채권을 보전하기 위하여 채무자의 권리를 행사할 수 있다. 그러나 일신에 전속한 권리는 그러하지 아니하다. ② 채권자는 그 채권의 기한이 도래하기 전에는 법원의 허가없이 전항의 권리를 행사하지 못한다. 그러나 보전행위는 그러하지 아니하다.
제405조	• (채권자 대위권 행사의 통지) ① 채권자가 전조 제1항의 규정에 의하여 보전행위 이외의 권리를 행사한 때에는 채무자에게 통지하여야 한다. ② 채무자가 전항의 통지를 받은 후에는 그 권리를 처분하여도 이로써 채권자에게 대항하지 못한다.

기초지식

※ 대위신청 지목(천, 수, 철, 도, 유, 학, 구, 제)
• 학교용지 · 도로 · 철도용지 · 제방 · 하천 · 구거 · 유지 · 수도용지

5) 토지이동의 결정권자

토지에 이동이 있을 경우에는 지번, 지목, 경계, 면적은 신고에 의하여, 신고가 없거나 신고가 부적당하다고 인정되는 때 또는 신고를 요하지 아니할 때에는 지적소관청의 직권조사에 의한다라고 규정하고 있는데 여기서 소관청의 직권조사는 앞에서 언급한 법률 제64조 제2항의 규정으로 지적소관청은 곧 시장, 군수, 구청장을 의미한다.

즉, 지적소관청의 직권조사는 곧 지적국정주의를 의미하는 것으로 토지이동 시 토지소유자의 신청도 지적소관청에서 접수·관리하며, 신청이 없을 경우도 소관청의 직권조사를 통해 이루어지므로 토지이동의 결정권자는 시장, 군수, 구청장이 된다.

① 토지소유자의 신고가 있을 때에 그 신고가 옳게 되었다면 그에 의하여 시장, 군수가 직권으로 결정한다.

② 신고가 없을 때, 즉 토지소유자가 신고하지 않을 때에도 시장, 군수가 직권으로 조사하여 역시 직권으로 결정한다.

③ 신고가 부적당하다고 인정될 때, 즉 허위신고를 하였거나 착오가 있는 신고를 하였을 때에도 시장, 군수가 직권으로 조사·결정한다.

④ 신고를 요하지 않을 때(지적법령에서 특별히 신고의무를 지우지 않는 경우), 예컨대 행정구역을 변경하였을 때, 지적도나 임야도의 축척변경측량을 하였을 때, 지번이 매우 복잡하여 이를 전면적으로 경정하였을 때 등에도 시장, 군수가 직권으로 조사·결정한다.

〈표 5-38〉 토지이동의 통지 및 직권정리 등

구분	세부 내용
통지대상	• 소관청이 직권으로 조사·측량하여 지적공부 정리한 때 • 지번변경 정리한 때 • 바다로 된 토지의 등록말소 또는 회복정리한 때 • 지적공부 복구 정리한 때 • 소관청이 등록사항정정을 직권으로 정리한 때 • 행정구역변경으로 지번변경 정리한 때 • 도시개발사업 등에 의한 토지의 이동정리를 한 때 • 대위신청에 의하여 지적공부를 정리한 때 • 등기촉탁을 한 때
제외대상	• 신청에 의한 정리 • 축척변경 • 등기소의 등기필 통지에 공부상 토지소유자의 변경사항 정리

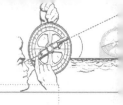

직권조사 정리대상	• 지적공부정리결의서의 내용과 다르게 정리된 경우 • 도면에 등록된 필지의 면적증감이 없이 경계위치만 잘못 등록된 경우 • 지적공부의 작성 또는 재작성 당시 잘못 정리된 경우 • 지적측량성과와 다르게 정리된 경우 • 지적위원회의 의결에 의한 지적공부 등록사항 정정을 하는 경우 • 지적공부의 등록사항이 잘못 입력된 경우 • 부동산등기법에 의하여 등기신청을 각하한 때 등기관은 그 사유를 소관청에 통지해야 하는 바 이의통지가 있는 경우
통지시기	• 변경등기가 필요하지 않은 경우 : 지적공부에 등록한 날로부터 7일 이내 • 변경등기가 필요한 경우 : 등기완료 통지서를 접수한 날로부터 15일 이내 (단, 토지소유자의 주소 또는 거소를 알 수 없을 때 당해 시·군·구의 게시판에 게시하거나, 일간신문 시·군·구의 공보에 게재함으로써 소유자에게 통지된 것으로 함)

기초지식

※ 토지이동과 관련된 부동산 용어정리

구분	세부 내용
토지거래허가제	국토의 계획 및 이용에 관한 법률에 근거하여 국토교통부 장관이 토지의 투기적 거래가 성행하거나 지가가 급격히 상승하는 지역과 그러한 우려가 있는 지역에 대하여 토지거래 계약 허가구역으로 지정하고, 허가구역 내에서 토지거래계약을 하고자 하는 경우에는 시장·군수·구청장의 허가를 받도록 하는 제도로 허가구역은 5년 단위로 지정됨
유휴지	통상적으로 놀리고 있는 땅으로서 토지소유자 등이 장기간 이용을 방치하거나 적극 사용치 않는 경우 국토이용관리법 규정에 의해 시장·군수가 토지이용심사위원회의 심의를 거쳐 유휴지라고 결정한 토지
포락지	전, 답으로 이용되던 토지가 홍수·범람에 의해 떠내려가 하천의 일부로 변형된 토지
이생지	하천, 연안부근에 흙·모래 등이 쓸려 내려와 농사를 지을 수 있는 부지로 변형된 토지
맹지	타인의 토지에 둘러싸여 도로에 진입할 수 있는 접속면이나 진입로를 갖지 못하는 토지
나대지(나지)	건축물이 없는 토지를 의미하며 공법과 사법의 규정에 모두 제한받는 토지
갱지	나지와 마찬가지로 건축물이 없는 토지를 의미하며 공법적 규정의 제한은 받으나 저당권 설정 등의 사법적 제약은 받지 않는 것을 의미
공지	건축법에 의한 건폐율과 용적률 등의 제한으로 인해 한 필지 내에 비워둔 토지

지적선진화와 해양지적

지적선진화와 해양지적

제1절 지적재조사사업

지적재조사는 2012년 7월 5일 지적재조사기획단의 출범으로 현재 진행 중에 있으며 110여 년 전의 일제에 의한 토지조사사업의 결과로 종이지적에서 보다 발전된 세계측지계 기준의 디지털 지적으로 전환하는 사업이다.

지적재조사라는 용어의 이미지가 다소 부정적인 성격을 갖고 있어 시대적인 흐름인 디지털화·통합화에 따라 관련 국가기관의 선진화 등과 동조하기 위함은 물론 구시대의 지적제도를 보다 선진화하기 위해 현재 지적선진화라고 부르고 있다.

1. 지적재조사

1) 의의

우리나라의 지적제도는 약 110여 년 전의 일제강점기 시대인 1910년대의 측량기술과 측량장비 등에 의해 단기간에 급속하게 이루어진 측량 결과를 오늘날에 이르기까지 사용해 오고 있다.

약 1세기 전의 도해지적 측량방법에 의한 지적도면과 측량기준점을 정확도의 검증없이 그 결과를 그대로 이용하여 도시화와 산업화 등에 따른 토지이동으로 이어져, 토지의 경계나 면적 등이 실제와 부합하지 않는 문제로 인한 민원이 끊임없이 제기되었다.

그래서 21세기 정보화 시대의 토지이용 및 관리에 따른 지적분쟁, 지적불부합지 해소, 측량기준점정비 등을 근본적으로 해결하여 현실경계와 공부상의 경계를 부합하며, 필지 내의 모든 시설물을 수치적으로 정확하게 등록하여 실질적인 이용현황을 그대로 반영하기 위한 현안으로 2012년부터 지적재조사가 시행되고 있다.

지적재조사사업이란 공간정보의 구축 및 관리 등에 관한 법률의 규정에 따른 지적공부의 등록사항을 조사·측량하여 기존의 지적공부를 디지털에 의한 새로운 지적공부로 대체함과 동시에 지적공부의 등록사항이 토지의 실제 현황과 일치하지 아니하는 경우 이를 바로잡기 위하여 실시하는 국가사업을 말한다.[174]

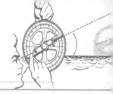

즉, 지적재조사(Cadastre Resurvey)는 토지이용 증진과 국민의 재산권 보호에 구조적 장애를 가져와 지적관리에 막대한 지장을 가져오는 지적불부합지 문제를 해소하고 토지의 경계복원력을 향상시키며 일필지의 표시를 명확히 함으로써 능률적인 지적관리체제로 개편하는 것과 과거 토지조사 시에 이루어진 지적공부의 질적 향상을 꾀하고 현행 법적·기술적 기준을 보다 완벽하게 하여 지적관리를 현대화시키고자 하는 것을 의미하고 있다.175)

따라서 지적재조사사업은 현재까지 국지적으로 사용해오던 측량원점의 개선과 측량기준점을 새로이 하여 정확도가 높은 국가기준점망을 구축함은 물론 이를 바탕으로 통일된 좌표계로 일원화하고 측지학적으로 정확한 필계점의 위치를 좌표로 표시하여 기존의 도해지적(Graphical Cadastre) 관리에서 보다 엄밀한 방법으로의 관리를 위해 수치적인 좌표로 표시하여 수치지적(Numerical Cadastre)으로 변환하고 일필지의 경계 및 면적산정의 정확성을 보다 더 강화하기 위한 조사를 의미한다.176)

2) 필요성

지난 110여 년 동안 일제의 토지조사사업에 따른 도면이나 대장을 그대로 이용하여 왔으나 도시화의 진행에 따른 토지이동이나 토지개발 등이 실시됨으로써 토지의 경계, 면적 등으로 인한 민원 및 법적소송 등의 토지분쟁이 점차적으로 증대되고 있는 추세에 있다.

토지분쟁의 주요대상이 되는 토지의 경계 또는 면적에 있어서 실제와 대장이 일치하지 않아 발생되는 경계불부합, 면적불부합, 지목불부합 등 다양한 지적불부합지에 따른 지적분쟁이 그 주요대상이다.

그러므로 지적재조사사업이 필요한 이유는 현재 지적불부합지로 인한 분쟁은 물론 측량원점의 정확성 결여로 인한 적부심사의 증대, 다양한 좌표체계 및 축척, 지적도면의 관리부실과 지적공부와 유관부서의 등기부 및 건축물 대장 등의 등록 불일치 등이 발생되고 있기 때문이다.

따라서 이러한 문제점의 해결을 위해 지적재조사는 반드시 필요한 사업이며, 나아가 현실과 부합하는 측량결과와 기준점의 통일, 일필지의 정확한 수치지적으로의 전환 및 현실 경계 등록, 대민행정서비스의 신뢰도 향상을 통한 토지분쟁을 최소화할 수 있어 국민과 국가 전체적인 사회적, 행정적 편익을 증대시킬 수 있다.

---

174) 국토교통부, 2012, 지적재조사에 관한 특별법, 제2조 2항 규정.

175) 대한지적공사, 1996, 「지적재조사법(안) 연구」, pp.1~2.

176) 강태석 외, 1988, 「지적학개론」, 형설출판사, pp.420~421.

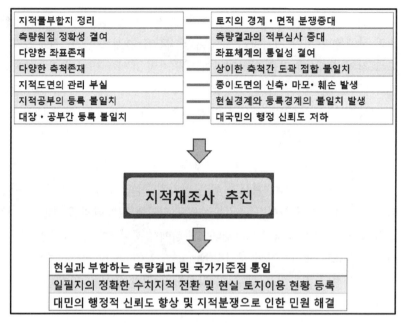

지적물부합지 정리	━━━	토지의 경계·면적 분쟁증대
측량원점 정확성 결여	━━━	측량결과의 적부심사 증대
다양한 좌표존재	━━━	좌표체계의 통일성 결여
다양한 축척존재	━━━	상이한 축척간 도곽 접합 불일치
지적도면의 관리 부실	━━━	종이도면의 신축·마모·훼손 발생
지적공부의 등록 불일치	━━━	현실경계와 등록경계의 불일치 발생
대장·공부간 등록 불일치	━━━	대국민의 행정 신뢰도 저하

⬇

지적재조사 추진

⬇

현실과 부합하는 측량결과 및 국가기준점 통일
일필지의 정확한 수치지적 전환 및 현실 토지이용 현황 등록
대민의 행정적 신뢰도 향상 및 지적분쟁으로 인한 민원 해결

[그림 6-1] 지적재조사사업의 필요성

출 처 : 대한지적공사, 1996, 『지적재조사법(안) 연구』, pp.26~29; 행정자치부, 1999, 『지적재조사사업추진 기본계획』, pp.16~18 참조작성

3) 기본 방향

(1) 추진 개요

현재 진행 중인 지적재조사사업은 1995년부터 3~4차례의 사업을 추진하도록 계획하였으나 비용과 타당성 등의 이유로 국회상정 보류 및 감사원의 권고 조치 등에 의해 중단되었고 약 15년이 지난 2010년에 비로소 새로이 예비타당성 조사를 거쳐 2011년에 국회본회의를 통과하여 현재 진행 중에 있다.

그 동안의 추진배경을 살펴보면 먼저 1995년 4월에 행정쇄신위원회에서 지적재조사사업을 추진하도록 결정함에 따라 1996년 9월에 지적재조사법(안)을 입법예고(내무부 공고 제1996-74호)[177]하여 국민의 공감대를 형성하였으나 국가의 재정적 부담 및 집단 민원 등의 이유로 국회상정이 유보되었다.

그리고 2005년 대한지적공사에서 한국토지공법학회에 의뢰하여 작성한 지적재조사법(안)은 입법(안)으로 활용되지 못하고 지적재조사사업 추진의 필요성과 당위성 등을 홍보하는 데 그쳤으나, 2006년에 노현송 외 24인의 국회의원이 공동 발의한 토지조사특별법(안)에 상당부분이 반영되었다.

---

177) 총무처, 관보 제13411호(1996.9.12).

　또한 2006년에는 노현송 외 24인의 국회의원이 공동 발의한 토지조사특별법(안) 또한 제287회 임시국회에서 행정자치위원회 법안심사소위원회에 상정하여 심의 중 회기 만료로 자동 폐기되었다.

　2008년 전국적의 16개 시·도 20개의 '디지털지적구축시범사업'지구를 선정하여 현재까지 진행 중에 있으며 2009년 국가경쟁력강화위원회에서 지적재조사를 결정하여 2010년에는 지적재조사를 위한 예비타당성 조사를 통해 2011년 9월에 지적재조사에 관한 특별법이 제정 공포되어 2030년까지 총 비용 1조 2천억원의 예산을 계획하여 진행되고 있다.

〈표 6-1〉 기관별 지적재조사 특별법(안)의 비교

입안 기관	연구 기관	법(안) 명칭	법(안) 구성	조문수	부칙
내무부	한국법제연구원	지적재조사법(안)	1장~8장	44	1
대한지적공사	한국토지공법학회	지적재조사법(안)	1장~8장	59	1
국회	노현송 의원 외 24인	토지조사특별법(안)	1장~8장	62	2
국토교통부	법제연구원	지적재조사에 관한 특별법	1장~5장	45	4

출 처 : 내무부, 1996, 지적재조사특별법(안); 한국토지공법학회, 2005, 지적재조사사업의 환경분석 및 지적재조사법(안) 작성연구;국회, 2006, 토지조사특별법(안); 국토교통부, 2011, 지적재조사에 관한 특별법 참조작성.

〈표 6-2〉 지적재조사사업의 추진 개요

해당년도	세부 내용
1994년	지적재조사 실험사업 추진(경남 창원시 2개동)
1995년	행정쇄신위원회 지적재조사사업추진 기본 방안 확정 및 계획 수립
1996년	지적재조사특별법 입법예고(내무부 공고 제1996-74)
2004년	지적법 전문개정(지적재조사사업 내용 신설)
2006년	토지조사특별법 국회 제출
2008년	디지털지적구축 시범사업 실시(전국 20개 지구)
2009년	국가경쟁력강화위원회 지적재조사 결정
2010년	지적재조사특별법(안) 입법추진 및 예비타당성 조사
2011년 6월	지적재조사특별법(안) 국토해양위원회 통과
2011년 8월	법제사법위원회 심사 통과 및 국회 본회의 통과
2011년 9월	국무회의 심사 통과
2011년 9월	지적재조사에 관한 특별법 제정 공포

출 처 : 한국국토정보공사(http://www.kcsc.or.kr) 참조작성.

(2) 기본 방향

지적재조사사업의 기본 방향은 현재의 토지경계 및 면적 등에 관한 지적불부합지에 따른 문제를 해소하고, 수치적인 정확한 토지경계 복원능력을 향상시켜 현실 경계를 기준으로 경계면적을 조정 후 등록함을 원칙으로 필지 내의 모든 시설물을 등록시켜 일필지 관리의 효율성은 물론 대민행정의 신뢰도 향상을 위해 추진되도록 설정하고 있다.

이를 위한 기본적인 방향은 측량방법의 수치지적으로의 변환과 현행 2차원 지적의 4차원적 등록 그리고 소유권 및 법적 제도의 범위는 물론 다목적인 활용을 위한 제도를 기본 방향으로 제시하고 있다.[178)

현행 지적도와 토지대장 및 임야도와 임야대장의 2원적 체계에서 지적도와 지적부로 통합 일원화하고, 이를 전산입력하면 지적파일(지적도 파일, 지적부 파일)이 생성되어 지적도의 축척 개념이 없어지게 되며, 수요자가 원하는 임의의 축척으로 도면 정보를 제공할 수 있게 된다.[179)

따라서 지적재조사사업은 다양한 사회적 갈등 요인과 파급 효과가 크기 때문에 현재의 문제점과 국민의 공감대 및 여론이 뒷받침되어야 함은 물론 현대의 최신 기술과 장비를 바탕으로 기존의 문제점을 보완하는 방법으로의 재측량을 통한 전산화를 구축하여 대국민의 토지관련 민원서비스를 획기적으로 개선하여 신뢰받을 수 있는 지적행정을 구현함으로써 토지분쟁과 관련된 모든 민원의 해소를 기대하는 것이다.

〈표 6-3〉 지적재조사의 기본 방향 및 세부 추진 방안

구분		현행	지적재조사
기본 방향	측량방법	도해측량	수치측량
	등록체계	2차원 등록	4차원 등록
	지적제도	법지적 제도	다목적 지적제도
	등록원칙	사정경계	점유경계, 현실경계
세부 추진 방안	도면체계	지적도 임야도	지적도(지적도 파일)
	대장체계	토지대장 임야대장	지적부(지적부 파일)
	지목체계	단순화	다양화(현실화)
	법정경계	도상경계	경계점좌표

178) 김준현, 2010, 전게논문, pp.11~14.

179) 류병찬, 2010, "지적재조사사업에 따른 청산방안에 관한 연구", 한국지적학회, 제26권 제1호, pp.67~86.

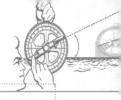

면적 단위	도심지역 : 0.1m² 농촌지역 : 1m²	전국 : 0.1m²
등록정보	지표	지표, 지상건축물, 지하시설물 등
운영체계	일부 전산체계	전면 전산체계

출 처 : 류병찬, 2010, 전게논문 pp.67~86.

※ 지적재조사사업의 목적과 효과

구분	세부 내용
지적재조사사업의 목적	지적불부합지의 해소
	능률적인 지적관리체계의 개선
	경계복원 능력 향상
	지적관리를 현대화하기 위한 수단
	지적공부의 정확도 및 지적에 포함하는 요소들의 확정
지적재조사사업의 효과	정확한 토지관련자료의 제공
	토지관련자료의 전산화 기반 조성 및 제공
	정확한 토지관련 과세자료의 구축
	토지 소유권의 공시에 대하여 국민의 신뢰를 향상
	합리적인 행정구역 정리를 위한 기초 자료 구축
	현실적인 경계 · 지목 · 지번제도 확립
	미등록 토지의 정리
	지적전산화 작업의 성공적인 기반을 조성

2. 사업지구 및 토지소유자협의회

1) 사업지구

(1) 사업지구 지정

지적재조사에 관한 특별법 제7조[180])에는 지적소관청은 지적재조사 실시계획을 수립하여 시 · 도지사에게 사업지구 지정을 신청하여야 하며, 지적소관청이 시 · 도지사에게 사업지구 지정을 신청하고자 할 때에는 지적공부의 등록사항과 토지의 실제 현황이 다른 정도가 심하여 주민의 불편이 많은 지역인지 여부, 사업시행이 용이한지 여부, 사업시행의 효과 여부 등의 사항을 고려하여야 한다.

---

180) 지적재조사에 관한 특별법 제7조(지적재조사지구의 지정)

그러나 토지소유자협의회가 구성되어 있고 토지소유자 총수의 3/4 이상의 동의가 있는 지구에 대하여는 우선하여 사업지구로 지정을 신청할 수 있다.

※ 지적재조사지구 지정 신청 시 고려사항 및 예외 규정

구분	세부 내용
지적재조사지구 지정 신청 시 고려사항	지적공부의 등록사항과 토지의 실제 현황이 다른 정도가 심하여 주민의 불편이 많은 지역인지 여부
	사업시행이 용이한지 여부
	사업시행의 효과 여부
예외	토지소유자협의회가 구성되어 있고 토지소유자 총수의 4분의 3 이상의 동의가 있는 지구에 대하여는 우선하여 지적재조사지구로 지정을 신청할 수 있다.

그리고 사업지구를 지정할 때에는 시·도 지적재조사위원회의 심의를 거쳐야 하며, 사업지구의 지정 또는 변경에 대한 고시가 있을 때에는 지적공부에 사업지구로 지정된 사실을 기재하여야 한다.

또한 지적소관청은 지적재조사지구 지정고시를 한 날부터 2년 내에 토지현황조사 및 지적재조사를 위한 지적재조사측량을 시행하여야 하고, 2년 기간 내에 토지현황조사 및 지적재조사측량을 시행하지 아니할 때에는 그 기간의 만료로 지적재조사지구의 지정은 효력이 상실되며, 이때 시·도지사는 지적재조사지구 지정의 효력이 상실되었을 때에는 이를 시·도 공보에 고시하고 국토교통부장관에게 보고하여야 한다[181].

(2) 사업지구 지정 신청절차

지적소관청은 시·도지사에게 사업지구 지정을 신청하여야 하며, 시·도지사는 15일 이내에 시·도 지적재조사위원회에 회부하여야 한다.

그리고 사업지구 지정의 신청을 회부받은 날부터 30일 이내에 사업지구의 지정 여부에 대하여 심의·의결하여야 한다. 다만, 사실 확인이 필요한 경우 등 불가피한 사유가 있을 때에는 그 심의기간을 해당 시·도 위원회의 의결을 거쳐 15일의 범위에서 한 차례만 연장할 수 있도록 규정하고 있다.

시·도 지적재조사위원회는 사업지구 지정 신청에 대하여 의결을 하였을 때에는 의

---

181) 지적재조사에 관한 특별법 법률 제9조(지적재조사지구 지정의 효력상실 등)

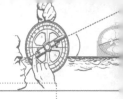

결서를 작성하여 지체 없이 시·도지사에게 송부하여야 하며, 의결서를 받은 날부터 7일 이내에 법 제8조에 따라 사업지구를 지정·고시하거나, 사업지구를 지정하지 아니한다는 결정을 하고, 그 사실을 지적소관청에 통지하여야 한다.

2) 토지소유자 협의회

지적재조사에 관한 특별법 제13조[182])에는 사업지구의 토지소유자는 토지소유자 총수의 2분의 1 이상과 토지면적 2분의 1 이상에 해당하는 토지소유자의 동의를 받아 토지소유자협의회를 구성할 수 있고, 토지소유자협의회는 위원장을 포함한 5명 이상 20명 이하의 위원으로 구성하되 토지소유자협의회의 위원은 그 사업지구에 있는 토지의 소유자이어야 하며, 위원장은 위원 중에서 호선하도록 규정하고 있다.

그리고 토지소유자협의회의 기능은 다음과 같다.

〈표 6-4〉 토지소유자협의회의 기능

구분	기능
토지소유자협의회	• 지적소관청에 대한 지적재조사지구의 신청 • 토지현황조사에 대한 참관 • 임시경계점표지 및 경계점표지의 설치에 대한 참관 • 조정금 산정기준에 대한 의견 제출 • 경계결정위원회 위원의 추천

3. 경계의 확정에 따른 공부작성

1) 경계설정 및 확정

(1) 경계설정 기준

지적재조사에 관한 특별법 제14조[183])에는 지적소관청은 지적재조사를 위한 경계를 설정하되 다음의 순위에 따른다.

① 지상경계에 대하여 다툼이 없는 경우 토지소유자가 점유하는 토지의 현실경계

② 지상경계에 대하여 다툼이 있는 경우 등록할 때의 측량기록을 조사한 경계

③ 지방관습에 의한 경계

---

182) 지적재조사에 관한 특별법 법률 제13조 (토지소유자협의회)

183) 지적재조사에 관한 특별법 법률 제14조 (경계설정의 기준)

그러나 토지소유자들이 경계에 합의한 경우 그 경계를 기준으로 하되 국유지·공유지가 경계를 같이 하는 토지를 구성하는 때에는 그러하지 아니하도록 규정하고 있다.

또한 지적재조사를 위한 경계를 설정할 때에는 '도로법'과 '하천법' 등 관계 법령에 따라 고시되어 설치된 공공용지의 경계가 변경되지 않도록 하되 해당 토지 소유자들 간 합의한 경우에는 변경할 수 있도록 규정하고 있다.

그리고 경계를 설정하면 지체 없이 임시경계점표지를 설치하고 지적재조사측량을 실시하되 기존 지적공부상의 종전 토지면적과 지적재조사를 통하여 확정된 토지면적에 대한 지번별 내역 등을 표시한 지적확정조서를 작성하여야 한다.

지적확정조서를 작성하였을 때에는 토지소유자나 이해관계인에게 그 내용을 통보하고 통보를 받은 토지소유자나 이해관계인은 지적소관청에 의견을 제출할 수 있도록 규정하고 있다. 이 경우 지적소관청은 제출된 의견이 타당하다고 인정할 때에는 경계를 다시 설정하여 임시경계점표지를 다시 설치하는 등의 조치를 하여야 한다.

또한 임시경계점표지를 이전 또는 파손하거나 그 효용을 해치는 행위를 하지 못하도록 규정하고 있다.

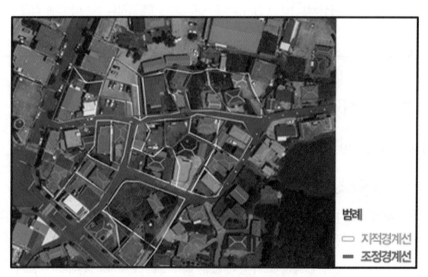

[그림 6-2] 현실 경계를 기준으로 면적 조정 후 등록

출 처 : 한국국토정보공사(http://www.kcsc.or.kr) 참조작성.

(2) 경계의 결정

현재 경계의 결정에 있어서 기존의 공부상에 등록된 경계는 무시하고 효율적인 경계 조정을 위해 현실적인 점유경계를 원칙으로 하되, 진입도로 또는 마당이 확보되지 않

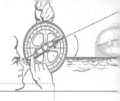

은 경우나 굴곡이 많은 필지 및 도로의 직선화 등의 방법으로 보다 합리적인 경계조정을 고려하여 진행되고 있다.

지적재조사에 관한 특별법 제16조[184])에는 지적재조사에 따른 경계결정은 경계결정위원회의 의결을 거쳐 결정하며, 경계에 관한 결정을 신청하고자 할 때에는 지적확정예정조서에 토지소유자나 이해관계인의 의견을 첨부하여 경계결정위원회에 제출하도록 규정하고 있다.

그리고 신청을 받은 경계결정위원회는 지적확정예정조서를 제출받은 날부터 30일이내에 경계에 관한 결정을 하고 이를 지적소관청에 통지하도록 하며, 이 기간 안에경계에 관한 결정을 할 수 없는 부득이한 사유가 있을 때에는 경계결정위원회는 의결을 거쳐 30일의 범위에서 그 기간을 연장할 수 있다.

토지소유자들로 하여금 경계에 관한 합의를 하도록 권고할 수 있도록 하되, 경계결정위원회는 토지소유자나 이해관계인이 의견진술을 신청하는 경우에는 특별한 사정이없는 한 이에 따르도록 하고 있다.

또한 경계결정위원회로부터 경계에 관한 결정을 통지받았을 때에는 지체 없이 이를토지소유자나 이해관계인에게 통지하여야 하며, 60일 이내에 이의신청이 없으면 경계결정위원회의 결정대로 경계가 확정된다는 취지를 명시하여야 한다.

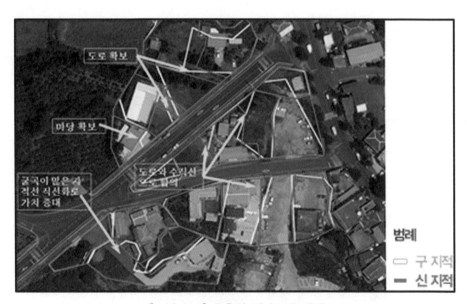

[그림 6-3] 효율적 경계조정 해결

출 처 : 한국국토정보공사(http://www.kcsc.or.kr) 참조작성.

---

184) 지적재조사에 관한 특별법 제16조 (경계의 결정)

(3) 경계결정에 대한 이의신청

경계에 관한 결정을 통지받은 토지소유자나 이해관계인이 이에 대하여 불복하는 경우에는 통지를 받은 날부터 60일 이내에 지적소관청에 증빙서류를 첨부하여 이의신청서를 제출하도록 규정하고 있다.

이의신청서가 접수된 날부터 14일 이내에 이의신청서에 의견서를 첨부하여 경계결정위원회에 송부하고 30일 이내에 이의신청에 대한 결정을 하여야 한다. 다만, 부득이한 경우에는 30일의 범위에서 처리기간을 연장할 수 있다.

경계결정위원회는 이의신청에 대한 결정을 하였을 때에는 그 내용을 지적소관청에 통지하여야 하며, 지적소관청은 결정내용을 통지받은 날부터 7일 이내에 결정서를 작성하여 이의 신청인에게는 그 정본을, 그 밖의 토지소유자나 이해관계인에게는 부본을 송달하여야 한다.

이 경우 토지소유자는 결정서를 송부받은 날부터 60일 이내에 경계결정위원회의 결정에 대하여 행정심판이나 행정소송을 통하여 불복할지 여부를 지적소관청에 알려야 하며, 경계결정위원회의 결정에 불복하는 토지소유자의 필지는 사업대상지에서 제외할 수 있다. 다만, 사업대상지에서 제외된 토지에 관하여는 등록사항정정대상 토지로 지정하여 관리하도록 규정하고 있다.

2) 경계의 확정 및 공부 작성

(1) 경계확정

지적재조사에 관한 특별법 제18조[185]에는 지적재조사사업에 따른 경계의 확정시기는 다음과 같이 규정하고 있다.

① 이의신청 기간에 이의를 신청하지 아니하였을 때
② 이의신청에 대한 결정에 대하여 60일 이내에 불복의사를 표명하지 아니하였을 때
③ 경계에 관한 결정이나 이의신청에 대한 결정에 불복하여 행정소송을 제기한 경우에는 그 판결이 확정되었을 때

또한 경계가 확정되었을 때에는 지적소관청은 지체 없이 경계점표지를 설치하여야 하며, 국토교통부령으로 정하는 바에 따라 경계점표지등록부를 작성하고 관리하여야 하되 설정된 경계와 확정 경계가 동일할 때에는 임시경계점표지를 경계점표지로 보도록 규정하고 있다.

---

185) 지적재조사에 관한 특별법 제18조 (경계의 확정)

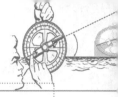

(2) 새로운 공부 작성

지적재조사에 관한 특별법 제24조[186])에는 지적소관청은 사업완료 공고가 있을 때에는 사업완료 공고일에 토지의 이동이 있는 것으로 간주하여 기존의 지적공부를 폐쇄하고 새로운 지적공부를 작성하도록 규정하고 있다.

그리고 새로운 지적공부에는 토지의 소재, 지번, 지목, 면적, 경계점좌표, 소유자의 성명 또는 명칭, 주소 및 주민등록번호(국가, 지방자치단체, 법인, 법인 아닌 사단이나 재단 및 외국인의 경우에는 '부동산등기법'에 따른 등록번호), 소유권지분, 대지권비율, 지상건축물 및 지하건축물의 위치와 그 밖에 국토교통부령으로 정하는 사항 등을 등록하도록 규정하고 있다.

그러나 경계결정위원회의 결정에 불복하여 경계가 확정되지 아니한 토지가 있는 경우 그 면적이 지적재조사지구 전체 토지면적의 10분의 1 이하이거나, 토지소유자의 수가 지적재조사지구 전체 토지소유자 수의 10분의 1 이하인 경우에는 사업완료 공고를 할 수 있도록 규정하고 있다. 또한 경계가 확정되지 아니하고 사업완료 공고가 된 토지에 대하여는 대통령령으로 정하는 바에 따라 "경계미확정 토지"라고 기재하고 지적공부를 정리할 수 있으며, 경계가 확정될 때까지 지적측량을 정지시킬 수 있다.

또한 지적재조사측량 결과 기존의 지적공부상 지목이 실제의 이용현황과 다른 경우 지적소관청은 시·군·구 지적재조사위원회의 심의를 거쳐 기존의 지적공부상의 지목을 변경할 수 있으며, 이 경우 지목을 변경하기 위하여 다른 법령에 따른 인허가 등을 받아야 할 때에는 그 인허가 등을 받거나 관계 기관과 협의한 경우에만 실제의 지목으로 변경할 수 있다.

지적소관청은 새로이 지적공부를 작성하였을 때에는 지체 없이 관할등기소에 그 등기를 촉탁하여야 하며, 등기촉탁이 지연될 경우에는 직접 등기를 신청할 수 있다.[187])

4. 기획단 및 관련 위원회

1) 기획단 및 중앙지적위원회

(1) 지적재조사기획단

지적재조사에 관한 특별법 제32조[188])에는 지적재조사의 기본계획의 입안, 지적재조

---

186) 지적재조사에 관한 특별법 제24조 (새로운 지적공부의 작성)

187) 지적재조사에 관한 특별법 제25조 (등기촉탁)

188) 지적재조사에 관한 특별법 제32조 (지적재조사기획단 등)

사사업의 지도·감독, 기술·인력 및 예산 등의 지원, 중앙위원회 심의·의결사항에 대한 보좌를 위하여 국토교통부에 '지적재조사기획단'을 두며, 사업의 지도·감독, 기술·인력 및 예산 등의 지원을 위하여 시·도에 '지적재조사지원단' 그리고 실시계획의 입안, 지적재조사사업의 시행 및 사업대행자에 대한 지도·감독 등을 위하여 지적소관청에 '지적재조사추진단'을 두도록 규정하고 있다.

지적재조사기획단의 조직과 운영에 관하여 필요한 사항은 대통령령으로, 지적재조사지원단과 지적재조사추진단의 조직과 운영에 관하여 필요한 사항은 해당 지방자치단체의 조례로 정하도록 하고 있다.

기초지식

※ 지적재조사 기획단·지원단·추진단의 업무 비교

구분	세부 내용	
지적재조사 기획단	• 지적재조사의 기본계획의 입안 • 지적재조사사업의 지도·감독 • 지적재조사사업의 기술·인력·예산 지원 • 중앙위원회 심의·의결사항에 대한 보좌	국토교통부 산하
지적재조사 지원단	• 지적재조사사업의 지도·감독 • 지적재조사사업의 기술·인력·예산 지원	시·도 산하
지적재조사 추진단	• 지적재조사사업의 실시계획의 입안 • 지적재조사사업의 시행 • 지적재조사업의 책임수행기관에 대한 지도·감독	시·군·구 지적소관청

(2) 중앙지적재조사위원회

지적재조사에 관한 특별법 제28조[189]에는 지적재조사사업에 관한 주요 정책을 심의·의결하기 위하여 국토교통부장관 소속으로 중앙지적재조사위원회를 두도록 하여 사업의 기본계획의 수립 및 변경, 관계 법령의 제정·개정 및 제도의 개선에 관한 사항, 그 밖에 지적재조사사업에 필요하여 중앙위원회의 위원장이 부의하는 사항을 관장하도록 규정하고 있다.

중앙위원회는 위원장 및 부위원장 각 1명을 포함한 15명 이상 20명 이하의 위원으로 구성하고, 위원장은 국토교통부장관이 되며, 부위원장은 위원 중에서 위원장이 지명한다.

위원장은 위원을 임명 또는 위촉할 수 있으며, 위원의 조건은 기획재정부·법무부·

---

189) 지적재조사에 관한 특별법 제28조 (중앙지적재조사위원회)

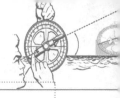

행정안전부 또는 국토교통부의 1급부터 3급까지 상당의 공무원 또는 고위공무원단에 속하는 공무원, 판사·검사 또는 변호사, 법학이나 지적 또는 측량 분야의 교수로 재직하고 있거나 있었던 사람, 그 밖에 지적재조사사업에 관하여 전문성을 갖춘 사람 중에서 임명한다.

중앙위원회의 위원 중 공무원이 아닌 위원의 임기는 2년으로 하며, 위원회는 재적위원 과반수의 출석과 출석위원 과반수의 찬성으로 의결하도록 규정하고 있다.

2) 지적재조사위원회

(1) 시·도 지적재조사위원회

지적재조사에 관한 특별법 제29조[190]에는 시·도의 지적재조사사업에 관한 주요 정책을 심의·의결하기 위하여 시·도지사 소속으로 시·도 지적재조사위원회를 둘 수 있으며, 지적소관청이 수립한 실시계획, 지적재조사사업지구의 지정 및 변경, 시·군·구별 지적재조사사업의 우선순위 조정, 그 밖에 지적재조사사업에 필요하여 시·도 위원회의 위원장이 부의하는 사항의 업무를 지원하도록 하고 있다.

시·도 위원회는 위원장 및 부위원장 각 1명을 포함한 10명 이내의 위원으로 구성하고, 위원장은 시·도지사가 되며, 부위원장은 위원 중에서 위원장이 지명한다.

위원장은 위원을 임명 또는 위촉할 수 있으며, 위원의 조건은 해당 시·도의 3급 이상 공무원, 판사·검사 또는 변호사, 법학이나 지적 또는 측량 분야의 교수로 재직하고 있거나 있었던 사람, 그 밖에 지적재조사사업에 관하여 전문성을 갖춘 사람 중에서 임명하며 위원 중 공무원이 아닌 위원의 임기는 2년으로 한다.

또한 시·도 위원회의 조직 및 운영 등에 관하여 필요한 사항은 해당 시·도의 조례로 정하며, 의결은 시·도 위원회의 재적위원 과반수의 출석과 출석위원 과반수의 찬성으로 한다.

(2) 시·군·구 지적재조사위원회

지적재조사에 관한 특별법 제30조[191]에는 시·군·구의 지적재조사사업에 관한 주요 정책을 심의·의결하기 위하여 지적소관청 소속으로 시·군·구 지적재조사위원회를 둘 수 있으며, 심의 및 의결사항은 경계복원측량 또는 지적공부정리의 허용 여부, 지목 변경, 조정금의 산정, 조정금 이의신청에 관한 결정과 그 밖에 지적재조사사업에

---

190) 지적재조사에 관한 특별법 제29조 (시·도 지적재조사위원회)

191) 지적재조사에 관한 특별법 제30조 (시·군·구 지적재조사위원회)

필요하여 시·군·구 위원회의 위원장이 부의하는 사항으로 한다.

시·군·구 위원회는 위원장 및 부위원장 각 1명을 포함한 10명 이내의 위원으로 구성하고, 위원장은 시장·군수 또는 구청장이 되며, 부위원장은 위원 중에서 위원장이 지명한다.

위원장은 위원을 임명 또는 위촉할 수 있으며, 위원의 조건은 해당 시·군·구의 5급 이상 공무원, 해당 사업지구의 읍장·면장·동장, 판사·검사 또는 변호사, 법학이나 지적 또는 측량 분야의 교수로 재직하고 있거나 있었던 사람, 그 밖에 지적재조사사업에 관하여 전문성을 갖춘 사람으로 임명하되 위원회의 위원 중 공무원이 아닌 위원의 임기는 2년으로 한다.

그 밖에 시·군·구 위원회의 조직 및 운영 등에 관하여 필요한 사항은 해당 시·군·구의 조례로 정하며, 의결은 시·군·구 위원회의 재적위원 과반수의 출석과 출석위원 과반수의 찬성으로 한다.

(3) 경계결정위원회

지적재조사에 관한 특별법 제31조[192)]에는 지적소관청 소속으로 경계결정위원회를 둘 수 있으며, 위원회의 회의 사항은 경계설정에 관한 결정, 경계설정에 따른 이의신청에 관한 결정업무를 회의하도록 규정하고 있다.

경계결정위원회는 위원장 및 부위원장 각 1명을 포함한 11명 이내의 위원으로 구성하여 경계결정위원회의 위원장은 위원인 판사가 되며, 부위원장은 위원 중에서 지적소관청이 지정하고 위원 중 공무원이 아닌 위원의 임기는 2년으로 한다.

위원은 관할 지방법원장이 지명하는 판사 또는 지적소관청이 임명 또는 위촉하는 경우의 지적소관청 소속 5급 이상 공무원, 변호사, 법학교수, 그 밖에 법률지식이 풍부한 사람, 지적측량기술자, 감정평가사, 그 밖에 지적재조사사업에 관한 전문성을 갖춘 사람이 해당된다.

또한 각 사업지구의 토지소유자(토지소유자협의회가 구성된 경우에는 토지소유자협의회가 추천하는 사람) 와 각 사업지구의 읍장·면장·동장의 경우 해당 사업지구에 관한 안건인 경우에 위원으로 참석할 수 있다.

경계결정위원회는 직권 또는 토지소유자나 이해관계인의 신청에 따라 사실조사를 하거나 필요한 서류의 제출을 요청할 수 있으며, 지적소관청의 소속 공무원으로 하여금 사실조사를 하게 할 수 있다. 경계결정위원회의 결정 또는 의결은 문서로써 재적위

---

192) 지적재조사에 관한 특별법 제31조 (경계결정위원회)

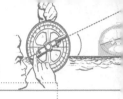

원 과반수의 찬성이 있어야 하며, 결정서 또는 의결서에는 주문, 결정 또는 의결 이유, 결정 또는 의결 일자 및 결정 또는 의결에 참여한 위원의 성명을 기재하고, 결정 또는 의결에 참여한 위원 전원이 서명 날인하여야 한다. 다만, 서명 날인을 거부하거나 서명 날인을 할 수 없는 부득이한 사유가 있는 위원의 경우 해당 위원의 서명 날인을 생략하고 그 사유만을 기재할 수 있으며, 경계결정위원회의 조직 및 운영 등에 관하여 필요한 사항은 해당 시·군·구의 조례로 정한다고 규정하고 있다.

기초지식

※ 각종 지적재조사위원회 및 경계결정위원회 비교

구분	위원수	(부)위원장 임명(임기) 및 업무	위원 임명 및 업무사항
중앙 지적재조사 위원회	15 이상 20인 이하 (위원장과 부위원장 각 1명 포함)	1. 위원장 : 국토교통부장관 2. 부위원장(위원 중 위원장이 임명) 3. 임기 : 2년 – (공무원이 아닌 위원의 임기) 4. 심의·의결 사항 • 기본계획의 수입 및 변경 • 관계 법령의 제정·개정 및 제도 개선에 관한 사항 • 위원장이 회의에 부치는 사항 5. 의결 • 재적위원 과반수의 출석과 출석위원 과반수의 찬성으로 의결	1. 위원은 위원장이 임명 또는 위촉함 2. 위원의 조건 • 기획재정부·법무부·행정안전부 또는 국토교통부 1급부터 3급 상당의 공무원 또는 고위공무원단에 속하는 공무원 • 판사·검사 또는 변호사 • 법학이나 지적 또는 측량 분야의 교수로 재직하고 있거나 있었던 사람 • 그 밖에 지적재조사사업에 관하여 전문성을 갖춘 사람
시·도 지적재조사 위원회	10인 이내 위원 (위원장과 부위원장 각 1명 포함)	1. 위원장 : 시·도지사 2. 부위원장(위원 중 위원장이 임명) 3. 임기 : 2년 – (공무원이 아닌 위원의 임기) 4. 심의·의결 사항 • 지적소관청이 수립한 실시계획 • 시·도종합계획의 수립 및 변경 • 지적재조사지구의 지정 및 변경 • 위원장이 회의에 부치는 사항 5. 의결 • 재적위원 과반수의 출석과 출석위원 과반수의 찬성으로 의결	1. 위원은 위원장이 임명 또는 위촉함 2. 위원의 조건 • 해당 시·도의 3급 이상 공무원 • 판사·검사 또는 변호사 • 법학이나 지적 또는 측량 분야의 교수로 재직하고 있거나 있었던 사람 • 그 밖에 지적재조사사업에 관하여 전문성을 갖춘 사람

시·군·구
지적재조사위
원회
	10인 이내
	위원
	(위원장과
	부위원장
	각 1명
	포함)
		1. 위원장 : 시장·군수 또는 구청장
		2. 부위원장(위원 중 위원장이 임명)
		3. 임기 : 2년
		 - (공무원이 아닌 위원의 임기)
		4. 심의·의결 사항
		 • 경계복원측량 또는 지적공부정리
		  허용 여부
		 • 지목 변경
		 • 조정금의 산정
		 • 위원장이 회의에 부치는 사항
		5. 의결 방법
		 • 재적위원 과반수의 출석과 출석
		  위원 과반수의 찬성으로 의결
			1. 위원은 위원장이 임명 또는 위촉함
			2. 위원의 조건
			 • 해당 시·군·구의 5급 이상
			  공무원
			 • 해당 지적재조사지구의 읍장·
			  면장·동장
			 • 판사·검사 또는 변호사
			 • 법학이나 지적 또는 측량 분야
			  의 교수로 재직하고 있거나 있
			  었던 사람
			 • 그 밖에 지적재조사사업에 관
			  하여 전문성을 갖춘 사람

경계결정
위원회
	11명 이내
	위원
	(위원장과
	부위원장
	각 1명
	포함)
		1. 위원장 : 판사
		2. 부위원장(위원 중 소관청이 지정)
		3. 임기 : 2년
		 - (공무원이 아닌 위원의 임기)
		4. 심의·의결 사항
		 • 경계설정에 관한 결정
		 • 경계설정 이의신청에 관한 결정
		5. 의결 방법
		 • 경계결정위원회의 결정 또는 의
		  결은 문서로써 재적위원 과반수
		  의 찬성이 있어야 함
		6. 의결서 서명
		 • 결정서 또는 의결서에는 주문,
		  결정 또는 의결 이유, 결정 또
		  는 의결 일자 및 결정 또는 의
		  결에 참여한 위원의 성명을 기
		  재하고, 결정 또는 의결에 참여
		  한 위원 전원이 서명날인하여야
		  한다. 다만, 서명날인을 거부하
		  거나 서명날인을 할 수 없는 부
		  득이한 사유가 있는 위원의 경
		  우 해당 위원의 서명날인을 생
		  략하고 그 사유만을 기재할 수
		  있다.
			1. 위원은 위원장이 임명 또는 위촉 함
			2. 위원의 조건
			 • 관할 지방법원장이 지명하는 판사
			 • 지적소관청이 임명 또는 위촉하는
			  사람
			  ① 지적소관청 소속 5급 이상
			   공무원
			  ② 변호사, 법학교수, 그 밖에
			   법률지식이 풍부한 사람
			  ③ 지적측량기술자, 감정평가사,
			   그 밖에 지적재조사사업에
			   관한 전문성을 갖춘 사람
			 • 다음의 경우 지적재조사지구에
			  관한 안건일 경우 위원으로 참
			  석 가능
			  ① 지적재조사지구의 토지소유자
			   (토지소유자협의회가 구성된
			   경우 : 토지소유자협의회가
			   추천하는 사람)
			  ② 지적재조사지구의 읍장·면장
			   ·동장

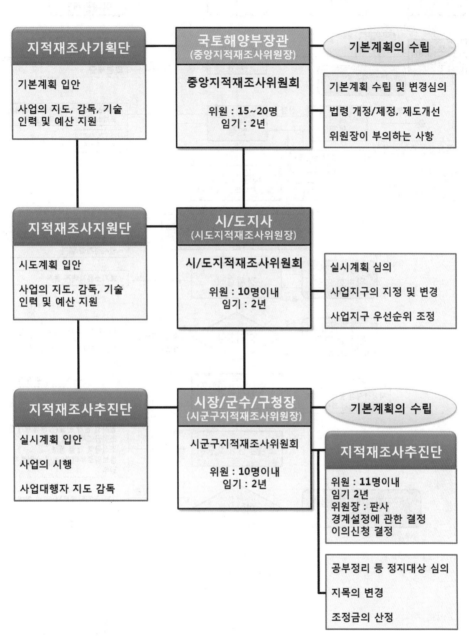

[그림 6-4] 사업추진 체계

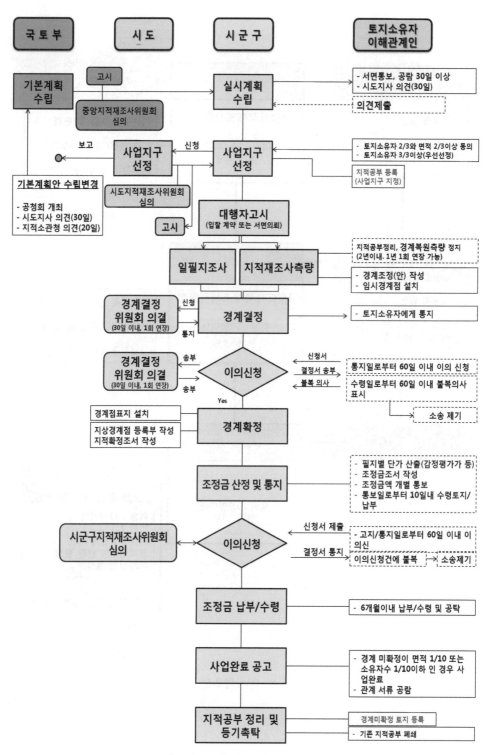

[그림 6-5] 경계결정 흐름도

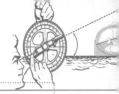

〈표 6-5〉지적재조사에 관한 특별법 구성

지적재조사에 관한 특별법	특별법 시행령	특별법 시행규칙
1장 총칙	제1조 목적	제1조 목적
제1조 목적	제2조 기본계획의 수립 등	제2조 지적재조사사업의
제2조 정의	제3조 기본계획의 경미한 변경	대행자 선정
제3조 다른 법률과의 관계	제4조 측량·조사 대행에 관한	제3조 동의서 등
제2장 지적재조사사업의 시행	고시 등	제4조 일필지조사
제1절 기본 계획의 수립 등	제5조 실시계획의 수립 등	제5조 지적재조사측량
제2절 지적측량 등	제6조 사업지구의 지정 등	제6조 지적재조사측량성과
제3절 경계의 확정 등	제7조 토지소유자 수 및 동의자	검사방법 등
제4절 조정금 산정 등	수 산정방법 등	제7조 지적재조사측량성과
제5절 새로운 지적공부의 작	제8조 사업지구의 경미한 변경	의 결정
성 등	제9조 지적공부정리 등의 정지	제8조 지적확정조서
제3장 지적재조사위원회 등	제10조 토지소유자협의회의 구	제9조 경계결정에 대한
제28조 중앙지적재조사위원회	성 등	이의신청
제29조 시·도 지적재조사위	제11조 지적확정조서의 작성	제10조 경계점표지등록부
원회	제12조 조정금의 산정	제11조 조정금의 납부고지
제30조 시·군·구 지적재조	제13조 분할납부	제12조 조정금에 관한 이
사위원회	제14조 조정금에 관한 이의신청	의신청
제31조 경계결정위원회	제15조 사업완료의 공고	제13조 새로운 지적공부의
제32조 지적재조사기획단 등	제16조 경계미확정 토지 지적공	등록사항
제4장 보칙	부의 관리 등	제14조 등기촉탁
제33조 임대료 등의 증감청구	제17조 토지소유자 등의 등기신청	제15조 증표 및 허가증
제34조 권리의 포기 등	제18조 중앙위원회의 운영 등	제16조 서류의 열람 등
제35조 청구 등의 제한	제19조 중앙위원회의 간사	
제36조 물상대위	제20조 중앙위원회 위원의 제	
제37조 토지 등에의 출입 등	척·기피·회피	
제38조 서류의 열람 등	제21조 중앙위원회 위원의 해촉	
제39조 지적재조사사업에	제22조 의견청취	
관한 보고·감독	제23조 회의록	
제40조 권한의 위임	제24조 수당 등	
제41조 비밀누설금지	제25조 운영세칙	
제42조 '도시개발법'의 준용	제26조 지적재조사기획단의 구	
제5장 벌칙	성 등	
제43조 벌칙	제27조 공개시스템의 구축·운	
제44조 양벌규정	영 등	
제45조 과태료	제28조 공개시스템 입력 정보	
	제29조 과태료의 부과기준	

제2절 지적불부합

1. 의의

지적불부합은 광의적으로 실제와 지적공부상의 지번, 지목, 면적, 소유권, 경계, 위치 등의 내용이 서로 맞지 않는 것으로 표현할 수 있으며, 협의적으로는 지적도에 등록된 경계와 면적이 실제와 서로 맞지 않는 것으로 정의할 수 있다.[193]

즉, 지적불부합은 지적도면과 현지의 토지경계가 일치하지 않는 경우는 물론 토지대장이나 지적도와 현지의 지목이나 소유자가 다른 경우와 토지대장과 등기부가 일치하지 않는 경우도 포함시키고 있다.

지적불부합은 법제도적인 불부합, 공부와 대장상의 불부합, 개별 토지이용상의 불부합, 자연적 재해상의 불부합 등으로 구분할 수 있다.

공부와 대장상의 불부합과 관련된 불부합은 다시 대장상 불부합과 도면상 불부합으로 구분할 수 있으며, 대장상 불부합의 형태에는 등기부와 대장의 불일치, 대장과 도면의 불일치가 있으나 내용상으로는 토지면적의 불부합이 대부분으로 지적공부와 등기부 간의 불일치는 토지라는 객체를 사법부, 행정부의 두 기관에서 이원적인 각각의 목적으로 활용하고 있는 제도적 결함에서 발생하고, 대장과 도면면적의 불일치는 세부측량이나 이동측량 성과에 의해 면적을 산출할 때 잘못된 것으로 추정된다.[194]

---

193) 김석종, 2005, "모바일도시정보체계를 이용한 지적재조사에 관한 연구", 박사학위 논문, 경일대학교 대학원. pp. 28~33.

194) 최한영, 2004, "지적불부합지정리의 효율적 제고를 위한 지적측량기법에 관한 연구", 박사학위논문, 조선대학교 대학원. pp.25~26.

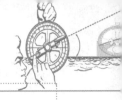

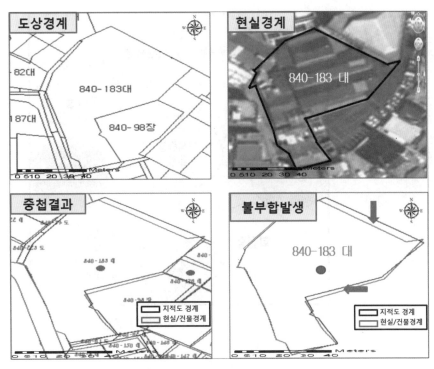

[그림 6-6] 지적불부합(면적, 경계)

출 처 : 김준현, 2010, 전게논문, p.26. 참조작성.

〈표 6-6〉 지적불부합의 분류

분류	세부 내용
법·제도적 문제	• 유관부서의 업무연계 처리 미이행에 따른 불부합
	• 인력부족에 따른 직권분석 미이행에 따른 불부합
공부·대장상 문제	• 대장과 도면과의 불일치로 인한 문제(토지대장·지적도)
	• 대장과 대장상의 불일치로 인한 문제(토지대장·건축물대장·토지등기부)
개별 토지이용문제	• 토지이동 신청을 무시한 불법적 이용 및 개발
	• 무질서한 시설물 또는 공작물 설치 및 변경
자연적 재해 문제	• 자연현상으로 인한 홍수, 태풍 등에 의한 토지형태 변화

2. 유형

지적불부합의 유형은 구체적으로 중복형, 공백형, 편위형, 불규칙형, 위치오류형, 지형변동형, 복합형, 회전형 등으로 구분할 수 있으며, 이 중 편위형과 불규칙형이 제일 많이 발생되며 복합형과 회전형의 경우는 아주 일부지역에 국한되어 발생되고 있다.

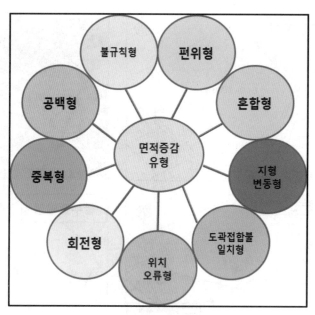

[그림 6-7] 지적불부합의 유형

출 처 : 김준현, 2010, 전게논문, p.26, 참조작성.

〈표 6-7〉 지적불부합의 유형

구분	세부 내용
편위형	대단위 지역에 대하여 현형측량방식으로 이동측량을 할 경우 측판점의 위치결정 잘못으로 인하여 발생하는 오류로서 지구단위로 경계위치가 전체적으로 밀리거나 한쪽으로 치우쳐 도곽 내의 필지경계선이 집단적으로 밀리는 현상
불규칙형	일부 기준점의 위치변동으로 경계결정 착오로 일정한 방향으로 밀리거나 또는 뒤틀림으로 나타나며 산발적으로 필지의 경계가 일치하지 않는 현상
중복형	측량기준점의 서로 다른 원점을 이용하여 측량을 실시한 경우의 측량착오로 인해 인접 일필지의 경계가 이웃하고 있는 필지에 겹치거나 중복되어 나타나는 현상
공백형	삼각점과 삼각보조점 그리고 도근점의 배열 시 서로 다른 경우에 등록전환이나 이동측량 시의 측량오류와 국지적인 측량성과로 인한 오류로서 토지의 경계선이 벌어지는 현상
위치오류형	기존의 시설물 또는 필지경계가 정위치에 등록되지 않은 경우로 등록된 경계위치와 현실경계 위치가 서로 다른 경우로 필지경계선이 서로 다른 위치에 놓여 있는 현상
지형변동형	천재지변, 재난·재해 등으로 토지형상이 변동되어 기존의 경계가 보존되지 못하여 등록 당시와 현재의 이용 상황이 서로 다른 경우로서 경계선이 지형의 변동으로 변위된 현상

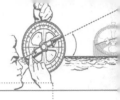

회전형	필지의 경계선이 어느 한쪽 방향으로 회전하여 필지의 경계선이 한쪽 방향에서는 잘 일치하는 데 비해 반대쪽 방향에서는 뒤틀리거나 한쪽 방향으로 회전되어 도곽 내의 필지경계선이 집단적으로 뒤틀어지는 현상
도곽접합 불일치형	도곽접합 불일치형은 축척이 서로 다른 지적도의 경계가 서로 현실경계는 그대로 유지를 하고 있으나 도면상에서는 서로 맞닿아 있지 않은 경우로 동일하지 않는 축척의 중첩 시 발생하는 현상
복합형	필지의 경계선이 어떤 하나의 유형으로 어떠한 특성을 갖고 있는 것이 아니라 한쪽 방향으로 밀리거나 또는 뒤틀리는 경우, 토지의 경계선이 벌어지는 경우, 일필지의 경계가 이웃하고 있는 필지에 겹쳐서 나타나는 경우, 자연적인 현상에 의해 토지의 경계가 변동되는 현상

출 처 : 김준현, 2010, 전게논문, pp.59~68. 참조작성.

3. 토지분쟁

　　토지분쟁은 앞에서 언급하였지만 법·제도적인 결함, 공부·대장의 등록내용상의 결함, 개별 토지이용상의 결함, 자연적 재해로 인한 결함 등에 의해 발생되며, 이러한 분쟁으로 인해 민사소송, 형사소송, 특별소송 등의 법적분쟁 등이 발생된다.

　　이러한 불부합은 일반적으로 토지의 표시사항 중에서도 경계, 면적, 지목 등에서 가장 많이 발생되고 있으며, 경계, 면적, 지목의 경우에 개인의 사적 재산권 또는 보상금이나 공시지가 등과 관련하여 해당 필지의 가치 또는 감정 등에 있어 아주 중요한 요소로 볼 수 있다.

〈표 6-8〉 토지의 물적 분쟁

분쟁 원인	세부 내용
경계불일치	지적공부상의 도상경계와 실제의 지상경계의 불일치
면적불일치	토지의 등록면적이 서로 다른 경우의 도상면적과 지상면적의 불일치
지목불일치	대상필지의 지목과 사용용도가 공부상 등록된 지목과 불일치

출 처 : 문동일, 2007, "토지경계분쟁의 해소방안 연구", 석사학위논문, 전북대학교 대학원, p.23.

　　현재 토지분쟁 시 법적 판결의 가장 기초적인 공적 장부인 지적공부에 등록된 도상경계 및 면적에 따라 법원의 판결이 이루어지고 있다.

　　이 중 토지의 경계분쟁은 민사분쟁이 가장 많으며, 특별분쟁은 1990년대에만 존재하였다. 경계분쟁은 도상경계와 지상경계의 불부합분쟁, 경계복원측량 방법에 의한 분쟁, 취득시효에 의한 분쟁, 경계표시에 의한 분쟁, 등록사항 과오에 의한 분쟁, 토지경계에 대한 소유자 권리 남용, 경계 침범, 지적도상의 경계정정, 기타 분쟁으로 그 유형을 구분할 수 있다.

이러한 분쟁 중에서도 지적도면상의 경계와 현실 간의 경계불부합이 가장 많으며, 경계복원측량 방법에 의한 분쟁, 취득시효에 의한 분쟁의 순으로 발생되고 있다.

〈표 6-9〉 토지경계 분쟁사례

구분	1960년	1970년	1980년	1990년	2000년	2010년	총계	백분율 (%)
민사분쟁	7	16	13	38	5	6	85	84
형사분쟁	1	3	3	5	0	2	14	14
특별분쟁	0	0	0	2	0	0	2	2
합계	8	19	16	45	5	8	101	100

출 처 : 헌법재판소 판례정보(http://www.ccourt.go.kr) 참조작성.

〈표 6-10〉 토지경계 분쟁사례

분쟁 종류 \ 분쟁 유형	민사 분쟁	형사 분쟁	특별 분쟁	헌법 소헌	총계 (건)	백분율 (%)
도상경계와 지상경계의 불부합분쟁	38	0	0	0	38	40
경계복원측량 방법에 의한 분쟁	10	0	0	0	10	11
취득 시효에 의한 분쟁	8	0	0	0	8	9
경계표시에 의한 분쟁	4	1	0	0	5	5
등록사항 과오에 의한 분쟁	4	0	0	0	4	4
토지경계에 대한 소유자 권리 남용	2	0	0	0	2	2
경계 침범	0	8	0	0	8	9
지적도상의 경계정정	0	2	0	0	2	2
기타 분쟁	13	1	2	1	17	18
합 계	79	12	2	1	94	100

출 처 : 대법원 종합법률정보(http://glaw.scourt.go.kr) 참조작성

 기초지식

※ 지적불부합 발생 원인

구분	세부 내용
지적불부합 발생 원인	• 세부측량 당시의 오류
	• 세부원점의 통일성이 결여
	• 토지이동지정리의 오류
	• 지적복구측량의 착오

※ 지적불부합에 따른 문제점

구분	세부 내용
사회적인 영향	• 토지분쟁의 증가
	• 토지거래질서의 문란
	• 국민의 권리행사 지장
	• 권리실체 인정의 부실을 초래
행정적인 영향	• 지적행정의 불신을 초래
	• 토지이동정리의 정지(토지거래 불가)
	• 지적공부에 대한 증명 발급의 곤란
	• 부동산 등기의 지장 초래
	• 공공사업 수행에 지장 초래
	• 토지과세의 부적정
	• 소송수행의 지장

제3절 해양지적

우리나라의 바다와 바닷가는 남한 육지면적 99,000km²의 4.5배에 달하는 443,000 km²의 해양관할권과 345,000km²의 배타적 경제수역 및 대륙붕을 보유하고 있을 뿐만 아니라 총연장 13,509km에 이르는 해안선과 3,358개의 도서를 보유하고 있다.

해양에 대한 관심과 수요 증가로 해양 이용 및 해양활동에서 파생되는 각종 권리가 발생됨에 따라 해양과 관련된 이해 갈등 및 분쟁 증가로 현행 해양공간관리에 관한 법령은 목적, 객체, 형식 등이 다르기는 하지만 「해양수산발전기본법」, 「어장관리법」을 포함해서 약 40개의 법률과 약 100개의 하위법령이 존재하고 있다.

해양의 지속가능한 발전을 위한 체계적이고 전문적인 해양공간 관리체계가 부족하고, 해양공간에 대한 등록제도가 마련되어 있지 않아 국가행정력 낭비 및 국민권익 보호에 미흡한 공적 기관이 토지에서 파생되는 입체적 활동 및 현황을 조사·측량하여 디지털 환경에 부합하는 공적 장부에 등록함으로써 국토관리 및 소유권을 보호한다는 육지의 지적제도에 착안하여 이를 해양으로 확대하는 것이 필요하다.

또한, 해양공간 관리체계의 구축은 해양공간의 물리적 현황 및 권리·이용 사항 등을 조사·등록하여 명실상부한 국토의 효율적 관리 및 각종 권익을 보호하여야 한다[195].

1. 해양지적의 개념

정책은 어떤 한 사회분야에서 사회적 시스템, 구조, 문화, 가치, 규범, 형태, 물리적 환경 등을 어떻게 바꾸며, 또 어떠한 방법으로 바꾸고자 하는가 하는 정부 간여의 수단이라 할 수 있다[196]. 이 외에도 학자에 따라 "어떤 특정한 상황 하에서 정부가 어떠한 사회를 어떻게 만들어가겠다고 하는 정부 간여의 행동에 대한 상호 관련된 일련의 의사결정[197]", "권위있는 정부기관이 당위성에 입각하여 사회문제의 해결 및 공익의 달성을 위하여 정책목표와 정책수단에 대하여 공식적인 정치·행정적 과정을 거쳐 의도적으로 선택한 장래의 지침[198]", "사회적 가치를 배분하는 의사결정과 행동의 망[199]"

---

195) 김진, 2014, 해양지적제도의 도입, LX대한지적공사, LXSIRI Report 제4호 참조작성.

196) 김영학, 2006, 지적행정론, 성림출판사, p.122.

197) 노화준, 1995, 정책학원론, 박영사, p.3.

198) 박성복, 이종렬, 2001, 정책학강의, 대영문화사, p.137.

386

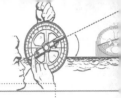

“어떤 하나의 특정한 상황 하에서 목적들과 이들을 실현할 수단들을 선택하는데 대한 일련의 상호 관련된 의사결정200)”, “목표, 가치 및 행동노선을 담은 사업계획201)”이라고 정의하기도 한다.

지적이라는 의미는 ‘국가기관이 국가의 통치권이 미치는 모든 국토를 필지 단위로 구획하여 법정 등록사항을 지적공부에 등록·공시하고 그 변경사항을 계속하여 유지·관리하는 영속성을 가진 국가의 고유사무’ 라고 할 수 있다.

그리고 이러한 지적의 토대 위에서 앞에서 언급한 정책의 개념과 연계되어 결국 지적정책은 국가가 토지를 효율적으로 개발·이용·관리하기 위하여 고안되어진 구체적이고 실체적인 사업계획 및 행동202)이라고 정의할 수 있다. 그런 의미에서 본다면 지적정책이 토지를 대상으로 하는 사업계획 및 행동임을 착안해 볼 때 해양지적정책은 국가가 토지와 해양을 효율적으로 개발·이용·관리하기 위하여 고안한 구체적이고 실체적인 사업계획 및 행동이라고 판단할 수 있다203).

해양지적에 대한 또 다른 정의는 “해양 관할구역 내에 다양한 권리와 의무, 소유권에 관하여 부동산권리와 권익에 대한 공간적 범위와 본질을 포함하는 해양정보시스템204)”으로 보기도 하며, “바다 필지에 관련된 법적 활동뿐만 아니라 가치, 과세, 법적 관계를 포함하는 책임과 제한, 권리와 임대차, 권익에 관련하는 속성 및 공간자료·서류, 그리고 등록부 및 증서에 관련하는 공공정보시스템205)”으로 정의하기도 한다.

또한 공간적 범위의 관점에서 해양지적은 “해안의 시각에서 소유권·가치·이용에 관하여 부동산권리와 권익의 공간적 범위를 의미한다206)”로 정의하고 있다.

따라서 다양한 해양지적에 대한 정의가 학자별로 의미하는 바가 다르지만 일반적으로 해양지적은 해양을 대상으로 가치·이용·권리·권익의 한계를 공적 기관에 의하

199) David Easton, 1953, The Political System, New York: Aflred A. Knopf, p.130.

200) William Leuan Jenkins, 1978, Policy Analysis, London: Martin Robertson, p.15.

201) Lasswell et al., 1970, Power and Society, New Haven: Yale University Press, p.71.

202) 김영학, 2006, 지적행정론, 성림출판사, p.123.

203) 권혁진 외 2인, 2012, “해양지적정책의 기본방향 설정 : 외국사례를 중심으로”, 한국지적정보학회지, 제14권 제1호, pp.189-211.

204) S. Nichols, D. Monahan. and M. Sutherland, "Good Governance of Canada's Offshoreand Coastal Zone : Towards and understanding of the Marine Boundary Issues", InGeomatica, Vol.54 No.4, 2000, p.416.

205) J. P. Tamtomo, “The needs for building concept and authorizing implementation ofmarine cadastre in Indonesia”, FIG Regional Conference 2004, Jakarta, Indonesia, 2004,pp.3-7.

206) Jack Shih Yuan and Tsui Anna, "The Interface Between the Land and Marine Cadastre: a Case Study of the Victorian Coastal Zone", Australia, the Research TeamUniversity of Melbourne, 2001.

여 체계적으로 관리하는 해양지적 관리시스템을 의미하는 것으로 볼 수 있다[207].

2. 해양지적의 필요성[208]

우리나라는 육지면적의 4.5배에 달하는 다양한 해양 에너지 및 광물자원을 보유하고 있다. 이는 주변국인 중국, 일본 역시 동일한 상황에 처해 있기에 이들 국가와 해양 경계 및 자원을 둘러싼 분쟁이 끊임없이 발생하고 있다[209].

이처럼 해양이 미래 성장의 원동력으로 인식되면서 중요성이 지속적으로 증가하고 있다. 반면 우리나라는 해양경계의 획정이나 해양영토의 체계적인 관리 등을 포괄하는 정책의 수립에 대한 노력이나 관심이 미흡한 실정이다.

따라서 해양지적 정보시스템의 도입을 위하여 해양지적 정책 수립이 필요 조건이라 할 수 있다.

먼저 경제적 필요성으로 해양지적 정보시스템의 도입은 해양활동에서 파생되는 권리의 한계를 명확히 조사·측정하여 등록함으로써 해상경계에서 발생되는 각종 분쟁의 해결, 해양의 수심·지구자기·중력·지형·지질의 정확한 측정, 해상교통의 안전 확보, 바람직한 해양의 보전·이용·개발 유도, 해양관할권 확보 및 해양재해 예방, 바닷가 토지의 효율적 관리를 도와준다.

두 번째로 법률적 필요성은 과거 해양은 자유해론으로 인하여 특정인 또는 특정집단에 속하지 않는 자유의 바다로 인식되었으나, 최근에는 과학기술의 발달로 인해 해양 및 해저를 탐사할 수 있게 되었으며, 이로 인해 해양에 대한 인식 변화를 가져왔다[210].

국내 해상경계 관련 법률로는 「공유 수면 관리 및 매립에 관한 법률」, 「항만법」, 「지방자치법」, 「수산업법」 등이 존재하고 법률에 따라 바다를 수역, 해역, 구역 등으로 지정하여 지자체 및 부처별 해상의 이용 및 관리를 규정하고 있으나, 지방자치단체 간 해상경계에 대한 명확한 규정이 존재하지 않은 실정이며 해양관할권으로 인한 국가 간 분쟁뿐만 아니라 지자체에서도 이로 인한 분쟁이 60년대부터 발생해 2000년대 초반까지 약 21건의 분쟁사례가 발생하였다[211].

---

207) 김행종, 김영학, 2006, 해양지적의 개념정립에 관한 연구, 한국지적학회지, 제22권 2호, pp. 167-180.

208) 노지나, 2014, 해양지적정보시스템의 도입방향에 관한 연구, 석사학위 논문, 청주대학교 대학원, pp.11-13. 참조 작성

209) 권혁진 외 2인, 2012, 전게논문

210) 김영학·박정호, "해양지적제도의 변천과정에 관한 연구", 지적(地籍), 제42권 제2호, 대한지적공사, 2012, pp.4-5.

211) 이춘원 외 2인, "지적제도 및 국제법규를 활용한 해상경계획정 방안에 관한 연구", 한국지적학회 춘계학술대회 논문집, 2013, pp.26-27.

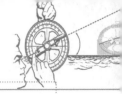

따라서 해양정보를 파악하여 이에 파생된 분쟁 및 갈등을 중재·조정하기 위한 법률 제정과 해양지적에 대한 관리차원의 시스템 도입이 필요한 실정이다.

세 번째로 사회·문화적 필요성으로는 사회가 발달하고 개인 여가에 대한 인식이 변화함에 따라 육지에서 이루어지는 스포츠뿐만 아니라 해양기반의 관광활동으로 트렌드가 확장됨에 따라 해양스포츠, 스킨스쿠버, 해양생태체험 등 해양레저 활동 등이 증가되고 있다. 이에 따라 해양에 대한 공적관리를 통한 해양정보를 기반으로 한 대국민 서비스 등 국민들의 요구에 부응할 수 있도록 제공되어야 한다.

네 번째로 환경적 필요성으로는 20세기 후반 경제성장과 환경보존의 조화를 추구하는 지속가능한 발전이 범지구적으로 대두되었다[212]. 지구 환경변화가 연안지역 지속가능성에 미치는 영향이 증대함에 따라 예측 불가능한 전 지구 환경변화로 인한 연안지역의 사회경제 활동 유지가 국제사회에서 높은 관심을 받고 있으며 연안과 해양의 지속가능성은 환경적 지속가능성에서 사회·경제적 지속가능성으로 확대하는 등 복잡한 양상으로 진행되고 있다. 따라서 해양생태 관광 프로그램 및 관광시설 개발과 멸종위기에 처한 종의 서식지 보호, 해양 생태계 보존 등 지속가능한 해양의 관리 및 발전을 도모할 필요성이 있다.

3. 국내 해양공간관리의 문제점[213]

(1) 해양공간관리 주체

해양공간관리정책을 결정하는 중앙부처의 문제점으로는 해양공간관리 전담부서가 없는 현실이며, 해양공간관리 업무의 산재, 해양공간관리 주체의 다원화, 해양 관할권의 불명확, 해양공간 관리시스템과 타 시스템과의 연계 및 체계성이 부족한 현실이다. 그리고 해양공간관리정책 집행구조인 광역시도와 시군의 문제점으로는 해양공간관리부서의 통일성 결여, 업무수행 지침의 난해, 담당자의 인식결여, 공적장부 관리미숙 등이 문제점으로 지적되고 있다.

또한 해양공간관리정책을 위한 지원 구조를 분석한 결과 전담지원조직 미약, 전문인력 부족, 공사 협력체계 미흡, 공공기관 간 업무 중복, 해양조사 및 측량 기술 개발 소홀 등의 문제점도 나타났다.

---

212) 김영학, "지속 가능한 발전을 위한 지적행정의 역할", 한국지적정보학회지, 제4권, 한국지적정보학회, 2002, pp.96-97.

213) 김진, 전게서, 참조작성.

(2) 해양공간관리 객체

어업권 관리대장의 등록객체는 육지의 토지 및 임야대장을 기준으로 볼 때 대체로 표시사항, 권리사항, 규제사항, 기타사항으로 구분하고 있지만 실제 등록은 이러한 유형으로 구분해 등록하지 않기 때문에 등록유형과 등록사항이 정확히 일치하지 않는 문제점이 제기되고 있다.

어장 관리대장의 등록객체는 표시사항, 권리사항, 어업권자 통보사항, 확인 사항으로 구분되나 어장 관리대장의 등록유형과 그 등록사항도 일치하지 않고 있는 것으로 나타났다. 즉, 어업권 관리대장인 어업권 관리대장 및 어장 관리대장, 어업권 원부인 어업권 등록부, 공유자명부 및 신탁등록부에 등록되는 사항이 서로 일치하지 않는 경우가 많은 것으로 나타났다.

(3) 해양공간관리 공부 운영

어업권 관리대장과 어장 관리대장은 전산화 미비로 종이서류로 작성, 관리되고 있어 훼손과 분실 우려 및 업무처리 지연 문제가 발생되고 있다.

어업권 등록부, 면허대장 그리고 관련 도면인 수면의 위치와 구역도, 어장 기본도와 변동사항 불일치로 신뢰성이 약화되었으며, 어업권 원부와 해저광업원부의 등록형식 및 객체는 권리에 관련된 공적 장부임에도 불구하고 등록객체가 서로 상이한 문제가 발생되고 있다.

해양 필지도라고 할 수 있는 어장 기본도가 종이 지도로 되어 있어 신축성의 문제뿐만 아니라, 해양과 관련된 다양한 정보를 담고 있는 수로 도서지 특히 해도와의 연계성이 없는 것으로 나타났으며, 어장 기본도(해양 필지도)는 어장관리 목적으로 만들어진 도면이기 때문에 도면에 정확한 정보를 포함하기에는 한계가 있는 것으로 나타났다.

(4) 해양공간관리 법령

국토관리 법령은 해양지적법제의 부재, 법률상호간 규정의 불합리, 계층적 법체계 적용 한계, 「공간정보의 구축 및 관리 등에 관한 법률」과의 연계성이 미약하였으며, 경계 및 수역 관리 법령은 해상경계의 불명확, 해상기선의 모호, 파생권리의 관리 미흡, 관할 수역 지정의 난해, 규정 및 지침 부재 등의 문제가 발생하였고, 해양수산자원관리 법령은 해양수산자원 보호 미비, 관리대상 설정 기준 모호, 종합적 관리체계를 구축하는 데 한계가 있는 것으로 나타났다.

또한 환경관리 법령은 관리주체가 명확하지 않고, 등록 및 관리대상이 난해하여 효율적 업무수행에 차질을 가져올 수 있다.

4. 개선 방안[214]

(1) 단계별 추진

육지에 적용하는 지적제도를 해양공간에 적용하기 위해서는 기반 조성 단계, 기반 구축 단계, 기반 안정 단계로 추진하여 단계별로 개선하여야 한다.

기반 조성을 위해서는 해양공간관리 행정조직, 등록객체 및 형식, 지원체계 기반 마련으로 추진되어야 하며, 기반 구축 단계에서는 해양공간관리 행정조직 틀, 등록객체 및 형식 유형 분류, 지원체계 틀을 형성하여야 한다.

그리고 기반 안정 단계에서는 해양공간관리 지원체계의 법제도화, 등록객체 및 관리 형식의 제도화, 행정조직의 마련 등으로 추진되어야 한다.

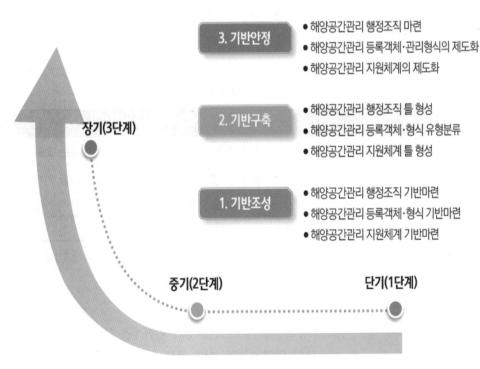

[그림 6-8] 단계별 추진계획

출 처 : 김진. 2014. 해양지적제도의 도입. LX대한지적공사. LXSIRI Report 제4호.

---

214) 김진, 전게서, 참조작성

(2) 해양공간관리 체계 마련

해양공간관리를 위해서는 먼저 해양공간관리 주체와 그 직무가 정해져야 한다. 특히 해양공간관리 정책 결정구조가 마련되어야 하며, 해양공간관리는 국토교통부나 해양수산부만의 문제가 아니라 정부차원에서의 고려가 필요하다.

그리고 해양을 일정한 원칙에 의해 해양 필지를 구획하여야 하며 이를 공부에 등록하기 위해서는 토지의 지번과 같은 등록번호인 해양지번을 부여하고, 해양공간의 주된 이용 현황을 파악하여 해양 지목도 분류하여 등록하여야 한다.

해양과 관련된 다양한 정보 등을 등록하여 관리하기 위해 지적공부와 같은 해양지적공부에 해당하는 해양등록부 등과 같은 공부를 작성할 수 있도록 하여야 한다.

그래서 해양지적공부는 1해양 1필지를 전제로 하여 총 3개의 장으로 구성되도록 설계하여야 하며, 1장은 요약의 장으로 해양 필지 및 시설물의 현재적 상황을 기재하고, 2장은 해양 필지, 시설물의 이동 및 변경 연혁 등을 기재하고, 마지막 3장은 해양 필지와 시설물의 위치 사항 등을 기재할 수 있도록 하여야 한다.

〈표 6-11〉 해양지적을 위한 공적장부 작성

구분	세부 내용
공적 장부 작성 기준	1해양 1필지를 전제로 하여 3개의 장으로 설계하는 것이 바람직함
1장	요약의 장으로 해양 필지 및 시설물의 현재적 상황 기재
2장	해양 필지의 시설물 이동 및 변경 연혁 기재
3장	해양 필지와 시설물의 위치사항 기재

출 처 : 김진, 2014, 해양지적제도의 도입, LX대한지적공사, LXSIRI Report 제4호 참조작성

(3) 전담기관 지정

해양지적 정보 구축의 중복성을 막고, 전문성과 일관성을 확보하기 위해 전담기관을 지정하여 정부 및 지자체의 해양조사와 측량 업무 위탁 수행이 되도록 하여야 한다.

정기적으로 전국적인 범위 내에서 통합적 조사 활동을 통해 공익성을 전제로 활용성이 높은 고품질의 해양공간정보를 최소 비용으로 구축할 수 있도록 하여야 한다.

또한 산업계와 학계가 서로 관계를 맺어 교육과 연구 활동에서 기업과 교육 기관이 제휴, 협동, 원조를 통하여 기술 교육과 생산성의 향상을 목적으로 해양지적 수요에 부

응한 활용성이 높은 고부가 가치의 해양공간정보를 제공하도록 하여야 한다.

(4) 해양공간관리 및 권리 법제화

지방자치단체 간 어업분쟁은 해양 행정 경계에 관한 법과 제도로 명확히 준비되어 있지 않은 상태로 인해 발생하기에 해양 행정 경계를 획정하는 법률을 제정하여야 한다. 다만 해양 행정 경계의 구분은 어업의 문제뿐만 아니라 지방자치단체의 해역관리 문제 등이 수반되기 때문에 심도있는 논의가 필요하다.

그리고 이러한 법제화를 위해 시범지역을 선정하여 조사와 측량을 실시한 후 해양 지적공부에 등록하고, 조사된 자료를 시스템에 등록하여 가칭 해양등록증명서 서비스를 실시할 수 있도록 계획하여야 한다.

또한 해양공간 관리 및 권리 보호를 위한 가칭 "해양지적법"을 마련하도록 하며, 여기서 '해양지적법(안)'은 현행 해양공간 관리 관련 법령의 체계 및 「공간정보의 구축 및 관리 등에 관한 법률」을 참고하여 제정되어야 할 것이며, 법률의 기본 체계는 총칙, 해양지적 정책 수립, 해양지적의 등록 및 해양지적 공부, 해양 이동, 해양지적 정리 및 해양지적 지원 등 보칙과 벌칙으로 구성되어야 한다.

해양지적 제도 도입에 따른 국토교통부, 해양수산부 등 관련 부처 및 이해관계인으로 구성된 범정부 차원의 위원회 구성 및 권한 배분도 논의되어야 하며, 특히 현재의 육지의 지적과 및 부동산 등기 등과의 연계 방안도 함께 모색하여야 한다.

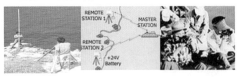

[그림 6-9] 연안지역 선정 및 공간관리시스템 연계방안

출 처 : 김진, 2014, 해양지적제도의 도입, LX대한지적공사, LXSIRI Report 제4호.

제 7 장

지적측량

지적측량

제1절 지적측량

1. 발전 과정

1) 대한제국 이전의 측량기록

「단기고사」에 보면 '측천양지(測天量地)'라는 말이 기록되어 있으며, 정전법을 만들어 공표하였고, 오경박사 우문충이 토지를 측량하여 지도를 만들었다고 기록되어 있다.

「삼국사기」에 의하면 "고구려 영류왕 11년(628년)에 봉역도라는 지도를 당에 보냈다"는 기록과 「삼국사기」 제7권 문무왕 11년(671년)에 신라와 백제의 경계를 지도로 찾아보았다고 하는 기록 등으로 삼국시대에도 지도가 존재하였음을 증명하고 있으나 현존하는 측량에 대한 구체적인 자료는 남아 있지 않다.

그러나 「삼국유사」, 「규원사화」, 「단기고사」 등 고대의 기록에서 이미 측량에 해당하는 내용들을 추측하게 하는 기록들은 이미 제2장의 지적제도의 발전사 부분에서 언급되어 있다.

그리고 조선시대 1432년부터 1435년 세종 때 이천, 장영실이 만든 천문관측용 기계인 간의(측각기)를 제작한 것과 1441년에 마차를 이용하여 거리를 측정하였던 기리고차 및 1467년에 오늘날의 평판과 삼각측량기구에 해당하는 규형(인지의)의 제작에 대한 기록이 남아 있다.

그러나 조선시대에 실시된 측량 또는 양전과 관련된 기록을 살펴보면 1603년(선조 36년)에 실시된 계묘양전, 1634년(인조 12년)에 실시된 갑술양전, 1719~1720년(숙종 45~46년)에 실시된 경자양전 등이 실시된 기록들이 각종 문헌상에 기록되어 있다.

또한 우리나라가 실시한 측량 이외에 1895년 9월부터 3년 7개월 동안 일본이 대한제국의 허락도 없이 비밀리에 평판측량을 실시하여 1/50,000 지형도로 445도엽을 만들었다.

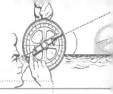

※ '측천양지(測天量地)'의 유래[215]

- 서양의 경우 측량의 역사는 BC 3,000년 경 이집트의 나일강 하류의 홍수로 인한 범람으로 매년 경작지의 경계를 새로 정리하는 데에서 그 기원을 찾아볼 수 있음
- 동양의 경우 BC 1,100년 경 중국의 주나라에서 '측천양지'의 '땅을 재고 하늘을 헤아린다'는 치산치수의 수단에서 그 유래를 찾아볼 수 있음
- 측천양지의 유래는 중국 전한(前漢)의 회남왕(淮南王) 유안이 저술한 회남자(淮南子)에서 나타나며, 사기 하본기(夏本紀)에서는 중국 고대 우(禹) 임금이 황화의 홍수를 다스리기 위해 운하를 뚫는 과정에서 자신의 신장과 체중으로 길이와 질량의 표준으로 정하고, 동시에 규구준승(規矩準繩) 등 측량도구를 사용하여 하늘과 땅을 측량하였으며, 이것이 바로 측천양지의 시초라고 기록하고 있음

2) 대한제국 이후의 양전기록

대한제국의 양전은 1898년 양지아문에 미국인 측량기사 크럼(Reymond Krumn)을 초빙하여 측량을 실시하였고 1898년 7월 6일 칙령 제25호로 양지아문직원 및 처무규정이 공포됨으로써 최초의 근대적인 지적측량이 시작되었다.

양지아문이 설치되면서 오늘날의 지적측량인 양전사업이 실시되었는데 이를 광무양전이라고 부르며 광무양전의 발단은 1898년 6월 23일 내부대신 박정양과 농상공부대신 이도재의 연명으로 '토지측량에 관한 청의서'를 의정부에 제출하면서부터 시작되었다. 의정부회의에서는 참석자 10명 중 6명의 대신이 반대하여 부결되었으나 고종 임금은 '청의한 대로 시행할 것'이라는 비답(批答)을 내리면서 양전사업을 추진할 것을 천명하였다.[216]

그래서 7월 2일 양전담당기관으로서 양지아문이 설치되고 7월 6일 칙령 제25호 '양지아문 직원 및 처무 규정'이 반포됨으로써 1899년 4월 1일 양전이 개시되고, 4월 24일 칙령 제13호 '각 도 양무감리를 도 내 군수 중 택하여 임명하는 건'이 반포되었다. 1898년에서 1904년에 이르기까지 행하여진 광무양전사업은 전국 규모의 사업이었으며 일제의 토지조사사업에 앞서서 조선정부가 시도한 마지막 양전이었다.[217]

양지아문에서 처음으로 충남 아산군을 대상으로 실시되었으나 1901년 대흉년으로 12월에는 공식적으로 양전 업무가 잠정 중단되었다.

그래서 약 2년 6개월의 걸친 양전사업은 일단 중단되었고, 경기도 1부 14군, 충북

---

215) 최창학, 2020, 최신 지적측량, 한국국토정보공사, p.4 ; 유복모, 2002, 디지털측량공학, 박영사, p.3 참조작성

216) 국가기록원나라기록(http://contents.archives.go.kr)

217) 한국국토정보공사, 2005, 전게서, p.98.

17군, 충남 22군, 전북 14군, 전남 16군, 경북 27군, 경남 10군, 황해 3군 등 합계 1부 124군으로 전국의 1/3지역에 대한 양전사업이 완료되었다.

1901년에 대흉년이 들어 양지아문 사업을 중단하게 되면서 지계발급 또한 제대로 진행되지 않았고 1902년 3월 양지아문과 지계아문을 서로 통합하여 양전과 지계발급 업무를 담당하였다.

지계아문에서는 양전에 대한 지계(토지문권)를 발급하여 토지소유자에게 소유권증명서에 해당하는 지계를 발급하였고 11월에는 규정을 개정하여 지계발급 대상을 전답 외에 산림·가사를 포함하여 전국의 모든 토지로 확대하고 명칭도 '지계'를 '관계'로 바꾸었으며, 개항장 밖에서 외국인의 토지소유를 금지하는 규정을 신설하였다.

그러나 지계발급계획은 성공하지 못하고 1904년 1월에 지계아문이 탁지부와 합쳐지면서 탁지부는 지계아문의 양전과 지계기능을 승계한 것이 아니라 양전기능과 기구만 승계하였으므로 지계사업은 사실상 종지부를 찍었다.

1901년 이후 중단된 양전사업을 지계아문에서 다시 속개하면서 양전한 지역은 총 94개 군으로 이전에 양지아문에서 실시한 124개 군과 합치면 총 218개 군으로 전국의 2/3지역 정도가 실시되었으며, 나머지 13도 9부 1목 331군 중 7부 1목 115군에서 양전이 실시되지 않은 상태로 전국적인 양전은 종료되었다.

또한 1900년에는 사립 흥화학교[218]에 양지 속성과를 설치하여 최초 현대식 측량교육이 실시되었고 1905년 탁지부 양지과 설치(대구, 평양, 전주) 및 측량기술견습소를 설치하여 11개소의 구소삼각측량을 시행하였으며 1909년에 양지아문에서 측량한 한성부지도 등이 존재하고 있다.

1907년 '대구시가토지측량규정'과 '대구시가토지측량규정에 관한 타합사항' 그리고 '대구시가토지측량에 대한 군수(민단역소)로부터의 통달'을 5월 27일 제정하였다. 이중 '대구시가토지측량규정'에는 제1장 도근측량, 제2장 세부측량, 제3장 적산으로 나누어 착묵선의 선호, 도근점 제도방법 그리고 도근측량과 세부측량의 검사방법, 면적을 평방미터로 하도록 규정하였다.

'대구시가토지측량규정에 관한 타합사항'에서는 필지별 세부측량을 실시하기 위한 면과 동 경계의 결정과 지목의 구분 그리고 필지획정방법 등을 규정하게 되면서 현행 행정구역 경계, 지목, 필지의 획정방법 등이 이 타합사항에서 비롯되었다.[219]

218) 민영환 선생이 1895년 흥화학교를 설립하고 1900년 4월 12일 양지속성과를 특설하여 사립학교 최초로 측량교육을 실시하였으며, 교사는 일본 유학을 한 남순의로 교재는 그의 저서인 「정선산학」으로 교육하였다.

219) 류병찬, 전게서, p.286.

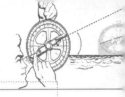

'대구시가토지측량에 대한 군수(민단역소)로부터의 통달'에서는 1필지 세부측량을 실시하기 위한 경계표의 설치와 관리 및 측량입회 등에 관한 절차와 방법 등을 규정하였다. 그리고 1908년 1월 21일 삼림법에서 삼림산야의 소유자는 3개년 이내에 지적 및 면적의 약도를 첨부하여 신고하되 신고하지 않는 것은 국유로 하도록 규정하면서 소유자가 자비를 들여 측량하여 지적계 농상공부대신에게 지적보고를 하여야만 임야의 소유권을 인정받을 수 있도록 하여 대한제국에서 제정한 최초의 지적이라는 용어를 사용하였다.

1910년부터 토지조사사업이 실시되면서 1918년에는 13개의 기선측량을 실시하였으며 5개의 검조장 등을 설치하여 측량기준점을 설치하게 되었고 세부측량에 따른 지적도(1/600, 1/1,200, 1/2,400)와 임야도(1/3,000, 1/6,000), 지형도(1/50,000, 1/25,000, 1/100,000) 등이 만들어졌다. 1921년에는 조선총독부령으로 '토지측량규정'이 제정되어 토지측량에 관련하여 기본적인 방법과 절차를 규정하였고 1935년 6월 12일 조선총독부 훈령 제27호로써 '임야측량규정'이 제정되었으나 대부분 '토지측량규정'을 준용하도록 하여 임야지역에 대한 기본적인 측량방법과 절차 등을 규정하였다. '토지측량규정'과 '임야측량규정'은 광복 후까지 계속 시행되어 왔으며 1954년 11월 '지적측량규정'이 만들어지기 전까지 실시되어 왔다.

〈표 7-1〉 1950년 이전의 지적측량

연 도	세부 내용
1898년 7월	양지아문 설치(기사 크럼에 의한 최초의 근대적 지적측량 시작)
1902년 3월	양지아문 폐지·지계아문 설치(양전실시)
1905년 6월	측량기술견습소 설치 및 구소삼각측량 실시
1906년 5월·10월	측량기술견습소 설치(1906년 5월 대구출장소, 1906년 10월 평양출장소)
1907년 11월	측량기술견습소 설치(전주출장소)
1907년 5월	토지측량규정 제정(우리나라 최초의 지적측량규정) ① 대구시가 토지측량에 관한 타합사항 ② 대구시가 토지측량에 대한 군수로부터의 통달 ③ 대구시가 토지측량규정
1908년 1월	삼림법 공포(우리나라 최초의 삼림에 대한 지적측량규정)
1908년 7월	서울지역 소삼각측량으로 1/500 지적도 29매 제작

〈표 7-1〉 1950년 이전의 지적측량

연 도	세부 내용
1909년 10월·11월	1909년 10월 토지조사 착수, 1909년 11월 토지조사시험사업 시작
1910년 3월	토지조사국 설치
1921년	'토지측량규정' 제정(현행 지적측량규정의 전신)
1935년 6월	'임야측량규정' 제정(대부분 '토지측량규정'을 준용)

3) 지적법 제정 이후

1950년 지적법이 제정되면서 기존의 조선총독부령의 '토지측량규정'은 1954년 11월 대통령령으로 새로이 '지적측량규정'을 제정·시행함과 동시에 폐지되었다.

'지적측량규정'에는 새로이 토지대장에 등록하여야 할 토지를 측량하여 지적을 결정하도록 규정하고 있으며, 이 규정을 토대로 지적측량의 위치를 확실하게 하는 계기가 되었고 측량사의 배출을 위한 검정제도로 1960년 '지적측량사규정'이 제정되었다.

1976년부터는 경계복원측량, 현황측량 등을 지적측량으로 규정하고 지적측량을 사진측량과 수치측량방법으로 실시할 수 있도록 제도를 신설하였으며 1950년대의 기준점이 망실되어 지적측량을 위한 기준점인 지적삼각점, 도근점 등의 용어가 만들어지면서 측지측량과 지적측량이 이원화되는 계기가 되었다.

그리고 1995년에는 기초점을 '지적측량기준점'으로 바꾸고 지적측량기준점에 '지적삼각보조점'을 추가하였고 2008년부터 「GPS에 의한 지적측량 규정」이 도입되어 위성측량방법의 GPS에 의한 지적측량을 할 수 있도록 개정하여 현재에 이르고 있다.

2018년부터 「무인비행장치 이용 공공측량 작업지침」이 마련되어 현재 드론을 활용한 공간정보 구축이 실시되고 있으며, 이를 지적측량에 도입하기 위한 연구가 활발히 진행되고 있다.

2. 지적측량의 특성

1) 지적측량의 성격

지적측량은 토지를 지적공부에 등록하기 위한 측량으로 일반측량과는 다른 성격을 가지고 있다.

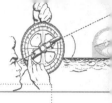

즉, 지적측량은 토지표시사항 중 경계와 면적을 수평적으로 측정하여 법률이 정하는 범위 내에서 규정에 따른 절차와 방법을 통한 법적인 구속력을 가지는 기속측량이기도 하며 토지에 대한 소유권리와 기타 물권의 설정을 보장하는 측량이므로 사법측량에 해당된다.

그러나 일반측량, 건설 시공을 위한 토목측량이나 측지측량은 각종 공사를 목적으로 하므로 그 공사의 시공과 완성을 지원하는 위치에서 실시하는 측량으로 토지의 지표상의 형태를 존재하는 모습 그대로 측량하여 현황을 파악하는 방식이다.

지적측량의 성과 및 결과는 국민의 사적 재산권을 지적공부에 등록·공시하여야 하므로 영구적으로 보관되어야 하며, 새로운 장비 또는 신기술 등이 개발되더라도 정확성과 신뢰성이 법률에 의해 보장받지 못한다면 신장비나 신기술을 적용하지 못하는 반면 일반측량은 공사의 목적에 따라 각종 측량방법을 동원할 수 있고, 공사가 완료되면 그 측량성과는 보존의 의미가 없다.

즉, 지적측량은 측량성과나 지적공부의 확인 및 열람 등을 일반인이 원하면 누구에게든지 소정의 절차를 거쳐 공개되는 반면 일반측량은 일반인을 대상으로 공개되는 것이 아니라 토지소유자나 기타 건설시공 관계자에게만 공개되어 그 대중성이 결여되어 있다.

또한 지적측량은 토지를 필지별로 지적공부에 등록함으로써 사회질서, 공공복지, 공공봉사 등에 공하려는 특정목표를 달성하기 위해 국가 또는 대행기관(지적측량업 등록자)이 그 주체가 될 수 있는 반면 일반측량은 그 주체가 측량업자에 의해 이루어지는 것이므로 국가가 전적으로 책임을 지지 않는 것이 특징이다.

지적측량은 측량을 수행함에 있어 고의 또는 과실로 인해 오측량이 발생한 때에는 지적측량의 의뢰인 또는 제3자의 손해배상을 위해 지적측량수행자는 1억원, 한국국토정보공사는 20억원의 보증보험에 가입하여야 하나 일반측량은 회사 자체의 건설시공을 위한 목적이므로 오측량으로 인한 보증보험가입을 필요로 하지 않는다.

그리고 지적측량은 지구의 곡률을 고려하지 않고 평면적으로 간주하여 실시하는 소지측량 또는 평면측량인 반면 측지측량은 지구의 곡률을 고려한 정밀측량에 속한다.

따라서 지적측량과 일반측량은 측량방법이 부분적으로 동일하지만 그 목적상에서 지적측량은 토지의 정확한 경계설정과 토지소유권 범위의 명확한 표시를 공부에 등록하는 것을 주목적으로 하는 반면 일반측량은 토지형태를 있는 그대로 측정하거나 또는 시공과정상의 설계에 따른 측량결과로서 지적측량과 같이 기속성, 사법성, 대중성(공공성), 영구성, 손해배상을 위한 보증성 등의 복합적 성격을 가질 수 없다.

<표 7-2> 지적측량과 측지측량의 비교

구분	지적측량(평면측량, 소지측량)	측지측량(대지측량)
특징	지구의 곡률 미고려	지구의 곡률을 고려
반경	11km 이내의 지역	11km 이상의 지역
면적	약 400km^2 이내	약 400km^2 이상
허용정밀도	$1/10^6$ 적용 시	$1/10^6$ 적용 시

2) 지적측량의 법적 효력

지적측량은 행정 주체인 국가가 법 아래에서 구체적인 사실에 관한 법의 집행으로서 행하는 공법행위 중 권력적·단독적 행위인 행정처분이라 할 수 있다.

따라서 지적측량에는 일반적으로 행정처분이 성립될 때 발생하는 구속력, 공정력, 확정력, 강제력 등이 발생하는 것이다.

(1) 구속력

지적측량의 내용에 대해 소관청(국가) 자신이나 소유자 및 관계인에게 발생하는 효력을 말하며, 지적측량을 한 경우에 소관청이나 소유자는 지적측량 결과에 대해 그것이 유효하게 존재하는 한 그것을 존중하여야 하며 결코 정당한 절차 없이 그 존재를 부정하거나 그 효력을 기피할 수 없는 것이다.

행정법에서 구속력이란 어떠한 행정 행위가 그 내용에 따라 행정청이 그 행정 행위의 상대방 기타관계인을 구속하는 효력을 말하며, 지적측량에서의 구속력은 지적측량 수행자와 소유자 및 이해관계인을 기속하는 효력을 말하며, 지적측량의 결과에 대하여 정당한 절차 없이 그 존재를 부정하거나 효력을 부인할 수 없는 효력을 의미한다.

즉, 소관청이 자기가 행한 지적측량에 명백한 하자를 인정한 경우라도 이를 취소하는 절차를 밟기 전에는 이미 발생한 구속력은 그대로 존속하며, 특별한 경우로 법령에 따라 그 효력 발생이 불확정 형태에 있는 경우를 제외하고는 모든 지적측량은 완료와 동시에 구속력이 발생된다.

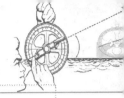

기초지식

※ 대법원 판례(1998. 3. 27. 선고 96다34283 판결)에서의 구속력

대법원 판례에서는 '지적도상의 경계를 실지에 복원하기 위하여 행하는 경계복원측량은 등록할 당시의 측량방법과 동일한 방법, 동일한 측량기준점으로 실시하여야 한다라고 언급하고 있고, 비록 등록당시의 측량방법이나 기술이 발전하지 못하여 정확성이 없다 하더라도 경계복원 측량을 함에 있어서는 등록 당시의 측량방법에 의하여야 하는 것이지 보다 정밀한 측량방법이 있다 하여도 곧바로 그 방법에 의해 측량할 수는 없다'라고 판결함으로 지적측량의 구속력을 인정하고 있다.

(2) 공정력

지적측량이 유효하게 성립하기 위한 요건을 갖추지 못하여 하자가 있다고 인정될 때라도 절대무효인 경우를 제외하고는 소관청, 감독청, 법원 등의 권한있는 기관에 의하여 쟁송 또는 직권으로 그 내용을 취소할 때까지는 그 행위는 적법한 추정을 받고 누구라도 그 효력을 부인하지 못하는 효력을 말하며, 이 경우 공정력은 당사자, 소관청뿐만 아니라 국가기관과 제3자에 대해서도 그 효력을 발생한다.

(3) 확정력

지적측량의 절차, 방법, 기준 등에 의거하여 한번 유효하게 성립된 지적측량에 대해서는 일정한 기간을 경과한 뒤에 그 상대방이나 기타 이해관계인이 그 효력을 다툴 수 없을 뿐 아니라 소관청 자체도 특별한 사유가 있는 경우를 제외하고는 그 성과를 변경할 수 없는 효력을 말하며, 확정력은 그 행위의 효력을 다툴 수 없는 불가쟁력은 행정쟁송절차상의 심급제도와의 관련 아래 쟁송수단이 인정되고 있는가 여부에 따라 출허기간을 초과하였거나 소정의 심급이 완료된 때 또는 그 처분의 성립 시에 각각 발생되고, 불가변력은 측량의 성립과 동시에 발생한다.

기초지식

※ 대법원 판례(2000. 5. 26. 선고 98다15446 판결)에서의 확정력

대법원 판례에서는 '지적측량에 의하여 어떤 토지가 지적공부에 1필의 토지로 등록되면 그 토지의 경계는 다른 특별한 사정이 없는 한 이 등록으로써 특정되고, 지적공부에 기점을 잘못 작성되었다는 등의 특별한 사정이 있는 경우에는 그 토지의 경계는 지적공부에 의하지 않고 실제의 경계에 의하여 확정하여야 한다'라고 판결하여 지적측량의 확정력을 인정하고 있다.

(4) 강제력

지적측량은 신청에 의해 이루어지는 것을 원칙으로 하지만 신청이 없을 시에는 소관청의 직권으로 집행할 수 있는 강력한 효력을 가진다는 의미로 지적측량의 내용에 대해서 이의가 있을 때에는 절차를 밟아서 그 내용을 변경할 수 있는 제도가 보장되고 있지만 어떻든 적법한 변경이 성립할 때까지는 그 집행을 중단할 수 없는 것이다.

〈표 7-3〉 지적측량의 성격 및 법적 효력

구분		세부 내용
지적 측량의 성격	기속성	법률에서 규정된 절차 및 방법에 따라 실시하므로 기속성을 가짐
	사법성	토지의 물권 및 물권설정을 보장하는 의미의 사법적 성격을 가짐
	공개성 (대중성)	토지의 등록사항을 일반인에게 공시 및 공개하는 성격을 가짐
	영구성	지적측량 성과는 영구히 보존하여야 하는 성격을 가짐
	평면측량	지적측량은 반경 11km 이내의 지표를 평면으로 간주하는 측량
	물적 책임성	오측량·과실로 인한 손해배상을 위해 보증보험 가입을 필요로 함
지적 측량의 법적 효력	구속적 효력	지적측량의 내용은 소관청과 소유자 및 이해관계인을 기속하고 모든 지적측량은 완료와 동시에 구속적인 효력을 발생시킴
	공정적 효력	지적측량에 따른 법적 경계는 유효하게 성립된 것으로 권한 있는 기관에 의해 취소되기 전까지 적법성을 추정받고 부인하지 못하는 효력
	확정적 효력	지적측량은 일단 유효하게 성립된 것으로 일정시간이 경과한 뒤 이해관계인이 그 효력을 다툴 수 없는 효력
	강제적 효력	소관청 자체의 자력으로 행정형벌·행정질서벌 등의 행정행위를 실행할 수 있는 자력집행력

3. 지적측량의 기능 및 역할

지적측량은 전 국토에 걸쳐 지적삼각점, 지적삼각보조점, 도근점[220] 등의 지적측량기준점[221]을 설치하고 이것을 기준으로 토지등록의 기본 단위인 일필지를 구획하여 토지의 표시사항은 물론 토지관리에 필요한 정보 수집 및 토지에 대한 권리관계를 밝히는 사법·기속 측량으로 법적으로 안전한 보장과 보호를 받는 측량이다.

공간정보의 구축 및 관리 등에 관한 법률 제2조 규정에는 "지적측량은 지적공부에

---

220) 도근점은 지적세부측량을 수행함에 있어 이미 설치된 기준점만으로는 세부측도가 어려워 새로이 기초측량을 실시하여 설치하는 지적측량기준점을 말한다.

221) 지적측량기준점이란 지적삼각점, 지적삼각보조점, 도근점을 말한다.

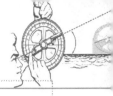

등록하거나 등록된 경계를 지표상에 복원할 목적으로 소관청의 직권 또는 이해관계인 신청에 의하여 각 필지의 경계 또는 좌표, 면적 등을 정하는 측량"으로 일필지의 모든 물리적 현황 및 권리한계를 명확하게 밝히는 측량이다.

즉, 지적측량은 토지에 관련된 정확한 일필지 경계를 구축하기 위하여 실시하는 측량으로 지상에 필지경계를 측량하여 도면상에 등록하거나 또는 도면상에 등록된 경계를 지상에 복원하는 경우 등으로 필지경계나 면적에 따른 세부적인 일필지 정보를 명확하게 제공하는 측량방법이다.

그래서 지적측량으로 인한 행정적, 사회적, 제도적인 기능을 살펴보면 다음과 같다.

일필지별 토지의 필지경계를 정확하게 측량·등록·공시하고 있으므로 토지경계나 면적 등의 정확한 물리적 한계는 물론 토지민원·분쟁 시 지적측량을 통한 분쟁해결의 최종적인 수단으로 제공된다.

또한 전국의 모든 토지경계가 도해의 선으로 표현되거나 또는 수치의 좌표로 각각 등록되어 있어 각종 행정의 기초 자료 제공은 물론 일필지 내의 세부적인 메타데이터 기능을 수행하고 있다.

그로 인해 일필지 토지경계의 사적 소유권한이 명확하게 구분되어 해당 필지의 경계 보존과 경계복원을 수행할 수 있으며 각종 정책 및 조세산정 등의 추가적인 용도로 활용될 수 있는 역할을 하고 있다.

〈표 7-4〉 지적측량의 기능 및 역할

구분	세부 내용
기능	일필지별 토지의 필지경계를 정확하게 측량·등록·공시하는 기능
	토지민원·분쟁의 법적 해결을 위한 최종 집행수단
	토지경계를 실제로 지상에 설정하고 이에 대한 토지경계 보호
	토지소유자의 물권한계를 확인할 수 있는 필지의 메타데이터 기능
	경계선 내의 정보유지 및 관리
	일필지별 토지경계 내의 정보를 토지행정의 기초 자료로 제공
역할	일필지 토지경계의 구축으로 인한 사적 소유권한 구분
	토지분쟁 시 경계보존과 경계복원 역할 수행
	토지관리에 필요한 세부정보 및 권리관계 등의 토지정보 제공
	경계 및 면적의 정확한 산출로 인한 조세산정의 형평성 제고
	일필지 내의 건축물이나 지하시설물 등의 위치 상호관계 제공

4. 지적측량의 대상 및 분류

1) 지적측량의 대상

　지적제도는 일차적으로 지적측량을 실시하여 그에 따른 각종 세부정보를 토대로 지적공부에 등록되기 때문에 지적측량은 매우 중요한 법적 지위를 갖는 수단이며, 대한민국의 모든 필지는 지적측량을 통해 형성되어 있다.

　지적측량의 대상은 토지표시사항 중 경계의 설정 및 변경이 수반되는 토지이동과 이에 따르는 기초측량, 경계의 복원, 지적측량의 검사, 경계와의 관계위치를 설정하기 위한 측량 등이 그 대상이 되고 있다.

　보다 더 세부적으로는 지적기준점을 정하는 경우, 지적측량성과를 검사하는 경우, 지적공부를 복구하는 경우, 토지를 신규등록하는 경우, 토지를 등록전환하는 경우, 토지를 분할하는 경우, 바다가 된 토지의 등록을 말소하는 경우, 축척을 변경하는 경우, 지적공부의 등록사항을 정정하는 경우, 도시개발사업 등의 시행지역에서 토지의 이동이 있는 경우, 경계점을 지상에 복원하는 경우, 지적현황측량 등이 그 대상이 된다.[222]

　현행 법률에서는 지적측량의 대상을 다음과 같은 경우에 소관청의 직권 또는 소유자 및 이해관계인의 신청에 의해 지적측량을 시행하는 것으로 규정되어 있다.

〈표 7-5〉 지적측량의 대상

구분	세부 내용
대상	지적기준점을 정하는 경우
	지적측량성과를 검사하는 경우
	지적공부를 복구하는 경우
	토지를 신규등록하는 경우
	토지를 등록전환하는 경우
	토지를 분할하는 경우
	바다가 된 토지의 등록을 말소하는 경우
	축척을 변경하는 경우
	지적공부의 등록사항을 정정하는 경우
	도시개발사업 등의 시행지역에서 토지의 이동이 있는 경우
	경계점을 지상에 복원하는 경우
	지적현황측량

[222] 공간정보의 구축 및 관리 등에 관한 법률 제23조 (지적측량의 실시 등)

2) 지적측량의 분류

(1) 도해지적측량

　도해지적측량(Graphical Cadastral Surveying)은 수치지적측량과 대립되는 지적측량으로 토지의 경계점을 지적도 또는 임야도 등의 도해적으로 점과 선 등으로 표시·등록하여 이를 소관청에 비치하고, 토지의 경계점은 이 도면에 나타난 것에만 의존하는 지적측량이다. 도해지적측량은 지적도면의 작성 시 수치데이터로부터 등록하지 않고 측판측량(평판)측량방법 등에 의해 현지에서 직접 도화하는 방법이다.[223]

　도해지적측량은 도면의 신축이나 관리가 어려우며 수치지적에 비해 그 정밀도가 낮은 것이 단점이다.

(2) 수치지적측량

　수치지적측량(Numerical Cadastral Surveying)이라 함은 토지의 경계점 위치를 도해적으로 표시하지 않고 수학적인 좌표, 즉 각 필지의 경계점을 평면직각종횡선수치(X, Y)로 표시·등록하는 지적측량을 말하며 이는 도해지적측량보다 훨씬 정밀한 결과를 가져온다.

　수치지적측량은 토지의 경계점을 하나도 빠짐없이 측지학적 좌표로 계산하기 때문에 필지의 면적이 넓고 형상이 정사각형에 가까워 굴곡점이 적은 경우에는 측량작업이 간단하고 시간적인 소요가 적은 반면 일필지의 형상이 곡선부가 많아 굴곡점이 많은 경우에는 모든 굴곡점에 기계를 세워 측량을 하여야 하기 때문에 시간적인 소요가 많다.

---

223) 강태환, 2002, 「지적세부측량」, 한올출판사, pp.17~20.

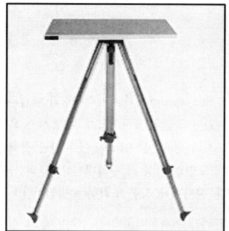 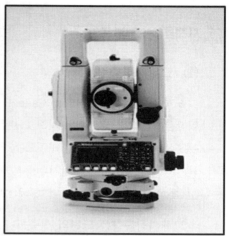

[그림 7-1] 도해지적측량(좌), 수치지적측량(우)

〈표 7-6〉 지적측량의 대상

구분	도해지적측량	수치지적측량
사용 장비	평판, 권척, 폴(폴대) 등	항공사진측량, 디지털 경위의, GPS 장비, 전파·광파측거기, 토털 스테이션
경계점 등록	기하학적(점, 선)	수학적(X, Y 좌표)
실제와의 관계	일정 비율로 축소(축척)	실제와 동일(1 : 1)
지적도 관리	관리 곤란(도면 신축 발생)	관리 용이(전산화 가능)
정밀도	낮은 정밀도	높은 정밀도
비용	저가	고가

5. 지적측량의 구분 및 방법

1) 지적측량의 구분

(1) 기초 측량

지적측량은 크게 기초 측량과 세부 측량으로 구분할 수 있고, 기초 측량은 모든 측량의 기초가 되는 지적측량 기준점의 설치를 위하여 시행하는 측량으로, 지적삼각측량·지적삼각보조측량·지적도근측량으로 분류하며, 지적측량기준점 설치 또는 재설치와 세부측량 시행상 지적측량기준점이 필요한 경우에 실시한다.

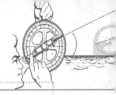

① 지적측량기준점의 설치, 세부 측량을 설치하기 위해 필요한 경우 실시

② 종류 : 지적삼각측량, 지적삼각보조측량, 도근측량 등

③ 지적삼각측량 및 지적삼각보조측량의 실시 경우

   ㉠ 측량지역의 지형관계상 지적삼각점 또는 지적삼각보조점의 신설 또는 재설치를 필요로 할 때

   ㉡ 도근점의 신설 또는 재설치를 위하여 지적삼각점 또는 지적삼각보조점의 설치를 필요로 할 때

   ㉢ 세부측량의 시행상 지적삼각점 또는 지적삼각보조점의 설치를 필요로 할 때

④ 도근측량의 실시 경우

   ㉠ 도시개발 사업 등으로 인한 지적확정측량

   ㉡ 축척변경측량

   ㉢ 도시지역에서 세부측량을 하는 경우

   ㉣ 측량지역의 면적이 해당 지적도 1장에 해당하는 면적 이상인 경우

   ㉤ 세부측량을 위해 특별히 필요한 경우

(2) 세부측량

세부측량은 지적측량기준점을 기초로 하여 일필지마다의 형상을 측량하는 것으로 일필지 경계점의 좌표를 결정하여 지적도(임야도 포함)를 작성하는 측량으로 일명 1필지 측량이라 한다. 여기에는 경위의 측량방법으로 하는 경우와 측판측량방법으로 하는 경우로 나눌 수 있으며 세부적인 측량은 다음과 같다.

① 신규등록측량	② 등록전환측량	③ 축척변경측량
④ 분할측량	⑤ 경계정정측량	⑥ 확정측량
⑦ 복구측량	⑧ 경계복원측량	⑨ 현황측량
⑩ 등록사항정정측량	⑪ 해면성 말소복구측량	

① 신규등록측량

신규등록측량은 토지대장이나 임야대장의 그 어느 쪽에도 등록되지 않은 토지를 대장에 등록하기 위하여 실시하는 측량이다. 예를 들면 공유수면 매립의 준공 등으로 새로운 토지가 생겼을 때 등에 실시한다. 다만, 현재 우리나라에서는 지적공부의 정밀도를 높이기 위하여 임야대장에 신규등록은 되도록 하지 않고 있다.

② 등록전환측량

지적공부의 정밀도를 높일 목적으로 임야대장 등록지를 토지대장에 옮겨 등록할 때에 필요한 측량이다. 그와 반대로 토지대장 등록지를 임야대장에 옮겨 등록하는 것은 있을 수 없다. 왜냐하면 임야대장 등록지의 정밀도는 토지대장 등록지에 비하여 훨씬 떨어지기 때문이다.

③ 축척변경측량

축척변경측량은 지적공부의 정밀도를 높이기 위하여 소축척 도면을 대축척 도면으로 변경할 필요가 있을 때에 실시하는 측량이다.

축척종대의 원칙은 일반적인 경우 대축척 도면은 소축척 도면보다 정확하다는 것을 전제로 하고 있으므로 동일한 경계로서 축척을 달리하는 때에는 대축척으로 그려진 도면의 경계에 의하게 되어 있다.

④ 분할측량

분할측량은 지적공부에 등록된 1필지를 2필지 이상으로 나누어 등록하기 위한 측량이다. 또한 토지의 일부를 매매할 때 또는 각종 공작물이 설치되었을 때 이를 나누어 등록하기 위하여 실시한다.

⑤ 경계정정측량

경계정정측량은 지적공부에 잘못 등록된 경계를 정정하여 경계를 바르게 잡는 데 필요한 측량이다. 이를 바꾸어 표현하면 현지의 경계는 변동이 없는데 지적(임야)도면상에 등록된 토지의 경계가 잘못 등록되었을 때 혹은 경계점좌표등록부에 등록된 좌표에 오류가 있을 때에 지적도 또는 임야도 및 경계점좌표등록부에 등록된 경계를 지상의 경계에 맞추기 위한 때에 하는 측량을 경계정정측량이라고 한다.

경계정정측량은 자칫하면 경계복원측량과 혼동되기 쉽다. 경계복원측량은 지적도 또는 임야도나 좌표대로 현지에 복원하는 측량이기 때문에 경계정정측량과는 정반대의 입장이 된다.

⑥ 지적확정측량

지적확정측량은 도시계획, 농지개량, 도시개발사업에 따른 측량으로 이러한 지역에서는 대부분의 경우 환지를 교부하는 예가 많다.

지적확정측량은 세부측량 중에서도 가장 정밀하게 실시되는 측량으로 경위의측량방법, 전파기 또는 광파기측량방법 등으로 실시한다.

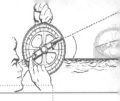

⑦ 복구측량

복구측량은 천재, 지변, 인위 등에 의하여 멸실된 지적공부를 그 멸실 직전의 상태 대로 복구함을 목적으로 하는 측량이다.

우리나라는 6.25전쟁으로 멸실된 지적공부를 복구하기 위하여 복구측량을 실시한 사례가 많았다.

⑧ 경계복원측량

경계복원측량은 도면에 등록된 경계 또는 경계점좌표등록부에 등록된 좌표를 실지 에 표시하는 측량방법으로 지적측량 중에서도 가장 민원이 많이 발생되는 측량이다.

경계복원측량은 세부측량의 다양한 방법을 적용하여 실시하는데, 작업을 시작하기 전에 특히 자료조사를 할 필요가 있으며 기존의 측량방법과 기술을 그대로 재현하여야 하는 어려움이 있어 유의하여 측량하여야 한다.

⑨ 현황측량

현황측량은 지상구조물 또는 지형 · 지물이 점유하는 위치 현황을 지적도 또는 임야 도에 등록된 경계와 대비 표시하기 위하여 필요한 경우 실시하는 측량이다.

⑩ 등록사항정정측량

등록사항정정측량은 지적공부의 등록사항에 오류가 있는 토지로서 소유자의 신청 또는 소관청의 직권으로 정정할 수 있다. 이 중 물리적인 변경이 없는 공부상 또는 대 장상의 등록사항에 오류가 있는 경우에는 측량을 하지 않으나 경계 · 면적 · 위치 등의 정정은 새로이 조사하여 측량하여야 한다.

⑪ 바다로 된 토지를 말소 측량

지적공부에 등록된 토지가 지형의 변화 등으로 바다로 된 경우로서 원상으로 회복할 수 없거나 다른 지목으로 될 가능성이 없는 토지를 측량하여 지적공부를 말소시키고자 할 때 실시하는 측량

2) 지적측량 방법

지적측량은 사용하는 기기에 따라 (전자)평판측량, 경위의 측량, 전파기 또는 광파 기 측량, 사진측량 및 위성측량 등의 방법으로 실시하고 있다.

기초 측량은 지적측량기준점의 설치 또는 세부 측량을 실시하기 위하여 필요한 경우 에 (전자)평판측량, 경위의측량방법, 전파기 또는 광파기측량방법, 사진측량방법, GPS

측량방법 등에 의하여 실시한다.

① (전자)평판측량 : 토털 스테이션과 전자평판을 연계하여 지적세부 측량을 실시할 경우

② 경위의측량 : 기초 측량과 수치지적에 의한 지적세부측량을 실시할 경우

③ 전파 또는 광파기에 의한 측량 : 기초 측량의 거리측정에 사용

④ 사진측량 : 지상·항공사진으로 분류하며, 지적측량에서 주로 항공사진을 이용

⑤ GPS 측량 : 인공위성을 이용하여 지상의 거리와 좌표를 구할 경우

반면 세부측량은 경위의측량방법으로 하는 경우와 측판측량방법으로 하는 경우로 나눌 수 있으며, 측판측량방법은 도해측량에 의한 세부측량방법이며, 경위의측량방법과 전파기 또는 광파기 측량방법은 경계점좌표등록부 시행지역의 측량에 의한 세부 측량 또는 기초 측량에 각각 활용한다.[224]

경위의측량방법, 전파기 또는 광파기 측량방법, (전자)평판측량방법, GPS 측량 등은 널리 지적측량에 활용되고 있으며, 최근 들어 초경량비행장치인 UAV(Unmanned Aerial Vehicle)를 이용한 포인트 클라우드 기반의 드론 정사영상에 의한 지적측량 도입을 추진 중에 있다.

2008년 초기의 GPS 측량이 도입되던 시기의 사회적 배경과 비슷한 형태로 초경량비행장치에 의한 UAV 측량이 고가의 장비, 후속처리 프로그램, 전문인력 등으로 인해 제약이 많았으나 다양한 검증과 연구를 통해 현재 지적측량에서 다양하게 활용되고 있으므로 관련 법률 규정 제정을 눈앞에 두고 있다.

〈표 7-7〉 지적측량의 종류 및 방법

구분	종 류	측량 방법	성과의 산출
기초측량	• 지적삼각측량	• 경위의 측량방법 • 전파기 또는 광파기 측량방법	• 망평균계산법 • 평균계산법
	• 지적삼각보조측량	• 경위의 측량방법 • 전파기 또는 광파기 측량방법	• 교회법 • 다각망도선법
	• 지적도근측량	• 경위의 측량방법 • 전파기 또는 광파기 측량방법	• 도선법 • 교회법 • 다각망도선법

---

224) 강태환, 2005, 「지적측량」, 한올출판사, pp.37~40.

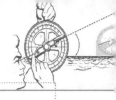

〈표 7-7〉 지적측량의 종류 및 방법

구분	종 류		측량 방법	성과의 산출
세부측량	• 지적복구측량 • 등록전환측량 • 지적현황측량 • 축척변경측량 • 등록사항정정측량 • 지적확정측량	• 신규등록측량 • 경계복원측량 • 분할측량 • 경계정정	• 경위의 측량방법	• 도선법 • 방사법
			• 측판측량방법	• 교회법 • 도선법 • 방사법

〈표 7-8〉 지적측량과 일반측량의 비교

구분	지적측량	일반측량
목적	• 토지에 대한 물권이 미치는 범위와 경계 및 면적 등을 확정·공시하기 위한 사법적 측량	• 건설공사의 시행을 위하여 각종 공작물의 형태 및 지형 등을 나타내기 위한 측량
이익관계	• 토지소유자의 입장에서 토지소유자를 대신하는 측량	• 기업가의 입장에서 하는 측량
담당기관	• 시·도(건설도시국 지적과) • 시·군·구(지적과·민원과)	• 국토교통부(국토지리정보원)
측량기관	• 국가(한국국토정보공사, 지적측량업등록업자)	• 측량업등록자(자유업)
측량종목	• 신규등록, 토지분할, 경계복원, 현황측량 등	• 공공측량 및 일반측량
측량방법	• (전자)평판측량, 경위의측량, 전파·광파기측량, 사진측량, 위성측량	• 규정사항 없음(모든 측량방법 적용 가능)
측량검사	• 국가기관(소관청) • 시·도(지적삼각측량·경위의측량에 의한 확정측량) • 시·군·구(일필지 세부측량)	• 없음
성과보존	• 영구보존	• 건설공사 준공 시 보존 불필요
측량책임	• 1차 : 한국국토정보공사 및 지적측량수행자 • 2차 : 국가(소관청)	• 측량자

제2절 지적기술 자격제도 및 대행제도

1. 지적기술 자격제도

1) 지적기술 자격제도의 발전 과정

우리나라의 지적기술 자격제도는 대한제국시대부터 태동되었다고 볼 수 있으며, 시대별로 대한제국시대, 일제강점기 시대, 미군정시대, 1950년 광복 이후 시대로 구분할 수 있다.

대한제국시대에는 검열증과 토지측량자 면허증 제도가 있었고, 일제강점기 시대는 기업자측량제도와 도지정측량자, 미군정시대는 공무원(도안사, 지세도안사)으로 구분할 수 있으며, 1950년 광복 이후로는 자격인증서, 자격승인서, 지적기술자 인증서, 지적측량사, 지적기술자로 구분할 수 있다.

〈표 7-9〉 지적기술 자격제도의 발전 과정

구분	자격구분	세부 내용
대한제국	검열증	• 1909년 유길준이 '대한측량총관회'를 창립하고, 검사부와 교육부를 두고 기술을 검정하여 합격자에게는 검열증 발급 • 검열증을 취득한 자는 총관회에서 일체의 책임을 지는 제도로 운영되었음 • 검열증은 지적측량사 자격의 효시라 할 수 있음
	토지측량자 면허증	• 1910년 2월 전라북도, 경기도, 강원도에서 토지측량자와 관련된 규정을 제정하여 토지측량자에게 면허증을 교부함 • 전라북도지사 이두황(도령 제1호로 토지측량자 취체규칙) • 경기도지사 김사묵(도령 제1호 토지측량업자 단속규칙) • 강원도 관찰사 이규완(도령 제2호 토지측량업자 취체규칙)
일제강점기	기업자 측량제도	• 1923년 7월 19일 조선총독부 재무국장의 내첩으로 토지 및 임야조사사업을 실시한 이후, 토지이동이 급격하게 증가하자 부·군·도에 근무하는 직원만으로 업무를 소화하기 어려워 이제까지 지적측량을 하고 있는 기업자 또는 측량자나 그들의 보조자 등에게 지적도 또는 임야도의 열람과 등사를 허용하도록 지시함
	도지정측량자	• 1923년 7월 20일 기업자 측량인 이동지 정리와 지정측량자 지정에 대한 통첩을 각 도지사에게 보내 국가직영체제에서 도지정측량자제도로 전환(토지기업자의 토지이동 측량 종사원에 대한 측량경험유무 조사 및 토지측량 강습 실시)

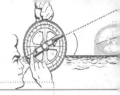

미군정 시대	공무원	도안사	• 미군정 시대의 지적측량은 각 도에서 지적기수를 임명하여 토지측량을 집행하였고 세무서 직세과의 기수들이 직접 측량을 하기도 하였으며 그 당시 기술공무원의 직명은 도안사, 지세도안사, 기술사로 불렸으며, 도지정측량사 제도 및 측량자유업을 실시하기도 함225)
		지세도안사	
		기술사	
	도지정측량사		• 광복 후 조선지적협회가 휴면상태가 되어 각 도에서 지적기수를 임명하여 지적행정의 공백을 이어갔는데 경상북도에서 최초로 도지정 지적측량사 제도를 시행함 • 미군정 시대에는 도와 세무서의 기수, 도지정측량사, 국가 및 공공단체의 지적기술자, 측량기술자에 의한 자유업 등 다양하게 수행됨
1950 이후	자격인증서		• 1948년 6월 21일 재무부 사세총감이 신한공사 후신인 중앙토지행정처의 토지처분을 위해 교부한 적산측량을 위한 자격인증서로 우리나라 최초의 중앙행정기관에서 교부한 측량사 자격으로 추정됨
	자격승인서		• 지방사세청장이 분배농지 측량을 위해 한시적, 한지적으로 교부하였고 측량기술자의 업무영역, 종사지역, 종사기간 등이 기재되어 있음
	지적기술자 인정서		• 1960년 5월에 지적측량사 규정의 제정 이전에 재무부에서 전형을 실시하여 재무부장관이 교통부소관의 지적측량업무를 수행할 수 있는 지적기술자에 대한 인정서 교부(우에 적은 자는 교통부소관 지적기술자임을 인정함 1960년 5월 31일 재무부장관이라고 기록되어 있음226))
	지적측량사		• 1960년 12월 지적측량사규정과 1961년 2월 지적측량사 시행규칙을 제정하여 상치측량사와 대행측량사로 구분하고 세부측량과, 기초측량과, 확정측량과의 3개과로 구분하여 지적측량사 자격제도 시행
	지적기술자		• 1973년 12월 국가기술자격법과 시행령 및 규칙을 제정하여 지적기술사, 지적기사 1급 · 2급, 지적기능장, 지적기능사 1급, 지적기능사 2급으로 구분 • 현재 지적기술사, 지적기사, 지적산업기사, 지적기능사로 구분

출 처 : 류병찬, 2011, "지적기술사 자격제도의 도입경위와 발전방향에 관한 연구", 한국지적학회, 제27권 제1호, pp.11~26. 참조작성.

2) 지적측량사 및 지적기술자(지적측량기술자)

지적측량기술자와 관련해서 먼저 1960년 12월 31일 지적측량사 규정을 제정하여 지적법에 의한 측량에 종사하는 자를 지적측량사라고 하였고 상치측량사와 대행측량사를 두었다.

대행측량사는 지적측량사 시행 당시에 법인격이 있는 지적단체인 재단법인 대한지

적협회의 측량기술자를 의미하고 상치측량사는 국가공무원으로서 소속관서의 지적측량사무에 종사하는 자를 의미하였다.

지적측량사제도는 지적측량에 따른 지적 측량계획을 수립하고 등사도 작성, 소도작성, 현지측량, 측량원도 작성, 면적측량부 작성 및 소관청에 의뢰하는 등 지적법에 의한 토지의 재산권 행사를 목적으로 하는 측량업무를 수행하였다.

또한 지적측량은 지적기술자가 아니면 할 수 없으나 다만, 지적측량에 수반하는 사항으로서 경미한 사항은 지적기능자도 할 수 있다고 규정하고 있다.

1973년 국가기술자격법[227]이 제정되어 1974년 7월 1일부터 시행되었으며, 지적기사 1급(현행 지적기사)과 지적기사 2급(현행 지적산업기사)으로 신설하였고 1976년 5월 7일 기존의 지적측량사 규정 및 시행규칙이 폐지되었다.

그리고 1999년 3월에는 지적기사 1급은 지적기사, 지적기사 2급은 지적산업기사로 개정되었고 2005년에는 지적산업기사는 지적기능산업기사와 통합되어 지적산업기사로 개정되었다.

1976년 4월에는 제2801호의 제28조 규정[228]에는 지적측량은 국가기술자격법에 의한 기술계 지적측량자격자를 지적기술자라 하였고 기능계 지적측량자격자는 지적기능자로 하였다.

1976년부터 2002년 이전까지 지적기술사, 지적기사 1급, 지적기사 2급, 지적기능자로 구분하여 지적기사 2급까지 지적측량업무에 종사하되 지적기능사는 지적측량을 보조하거나 지적도 및 임야도의 정리와 등사, 면적측정 및 도면작성 등의 경미한 업무에 종사하도록 하였다.

그리고 2002년에 들어오면서 지금의 기술자격명과 동일한 지적기사, 산업기사 등으로 자격명칭을 부여하였고 지적기술사, 지적기사, 지적산업기사, 지적기능산업기사, 지적기능사로 자격을 구분하였다.

그러나 현재 법이 통합되면서 공간정보의 구축 및 관리 등에 관한 법률에서는 측량기술자의 자격기준을 특급기술자, 고급기술자, 중급기술자, 초급기술자, 고급기능사, 중급기능사, 초급기능사로 구분하면서 기존의 구 지적법에 의한 지적측량기술자는 폐지되었다.

그래서 현행 법률규정에는 기술자격자는 기술사·기사 및 산업기사의 경우에는 '국가기술자격법'의 기술자격종목 중 측량 및 지형공간정보와 지적기술자격을 취득한 사

---

227) 국가기술자격법은 국가기술자격제도를 효율적으로 운영하여 산업현장의 수요에 적합한 자격제도를 확립함으로써 기술인력의 직업능력을 개발하고, 기술인력의 사회적 지위 향상과 국가의 경제발전에 이바지함을 목적으로 한다.

228) 법률 제2801호, 지적법 제28조 (지적기술자 등)

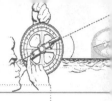

람을 말하고, 기능사의 경우에는 '국가기술자격법'의 기술자격종목 중 측량·지도제작·도화(圖化)·지적 또는 항공사진의 기술자격을 취득한 사람을 말한다.

그리고 측량업무를 수행하는 사람(자)은 측량분야에서 계획·설계·실시·지도·감독·심사·감리·측량기기 성능 검사 또는 연구업무를 수행한 사람과 측량분야 병과(兵科)에서 복무한 사람을 말한다.

또한 학력·경력자는 초·중등교육법 또는 고등교육법에 따른 해당 학교에서 측량 및 지적 관련 학과의 정해진 과정을 이수하고 졸업한 사람과 그 밖에 관계 법령에 따라 국내 또는 외국에서 측량 및 지적 관련 학력이 있다고 인정되는 사람 그리고 국토교통부장관이 정하는 교육기관에서 정해진 측량 관련 교육과정을 이수한 사람으로 규정하고 있다.

〈표 7-10〉 지적측량사 및 지적측량기술자

구분	지적측량사 제도	지적측량기술자
시행년도	• 1960년 신설, 1976년 폐지	• 1974년부터 2021년 현재
시험과목	• 각 과별로 필기, 실무, 구술고사 ① 세부측량과 ② 기초측량과 ③ 확정측량과	• 필기, 실기(내업·외업)으로 시행 ① 지적측량 ② 응용측량 ③ 토지정보체계론 - (2006년 이전 도시계획개론) ④ 지적학 ⑤ 지적관계법규
자격구분	• 대행측량사 • 상치측량사	• 지적기술사 • 지적기사(1999년 이전 지적기사 1급) • 지적산업기사(1999년 이전 지적기사 2급) • 지적기능사(1999년 이전 지적기능산업기사)

출 처 : 한국산업인력관리공단(http://www.hrdkorea.or.kr); 법제처(www.law.go.kr) 참조작성.

3) 지적측량기술자의 직무 범위 및 자격 기준

〈표 7-11〉구 지적법상의 지적측량기술자 및 직무 범위

분류		직무 범위
(구) 지적법 규정229)	지적기술사	지적기사가 하는 업무와 지적측량기술의 개발 등에 관한 기획 및 연구
	지적기사	지적산업기사가 하는 업무와 지적측량의 종합적 계획의 수립 등
	지적산업기사	지적기능산업기사 및 지적기능사가 하는 업무와 지적측량
	지적기능산업기사 및 지적기능사	지적측량의 보조 또는 도면의 정리와 등사 · 면적측정 · 도면작성

출 처 : 법제처(www.law.go.kr) 참조작성.

〈표 7-12〉현행 법률상의 측량기술자의 자격 기준

등급	기술자격자	학력 · 경력자
특급 기술자	• 기술사	
고급 기술자	• 기사 취득 후 7년 이상 측량업무를 수행한 자 • 산업기사 취득 후 10년 이상 측량업무를 수행한 자	
중급 기술자	• 기사 취득 후 4년 이상 측량업무를 수행한 자 • 산업기사 취득 후 7년 이상 측량업무를 수행한 자	
초급 기술자	• 기사 자격을 취득한 자 • 산업기사 자격을 취득한 자	• 석사 이상의 학위를 취득한 사람 • 학사학위를 취득 후 1년 이상 측량업무를 수행한 자 • 전문대학 졸업 후 3년 이상 측량업무를 수행한 자 • 고등학교를 졸업 후 5년 이상 측량업무를 수행한 자 • 국토교통부장관이 정하는 교육기관에서 1년 이상 측량관련 교육과정을 이수한 후 7년 이상 측량업무를 수행한 자
고급 기능사	• 기능사 취득 후 7년 이상 해당 분야의 측량업무를 수행한 자	
중급 기능사	• 기능사 취득 후 3년 이상 해당 분야의 측량업무를 수행한 자	
초급 기능사	• 기능사 자격을 취득한 자	• 전문대학 졸업 이상의 학력취득 후 1년 이상 측량업무를 수행한 자 • 고등학교를 졸업 후 3년 이상 측량업무를 수행한 자

출 처 : 법제처(www.law.go.kr) 참조작성.

---

229) 지적법 시행령 제46조 (지적기술자의 기술자격별 직무범위)

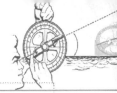

※ 지적기술자격

구분	기술계			기능계
	기술사	기사	산업기사	기능사
구 지적법	지적기술사	지적기사	지적산업기사	지적기능산업기사 및 지적기능사
공간정보의 구축 및 관리 등에 관한 법률	지적기술사	지적기사	지적산업기사	지적기능사

2. 지적측량 대행제도

1) 대행제도의 유형

지적측량의 대행제도에는 국가직영방법과 단일대행방법 및 전담대행방법이 일반적이며 일부의 국가에서 복수대행방법과 완전개방방법이 있다.

(1) 국가직영

국가직영체제는 국가에서 직접 지적측량을 수행하는 방식을 말하며 이 방법은 중복적인 절차와 과정을 피할 수 있어 업무처리의 신속함을 기할 수 있다.

(2) 단일대행

단일대행체제는 지적측량을 수행할 수 있는 법적 일정한 자격을 구비한 법인격이 있는 기술단체에게 대행시키는 체제이다.

일본의 경우 지적측량은 토지가옥조사연합회에서 대행하고 있으며, 국토재조사측량은 국토조사측량협회에서 할 수 있도록 하고 있다.

단일대행체제는 국가에서는 검사측량만 수행하며 지적측량은 대행단체에 전속시켜 할 수 있도록 함으로써 검사와 측량을 이원화하여 시행하고 있는 체제이다.

단일대행제제는 지적측량을 국가가 전담하여 수행하기에는 국가공무원의 인력 및 구조적인 부분에 있어 업무량이 광대함으로 인해 법적 요건을 갖는 측량단체에 전속시킴으로써 보다 측량의 정확성과 신속성을 도모하기 위한 방법으로 볼 수 있다.

(3) 복수대행

복수대행제제는 단일대행체제에서 벗어나 대행법인의 법적 설립 조건을 갖추었을 경우 설립을 인가하는 것으로 단일대행의 독점시장 또는 측량의 과실 또는 오측량 등의 기술성을 보다 개선시킬 수 있는 대행체제이다.

즉, 지적측량 민원의 신속한 처리가 가능하고, 독점시장에 대한 국민의 비판이 해소될 수 있으며 측량착오에 따른 배상이 용이할 수 있다는 장점이 있는 반면 대행법인 사이에 과다경쟁 또는 측량 수수료의 담합 등이 발생할 수 있어 국민의 부담이 커질 수 있는 단점이 있다.[230]

(4) 전담대행

전담대행제도는 우리나라의 경우 2003년도 이전까지 대한지적공사에서 전담대행체제로 수행하였으나 2004년 지적측량시장을 경쟁체제로 바꾸면서 수치측량과 확정측량을 지적측량등록업자에게 할 수 있도록 하면서 전담대행체제는 사실상 종료되었다.

단일대행체제는 협회 등을 만들어 협회에 가입한 사람에 의해 지적측량을 수행할 수 있는 반면 전담대행은 완전히 하나의 독립된 조직적인 단체에 소속된 구성원에 의해서 각 개별 팀별로 운영되고 있는 것이 다른 점이다.

(5) 자유경쟁

자유경쟁체제는 지적측량을 수행하기 위해 법적 요건을 갖춘 인·허가 또는 등록을 받은 다양한 사무소나 협회 또는 사업체 등에서 공개적인 자유경쟁하에 실시되는 체제이다. 자유경쟁체제는 양질의 서비스 제공 및 업무처리의 신속성은 확보될 수 있으나 자유경쟁하에서의 통일성 확보는 물론 가격하락에 따른 이익감소로 인해 전문기술인력 및 기술개발연구 등의 기술력이 후퇴되는 단점도 갖고 있다.

---

230) 이왕무 외, 전게서, pp.318~320. 참조작성.

〈표 7-13〉 국가별 지적측량 대행제도

운영방식	국가	세부 담당기관
국가직영 + 자유경쟁	독일	• 국가(지적사무소) + 사설측량사무소
	프랑스	• 국가(확정측량) + 1필지측량(합동사무소)
	스위스	• 국가(대단위 업무) + 이동지측량(개인사무소)
	이탈리아	• 국가(대단위 업무) + 이동지측량(개인사무소)
국가직영 + 단일대행	일본	• 1필지측량(토지가옥조사연합회) • 국토재조사측량(국토조사측량협회)
국가직영 제도	네덜란드	• 지적사무 담당 공무원들이 직접 지적측량수행(국가)
	대만	
	미얀마	
	인도네시아	
전담대행 + 자유경쟁	한국	• 전담(한국국토정보공사)

출 처 : 이왕무 외, 전게서, p.319. 참조작성.

지적법의 발전 과정

지적법의 발전 과정

제1절 지적법의 변천 과정

1. 지적법 제정 이전

1) 토지조사법

1910년 8월 23일 법률 제7호로 규정되었고, 조세수입의 증대를 위한 체계를 갖추기 위한 목적으로 공포된 근대 지적관련 법령의 효시이다.

또한 토지조사법의 세부사항을 위해 탁지부령 제26호로 '토지조사법 시행규칙'이 제정되면서 지목과 지반을 측량하여 1구역마다 지번을 붙이도록 하였으며, 18개 지목으로 구분하여 지주와 강계를 사정하였다.

'토지조사법'은 완전한 법적 체계를 갖춘 대한제국의 마지막 법령이다.

2) 토지조사령

1912년 8월 13일 제령 제2호로 공포되었고 토지의 조사 및 측량에 관한 사항과 지반의 측량은 평 또는 보의 단위를 사용하도록 하여 토지대장 및 지도를 작성하고 토지의 사정에 따른 고등토지조사위원회 등의 내용으로 전문 19조 부칙 2개항으로 구성되어 있다.

'토지조사령'에는 지목을 전·답·대·지소·임야·잡종지·사사지·분묘지·공원지·철도용지·수도용지·도로·하천·구거·제방·성첩·철도선로·수도선로의 18가지 지목을 과세지, 면세지, 비과세지로 구분하여 비과세지인 도로·하천·구거·제방·성첩·철도선로·수도선로의 7가지에 해당하는 토지는 지번을 붙이지 않을 수 있도록 한 것이 특징이다.

3) 지세령

1914년 3월 16일 제령 제1호로 공포되었고 기존의 18개의 지목을 2개의 과세지와 비과세지로 구분한 것이 특징이다.

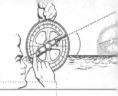

'지세령' 제5조에 "부·군에 토지대장 또는 결수연명부를 비치하고 지세에 관한 사항을 등록한다"고 규정한 점으로 보아도 오늘날과 같은 법지적을 목적으로 한 것이 아니라 세지적을 주목적으로 하였다는 점을 알 수 있다.

'지세령'의 지목은 다음과 같이 18개의 지목을 과세지와 비과세지로 분류하였다.

　① 과세지 : 전, 답, 대, 지소, 잡종지
　② 비과세지 : 임야, 사사지, 분묘지, 공원지, 철도용지, 수도용지, 철도, 하천, 구거,
　　　제방, 성첩, 철도선로, 수도선로

그리고 1917년 '개정 지세령'에 유지를 지목으로 새로 신설하여 1918년부터 19개의 지목으로 분류하였다.

4) 토지대장규칙

1914년 4월 25일 총독부령 제45호로써 공포되었으며, 이는 1914년 3월 16일 제령 제1호로 공포된 '지세령' 제5조의 토지대장에 관한 내용을 규정하는 데 그 목적이 있었다.

'토지대장규칙' 제3조에는 부, 군, 도에 지적도를 비치할 것과 지적도에 토지대장에 등록된 사항을 등록한다는 규정을 두고 있다.

그리고 토지에 관련된 소유권 및 권리관계는 등기소의 통지에 의하여 정리하고 질권, 전당권, 지상권자의 주소·성명·명칭까지 등록하도록 하였으며, 대장과 도면의 열람 및 등본교부를 위해서 수수료를 첨부하여 부윤, 군수, 도사에게 청구할 수 있도록 하였다.

5) 조선임야조사령

1918년 5월 1일 제령 제5호로써 공포되었고 임야조사를 위한 근거법으로 '조선임야조사령'은 토지조사령과 함께 우리나라에 지적제도를 확립시키는 기초가 되었다고 볼 수 있다.

'조선임야조사령' 제1조에서는 "임야의 조사 및 측량은 토지조사령에 의하여 한 것을 제외하고 본령에 의함"이라고 규정하여 토지조사령에서 제외된 모든 토지는 '조선임야조사령'에 의해 일체의 조사를 실시하도록 규정하였다.

또한 '조선임야조사령'은 처음으로 임야대장과 임야도를 만드는 데 필요한 법적 근거를 마련하였으며, 토지소유권과 경계는 도지사가 사정하고 재결은 임야심사위원회에서 실시하도록 하였다.

6) 임야대장규칙

1920년 8월 23일 조선총독부령 제113호로써 '임야대장규칙'이 공포되었고 그 후 3

차례에 걸친 개정이 있었다.

'임야대장규칙'은 '토지대장규칙'을 준용하여 제정되었는데 임야의 면적증감을 허용하였고 임야대장의 면적은 무(畝) 단위를 사용하도록 하였다.

그래서 임야대장과 임야도를 부·군에 비치하도록 함으로써 '임야대장규칙'이 제정되면서부터 토지와 임야를 구분하여 이원적인 체제로 관리되었다.

7) 토지측량규정

1921년 3월 16일 조선총독부 훈령 제10호로써 '토지측량규정'이 제정되어 토지측량과 관련하여 기본적인 방법과 절차를 규정하였다.

토지측량에 관한 규정으로 해방 후까지 계속 시행되어 오다가 1954년 11월 대통령령으로 '지적측량규정'을 제정·시행함과 동시에 폐지되었다.

8) 임야측량규정

1935년 6월 12일 조선총독부 훈령 제27호로써 '임야측량규정'이 제정되었다.

'임야측량규정'은 대부분 '토지측량규정'을 준용하도록 하여 임야지역에 대한 기본적인 측량방법과 절차 등을 규정하였다.

9) 조선지세령

1943년 3월 31일 제령 제6호로써 공포되어 그 해 4월 1일부터 시행되면서 1914년 3월 16일 제령 제1호로 29년 동안 유지되어 왔던 '지세령'은 폐지되었다.

'조선지세령'은 지세에 관한 사항과 지적에 관한 사항이 혼합되어 있으나 주 목적은 지세에 관한 사항을 규정하는 것이었고 부칙을 포함하여 총 95개의 조문으로 구성되어 있다.

'조선지세령'은 그 시행규칙에 '토지대장규칙'의 대부분을 흡수하고 '토지대장규칙'을 폐지하였지만 '임야대장규칙'은 지세는 국세이며 임야세는 지방세였기 때문에 독립시키지 못하고 이원적으로 규정하게 되었다.

'조선지세령'은 기존의 19개 지목에서 잡종지를 염전과 광천지로 각각 분리하여 21개의 지목으로 구성하였고 과세지와 비과세지의 2개 종류로 구분하였다.

10) 조선임야대장규칙

1943년 3월 조선총독부령 제69호로써 공포되어 그 해 4월 1일부터 시행됨으로써

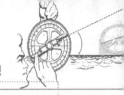

1920년 8월 23일 조선총독령 제113호 임야대장규칙은 23년 만에 그 내용의 대부분은 '조선임야대장규칙'에 계승되었고 해방 후에도 계속 시행되어 오다가 1950년 12월 '지적법'이 시행됨과 동시에 폐지되었다.

2. 지적법 제정 이후

1) 지적법

지적법은 1950년 12월 1일 법률 제165호로서 공포되었으며, 부칙까지 합쳐 41개의 조문으로 기존의 법을 폐지하고 '지적법'과 '지세법'을 분리·제정하여 우리나라의 독립적인 새로운 '지적법'을 제정하였다.

그 당시 총 18개의 지목으로 출발하였고 지적도, 임야도, 지적대장, 임야대장의 4가지를 지적공부로 인정하였으며 토지이동의 신청 및 신청이 없을 경우에는 직권조사에 의하도록 규정하였다.

그리고 1976년 4월 1일 전문개정이 이루어져 '지적법'의 주요 내용과 입법 목적 등을 규정함으로써 26년간 시행되어 온 기존의 1950년 법률 제165호의 지적법을 폐지하였다.

그래서 이를 구분하기 위해 1950년의 지적법은 '구지적법', 1976년 이후의 지적법은 '신지적법'으로 일반적으로 불리어진다.

1950년대 초기의 '지적법'에서부터 총 18차례에 걸친 법 개정을 거쳐 2009년 '측량법', '수로업무법', '지적법'을 통합하면서 59년간 사용되어 온 지적법은 폐지되었고 2015년 현재 '공간정보의 구축 및 관리 등에 관한 법률'로 기존 법률명이 변경되어 사용되고 있다.

2) 지적측량규정

'지적측량규정'은 1954년 11월 12일 대통령령으로 공포되었는데 이는 구지적법 제17조 제3항에 의하여 발한 위임명령이었다.

제17조 제3항은 "토지를 분할할 때에는 이를 측량하여 각 지번의 토지의 경계 및 지적을 정하는 것과 새로이 토지대장에 등록하여야 할 토지는 이를 측량하여 그 경계 및 지적을 정하는 것으로 측량에 관한 사항은 대통령령으로 이를 정한다"라고 규정하고 있다. '지적측량규정'은 지적측량에 관한 사항을 규정한 것으로 이는 1960년에 공포된 지적측량사규정과 함께 지적측량에 대하여 중요한 규정이었다.

'지적측량규정'은 대체적으로 측량법에 의한 일반측량에 대하여 지적측량의 위치를 확실하게 하는 계기가 되었다. '지적측량규정'에 규정된 사항들은 우리나라 지적공부 정리의 근본이 되었다.

'지적측량규정'이 시행됨과 동시에 '토지측량규정'과 '임야측량규정'은 폐지되었다.

3) 지적측량사규정

지적측량사규정은 1950년의 지적법 제17조 제3항에 근거하여 1954년 11월 12일 대통령령으로 공포되었고, 1960년 12월 31일 국무원령(대통령령과 동격) 제176호로써 지적측량사규정이 공포되었다.

지적측량규정은 지적측량에 관한 기술적인 측면의 규정이었고 이 규정은 이에 종사하는 기술자에 대한 사항을 규정하였다.

결과적으로 지적측량은 지적측량사규정에 의하여 공인된 기술자가 지적측량규정에 따라 시행한다는 것이었다. 후에 제정된 측량법의 규정과 많은 논쟁이 있었으나 결국은 새로운 지적법이 제정되며 지적측량에 관한 규정을 두어 지적측량의 위치를 분명하게 할 수 있었다.

〈표 8-1〉 지적측량수행자 변천 과정

측량수행자	기간	감독기관	운영 목적 및 내용
국가직영 (임시토지조사국)	1910~1924	농공상부	토지조사사업으로 지적 창설
기업자측량제도 및 지정측량자제도	1923~1938	재무국	세무감독국 단위로 운영
역둔토 협회	1931~1938	재무국	역둔토 토지이동 측량 전담
조선지적협회	1938~1945	재무국	지적측량 전담 대행기관
국가직영(지정측량자제도)	1945~1949	재무국	해방 이후 미군정시대
대한지적협회	1949~1977	재무부, 내무부	지적측량 전담 대행기관
대한지적공사	1977~2003	내무부, 행정자치부	지적측량 전담 대행기관
대한지적공사 지적측량업자	2004~2015	행정자치부, 국토해양부, 국토교통부	도해측량 : 지적공사 전담 수치측량·확정측량 : 경쟁체제
한국국토정보공사 지적측량수행자	2015~현재	국토교통부	

출 처 : 박민호 외 2009. "지적측량 위상 재정립에 관한 연구", 한국지적학회지, 제25권 제2호, pp..141~155.

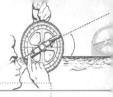

4) 공간정보의 구축 및 관리 등에 관한 법률

지적측량(구 행자부), 측지측량(구 건교부) 및 수로측량(구 해양수산부) 업무가 각각 다른 측량기준과 절차에 의해 운영됨에 따라 지형도, 지적도 및 해도가 상호 부합하지 않아 측량성과에 대한 신뢰도와 활용도가 저하될 뿐만 아니라 일반측량시장, 지적측량시장 및 수로측량시장의 분리로 측량분야의 전문성이 떨어지고 측량기술의 발전과 측량산업의 발전에 걸림돌로 작용하고 있었다.[231]

2009년 '측량·수로조사 및 지적에 관한 법률'로 통합된 법률의 제정으로 인해 1950년부터 59년간 이어온 지적의 제반규정을 폐지하게 되었고 2015년 공간정보와 관련된 법률이 3개의 법률로 구분되어 개정되면서 현재 '공간정보의 구축 및 관리 등에 관한 법률'로 법률명이 변경되었다.

3. 공간정보의 구축 및 관리 등에 관한 법률

1) 내용 및 목표

측량·수로 조사 및 지적에 관한 법률은 기존의 측량법, 수로업무법, 지적법을 하나로 통합하여 2009년에 제정되었고 2015년에 '공간정보의 구축 및 관리 등에 관한 법률'로 법률명칭과 일부법률을 개정하였다.

3법률의 통합된 배경은 기존의 업무의 성격은 달라도 국가의 특정부분의 영역을 측량하여 도면의 작성과 관리 등을 주 업무로 운영되고 있었으나 각 부처별 이용하고 있는 도면의 불일치로 인해 활용도가 낮고 측량분야의 전문성과 통일성이 결여되어 있어 이러한 문제점을 해결하기 위해 통합되었다.

그래서 2009년부터 2020년까지 측량업무와 수로조사업무 그리고 지적업무의 3가지 업무에 대한 기준과 절차 그리고 지적공부(地籍公簿)의 작성 및 관리 등에 관한 사항에 대해 규정하고 있었으며, 2020년 수로조사업무와 관련된 법이 '해양조사와 해양정보 활용에 관한 법률'로 별도로 분리되어 제정되었다.

따라서 현재는 측량업무와 지적업무에 관련된 내용들만 규정하고 있으며, 새로 개정된 법률은 '측량의 기준 및 절차와 지적공부(地籍公簿)·부동산종합공부(不動産綜合公簿)의 작성 및 관리 등에 관한 사항을 규정함으로써 국토의 효율적 관리 및 국민의 소유권 보호에 기여함을 목적'으로 하고 있다.

---

231) 김진 외, 2010, "국가공간정보 관련법의 동향과 개선 방안", 한국지적학회지, 제26권 제1호, pp.31~42.

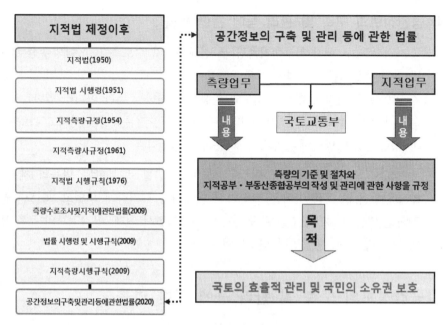

[그림 8-1] 법률의 변천과정 및 법률의 내용과 목표

2) 법률의 구성

공간정보의 구축 및 관리 등에 관한 법률은 시행령과 시행규칙의 3단으로 구성되어 있으며, 법률의 경우 총 5장의 111개 조문으로 제1장은 총칙으로 목적, 정의, 다른 법률과의 관계, 적용 범위 등을 규정하고 있으며, 제2장은 측량 및 수로조사에 관한 것으로 통칙, 기본측량, 공공측량 및 일반측량, 지적측량, 수로조사, 측량기술자 및 수로기술자, 측량업 및 수로사업, 협회, 대한지적공사에 대해 규정하고 있다.

그리고 제3장은 지적에 관한 사항으로 토지의 등록, 지적공부, 토지의 이동 신청 및 지적정리 등에 대해 규정하고 있으며, 제4장은 보칙으로 지명의 결정, 측량기기의 검사, 성능검사대행자, 토지출입 및 수용, 업무수탁 및 권한의 위임 등에 대해 규정하고 있다.

마지막으로 제5장은 벌칙으로 벌칙과 양벌규정 등에 대해 규정하고 있다.

그래서 법률의 전체적인 구성을 요약하면 제1장, 제4장, 제5장은 측량과 수로조사 및 지적에 대한 부분적인 사항에 대한 규정이고, 제2장은 측량과 수로조사에 관한 내용이며, 지적에 관한 세부적인 규정은 제3장에 규정되어 있다.

법률 시행령은 총 5장 105개의 조문으로 구성되어 있고 법률 시행규칙은 2개의 규칙으로 먼저 법률시행규칙 총 4장 117개 조문과 지적측량시행규칙 총 4장 29개 조문으로 구성되어 있다.

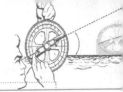

〈표 8-2〉 공간정보의 구축 및 관리 등에 관한 법률의 구성

법률	법률 시행령	법률 시행규칙	지적측량 시행규칙
총 5장 111개 조문	총 5장 105개 조문	총 4장 118개 조문	총 4장 29개 조문
제1장 총칙 제1조 목적 제2조 정의 제3조 다른 법률과의 관계 제4조 적용 범위 **제2장 측량** 제1절 통칙 제2절 기본측량 제3절 공공측량 및 일반측량 제4절 지적측량 제5절 삭제 제6절 측량기술자 제7절 측량업 제8절 삭제 제9절 삭제 **제3장 지적(지적)** 제1절 토지의 등록 제2절 지적공부 제3절 토지의 이동 신청 및 지적정리 등 **제4장 보칙** 제91조 지명의 결정 제92조 측량기기의 검사 제93조 성능검사대행자의 등록 제94조 성능검사대행 등록의 결격 사유 제95조 성능검사대행자 등록증의 대여 금지 등 제96조 성능검사대행자의 등록취소 등 제97조 연구·개발의 추진 등 제98조 측량분야 종사자의 교육훈련 제99조 보고 및 조사 제100조 청문 제101조 토지 등에의 출입 등 제102조 토지 등의 출입 등에 따른 손실보상 제103조 토지의 수용 또는 사용 제104조 업무의 수탁 제105조 권한의 위임·위탁 등 제106조 수수료 등 **제5장 벌칙** 제107조 벌칙 제108조 벌칙 제109조 벌칙 제110조 양벌규정 제111조 과태료	**제1장 총칙** 제1조 목적 제2조 공공측량시행자 제3조 공공측량 제4조 수치주제도의 종류 제5조 1필지로 정할 수 있는 기준 **제2장 측량 및 수로조사** 제1절 통칙 제2절 기본측량 제3절 공공측량 및 일반측량 제4절 지적측량 제5절 삭제 제6절 측량기술자 제7절 측량업 제8절 삭제 제9절 삭제 **제3장 지적(地籍)** 제1절 토지의 등록 제2절 지적공부 제3절 토지이동신청 및 지적정리 등 **제4장 보칙** 제86조 지명의 고시 제87조 국가지명위원회의 구성 제88조 지방지명위원회의 구성 제89조 위원장의 직무 등 제90조 회의 제91조 간사 제92조 수당 등 제93조 현장조사 등 제94조 회의록 제95조 보고 제96조 운영세칙 제97조 성능검사의 대상 및 주기 등 제98조 성능검사대행자의 등록기준 제99조 일시적인 등록기준 미달 제100조 제도 발전을 위한 시책 제101조 연구기관 제102조 손실보상 제103조 권한의 위임 제104조 권한의 위탁 등 제104조 권한의 위탁 등 제104조의2 고유식별정보의 처리 제104조의3 규제의 재검토 **제5장 벌칙** 제105조 과태료의 부과기준	**제1장 총칙** 제1조 목적 제2조 삭제 **제2장 측량** 제1절 통칙 제2절 기본측량 제3절 공공측량 및 일반측량 제4절 지적측량 제5절 삭제 제6절 측량기술자 제7절 측량업 **제3장 지적(地籍)** 제1절 토지의 등록 제2절 지적공부 제3절 토지의 이동 신청 및 지적정리 등 **제4장 보칙** 제99조 지명위원회의 보고 제100조 성능검사의 신청 제101조 성능검사의 방법 등 제102조 성능기준 제103조 성능검사서의 발급 등 제104조 성능검사대행자의 등록 제105조 성능검사대행자의 등록사항의 변경 제106조 성능검사대행자의 폐업신고 제107조 성능검사대행자 등록증의 재발급신청서 제108조 성능검사대행자에 대한 행정처분기준 제108조의2 성능검사대행자 및 그 소속 직원의 교육 제109조 현지조사자의 증표 제110조 권한을 표시하는 허가증 제111조 재결신청서 제112조 업무의 위탁 제113조 삭제 제114조 측량성과 심사수탁기관의 지정 신청 제115조 수수료 제116조 지적측량수수료의 산정기준 등 제117조 수수료 납부기간 제118조 규제의 재검토	**제1장 총칙** 제1조 목적 **제2장 지적기준점의 설치 및 관리** 제2조 지적기준점표지의 설치·관리 등 제3조 지적기준점성과의 관리 등 제4조 지적기준점성과표의 기록·관리 등 **제3장 지적측량의 방법 및 절차** 제1절 통칙 제5조 지적측량의 구분 등 제6조 지적측량의 실시기준 제7조 지적측량의 방법 등 제2절 기초측량 제8조 지적삼각점측량 제9조 지적삼각점측량의 관측 및 계산 제10조 지적삼각보조점측량 제11조 지적삼각보조점의 관측 및 계산 제12조 지적도근점측량 제13조 지적도근점의 관측 및 계산 제14조 지적도근점의 각도관측을 할 때의 폐색오차의 허용범위 및 측각오차의 배분 제15조 지적도근점측량에서의 연결오차의 허용범위와 종선 및 횡선오차의 배분 제3절 세부측량 제16조 지적도 등의 전산자료 제공 제17조 측량준비 파일의 작성 제18조 세부측량의 기준 및 방법 등 제19조 면적측정의 대상 제20조 면적측정의 방법 등 제21조 임야도를 갖춰 두는 지역의 세부측량 제22조 지적확정측량 제23조 경계점좌표등록부를 갖춰 두는 지역의 측량 제24조 경계복원측량 기준 등 제25조 지적현황측량 제26조 세부측량성과의 작성 제4절 지적측량성과의 작성 및 검사 제27조 지적측량성과의 결정 제28조 지적측량성과의 검사방법 등 **제4장 보칙** 제29조 문서의 서식

제2절 기본 규정

1. 법률의 기본 규정

1) 용어 정의

(1) 측량의 구분

공간정보의 구축 및 관리 등에 관한 법률 제2조231)에서는 측량의 종류를 4가지로 구분하여 정의하고 있다.

① 기본측량은 모든 측량의 기초가 되는 공간정보를 제공하기 위하여 국토교통부장관이 실시하는 측량을 말한다.

② 공공측량은 국가, 지방자치단체, 그 밖에 대통령령으로 정하는 기관이 관계 법령에 따른 사업 등을 시행하기 위하여 기본측량을 기초로 실시하는 측량과 앞에서 언급한 기관 이외의 자가 시행하는 측량 중 공공의 이해 또는 안전과 밀접한 관련이 있는 측량으로서 대통령령으로 정하는 측량을 말한다.

③ 지적측량은 토지를 지적공부에 등록하거나 지적공부에 등록된 경계점을 지상에 복원하기 위하여 필지의 경계 또는 좌표와 면적을 정하는 측량을 말한다.

④ 일반측량은 기본측량, 공공측량 및 지적측량 외의 측량을 말한다.

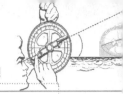

<표 8-3> 측량의 구분

구분	세부 내용	
기본측량	모든 측량의 기초가 되는 공간정보를 제공하기 위하여 국토교통부장관이 실시하는 측량을 말한다.	
공공측량	국가, 지방자치단체, 그 밖에 대통령령으로 정하는 기관이 관계 법령에 따른 사업 등을 시행하기 위하여 기본측량을 기초로 실시하는 측량과 앞에서 언급한 기관 이외의 자가 시행하는 측량 중 공공의 이해 또는 안전과 밀접한 관련이 있는 측량으로서 대통령령으로 정하는 측량을 말한다.	
	※ 대통령령으로 정하는 측량	※ 대통령령으로 정하는 기관
	1. 측량실시지역의 면적이 1km² 이상인 기준점측량, 지형측량 및 평면측량 2. 측량노선의 길이가 10km 이상인 기준점측량 3. 국토교통부장관이 발행하는 지도의 축척과 같은 축척의 지도 제작 4. 촬영지역의 면적이 1km² 이상인 측량용 사진의 촬영 5. 지하시설물 측량 6. 인공위성 등에서 취득한 영상정보에 좌표를 부여하기 위한 2차원 또는 3차원의 좌표측량 7. 그 밖에 공공의 이해에 특히 관계가 있다고 인정되는 사설철도 부설, 간척 및 매립사업 등에 수반되는 측량	1. 「정부출연연구기관 등의 설립·운영 및 육성에 관한 법률」에 따른 정부출연연구기관 및 「과학기술분야 정부출연연구기관 등의 설립·운영 및 육성에 관한 법률」에 따른 과학기술분야 정부출연연구기관 2. 「공공기관의 운영에 관한 법률」에 따른 공공기관 3. 「지방공기업법」에 따른 지방직영기업, 지방공사 및 지방공단 4. 「지방공기업법」에 따른 출자법인 5. 「사회기반시설에 대한 민간투자법」의 사업시행자 6. 지하시설물 측량을 수행하는 「도시가스사업법」 도시가스사업자와 「전기통신사업법」의 기간통신사업자
지적측량	토지를 지적공부에 등록하거나 지적공부에 등록된 경계점을 지상에 복원하기 위하여 필지의 경계 또는 좌표와 면적을 정하는 측량을 말하며, 지적확정측량 및 지적재조사측량을 포함한다.	
일반측량	기본측량, 공공측량, 지적측량 외의 측량을 말한다.	
지적확정측량	도시개발사업이 끝나 토지의 표시를 새로 정하기 위하여 실시하는 지적측량을 말한다.	
지적재조사측량	「지적재조사에 관한 특별법」에 따른 지적재조사사업에 따라 토지의 표시를 새로 정하기 위하여 실시하는 지적측량을 말한다.	

2. 통칙 및 지적기준점

1) 통칙

(1) 측량의 기준

공간정보의 구축 및 관리 등에 관한 법률 제6조[232]에서는 측량의 기준을 다음과 같이 정하고 있다.

① 위치는 세계측지계(世界測地系)에 따라 측정한 지리학적 경위도와 높이(평균해수면으로부터의 높이)를 말한다. 다만, 지도 제작 등을 위하여 필요한 경우에는 직각좌표와 높이, 극좌표와 높이, 지구중심 직교좌표 및 그 밖의 다른 좌표로 표시할 수 있다.

② 측량의 원점은 대한민국 경위도원점(經緯度原點) 및 수준원점(水準原點)으로 한다. 다만, 섬 등 대통령령으로 정하는 지역에 대하여는 국토교통부장관이 따로 정하여 고시하는 원점을 사용할 수 있다.

위의 사항과 관련하여 국토교통부장관은 세계측지계, 측량의 원점값의 결정 및 직각좌표의 기준 등에 필요한 사항은 대통령령으로 정하고 있다.

여기서 대통령령으로 정하는 기준은 다음과 같다.

① 위에서 언급한 대통령령이 정하는 '섬 등 대통령령으로 정하는 지역'은 제주도, 울릉도, 독도와 그 밖에 대한민국 경위도원점 및 수준원점으로부터 원거리에 위치하여 대한민국 경위도원점 및 수준원점을 적용하여 측량하기 곤란하다고 인정되어 국토교통부장관이 고시한 지역을 말한다.

② 위에서 언급한 세계측지계(世界測地系)는 지구를 편평한 회전타원체로 상정하여 실시하는 위치측정의 기준으로서 회전타원체의 중심이 지구의 질량중심과 일치하고 회전타원체의 단축(短軸)이 지구의 자전축과 일치하여야 한다.

또한 회전타원체의 장반경(張半徑) 및 편평률(扁平率)은 다음과 같다.

- 장반경 : 6,378,137m
- 편평률 : 1/298.257222101

③ 대한민국 경위도원점(經緯度原點)

대한민국 경위도원점의 지점은 경기도 수원시 영통구 원천동 111번지(국토지리정

---

232) 공간정보의 구축 및 관리 등에 관한 법률 제6조 (측량기준)

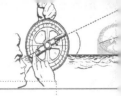

보원에 있는 대한민국 경위도원점 금속표의 십자선 교점)이고, 그 수치는 경도 동경 127도 03분 14.8913초, 위도 북위 37도 16분 33.3659초로 하며, 원방위각 3도 17분 32.195초(원점으로부터 진북을 기준으로 오른쪽 방향으로 측정한 서울산업대학교에 있는 위성기준점 금속표 십자선 교점)로 한다.

④ 대한민국 수준원점

대한민국 수준원점의 지점은 인천광역시 남구 용현동 253번지(인하공업전문대학에 있는 원점표석 수정판의 영 눈금선 중앙점)이고, 그 수치는 인천만 평균해수면상의 높이로부터 26.6871미터 높이로 한다.

⑤ 직각좌표의 기준

〈표 8-4〉 직각좌표계 원점

명칭	원점의 경위도	투영원점의 가산수치	원점축척계수	적용 구역
서부좌표계	경도 : 동경 125° 00′ 위도 : 북위 38° 00′	X(N) 600,000m Y(E) 200,000m	1.0000	동경 124°~126°
중부좌표계	경도 : 동경 127° 00′ 위도 : 북위 38° 00′	X(N) 600,000m Y(E) 200,000m	1.0000	동경 126°~128°
동부좌표계	경도 : 동경 129° 00′ 위도 : 북위 38° 00′	X(N) 600,000m Y(E) 200,000m	1.0000	동경 128°~130°
동해좌표계	경도 : 동경 131° 00′ 위도 : 북위 38° 00′	X(N) 600,000m Y(E) 200,000m	1.0000	동경 130°~132°

1) X축은 좌표계 원점의 자오선에 일치하여야 하고, 진북방향을 정(+)으로 표시하며, Y축은 X축에 직교하는 축으로서 진동방향을 정(+)으로 한다.

2) 세계측지계에 따르지 아니하는 지적측량의 경우에는 가우스상사이중투영법으로 표시하되, 직각좌표계 투영원점의 가산(加算)수치를 각각 X(N) 500,000미터(제주도지역 550,000미터), Y(E) 200,000m로 하여 사용할 수 있다.

단, 국토교통부장관은 지리정보의 위치측정을 위하여 필요하다고 인정할 때에는 직각좌표의 기준을 따로 정할 수 있으며, 이 경우 국토교통부장관은 그 내용을 고시하여야 한다.

※ 독도측량

첫 번째	우리나라에서 독도에 대해 처음으로 측량을 시도한 것은 1952년 9월 한국산악회가 실시한 제2차 울릉도·독도 학술조사 때 시도하였으나 미군기의 폭격으로 상륙하지 못하고 배 위에서 개략적으로 배와 독도의 거리를 계산하여 독도의 크기와 높이를 계산하였고 이듬해 1953년 10월 14일 한국산악회가 독도에 상륙하여 이틀간 산악회원의 협조를 받아가며 독도를 직접 측량하고, 귀환 후 독도에 대한 축척 1 : 2,000 지형도를 제작하였다.
두 번째	1954년 10월 해군 수로국이 독도 해역의 수심을 측량하고 지형도 제작을 위한 지형측량을 실시한 것으로 동도 정상에 설치된 등대를 측지기준점으로 삼아 육지측량을 하였고, 측량원도는 축척 1 : 2,000으로 작성하게 되면서 이것이 국가기관에서 측량한 최초의 기록이다.
세 번째	1961년 11월 30일 국가재건최고회의 박정희 의장은 독도 영유권 확보를 위해 독도를 측량하고 토지대장에 등록하라는 특별지시를 내렸고 이에 국립건설연구소는 1961년 12월 26일부터 이듬해 2월 26일까지 62일간 독도에 들어가 평판측량에 의한 지형측량을 실시하여 축척 1 : 3,000의 지형도를 제작하였으나 일반에 공표되지는 않았다.
네 번째	건설부 국립지리원이 낙도지구에 대한 측량 및 지도제작 사업계획을 수립하고, 그 첫 사업으로 1980년 5월 2일부터 9월 15일까지 독도 지역의 측량 및 지도제작사업을 시행하여 기준점을 정하기 위한 천문측량, 검조측량, 수준측량을 실시하게 되면서 최초로 항공사진 촬영을 실시하였다.
다섯 번째	교통부 수로국에서 1989년 독도를 재측량하고 1990년에 축척 1 : 10,000 해도를 제작하였다.
여섯 번째	2000년 8월 국립지리원이 독도의 정확한 위치 결정과 풍화 및 제반시설의 구축으로 인한 지형변화를 조사하기 위해 항공사진측량에 의한 것이고, 2000년 11월 30일에 축척 1 : 1,000과 1 : 5,000 수치지도를 최초로 제작하였다.
일곱 번째	2000년 해양수산부 국립해양조사원에서 실시하고, 2003년 축척 1 : 5,000 해도를 발행하였다.
여덟 번째	국토지리정보원이 2004년 12월 울릉도와 독도의 기준점을 다시 측량하고, 2005년에 수치지형도를 수정 제작하였다. 최근 보급되고 있는 1 : 25,000 독도 지형도는 도엽명 울릉의 삽입도로 들어 있으며, 1 : 5,000 지형도는 먹색 1색도로 인쇄되어 판매되고 있다.
마지막 (일본)	가장 마지막에 제작된 지형도는 우리나라가 아닌 일본으로 독도에 대해 직접 촬영이나 현지조사를 할 수 없기 때문에 2006년 2월 24일 우주항공연구개발기구(JAXA)에서 쏘아올린 육지관측위성 ALOS(일본명 다이치)가 촬영한 데이터를 이용해 국토지리원(國土地理院)이 1 : 25,000 지형도를 제작하여 2007년 12월 1일부터 자국의 '기본도'라고 공표하고 일반에 판매하고 있다.

출 처 : 김일 외, 2008, "독도의 근대적 측량현황 고찰 및 측지측량성과 분석", 한국지적정보학회지, 제10권 제2호, pp.135~150; 최선웅, 2008, "독도의 지형도 제작과 표현기법", 한국지도학회지, 제8권 제1호, pp.29~39. 참조작성.

〈표 8-5〉 지적측량에 사용되는 구소삼각지역의 직각좌표계 원점

명칭	원점의 경위도
망산원점	경도 : 동경 126°22′24″. 596, 위도 : 북위 37°43′07″. 060
계양원점	경도 : 동경 126°42′49″. 685, 위도 : 북위 37°33′01″. 124
조본원점	경도 : 동경 127°14′07″. 397, 위도 : 북위 37°26′35″. 262
가리원점	경도 : 동경 126°51′59″. 430, 위도 : 북위 37°25′30″. 532
등경원점	경도 : 동경 126°51′32″. 845, 위도 : 북위 37°11′52″. 885
고초원점	경도 : 동경 127°14′41″. 585, 위도 : 북위 37°09′03″. 530
율곡원점	경도 : 동경 128°57′30″. 916, 위도 : 북위 35°57′21″. 322
현창원점	경도 : 동경 128°46′03″. 947, 위도 : 북위 35°51′46″. 967
구암원점	경도 : 동경 128°35′46″. 186, 위도 : 북위 35°51′30″. 878
금산원점	경도 : 동경 128°17′26″. 070, 위도 : 북위 35°43′46″. 532
소라원점	경도 : 동경 128°43′36″. 841, 위도 : 북위 35°39′58″. 199

1. 망산원점·계양원점·가리원점·등경원점·구암원점 및 금산원점의 평면직각종횡선수치의 단위는 간(間)으로 하며, 그 이외의 원점의 평면직각종횡선수치의 단위는 미터로 하고, 이 경우 각각의 원점에 대한 평면직각종횡선수치는 0으로 한다.

2. 특별소삼각측량지역(전주, 강경, 마산, 진주, 광주, 나주, 목포, 군산, 울릉도 등)에 분포된 소삼각측량지역은 별도의 원점을 사용할 수 있다.

(2) 측량기준점의 구분

법률 제7조[233])에는 측량기준점의 구분에 관한 세부사항은 대통령령으로 규정하여 국가기준점, 공공기준점, 지적기준점으로 구분하고 있다.

① 국가기준점 : 측량의 정확도를 확보하고 효율성을 높이기 위하여 국토교통부장관이 전 국토를 대상으로 주요 지점마다 정한 측량의 기본이 되는 측량기준점

② 공공기준점 : 공공측량시행자가 공공측량을 정확하고 효율적으로 시행하기 위하여 국가기준점을 기준으로 하여 따로 정하는 측량기준점

③ 지적기준점 : 특별시장·광역시장·도지사 또는 특별자치도지사나 지적소관청이 지적측량을 정확하고 효율적으로 시행하기 위하여 국가기준점을 기준으로 하여 따로 정하는 측량기준점

---

233) 공간정보의 구축 및 관리 등에 관한 법률 제7조 (측량기준점)

〈표 8-6〉 측량기준점에 따른 세부기준점

기준점	세부기준점	세부 내용
국가 기준점	위성기준점	지리학적 경위도, 직각좌표 및 지구중심 직교좌표의 측정 기준으로 사용하기 위하여 대한민국 경위도원점을 기초로 정한 기준점
	수준점	높이 측정의 기준으로 사용하기 위하여 대한민국 수준원점을 기초로 정한 기준점
	중력점	중력 측정의 기준으로 사용하기 위하여 정한 기준점
	통합기준점	지리학적 경위도, 직각좌표, 지구중심 직교좌표, 높이 및 중력 측정의 기준으로 사용하기 위하여 위성기준점, 수준점 및 중력점을 기초로 정한 기준점
	삼각점	지리학적 경위도, 직각좌표 및 지구중심 직교좌표 측정의 기준으로 사용하기 위하여 위성기준점 및 통합기준점을 기초로 정한 기준점
	지자기점	지구자기 측정의 기준으로 사용하기 위하여 정한 기준점
공공 기준점	공공삼각점	공공측량 시 수평위치의 기준으로 사용하기 위하여 국가기준점을 기초로 하여 정한 기준점
	공공수준점	공공측량 시 높이의 기준으로 사용하기 위하여 국가기준점을 기초로 하여 정한 기준점
지적 기준점	지적삼각점	지적측량 시 수평위치 측량의 기준으로 사용하기 위하여 국가기준점을 기준으로 하여 정한 기준점
	지적삼각보조점	지적측량 시 수평위치 측량의 기준으로 사용하기 위하여 국가기준점과 지적삼각점을 기준으로 하여 정한 기준점
	지적도근점	지적측량 시 필지에 대한 수평위치 측량 기준으로 사용하기 위하여 국가기준점, 지적삼각점, 지적삼각보조점 및 다른 지적도근점을 기초로 하여 정한 기준점

2) 기적기준점 관련 규정

(1) 지적기준점

지적기준점은 지적삼각측량이라는 용어가 처음 도입된 1976년부터 나타나기 시작했고 그 이전에는 삼각점에 대한 명칭이 존재하지 않았으며 삼각측량실시규정[234]과 토지측량규정[235]에 삼각점이라는 명칭과 더불어 그 성과를 좌표 변환하여 지적측량에 사용되었다.

---

234) 임시토지조사국, 1913, 삼각측량실시규정, 훈령 제16호.

235) 조선총독부, 1921, 토지측량규정, 훈령 제10호.

그러나 1976년 지적법 전면개정 당시에 6.25전쟁으로 인한 삼각점의 망실 또는 훼손 등에 따라 새로운 국가기준점의 복구가 지역별로 연차적으로 실시되면서 지적측량을 위한 기지삼각점의 부족문제가 발생하게 되었다. 그래서 새로운 기준점의 필요성에 의해 지적삼각점, 지적도근점이라는 명칭이 새로이 등장하게 되었고, 구소삼각원점에 대한 경·위도 성과가 고시되었다.[236]

1995년에는 '기초점'을 '지적측량기준점'으로 명칭을 변경하였고 지적측량기준점에 지적삼각보조점을 추가하였으며 2002년에는 지적위성기준점을 추가하였으나 측량·수로조사 및 지적에 관한 법률에서 지적위성기준점은 국가기준점에 포함되면서 현재 지적측량기준점은 지적삼각점, 지적삼각보조점, 도근점의 3개의 점만 존재하고 있다.

공간정보의 구축 및 관리 등에 관한 법률 시행령 제10조[237]에는 지적기준점표지의 설치에 대한 고시를 관보에 게재하도록 하되 지적기준점 중 지적삼각보조점과 지적도근점표지의 설치에 대한 고시는 지적소관청의 공보 또는 인터넷 홈페이지에 게재내용을 고시하도록 규정하고 있다.

또한 측량기준점을 정한 자는 측량기준점표지를 설치하고 관리하여야 하며, 매년 관할 구역에 있는 측량기준점표지의 현황을 조사하고 그 결과를 시·도지사를 거쳐 국토교통부장관에게 보고하도록 규정하고 있다.

그리고 누구든지 측량기준점표지를 이전·파손하거나 그 효용을 해치는 행위를 하여서는 아니 되며, 측량기준점표지를 파손하거나 그 효용을 해칠 우려가 있는 행위를 하려는 자는 그 측량기준점표지를 설치한 자에게 이전을 신청할 수 있도록 하고 있다.

지적측량기준점성과 또는 그 측량부를 열람하거나 등본을 발급받으려는 자는 지적삼각점성과에 대해서는 특별시장·광역시장·도지사 또는 특별자치도지사에게 신청하고, 지적삼각보조점성과 및 지적도근점 성과에 대해서는 지적소관청에 신청하도록 규정하고 있다.

(2) 기준점 표지 및 설치·관리

지적기준점의 표기는 지적삼각점은 ⊕, 지적삼각보조점은 ●, 지적도근점은 ○로 표기하고 기준점의 설치는 모두 지적소관청에서 설치하며 관리의 경우 지적삼각점은 시·도지사로 하되 나머지 기준점은 모두 지적소관청에 위임하여 관리하고 있다.

---

236) 김준현 외, 2012, "대구·경북지역의 구소삼각원점 관리실태 및 개선 방안", 한국지적정보학회지, 제14권 제1호, pp.115~134.

237) 공간정보의 구축 및 관리 등에 관한 법률 시행령 제10조 (측량기준점표지 설치의 고시)

〈표 8-7〉 기준점 표지 및 설치 · 관리

구분	표기	점간거리	계산방법	설치	관리	열람 · 교부
지적삼각점	◉	2~5km	평균계산법	소관청	시 · 도지사	시 · 도지사
			망평균계산법			
지적삼각보조점	●	1.5~3km	교회법	소관청	소관청	소관청
		다각망도선법 0.5~1km	다각망도선법			
지적도근점	○	50~300m	도선법	소관청	소관청	소관청
		다각망도선법	교회법			
		500m 이하	다각망도선법			

(3) 지적측량성과의 검사항목

법률 제25조[238] 규정에는 지적측량 수행자가 지적측량을 실시하였으면 시 · 도지사, 대도시 시장 또는 지적소관청으로부터 측량성과에 대한 검사를 받아야 하되, 다만 지적공부를 정리하지 아니하는 측량으로서 경계복원측량과 지적현황측량은 제외하며, 이 경우 측량성과 파일 등 측량성과에 관한 자료는 지적소관청에 제출하지 않도록 규정하고 있다.

그래서 측량성과에 대한 검사를 기초 측량과 세부 측량으로 구분하여 검사항목을 규정하고 있는데 세부내용은 다음과 같다.

〈표 8-8〉 기초 측량과 세부 측량의 검사항목 비교

구분	검사 항목
기초 측량	• 기지점 사용의 적정 여부 • 지적측량기준망 구성의 적정 여부 • 관측각 및 거리측정의 정확 여부 • 계산의 정확 여부 • 지적측량기준점좌표전개의 정확 여부 • 지적측량기준점 성과와 기지경계선과의 부합 여부
세부 측량	• 측량준비도 및 측량결과도 작성의 적정 여부 • 기지점과 지상경계와의 부합 여부 • 경계점 간 계산거리(도상거리)와 실측거리의 부합 여부 • 면적측정의 정확 여부 • 관계법령의 저촉 여부

---

238) 공간정보의 구축 및 관리 등에 관한 법률 제25조 (지적측량성과의 검사)

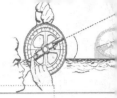

(4) 세부검사 방법

지적측량성과 검사는 먼저 세부측량(지적공부를 정리하지 아니하는 세부측량을 포함)을 실시하기 전에 기초 측량을 한 경우 미리 지적기준점성과에 대한 검사를 받은 후 세부 측량을 실시하여야 하나 지적소관청의 사전협의가 있는 경우 지적기준점성과와 세부측량성과를 동시에 검사할 수 있도록 규정하고 있다.

- **지적측량성과 검사를 위한 세부적인 방법**

  ① 측량성과를 검사하는 때에는 측량자가 수행한 측량방법과 다른 방법으로 하되 부득이한 경우에는 그러하지 아니하다.

  ② 지적삼각점 및 보조삼각점은 신설된 점을, 지적도근측량은 주요 도선별로 지적도근점을 검사하되 이 경우 후방교회법으로 검사할 수 있으며, 다만 구하고자 하는 지적측량기준점이 기지점과 같은 원주상에 있는 경우에는 그러하지 아니하다.

  ③ 세부측량은 새로이 결정된 경계를 검사하며 이 경우 측량성과 검사 시에 확인된 지역으로서 측량결과도만으로 그 측량성과가 정확하다고 인정되는 경우 현지 측량검사를 하지 아니할 수 있다.

  ④ 면적측정검사는 필지별로 한다.

  ⑤ 측량성과 파일의 검사는 부동산종합공부시스템으로 한다.

  ⑥ 지적측량수행자와 동일한 전자측량시스템을 이용하여 세부측량시 측량성과의 정확성을 검사할 수 있다.

(5) 기준점 성과의 열람 및 발급

법률 시행규칙 제115조[239)에는 지적기준점 성과의 열람 및 발급 등에 대한 수수료를 고시하고 있다.

일반적인 경우 지적삼각점의 열람·발급신청은 특별시장·광역시장·도지사 또는 특별자치 도지사 등에 신청을 하여야 하며, 지적삼각보조점 및 지적도근점의 경우 지적소관청에 신청하여야 한다. 또한 지적삼각점과 지적삼각보조점의 열람 시에는 300원, 지적도근점은 200원으로 수수료가 산정되어 있고 발급의 경우 지적삼각점과 지적삼각보조점은 500원, 지적도근점은 400원으로 산정되어 있다.

그리고 지적측량업무에 종사하는 측량기술자가 그 업무와 관련하여 지적측량기준점성

---

239) 공간정보의 구축 및 관리 등에 관한 법률 시행규칙 제115조 (수수료 등)

과 또는 그 측량부의 열람 및 등본발급 그리고 지적공부를 열람(복사하기 위하여 열람하는 것을 포함)을 신청하는 경우와 국가 또는 지방자치단체가 업무수행에 필요하여 지적공부의 열람 및 등본발급을 신청하는 경우에는 수수료를 면제하도록 규정하고 있다.

〈표 8-9〉 지적기준점 성과의 열람 및 발급

구분	열람·발급신청	수수료	
		열람	발급
지적삼각점	특별시장·광역시장·도지사 또는 특별자치 도지사	1점당 300원	1점당 500원
지적삼각보조점	지적소관청	1점당 300원	1점당 500원
지적도근점	지적소관청	1점당 200원	1점당 400원

- 지적측량기준점 성과 또는 그 측량부의 열람신청이 있는 경우 신청 종류와 수수료 금액을 확인하여 신청서에 첨부된 수입증지를 소인한 후 열람
- 지적측량기준점 성과 또는 그 측량부의 등본은 복사 또는 전산정보처리조직에 의해 작성된 등본에는 수입증지를 첨부하여 소인한 후 지적소관청의 직인을 날인하여 발급

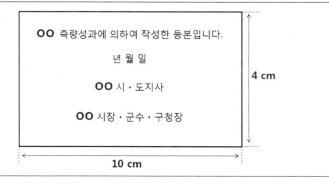

제3절 세부규정

1. 지적측량 적부심사제도

1) 지적측량 적부심사

법률 제29조[240])에는 토지소유자, 이해관계인 또는 지적측량수행자는 지적측량성과에 대하여 다툼이 있는 경우에는 대통령령으로 정하는 바에 따라 관할 시·도지사에게 지적측량 적부심사를 청구할 수 있도록 규정하고 있다.

- 첨부서류
  ① 지적측량 적부심사 청구서
  ② 측량성과
  ③ 심사청구 경위서

- 회부 : 지적측량 적부심사청구를 받은 시·도지사는 30일 이내에 아래의 사항을 조사하여 지방지적위원회에 회부하여야 하며, 시·도지사는 조사측량성과를 작성하기 위해 필요한 경우 관계공무원을 지정하여 지적측량을 할 수 있으며, 필요한 경우 지적측량수행자에 그 소속 지적기술자의 참여를 요청할 수 있다.

- 조사 항목
  ① 다툼이 되는 지적측량의 경위 및 그 성과
  ② 해당 토지에 대한 토지이동 및 소유권 변동 연혁
  ③ 해당 토지 주변의 측량기준점, 경계, 주요 구조물 등 현황 실측도

- 심의·의결 : 지적측량 적부심사청구를 회부받은 지방지적위원회는 그 심사청구를 회부받은 날부터 60일 이내에 심의·의결하여야 한다. 다만, 부득이한 경우에는 그 심의기간을 해당 지적위원회의 의결을 거쳐 30일 이내에서 한 번만 연장할 수 있다.

- 송부·통지 : 지적측량 적부심사를 의결하였으면 대통령령으로 정하는 바에 따라 의결서를 작성하여 시·도지사에게 송부하고 시·도지사는 의결서를 받은 날부터 7일

---

240) 공간정보의 구축 및 관리 등에 관한 법률 제29조 (지적측량의 적부심사 등)

이내에 지적측량 적부심사 청구인 및 이해관계인에게 그 의결서를 통지하여야 한다.

● 효력 : 지방지적위원회의 의결서 사본을 송부받은 소관청은 그 내용에 따라 지적 공부의 등록사항을 정정하거나 수정하여야 한다.

또한 지방지적위원회의 의결에 불복하는 경우에는 그 의결서를 받은 날부터 90일 이내에 국토교통부장관에게 재심사를 청구할 수 있다.

단, 지방지적위원회의 의결이 있은 후 90일 이내에 적부재심사를 청구하지 아니하였을 경우 다시 지적측량 적부심사청구를 할 수 없다.

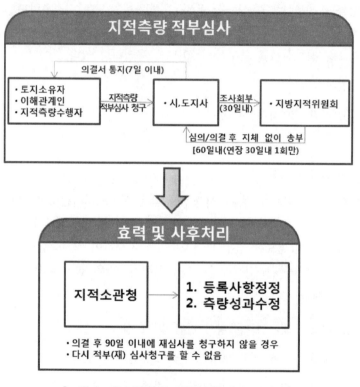

[그림 8-2] 지적측량 적부심사 절차 및 효력

2) 지적측량 적부재심사

지적측량 적부재심사는 일차적으로 시·도지사의 적부심사 결과에 불복하는 경우에 지방지적위원회의 의결서를 받은 날부터 90일 이내에 국토교통부장관에게 재심사를 청구할 수 있다.

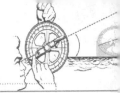

- 첨부서류

  ① 지적측량 적부재심사 청구서

  ② 지방지적위원회의 지적측량 적부심사 의결서 사본

  ③ 재심사 청구 사유

- 회부 : 지적측량 적부심사청구를 받은 국토교통부장관은 30일 이내에 아래의 사항을 조사하여 중앙지적위원회에 회부하여야 하며, 국토교통부장관은 조사측량성과를 작성하기 위해 필요한 경우 관계공무원을 지정하여 지적측량을 할 수 있으며, 필요한 경우 지적측량수행자에 그 소속 지적기술자의 참여를 요청할 수 있다.

- 조사 항목

  ① 다툼이 되는 지적측량의 경위 및 그 성과

  ② 해당 토지에 대한 토지이동 및 소유권 변동 연혁

  ③ 해당 토지 주변의 측량기준점, 경계, 주요 구조물 등 현황 실측도

- 심의·의결 : 지적측량 적부재심사청구를 회부받은 중앙지적위원회는 그 심사청구를 회부받은 날부터 60일 이내에 심의·의결하여야 한다. 다만, 부득이한 경우에는 그 심의기간을 해당 지적위원회의 의결을 거쳐 30일 이내에서 한 번만 연장할 수 있다.

- 송부·통지 : 중앙지적위원회는 지적측량 적부재심사를 의결하였으면 위원장과 참석위원의 전원 서명 및 날인한 의결서를 지체없이 국토교통부장관에게 송부하여야 하며, 중앙지적위원회로부터 의결서를 송부받은 국토교통부장관은 그 의결서를 지체없이 시·도지사에게 송부하여 7일 이내에 시·도지사는 지적측량 적부재심사 청구인 및 이해관계인에게 의결서를 통지하여야 한다.
  또한 시·도지사는 중앙지적위원회의 의결서 사본에 지방지적위원회의 의결서 사본을 첨부하여 지적소관청에 송부하여야 한다.

- 효력 : 중앙지적위원회의 의결서 사본을 송부받은 소관청은 그 내용에 따라 지적공부의 등록사항을 정정하거나 수정하여야 한다.
  중앙지적위원회의 의결이 있는 경우에는 해당 지적측량성과에 대하여 다시 지적측량 적부심사청구를 할 수 없다.

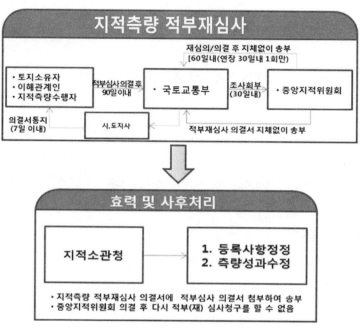

[그림 8-3] 지적측량 적부재심사 절차 및 효력

2. 지적위원회 및 축척변경위원회

지적위원회는 1976년에 신설되었고, 1994년까지 내무부장관 소속하에 두었으며, 1995년 지적위원회에서 중앙지적위원회와 지방지적위원회로 구분되어 운영되고 있다.

그래서 1995년 2개의 위원회로 구분되면서 중앙지적위원회는 내무부장관 소속하에 두었고 지방지적위원회는 시·도지사 소속하에 두었다.

1998년까지 내무부장관 예하에 두었으나 1998년 2월 28일 내무부가 행정자치부로 통·폐합되면서 1999년부터 행정자치부장관 소속하에 두었으며, 2000년도에 들어오면서 행정자치부 소속으로 변경하였다. 그러고 2008년 3월 6일 건설교통부의 건설 및 교통관련 업무와 해양수산부의 해운물류, 항만관련업무 그리고 행정자치부의 지적업무를 통합하면서 국토교통부 소속으로 변경하여 현재에 이르고 있다.

한편 축척변경위원회는 빈번한 토지의 이동으로 인하여 1필지의 규모가 작아서 작은 축척으로는 지적측량성과의 결정 또는 토지의 이동정리가 곤란하거나 또는 동일한 지번부여지역 안에 서로 다른 축척의 지적도가 있어 통일성이 없는 경우에 대축척으로의 정밀도를 높이기 위하여 위원회를 구성하고 심의·의결하기 위한 것으로 중앙지적위원회나 지방지적위원회와는 그 성격이 다르다.

1) 중앙지적위원회

중앙지적위원회는 지방지적위원회의 지적측량에 대한 적부심사의 재심의·의결하기 위해 국토교통부에 중앙지적위원회를 두며, 시·도(특별시, 광역시, 특별자치도)에 지방지적위원회의 심의·의결에 불복한 경우에 한하여 이를 재심의하는 업무를 수행하고 있다. 또한 중앙지적위원회에서는 토지등록업무의 개선 및 지적측량기술의 연구·개발, 지적기술자의 양성방안, 지적기술자의 징계 등의 업무를 수행한다.

위원회의 구성은 위원장 및 부위원장 각 1인을 포함하여 5인 이상 10인 이내의 위원으로 구성하며, 위원장은 국토교통부 지적업무담당국장이, 부위원장은 국토교통부 지적업무담당과장이 된다. 이 중 위원은 지적에 관한 학식과 경험이 풍부한 자 중에서 국토교통부장관이 임명 또는 위촉하며, 위원장 및 부위원장을 제외한 위원의 임기는 2년으로 한다. 또한 위원에게는 예산의 범위 안에서 출석수당과 여비 그 밖의 실비를 지급할 수 있으며 공무원이 위원인 경우 그 소관업무와 직접적으로 관련되어 출석하는 경우에는 지급대상으로 간주하지 않고 있다.

그리고 회의소집에 있어서 중앙지적위원회위원장은 중앙지적위원회의 회의를 소집하고 그 의장이 되며, 회의는 위원장 및 부위원장을 포함한 재적위원 과반수의 출석으로 개의하고 출석위원 과반수의 찬성으로 의결하며 회의를 소집 시 회의 일시·장소 및 심의안건을 회의 5일 전까지 각 위원에게 서면으로 통지하여야 한다.

위원회는 관계인을 출석하게 하여 의견을 들을 수 있으며, 필요한 경우에는 현지조사를 할 수 있다.

그리고 지적기술자의 징계에 있어서 징계대상자와 4촌 이내의 친족관계 또는 징계사유와 관련이 있는 경우와 재심사에 있어서 해당 안건과 관련이 있는 경우에는 의결에 참석할 수 없도록 규정하고 있다.

2) 지방지적위원회

지방지적위원회는 측량성과의 다툼으로 인한 일차적 적부심사를 수행하기 위한 것이 주된 목적이고, 시·도지사 소속하에 두어 시·도 지적업무담당국장이 위원장이 되고 시·도 지적업무담당과정이 부위원장이 된다.

위원의 구성수와 위원의 임기 그리고 회의소집절차는 중앙지적위원회와 동일하며 위원장과 부위원장 그리고 위원의 임명 등이 서로 다른 사항이다.

〈표 8-10〉 중앙지적위원회와 지방지적위원회

구분	위원수	위원장	부위원장	임기	위원임명	업무사항
중앙지적위원회	5~10인 이내 (위원장과 부위원장 각 1명 포함)	국토교통부 지적업무 담당국장	국토교통부 지적업무 담당과장	2년 (위원장과 부위원장 제외)	국토교통부 장관	• 토지등록업무의 개선 • 지적측량기술의 연구개발 • 지적기술자의 양성방안, 징계 • 지적측량적부심사 재심사
지방지적위원회		시·도 지적업무 담당국장	시·도 지적업무 담당과장		시·도지사	• 지적측량적부심사

- 위원장은 회의를 소집하고 그 의장이 된다.
- 위원장이 직무수행이 불가할 경우 부위원장이 직무대행을 하며, 위원장과 부위원장 모두 직무를 수행할 수 없을 경우 위원장이 미리 지명한 위원이 직무를 대행한다.
- 회의는 재적위원 과반수의 출석으로 개의하고 출석위원 과반수의 찬성으로 의결한다.
- 위원회는 관계인을 출석시켜 의견을 들을 수 있으며, 필요한 경우 현지조사를 수행한다.
- 위원장은 회의 소집 5일 전까지 각 위원에게 서면으로 통지한다.

3) 축척변경위원회

(1) 축척변경 대상 및 제외대상

소관청은 축척변경이 필요하다고 인정되는 때에는 축척변경위원회의 의결을 거친 후 시·도지사의 승인을 얻어 이를 시행할 수 있다.

축척변경의 대상인 경우와 축척변경위원회의 의결 및 시·도지사의 승인 절차를 거치지 않는 경우는 다음과 같다.

- **축척변경 대상**

  ① 빈번한 토지의 이동으로 인하여 1필지의 규모가 작아서 소축척으로는 지적측량성과의 결정이나 토지의 이동에 따른 정리가 곤란한 때

  ② 동일한 지번부여지역 안에 서로 다른 축척의 지적도가 있는 때

- **축척변경위원회의 의결 및 시·도지사의 승인 절차를 거치지 아니하는 경우**

  ① 합병하고자 하는 토지가 축척이 다른 지적도에 각각 등록되어 있어 축척변경을 하는 경우

  ② 도시개발사업 등의 시행지역 안에 있는 토지로서 당해 사업시행에서 제외된 토지의 축척변경을 하는 경우

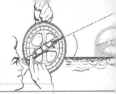

(2) 첨부서류

축척변경을 하고자 하는 때에는 축척변경위원회의 의결을 거치기 전에 축척변경시행지역 안의 토지소유자의 3분의 2 이상의 동의를 얻어야 하고, 다음의 서류를 첨부하여 시·도지사에게 제출하면 시·도지사는 '전자정부법' 행정정보의 공동이용을 통하여 지적도를 확인하고 신청을 받은 시·도지사는 축척변경사유 등을 심사한 후 그 승인여부를 소관청에 통지하여야 한다.

- **첨부서류**

    ① 축척변경사유

    ② 지번별 조서

    ③ 토지소유자의 동의서

    ④ 축척변경위원회의 의결서 사본

    ⑤ 그 밖에 축척변경승인을 위하여 시·도지사가 필요하다고 인정하는 서류

(3) 시행공고

소관청은 시·도지사로부터 축척변경승인을 얻은 때에는 다음 사항을 20일 이상 공고하여야 하며, 시·군·구 및 축척변경시행지역 안 동·리의 게시판에 주민이 볼 수 있도록 게시하여야 한다. 또한 축척변경시행지역 안의 토지소유자 또는 점유자는 시행공고가 있는 날부터 30일 이내에 시행공고일 현재 점유하고 있는 경계에 국토교통부령이 정하는 경계점표지를 설치하여야 한다.

- **시행공고 사항**

    ① 축척변경의 목적·시행지역 및 시행기간

    ② 축척변경의 시행에 관한 세부계획

    ③ 축척변경의 시행에 따른 청산방법

    ④ 축척변경의 시행에 따른 소유자 등의 협조에 관한 사항

(4) 토지의 표시 및 지번별 조서 작성

소관청은 축척변경시행지역 안의 각 필지별 지번·지목·면적·경계 또는 좌표를 새로이 정하여야 하며, 소관청이 축척변경을 위한 측량을 하고자 하는 때에는 토지소유자가 설치한 경계점표지를 기준으로 새로운 축척에 의하여 면적·경계 또는 좌표를 정하여야 한다. 축척을 변경하는 때에는 각 필지별 지번·지목 및 경계는 종전의 지적

공부에 의하고 면적만 새로이 정하여야 하며, 축척변경에 관한 측량을 완료한 때에는 시행공고일 현재의 지적공부상의 면적과 측량 후의 면적을 비교하여 그 변동사항을 표시한 지번별 조서를 작성하여야 한다.

축척변경 절차 및 면적결정방법에 관한 사항은 국토교통부령으로 정하되, 축척변경 절차·축척변경으로 인한 면적 증감 처리·축척변경 결과에 대한 이의신청 및 축척변경위원회의 구성·운영 등에 관하여 필요한 사항은 대통령령으로 정한다.

〈표 8-11〉 축척변경위원회

구분	위원	위원장	세부 내용	심의·의결
축척변경 위원회	5~10인 이내	위원 중 소관청이 지명	• 위원은 1/2 이상이 토지소유자 • 토지소유자 5인 이하 : 전원위원 • 시행지역의 소유자로 지역사정에 정통한 자 • 지적에 관한 전문지식을 가진 자 • 회의 소집은 5일 전 서면 통지	• 축척변경 시행계획 • 지번별 m²당 금액결정 • 청산금의 산정 • 청산금의 이의신청 • 축척변경과 관련된 소관청이 부의한 사항
변경대상 및 제외대상			• 축척변경 대상 ① 빈번한 토지의 이동으로 인하여 1필지의 규모가 작아서 소축척으로는 지적측량성과의 결정이나 토지의 이동에 따른 정리가 곤란한 때 ② 동일한 지번부여지역 안에 서로 다른 축척의 지적도가 있는 때 • 축척변경위원회의 의결 및 시·도지사의 승인 절차를 거치지 않는 경우 ① 합병하고자 하는 토지가 축척이 다른 지적도에 각각 등록되어 있어 축척변경을 하는 경우 ② 도시개발사업 등의 시행지역 안에 있는 토지로서 당해 사업시행에서 제외된 토지의 축척변경을 하는 경우	
첨부서류			① 축척변경사유 ② 지번별 조서 ③ 토지소유자의 동의서 ④ 축척변경위원회의 의결서 사본 ⑤ 그 밖에 축척변경승인을 위하여 시·도지사가 필요하다고 인정하는 서류	
시행공고			① 축척변경의 목적·시행지역 및 시행기간 ② 축척변경의 시행에 관한 세부계획 ③ 축척변경의 시행에 따른 청산방법 ④ 축척변경의 시행에 따른 소유자 등의 협조에 관한 사항	

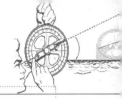

3. 측량업의 등록 및 업무범위

1) 측량업의 등록

법률 제44조[241]의 규정에는 측량업의 등록을 희망하는 자는 업종별로 기술인력, 장비 등의 등록기준을 갖추어 측량업 등록신청서에 첨부하여 측량업종에 따른 관할 기관에 제출하여야 하며, 다만 한국국토정보공사의 경우는 등록을 필요로 하지 않는다.

측량업 등록 시 세부적인 첨부서류는 크게 인력과 장비로 구분할 수 있는데 보유하고 있는 측량기술자의 명단과 측량기술 경력증명서와 보유하고 있는 장비의 명세서 및 장비 성능검사서 사본과 함께 측량업 등록신청서를 첨부하여야 한다.

측량업 등록신청을 받은 관할기관(국토교통부 장관 또는 시·도지사)은 접수 후 14일 이내에 등록기준에 적합유무와 결격사유 등을 심사하여 등록신청에 하자가 없을 시에는 측량업 등록부에 기재하여 측량업 등록증 및 측량업 등록수첩을 발급하여야 한다. 측량업 중 지적측량업은 시·도지사에게 측량업 등록신청을 하여야 한다.

〈표 8-12〉 측량업종에 따른 등록 관할기관

등록 관할기관	측량업종 분류	
국토교통부	• 측지측량업 • 항공촬영업 • 영상처리업 • 지도제작업	• 연안조사측량업 • 공간영상도화업 • 수치지도제작업 • 지하시설물측량업
특별시장·광역시장·도지사	• 지적측량업 • 일반측량업	• 공공측량업
특별자치도지사	• 측지측량업 • 항공촬영업 • 영상처리업 • 지도제작업 • 지적측량업 • 일반측량업	• 연안조사측량업 • 공간영상도화업 • 수치지도제작업 • 지하시설물측량업 • 공공측량업

---

241) 공간정보의 구축 및 관리 등에 관한 법률 제44조 (측량업의 등록)

2) 측량업 등록기준 및 업무범위

측량업의 등록기준은 11가지의 측량업종 모두가 각기 다른 특성의 사업이므로 기술능력과 장비수준 등을 다르게 하여 등록기준을 규정하고 있다.

그 중에서 지적측량업의 등록기준 중 기술능력 기준은 특급기술자 1명 또는 고급기술자 2명 이상, 중급기술자 2명 이상, 초급기술자 1명 이상, 지적 분야의 초급기능사 1명 이상이며, 장비수준 기준은 토털 스테이션 1대 이상, 자동제도장치 1대 이상으로 규정하고 있다.

- **지적측량업자의 업무범위**

  ① 경계점좌표등록부 시행지역의 지적측량

  ② 지적재조사지구에서 실시하는 지적재조사측량

  ③ 도시개발사업 등의 완료에 따른 지적확정측량

  ④ 지적전산자료를 활용한 정보화 사업 등

〈표 8-13〉 지적측량업의 등록기준과 업무범위

구분	기술 능력	장비
지적측량업	•특급기술자 1명 또는 고급기술자 2명 이상 •중급기술자 2명 이상 •초급기술자 1명 이상 •지적 분야의 초급기능사 1명 이상	•토털 스테이션 1대 이상 •자동제도장치 1대 이상
업무 범위	•경계점좌표등록부 시행지역의 지적측량	
	•지적재조사사업의 따른 지적확정측량	
	•도시개발사업 등의 완료에 따른 지적확정측량	
	•지적전산자료를 활용한 정보화 사업	

3) 결격사유

법률 제47조[242]에는 측량업 등록과 관련하여 아래의 결격사유 중 어느 하나에 해당하는 자는 측량업의 등록을 할 수 없도록 규정하고 있다.

- **결격사유**

  ① 금치산자 또는 한정치산자

---

242) 공간정보의 구축 및 관리 등에 관한 법률 제47조 (측량업등록의 결격사유)

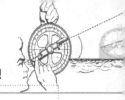

② 금고 이상의 실형을 선고받고 그 집행이 끝나거나(집행이 끝난 것으로 보는 경우를 포함한다) 집행이 면제된 날부터 2년이 지나지 아니한 자

③ 금고 이상의 형의 집행유예를 선고받고 그 집행유예기간 중에 있는 자

④ 측량업의 등록이 취소된 후 2년이 지나지 아니한 자

⑤ 임원 중에 위의 어느 하나에 해당하는 자가 있는 법인

4) 지위승계 및 휴·폐업의 신고

법률 제46조[243])에는 측량업자가 그 사업을 양도하거나 사망한 경우 또는 법인인 측량업자의 합병이 있는 경우에는 그 사업의 양수인·상속인 또는 합병 후 존속하는 법인이나 합병에 따라 설립된 법인은 종전의 측량업자의 지위를 승계하도록 하며, 그 승계 사유가 발생한 날부터 30일 이내에 대통령령으로 정하는 바에 따라 국토교통부장관 또는 시·도지사에게 신고하도록 규정하고 있다.

또한 제48조[244])에는 휴·폐업 등의 경우 국토교통부장관 또는 시·도지사에게 다음과 같은 사실이 발생한 날부터 30일 이내에 그 사실을 신고하도록 하고 있다.

① 측량업자인 법인이 파산 또는 합병 외의 사유로 해산한 경우 : 해당 법인의 청산인
② 측량업자가 폐업한 경우 : 폐업한 측량업자
③ 측량업자가 30일을 넘는 기간 동안 휴업하거나, 휴업 후 업무를 재개한 경우 : 해당 측량업자

5) 측량업등록증의 대여금지

법률 제49조[245])에는 측량업자는 다른 사람에게 자기의 측량업등록증 또는 측량업등록수첩을 빌려 주거나 자기의 성명 또는 상호를 사용하게 하거나 또는 다른 사람의 등록증 또는 등록수첩을 빌려서 사용하거나 다른 사람의 성명 또는 상호를 사용하여 측량업무를 수행하지 못하도록 규정하고 있다.

4. 협회 및 한국국토정보공사

기존의 측량협회, 지적협회 관련 규정은 공간정보 관련 법률이 3개의 법률로 구분되어 개정되면서 현재 공간정보산업진흥법에서 규정되어 있다. 그리고 한국국토정보공

---

243) 공간정보의 구축 및 관리 등에 관한 법률 제46조 (측량업자의 지위 승계)
244) 공간정보의 구축 및 관리 등에 관한 법률 제48조 (측량업의 휴업·폐업 등 신고)
245) 공간정보의 구축 및 관리 등에 관한 법률 제49조 (측량업등록증의 대여 금지 등)

사에 대한 관련 법률은 국가공간정보 기본법에서 규정하고 있다. 기존법률에서 달라진 것은 측량이나 지적이라는 용어 대신에 공간정보라는 용어로 통합하여 규정하고 있다.

1) 협회의 설립 및 감독

(1) 공간정보산업협회

공간정보산업진흥법 제24조[246] 규정에는 공간정보사업자와 공간정보기술자는 공간정보산업의 건전한 발전과 구성원의 공동이익을 도모하기 위하여 공간정보산업협회를 설립할 수 있으며, 법인으로 하되 주된 사무소의 소재지에서 설립등기를 함으로써 성립하도록 규정하고 있다.

또한 협회를 설립하려는 자는 공간정보기술자 300명 이상 또는 공간정보사업자 10분의 1 이상을 발기인으로 하여 정관을 작성한 후 창립총회의 의결을 거쳐 국토교통부장관의 인가를 받아야 한다. 협회에 관하여 법률에서 규정되어 있는 것을 제외하고는 민법 중 사단법인에 관한 규정을 준용한다.

〈표 8-14〉 공간정보산업협회의 설립 기준 및 정관 기재사항

구분	세부 내용
설립 목적	• 공간정보사업자와 공간정보기술자는 공간정보산업의 건전한 발전과 구성원의 공동이익을 도모하기 위하여 협회를 설립
설립 기준	• 법인으로 구성 • 주된 사무소의 소재지에서 설립 등기함으로써 성립 • 공간정보기술자 300명 이상 또는 공간정보사업자 1/10 이상을 발기인으로 하여 정관을 작성한 후 창립총회의 의결을 거쳐 국토교통부장관의 인가 • 법률규정 외 민법의 사단법인에 관한 규정을 준용
정관 기재사항	• 목적 • 명칭 • 주된 사무소의 소재지 • 사업의 내용 및 그 집행에 관한 사항 • 회원의 자격, 가입과 탈퇴 및 권리·의무에 관한 사항 • 임원의 정원·임기 및 선출방법에 관한 사항 • 총회의 구성 및 의결사항 • 이사회, 분회, 지회에 관한 사항 • 이사회, 분회, 지회에 관한 사항 • 재정·회계에 관한 사항 • 그 밖에 필요한 사항

246) 공간정보산업 진흥법, 제24조(공간정보산업협회의 설립)

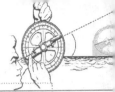

 기초지식

※ **한국측량사 총연맹(KCS : Korea Confederation of Surveyors)**

한국측량사 총연맹의 설립은 1981년 5월 31일 대한지적공사와 대한측량협회가 공동으로 결성하여 총 850명(대한지적공사 : 550명, 대한측량협회 : 300명)으로 구성되어 있으며, 여의도동에 위치하고 있다.
또한 회장 1명과 부회장 2명 및 사무국장을 두고 각 분야별로 9개 분과위원회가 있다.

(2) 협회의 공고 및 감독

국토교통부장관은 공간정보산업협회의 설립을 인가하였을 때에는 그 주요 내용을 관보·일간신문 또는 인터넷 홈페이지에 공고하여야 한다.

그리고 국토교통부장관은 공간정보산업협회의 업무 수행을 지도·감독하며, 이를 위해 필요하면 소속 직원으로 하여금 현지 확인을 하게 하거나, 공간정보산업협회에 자료 제출을 요구할 수 있다.

2) 한국국토정보공사

국가 공간정보 기본법 제12조[247]에는 공간정보체계의 구축 지원, 공간정보와 지적제도에 관한 연구, 기술 개발 및 지적측량 등을 수행하기 위하여 한국국토정보공사를 설립하며, 약 4,000여 명의 뛰어난 공간정보기술자와 3,000여 대의 최첨단 측량장비를 보유하고 시·도 단위에 12개의 본부와 시·군·구별로 185개의 지사를 설치하여 전국적으로 네트워크를 이루며 지적측량업무를 수행하고 있다.

(1) 설립 및 정관

법률 제12조에는 한국국토정보공사의 설립, 제13조에는 공사의 정관, 제14조에는 공사의 사업, 제15조에는 공사의 임원에 대해 규정하고 있고 법률 시행령[248]에는 한국국토정보공사의 설립등기사항에 대해 언급하고 있다.

먼저 공사는 법인으로 하여 국가공간정보체계 구축 및 활용 관련 계획수립에 관한 지원, 국가공간정보체계 구축 및 활용에 관한 지원, 공간정보체계 구축과 관련한 출자(出資) 및 출연(出捐), 공간정보·지적제도에 관한 연구, 기술 개발, 표준화 및 교육사업, 공간정보·지적제도에 관한 외국 기술의 도입, 국제 교류·협력 및 국외 진출 사업, 지적측량 성과검사측량을 제외한 일반적인 지적측량, 「지적재조사에 관한 특별법」

---

247) 국가공간정보 기본법 제12조(한국국토정보공사의 설립)

248) 국가공간정보 기본법 시행령 제14조의2(한국국토정보공사의 설립등기 사항)

에 따른 지적재조사사업 등을 하기 위하여 설립하며, 주된 사무소의 소재지에서 설립 등기를 함으로써 성립한다라고 규정하고 있다.

또한 공사의 정관 및 사업 그리고 임원과 감독에 대한 세부사항을 살펴보면 다음과 같다.

(2) 성실 의무

법률 제50조[249]에는 지적측량수행자의 성실 의무 규정을 두고 있는데 지적측량수행자는 신의와 성실로써 공정하게 지적측량을 하여야 하고, 정당한 사유 없이 지적측량 신청의 거부나 지적측량수행자는 본인, 배우자 또는 직계 존속·비속이 소유한 토지에 대한 지적측량을 하지 못하도록 규정하고 있다.

또한 지적측량수행자는 지적측량수수료 외에는 어떠한 명목으로도 그 업무와 관련된 대가를 받지 못하도록 규정하고 있다.

(3) 손해배상책임

법률 제51조[250]에는 지적측량수행자가 타인의 의뢰에 의하여 지적측량을 함에 있어서 고의 또는 과실로 지적측량을 부실하게 함으로써 지적측량의뢰인이나 제3자에게 재산상의 손해를 발생하게 한 때에는 지적측량수행자는 그 손해를 배상할 책임이 있으며, 지적측량수행자는 손해배상책임을 보장하기 위하여 대통령령으로 정하는 바에 따라 보증보험가입 등의 필요한 조치를 하도록 규정하고 있다.

- **보증보험 가입금액**
    ① 지적측량업자 : 보증금액이 1억원 이상(보장기간이 10년 이상)
    ② 한국국토정보공사 : 보증금액이 20억원 이상

---

249) 공간정보의 구축 및 관리 등에 관한 법률 제50조 (지적측량수행자의 성실의무 등)

250) 공간정보의 구축 및 관리 등에 관한 법률 제51조 (손해배상책임의 보장)

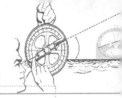

〈표 8-15〉 법률상의 한국국토정보공사 관련 규정

구분	세부 내용
공사의 등기사항	① 목적　　② 명칭 ③ 주된 사무소의 소재지　　④ 이사 및 감사의 성명과 주소 ⑤ 자산에 관한 사항　　⑥ 공고의 방법
공사의 정관	① 목적　　② 명칭 ③ 주된 사무소의 소재지　　④ 조직 및 기구에 관한 사항 ⑤ 업무 및 그 집행에 관한 사항　　⑥ 이사회에 관한 사항 ⑦ 임직원에 관한 사항　　⑧ 재산 및 회계에 관한 사항 ⑨ 정관의 변경에 관한 사항　　⑩ 공고의 방법에 관한 사항 ⑪ 규정제정, 개정·폐지에 관한 사항　　⑫ 해산에 관한 사항 • 정관을 변경하려면 미리 국토교통부장관의 인가를 받아야 함
공사의 사업	① 「공간정보의 구축 및 관리 등에 관한 법률」에 따른 측량업(지적측량업은 제외한다)의 범위에 해당하는 사업과 「중소기업제품 구매촉진 및 판로지원에 관한 법률」에 따른 중소기업자간 경쟁 제품에 해당하는 사업을 제외한 국가공간정보체계 구축 및 활용 관련 계획수립에 관한 지원, 국가공간정보체계 구축 및 활용에 관한 지원, 공간정보체계 구축과 관련한 출자(出資) 및 출연(出捐) ② 공간정보·지적제도에 관한 연구, 기술 개발, 표준화 및 교육사업 ③ 공간정보·지적제도에 관한 외국 기술의 도입, 국제 교류·협력 및 국외 진출 사업 ④ 「공간정보의 구축 및 관리 등에 관한 법률」의 지적측량성과검사측량을 제외한 지적측량 ⑤ 「지적재조사에 관한 특별법」에 따른 지적재조사사업 ⑥ 다른 법률에 따라 공사가 수행할 수 있는 사업 ⑦ 그 밖에 공사의 설립 목적을 달성하기 위하여 필요한 사업으로서 정관으로 정하는 사업
공사의 임원	• 사장(사장은 공사를 대표하고 공사의 사무를 총괄) 1명과 부사장 1명을 포함한 10명 이내의 이사(상임이사와 비상임이사로 구분)와 감사(공사회계 및 업무감사) 1명을 둠
공사의 감독	• 국토교통부장관이 공사를 감독하도록 함
법률의 적용	• 「국가공간정보 기본법」 및 「공공기관의 운영에 관한 법률」에서 규정한 사항을 제외하고는 「민법」 중 재단법인에 관한 규정을 준용

〈표 8-16〉 한국국토정보공사(지적측량조직)의 발전 과정

시행기간	지적측량조직	감독기관	비고
1895년 ~ 1910년	국가직영	내부 (토지조사국)	준비단계(일부 토지측량업자 제도 도입운영)
1910년 ~ 1918년	국가직영	임시토지조사국	토지조사사업 추진
1916년 ~ 1924년	국가직영	농상공부	임야조사사업 추진
1923년 7월 20일 ~ 1938년 1월 16일	기업자측량제도 지정측량자제도	재무국	도, 세무감독국 단위로 운영
1931년 6월 6일 ~ 1938년 5월 18일	재단법인역둔토협회	재무국	역둔토 토지이동측량 전담
1938년 1월 24일 ~ 1945년 8월 15일	재단법인조선지적협회	재무국	최초의 전국적인 대행기관 (기업자·지정측량자제도 및 역둔토협회 폐지)
1945년 8월 16일 ~ 1949년 4월 30일	국가직영	재무부	조선지적협회(휴면상태)
1949년 5월 1일 ~ 1961년 12월 31일	재단법인 대한지적협회	재무부	조선지적협회(재편성 발족)
1962년 1월 1일 ~ 1977년 6월 30일	재단법인 대한지적협회	내무부	재무부에서 이관
1977년 7월 1일 ~ 1998년 2월 27일	재단법인 대한지적공사	내무부	대한지적협회에서 명칭변경
1998년 2월 28일 ~ 2003년 12월 31일	재단법인 대한지적공사	행정자치부	내무부와 총무처 통합
2004년 1월 1일 ~ 2007년 3월 5일	특수법인 대한지적공사 지적측량업자	행정자치부	
2008년 3월 6일 ~ 2015년 6월 3일	특수법인 대한지적공사 지적측량업자	국토해양부 (2013.03.23) 국토교통부	지적측량업무 중 수치지역 및 경계점좌표등록부지역 개방
2015년 6월 3일 ~ 현재	특수법인 한국국토정보공사	국토교통부	

5. 측량기기의 검사

1) 성능검사

법률 제92조[251]에는 측량기기의 검사에 대해 언급하고 있는데 측량업자는 트랜싯, 레벨, 그 밖에 대통령령으로 정하는 측량기기에 대하여 5년의 범위에서 대통령령으로 정하는 기간마다 국토교통부장관이 실시하는 성능검사를 받아야 한다. 다만, '국가표준기본법' 국가교정업무 전담기관의 교정검사를 받은 측량기기로서 국토교통부장관이

---

251) 공간정보의 구축 및 관리 등에 관한 법률 제92조 (측량기기의 검사)

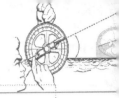

성능검사 기준에 적합하다고 인정한 경우에는 성능검사를 받은 것으로 보며 대한지적 공사는 성능검사를 위한 적합한 시설과 장비를 갖추고 자체적으로 검사를 실시하여야 한다. 그 이외의 경우에는 성능검사대행자로 등록한 자로부터 측량기기의 성능검사를 받아야 한다.

2) 성능검사 대행자

법률 제93조[252])에는 측량기기의 성능검사업무를 대행하려는 자는 측량기기별로 대통령령으로 정하는 기술능력과 시설 등의 등록기준을 갖추어 시·도지사에게 등록하고 등록사항을 변경하려는 경우에는 신고하도록 규정하고 있다.

성능검사대행자의 등록신청의 경우 시·도지사는 등록기준에 적합하다고 인정되면 신청인에게 측량기기 성능검사대행자 등록증을 발급한 후 그 발급사실을 공고하고 국토교통부장관에게 통지하여야 하며 폐업을 한 경우에는 30일 이내에 국토교통부령으로 정하는 바에 따라 시·도지사에게 폐업사실을 신고하도록 규정하고 있다.

〈표 8-17〉 성능검사 대행자 등록기준

구분	시 설 · 장 비	기술 능력
일반 성능검사 대행자	• 콜리메이터 시설 1조 이상 • 주파수 카운터 1조 이상	• 측량 및 지형공간정보 분야 고급기술자 또는 정밀측정산업기사로서 실무경력 10년 이상인 사람 1명 이상 • 측량 분야의 중급기능사 또는 계량 및 측정 분야의 실무경력이 3년 이상인 사람 1명 이상
금속관로 탐지기 성능검사 대행자	• 금속관로탐지기 검사시설 1식 이상	• 측량 및 지형공간정보 분야 고급기술자 또는 정밀측정산업기사로서 실무경력 10년 이상인 사람 1명 이상 • 측량 분야의 중급기능사 또는 계량 및 측정 분야의 실무경력이 3년 이상인 사람 1명 이상

3) 성능검사 항목

측량기기 성능검사 대상은 트랜싯(데오돌라이트), 레벨, 거리측정기, 토털 스테이션, GPS 수신기, 금속관로탐지기로 외관검사는 아래와 같은 항목을 점검하며, 구조·기능 검사 및 측정검사의 경우 측량기기별로 세부적인 사항을 달리 규정하고 있다.

● 외관검사 항목

① 깨짐, 흠집, 부식, 구부러짐, 도금 및 도장 부문의 손상

② 형식 및 제조번호의 이상유무

---

252) 공간정보의 구축 및 관리 등에 관한 법률 제93조 (성능검사대행자의 등록)

③ 눈금선 및 디지털 표시부의 손상

〈표 8-18〉 측량기기 성능검사 항목

측량기기	구조·기능 검사	측정 검사
트랜싯 (데오돌라이트)	• 연직축 및 수평축의 회전상태 • 기포관의 부착 상태 및 기포의 정상적인 움직임 • 광학구심장치 점검 • 최소 눈금	• 수평각의 정확도 • 연직각의 정확도
레벨	• 연직축 회전상태 • 기포관의 부착 상태 및 기포의 정상적인 움직임 • 보상판(자동, 전자) • 최소 눈금	• 기포관의 감도 • 보상판의 기능범위 • 1km 거리를 측정한 정확도
거리측정기	• 연직축 및 수평축의 회전상태 • 기포관의 부착 상태 및 기포의 정상적인 움직임 • 광학구심장치 점검	• 기선장에서의 거리 비교 측정 • 변조주파수 검사
토털 스테이션	• 연직축 및 수평축의 회전상태 • 기포관의 부착 상태 및 기포의 정상적인 움직임 • 광학구심장치 점검	• 각도측정 : 트랜싯 검사항목 적용 • 거리측정 : 거리측정기 검사항목 적용
GPS 수신기	• 수신기 및 안테나, 케이블 이상 유무	• 기선 측정 비교 • 1·2주파 확인
금속관로 탐지기	• 탐지기·케이블 등의 이상 유무 • 송수신장치 이상 유무 • 액정표시부 이상 유무 • 전원부 이상 유무	• 평면위치의 정확도 • 탐사깊이의 정확도

〈표 8-19〉 측량기기 검사필증

검사필증	세부 내용	도안 요령
檢査畢 ① 검사기관명	① 검사필증 일련번호 ② 측량기기명 및 측량기기 번호 ③ 검사유효기간 ④ 측량기기 성능 ⑤ 성능검사 대행자명	① 마크 : 바깥 원의 지름은 5cm로 하고, 반호의 지름은 4cm로 하며, 안쪽 원의 지름은 3cm로 할 것 ② 글자체 : 고딕체 ③ 글자크기 : 12Point ④ 글자색 : 검은색 ⑤ 바탕색 : 노란색

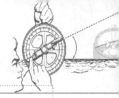

6. 지적전산자료

1) 지적전산자료의 이용

법률 제76조[253])에는 지적공부에 관한 전산자료를 이용하거나 활용하려는 자는 전산자료의 전국 단위, 시·도 단위, 시·군·구 단위 등에 따라 국토교통부장관, 시·도지사 또는 지적소관청의 승인을 받아야 하며, 지적전산자료의 이용 또는 활용 목적 등에 관하여 미리 관계 중앙행정기관의 심사를 받아야 한다.

지적공부에 관한 전산자료를 이용하거나 활용하려는 자는 신청서에 자료의 이용 또는 활용 목적 및 근거, 자료의 범위 및 내용, 자료의 제공방식, 보관 기관 및 안전관리 대책 등 관계 중앙행정기관의 장에게 제출하여 심사를 신청하여야 한다.

지적전산자료의 이용 또는 활용 신청 시 일반적인 경우 자료를 인쇄물로 제공할 때 1필지당 30원, 자료를 자기디스크 등 전산매체로 제공할 때 1필지당 20원의 수수료를 납부하여야 하되 국가나 지방자치단체에 대해서는 사용료를 면제하도록 규정하고 있다.

- 지적전산자료의 이용 또는 활용 신청 시 승인권자

  ① 전국 단위의 지적전산자료 : 국토교통부장관, 시·도지사 또는 지적소관청

  ② 시·도 단위의 지적전산자료 : 시·도지사 또는 지적소관청

  ③ 시·군·구(자치구가 아닌 구를 포함한다) 단위의 지적전산자료 : 지적소관청

2) 신청서 작성 및 심사항목

- 지적전산자료의 이용 또는 활용에 관한 신청서 작성내용

  ① 자료의 이용 또는 활용 목적 및 근거

  ② 자료의 범위 및 내용

  ③ 자료의 제공방식, 보관 기관 및 안전관리대책 등

- 지적전산자료의 이용 또는 활용 신청 시 중앙행정기관의 장의 심사항목

  ① 신청 내용의 타당성, 적합성 및 공익성

  ② 개인의 사생활 침해 여부

  ③ 자료의 목적 외 사용 방지 및 안전관리대책

---

253) 공간정보의 구축 및 관리 등에 관한 법률 제76조 (지적전산자료의 이용 등)

〈표 8-20〉 지적전산자료의 이·활용 및 승인신청 등

구분	단위 구분	해당 사항
승인권자	• 전국 단위	• 국토교통부장관　　　• 시·도지사 • 지적소관청
	• 시·도 단위	• 시·도지사　　　• 지적소관청
	• 시·군·구 단위	• 지적소관청
신청서 기재사항	• 중앙행정기관장에게 제출	• 자료의 이용 또는 활용 목적 및 근거 • 자료의 범위 및 내용 • 자료 제공방식, 보관기관 및 안전관리대책 등
심사사항	• 중앙행정기관장의 심사	• 신청 내용의 타당성, 적합성 및 공익성 • 개인의 사생활 침해 여부 • 자료의 목적 외 사용 방지 및 안전관리대책
승인 · 심사사항	• 국토교통부장관 • 시·도지사 • 지적소관청 승인심사 실시	• 관계중앙행정기관의 심사사항 • 신청한 사항의 처리가 전산정보처리조직으로 가능한 지 여부 • 신청한 사항의 처리가 지적업무수행에 지장이 없는지 의 여부
자료 제공범위	필요한 최소한의 범위에 한하여 제공하되, 지적공부의 형식으로 복제 또는 정보처리시스템에 기록·저장된 그 자체의 제공을 요구하는 내용의 신청은 할 수 없다.	
수수료 등	심사를 거쳐 자료의 이·활용을 승인한 때에는 그 내용을 기록·관리하고 승인자료를 제출하여야 하며, 인쇄물로 제공하는 때에는 1필지당 30원, 전산매체로 제공할 때에는 20원의 수수료 납부	

7. 벌칙 및 과태료

1) 벌칙

　벌칙(행정형벌)의 종류에는 3년 3천만원 이하, 2년 2천만원 이하, 1년 1천만원 이하의 3가지가 있다.

　3년 3천만원 이하에는 측량업자나 수로사업자로서 속임수나 위력으로 입찰의 공정성을 해친 자가 해당된다.

　2년 2천만원 이하에는 측량기준점 표지 이전 및 파손, 고의의 오측량자, 측량성과를 국외로 반출, 무등록 또는 부정한 방법의 측량등록업자, 무등록 또는 부정한 방법의 수로사업등록업자, 부정한 성능검사 대행자 및 무등록(부정) 성능검사등록자가 해

당된다.

1년 1000만원 이하에는 보안사항의 측량성과 및 측량기록 복제자, 무등록 지도 간행 판매자, 무등록 측량기술자, 업무상 비밀 누설, 측량업 등록증 대여, 수수료 이외의 대가를 받은 자, 토지이동 신청을 게을리한 자, 성능검사대행자 등록증 대여 및 양도 등이 해당된다.

〈표 8-21〉 벌칙의 구분 및 세부내용

구분	세부 내용
3년 3천만원 이하	① 측량업자나 수로사업자로서 속임수, 위력, 그 밖의 방법으로 측량업 또는 수로사업과 관련된 입찰의 공정성을 해친 자
2년 2천만원 이하	① 측량기준점표지를 이전 또는 파손하거나 그 효용을 해치는 행위를 한 자 ② 고의로 측량성과 또는 수로조사성과를 사실과 다르게 한 자 ③ 측량성과를 국외로 반출한 자 ④ 측량업의 등록을 하지 아니하거나 거짓이나 그 밖의 부정한 방법으로 측량업의 등록을 하고 측량업을 한 자 ⑤ 수로사업의 등록을 하지 아니하거나 거짓이나 그 밖의 부정한 방법으로 수로사업의 등록을 하고 수로사업을 한 자 ⑥ 성능검사를 부정하게 한 성능검사대행자 ⑦ 성능검사대행자의 등록을 하지 아니하거나 거짓이나 그 밖의 부정한 방법으로 성능검사대행자의 등록을 하고 성능검사업무를 한 자
1년 1천만원 이하	① 무단으로 측량성과 또는 측량기록을 복제한 자 ② 심사를 받지 아니하고 지도 등을 간행하여 판매하거나 배포한 자 ③ 국토교통부장관의 승인을 받지 아니하고 수로도서지를 복제하거나 이를 변형하여 수로도서지와 비슷한 제작물을 발행한 자 ④ 측량기술자가 아님에도 불구하고 측량을 한 자 ⑤ 업무상 알게 된 비밀을 누설한 측량기술자 또는 수로기술자 ⑥ 둘 이상의 측량업자에게 소속된 측량기술자 또는 수로기술자 ⑦ 다른 사람에게 측량업등록증 또는 측량업등록수첩을 빌려주거나 자기의 성명 또는 상호를 사용하여 측량업무를 하게 한 자 ⑧ 측량업등록증 또는 측량업등록수첩을 빌려서 사용하거나 다른 사람의 성명 또는 상호를 사용하여 측량업무를 한 자 ⑨ 신규등록, 등록전환, 분할, 합병, 지목변경, 등록말소, 축척변경, 등록사항 정정, 도시개발 사업 등의 토지이동 신청을 게을리한 자 ⑩ 다른 사람에게 자기의 성능검사대행자 등록증을 빌려 주거나 자기의 성명 또는 상호를 사용하여 성능검사대행업무를 수행하게 한 자

2) 과태료

과태료의 일반적인 기준으로 위반행위의 횟수에 따른 과태료의 부과 기준은 최근 5년간 같은 위반행위로 과태료를 부과받은 경우에 적용하며, 이 경우 위반횟수는 같은 위반행위에 대하여 과태료를 부과받은 날과 다시 같은 위반행위로 적발된 날을 기준으로 하여 계산한다.

그리고 하나의 위반행위가 둘 이상의 과태료 부과기준에 해당하는 경우에는 그 중 금액이 큰 과태료 부과기준을 적용하며, 위반행위의 정도, 위반행위의 동기와 그 결과 등을 고려하여 과태료 금액을 2분의 1의 범위에서 그 금액을 감경하거나 가중할 수 있다. 다만, 과태료를 체납하고 있는 위반행위자에 대하여는 감경할 수 없고, 과태료의 총액은 300만원 상한을 넘을 수 없도록 규정하고 있다.

또한 본 법률규정 이외에 측량과 관련된 과태료 규정에는 국가공간정보 기본법 시행령 제26조에서는 공사가 아닌 자가 한국국토정보공사의 명칭을 사용한 경우 400만원, 공사가 아닌 자가 한국국토정보공사와 유사한 명칭을 사용한 경우 300만원의 과태료를 부과하도록 규정하고 있다.

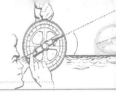

〈표 8-22〉과태료의 구분 및 세부내용

위반 행위	과태료 금액		
	1차	2차	3차 이상
① 정당한 사유 없이 측량을 방해한 경우	25	50	100
② 고시된 측량성과에 어긋나는 측량성과를 사용한 경우	37	75	150
③ 수로조사를 하지 않은 경우	75	150	300
④ 정당한 사유 없이 수로조사를 방해한 경우	50	100	200
⑤ 수로조사성과를 제출하지 않은 경우	25	50	100
⑥ 판매가격을 준수하지 않고 수로도서지를 판매하거나 최신 항행통보에 따라 수정되지 않은 수로도서지를 보급한 경우	25	50	100
⑦ 거짓으로 측량기술자 또는 수로기술자의 신고를 한 경우	6	12	25
⑧ 측량업 등록사항의 변경신고를 하지 않은 경우	7	15	30
⑨ 측량업 또는 수로사업자의 지위 승계 신고를 하지 않은 경우	50		
⑩ 측량업 또는 수로사업의 휴업·폐업 등의 신고를 하지 않거나 거짓으로 신고한 경우	30		
⑪ 본인, 배우자 또는 직계 존속·비속이 소유한 토지에 대한 지적측량을 한 경우	10	20	40
⑫ 수로사업 등록사항의 변경신고를 하지 않은 경우	12	25	50
⑬ 측량기기에 대한 성능검사를 받지 않거나 부정한 방법으로 성능검사를 받은 경우	25	50	100
⑭ 성능검사대행자의 등록사항 변경을 신고하지 않은 경우	6	12	25
⑮ 성능검사대행업무의 폐업신고를 하지 않은 경우	25		
⑯ 정당한 사유 없이 보고를 하지 않거나 거짓으로 보고를 한 경우	25	50	100
⑰ 정당한 사유 없이 조사를 거부·방해 또는 기피한 경우	25	50	100
⑱ 정당한 사유 없이 토지 등의 출입을 방해하거나 거부한 경우	25	50	100

지적정보화

지적정보화

제1절 지적전산화

1. 지적전산화 발전 과정

1) 2000년대 이전

우리나라의 지적전산화는 1975년 행정자치부가 지적전산시스템의 구축을 위해 1975년 전산화 기반 조성을 위한 법령정비를 완료하고 그를 근간으로 토지대장과 임야대장 카드화 사업을 1975년부터 1978년까지 4년간 실시하여 지적전산화를 위한 표준화와 코드화를 완성하였으며, 그후 토지소유자에 대한 주민등록번호 등재 사업을 2년여에 걸쳐 집중적으로 추진하였다.

1978년부터 충남 대전시를 전국 지적전산시범사업지역으로 선정하여 대장과 도면의 일괄 전산화 방안이 연구되었으나 당시 도면의 그래픽자료를 처리할 HW, SW의 성능 부족 및 과다한 시스템 구축 비용으로 인하여 우선 1차적으로 토지기록전산화라는 명제로 토지대장 및 임야대장의 전산화를 추진하여 온라인 네트워크 연결시스템 및 온라인 프로그램 개발을 통해 전국적인 온라인을 1990년 4월 1일에 개시하였다.

그러나 토지기록전산화 사업을 수행함에 있어 MS-DOS 환경에서 WINDOWS 시스템의 발달된 기능 등을 접목시키지 못하였으나 1992년부터 시·군·구 행정종합전산화 사업의 일환으로 지적행정시스템을 WINDOWS 시스템 환경으로 새로이 구축하였다.

또한 중앙부처 및 시·도 중심의 단위업무별 정보시스템 체계에서 주민생활과 가장 밀접한 시·군·구 중심체계로의 전환이 요구되면서 지적행정시스템이 재개발되어 C-ISAM 파일 형태의 자료를 관계형 데이터베이스구조인 RDBMS로 전환하는 것이 1998년부터 추진되고 2000년 10월부터 본격적으로 운영하게 되었다.

그리고 1995년에는 2월부터 국토정보센터가 설치되어 2002년 지적정보센터로 명칭을 변경하였고 2011년 8월 30일자로 지적정보센터가 폐지되면서 새로이 국가공간정보센터로 출발하게 되었고 기존의 기능과 내용을 보다 포괄적으로 수정하였다.

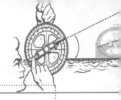

기존의 국토정보센터는 법률에 의한 지적전산자료, 주민등록법에 의한 주민등록전산자료 및 공시지가와 이를 기준으로 시장·군수·구청장이 산정한 개별공시지가전산자료를 통합한 전산정보자료의 효율적인 관리·운영을 위한 것이었다.

그래서 공간정보 관련 3법으로 구분되면서 새로이 국가정보센터의 설치로 인해 지적전산자료와 주민등록 전산자료, 공시지가 전산자료를 전산망으로 통합하여 소유자별, 가구별, 법인별, 그룹별, 토지소유 및 거래현황을 일시에 파악할 수 있도록 운영하고 있다.

지적도면전산화 추진은 1996년과 1997년에는 기존 지적도면 전산화의 시범사업으로서 대전 유성구 어은동 외 7개 동을 시범사업 대상 지역으로 지정하여 추진하였다.

1995년부터 시작된 NGIS 1단계 사업에서 기존 지적도면 전산화 사업을 확정하여 예산배정 문제 및 지적도면의 접합문제 등으로 미루어 오다가 2000년부터 전국적으로 지적도면 전산화 작업을 추진하여 지자체 간 일부 차이는 있으나 폐쇄 지적(임야)도면까지의 전산화를 2008년을 기점으로 완료하였다.

2) 2000년대 이후

1993년에는 전산화를 위한 사전연구결과로서 필지중심토지정보시스템(PBLIS : Parcel Based Land Information System)의 구축방안을 제시하였고 대장과 도면을 통합한 필지중심토지정보시스템은 행정자치부에서 1996년 8월부터 2000년 11월까지 4년 3개월에 걸쳐 대한지적공사에서 발주하여 쌍용정보통신(주)에서 수행하였으며 2002년 12월에는 시·군·구 지역에 확산을 완료하여 전국적으로 운영되기 시작하였다.

이와 비슷한 시기에 시작한 건설교통부의 토지관리정보체계(LMIS : Land Management Information System) 구축사업은 토지정책 수립에 있어서 중앙과 지자체 간의 토지업무연계의 신속·정확한 수집이 힘들고 토지이용을 규제하는 80여 개의 법률에서 지정하고 있는 170여 가지의 용도지역·지구를 정확하게 파악하기 어려웠다.

그러한 이유로 지자체의 개별적 토지관련 전산화 추진에 따른 예산낭비를 막고 자료 호환성을 확보하기 위해 토지와 관련한 각종 공간·속성·법률자료 등을 체계적으로 통합·관리하기 위해 1998년 대구광역시 남구의 시범사업과 6차례의 확산사업으로 2004년에는 전국 248개 지자체의 토지관리정보체계 사업이 완료되었다.

이렇게 PBLIS와 LMIS가 별도로 운영되었으나 두 시스템을 통합하도록 감사원 권고를 받아 필지중심토지정보시스템과 토지관리정보체계를 하나의 시스템으로 통합하여 한국형 토지정보시스템(KLIS : Korea Land Information System)을 운영하게 되었다. 또한 2011년에는 다양한 7개의 부처에서 개별적으로 구축·운영 중인 9개의 정보시스템이 off-line으로 연계되어 자료갱신이 자동화되지 못하는 단점을 보완하기 위해 국토통합정보시스템을 구축하고 on-line으로 실시간 자동갱신이 가능하도록 하여 국토이용 및 환경정보를 국민들에게 On-line, One-Stop으로 제공할 수 있도록 하였다.

기존의 KLIS에서 105개 법률의 각종 용도지역지구 정보를 제공하고 있었으나, 국토환경성평가등급·생태등급 등 환경·산림정보를 제공하지 못하는 단점을 보완하여 국토정보를 토대로 국토·도시계획 및 환경보전 등 각종 계획 수립 시 정책결정의 신속성·효율성을 고려하였다.

〈표 9-1〉 국토이용 및 보전 관련 9개 시스템

부처	관련 시스템	작성·이용 목적	강점	약점
행자부 + 건교부	한국토지정보 시스템	건교부의 토지종합정보시스템, 행자부의 필지중심 토지정보시스템을 통합	국토에 대한 전반적 정보 제공	국토 환경·생태자료 제공곤란
건교부	토지이용규제 정보시스템	용도지역별 행위제한 사항 제공 및 규제안내서 작성	행위제한정보 제공 및 갱신	–
환경부	국토환경성 평가지도	국토환경정보를 종합·평가하여 환경적 가치에 따라 구분하고 지형도에 표시	다양한 환경 관련 정보제공	소축척으로 필지별 정보제공 곤란
	생태자연도	자연환경조사 결과를 토대로 식생도, 멸종위기 야생동물 분포도, 자연경관도 등을 작성·제작	생태적 가치 자료 제공	소축척으로 필지별 정보제공 곤란
농림부	농지종합정보 시스템	우량 농지의 보전과 농지관리업무의 능률 향상 도모	농업진흥지역 정보 제공·	법적 행위제한 미흡
해수부	연안관리정보 시스템	체계적이고 과학적인 연안환경 정보를 구축	연안관련 정보 제공	법적 행위제한 미흡
	갯벌정보시스템	갯벌생태계조사 결과 축적되는 각종 정보를 제공하고 우수갯벌의 생태지도	갯벌의 다양한 정보 제공	법적 행위제한 미흡
산림청	산림지리정보 시스템	합리적 산지 보전·이용을 위하여 지역·지구를 설정하여 관리	보전산지 정보 제공	법적 행위제한 미흡
문화재청	문화재기본 지리정보시스템	지정문화재 등 전국 문화재 관련 GIS 기반 DB구축으로 과학적인 문화재 관리에 활용	전국 문화재관련정보의 갱신 및 적기 활용	매장된 문화재의 정확한 위치파악 한계

출처 : 건설교통부, 2011, 보도자료(2011년1월5일) 참고작성.

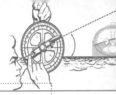

2. 의의 및 목적

1) 의의

지적전산화는 기존의 종이에 기록된 모든 공부를 전면적으로 새로이 전산처리 프로그램에 의해 전산처리조직인 컴퓨터에 그대로 옮기는 작업을 의미한다.

일반적으로 토지대장 또는 임야대장 등의 토지기록전산화사업과 지적도나 임야도와 같은 도면을 전산화한 도면전산화의 두 종류가 있다.

그래서 흔히 대장전산화라 부르는 토지기록전산화사업과 도면전산화 사업을 통틀어 지적전산화 사업이라 하며, 이 외에도 공시지가 전산화, 등기전산화, 지적관련분야의 수치지형도, 각종 주제도구축사업 등도 모두 전산화에 해당하는 사업이라 할 수 있다.

지적전산화가 시행되면서 지적정보라는 용어가 나타나기 시작하였는데 지적정보는 국토종합개발, 도시계획, 건축행정, 농림행정, 국유재산관리, 조세행정 등에 있어서 기초 자료로 활용되고 있으며, 토지정책에 대한 의사결정 자료를 제공하고 토지 이용의 효율성을 높이며 토지거래의 신고를 통한 규제를 할 수 있고 각종 공공계획이나 주택 및 교통계획 등에 많이 이용되고 있다.

2) 목적

1910년 토지조사사업으로 전 국토에 대한 지적측량이 실시되면서 대부분 종이에 의한 대장과 지적도면을 이용하여 업무를 추진하여 왔다. 그러나 한국전쟁으로 인한 지적공부의 소실과 측량기준점의 파괴로 잦은 경계분쟁을 유발하는 등 많은 문제점이 도출되기 시작하였다.

특히 1970년부터 '한강의 기적'이라 불리었던 고도의 경제성장과 더불어 급속한 국토개발, 사회간접자본의 건설이 활발해지면서 다양한 토지정보가 더욱 신속·정확하게 요구되었고 양적으로도 증가되어 행정적 수요가 높아졌다.

그래서 국민들의 인식변화와 정보화 시대로의 진입을 맞이하면서 시대의 흐름에 부응하기 위해 지적정보도 기존의 아날로그 방식의 종이지적에서 보다 발전된 디지털 정보로 개편하여 관리되어야 하는 필요성이 대두되었다.

무엇보다 토지의 경우 공법·사법상의 관리행위가 효율적으로 이루어지기 위해서는 정부가 토지정보체계를 정립하여 급증하는 토지정보의 수요에 대처하여야 하기 때문이다.

지적전산화의 궁극적 목표는 국가의 모든 토지와 관련된 법률적·행정적·경제적

자료와 개발 및 계획의 자료, 사회복지를 위한 유용한 자료들을 체계적으로 수집·공급하는 것이다.254)

지적전산화는 기존에 종이대장과 종이도면 등의 아날로그식 수작업으로 처리하였기 때문에 그에 따른 문제점이 시간이 지날수록 개선되지 않아 이를 보다 합리적이고 효율적으로 운영·관리하기 위한 방법으로의 전환을 의미한다.

그래서 1910년대의 종이도면이 마모되거나 오랜 시간이 지나 기록된 사항들을 정확하게 파악할 수 없는 등 운영·관리상의 문제점과 다목적 지적으로의 전환 등을 위해 추진되기 시작하였다.

지적전산화는 토지의 각종 물리적 현황 정보를 등록·관리하는 지적공부를 전산조직에 의하여 토지의 경계, 면적, 도시계획사항, 토지가격 등 부동산의 모든 정보를 전산화하여 기록·관리함으로써 토지관련정책의 효율성을 증대시키기 위함이 목적이었다.

또한 각종 자료의 전산화로 인한 토지분쟁과 민원을 최소화시키고 각종 토지정보로 인해 대민서비스의 양·질적 증대는 물론 지적관련부서의 정보공유를 통한 건물과 토지의 각종 조세와 수용업무 등에 있어서 기초적인 활용자료로서 토지의 효율적 관리, 토지이용을 극대화하려고 하는 부차적인 목적이 있었다.

3) 필요성

지적업무가 토지조사사업 당시의 종이대장과 종이지적으로 인해 종이도면이 마모되거나 헐어져 지적공부상의 세부항목들을 정확하게 파악할 수 없는 등 운영·관리상의 문제점이 대두되었다.

특히 대장관리상의 문제보다 도면관리상의 문제가 더 심각하였는데 온도와 습도로 인한 변질 또는 노후화 등에 따라 보관상 많은 문제점을 내포하고 있었고 다양한 축척의 도면의 접합과 토지이동과정에서 여러 축척의 도면을 관리함으로써 축척 간에 불일치되는 문제점이 발생되었다.

1990년에 대장전산화가 완료되어 온라인상에서 전국적인 서비스에 돌입하였으나, 도면전산화의 경우 대장전산화보다 늦게 시작되어 여전히 수작업으로 관리되고 있어 대장과 도면관리에 불균형을 초래하였다.

또한 지적공부의 등록정보의 부족으로 국민의 다양한 정보욕구 충족에 효과적으로 대처할 수 없었다. 이러한 문제점으로 인해 일필지에 대한 세부적인 정보가 일반인에게 쉽게 제공되기가 어려웠으며, 필지정보를 신속·정확하게 공시하기에는 한계가 있었다.

---

254) 채경석, 2001, "지적전산화의 실태와 발전방향에 관한 연구", 석사학위논문, 경일대학교 대학원, pp.6~7.

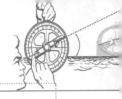

그래서 1970년대 이후 급속한 도시화·산업화와 컴퓨터의 HW와 SW의 발달로 인하여 폭발적으로 늘어나는 토지정보를 효율적으로 관리하고, 또 이를 위한 정책정보의 필요성이 부각됨에 따라 정보화의 욕구를 충족하기 위한 수단으로 지적전산화의 필요성이 발생하게 되었다.

3. 토지기록전산화

1) 추진 개요

우리나라의 토지기록전산화사업은 지적전산화라는 이름으로 1976년부터 시작되었으며, 내무부(현 행정자치부)는 1977년 8월 지적전산화기본계획을 확정하는 한편 같은 해 11월에는 충남 대전시를 전국 지적전산시범시로 선정하여 1978년 5월부터 1979년 6월까지 1년여간에 걸쳐 한국과학기술연구소(KIST)와 용역계약을 체결하여 본격적인 연구에 들어갔다.

기존 계획은 대전지역의 지적전산화시험사업 시 대장과 도면의 일괄 전산화 방안이 연구되었으나 당시 도면의 그래픽자료를 처리할 HW, SW의 성능 부족 및 과다한 시스템 구축 비용으로 인하여 1차로 토지기록전산화라는 명제로 토지대장 및 임야대장의 전산화를 추진하게 되었다.

토지기록전산시스템의 구성은 중앙전산본부의 주전산기와 시·도 지역전산본부의 주전산기 38대가 공중정보통신망(DNS)을 통하여 9.6Kbps의 속도로 연결되어 있으며, 시·도 지역 전산본부의 주전산기에 시·도, 소관청, 출장소, 시·군·구의 단말기 1,056대가 2.4Kbps의 속도로 연결되어 있다.

지적관련업무와 관련하여 개발된 SW는 약 486본의 프로그램이 개발되었으며 토지이동관리, 소유권변동관리, 등급변동관리, 창구민원업무, 지적일반업무관리, 일일마감관리, 토지기록자료조회, 지적통계관리, 토지관련 정책정보관리, 지적코드업무관리, 법인 아닌 사단·재단 등록번호관리, 외국인토지관리 등의 업무처리를 위한 SW가 개발되어 업무별로는 약 179개 세부업무가 전산화되어 활용하고 있다.

토지기록전산시스템의 시스템 구성은 시·도 지역전산본부에서 소관청을 터미널로 연결하여 중앙집중방식으로 자료 관리 및 업무를 처리하고 있다. 토지기록전산화를 통하여 구축된 DB의 현황은 토지대장 DB로 토지표시 및 소유권 등의 항목을 담고 있고, 1억 5천만 건의 25GB 크기의 자료를 수록하고 있으며 DB형식은 C-ISAM형태로 구축되어 있다.[255]

토지기록전산화는 국가기간전산망사업의 일환으로 추진된 제1차 행정전산망사업의 토지 및 임야대장의 전산화를 완료하고, 1990년 4월 1일부터 전국 온라인 서비스를 실시하게 되었다.

2) 전산기기 도입 및 자료입력

토지기록전산화 기본계획이 의결됨에 따라 정부는 1985년 5월부터 8월까지 3개월 간 사업계획서를 작성하고 토지대장 입·출력 및 조회업무를 중심으로 하여 VAX Ⅱ/750 기종의 모형시스템(Pilot system)을 개발하였다.

또 내무부와 데이콤은 합동작업으로 1985년 11월부터 1986년 2월까지 약 4개월에 걸쳐 소요 제기 내역서를 작성하였다. 그 소요 제기 내역을 기준으로 토지기록관리개발계획(안) 및 종합계획(안)을 작성하고 토지기록전산과 관련하여 지적공부관리, 토지이동정리, 소유권변동정리, 등급이동정리, 지적통계작성, 일반 행정업무, 제 증명 발급업무를 개발 대상으로 하였다.

우선적으로 부동산 투기 우려지역 10개 시·군·구를 대상으로 자료 입력 및 기본파일 작성을 위한 천공(Punch)전문 용역업체 선정, 원시자료 복사, 천·검공 작업, 대사작업 및 오류자료 수정, 변동자료 처리 등에 필요한 제반 절차 마련과 표준 프로그램을 개발하였다.

시범 대상지역인 경기, 부산, 경북, 전남의 일부 데이터를 시범으로 처리해본 결과 토지·임야대장 원장을 복사하여 TWO-WAY 천공방법을 채택한 것은 소기의 목적을 달성하였으나, 시범 시행에 따르는 준비 및 교육의 불충분으로 자료작성, 천공 등의 미숙에 의한 문제점이 발견되었다. 도출된 문제점을 총 정리하고 개선 반영하여 보다 효과적으로 추진하는 데 큰 도움이 되었으며, 입력 및 파일작성 프로그램을 중앙에서 개발하여 시·도에 확산하는 톱다운 형태의 일원화된 체계를 도입함으로써 관리 및 문제점을 해결하고 능률성을 제고할 수 있었다.

토지·임야대장의 전산화를 신속·정확히 하고, 업무의 능률성을 도모하기 위하여 1982년도부터 전국 3,139만 9천 필(토지대장 : 2,848만 3천 필, 임야대장 : 291만 6천 필, 공유지연명부는 별도)의 원시자료를 작성하고 전산화 입력작업을 시작하였으며, 시장·군수·구청장 책임하에 작업반(복사, 정비, 편철, 대사)을 편성하고 작업장을 확보하여 복사기로 대장을 복사하되 대도시, 중·소도시 순으로 작성하여 입력용역업체에 인계하여 전산 입력하였다.

당시 토지기록전산화를 위해 설치된 기기시설 현황을 보면 1991년 당시 주 전산기

---

255) 행정자치부, 1999, "지적도면 전산정보의 활용방안에 관한 연구", p.134.

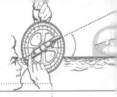

33대, 워크 스테이션 776대, 통신회선이 6001회선이었고 지적전산관리 통신망은 타업무와 마찬가지로 행정전산망용 전산통신망에 대한 종합 설계에 맞추어 구성하였으며, 지역 전산본부 간은 공중통신망을 사용하고 지역 전산본부와 시·군·구 간은 전용회선을 사용하여 온라인 운영이 가능하도록 구성하였다.

데이터베이스는 약 3,200만 건이었으며 본부에는 요약 데이터베이스를 구축하고 시·도 단위에 지역전산본부를 두고 전 시·군·구의 데이터베이스를 구축하였으며, 시·군·구는 단말기를 이용하여 업무를 처리하고 그 결과가 본부의 데이터베이스에 일괄 정리되게 하였다.

기존에 입력 운영되던 전산자료의 전환은 시·도 및 중앙전산기(IBM)를 활용하였으며, 온라인 활용에 대비하여 사전에 충분한 자료 정비를 시행하였다.

기초지식

※ 데이터베이스의 장·단점 비교

구분	세부 내용
장점	• 중앙 제어 기능 : 한 사람의 감독자나 그룹에 의해 통제 • 효율적인 자료호환 : 융통성있는 자료의 호환 • 데이터의 독립성 : 응용프로그램의 독립적 운용가능 • 새로운 응용프로그램 개발의 용이성 • 직접적인 사용자 연계 기능 제공 : 별도의 프로그램 불필요 • 반복성의 제거 : 중복처리 및 중복저장 • 다양한 양식의 자료제공 : 중복출력을 줄일 수 있음
단점	• 비용측면 : 수반되는 컴퓨터 하드웨어와 소프트웨어의 비용이 고가 • 시스템 복잡성 : 자료의 손실에 따른 시스템 회복의 어려움 • 중앙 집약적인 위험부담 : 자료의 손실이나 시스템의 오작동의 가능성 높음

3) 전국 온라인화

내무부의 토지기록 전산 온라인화 추진계획의 주요 내용은 먼저 지적전산화 제2단계 사업은 행정전산망사업과 연계 추진하고, 시행착오의 방지와 전산화 수용여건을 고려해, 단계적으로 시행하되 실무추진반을 구성하여 운영하기로 한 것이었다.

데이터베이스는 시·도별로 지역센터를 설치 구축하고, 자료관리를 위해 지역센터에 지적직 공무원을 배치토록 하였다.

또한 기관별로 업무를 분장하였는데 내무부는 계획 수립·대상 및 범위결정·자료관리·사용자 교육지원을, 총무처는 소요예산 부담 및 기준을 제시하고, 전담사업자인

한국데이터통신은 사업계획서 작성·소프트웨어 도입 및 설치·전산망 및 데이터베이스 구축과 센터 운영을 담당하기로 하였다.

그리하여 시·도 단위로 일괄적으로 처리하던 지적전산시스템을 전국 온라인화하고 변동자료를 즉시 처리하여 전국 어느 소관청에서나 지역에 무관하게 공부의 열람, 등본 발급 등의 서비스가 가능하게 하고, 개인이나 법인의 전국적 토지보유상황과 토지이동상황 등 여러 토지정보를 신속, 정확하게 파악할 수 있도록 하는 제2단계 사업이 제1단계에 이어 실시되었다.

내무부에 중앙전산본부를 설치하고 15개 시·도의 전산실에 39대의 주 전산기를 보강(지역 전산본부로 개칭)하여, 전국 시·군·구에 833대의 워크 스테이션을 설치하였고 온라인 네트워크로 연결하는 시스템 구축 및 온라인 프로그램 개발 등을 추진하여 1990년에 완료하였고 이로써 지적정보 중 속성정보인 대장의 전산화가 완료되었다.

제2단계 사업은 행정전산망사업 우선 추진 업무로 토지기록업무 전산화 기본계획이 1985년 5월 국가기간 전산망 조정위원회에서 확정되어 당초 계획보다 2년 정도 지연된 뒤 행정망사업과 연계·추진하게 되었다.

행정전산망사업이 본격화되면서 내무부의 주관하에 행정전산망사업 전담기관인 한국데이터통신과 실무 위주의 시·도 공무원으로 업무추진반을 구성하여 소프트웨어 개발, 교육, 코드화 등 모든 프로젝트를 추진하였다.

〈표 9-2〉 토지기록전산화 추진 과정

구분		기간	추진 현황
준비 단계		1975 ~ 1978	• 토지·임야대장 카드화
		1979 ~ 1980	• 소유자 주민등록번호 등재정리
		1981 ~ 1984	• 면적표시단위와 미터법 환산정리
		1985 ~ 1986	• 기존자료 정비
구축단계	1단계	1982 ~ 1984	• 시·도 및 중앙전산기 도입 • 토지·임야대장 3,200만 필 이력
	2단계	1985 ~ 1990	• 전산조직 확보　• 전산통신망 구축 • S/W개발　• 자료정비
운영단계	1단계	1990 ~ 1998	• 전국 온라인 운영 • 토지·임야대장 카드정리 폐지 • 신규프로그램 작성과 응용 SW 기능 보완
	2단계	1999 ~ 현재	• 주 전산기 교체(타이콤 → 국산주전산기 Ⅳ) • 시·군·구 행정종합 전산화에 따른 대장자료 설치 • 시·군·구 자료변환(C-ISAM → RDBMS)

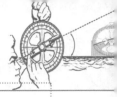

4. 국가공간정보센터의 운영

1) 추진 개요

토지대장전산화가 완료됨에 따라 중앙전산본부에 지적자료, 주민등록자료, 공시지가자료 등을 연계·통합하여 토지관련 정보를 공동 활용하여 중복투자 방지, 토지관련 정책 수립, 토지관련 부서 자료 제공 등을 수행하기 위하여 국토정보센터를 구축·운영하게 되었다. 1995년에는 2월부터 '국토정보센터'가 설치되어 2002년 2월 26일부터 '지적정보센터'로 명칭을 변경하였고 2011년 8월 30일자로 지적정보센터가 폐지되면서 새로이 '국가공간정보센터'로 출발하게 되었고 기존의 기능과 내용을 보다 포괄적으로 수정하였다.

기존의 국토정보센터는 지적법에 의한 지적전산자료, 주민등록법에 의한 주민등록 전산자료 및 지가 공시 및 토지 등의 평가에 관한 법률에 의한 공시지가와 이를 기준으로 시장·군수·구청장이 산정한 개별공시지가 전산자료를 통합한 전산정보자료의 효율적인 관리·운영을 위한 것이었다.

그래서 공간정보 관련 3법으로 구분되면서 새로이 국가정보센터의 설치로 인해 공간정보의 수집·가공 및 제공, 지적공부(地籍公簿)의 관리 및 활용, 종합부동산 과세에 필요한 부동산 관련자료 등의 수집·가공 및 제공과 관련된 업무를 관리·운영하고 있다.

2) 추진 과정

기존의 지적정보센터는 전국의 지가안정과 부동산투기 근절 및 부동산실명제 기반을 조성하기 위하여 세대별 토지소유현황을 한눈에 용이하게 파악할 수 있도록 하겠다는 취지로 구축하였다.

내무부가 관리하고 있는 전국의 3천 4백만 필지의 토지에 대한 지번, 지목, 면적 등 17개 항목의 지적전산자료와 4천 3백만 명의 모든 국민에 대한 개인별 가구별 주민등록 전산자료, 건설교통부의 2천 5백만 필지에 대한 공시지가 전산자료를 전산망으로 통합함에 따라 소유자별, 가구별, 법인별, 그룹별 토지소유 및 거래현황을 일시에 파악할 수 있게 되었다.

그 구축과정을 보면, 1993년 3월 건설부장관이 대통령에게 부동산투기 방지를 위하여 토지종합전산망 구축계획을 보고하자, 국무총리실에서는 세대별 토지소유현황 파악을 위해서는 내무부의 지적전산자료와 주민전산자료가 필요하므로 지적전산자료와 주민전산자료를 관리하고 있는 내무부가 사업을 주관하여 추진하는 것이 원활한 사업 추진을 위하여 유리하다고 판단하였다.

따라서 '토지종합전산망구축계획'을 제14대 대통령 공약사업의 일환으로 추진하되, 내무부 주관하에 추진토록 지시하여, 1994년 1월 내무부에서 '국토정보센터' 구축계획을 수립하고, 총무처·건설부·한국전산원과 협의하에 예비비 5억 3천 7백만원을 확보하여 약 1년에 걸쳐 구축하게 되었다.

3) 구축 내용

주 전산기(타이콤) 2대를 구입하여 내무부 지적과에 설치하고, 건설부·주민중앙시스템·15개 시·도와 On-line Net-work를 구성하고, 내무부에서 관리하는 지적전산자료·주민등록전산자료와 건설부에서 관리하고 있는 공시지가자료를 통합하여 범 부처가 활용할 수 있는 공동활용 전산망으로 구축하게 되었다.

1994년 12월 구축된 '국토정보센터'는 2001년 2월 지적법이 개정되면서 '지적정보센터'로 명칭을 변경하였고, 공간정보의 통합 등으로 인해 2011년 '국가공간정보센터'로 변경하여 현재 운영되고 있다. 1998년 시·군·구 지적행정시스템이 구축됨에 따라 데이터 파일구조를 C-ISAM에서 RDBMS 형태로 개선하고 주 전산기와 응용프로그램도 크게 개선하여 안정적인 자료제공체제를 구축하였다.

원래의 기본방침은 지적, 주민등록, 공시지가 등의 전산시스템운용, 범 부처 간 토지정보의 공동활용과 변동자료를 주기별로 전송될 수 있도록 개발하는 것이다. 단계적 개발에 있어서 1단계 사업계획은 내무부의 지적전산자료와 주민등록전산자료에 건설교통부의 공시지가 전산자료를 통합 연계하여 공동활용 가능한 전산망 설치가 목표이고 제2단계 사업목표는 1단계사업에서 구축된 국토정보센터에 지적도, 임야도 등록사항을 전산화와 표준화한 후 이를 통합·관리하여 정부 각 부처가 공동 활용하고 대국민 서비스를 획기적으로 향상시키는 것이다.

4) 구축 현황

(1) 지적전산자료

기존의 지적정보센터에 구축되어 있는 지적전산자료는 지적공부 중의 속성자료에 해당하는 토지대장과 임야대장의 등록사항을 전산화한 자료이다. 지적공부는 토지의 거래 및 과세 그리고 토지정보 제공을 위한 기초 자료로서 이용하기 위해 토지를 측량하여 구획된 단위토지(筆地)를 등록해서 비치하는 공적장부를 말한다.

지적공부는 토지대장, 지적도, 임야대장, 임야도 및 경계점좌표등록부를 그 종류로 정하고 있으며, 토지대장과 지적도는 토지조사사업(1910~1918)의 결과에 따라 조제되었고, 임야대장과 임야도는 임야조사사업(1916~1924)의 결과에 의거하여 조제되었다.

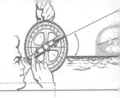

현재의 지적전산자료는 우리나라의 국가기간전산망사업의 시초라 할 수 있는 행정전산화사업의 일환으로 1990년에 완료된 토지기록전산화사업에 의하여 전국의 토지대장과 임야대장을 전산화한 자료를 기초로 하여 지금까지 약 15년여에 걸쳐 관리해 온 자료이다.

(2) 주민등록자료

주민등록제도는 행정기관이 그 관할구역 내에 주소 또는 거소를 둔 주민을 등록하게 하여 주민의 거주관계 및 인구의 이동 실태를 상시로 정확하게 파악함으로써 주민생활의 편익을 증진시키고 행정사무와 그 처리를 합리적으로 수행하기 위하여 주민을 등록하게 하는 제도로 1962년 5월 10일 주민등록법을 제정·시행하였다.

종전에는 자료관리를 읍·면·동과 주민등록센터에서 관리해 오던 것을 2004년 2월부터는 읍·면·동자료를 시·군·구로 이관함으로써 시·군·구청과 주민중앙센터에서 자료를 관리하고 있다.

지적정보자료가 시·군·구, 시·도, 지적정보센터의 3단계 구조로 되어 있는 반면 주민등록은 2단계 구조로 되어 있다. 현재 국가공간정보센터에 구축되는 주민등록자료는 전 국민에 해당하는 개인별 현황과 세대 및 호주별 현황자료로 주민전산 본부로부터 매일 1회 변경자료를 수신받아 갱신 처리하고 있다.

(3) 개별공시지가 자료

공시지가제도는 지가체계의 다원화에 따른 공적 지가의 공신력 등 문제점을 해소하고, 지가제도의 효율성을 제고하기 위하여 1989년 4월 1일 '지가공시 및 토지 등의 평가에 관한 법률'을 제정하여 시행하게 된 제도이다. 매년 1월 1일을 가격기준일로 하여 조사·공시되는 공시지가는 토지의 적정가격을 평가·공시하여 지가정보의 제공과 토지거래의 지표 등으로 사용하고 있다.

우리나라의 모든 토지를 조사·평가할 경우 많은 인력, 예산, 시간이 소요되어 현실적으로 불가능하여 조세나 부담금 부과대상인 사유지와 국·공유지 중 잡종지 등 지가산정이 필요한 2,720여만 필지를 조사·산정하여 공시하고 있다.

결정공시지가는 국토교통부장관이 매년 공시하는 표준지 공시지가를 기준으로 지가산정 대상토지의 지가형성요인에 관한 표준적인 비교표를 사용하여 개별토지가격을 산정하게 된다.

국가공간정보센터에서는 개별공시자료를 정기분은 연 1회, 수시분은 필요 시 국토교통부로부터 오프라인(CD)으로 자료를 받아 입력·수정하고 있다.

(4) 시스템 구축

국가공간정보센터의 구축은 기존 1994년 지적정보센터의 구축계획을 수립한 후 1994년 12월까지 DB 구축을 위한 주 전산기와 통신장비 등을 구매하고 응용프로그램 개발 등의 작업수행과정을 거쳐 구축하고, 1995년 2월부터 정부관련기관에 각종 토지정보를 제공하고 있다.

국가공간정보센터에서는 시·도 및 시·군·구가 국가고속망 및 지방행정정보망을 이용하여 온라인으로 업무를 처리하고 있으며, 중앙행정기관이나 지방자치단체에서 요청한 자료 중 대규모 출력자료는 지적정보센터에서 일괄 배치 처리하여 자료를 제공하고 있다.

(5) 국가공간정보센터의 자료제공

국가공간정보 기본법 제25조에는 국토교통부장관은 국가공간정보센터의 운영에 필요한 공간정보를 생산 또는 관리하는 관리기관의 장에게 자료의 제출을 요구할 수 있으며, 자료제출 요청을 받은 관리기관의 장은 특별한 사유가 있는 경우를 제외하고는 자료를 제공하여야 한다라고 규정하고 있다.

그래서 '지번'을 Key-word로 하여 조회·제공되고 주로 토지소재·지번·지목·면적 등 토지의 물리적 실태 파악을 위주로 하는 업무에 제공되며, 공공기관의 개인정보보호에 관한 법률에 의하여 소유자의 성명과 주민등록번호를 Key-word로 하여 조회·제공되며 개인별 토지소유현황 파악을 위주로 하는 업무에 제공된다.

자료의 제공 형태는 수요기관에서 필요할 때마다 수시로 신청하여 제공하는 방법과 수요기관의 고유 업무수행에 필수적으로 필요하다고 판단하여 수요기관의 전산시스템을 G4C망에 연계하여 수요기관이 필요 시 자료를 활용할 수 있도록 하는 방법이 있다.

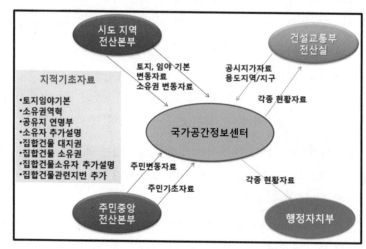

[그림 9-1] 국가공간정보센터의 자료흐름도

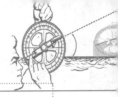

5. 지적도면 전산화

1) 추진 개요

　　1999년까지의 지적정보화는 지적도 등 도면정보의 전산화를 포함하지 않고 문자정보의 전산화에만 그쳐 토지정보의 제공 및 공동 활용, 대민 서비스의 극대화에 한계를 가지고 있었다.

　　지금까지 지적도면의 전산화가 이루어지지 못한 이유는 기존 지적도면의 신축으로 인한 오차, 지적도면의 관리 소홀로 인한 오손이나 훼손, 다양한 축척으로 인한 지적도면 상호간의 정확도 차이, 측량의 오류 등으로 인한 정확도 문제, 지적도면과 실지와의 불부합 등 여러 가지 원인을 들 수 있다. 전산기술의 발달과 더불어 도로, 건물 및 지하매설물 등의 효율적인 관리를 위한 토지정보시스템 구축이 일반화되면서, 국가 및 유관기관 등의 수치지적도에 대한 수요가 급증하고 있는 실정이다. 이러한 이유로 정부에서는 21세기 정보화 사회에 대비한 토지정보 인프라 기반조성과 국민과 공공수요자에게 적기에 정보를 제공하는 체제를 구축하고자 2000년부터 전국 지적·임야도 전산화 작업을 시작하였다.

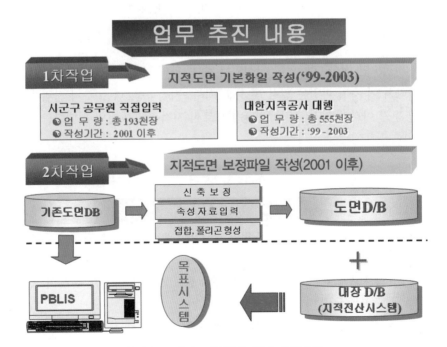

[그림 9-2] 도면전산화 업무 추진내용

지적도면의 전산화 추진은 행정자치부와 한국전산원, 대한지적공사, 민간기업이 공동으로 1992년 초부터 지속적인 연구를 계속하여 1993년에는 전산화를 위한 사전연구 결과로서 필지중심토지정보시스템 구축방안을 제시하였다. 1994~1995년에는 경남 창원시 일부지역을 대상으로 실험사업을 실시하여 재조사측량 데이터 획득, 토지정보시스템 프로토타입 개발을 완료하였다. 이어서 1996~1997년도에는 기존 지적도면 전산화의 시범사업으로서 대전 유성구를 대상 지역으로 지정하고 시범시스템을 개발하였다. 1995년부터 시작된 NGIS 1단계 사업에서 기존 지적도면 전산화 사업을 확정하여 예산배정 문제 및 지적도면의 접합문제 등으로 미루어 오다가 2000년부터 전국적으로 지적도면 전산화 작업을 추진하였다.

2) 목적 및 기대 효과

(1) 목적

지적도면 전산화의 목적은 첫째, 국가 지리정보의 기본 정보로 관련기관이 공동으로 활용할 수 있는 기반을 조성하여, 둘째, 지적도면의 신축으로 인한 원형 보관, 관리의 어려움을 해소하고, 셋째, 정확한 지적측량의 자료로 활용하고 토지대장과 지적도면을 통합한 대민 서비스를 질적으로 향상시키는 데 있다.

(2) 기대 효과

지적도면 전산화에 의해 작성되는 수치 파일은 지적공부로서 효용을 가지게 된다. 따라서 이 수치 파일은 열람 및 등본 교부, 지적측량, 다른 부처 사업 등에 이용·활용될 뿐만 아니라 지적 측량에 활용함으로써 지적측량 방법의 현대화를 촉진하는 계기가 된다.

〈표 9-3〉 지적도면 전산화의 기대 효과

세부 내용
• 지적도면 전산화가 구축되면 국민의 토지 소유권(토지 경계)이 등록된 유일한 공부인 지적도면을 효율적으로 관리할 수 있다.
• 정보화 사회에 부응하는 다양한 토지 관련 정보 인프라를 구축할 수 있어 국가 경쟁력이 강화되는 효과가 있다.
• 전국 온라인망에 의하여 신속하고 효율적인 대민 서비스를 제공할 수 있다.
• NGIS와 연계되어 토지와 관련된 모든 분야에서 활용할 수 있다.
• 지적측량 업무의 전산화와 공부 정리의 자동화가 가능하게 된다.

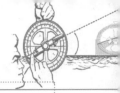

3) 시스템 구축 및 시범사업

(1) 종합토지정보시스템 구축 연구

행정자치부는 지적재조사사업 추진의 정책 결정 시 반영하는 데 목적을 두고 종합토지정보시스템 구축을 위한 시범사업을 경남 창원시 일부 지역을 대상으로 1994년 1월부터 1995년 12월까지 2년간 재조사측량(지상측량 및 GPS측량)과 항공사진측량을 실시하였다.

그리고 지적도를 기본도로 적용한 시스템 구축 연구는 다음과 같다.

① 국가 통일기준망 구축방법 연구 및 합리적인 기준점 정비방법 연구

② 기존도면과 재측량 성과를 비교, 분석 후 부합되지 않는 필지 정리방법 연구

③ 토털 스테이션 및 GPS를 이용한 효율적이고 간편한 지상측량방법 및 기술 개발

④ 항공사진측량의 지적측량분야 적용방안 연구

⑤ 필지중심종합토지정보시스템 구축을 위한 시스템 개발을 달성

(2) 지적도면 전산화 시범사업

1996년 4월부터 대전광역시 유성구 전체를 대상으로 지적도면 전산화 시범사업을 실시하게 되었다. 본 사업은 정보화 사회를 대비하여 정보인프라 기반을 구축하고 초고속통신망을 활용한 대민 서비스를 목표로 지적도면을 수치파일화하고 '토지대장+임야대장'을 통합한 대민서비스의 실현과 토지정보의 공동활용 측면에서 지적도면을 기본도로 지상·지하 시설물관리를 지원하고, 토지정책 수립에 필요한 다양한 정책정보 제공을 할 수 있도록 지방자치단체에 필지중심토지정보시스템(PBLIS)을 구축하고 실용화할 수 있는 모델을 제시하고자 하였다.

따라서 이 사업은 유성구의 지적·임야도면 총 1,960매를 디지타이징하여 좌표를 독취한 후 수치파일화 과정을 거쳐 데이터베이스를 구축하였으며, 대장(속성)자료는 기존의 지적전산자료를 이용하였다.

도로 및 상·하수도 등 시설물 자료는 유성 도룡동 일부지역($0.6km^2$)의 자료를 샘플로 이용하여 수치데이터를 구축하였으며, 시스템은 토지대장과 지적도면 데이터를 동시에 관리할 수 있고, 토지관련 정책지원이 필요한 다양한 통계분석이 가능하도록 개발하였다. 지적도면의 신축보정과 도면접합방안에 대한 연구는 별도의 연구사업으로 진행하였다. 시범사업의 추진일정은 1996년 3월부터 계획을 수립하여 1996년 7월부터 12월까지는 기반환경 구축, 데이터 확보, 시스템 개발을 마치고 1997년 2월까지는 시범 운영을 실시하는 것으로 계획을 하였다.

4) 지적도면 전산화 작업

시범사업과 각종 부대 업무 연구를 토대로 1998년 7월 23일 지적도면 전산화 추진 계획이 확정됨에 따라 지적·임야도면 74만 8천 전량에 대한 전산 입력이 시작되었다. 지적도면은 국가의 공적 장부로서 전국적으로 표준화하여 통일성, 획일성이 유지되어야 하고, 지적도면 전산화 사업에 의해 작성된 지적도면 수치파일은 지적법(제2조)에 의한 지적공부인 관계로 지적측량에 직접 사용하여 국민의 재산권과 직결되므로 무엇보다도 그 정확성 확보가 최우선 사항이었다.

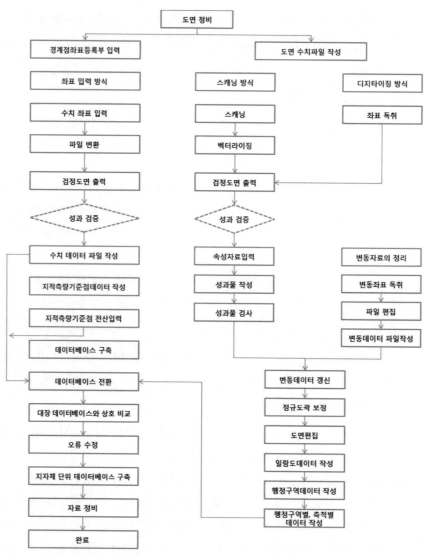

[그림 9-3] 도면 전산화 방법 및 절차

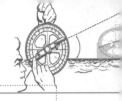

　본 사업의 추진은 행정자치부가 총괄하고 대한지적공사가 전담하여 수행하되 시·
도가 주관하고 시·군·구가 지적공사 지사(현 본부)와 계약하여 집행하도록 하였다.
또 사업량이 방대한 관계로 1999년부터 2003년까지 5개년 계획으로 추진하되 효율적
인 업무 추진을 위하여 1단계로 지적도면 수치파일을 우선 작성하고 2단계로 작성된
지적도면 추치파일을 보정하여 데이터베이스 구축작업을 하게 하였다.

(1) 도면의 정비

　도면전산화 사업을 실시하기 이전에 소관청은 지적도와 경계점좌표등록부의 정비작
업을 선행하였다. 도면번호는 경지정리 등의 사유로 동일 축척으로 도면번호가 같은
도면이 있는 경우에는 이후 작성된 도면의 번호에 부번(-1, -2)을 부여하고 신규등록
등으로 작성된 증보 도면은 해당 지역의 마지막 도면번호 다음 번호부터 순차적으로
부여토록 하였다.

　색인도와 행정구역선을 정비하고, 도면의 마모 등으로 인하여 경계가 불분명한 경우
에 이를 정비토록 하고 구획·경지정리지역의 지구 내·외 구분이 불분명한 경우에도
정확히 정비토록 하였다.

　경계점좌표등록부의 정비는 경계점좌표등록부에 등록된 사항이 지적사무처리규정
제9조의 규정에 적합하지 않게 정리된 경우였으며, 토지대장에 등록된 지목을 '비고'
란에 연필로 기재토록 하여 속성 입력에 대비하였다.

(2) 도면수치파일 작업

　도면전산화에 사용되는 장비는 정밀도가 가장 중요하므로 그에 따른 충족 요건을 규
정하였다. 디지타이저의 형식은 수평 평면 고정형을, 독취 유효범위는 지적도면과 측
량결과도 서식 규격 이상, 최소 독취단위는 0.01m 이상, 정밀도는 0.1mm 이상, 도면
부착방식은 컴프레서(Compressor)를 이용한 흡착 또는 압착방식을 적용하였다.

　스캐너의 형식은 수평 평판형(Flat Bed Type)을 사용하되 정밀도는 0.1mm 이상,
스캔 유효범위와 도면 부착방식은 디지타이저와 같은 범위와 방식을 적용하였다.

　그리고 작업의 순서는 작업준비가 되면 도면 도형자료를 입력하고 검정도면을 출력
하여 대조한 뒤 도면 속성 자료를 입력하여 수치파일을 작성토록 하였다.

　또한 성과물을 CD와 폴리에스틸 필름에 작성하여 소관청에 납품하면 소관청에서는
성과물의 검수작업을 수행하였다.

(3) 경계점좌표등록부 전산입력

경계점좌표등록부의 입력 작업은 도면 입력과 달리 좌표(숫자)를 입력하는 관계로 경계점좌표등록부의 좌표와 추가 기재된 도호 및 지번, 지목 등을 입력하고, 지번별 조서를 출력하여 수치 입력의 정확성 여부를 검증한 후 수치입력상에 오류가 없는 경우에는 DXF 파일로 변화 후 도면으로 출력하여 지적도면과 도형의 정확성 여부를 검증하고 누락, 착오 입력 등을 점검하여 수정토록 하였다.

경계점좌표등록부의 파일 작성은 동·리별, 사업지구별로 구분하여 작성하고 동·리별로 지구를 달리하는 지역이 있을 경우에는 도면번호 항목란에 아라비아 숫자를 순차 부여하였다.

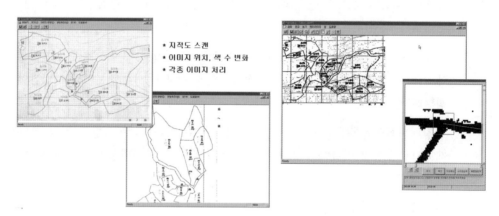

[그림 9-4] 지적도 스캔(좌) 및 벡터라이징(우)

(4) 지적측량기준점 데이터 작성

지적측량기준점의 자료조사가 끝나면 지적삼각점 성과표, 도근점표석관리대장에 기록된 내용을 측량계산시스템을 이용하여 전산 입력하거나 측량계산프로그램 또는 다른 프로그램으로 전산 관리하던 파일을 변환하는 방법으로 입력하여 그 결과를 대사 확인토록 하였다.

(5) 변동자료 정리

수치파일 작성 이후 토지이동으로 발생한 변동자료는 스캐너, 디지타이저, 소형 독취기 등을 이용하여 좌표를 독취하고 신축량을 고려하여 정리하도록 하였다.

경계점좌표등록부 시행지역의 변동자료는 변동된 좌표를 직접 입력하는 방식으로 정리하였다.

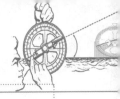

(6) 도면 수치파일에 대한 보정 및 정비

지적도면의 신축 상태 그대로 작성된 수치파일은 정규도곽 크기로 보정하고 모든 필지는 폴리곤(polygon)을 형성하여야 하며 두 도곽 이상에 등록되어 있는 필지 중 성필이 되지 않은 필지는 도로가선을 따라 임의의 경계를 추가하여 폴리곤을 형성하여야 한다.

(7) 일람도 및 행정구역 데이터 작성

일람도 및 행정구역 데이터는 별도의 레이어를 추가하여 도면 번호와 행정구역명칭 등 속성을 입력하여야 한다. 일람도 데이터는 동·리별, 축척별로, 행정구역 데이터는 해당 시·군·군별로 1개의 파일로 작성토록 하였다.

(8) 도면 데이터베이스 구축

데이터베이스의 구축 대상인 지적도면 보정데이터, 경계점좌표등록부 데이터, 일람도 및 행정구역 데이터, 지적측량기준점 데이터 기타 필요한 데이터 등은 환경 설정이 끝난 즉시 전환 작업이 이루어져야 하며, 전후 데이터에 대한 검정을 하도록 하되 데이터의 최소 단위는 동·리별, 축척별로 작성하였다.

도면데이터베이스의 전환이 완료되면 폴리곤, 지번, 지목, 도면 번호의 개수, 통계 등 도형 및 속성정보의 현황을 파악 검정하고, 토지대장과 도형정보를 비교하여 지번 중복 및 누락여부, 지목 상이, 폴리곤 내의 속성누락 사항을 확인하도록 하였다.

오류가 발생했을 시에는 오류리스트를 출력하고 오류사항은 관련 자료를 조사하여 지적공부를 수정토록 하였다.

〈표 9-4〉 지적도면 전산화 추진 성과

시·도	계(도엽)	공무원작성	용역	시·도	계(도엽)	공무원작성	용역
합 계	759(도엽)	150(도엽)	610(도엽)				
서 울	16	6	10	부 산	9		9
대 구	9	4	5	인 천	13	6	7
광 주	7	1	6	대 전	6	2	4
울 산	8	2	6	경 기	86	23	63
강 원	66	4	61	충 북	53	5	48
충 남	87	17	70	전 북	72	23	49
전 남	115	31	84	경 북	117	10	107
경 남	84	12	72	제 주	11	2	9

※ **벡터 자료와 레스터 자료의 비교**

비교 항목		레스터 자료	벡터 자료
특징	데이터 형식	정사각형으로 일정함	임의로 가능
	정밀도	격자 간격에 의존	기본도의 의존
	도형 표현 방법	면으로 표현	점, 선, 면으로 표현
	속성 데이터	속성데이터를 면으로 표현	점, 선, 면을 각각 도형정보와 결합
	도형 처리 기능	면을 이용한 도형처리	점, 선, 면을 이용한 도형처리
데이터	데이터 구조	단순한 데이터 구조	복잡한 자료구조
	데이터량	데이터량이 많음	데이터의 양이 적음
지도 표현	지도 표현	격자간격에 의존하지만 벡터형 지도와 비교하면 거칠게 표현	기본도 축척에 의존하지만 정확히 표현
	지도 축척	지도를 확대하면 격자가 커지기 때문에 형상구조 인식 불가능	지도를 확대하여도 원본 형상이 그대로 존재
가공 처리	공간 해석	도화데이터와 원격탐사 데이터의 중첩 및 조합 용이	고도의 프로그램이 필요
	시뮬레이션	각 단위의 크기가 균일할 때 시뮬레이션 용이	위상구조를 가진 것은 시뮬레이션이 곤란
	네트워크 해석	네트워크 결합이 곤란	네트워크 연결에 의한 지리적 요소의 연결표현 가능

제2절 지적전산시스템

1. 지적행정시스템

1) 추진 개요

토지기록전산화 사업에 따른 토지대장 및 임야대장의 전산화를 통해 오로지 대장상의 속성 정보만을 시스템화시켜 놓은 것으로 토지이동, 소유권 변동, 지적업무, 창구민원 관리 등의 업무를 수행할 수 있도록 구성해 놓았다.

초기의 지적행정시스템은 MS-DOS 환경에서 WINDOWS 시스템의 발달된 기능 등

을 접목시키지 못하였으나 1992년 중앙부처 및 시·도 중심의 단위업무별 정보시스템 체계에서 실질적인 시·군·구 중심체계로의 전환이 요구됨에 따라 시·군·구 행정 종합전산화 사업의 일환으로 지적행정시스템을 윈도우시스템 환경으로 새로이 구축하게 되었다.

또한 중앙부처, 시·도 중심으로 업무별로 구축된 주민등록·지적·자동차 등 행정 전산망시스템을 시스템 간 공동활용이 가능한 시·군·구 중심으로 전환하고, 지역정 보화 추진에 따라 직접 DB를 구축하고 이용할 수 있도록 C-ISAM 파일 형태의 자료를 관계형 데이터베이스구조의 RDBMS인 오라클로의 전환을 2년간 추진하여 2000년 10월부터 본격적으로 운영하게 되었다.

2) 의의

지적행정시스템은 기존의 토지대장과 임야대장에 존재하던 속성데이터만을 별도로 등록하여 놓은 시스템으로 기존 시·도 지역 전산본부의 지적전산자료를 시·군·구로 이관하여 관리하게 됨으로써 지적정보를 필요로 하는 유관부서에 변동자료를 제공하여 각 행정 시스템상의 업무편리성 및 행정의 효율성을 제고하고, 대량의 자료출력 등 기존 시·도에 의뢰하는 전산처리절차의 문제점과 화면조작상의 어려움을 개선하였다.

시·군·구 행정종합 정보 시스템에서 필요로 하는 자료를 공유할 수 있으며 정책정보 자료제공은 조건을 부여하여 사용자 임의로 작성 활용토록 개선 편리성을 도모하였다.

시·군·구는 물론 읍·면·동에서도 토지대장을 발급할 수 있게 하여 창구를 확대하고 자동민원발급기를 통하여 무인으로도 발급이 가능하도록 연계하였다.

3) 구성

(1) 업무의 구성

지적행정시스템은 토지이동관리, 소유권변동관리, 창구민원관리, 지적업무관리, 일일마감작업, 통합업무관리의 6개의 주요업무로 구성되어 있다.

이 중 민원처리와 시스템 기본설정 메뉴는 공통적인 업무이며 토지이동관리업무는 토지분할, 합병, 지목변경, 행정구역변경 등과 같은 토지이동에 관한 접수, 정리에 관련된 업무와 구획 정리 등 대단위 업무의 임시파일 작성과 처리 기능으로 구성되어 있다.

또한 소유권변동관리업무는 토지·임야대장, 공유지연명부의 소유권변동사항과 집합건물의 관리 및 전유부분의 소유권 변동 처리를 지원하는 업무로 구성되어 있다.

그리고 창구민원관리업무는 증명을 발급하는 업무로 시·군·구 종합정보시스템의 민원처리시스템으로 단말기가 설치된 어느 곳에서나 발급이 가능하고 발급지역도 읍·면·동에서도 지역에 관계없이 발급할 수 있다.

지적업무관리업무는 각종 대장작성 및 관련정보 조회업무로 일반업무처리를 위한 지원역할을 할 수 있도록 되어 있으며 일일마감작업업무는 당일 처리한 토지이동, 소유권변동, 창구민원 등의 처리 결과를 확인하고 결산하는 작업을 하도록 되어 있다.

통합업무관리업무는 당일 처리한 내용을 시·도 시스템으로 자료를 송수신하고, 오류자료정정 등의 업무를 처리하도록 구성되어 있다.

(2) 화면의 구성

지적행정시스템의 초기 메인 화면의 구성은 크게 3가지로 구분할 수 있는데 첫 번째는 민원접수사항이고 두 번째는 변동자료 처리를 위한 사항 그리고 세 번째는 업무담당자의 기본적인 인적 사항 등으로 구분할 수 있다.

민원접수사항 확인을 위한 민원접수사항참조버튼, 입력 또는 조회하여 선택된 접수번호에 관한 신청인명과 민원접수일자를 표시하는 민원접수사항표시, 처리된 사항을 조회하기 위한 필수항목 입력을 위한 세부항목입력란으로 되어 있다.

그리고 변동자료 처리를 위한 자료를 입력하거나 조회내용 표시를 나타내는 세부항목입력 및 세부항목 내용조회란, 현재 표시된 화면에서 연관업무로의 전환을 위한 업무분기 및 부가기능 버튼, 현 화면에서의 자료처리 기능을 하는 자료처리기능 버튼으로 구성되어 있다.

또한 현재 접속한 업무담당자에 대한 성명, 소속 부서명 및 작업 진행상태를 나타내는 현재 업무처리 진행사항과 담당자의 기본 정보 표시줄, 자료처리 기능 버튼 이외에 각 화면에서 특이하게 발생하는 세부항목 기능 버튼으로 구성되어 있다.

(3) 일일마감 및 연도마감

사용자는 당일 업무가 끝났는지를 확인한 후 도면열람 및 도면발급 등 수작업처리현황을 전산 입력하여야 한다.

또한 사용자는 수작업처리현황의 전산입력이 완료된 때에는 지적업무정리상황 자료를 처리하고, 〈표 9-5〉의 사항의 전산처리결과를 출력하여 지적전산자료 관리책임관에게 이상유무의 확인을 받은 후 업무를 종료하여야 한다.

만약 일일마감 정리 결과 잘못이 있는 경우에 다음 날 업무 시작과 동시에 등록사항

정정의 방법으로 정정하여야 하며, 일일마감출력자료는 담당업무별로 분류하여 편철하여 3년간 보존하여야 한다.

연도마감은 매년 말 최종 일일 마감이 끝남과 동시에 모든 업무처리를 마감하고, 다음 연도 업무가 개시되는 데 지장이 없도록 하여야 하며, 지적통계를 작성하기 위한 일일마감, 월마감, 연마감을 하여 국토교통부장관은 매년 시·군·구 자료를 취합하여 지적통계를 작성하도록 규정하고 있다.

⟨표 9-5⟩ 일일마감 시 확인 사항

세부 내용	
① 토지이동 정리 결과(오기정정처리결과 포함)	② 토지이동 미정리 내역
③ 토지·임야대장의 소유권변동 정리 결과	④ 공유지연명부의 소유권 변동 정리 결과
⑤ 대지권등록부의 소유권변동 정리 결과	⑥ 오기 정정 처리 결과
⑦ 토지이동 일일 정리 현황	⑧ 소유권변동 일일 정리 현황
⑨ 창구민원 정리 현황	⑩ 지적민원수수료 수입 현황
⑪ 등본 발급 현황	⑫ 대지권등록부의 지분 비율 정리 결과

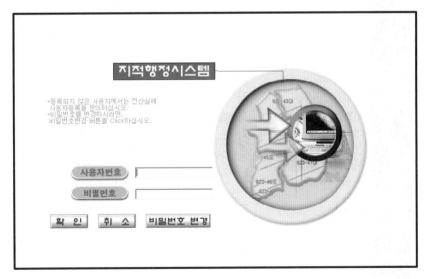

[그림 9-5] 지적행정시스템 초기화면

(4) 사용자권한의 부여 기준

국토교통부장관, 시·도지사 및 지적소관청은 지적공부정리 등을 전산정보처리시스템으로 처리하는 담당자를 사용자권한 등록파일에 등록하여 관리하여야 한다.

이때 지적전산처리용 단말기를 설치한 기관의 장은 그 소속공무원을 사용자로 등록하려는 때에는 지적전산시스템 사용자권한 등록신청서를 해당 사용자권한 등록관리청에 제출하여야 하며, 신청을 받은 사용자권한 등록관리청은 신청 내용을 심사하여 사용자권한 등록파일에 사용자의 이름, 권한과 사용자번호 및 비밀번호를 등록하여야 한다. 사용자권한 등록관리청은 사용자의 근무지 또는 직급이 변경되거나 사용자가 퇴직 등을 한 경우에는 사용자권한 등록내용을 변경하여야 한다.

사용자권한 등록파일에 등록하는 사용자의 권한은 다음과 같다.

〈표 9-6〉 사용자권한 부여 기준

번호	권한 구분	권한 부여대상	세부 업무 내용
1	사용자의 신규등록	국토교통부, 시·도, 시·군·구 지적업무 담당과장	처리담당자 신규등록(입력) 연혁생성(변경) 등의 처리변경 항목(권한 구분, 근무지 소재)
2	사용자등록의 변경 및 삭제	국토교통부, 시·도, 시·군·구 지적업무 담당과장	입력내용을 직접 수정, 삭제하거나 1의 내용 이외의 것의 변경
3	법인 아닌 사단·재단 등록번호의 업무 관리	시·군·구 지적업무 담당자	비법인 등록번호 조회, 부여 변동사항 정리, 증명서발급, 일일처리 현황 등의 처리
4	법인 아닌 사단·재단 등록번호의 직권 수정	시·군·구 지적업무 담당자	등록된 사항을 직권 수정, 삭제
5	개별공시지가 변동의 관리	시·군·구 지적업무 담당자	개별공시지가 변동자료의 입력
6	지적전산 코드의 입력·수정 및 삭제	국토교통부 지적업무 담당자	각종 코드의 신규입력 변경 삭제
7	지적전산 코드의 조회	국토교통부, 시·도, 시·군·구 직원	각종 코드의 자료 조회
8	지적전산자료의 조회	국토교통부, 시·도, 시·군 직원	지적공부의 자료 조회 및 토지이동정리, 소유권변동정리, 각종자료 조회
9	지적통계의 관리	국토교통부, 시·도, 시·군·구 지적업무 담당자	지적공부등록현황 등 각종 지적통계의 처리
10	토지관련 정책정보의 관리	국토교통부, 시·도, 시·군·구 지적직 7급 이상	국유재산 현황 등 타 부서와 관련된 각종 정책정보 처리
11	토지이동신청의 접수	시·군·구 지적업무 담당자	신규등록, 분할, 합병 등의 토지이동 등에 관한 업무의 접수

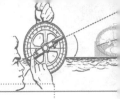

〈표 9-6〉 사용자권한 부여 기준

번호	권한 구분	권한 부여대상	세부 업무 내용
12	토지이동의 정리	시·군·구 지적업무 담당자	토지이동의 기접수 사항의 정리
13	토지소유자 변경의 관리	시·군·구 지적업무 담당자	소유권이전, 보존, 기타 등의 소유권에 관한 사항
14	토지등급 및 기준 수확량 등급 변동의 관리	시·군·구 지적업무 담당자	토지등급, 기수등급 등에 관한 변동사항 처리
15	지적공부의 열람 및 등본교부의 관리	시·군·구 직원	등본, 열람, 민원처리 현황 등 창구민원 처리
16	일반 지적업무의 관리	시·군·구 지적업무 담당자	지적정리결과 통보서 등의 일반적인 업무 사항 처리
17	일일마감관리	시·군·구 지적업무 담당자	일일업무처리에 관한 결과의 정리 및 출력
18	지적전산자료의 정비	시·군·구 지적직 7급 이상	지적소관청 : 오기 정정
19	개인별 토지소유현황 조회	국토교통부, 시·도, 시·군·구 7급 이상의 지적업무 담당자	특정법인 또는 개인에 대한 토지소유현황 파악을 위한 조회업무
20	비밀번호의 변경	전 직원	개인비밀번호 수정

또한 권한 부여와 관련한 코드의 구성으로는 지적구분, 자격기준, 직렬구분, 변경종류의 4가지의 코드가 존재한다.

지적구분은 해당직급의 급수를 의미하고, 자격기준은 취득 자격증, 직렬구분은 해당직렬, 변경종류는 사용자 권한 코드를 부여받는 사유를 의미한다.

〈표 9-7〉 권한부여와 관련된 코드의 구성

코드체계	* 숫자 1 자리로 구성			
코드	지적구분	자격기준	직렬구분	변경종류
1	1급	기술사	행정직	근무지 변경
2	2급	기사	시설(지적)직	권한변경
3	3급	산업기사	시설(토목)직	파견
4	4급	기능산업기사	전산직	복직
5	5급	기능사	시설(건축)직	타 시도 전출
6	6급	무자격		재전입
7	7급			퇴직
8	8급			재임용
9	9급		기타	
0	기능직			최초 등록

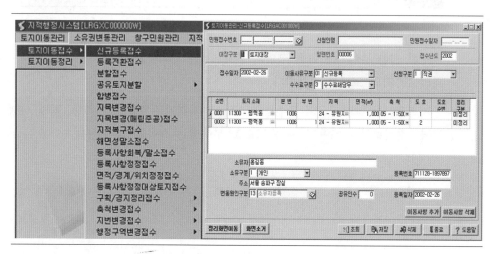

[그림 9-6] 지적행정시스템의 토지이동관리/토지이동접수/신규등록접수

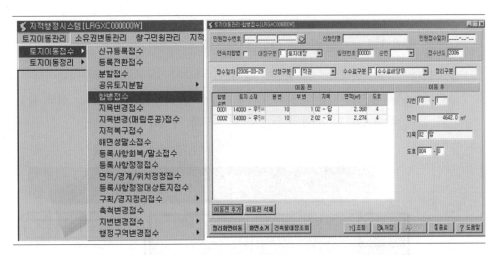

[그림 9-7] 지적행정시스템의 토지이동관리/토지이동접수/합병접수

2. 필지중심토지정보시스템(PBLIS)

1) 개요

필지중심토지정보시스템(Parcel Based Land Information System)의 개발은 컴퓨터를 활용하여 일필지를 중심으로 건물, 도시계획 등 형상과 관련된 도면정보(Graphic Information)와 이들과 연결된 각종 속성정보(Nongraphic Information)를 효과적으로 저장·관리·처리할 수 있는 향후 시행될 지적재조사사업의 기반을 조성하는 사업이다.

전산화된 지적도면 수치파일을 데이터베이스화하여 이들 정보를 검색하고 관리하는 업무절차를 전산화함으로써 그간 수작업으로 처리했던 지적도면 정리를 자동화하고 토지 및 관련정보를 국가 및 대국민에게 복합적이고 신속하게 제공하여 과학적 지적행정을 도모하고자 이에 대한 개발이 추진되었다. 지적도면의 측면에서 본다면 지적행정업무의 대부분이 토지대장 위주의 도해지적을 바탕으로 이루어져 있어 이에 따른 업무절차의 복잡성, 보관상의 문제, 종이도면에서 기인하는 부정확성 등이 나타나 획기적인 업무 개선이 필요하게 되었다.

또한 현재의 지적도면은 80여 년 전에 토지조사사업에 의거하여 제작된 것으로 도면의 신축, 마모로 인해 토지 경계 분쟁이 빈발하게 됨에 따라 그 근본적 해결책으로 지적재조사에 의한 토지정보시스템 구축이 사실상 필요하게 되었다.

PBLIS가 지적재조사에 의한 고품질의 수치데이터를 기본으로 하는 토지정보시스템은 아니라고 하더라도, 상당한 정밀도를 보장하는 지적수치데이터를 기반으로 한 것으로 도형정보와 문자정보가 통합되는 시스템이 구축된 것이다.

따라서 지적 변동자료의 갱신이 즉시 이루어지는 최신의 지적수치데이터를 수요 기관들에 제공함으로써, 국가지리정보체계 구축사업뿐만 아니라 공간 정보 활용에 기반을 두는 각종 정보화 사업의 활성화에도 크게 기여할 수 있었다.

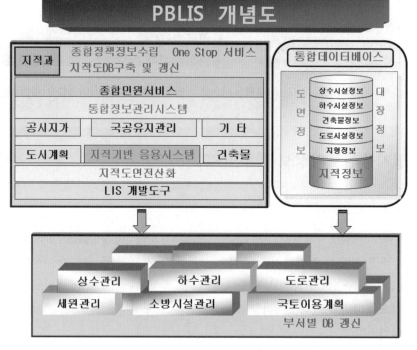

[그림 9-8] PBLIS 개념도

〈표 9-8〉 PBLIS 개발기준

구분	세부 내용
지적공부 관리 시스템	• 시·군·구 행정종합시스템과 대장DB 공유 • 속성정보만을 관리하는 업무(소유권변동 등..)는 시군구시스템에서 구현 • 도형정보를 대상으로 하는 업무(토지이동업무 등)는 PBLIS에서 구현하여 그래픽을 통한 시각적이고 실시간적인 업무 수행 • 새로운 신규서식(대장+도면)의 발급으로 질 높은 대민 서비스 제공 • 대장+도면이 결합된 질 높은 정책정보 제공으로 지적정보 활용 극대화 • 업무의 완전 전산화를 통하여 효율성 및 정확성 증대

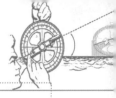

〈표 9-8〉 PBLIS 개발기준

지적측량 성과 작성시스템	• 수작업의 측량준비도 및 결과도, 성과도 작성을 전산화함으로써 작업능률 향상 • 도해지역의 측량성과 작성을 전산화함으로써 항시 정확하고 동일한 성과를 발급하여 국민의 신뢰도를 증진 • 공사 MIS와의 연계를 통하여 측량자료부 관리 등의 조회를 함으로써 측량의 일관성 및 질을 향상
지적측량 시스템	• 윈도우 환경의 지적측량시스템 개발로 도형정보와 접목 업무능률 향상

〈표 9-9〉 PBLIS 추진단계별 세부내용

추진단계	추진시기	세부 내용
1단계 (기반조성)	1999년 1월 ~ 2000년 3월	• 지적도면관리시스템 구현 : 토지이동관련 도면정리 및 대민서비스 • 지적관리시스템 구현 : 시·군·구 지적행정시스템과 연계, 토지이동, 통합(대장+도면) 대민서비스, 지적통계관리, 정책정보관리 등 • 시설물관리업무 시험개발 : 지적도면을 활용한 상하수도 시설물관리
2단계 (확대개발)	2000년 4월 ~ 2000년 12월	• 시·군·구 정보화 연계사업 완료 • 지적관리시스템 구현 : 지적관리시스템 시·군·구 연계, 시·군·구와 지적공사 출장소 연계, 지적측량민원신청 온라인 등 • PBLIS 구현 : 지적기반 응용업무 1차 시범개발 (공시지가, 통합민원 서비스, 상·하수도)
3단계 (실용화)	2001년 1월 ~ 2002년 12월	• 지적전산시스템 전국 확산 • 지적관리시스템 구현 : 전국단위 연계, 통합민원 전국 서비스, 전국단위 정책정보, 국토 통계 등 • PBLIS 구현 : 지적기반 응용업무 2차 시범개발 (국공유지, 하천, 국토이용, 건축물단속, 도시계획, 건축물, 도로, 세원)

2) 시스템 개발

개발 과정에서 사용한 GIS Tool은 고딕(Gothic)을 사용하였으며, 또 개발 후에는 소관청 및 지적공사에서 무제한 무료로 사용 가능할 수 있게 라이센스를 확보하였다.

시스템의 개발을 위하여 행정자치부는 지적행정업무지원 및 자문과 지적정보 제공을, 대한지적공사는 사용자 요구사항을 수렴하여 개발 방향을 제시하고 시스템 개발 및 기술 이전을, 쌍용정보통신은 PBLIS 응용프로그램 개발을, 삼성 SDS는 시·군·구 지적행정시스템에 대한 연계시스템 지원을 각각 담당하였다.

지적도 관리와 같은 도형 데이터를 관리하는 시스템의 분석·설계방법은 객체지향

기술에 의해 효율적으로 구현될 수 있는데, 이러한 도형관리 시스템은 정보의 독립성과 중복 제거, 재사용의 원칙 등 객체지향 방법론이 제공하는 장점들을 가장 효과적으로 적용할 수 있는 시스템 분야이다. 객체지향기술은 첫째, 개발 생명주기의 전 과정을 지원함으로써 정보계획 수립 이후의 개발 공정을 일관성있게 연결하고 있으며 둘째, 클라이언트 서버환경의 특성에 맞게 클라이언트 서버 시스템과 최신 GUI 툴 환경을 기본적으로 고려하는 분석 및 설계를 할 수 있고 셋째, 각 단계의 작업과정이 상세하게 기술되어 있어 비전문가들도 쉽게 습득할 수 있다.

3) 관련시스템과 연계 및 운영

행정자치부는 2001년 7월 경기도 고양시 일산구를 시범운영 기관으로 정하고 2001년 12월까지 시범운영을 실시하였다. 또 2002년 5월부터 11월 말까지 전국 254개 시·군·구(지적공부 비치 출장소 포함)에 확산을 완료하였다.

소관청 지적담당부서에서 수행되는 토지이동 업무 중 측량을 수반하는 업무는 대한지적공사에서 작성된 측량 결과를 이용하여 이루어진다.

정부는 이를 위해 소관청 지적업무를 구현하는 지적공부관리시스템과 더불어 지적공사에서 수행되는 지적측량의 준비와 결과를 작성하고, 소관청에서 직권업무처리 및 성과검사를 하기 위한 지적측량성과 작성시스템과 측량 결과의 처리를 보조하는 지적측량시스템을 동시에 개발하여 각 시스템이 같은 도형정보 관리시스템을 기반으로 구현될 수 있도록 함으로써 각각 업무 간의 데이터 교환의 효율성과 편리성을 극대화하고자 하였다.

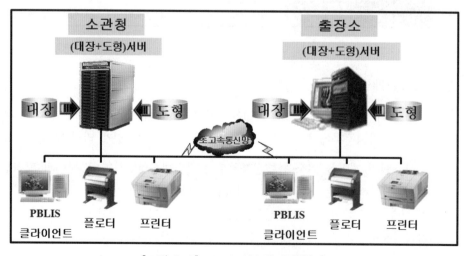

[그림 9-9] PBLIS 시스템 운영환경

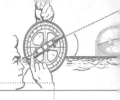

[그림 9-10] PBLIS 로그인 및 메인화면

(1) 지적공부관리시스템

지적공부관리시스템은 시·군·구 행정종합 정보화시스템과의 연계를 통한 통합 데이터베이스를 구축하였고, 지적업무의 완벽한 전산화로 작업의 효율성과 정확도 향상은 물론 지적정보의 응용 및 가공으로 신속한 정보제공이 가능하게 되었다. 또한 정보통신 인프라를 기반으로 한 양질의 대민서비스 실현이 가능하게 되었다.

지적공부관리시스템에는 사용자권한관리, 지적측량검사업무, 토지이동관리, 지적일반업무관리, 창구민원업무, 토지기록자료조회 및 출력 등 160여 종의 업무가 제공되었다.

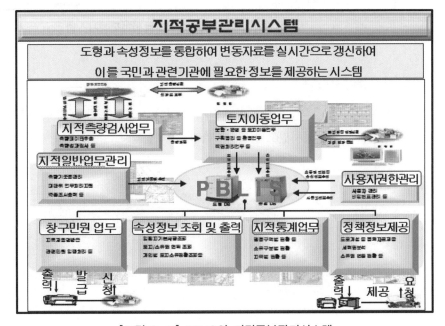

[그림 9-11] PBLIS의 지적공부관리시스템

(2) 지적측량성과관리시스템

지적측량성과관리시스템은 측량준비도, 결과도, 성과도 작성을 완전 자동화하는 기능으로 수작업에 의한 오류를 방지하고 정확하고 신속한 지적측량성과를 제시하게 하였다. 지적측량성과관리시스템의 기능에는 토지이동지 조서작성, 측량준비도, 측량결과도, 측량성과도 등 90여 종의 업무가 제공되었다.

[그림 9-12] PBLIS의 지적측량성과작성시스템

(3) 지적측량시스템

지적측량방법의 개선과 사용자 편의 위주의 응용소프트웨어 개발로 인해 지적측량 업무의 능률성을 향상시켰고 지적삼각측량, 지적삼각보조측량, 도근측량, 세부측량 등 170여 종의 업무가 제공되었다.

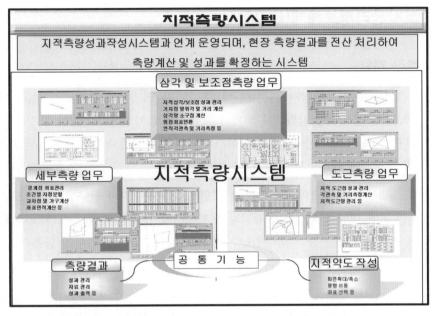

[그림 9-13] PBLIS의 지적측량시스템

4) 기대 효과

필지중심토지정보시스템의 개발로 인한 기대 효과는 다음과 같다.

첫째, 지적업무 처리의 획기적 개선으로 각종 조서 작성, 도면 정리 등의 수작업 업무를 전산화함으로써 업무의 생산성을 향상시키고 지적정보의 관리 및 처리에 일관성, 정확성, 효율성을 제고할 수 있다.

둘째, 정밀한 지적정보의 생산과 실시간 갱신 방안을 제공함으로써 지적정보 활용의 극대화를 기할 수 있다.

셋째, 지적도면을 기본도로 구성하는 정밀한 토지정보체계 구축이 가능하게 되어 정밀도를 요하는 건축물, 시설물 등 각종 인프라 데이터를 정확하게 구축할 수 있는 환경을 조성할 수 있다.

넷째, 향후 추진될 지적재조사사업의 기반 프레임을 제공함으로써 미래 지향적 시스템으로 발전시킬 수 있다.

다섯째, 국민의 대민 서비스 시스템으로 국민에게 다양한 정보를 신속·정확하게 제공할 수 있어 민원서비스 등 편리한 생활을 위한 완벽한 서비스 제공에 기여할 수 있다.

3. 토지관리정보체계(LMIS)

1) 추진 개요

건설교통부는 지방자치단체에 위임된 토지관리업무를 통합·관리하는 체계가 미흡하고, 중앙과 지방 간의 업무연계가 효율적으로 이루어지지 않아 토지정책 수립에 필요한 기초 자료를 신속하게 수집하기가 어려웠고 수기로 일일이 기록되고 있어 행정상의 문제점이 대두되게 되었다.

그래서 1998년 2월부터 1998년 12월까지 대구광역시 남구를 대상으로 6개 토지관리업무에 대한 응용시스템 개발과 토지관리데이터베이스를 구축하고, 관련제도 정비방안을 마련하는 등 시범사업을 수행하여 현재 토지관리업무에 활용하고 있다.

특히 토지이용을 규제하는 78개 법률에서 지정하고 있는 169개의 용도지역·지구현황을 담당공무원조차 정확하게 파악하기 어렵고, 8개의 토지이용규제사항만을 제공하는 토지이용계획 확인서는 토지소유자나 매수자가 대상토지에 대한 정보를 올바르게 알 수 없어 토지이용과정에서 시행착오를 겪는 등 각종 민원이 발생되고 있다.

또한 지자체의 개별적인 토지관련 업무 전산화로 인한 중복투자 유발과 자료호환 등의 문제가 초래되고 있다.

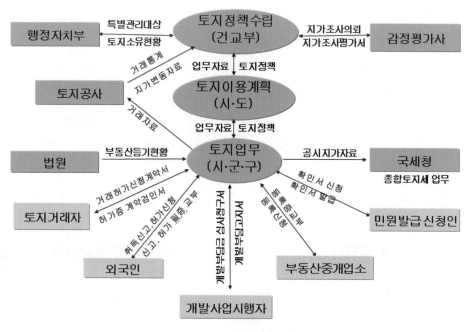

[그림 9-14] 토지관련 업무현황

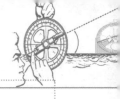

따라서 민원인에게 정확한 정보를 신속하게 제공하고, 담당공무원의 업무 생산성을 향상시키며, 합리적인 토지정책 수립에 필요한 정보를 신속·정확하게 확보할 수 있도록 토지와 관련한 각종 공간·속성·법률 자료를 체계적으로 통합 관리할 수 있는 종합적인 정보체계 구축이 필요하였다.

2) 사업의 목적 및 내용

(1) 목적

토지관리정보체계 구축사업은 대구광역시 남구를 대상으로 한 시범사업에 이어 지역을 보다 확대 구축하여 전국 12개 시·군·구에 확산 보급하는 한편 최신의 정보기술을 도입한 차세대 토지관리정보체계 개발과 운영관리 방안을 제시하고, 특히 담당공무원의 정보화 마인드를 고취하여 토지관리정보체계 확산을 위한 기반환경 조성에 기여하고자 하였다.

그래서 토지관리정보체계는 다양한 유관부서의 자료에 대해 통일성을 유지하고 자료의 체계적인 관리는 물론 관련 부서 간의 정보공유로 인한 행정업무의 효율성과 국가의 토지정책에 관한 다양한 정보를 제공하기 위한 목적으로 출발하였다.

(2) 내용

토지정보관리체계는 현재의 토지 및 도시계획, 부동산에 대한 모든 정보를 전산화하는 사업으로 기존의 지형도와 지적도 및 법령별 용도지역지구도를 데이터베이스로 구축한 후 현행 지자체에서 수행하는 토지거래관리, 공시지가관리, 부동산중개업관리, 외국인토지취득관리, 개발부담금관리, 토지관리행정업무를 정보화함으로써 토지행정의 생산성을 높이며, 중앙정부에서는 적시에 합리적인 토지정책을 수립할 수 있도록 지원하는 기간망 구축사업을 그 내용으로 한다.

그래서 기존에 수작업으로 처리되어 시간과 인력·비용이 과다하게 소요되고 중복 생산에 따른 자료의 일관성 결여 등 문제가 있는 지형도, 용도지역·지구도의 도형정보와 토지거래, 개발부담금, 외국인토지, 공시지가, 부동산중개업, 용도지역·지구 관리 등 토지관련 6개 행정업무의 전산화를 일차적인 목표로 설정하였다.

또한 2차적으로 토지이용과 관련한 모든 자료를 데이터베이스로 구축하고 이를 중앙정부와 시·도 및 시·군·구로 서로 연결하는 전국적인 관리 네트워크망 구축사업을 완료하여 기존의 시·군·구 단위로 이루어지는 토지관련업무를 종합적·유기적으로 연계하여 분석함으로써 과학적인 토지정책 수립과 토지투기 억제대책 등 토지행정의 정확성과 효율성을 기하고자 하였다.

따라서 토지관리정보체계 개발사업은 최신의 정보기술(GIS 공간기술)을 이용하여 시·군·구 종합행정 정보화, 새주소 부여사업, 농림부의 농지종합정보화사업, 국방부의 국방시설물 통합정보체계사업, 건설교통부의 산업입지정보망, 건축행정정보시스템, 정보통신부의 전파관리시스템 등 관련정보화사업과 통합·연계하여 작고 효율적인 전자정부 구현을 위한 건설교통부가 추진하고 있는 국가지리정보체계의 핵심적인 정보화 사업이다.

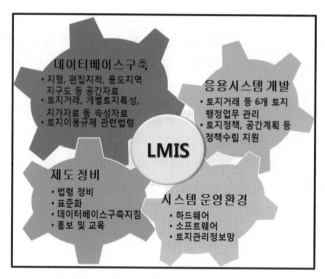

[그림 9-15] 토지관리정보체계 사업 내용

3) 사업의 추진과정 및 현황

토지관리정보체계 개발사업은 건설교통부 토지국에서 추진하는 정보화 사업으로 1998년부터 2002년까지 전국 지방자치단체에 확산 보급할 예정이었으며 소요예산은 국비와 지방비로 분담(분담비율 50％ : 50％) 조달하기로 하였다.

추진체계는 건설교통부에서 사업계획 수립 및 사업수행을 총괄 지휘하며, 지방자치단체에서는 토지관련 기초 자료정비 및 제공, 지적도 입력, 데이터베이스 검수, 시스템 운영관리를 하도록 하였고, 국토연구원과 한국토지공사에서는 제도정비 및 표준화 그리고 홍보 및 교육을 담당하도록 하였다.

또한 개발사업자는 DB 구축과 시스템을 개발하여 설치하고 감리기관은 시스템의 감리를 수행하도록 계획하였다.

이러한 추진체계를 갖추어 1998년 2월의 대구광역시 남구를 시범사업으로 총 7차에

걸친 사업추진으로 2005년 2월에서 2005년 12월에 인천광역시 등 87개 지역을 완료함으로써 토지정보화사업의 계획을 마무리짓게 되었다.

<표 9-10> 사업추진 과정 및 현황

구분	추진현황	추진 내용
시범 사업 (1998. 2 ~ 1998. 12)	대구광역시 남구	국가적인 정보화사업의 기반마련
1차 사업 (1999. 9 ~ 2000. 10)	제주시 등 12개 지역	CORBA 기반 3Tier 기술구조 채택
2차 사업 (2000. 8 ~ 2001. 11)	서울시 등 60개 지역	지자체 특정을 고려한 시스템 구축
3차 사업 (2001. 8 ~ 2003. 6)	광주시 등 63개 지역	연속지적 보정 방식 변경
4차 사업 (2002. 12 ~ 2003. 11)	대구 수성구 등 27개 지역	인터넷 토지정보 서비스 시스템 개발
5차 사업 (2003. 9 ~ 2004. 7)	경기도 포천 등 31개 지역	3차 사업지역에 대한 연속성 사업
6차 사업 (2004. 3 ~ 2004. 12)	경기도 이천 등 10개 지역	4차 사업지역에 대한 연속성 사업
7차 사업 (2005. 2 ~ 2005. 12)	인천광역시 등 87개 지역	토지종합정보망 전국 구축 완료(1단계), 2단계 사업 계획 수립

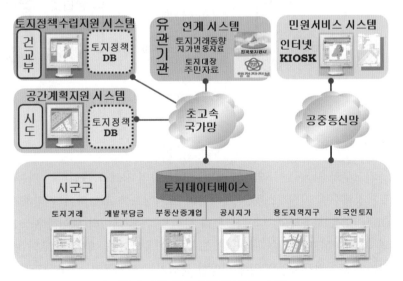

[그림 9-16] 토지관리정보체계 구성

4) 시스템 구조 및 운영환경

지방자치단체에서 사용하는 토지관리정보체계는 물리적으로는 하나의 하드웨어에서 DB 서버와 응용서버를 운영하는 2-tier 클라이언트/서버 아키텍처이나, 공간자료를 처리하는 경우에는 논리적으로 3-Tier 클라이언트/서버 아키텍처이다. 지방자치단체가 사용하는 토지관리정보체계의 특징은 대량의 공간 및 속성 자료를 여러 사용자가 공유할 수 있도록 저장 및 관리하는 데 있다. 건교부에 구축된 토지정책수립 지원시스템은 2-Tier 클라이언트/서버 아키텍처를 채택했다. 건교부에서 사용하는 정보시스템의 특징은 정책수립을 지원하는 의사결정 지원시스템이라는 것이다. 따라서 공간분석을 위한 소프트웨어와 온라인 분석을 위해 Discoverer를 도입하고, DB 서버로는 Oracle을 사용하였다.

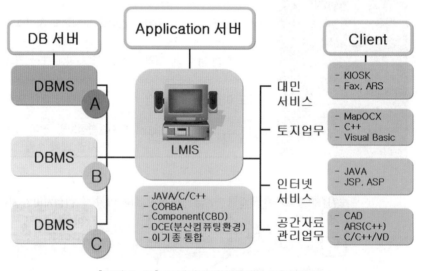

[그림 9-17] 토지관리정보체계의 S/W 구성

(1) DB 서버

건교부와 시·군·구의 DB 서버는 대용량의 자료를 관리하는 기능을 한다. 건교부의 토지정책수립 지원시스템은 지자체의 토지정보를 취합하여 관리하기 위해 RDBMS인 ORACLE을 사용하고, 다양한 통계 분석을 위해 데이터 웨어하우스(Data Warehouse)의 자료추출(ETT)기술과 OLAP 도구를 이용하였다. 향후 국토의 방대한 도형정보의 관리와 토지정책지원을 위해 다양한 분석기능을 제공하는 GIS 도구를 사용하도록 구성되어 있다.

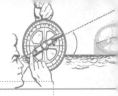

시·군·구에서 토지관리업무를 수행하면서 발생하는 속성자료를 데이터베이스로 구축하기 위해 RDBMS인 ORACLE를 사용하였으며, 공간자료의 유지관리 및 서비스를 위해 SDE(Spatial Database Engine)를 사용하였다.

(2) 응용서버(미들웨어)

응용서버는 시·군·구 시스템의 3-Tier 구조 중 중간층이다. 시·군·구의 각 개별 업무 지원시스템에 공간자료의 서비스를 위해 SDE와 클라이언트 사이에 GDS(GIS Data Server)를 사용하였다. 이를 통해 클라이언트에서 응용서버로 자료를 요청하고, 응용서버가 DB 서버에 저장되어 있는 공간자료를 이용하여 클라이언트의 요청에 맞게 처리한 결과를 클라이언트에 제공한다.

(3) 클라이언트

클라이언트에서 일반 업무 수행을 위한 데이터베이스 접근은 Visual Basic을 개발도구로 SQL-Net과 ODBC를 이용하여 개발된 클라이언트 시스템에 의해서 이루어진다. 공간자료관리시스템은 일반적으로 널리 쓰이는 AutoCAD, 그리고 SDE와의 연계를 위해 CAD Client를 이용하여 개발되었다. 속성자료는 직접 DB 서버에 요청하여 가져오고, 도면자료는 응용서버의 GDS를 통해 가져와 사용자 인터페이스에 뿌려주게 된다.

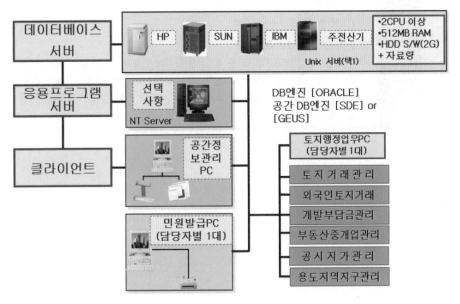

[그림 9-18] 토지관리정보체계의 시스템 운영환경(시·군·구)

기초지식

※ 2계층 구조와 3계층 구조의 비교

구분	2계층 구조	3계층 구조
개요	• 클라이언트와 서버 구조로 네트워크를 기반으로 서비스를 요구하는 클라이언트와 이를 처리하여 결과를 클라이언트로 돌려보내는 클라이언트와 서버간의 상호 처리 프로세스가 기본으로 사용되는 구조	• 각종 자료의 조화나 표현 기능은 클라이언트에, 데이터 접근 기능은 서버에 두고 나머지 기능은 하나 혹은 여러 개의 응용 시스템이 공유할 수 있도록 중간매체 소프트웨어인 미들웨어가 사용되는 구조
장점	• 업무량이 가벼운 부서단위의 소규모 시스템 구축이 가능함 • 쉽고 보편적인 툴을 사용하여 개발할 수 있음	• 2계층보다 좀 더 유연하고 확장 가능한 시스템을 구현이 가능함 • 원하는 기능의 객체와 기존 객체간의 유연한 조립이 가능함
단점	• 클라이언트/서버간에 네트웍 통신량이 많아 시스템의 성능저하와 네트웍 병목현상 발생 • 애플리케이션의 논리적 구조와 물리적 구조가 완전하게 분리되지 않아 프로세스나 환경이 변경될 때마다 로직이 바뀌어야 함 • 대부분의 애플리케이션이 특정 관계형 데이터베이스 관리 시스템에 종속되어 있어 데이터나 애플리케이션이 증가로 인한 통합의 어려움이 있음	• 업무 유형에 따라 애플리케이션 서버 구축 방법을 달리하여야 함 • 서버에 많은 부하가 걸릴 때 부하를 균등하게 분배하는 부하분산이 가능한 애플리케이션 서버가 필요함 • 대부분의 수정 및 변화가 관리자에 의해 중앙에서 이루어지므로 버전관리, 유지 보수, 백업, 시스템 튜닝 등의 관리가 필요함
참고	※ 미들웨어(Middleware) • 양 쪽을 연결하여 데이터를 주고 받을 수 있도록 중간에서 매개 역할을 하는 소프트웨어, 네트워크를 통해서 연결된 여러 개의 컴퓨터에 있는 많은 프로세스들에게 어떤 서비스를 사용할 수 있도록 연결해 주는 소프트웨어를 의미 • GIS 엔진의 미들웨어의 종류 : GOTHIC, SDE, ZEUS 등	

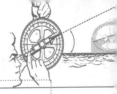

5) PBLIS와 LMIS의 비교

〈표 9-11〉 PBLIS와 LMIS의 비교

구분	P B L I S	L M I S
사업 명칭	• 필지중심토지정보시스템	• 토지관리정보체계
사업 목적	• 지적도와 시·군·구의 대장정보를 기반으로 하는 지적행정시스템과의 연계를 통한 각종 지적행정 업무를 수행	• 시·군·구의 지형도 및 지적도와 토지대장정보를 기반으로 각종 토지행정 업무 수행
사 업 추진체계	• PBLIS(프로그램) 행정자치부 → 지적공사 → 쌍용정보통신 • 시·군·구 행정종합정보시스템 행정자치부 → 시·군·구 → 삼성 SDS	• LMIS 건설교통부 → 국토연구원 → SK C&C
시범지역	• 경기도 고양시 일산구	• 대구시 남구
주요 업무	• 지적공부관리, 지적측량 • 지적측량성과작성 업무	• 토지거래 관리, 공시지가 관리, 용도지역지구 관리업무
업무 구성	• 지적공부관리시스템 • 지적측량시스템 • 지적측량성과 작성시스템	• 토지관리업무시스템 • 공간자료관리시스템 • 토지행정지원시스템
특징	• 지적측량에서부터 변동자료처리, 유지관리 등 현행 지적업무 처리의 일체화된 전산화	• 기본 지적도 데이터를 편집하여 사용 • 지적측량에 활용할 수 없는 지적도 데이터베이스를 기반으로 개방형 구조로 개발

4. 한국형 토지정보시스템(KLIS)

1) 추진 개요

한국형 토지정보시스템(Korea Land Information System)의 개발 배경은 행정자치부의 필지중심토지정보시스템(PBLIS)과 건설교통부의 토지관리정보체계(LMIS)의 시스템 개발은 사용 목적이 서로 상이하게 출발하였으나 일부 DATA의 중복구축 및 전산장비의 활용 등 예산낭비를 방지하기 위하여 감사원의 권고에 따라 하나의 시스템으로 통합하는 데 합의하고 양 부처가 공동 참여하여 한국토지정보시스템을 개발하였다.

2003년 3월 양 부처 간 한국토지정보시스템 개발을 위한 협약서 작성 교환 등 행정자치부, 건설교통부 간 협의에 의거하여 기존 시스템 개발업체(쌍용정보통신, SK C&C, 삼성 SDS)들이 전부 참여하는 컨소시엄을 구성하여 한국토지정보시스템 개발사업단을 운영하기로 하고, 사업비 31억 8,500만원을 체결하였다.

2003년 6월부터 2004년 8월까지 14개월 동안 추진하였고 총 사업비를 행정자치부
와 건설교통부가 50%씩 부담하였다. 필지중심토지정보시스템과 토지관리정보체계를
통합 재개발하고 도로명 및 건물번호부여 등의 기본업무 프로그램 개발을 포함하였다.

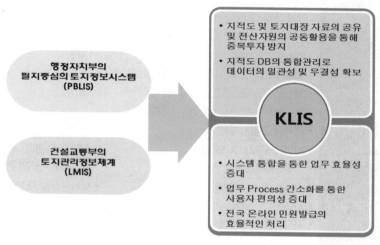

[그림 9-19] 한국형토지정보시스템 개발배경

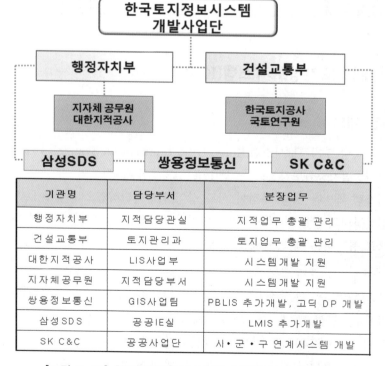

기관명	담당부서	분장업무
행정자치부	지적담당관실	지적업무 총괄 관리
건설교통부	토지관리과	토지업무 총괄 관리
대한지적공사	LIS사업부	시스템개발 지원
지자체공무원	지적담당부서	시스템개발 지원
쌍용정보통신	GIS사업팀	PBLIS 추가개발, 고덕 DP 개발
삼성SDS	공공IE실	LMIS 추가개발
SK C&C	공공사업단	시·군·구 연계시스템 개발

[그림 9-20] 한국형토지정보시스템 추진체계 및 업무분담

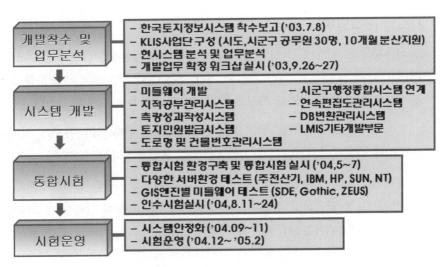

[그림 9-21] 한국형토지정보시스템 사업추진 경과

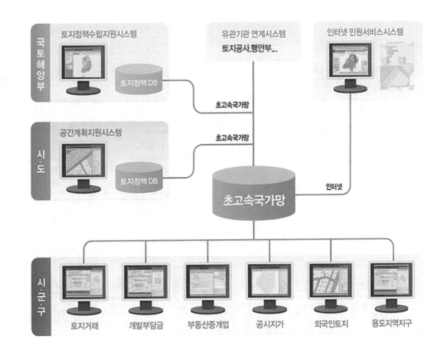

[그림 9-22] 한국형토지정보시스템 구성도

출 처 : 국토교통부 토지이용 규제 서비스(http://luris.mltm.go.kr)

2) 시스템 구축범위

시스템은 양 시스템 간 상호 호환성 확보를 위하여 3계층 클라이언트/서버(3-Tiered Client/Server) 구조로 개발하였다. 개발 툴은 GOTHIC, SDE, ZEUS를 모두 활용 가능하도록 하고 향후 시스템 확장과 신규개발을 고려하여 개방형 시스템 구조로 하였다.

또한 한 번의 변동자료 처리로 관련 자료(도형＋속성)가 동시에 처리되게 하고, PBLIS와 지적행정시스템의 토지이동부분을 통합하였다.

지적행정 창구민원 및 토지행정 창구미원을 시·군·구의 민원행정시스템에 통합하여 민원서류를 발급하고 통계관리하며 전산자원의 효율적 활용을 유도하기 위하여 하드웨어 및 네트워크는 시·군·구 행정종합정보시스템 서버를 공동 활용하기로 하였다. 시·군·구 시스템과 KLIS는 미들웨어(Middleware)인 엔테라(Entera)와 코바(Corba)를 이용하여 연계하고, 지적공부 관리시스템의 경우 도형은 코바를, 속성은 엔테라를 연결하여 구현하되 토지행정정보시스템은 코바를 통해서만 연결이 가능하도록 구현하기로 하였다.

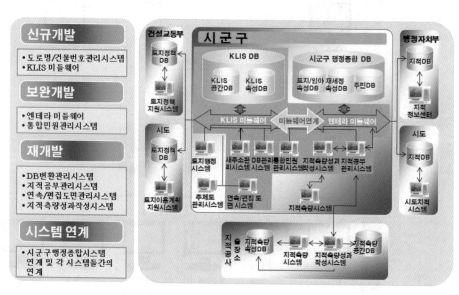

[그림 9-23] 한국형토지정보시스템 구축범위

3) 시스템 구성

기본적으로 업무를 지적공부 관리시스템, 지적측량성과 작성시스템, 연속/편집도 관리시스템, 토지민원 발급시스템, 도로명 및 건물번호부여 관리시스템, DB 관리시스템으로 구성하였다. 아래의 그림은 한국토지정보시스템의 초기화면인 로그온 화면이다.

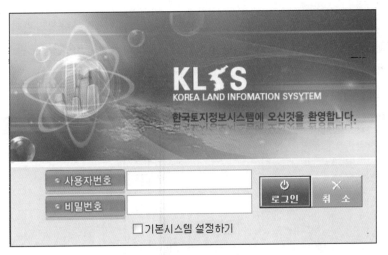

[그림 9-24] 한국형토지정보시스템 초기화면

    수치지도, 지형도, 항측도, 위성사진 등을 활용하여 측량성과 검사 시 참조할 수 있도록 하였다. 그리고 지적측량업무관리부 정리 후 측량준비파일 자동 추출과 측량성과 검사와 결재처리 완료 후에는 자동으로 관련 관리부가 정리되고 공부 정리결의서, 조사복명서 등의 파일을 전산화하여 추후 전자인증관계가 해결되면 KLIS에서 전자결재가 되도록 준비하고 소관청에서도 직권업무와 검사업무를 처리하기 위하여 지적측량성과작성시스템과 지적측량시스템을 모두 운영할 수 있게 하였다.

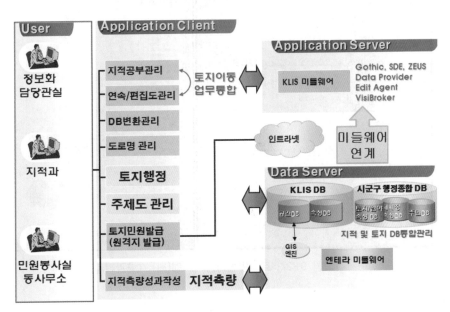

[그림 9-25] 시스템 구성도

KLIS의 주요 업무 구성은 지적공부관리시스템, 지적측량성과관리시스템, 토지민원발급시스템, DB관리시스템, 용도지역지구관리시스템, 연속편집도관리시스템이며, 6개의 주요 업무는 아래 그림에서 보여주고 있다.

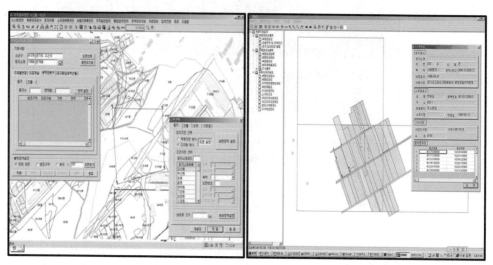

[그림 9-26] 지적공부관리시스템(좌), 지적측량성과관리시스템(우)

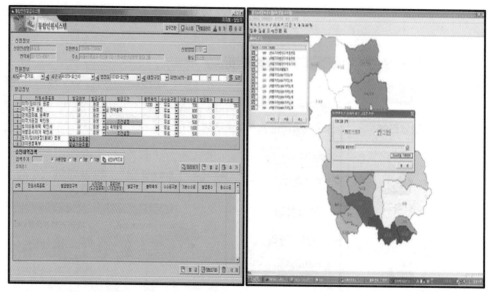

[그림 9-27] 토지민원발급시스템(좌), DB관리시스템(우)

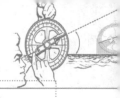

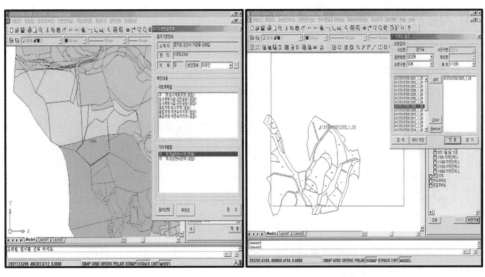

[그림 9-28] 용도지역지구관리시스템(좌), 연속편집도관리시스템(우)

기초지식

※ KLIS 파일 확장자

일필지 속성정보 파일	• *sebu : 측량성과 작성시스템에서 추출하여 작성하는 파일로서 우리말로 세부측량을 영어로 표현한 것이다.
측량준비도 추출파일	• *cif : JDT(지적소관청자료파일)파일에서 미리 측량하고자 하는 해당지역을 지정하여 도형정보와 속성정보를 저장한 파일로서 Cadastral Information File의 약자이다.
측량관측파일	• *svy : 토털 스테이션과 전자평판을 이용하여 현장에서 관측한 값을 토대로 작성된 파일로서 Survey의 약자이다.
측량계산파일	• *ksp : 측량한 값을 토대로 시스템상에서 경계점, 교차점, 좌표면적계산, 분할 등의 결선 등록 작업을 저장하는 파일로서 Kcsc Survey Project의 약자이다.
세부측량계산파일	• *ser : 측량결과도를 출력하기 위해 좌표면적계산, 경계점 결선 등을 등록한 후 세부측량 수행 결과를 저장할 수 있는 파일로서 Survey Evidence Relation file의 약자이다.
측량성과 파일	• *jsg : 측량성과 입력 시 세부측량에 따른 토지이동의 모든 속성정보를 포함한 파일로서 측량결과도와 측량성과도 작성을 위한 기본파일이며, 측량준비도는 JDT(소관청 자료파일) 파일에서 만들어지므로 Jurisdiction(소관청)과 우리말 성과(SG)의 약자이다.
측량결과파일 (토지이동정리파일)	• *dat : 지적측량성과작성 시스템에서 측량성과 및 도면속성을 검사할 수 있도록 작성된 파일이며, Data의 약자이다.

4) 사용자 권한 및 측량성과 파일

지적소관청은 한국토지정보시스템 운영에 따른 담당자를 지정하여야 하며, 지적소관청은 한국토지정보시스템의 사용자 권한부여 신청이 있으면 담당 소관업무 처리의 적정성 여부를 검토하여 권한을 부여하여야 한다.

만약 사용자 권한 신청이 부적정하면 신청을 반려하고 그 사유를 통지하여야 하며 사용자의 권한 부여 기준은 지적행정시스템의 사용자 권한 부여 기준과 동일하다.

지적소관청은 지적측량수행자가 지적측량을 완료한 때에는 지적공부를 정리하기 위한 측량성과파일과 측량현황파일을 작성하여 지적소관청에 제출하여야 하며 이 경우 지적측량성과 파일의 정확성 여부를 검사하여야 한다.

지적소관청이 측량성과파일로 토지이동을 정리할 때에는 서버용 컴퓨터에 저장하되, 파일명은 토지의 고유번호로 하여 보관하여야 한다.

5) 기대 효과

행정자치부의 필지중심토지정보시스템과 건설교통부의 토지관리체계 등 양 시스템에서 정리하고 있는 토지이동 관련 업무의 통합으로 중복된 업무를 탈피하고 사용자의 능률성 배가 및 사용자 편리성을 지향하여 토지이동 관련업무 담당자의 업무처리시간을 단축하는 등 통합시스템을 통한 업무의 능률성을 향상시키며, 3-Tire 개념을 적용한 아키텍처 구현으로 시스템 확장성을 향상하고 지적도 DB의 통합으로 데이터의 무결성을 확보하여 대민 서비스를 개선하고 민원처리 절차를 간소화할 수 있게 되었다.

지적측량 처리 단계를 전산화함으로써 정확성을 확보하여 민원을 획기적으로 감소시킬 수 있으며, 종이도면의 신축 및 측량자의 주관적 판단에 의존하던 방법을 개량화하여 좀 더 객관적인 방법으로 성과를 결정할 수 있도록 개선하였다.

지적도면에 건축물 및 구조물 등록에 관한 사항을 등록 관리하도록 개발하였고, 지형도상에 등록된 도로 하천 및 도시계획사항 등을 동시 등록 관리하여 지적 도시계획 업무 담당자 등 일선업무에 많은 변화를 예고할 수 있다.

제3절 지적현대화 동향

1. 새주소 사업

1) 추진 개요

우리나라의 지번제도는 1910년대 일제의 토지조사사업에 따른 토지소재를 명확하게 등록하기 위한 목적으로 토지 중심의 지번주소체계로, 1960년대의 주민등록법 제정 및 개정에 따라 지번을 주소표시방법으로 해서 약 100여 년 동안 사용되어 오고 있었다.

그러나 급속한 산업화와 도시화과정에서 나타난 토지이용의 증대로 신규등록, 분할, 합병 등으로 인해 지번순서의 무질서와 많은 부번 등의 발생으로 이웃하고 있는 지번 간 연계성 미흡, 하나의 지번 내에 다양한 건물·시설물이 존재하고 있어 지번확인 및 검색에 문제점으로 지적되어 왔다.[256]

또한 행정동 주소와 법정동 주소의 이원화로 인해 두 주소체계가 서로 혼재되어 주민생활 불편과 행정 능률의 저하 등으로 기존의 지번주소표기 방식으로는 정확한 지점을 표현하기에는 현실적으로 많은 어려움이 있어 이에 따라 1996년 7월 지금의 지번체계인 도로방식에 의한 도로명과 건물번호를 부여하는 선진국형 주소표시 제도를 도입하게 되었다.

현재 새주소 사업은 1997년 시범사업을 시작으로 2001년과 2006년 '도로명 주소 등 표기에 관한 법률'을 제정·공포하여 현재까지 진행되고 있다.

이러한 문제점에 따라 기존의 지번명에 의한 주소체계가 도로명에 따른 새주소체계로 바뀌게 되었다.

도로명 주소법[257]에서는 '도로명 주소'라 함은 도로명 주소법에 따라 부여된 도로명, 건물번호 및 상세주소에 의하여 표기하는 주소를 말하며(도로명 주소법 제2조 제1호) 이 법은 주소의 적용에 관한 사항에 있어 다른 법률에 우선한다[258]라고 규정하고 있다.

---

256) 김준현 외, 2011, "새주소 제도의 인지도 제고를 위한 홍보전략 활성화 방안", 한국지적정보학회지, 제13권 제1호, pp.31~42.

257) 행정자치부, 2015, 도로명 주소법 제2조 제1항, 제3조, 제19조 규정.

258) 행정자치부, 2015, 도로명 주소법 제3조.

도로명 주소란 국민은 물론 외국인들도 위치 찾기를 편리하게 하기 위하여 도로마다 이름을 부여하고, 건물에는 도로를 따라 체계적으로 건물번호를 부여하여, 도로명과 건물번호로 구성된 주소체계로서 그동안 사용해 왔던 토지번호(지번)는 토지를 부를 때 사용하고, 도로명 주소는 건물을 부를 때 사용하게 되는 것이다.

현재 문패, 도로표지판을 비롯해 부동산등기부, 주민등록, 건축물대장 등 사회생활과 법률생활의 공적 장부가 새주소에 의한 도로명으로 바뀌어졌다.

그래서 기존의 지번주소가 이제는 도로별로 좌측 건축물은 홀수, 우측은 짝수번호를 부여하는 도로명 주소로 바뀌었다.

정부는 공법상 주소 전환에 따른 국민생활 혼란 방지를 위해 2013년까지는 기존 지번주소와 도로명 주소를 병행 사용하도록 하고, 2014년부터 법·제도적으로 본격적으로 사용할 계획이다.

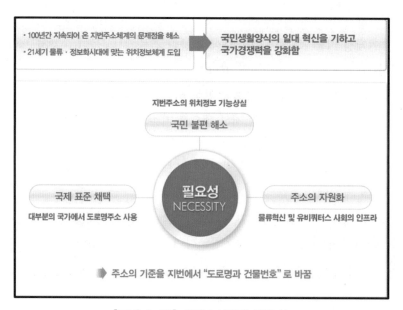

[그림 9-29] 새주소사업의 필요성

출 처 : http://juso.go.kr

2) 주소체계의 유형

지번명에 의한 주소체계는 1910년대 일제가 토지수탈과 조세징수를 목적으로 만든 지적제도에 의한 주소체계로 이 주소제도를 사용하는 나라는 세계적으로 우리나라가 유일한 실정이며, 일본도 1962년도에 '주거표시에 관한 법률'을 제정하여 주소제도를

개편하였으며 OECD 국가들(영국, 프랑스, 독일, 스위스, 러시아 등)은 물론 중국과 북한도 지번방식이 아닌 도로명 방식에 의한 주소제도를 사용하고 있다.

그래서 우리나라도 2007년 4월 5일 발효된 '도로명 주소 등 표기에 관한 법률'에 근거한 새주소의 사용으로 국민생활 편의 증진과 함께 실질적인 유비쿼터스 사회를 위한 기반조성을 마련하기 위해 도입하였다.

국가별 주소제도는 다양하게 발전되어 지번방식, 도로명방식, 구역방식으로 크게 구분할 수 있다. 일본과 우리나라를 제외한 세계 각국은 도로명방식의 주소제도를 사용하고 있는데, 일본에서는 대부분 구역[가구(街區)]방식의 주소를 사용하고 일부에서는 도로명 주소를 사용하고 있다. 또한 도로명 방식의 경우 유럽국가는 물론 중국과 북한도 적용하고 있으며 부분적인 장·단점은 갖고 있으나 도로명 방식의 주소가 세계적으로 보편화되어 있다.

<표 9-12> 주소체계의 유형

구분	지번방식	도로명방식	구역방식
구성	• 행정구역명+"지번"	• 행정구역명+"도로명과 건물번호"	• 행정구역명칭+"구역명과 가구번호 및 주거번호"
표시	• ○○시 ○○동 ○○번지	• ○○시 ○○로 ○○번	• ○○시 ○○정 ○○번 ○○호
장단점	• 토지표시와 주소 일치 • 집 찾기 불편	• 집찾기와 방문에 용이 • 도로명 변경 시 주소도 변경	• 행정업무 및 주소관리 용이 • 가구번호와 주거번호 등 이해의 어려움
국가	• 한국	• 대부분의 국가 (아프리카, 중국, 북한 포함) • 일본 일부	• 일본 대부분

3) 도로명 주소체계 추진 경과

1996년 07월 5일 '국가경쟁력강화기획단'에서 도로명 주소사업을 추진하도록 지시하여 2006년 10월에는 '도로명 주소 등 표기에 관한 법률'을 제정·공포하였고, 2007년 4월에 '도로명 주소 등 표기에 관한 법률' 및 시행령을 제정하였으며, 2008년 4월에 '도로명 주소 등 표기에 관한 법률' 및 시행령을 개정하였다.

또한 이 법을 모태로 2009년 4월에 '도로명 주소법'으로 법률명을 변경하였고, 2010년에는 도로명 주소 시설물의 전국 설치를 완료하여 2011년에는 도로명 주소를 전국적으로 일괄·고지하였고 도로명 주소 정보화 사업의 일환으로 국가주소정보시스

템 구축을 완료하였다. 그래서 2011년 8월 도로명 주소법 및 시행령을 개정하여 2013년까지 지번주소와 병행하여 사용하였으나 2014년부터 전적으로 도로명 주소만을 사용하고 있다.

〈표 9-13〉 일정별 추진내용

기간	세부 내용
1996년 7월	• '국가경쟁력강화기획단(BH)'에서 추진 지시
1996년 11월	• 내무부에 실무기획단 구성(국무총리훈령)
1997년 1월	• 시범사업추진(강남구, 안양시, 안산, 청주, 공주, 경주시)
2001년 1월	• 지적법에 도로명 및 건물번호부여 관리에 관한 근거 마련(제16조)
2002년 9월	• '50대 활용방안' 마련
2004년 3월	• 국가물류비절감대책 국무회의보고(재정경제부) 　– 도로명사업을 동북아물류중심국가건설 로드맵 대상으로 선정
2004년 5월	• 도로명사업의 중·장기 발전방안 수립
2005년 1월 ~ 4월	• 도로명사업 정책품질분석(국무조정실)
2005년 9월	• 도로명사업 혁신전략 수립
2005년 10월	• '도로명 주소 등 표기에 관한 법률안' 국회발의
2005년 12월	• 도로명 주소 통합센터 구축 계획 수립
2006년 3월 ~ 12월	• 도로명 주소 통합센터 구축(1단계 사업)
2006년 10월	• '도로명 주소 등 표기에 관한 법률' 제정공포
2007년 4월	• '도로명 주소 등 표기에 관한 법률' 및 시행령 시행
2007년 4월 ~ 11월	• 도로명 주소 통합센터 구축(2단계 사업)
2008년 4월	• '도로명 주소 등 표기에 관한 법률' 및 시행령 개정
2008년 6월 ~ 12월	• 도로명 주소 통합센터 구축(3단계 사업)
2009년 3월 ~ 11월	• 도로명 주소 통합센터 구축(4단계 사업)
2009년 4월	• 도로명 주소법 개정(제명 변경 등)
1997년 ~ 2010월 10월	• 도로명 주소 시설물 전국 설치 완료
2010년 10월 ~ 11월	• 도로명 주소 예비안내
2011년 3월 ~ 6월	• 도로명 주소 전국 일괄 고지
2011년 4월 ~ 12월	• 도로명 주소 정보화 사업(국가주소정보시스템 구축)
2011년 7월	• 도로명 주소 고시
2011년 8월	• 도로명 주소법 및 시행령 개정

출 처 : http://juso.go.kr

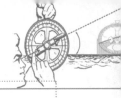

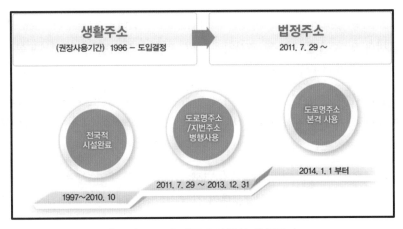

[그림 9-30] 새주소사업의 추진경과

출 처 : http://juso.go.kr

4) 도로명 주소 부여절차 및 방법

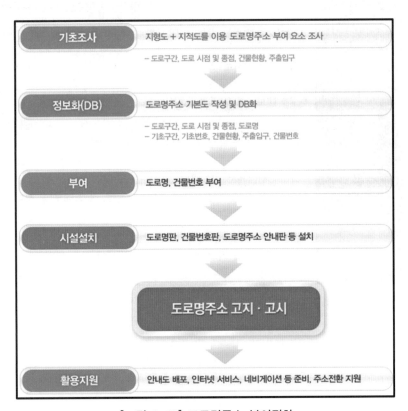

[그림 9-31] 도로명주소 부여절차

　도로명 주소의 부여절차는 먼저 기초 조사를 토대로 도로구간, 도로시점 및 종점, 건물현황 및 주출입구 등을 조사하여 이를 토대로 도로명 주소 기본도를 작성하고 DB를 구축하여 도로명에 따른 건물번호를 부여한다.

　그래서 행정적으로 이미 부여된 건물번호를 기준으로 각종 도로명판, 건물번호판, 안내판 등의 안내시설물을 설치 완료 후 도로명 주소의 고지 및 고시를 끝으로 2014년부터 전면적으로 실시하고 있다.

　도로명 주소의 부여방법은 건물번호 및 기초번호부여, 방위 및 도로구간 설정, 도로 폭에 따른 대로·로·길 구분, 부여 간격 및 홀수·짝수 부여, 건물가지번호 부여 등으로 구분할 수 있다.

〈표 9-14〉 도로명 주소 부여방법

구분	세부 내용
도로구간 설정	• 도로구간은 방위에 따라 서→동, 남→북의 방향으로 시작지점과 끝을 설정(다만, 분기되는 작은 길은 진입하는 방향으로 도로구간 설정)
도로명 부여 (대로, 로, 길)	• 도로명은 도로의 폭에 따라 '대로, 로, 길'순으로 위계를 두어 끝 글자로 사용 • 대로 : 폭 8차로 이상 • 로 : 폭 2~7차로길 • 길 : 대로, 로 이외의 도로
기초·일련번호 부여	• 건물번호 부여를 위하여 도로 기점에서 종점까지 20미터 간격으로 왼쪽은 홀수번호, 오른쪽은 짝수번호로 기초번호를 부여 • 기초번호 부여 : 고양대로 57번길의 경우, 고양대로의 시작점에서부터 약 570m 지점에서 왼쪽으로 분기되는 도로 • 일련번호 부여 : 천호대로 13길의 경우, 천호대로의 시작지점에서부터 열 세번째로 분기되는 도로
가지번호 부여	• 건물번호 부여 시, 하나의 기초번호 안에 둘 이상의 건축물 등이 있으면 주 출입구 순서에 따라 두 번째 건물부터 가지번호 부여 　- 가지번호 부여 : 세문안로 5길 2-1

출 처 : http://juso.go.kr

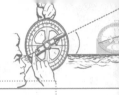

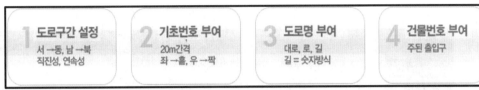

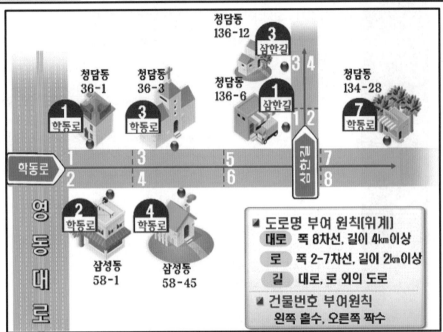

[그림 9-32] 도로명주소 부여방법

또한 도로명 주소체계에서는 건물번호는 한쪽을 기준으로 하나씩 건너뛰어 부여되기 때문에 건물번호의 숫자에 10배를 하면 도로의 기점으로부터의 거리가 되며, 건물과 건물 간의 번호 차이를 10배하면 두 건물 간의 거리를 알 수 있다.

즉, [그림 9-32]에서 학동로 6번 건물은 학동로 시작점에서 약 60m 지점의 오른쪽에 위치한 건물이라는 의미이다.

<표 9-15> 도로명 주소의 고지사항

구분	세부 내용
고지주체	• 시장(행정시장 포함)·군수·자치구청장 • 방문고지 : 고지하려는 대상자의 거주지 관할 시장 등 • 그 외 고지 : 고지하려는 도로명 주소를 부여한 시장 등
고지대상	• 시·군·구 지역별로 신규로 부여되었거나 정비사업으로 새로이 부여된 것으로 보는 도로명 주소
고지대상자	• 도로명 주소가 부여된 건물 등의 소유자 및 점유자 • 소유자 : 건축물등기부, 건축물대장, 가설건축물자료, 미등록건축물자료, 건물분과세 자료 • 점유자 : 세대별주민등록, 외국인등록, 국내거소 재외국민등록, 국내 주사무소 소재 법인등록, 비법인 및 국내거소 외국인(관리인)의 부동산등기용 비법인등록, 국내 사업장 소재 사업자등록(비법인 외국인의 국내 거소 포함), 한정수용가 정보
송달지	• 고지대상자를 방문·서면 고지할 장소(위치) • 국내거주 국민 : 세대별 주민등록지 • 국내소재 법인 : 주사무소(사업장이 별도인 경우 사업장) • 국내소재 비법인 : 부동산등기용 등록번호상의 주소 • 국외거주 국민 : 건물 소재지 • 국내거주 외국인 : 외국인 등록부상의 주소 • 국외거주 외국인 : 건물 소재지
고지내용	• 종전의 주소, 도로명 주소 및 정정 절차 등을 기재하며, 종전의 주소는 해당 건물 등의 소재지를 '공간정보의 구축 및 관리 등에 관한 법률'에 의한 지번으로 표시하고, 새로 부여하는 도로명 주소(상세주소와 참고항목을 함께 표기)를 표시한다. • 또한 도로명 주소의 고시예정일과 그 사유, 도로명 주소에 사용된 도로명의 고시일과 그 도로명의 부여사유, 고지받은 사항에 대한 정정요청 절차, 이미 부여된 도로명과 건물번호의 변경요건 및 절차, 공법관계에 사용되는 각종 공공문서의 전환에 관한 사항을 표시

출 처 : 행정자치부, 2014, 도로명 주소법 제16조, 제18조, 동법시행령 제21조~제25조 규정 참조작성.

5) 새주소 표기방법

도로명 주소는 특별시·광역시·도·특별자치도명, 시·군·자치구명(행정시를 포함), 구명(자치구가 아닌 구를 말함), 읍·면명, 도로명, 건물번호 및 상세주소 순으로 구성되며, 동(洞) 또는 공동주택의 명칭은 참고항목으로 주소 끝부분에 표기하도록 하고 있다.

현재 도로명 주소는 시·도, 시·군·구, 읍·면의 행정구역명은 기존의 지번주소체계와 동일하나 동·리 지번 대신에 도로명과 건물번호가 들어간다는 것이 가장 큰 다

른 점이다.

따라서, 도로명 주소는 [그림 9-33]과 같이 행정구역명+도로명+건물번호+상세주소(동/층/호)+(법정동, 공동주택명)으로 표기된다.

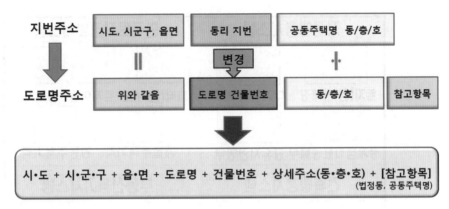

[그림 9-33] 도로명주소의 표기방법

2. 부동산 종합공부시스템(부동산행정정보일원화 사업)

1) 추진 개요

부동산 행정정보라는 의미는 현재 국토교통부와 대법원의 2개 부처에서 공간정보의 구축 및 관리 등에 관한 법률, 부동산 가격공시 및 감정평가에 관한 법률, 토지이용규제법, 건축법, 부동산 등기법의 5개 법률을 근거로 한국토지정보시스템, 지적행정시스템, 건축행정시스템, 부동산 등기시스템의 4개 정보시스템에 분산·관리되고 있는 18종의 공부를 의미한다.

18종의 공부라는 것은 현재 지적도, 토지대장 등 전산파일을 제외한 지적공부는 7종이며, 일반건축물, 집합표제부 등의 건축물대장은 4종, 토지등기부, 건물등기부, 집합건물등기부 등 소유권에 대한 등기부는 3종, 그리고 공시지가, 주택가격, 토지이용계획확인서 등 4종의 공부로 하나의 부동산에 대해 유관부서별로 각기 분산되어 18종의 공부로 중복적인 정보형태로 관리되고 있다.

2009년 국토교통부259)의 분석결과에 따르면 공공업무에서 활용되는 부동산정보만 연간 1,400만 건으로 전체 행정업무의 38%를 차지하고 있으며, 전국적인 통계로 보면 오류건수가 총 5,000만 건으로 매년 5%씩 늘어나는 것으로 조사되었다.

---

259) 국토교통부, 2009, 부동산 행정정보 정보화전략계획.

따라서 이러한 문제를 해결하고 부동산 행정의 공신력 제고는 물론 국민의 재산권을 보호하기 위해 국토교통부는 부동산 행정정보 일원화 사업을 추진하게 되었고 현재 사용되고 있는 부동산종합공부시스템으로 일명 '일사편리'라고 부르고 있다.

[그림 9-34] 유관부서의 4개 시스템 및 18종 공부

[그림 9-35] 4개의 분산관리 시스템

출처: 대한민국 정책브리핑(www.korea.kr) 자료 참조작성

〈표 9-16〉부동산 행정정보일원화 사업 추진배경

관리기관	국토교통부(15종)	대법원(3종)
관련법령	• 측량·수로조사 및 지적에 관한 법률 • 부동산 가격공시 및 감정평가에 관한 법률 • 토지이용규제기본법 • 건축법	부동산 등기법
정보시스템	• 한국토지정보시스템 • 지적행정시스템 • 건축행정시스템	부동산 등기시스템
부동산공부	• 지적공부(7종) : 토지/임야대장, 지적/임야도 등 • 건축물대장(4종) : 일반건축물, 집합표제부 등 • 토지이용계획확인(1종) : 공시지가, 주택가격(3종)	토지등기, 건물등기부, 집합건물등기부(3종)

[그림 9-36] 시스템 개발목표

　　그래서 현재 국가가 보유한 부동산 공부 18종을 1종의 공부로 구축하여 대민서비스를 제공할 수 있도록 하며, 국토교통부의 서비스 목표는 다음과 같다.

※ 대민서비스 목표

① 대국민 서비스 및 관련 기관에 정확한 부동산 종합정보를 제공, 행정 공신력 제고와 국민 재산권 보호

② 행정간 정보칸막이 및 업무경계를 허물고 상호 정보를 융합하여 공공·민간 모두에게 활용 가치가 높고 개방이 가능한 부동산 통합정보를 구축하여 국정과제 실현 및 정부 3·0 서비스 구현

③ 지적행정 통합관리, 도시계획, 농지, 산림 등 각종 토지이용현황관리 및 부동산 공시가격 (공시지가, 개별주택) 등의 부동산 공부정보 관리 업무 기능개선 및 운영

④ 부동산 통합정보를 공간정보 유통 핵심정보로 제공하고, 다양한 행정정보와 민간정보를 융합하여 위치정보 중심의 행정혁신 및 공간정보산업 활성화 도모

〈표 9-17〉 18종 공부 세부사항 및 관련법

구분	공부종류	등록내용	관련법	조직·기관
1	토지대장	토지 표시사항인 소재, 지번, 지목, 면적 등	측량·수로 조사 및 지적에 관한 법률	지적 기획과
2	임야대장	임야(산) 표시사항인 소재, 지번, 지목, 면적 등		
3	공유지연명부	토지소재, 지번, 소유권 지분, 토지의 고유번호 등		
4	대지권등록부	공유토지 전유부분 건물표시, 건물명칭, 지분 등		
5	지적도	토지의 필지경계 및 소재, 지번, 지목 등		
6	임야도	임야의 필지경계 및 소재, 지번, 지목 등		
7	경계점좌표 등록부	경계점의 좌표 및 지번, 지목 등		
8	개별공시지가 확인서	개별 토지의 소재, 지번, 공시지가 등		
9	개별주택가격 확인서	개별 주택의 소재, 지번, 공시지가 등	부동산 가격공시 및 감정평가에 관한 법률	부동산 평가과
10	공동주택가격 확인서	공동주택의 소재, 지번, 공시지가 등		

조직·기관 란 전체(1~8)에는 세로로 "국토교통부"가 표기되어 있음.

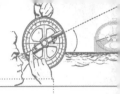

〈표 9-17〉 18종 공부 세부사항 및 관련법

구분	공부종류	등록내용	관련법	조직·기관	
11	토지이용계획확인서	지번, 지목, 면적·용도지역지구, 기타 법적규제 등	토지이용규제 기본법		도시정책과
12	건축물대장(총괄표제부)	건축물에 대한 대지현황 및 건축물현황 등		국토교통부	건축과
13	건축물대장(일반건축물)	일반건축물의 소재, 지번, 면적, 건폐율, 용적률 등	건축법		
14	건축물대장(집합표제부)	집합건축물의 소재, 지번, 면적, 건폐율, 용적률 등			
15	건축물대장(집합전유부)	집합건축물의 소유자, 소재, 지번, 전유부분과 공유부분의 구조, 용도, 면적, 공동주택가격 등			
16	토지등기부	토지에 대한 표시사항과 소유권 및 기타 권리관계	부동산등기법	대법원	법원행정처
17	건물등기부	건물에 대한 표시사항과 소유권 및 기타 권리관계			
18	집합건축물등기부	집합건축물의 표시사항과 소유권 및 기타 권리관계			

2) 추진 과정 및 내용

(1) 추진 과정

부동산 행정정보일원화 사업은 수년간 추진된 개별 공부의 전산화 작업을 하나로 융·복합하여 통합된 체계로 전환하는 사업으로 단계별 목표를 계획하고 있다.

2012년까지는 지적 7종과 건축물 4종의 11종을 통합하고, 2012년에는 토지 및 가격의 4종을 통합하여 최종적으로 2014년도 이후에는 등기부까지 통합하는 것으로 계획을 수립하고 있다.

국토교통부는 2011년 4개 기관 시범기관인 의왕시, 남원시, 김해시, 장흥군에서 지적공부 7종과 건축물대장 4종을 통합한 '부동산종합증명서' 발급을 운영하고, 민원인의 만족도 조사결과 97%가 부동산 종합정보 제공에 대해 만족하고 있는 것으로 나타났다. 현재 1단계로 11종의 공부통합을 위한 4개의 시범사업지역의 완료에 따라 자치단체의 확산과 담당공무원들의 교육을 실시하고 있다.

〈표 9-18〉 추진 과정 및 계획

사업명	기간	주요 내용
행정정보일원화 ISP	2009년 11월~2010년 5월	• 정보화전략계획 수립
실험시스템 구축사업	2010년 12월~2011년 5월	• 주요 기능 및 업무에 대한 검증
1단계 시범사업	2011년 5월~2011년 12월	• 11종 통합(지적 7종+건축물 4종) • 4개 시범지역 적용 및 운영
1단계 사업	2012년	• 11종 통합(지적 7종+건축물 4종) • 전국 자치단체 확산
2단계 사업	2013년	• 15종 통합(도시계획, 가격 4종) • 전국 자치단체 확산
3단계 사업	2014년	• 18종 통합(등기부 3종) • 부동산 등기 정보 확장 개발 • 전국 자치단체 확산

[그림 9-37] 부동산 행정정보일원화 사업의 추진계획

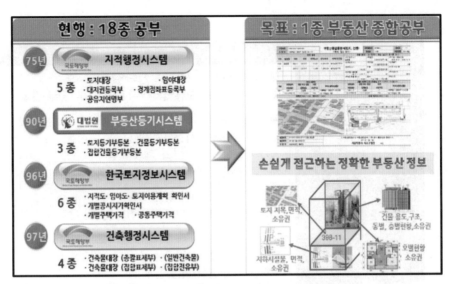

[그림 9-38] 부동산 행정정보일원화 사업의 추진목표

(2) 추진 내용

2009년 부동산 행정정보일원화를 위한 정보화 전략계획(ISP) 수립에 착수하였고 ISP는 솔리데오시스템즈·삼성 SDS·웨이버스 컨소시엄이 수행하였으며 부동산종합공부 증명발급에 관한 규정 등의 법·제도적인 정비를 실시하였다.

또한 행정안전부와 시·군·구의 공통기반 기초 자료를 공동 활용하기로 하여 전산자료의 시스템 재설계를 위한 구축지침을 마련하였다.

현재 1단계 사업계획인 11종의 공부를 하나로 통합하는 시범사업을 2011년 12월 의왕·김해·남원·장흥 지역에 시범 적용하여 자체적인 분석을 거쳐 오류나 문제 등을 검토하여 2012년에 시스템 통합을 완료하였다.

〈표 9-19〉 추진 내용

구분	세부 내용
기초 자료 정비	• 데이터 정비기준 표준화로 자료 정확성 확보 • 부동산 행정정보 오류 정비 추진(자체오류, 공부 간 상호오류)
통합시스템 개발	• 부동산종합공부시스템 구축 및 유지관리 • 부동산 관련 전산자원 공동이용 • 국가 부동산 정보 서비스 체계 확립 • 시스템 간 연계를 위한 표준 인터페이스 제공
업무영역별 확산	• 업무영역별로 단계적 확산 구축 • 전담 TFT(TASK FORCE TEAM) 구성 및 운영
제도개선 및 홍보	• 부동산 종합공부 구축 및 활용을 위한 법·제도 마련 • 부동산 행정 프로세스 개선을 위한 제도 정비 • 다양한 대외 홍보 활동 전개

3) 기대 효과

부동산 행정정보일원화를 통한 기대 효과는 첫째, 다양한 정보의 객관성과 정확성을 확보할 수 있고, 대민서비스 체계를 획기적으로 개편함에 따라 국가 부동산 정책 수립 및 대민서비스를 위한 행정기관의 공적 정보로서 가치와 위상이 제고될 수 있다.

둘째, 부동산 등록신청이나 발급업무를 단일화하여 복합적인 민원의 일괄처리 등을 통해 부동산 민원에 대한 국민적 불만이 해소됨과 동시에 사회적 비용절감에도 크게 기여할 것으로 기대된다.

셋째, 시스템 연계 및 통합으로 인해 관리오류를 최소화하여 신뢰성 향상은 물론 체계적인 관리를 통한 부동산정보의 사전예측 및 분석이 가능하고 실시간 동향 등에 따른 각종 정책수립을 위한 기초 자료로 활용될 수 있어 국토의 장기적인 정책안내로 인한 신뢰도를 제고시킬 수 있다.

넷째, One-Stop업무처리로 인한 소요시간 단축과 온라인을 통한 적시의 신뢰성 높은 자료를 제공함으로써 시민의 기회 비용 절감과 편익을 최대화시킬 수 있다.

또한 이를 비용 경제적인 측면에서 분석한 경우 부동산 통합정보 서비스 후 5년간 2조원의 편익을 기대하고 있다.

부동산 통합정보로 탈루세원 발굴 지원 등 조세정의 확립과 국유재산 관리의 효율화를 지원하여 재정기반 확충 및 부처 간 협업체계 마련 또한 부동산 행정정보일원화 사업으로 인한 가장 큰 개선 효과는 무엇보다 국민의 입장에서 18종의 공부를 1종의 공부로 한눈에 보는 맞춤형 서비스를 제공받을 수 있다는 것이 제일 크게 부각될 수 있

고, 국가적 측면에서는 한 번에 처리되는 부동산 업무를 통해 연간 579만 건의 중복업무가 감축되며, 정보 수요자 측면에서는 한곳에서 제공되는 통합정보를 통해 연 8천만 건 중복정보 구축 및 관리에 소요되는 행정력 낭비를 줄일 수 있다.[260]

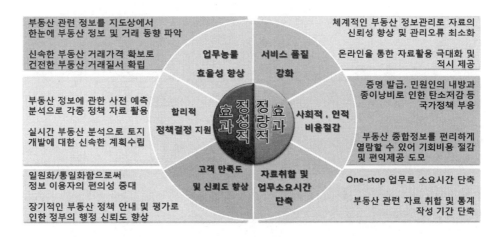

[그림 9-39] 부동산 행정정보일원화 사업의 기대효과

〈표 9-20〉 자료정비 시 비용 절감액

구분	세부 내용	절감액
지적, 건축물 연계 시	관련기관 수집정보를 가공하는 시간비용	1,557억
부동산 가격 산정 시	불필요한 정보 확인과 관련기관 재통보 등에 드는 시간 비용	224억
부동산공부 중복 정보 제거 시	지적, 건축, 등기소의 불일치 정보 수정 및 통보에 드는 시간 비용	780억
민원인의 부동산공부 중복 발급 시	토지대장, 지적도 등 공부확인과 오류 수정하는 시간 비용	202억
합 계		2,763억

---

260) 국토교통부, 2009, 보도자료, (2009.9.4) 참조작성.

부록

기출문제

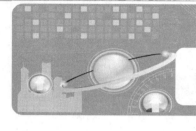

연도별 지적기사 기출문제(지적학)

2013년 1회 지적기사

◎ **지적학** ◎

1. 관계에 대한 설명이 옳은 것은?

㉮ 민유지만 조사하여 관계를 발급하였다.

㉯ 발급대상은 산천, 전답, 천택(川澤), 가사(家舍) 등 모든 부동산이었다.

㉰ 외국인에게도 토지 소유권을 인정하였다.

㉱ 관계 발급의 신청은 소유자의 의무사항은 아니다.

2. 지적과 등기에 관한 설명이 틀린 것은?

㉮ 지적공부는 필지별 토지의 특성을 기록한 공적 장부이다.

㉯ 등기부의 표제부는 지적공부의 기록을 토대로 작성된다.

㉰ 등기부 갑구의 정보는 지적공부작성의 토대가 된다.

㉱ 등기부 을구의 내용은 지적공부작성의 토대가 된다.

3. 토지등록에 대한 설명으로 가장 거리가 먼 것은?

㉮ 토지 거래를 안전하고 신속하게 해 준다.

㉯ 지적소관청이 토지등록사항을 공적 장부에 기록 공시하는 행정행위이다.

㉰ 국가가 공적 장부에 기록된 토지의 이동 및 수정 사항을 규제하는 법률적 행위이다.

㉱ 토지의 공개념을 실현하는 데에 활용될 수 있다.

4. 대한제국 시대에 양전사업을 전담하기 위해 설치한 최초의 독립 기관은?

㉮ 탁지부

㉯ 임시토지조사국

㉰ 양지아문

㉱ 지계아문

5. 왕이나 왕족의 사냥터 보호, 군사훈련지역 등 일정한 지역을 보호할 목적으로 자연암석·나무·비석 등에 경계를 표시하여 세운 것은?

㉮ 금표(金表)   ㉯ 장생표(長栍標)

㉰ 사표(四標)   ㉱ 이정표(里程標)

6. 토지조사사업에 따른 지적제도의 확립에 대한 설명이 틀린 것은?

㉮ 토지의 일필지에 대한 위치 및 형상과 경계를 측정하여 지적도에 등록한다.

㉯ 토지의 경계와 소유권은 고등토지조사위원회에서 사정하였다.

㉰ 측량성과에 의거 토지의 소재, 지번, 지목, 소유권 등을 조사하여 토지대장에 등록하였다.

㉱ 사정은 강력한 행정처분을 확정하는 원시취득의 효력이 있었다.

7. 각 도에 지정측량사를 두어 광대지 측량 업무를 대행함으로써 사실상의 지적측량 일부 대행제도가 시작된 시기는?

㉮ 1910년   ㉯ 1918년

㉰ 1923년   ㉱ 1938년

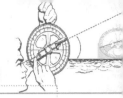

8. 우리나라 지적관련법령의 변천 과정을 옳게 나열한 것은?

> ① 토지조사령　④ 조선지세령
> ② 조선임야조사령　⑤ 지적법
> ③ 토지조사법　⑥ 지세령

㉮ ④ → ② → ① → ③ → ⑥ → ⑤
㉯ ③ → ⑥ → ① → ④ → ② → ⑤
㉰ ④ → ② → ⑥ → ③ → ① → ⑤
㉱ ③ → ① → ⑥ → ② → ④ → ⑤

9. 현대지적의 원리 중 지적행정을 수행함에 있어 국민의사의 우월적 가치가 인정되며, 국민에 대한 충실한 봉사, 국민에 대한 행정책임 등의 확보를 목적으로 하는 것은?

㉮ 민주성의 원리　　㉯ 공기능성의 원리
㉰ 정확성의 원리　　㉱ 능률성의 원리

10. 다음 중 지적제도와 등기제도를 처음부터 일원화하여 운영한 국가는?

㉮ 독일　　㉯ 네덜란드
㉰ 일본　　㉱ 대만

11. 자한도(字限圖)에 대한 설명으로 옳은 것은?

㉮ 고려시대에 작성된 지적도이다.
㉯ 대만의 구지적도이다.
㉰ 조선시대에 작성된 지적도이다.
㉱ 일본의 구지적도이다.

12. 다음 중 일반적인 지목의 설정 원칙에 해당하지 않는 것은?

㉮ 일시변경불변의 원칙
㉯ 지목변경불변의 원칙
㉰ 사용목적추종의 원칙
㉱ 주지목추종의 원칙

13. 구한국 정부에서 문란한 토지제도를 바로잡기 위하여 시행하였던 근대적 공시제도의 과도기적 제도는?

㉮ 입안제도　　㉯ 양안제도
㉰ 지권제도　　㉱ 등기제도

14. 조선시대의 문기(文記)에 관한 설명이 틀린 것은?

㉮ 오늘날의 부동산 매매계약서와 같은 것이다.
㉯ 당사자, 증인, 그리고 집필인이 작성하였다.
㉰ 문기는 입안을 청구하는 경우는 물론 소송의 유일한 증거로 제출되었다.
㉱ 상속, 증여, 임대차의 경우는 작성하지 않았다.

15. 대한제국시대에 삼림법에 의거하여 작성한 민유산야약도에 대한 설명이 틀린 것은?

㉮ 최초로 임야측량이 실시되었다는 점에서 중요한 의미가 있다.
㉯ 민유임야측량은 조직과 계획 없이 개인별로 시행되었고 일정한 수수료도 없었다.
㉰ 토지 등급을 상세하게 정리하여 세금을 공평하게 징수할 수 있도록 작성된 도면이다.
㉱ 민유산야약도의 경우에는 지번을 기재하지 않았다.

16. 조선시대의 양전법에서 구분한 직각삼각형 형태의 토지를 무엇이라 하는가?

㉮ 방전　　㉯ 제전
㉰ 구고전　　㉱ 규전

17. 매 20년마다 양전을 실시하여 작성하도록 경국대전에 나타난 것은?

㉮ 양안(量案)　　㉯ 입안(立案)
㉰ 양전대장(量田臺帳)　　㉱ 문권(文券)

18. 지적의 분류 중 등록대상에 의한 분류가 아닌 것은?

㉮ 도해지적　　　　㉯ 2차원 지적
㉰ 3차원 지적　　　　㉱ 입체지적

19. 조선시대에 정약용의 양전개정론과 관계가 없는 것은?

㉮ 어린도법　　　　㉯ 경무법
㉰ 망척제　　　　　㉱ 방량법

20. 토지조사사업 당시 별필(別筆)로 하였던 경우가 아닌 것은?

㉮ 분쟁지로서 명확한 경계나 권리 한계가 불분명한 것
㉯ 도로, 하천, 구거 등에 의하여 자연으로 구획된 것
㉰ 전당권 설정의 증명이 있는 경우 그 증명마다 별필로 취급한 것
㉱ 조선총독부가 지정한 개인 소유의 공공 토지

1	2	3	4	5
나	라	다	다	가
6	7	8	9	10
나	다	라	가	나
11	12	13	14	15
라	나	다	라	다
16	17	18	19	20
다	가	가	다	라

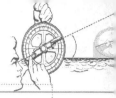

● 2013년 2회 지적기사

◎ 지적학 ◎

1. 아래의 설명과 관계있는 경계의 결정방법은?

> • 점유자는 소유 의사로 선의, 평온 및 공연하게 점유한 것으로 추정한다.
> • 지적공부에 의한 경계복원이 불가능한 경우의 지상경계결정방법의 중요한 원칙으로 삼아야 한다.

㉮ 구분설
㉯ 평분설
㉰ 점유설
㉱ 보완설

2. 국가의 재원을 확보하기 위한 지적제도로서 면적본위 지적제도라고도 하는 것은?

㉮ 과세지적
㉯ 법지적
㉰ 다목적 지적
㉱ 경제지적

3. 토렌스 시스템의 기본 이론이 아닌 것은?

㉮ 거울이론
㉯ 커튼이론
㉰ 교환이론
㉱ 보험이론

4. 다음 중 오늘날의 등기와 동일한 효력을 가진 증서가 아닌 것은?

㉮ 입안(立案)
㉯ 문기(文記)
㉰ 지계(地契)
㉱ 토지가옥증명

5. 경계의 표시방법에 따른 지적제도의 분류가 옳은 것은?

㉮ 세지적, 법지적, 다목적 지적
㉯ 2차원 지적, 3차원 지적
㉰ 수평지적, 입체지적
㉱ 도해지적, 수치지적

6. 토지조사사업 당시 일부 지목에 대하여 지번을 부여하지 않았던 이유로 가장 옳은 것은?

㉮ 소유자 확인 불명
㉯ 측량조사작업의 어려움
㉰ 경계선의 구분 곤란
㉱ 과세적 가치의 희소

7. 지적공부를 상시 비치하고 누구나 열람할 수 있도록 하는 지적공개주의의 원칙을 채택하고 있는 토지등록원칙은?

㉮ 공신의 원칙
㉯ 공시의 원칙
㉰ 토지 공개념
㉱ 소유 상한선제

8. 전지(田地)를 측량할 때 정방형의 눈들을 가진 그물을 사용하여 전지가 그물 속에 들어온 그물눈을 계산하여 면적을 산출하는 방법은?

㉮ 방전제
㉯ 망척제
㉰ 방량제
㉱ 결부제

9. 지세징수를 위하여 이동정리를 끝낸 토지대장 중 민유과세지만을 뽑아서 각 면마다 소유자별로 연기(連記)한 후 이것을 합계한 장부는?

㉮ 지세명기장
㉯ 결수연명부
㉰ 토지대장
㉱ 을호 토지대장

10. 고구려의 토지면적측정에 관한 사항으로 틀린 것은?

㉮ 구고장은 측량에 따른 계산에 관한 문제를 다루었다.
㉯ 면적의 단위로 '정, 단, 무, 보'를 사용하였다.
㉰ 방전장은 주로 논이나 밭의 넓이를 계산하였다.
㉱ 토지의 면적 단위는 경무법을 사용하였다.

11. 임야조사사업의 목적에 해당하지 않는 것은?

㉮ 소유권을 법적으로 확정
㉯ 임야정책 및 산업건설의 기초 자료 제공
㉰ 지세부담의 균형 조정
㉱ 지방재정의 기초 확립

12. 토지조사 당시에 시행 지역에서 멀리 떨어진 산림지대의 토지를 임야도에 그 지목만을 수정하여 등록한 것을 무엇이라 하는가?

㉮ 간주지적도   ㉯ 간주임야도
㉰ 별책지적도   ㉱ 산지적도

13. 토지조사사업 당시의 사정사항은?

㉮ 소유자와 강계   ㉯ 지번과 지목
㉰ 지번과 소유자   ㉱ 지번과 면적

14. 다음 중 현존하는 우리나라의 지적자료 중 가장 오래된 것은?

㉮ 신라장적   ㉯ 경자양안
㉰ 광무양안   ㉱ 결수연명부

15. 토지조사사업 당시 지권(地券)을 발행한 이유로 가장 거리가 먼 것은?

㉮ 토지의 소유권 보호를 위해서
㉯ 토지로부터 수확량을 측정하기 위해서
㉰ 토지를 매매할 때 소유권 이전에 관하여 공적 소유권 증서로 이용하기 위해서
㉱ 토지의 상품화가 이루어지면서 발생하는 토지거래의 문란을 방지하기 위해서

16. 궁장토의 설정 토지에 해당되지 않은 것은?

㉮ 죄인에게 몰수한 토지
㉯ 영문과 아문의 둔토
㉰ 후손이 없는 노비의 토지
㉱ 공훈을 세운 사람에게 지급한 토지

17. 우리나라의 지적제도와 등기제도의 비교가 틀린 것은?

㉮ 지적은 토지에 대한 사실관계를 공시하고, 등기는 법적관리관계를 공시한다.
㉯ 지적과 등기는 모두 실질적 심사주의를 기본 이념으로 한다.
㉰ 지적은 공신력을 인정하지만 등기는 공신력을 인정하지 않고 확정력만을 인정하고 있다.
㉱ 신청방법으로 지적은 단독 신청주의를, 등기는 공동 신청주의를 채택하고 있다.

18. 입안을 받지 않은 매매계약서를 무엇이라고 하였는가?

㉮ 결연매매   ㉯ 지세명기
㉰ 휴도   ㉱ 백문매매

19. 다음 중 현대 지적의 성격과 거리가 먼 것은?

㉮ 역사성과 영구성
㉯ 전문성과 기술성
㉰ 가변성과 비밀성
㉱ 서비스성과 윤리성

20. 우리나라의 현행 지번 설정에 대한 원칙으로 틀린 것은?

㉮ 북서기번의 원칙
㉯ 아라비아숫자 지번의 원칙
㉰ 부번(副番)의 원칙
㉱ 종서(縱書)의 원칙

1	2	3	4	5
다	가	다	나	라
6	7	8	9	10
라	나	나	가	나
11	12	13	14	15
라	가	가	가	나
16	17	18	19	20
라	나	라	다	라

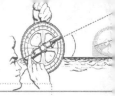

2013년 3회 지적기사

◎ 지적학 ◎

1. 토지의 등록대상에 따른 지적제도의 분류에 해당하지 않는 것은?

㉮ 2차원 지적
㉯ 3차원 지적
㉰ 수치지적
㉱ 입체지적

2. "지적은 과세의 기초 자료를 제공하기 위하여 한 나라의 부동산의 규모와 가치 및 소유권을 등록하는 제도이다."라고 정의한 학자는?

㉮ S.R. Simpson
㉯ Henssen J.L.G
㉰ A. Toffler
㉱ G. McEntyre

3. 지압(地押)조사에 대한 설명으로 옳은 것은?

㉮ 신고, 신청에 의하여 실시하는 토지조사이다.
㉯ 무신고 이동지를 발견하기 위하여 실시하는 토지검사이다.
㉰ 토지의 이동 측량 성과를 검사하는 성과검사측량이다.
㉱ 분쟁지의 경계와 소유자를 확정하는 토지조사이다.

4. 결수연명부에 관한 설명으로 옳은 것은?

㉮ 강계(彊界)지역을 조사하여 등록한 장부
㉯ 소유권의 분계(分界)를 확정하는 대장
㉰ 지반의 고저가 있는 토지를 정리한 장부
㉱ 지세대장을 겸하여 토지조사준비를 위해 만든 과세부

5. 부여의 행정구역제도로서 국도를 중심으로 영토를 사방으로 구획하는 토지구획방법은 무엇인가?

㉮ 사출도
㉯ 사표도
㉰ 계면도
㉱ 휴도

6. 우리나라 토지조사사업 당시 조사측량기관은?

㉮ 부(府)와 면(面)
㉯ 임야조사위원회
㉰ 임시토지조사국
㉱ 토지조사위원회

7. 조선시대 초기에는 없었으나 임진왜란 후에 설치된 것으로, 내수사와 왕실의 일부 또는 왕실의 경비를 충당하기 위하여 설정한 토지는?

㉮ 역토
㉯ 궁장토
㉰ 둔토
㉱ 마토

8. 수치지적과 도해지적에 관한 설명으로 틀린 것은?

㉮ 수치지적은 비교적 비용이 저렴하고 고도의 기술을 요구하지 않는다.
㉯ 수치지적은 도해지적보다 정밀하게 경계를 표시할 수 있다.
㉰ 도해지적은 대상 필지의 형태를 시각적으로 용이하게 파악할 수 있다.
㉱ 도해지적은 토지의 경계를 도면에 일정한 축척의 그림으로 그리는 것이다.

9. 지적제도의 발달과정이 옳은 것은?

㉮ 소유지적 → 과세지적 → 다목적 지적
㉯ 과세지적 → 소유지적 → 다목적 지적
㉰ 소유지적 → 다목적 지적 → 과세지적
㉱ 과세지적 → 다목적 지적 → 소유지적

10. 독일의 지적제도에 관한 설명으로 틀린 것은?

㉮ 연방정부는 내무부에서 측량관련 업무를 담당하고 있으나 주정부에 대한 통제가 미비한 상태로 운영되고 있다.
㉯ 각 주마다 주측량사무소와 지적사무소를 설치하여 운영하고 있다.

㉰ 등기제도와 지적제도는 행정부에서 통합하여 운영하고 있다.

㉱ 지적 관련 법령으로 민법, 지적법, 토지측량법, 지적 및 측량법, 부동산등기법 등으로 각 주마다 다르다.

11. 1909년 2월 대한측량총관회를 설립한 사람은?

㉮ 유길준   ㉯ 정약용

㉰ 구마타   ㉱ 이기

12. 토지조사사업 초기의 임야도 표기방식에 대한 설명으로 틀린 것은?

㉮ 임야 내 미등록 도로는 양홍색으로 표시한다.

㉯ 임야 경계와 토지 소재, 지번, 지목을 등록하였다.

㉰ 모든 국유 임야는 1/6,000 지형도를 임야도로 간주하여 적용하였다.

㉱ 임야도 크기는 남북 1척 3촌 2리(40cm), 동서 1척 6촌 5리(50cm)이다.

13. 1898년 양전사업을 담당하기 위하여 최초로 설치된 기관은?

㉮ 양지아문(量地衙門)

㉯ 지계아문(地契衙門)

㉰ 양지과(量地課)

㉱ 임시토지조사국(臨市土地調査局)

14. 고려의 전시과(田柴科)와 조선의 과전법 및 직전법의 효시가 된 신라시대의 토지제도는?

㉮ 정전제   ㉯ 결부제

㉰ 역분전   ㉱ 관료전

15. 토지 대장의 편성 방법 중 리코딩 시스템(Recording system)은 다음 중 어디에 해당하는가?

㉮ 물적편성주의   ㉯ 연대적 편성주의

㉰ 인적편성주의   ㉱ 면적별 편성주의

16. 지적이라는 용어를 처음으로 사용한 것으로 알려진 것은?

㉮ 내부관제(1895)   ㉯ 산림법(1908)

㉰ 토지조사령(1912)   ㉱ 임야조사령(1918)

17. 조선시대의 토지대장인 양안(量案)에 대한 설명으로 틀린 것은?

㉮ 지적과 측량을 관리하는 산학박사(算學博士)를 두어 양안을 관리하였다.

㉯ 일명 전적(田籍)이라고도 하는 양안의 명칭은 시대와 사용처, 비치처에 따라 달랐다.

㉰ 양안의 기록사항은 소재지, 지번, 토지등급, 지목, 면적, 토지형태, 사표(四標), 소유자 등이다.

㉱ 양안에 토지를 표시함에 있어서 양전의 순서에 의하여 1필지마다 천자문의 자번호(字番戶)를 부여하였다.

18. 수등이척제에 대한 개선으로 망척제를 주장한 학자는?

㉮ 이기   ㉯ 정약용

㉰ 정약전   ㉱ 서유구

19. 지적측량사규정에 국가공무원으로서 그 소속 관서의 지적측량 사무에 종사하는 자로 정의하며, 내무부를 비롯하여 각 시·도와 시·군·구에 근무하는 지적직 공무원은 물론 철도청, 문화재관리국 등 국가기관에서 근무하는 공무원도 포함되었던 지적측량사는?

㉮ 대행측량사   ㉯ 상치측량사

㉰ 감정측량사   ㉱ 지정측량사

20. 토지조사사업 당시의 지목 중 면세지에 해당하지 않는 것은?

㉮ 사사지   ㉯ 분묘지
㉰ 철도용지   ㉱ 수도선로

1	2	3	4	5
다	가	나	라	가
6	7	8	9	10
다	나	가	나	다
11	12	13	14	15
가	다	가	라	나
16	17	18	19	20
가	가	가	나	라

2014년 1회 지적기사

◎ 지적학 ◎

1. 다음 중 지적형식주의와 가장 관계있는 사항은?

① 등록의 원칙 　　② 특정화의 원칙
③ 인적 편성의 원칙 　④ 공시의 원칙

2. 초기의 지적도에 대한 설명으로 틀린 것은?

① 지적도에는 토지 경계와 지번, 지목이 등록되어 있다.
② 지적도 도곽 내의 산림에는 등고선을 표시하여 표고에 의한 지형구별이 용이하도록 하였다.
③ 토지분할의 경우에는 지적도 정리 시 신 강계선을 흑색으로 정리하였으나 그 후 양홍색으로 변경하였다.
④ 조사지역 외의 토지에 대해서는 이용현황에 따라 활자로 산(山), 해(海), 호(湖), 천(川), 구(溝) 등으로 표기하였다.

3. 대만에서 지적재조사를 의미하는 것은?

① 국토조사 　　② 지적도 중측
③ 지도제작 　　④ 토지가옥조사

4. 토지정보시스템(LIS)은 다음 중 어느 지적에 해당하는가?

① 과세지적 　　② 법지적
③ 다목적지적 　④ 경계지적

5. 조선시대에 양전개정론(量田改正論)을 주장하지 아니한 사람은?

① 정약용 　　② 서유구
③ 이기 　　　④ 김정호

6. 경계 결정 시 경계불가분의 원칙이 적용되는 이유로 틀린 것은?

① 실지 경계 구조물의 소유권을 인정하지 않는다.
② 필지 간 경계는 1개만 존재한다.
③ 경계는 인접 토지에 공통으로 작용한다.
④ 경계는 폭이 없는 기하학적인 선의 의미와 동일하다.

7. 지적재조사사업의 목적과 거리가 먼 것은?

① 지적불부합지의 해소
② 능률적인 지적관리체제 개선
③ 경계복원능력의 향상
④ 토지거래질서의 확립

8. 지역선에 대한 설명이 아닌 것은?

① 소유자가 동일한 토지와의 구획선
② 소유자를 알 수 없는 토지와의 구획선
③ 임야조사사업 당시의 사정선
④ 조사지와 비조사지와의 지계선

9. 우리나라 토지대장과 같이 지번 순서에 따라 등록되고 분할되더라도 본번과 관련하여 편철하고 소유자의 변동이 있을 때에 이를 계속 수정하여 관리하는 토지등록부 편성방법은?

① 인적편성주의 　　② 연대적 편성주의
③ 물적편성주의 　　④ 인적·물적편성주의

10. 신라의 토지측량에 사용된 구장산술의 방전장의 내용에 속하지 않는 토지형태는?

① 직전 　　　② 양전
③ 환전 　　　④ 구고전

11. 우리나라에서 자호제도가 처음 사용된 시기는?

① 고려 　　　② 백제

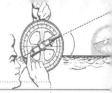

③ 신라　　　　　　④ 조선

12. 탁지부 양지국에 관한 설명으로 틀린 것은?

① 1904년 탁지부 양지국관제가 공포되면서 상설 기구로 설치되었다.
② 공문서류의 편찬 및 조사에 관한 사항을 담당하였다.
③ 관습조사(慣習調査)사항을 담당하였다.
④ 토지측량에 관한 사항을 담당하였다.

13. 임야조사사업 당시 사정기관은?

① 임야심사위원회　　　② 토지조사위원회
③ 도지사　　　　　　　④ 법원

14. 토렌스 시스템의 기본 이론이 아닌 것은?

① 거울이론　　　　　　② 지가이론
③ 커튼이론　　　　　　④ 보험이론

15. 토지에 대한 등록사항을 토지소유자, 이해관계인 및 기타 일반 국민에게 신속하고 공정하며 정당하게 이용할 수 있게 하는 지적의 이념은?

① 공시주의　　　　　　② 공신주의
③ 민원주의　　　　　　④ 공개주의

16. 현재의 등록사항만 논의되어야 한다는 의미로서 현행 권리 증명서에 기재된 권리가 실제의 권리관계와 일치하여야 한다는 토렌스 시스템의 기본 이론은?

① 거울이론　　　　　　② 보험이론
③ 지가이론　　　　　　④ 커튼이론

17. 토지조사사업 당시 소유권 조사에서 사정한 사항은?

① 강계, 면적　　　　　② 강계, 소유자

③ 소유자, 지번　　　　④ 소유자, 면적

18. 적극적 등록제도에 대한 설명으로 틀린 것은?

① 지적측량이 실시되지 않으면 토지의 등기도 할 수 없다.
② 토렌스 시스템은 이 제도의 발달된 형태이다.
③ 토지등록상의 문제로 인해 선의의 제3자가 받은 피해는 법적으로 보호되고 있다.
④ 토지등록을 의무화하지 않는다.

19. 고구려의 토지면적단위체계로 사용된 것은?

① 경무법　　　　　　　② 두락법
③ 경부법　　　　　　　④ 수등이척법

20. 토지조사사업에 대한 설명으로 틀린 것은?

① 조사대상은 전국 평야부의 토지 및 낙산 임야이다.
② 도면축척은 1 : 1200, 1 : 2400, 1 : 3000이다.
③ 조사측량기관은 임시 토지조사국이었다.
④ 사정권자는 임시 토지조사국장이다

1	2	3	4	5
1	3	2	3	4
6	7	8	9	10
1	4	3	3	2
11	12	13	14	15
1	3	3	2	4
16	17	18	19	20
4	2	4	1	2

2014년 2회 지적기사

◎ 지적학 ◎

1. 다음 중 지목의 결정에 있어서 비슷한 규모의 도로와 철로가 교차하는 지점의 지목설정으로 가장 관련이 있는 것은?

① 주지목추종의 원칙   ② 용도경중의 원칙
③ 일필일목의 원칙   ④ 등록선후의 원칙

2. 다음 중 토렌스 시스템의 기본이론인 거울이론에 대한 설명으로 옳은 것은?

① 토지권리증서의 등록은 토지의 거래 사실을 완벽하게 반영한다.
② 토지등록부는 매입신청자를 위한 유일한 정보이다.
③ 선의의 제3자는 토지의 권리자와 동등한 입장에 놓여야 한다.
④ 토지권리에 대한 사실 심사 시 권리의 진실성에 직접 관여하여야 한다.

3. 다음 중 근대적 지적제도가 가장 빨리 시작된 나라는?

① 프랑스   ② 독일
③ 일본   ④ 대만

4. 조선시대의 토지제도에 대한 설명 중 옳지 않은 것은?

① 사표(四標)는 토지의 위치로서 동·서·남·북의 경계를 표시한 것이다.
② 조선시대의 양전은 원칙적으로 20년마다 한 번씩 실시하여 새로이 양안을 작성하게 되어 있다.
③ 양안의 내용 중 시주(時主)는 토지의 소유자이고, 시작(時作)은 소작인을 나타낸다.
④ 조선시대의 지번설정제도에 부번제도가 없었다.

5. 우리나라 법정 지목을 구분하는 중심적 기준은 무엇인가?

① 토지의 위치   ② 토지의 용도
③ 토지의 성질   ④ 토지의 지형

6. 결부제에 대한 설명으로 옳은 것은?

① 1척은 10파   ② 100파는 1속
③ 100속은 1부   ④ 100부는 1결

7. 다음 중 경국대전에 근거하여 토지를 매매할 때 소유권 이전에 관하여 관에서 증명한 소유권증서와 같은 문서는?

① 양안(量案)   ② 입안(立案)
③ 명문(明文)   ④ 문기(文記)

8. 토지조사사업 당시 토지의 사정이 의미하는 것은?

① 소유자와 강계를 확정하는 행정처분이다.
② 소유자와 지목을 확정하는 행정행위이다.
③ 경계와 면적으로 확정하는 것이다.
④ 지번, 지목, 면적으로 확정하는 것이다.

9. 다음 중 지적도에 건물이 등록되어 있는 국가는?

① 한국   ② 일본
③ 독일   ④ 대만

10. 오늘날 지적과 유사한 토지에 관하여 기록한 장부가 아닌 것은?

① 도적(圖籍)   ② 판적(版籍)
③ 장적(帳籍)   ④ 전적(田籍)

11. 지적제도에 대한 설명으로 가장 거리가 먼 것은?

① 효율적인 토지관리와 소유권 보호를 목적으로 한다.

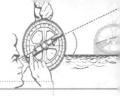

② 국가의 행·재정적 필요에 의한 제도이다.

③ 토지에 대한 물리적 현황의 등록·공시제도이다.

④ 소유권 이외의 권리를 보호하기 위한 제도이다.

12. 다음 중 권원등록제도(registration of title)에 대한 설명으로 옳은 것은?

① 토지의 이익에 영향을 미치는 문서의 공적 등기를 보전하는 제도이다.

② 보험회사의 토지중개 거래제도이다.

③ 소유권 등록 이후에 이루어지는 거래의 유효성에 대하여 정부가 책임을 지는 제도이다.

④ 토지소유권의 공시보호제도이다.

13. 다음 중 적극적 등록제도에 대한 설명으로 옳지 않은 것은?

① 토지등록상의 문제로 인한 피해로부터 선의의 제3자를 보호하기 위한 제도는 마련되어 있지 않다.

② 지적공부에 등록되지 아니한 토지는 어떠한 권리도 인정받지 못한다.

③ 적극적 등록제도의 발달된 형태로 토렌스 시스템(Torrens system)이 유명하다.

④ 등록은 일필지의 개념으로 법적인 권리보장이 인증된다.

14. 지적의 구성 요소를 외부요소와 내부요소로 구분할 때 내부요소에 속하지 않는 것은?

① 지적공부   ② 지형

③ 토지   ④ 경계설정

15. 지번의 결번(缺番)이 되는 원인이 아닌 것은?

① 토지조사 당시 지번 누락으로 인한 결번

② 토지의 등록전환으로 인한 결번

③ 토지의 경계정정으로 인한 결번

④ 토지의 합병으로 인한 결번

16. 지적공부에 대한 설명으로 옳은 것은?

① 토지대장은 국가가 작성하여 비치하는 공적 장부를 말한다.

② 지적공부 중 대장에 해당되는 것은 토지대장, 임야대장만을 말한다.

③ 지적공부 중 도면에 해당되는 것은 지적도, 임야도, 도시계획도를 말한다.

④ 경계점좌표등록부는 지적공부에 해당되지 않는다.

17. 다음 중 아래와 관련된 일필지의 경계설정 기준에 관한 설명에 해당하는 것은?

> • 점유자는 소유의 의사로 선의, 평온 및 공연하게 점유한 것으로 추정한다. (우리나라 민법)
> • 경계쟁의의 경우에 있어서 정당한 경계가 알려지지 않을 때에는 점유상태로써 경계의 표준으로 한다. (독일 민법)

① 경계가 불분명하고 점유형태를 확정할 수 없을 때 분쟁지를 물리적으로 평분하여 쌍방의 토지에 소유시킨다.

② 현재 소유자가 각자 점유하고 있는 지역이 명확한 1개의 선으로 구분되어 있을 때, 이 선을 경계로 한다.

③ 새로이 결정하는 경계가 다른 확실한 자료와 비교하여 공평, 합당하지 못할 때에는 상당한 보완을 한다.

④ 점유형태를 확인할 수 없을 때 먼저 등록한 소유자에게 소유시킨다.

18. 토지대장의 편성방법 중 현행 우리나라에서 채택하고 있는 방법은?

① 연대적 편성주의

② 물적 편성주의

③ 인적 편성주의

④ 인적·물적 편성주의

19. 지적에서 지번의 부번 진행 방법 중 옳지 않은 것은?

① 사행식(蛇行式) ② 기우식(奇偶式)

③ 절충식(折衷式) ④ 고저식(高底式)

20. 다음 중 토지조사사업 당시의 재결기관으로 옳은 것은?

① 지방토지조사위원회 ② 임시토지조사국장

③ 고등토지조사위원회 ④ 도지사

1	2	3	4	5
4	1	1	4	2
6	7	8	9	10
4	2	1	3	2
11	12	13	14	15
4	3	1	2	3
16	17	18	19	20
1	2	2	4	3

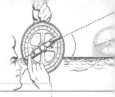

2014년 3회 지적기사

◎ 지적학 ◎

1. 토지조사사업 당시 일필지조사 사항의 업무가 아닌 것은?

① 지주의 조사　　　② 지목의 조사
③ 분쟁지의 조사　　④ 지번의 조사

2. 현대지적의 일반적 기능이 아닌 것은?

① 사회적 기능　　　② 경제적 기능
③ 법률적 기능　　　④ 행정적 기능

3. 다음 중 지적관련법령의 변천 순서로 옳은 것은?

① 토지조사령–조선임야조사령–지세령–조선지세령–지적법
② 토지조사령–조선임야조사령–조선지세령–지세령–지적법
③ 토지조사령–지세령–조선임야조사령–조선지세령–지적법
④ 토지조사령–조선지세령–조선임야조사령–지세령–지적법

4. 임야조사사업에 대한 설명 중 틀린 것은?

① 토지조사에서 제외된 임야 등의 토지에 대한 행정처분이다.
② 조사 및 측량기관은 부 또는 면이다.
③ 임야조사사업 당시 사정의 대상은 소유자 및 경계이다.
④ 사정권자는 지방토지조사위원회의 자문을 받아 당시 토지조사국장이 실시하였다.

5. "지적도에 등록된 경계와 임야도에 등록된 경계가 서로 다른 때에는 축척 1/1,200인 지적도에 등록된 경계에 따라 축척 1/6,000인 임야도의 경계를 정정하여야 한다."라는 기준은 어느 원칙을 따른 것인가?

① 경계불가분의 원칙
② 등록선후의 원칙
③ 용도경중의 원칙
④ 축척종대의 원칙

6. 지상경계를 결정하기 곤란한 경우에 경계 결정의 방법에 대한 일반적인 원칙(이론)이 아닌 것은?

① 지배설　　　　② 점유설
③ 평분설　　　　④ 보완설

7. "지적은 특정한 국가나 지역 내에 있는 재산은 지적측량에 의해서 체계적으로 정리해 놓은 공부이다."라고 지적을 정의한 학자는?

① S. R. Simpson　　② J. L. G. Henssen
③ A. Toffler　　　　④ J. G. McEntyre

8. 다음 중 지적의 형식주의에 대한 설명으로 옳은 것은?

① 국가의 통치권이 미치는 모든 영토를 필지 단위로 구획하여 지적공부에 등록·공시하여야만 배타적인 소유권이 인정된다.
② 지적공부에 등록된 사항을 일반 국민에게 공개하여 정당하게 이용할 수 있도록 하여야 한다.
③ 지적공부에 새로이 등록하거나 변경된 사항은 사실 관계의 부합여부를 심사하여 등록하여야 한다.
④ 지적공부에 등록할 사항은 국가의 공권력에 의하여 국가만이 이를 결정할 수 있다.

9. 토지조사사업 당시 소유자는 같으나 지목이 상이하여 별필(別筆)로 해야 하는 토지들의 경계선과, 소유자를 알 수 없는 토지와의 구획선을 무엇이라 하는가?

① 강계선(疆界線)　　② 경계선(境界線)
③ 지역선(地域線)　　④ 지세선(地勢線)

10. 다음 중 오늘날의 토지대장과 유사한 것이 아닌 것은?

① 도전장(都田帳)
② 문기(文記)
③ 양안(量案)
④ 타량성책(打量成冊)

11. 구한국정부 말기에 문란한 토지제도를 바로잡기 위하여 시행한 제도와 관계가 없는 것은?

① 지계(地契)제도　　② 입안(立案)제도
③ 가계(家契)제도　　④ 토지증명제도

12. 지적의 구성 요소 중 외부 요소에 해당되지 않는 것은?

① 환경적 요소　　② 법률적 요소
③ 사회적 요소　　④ 지리적 요소

13. 지적의 등록방법 중 토지의 고저에 관계없이 수평면상의 투영만을 가상하여 각 필지의 경계를 지적공부에 등록하는 것은?

① 2차원 지적　　② 3차원 지적
③ 1차원 지적　　④ 입체지적

14. 일본의 지적관련 제도와 거리가 먼 것은?

① 법무성　　　　② 부동산등기법
③ 부동산등기부　④ 지가공시법

15. 토지멸실에 의한 등록말소에 속하는 것은?

① 토지합병에 따른 말소
② 등록전환에 의한 말소
③ 등록변경에 따른 말소
④ 바다로 된 토지의 말소

16. 우리나라 토지조사사업 당시 사정의 확정에 대한 설명으로 틀린 것은?

① 사정의 효력은 법률적인 결정보다 상위에 있었다.
② 사정은 토지의 소유자 및 경계를 확정하는 행정처분이다.
③ 사정의 확정에 의한 토지소유권은 절대적으로 확립된 것이었다.
④ 토지조사 이전의 모든 사항은 연계된 것으로 보아야 한다.

17. 지번 설정에서 사행식 방법이 가장 적합한 지역은?

① 택지조성지역
② 경지정리지역
③ 도로변의 주택지역
④ 지형이 불규칙한 농경지

18. 양전개정론을 주장한 학자와 그 저서의 연결이 옳은 것은?

① 서유구 - 목민심서
② 이기 - 해학유서
③ 정약용 - 경국대전
④ 김정호 - 속대전

19. 우리나라 토지조사사업의 시행 목적과 거리가 먼 것은?

① 토지의 가격조사
② 토지소유권 조사
③ 토지의 지질조사
④ 토지의 외모조사

20. "토지의 등록사항을 토지소유자는 물론 이해관계자 및 기타 누구나 이용할 수 있도록 외부에서 인식하고 활용할 수 있도록 한다."라고 설명하고 있는 원칙은?

① 공신(公信)의 원칙
② 공시(公示)의 원칙
③ 인도(引渡)의 원칙
④ 공증(公證)의 원칙

1	2	3	4	5
3	2	3	4	4
6	7	8	9	10
1	2	1	3	2
11	12	13	14	15
2	1	1	4	4
16	17	18	19	20
4	4	2	3	2

2015년 1회 지적기사

◎ 지적학 ◎

1. 지목의 설정 원칙으로 틀린 것은?

① 일시변경의 원칙　　② 주지목추종의 원칙
③ 사용목적추종의 원칙　④ 용도경중의 원칙

2. 지적공개주의를 실현하는 방법에 해당하지 않는 것은?

① 지적공부에 등록된 사항을 실지에 복원하여 등록된 결정 사항을 파악하는 방법
② 지적공부의 등록된 사항과 실지상황이 불일치할 경우 실지상황에 따라 변경 등록하는 방법
③ 지적공부를 직접 열람하거나 등본에 의하여 외부에서 알 수 있도록 하는 방법
④ 등록사항에 대하여 소유자의 신청이 없는 경우 국가가 직권으로 이를 조사 또는 측량하여 결정하는 방법

3. 유길준의 저서 「지제의」에서 현대의 지적도와 유사한 전통도(田統圖)에 관하여 주장한 내용이 옳지 않은 것은?

① 전국의 토지를 정확하게 파악하여 가경면적과 과세면적을 확보할 것으로 보았다.
② 전 국토를 리(里) 단위로 작성한 도면이다.
③ 10통(統)을 1면(面), 10면을 1구(區), 10구를 1군(郡), 10군을 1진(鎭), 4진을 1주(州)로 조직하고 전제(田制)를 관장하도록 하였다.
④ 도면 제작에 경위선의 개념과 계통적 과정을 도입하는 과학적인 방법을 제시하였다.

4. 토지조사사업 당시 분쟁의 원인에 해당되지 않는 것은?

① 미개간지

② 토지 소속의 불분명
③ 역둔토의 정리 미비
④ 토지 점유권 증명의 미비

5. 토지조사사업시의 사정(査定)에 대한 설명이 옳지 않은 것은?

① 토지 소유자 및 그 강계를 확정하는 행정처분이다.
② 토지의 강계는 지적도에 등록된 토지의 경계선인 강계선이 대상이었다.
③ 사정권자는 당시 고등토지위원회의 장이었다.
④ 사정을 하기에 앞서 사정권자는 지방토지위원회의 자문을 받았다.

6. 토렌스 시스템의 커튼이론(curtain principle)에 대한 설명으로 가장 옳은 것은?

① 토지등록 업무는 매입 신청자를 위한 유일한 정보의 기초다.
② 토지등록이 토지의 권리 관계를 완전하게 반영한다.
③ 선의의 제3자에게는 보험 효과를 갖는다.
④ 사실심사시 권리의 진실성에 직접 관여하여야 한다.

7. 임야조사사업 당시 임야대장에 등록된 정(町), 단(段), 무(畝), 보(步)의 면적을 평으로 환산한 값이 틀린 것은?

① 1정(町) = 3000평　　② 1단(段) = 300평
③ 1무(畝) = 30평　　　④ 1보(步) = 3평

8. "지적은 특정한 국가나 지역 내에 있는 재산을 지적측량에 의해 체계적으로 정리해 놓은 공부다."라고 정의한 학자는?

① S. R. Simpson　　② J. G. Mc Entyre
③ J. L. G. Henssen　④ Kaufmann

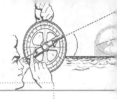

9. 토지조사사업의 사정에 불복하는 자는 공시기간 만료 후 최대 며칠 이내에 고등토지조사위원회에 재결을 신청하여야 했는가?

① 10일 ② 30일
③ 60일 ④ 90일

10. 현존하는 지적기록 중 가장 오래된 것은?

① 신라장적 ② 매향비
③ 경국대전 ④ 해학유서

11. 우리나라에서 지적이라는 용어가 법률상 처음 등장한 것은?

① 1895년 내부관제
② 1898년 양지아문 직원급 처무규정
③ 1901년 지계아문 직원급 처무규정
④ 1910년 토지조사법

12. 고려 말기 토지대장의 편제를 인적편성주의에서 물적편성주의로 바꾸게 된 주요 제도는?

① 자호(字號)제도
② 결부(結負)제도
③ 전시과(田柴科)제도
④ 일자오결(一字五結)제도

13. 조선시대의 양안(量案)은 다음 중 오늘날의 무엇과 같은가?

① 지적도 ② 임야도
③ 토지대장 ④ 부동산등기부

14. 고려시대의 토지제도에 관한 설명이 옳지 않은 것은?

① 고려 말에는 전제가 극도로 문란해져서 이에 대한 개혁으로 과전법을 실시하게 되었다.
② 입안제도를 실시하였다.

③ 당나라의 토지제도를 모방하였다.
④ '도행'이나 '작'이라는 토지 장부가 있었다.

15. 지적법이 제정되기까지의 순서를 옳게 나열한 것은?

① 토지조사법→토지조사령→지세령→조선지세령→조선임야조사령→지적법
② 토지조사법→지세령→토지조사령→조선지세령→조선임야조사령→지적법
③ 토지조사법→토지조사령→지세령→조선임야조사령→조선지세령→지적법
④ 토지조사법→지세령→조선임야조사령→토지조사령→조선지세령→지적법

16. 우리나라의 지적제도와 등기제도에 대한 설명이 옳지 않은 것은?

① 지적과 등기 모두 형식주의를 기본 이념으로 한다.
② 지적은 토지에 대한 사실관계를 공시하고 등기는 토지에 대한 권리관계를 공시한다.
③ 지적과 등기 모두 실질적 심사주의를 원칙으로 한다.
④ 지적은 공신력을 인정하고, 등기는 공신력을 인정하지 않는다.

17. 토지조사사업시 일필지측량의 결과로 작성한 도부(개황도)의 축척에 해당되지 않는 것은?

① 1/600 ② 1/1200
③ 1/2400 ④ 1/3000

18. 토지조사사업에서 측량에 관계되는 사항을 구분한 7가지 항목에 해당하지 않는 것은?

① 삼각측량 ② 천문측량
③ 지형측량 ④ 이동지측량

19. 조선 초기에 현지 관리에게만 수조지(收租地)를 분급한 토지제도는?

① 직전법 ② 과전법
③ 녹읍전 ④ 세습전

20. 경계불가분의 원칙이 뜻하는 것으로 옳은 것은?

① 토지조사 당시의 사정은 말소가 불가능하다.
② 먼저 조사한 선을 그 경계선으로 한다.
③ 경계선은 면적이 큰 것을 위주로 한다.
④ 인접지와의 경계선은 공통이다.

1	2	3	4	5
1	4	4	4	3
6	7	8	9	10
1	4	3	3	1
11	12	13	14	15
1	1	3	2	3
16	17	18	19	20
3	4	2	1	4

● 2015년 2회 지적기사

◎ 지적학 ◎

1. 다음 중 법령의 제정순서가 옳은 것은?

① 토지조사령 → 조선임야조사령 → 지세령 → 지적법

② 조선임야조사령 → 토지조사령 → 지세령 → 지적법

③ 토지조사령 → 지세령 → 조선임야조사령 → 지적법

④ 지세령 → 조선임야조사령 → 토지조사령 → 지적법

2. 지적의 발생설을 토지측량과 밀접하게 관련지어 이해할 수 있는 이론은?

① 과세설   ② 치수설

③ 지배설   ④ 역사설

3. 조선시대의 속대전(續大典)에 따르면 양안(量案)에서 토지의 위치로서 동, 서, 남, 북의 경계를 표시한 것을 무엇이라고 하였는가?

① 자번호   ② 사주(四柱)

③ 사표(四標)   ④ 주명(主名)

4. 토지등록과 그 공시내용의 법률적 효력으로 볼 수 없는 것은?

① 행정처분의 구속력   ② 토지등록의 공정력

③ 토지등록의 확정력   ④ 공신의 원칙 인정력

5. 우리나라에서 사용하고 있는 지목의 분류방식은?

① 지형지목   ② 용도지목

③ 토성지목   ④ 단식지목

6. 다음 중 토지 경계선의 위치가 가장 정확하여야 하는 것은?

① 세지적   ② 법지적

③ 경제지적   ④ 유사지적

7. 다목적 지적의 구성요건에 해당하지 않는 것은?

① 측지기준망   ② 기본도

③ 지적도   ④ 측량계산부

8. 토지조사때 사정한 경계에 불복하여 고등토지조사 위원회에서 재결한 결과 사정한 경계가 변경되는 경우 그 변경의 효력이 발생되는 시기는?

① 재결일   ② 재결서 통지일

③ 재결서 접수일   ④ 사정일에 소급

9. 다음 중 대한제국시대에 3편(片)으로 발급한 관계(官契)를 보존하는 기관(사람)에 해당하지 않는 것은?

① 본아문   ② 소유자

③ 지방관청   ④ 지주총대

10. 의상경계책(疑上經界策)을 통하여 양전법이 방량법과 어린도법으로 개정되어야 한다고 주장한 조선시대 학자는?

① 서구구   ② 정약용

③ 이기   ④ 유길준

11. 다음 중 1단지마다 하나의 본번을 부여하고 단지 내 필지마다 부번을 부여하는 방법으로, 토지구획 및 농지개량사업시행지역 등의 지번 설정에 적합한 것은?

① 선별식   ② 사행식

③ 단지식   ④ 기우식

12. 지적형식주의를 채택하고 있는 지적제도에 있어서 토지 표시사항의 등록에 대한 효력적 근거가 되는 것은?

① 지적공부
② 등기부
③ 토지이동결의서
④ 측량성과도

13. 다음 중 도해지적에 대한 설명으로 옳지 않은 것은?

① 경계를 표시하는 방법에 따른 분류에 해당한다.
② 토지경계의 효력을 도면에 등록된 경계에만 의존한다.
③ 토지경계가 지상보다 도상에 명백히 나타나 있어 경계 분쟁의 소지가 적은 지역에 적합하다.
④ 토지 형상에서 경계선이 비교적 직선이며 굴곡점이 적고 면적이 넓어 정밀도를 높이기 위한 경우에 적합하다.

14. 다음 지적불부합지의 유형 중 아래의 설명에 해당하는 것은?

> 지적도근점의 위치가 부정확하거나 지적도근점의 사용이 어려운 지역에서 현황측량 방식으로 대단위지역의 이동측량을 할 경우에 일필지의 단위면적에는 큰 차이가 없으나 토지경계선이 인접한 토지를 침범해 있는 형태다.

① 중복형
② 편위형
③ 공백형
④ 불규칙형

15. 다음의 설명에서 ( )에 들어갈 알맞은 명칭은?

> 지역선은 토지조사사업 당시 소유자는 같으나 지목이 다른 관계로 별필의 토지경계선과, 소유자를 알 수 없는 토지와의 구획선, 토지조사 시행지와 미시행지와의 경계선을 말하나, 토지조사 시행지와 미시행지와의 경계선은 별도로 ( )이라고도 불렸다.

① 지계선
② 강계선
③ 지구선
④ 구역선

16. 근대 유럽 지적제도의 효시를 이루는데 공헌한 국가는?

① 독일
② 네덜란드
③ 스위스
④ 프랑스

17. 지적을 다음과 같이 정의한 학자는?

> "토지의 일필지에 대한 크기(size)와 본질(nature), 이용상태(state) 및 법률관계(legal situation) 등을 상세히 기록하여 별개의 재산권으로 행사할 수 있도록 지적측량에 의하여 대장과 대축척 지적도에 개별적으로 표시하여 체계적으로 정리한 것이다."

① 헨센(Henssen)
② 데일(Dale)
③ 심프슨(Simpson)
④ 멕로린(McLaughlin)

18. 다음 중 토지의 권원을 명확히 하고 토지거래에 따른 변동사항의 정리를 용이하게 하여 권리증서의 발행을 손쉽게 하고자 창안된 토지등록제도는?

① 날인등록제도
② 소극적등록제도
③ 토렌스시스템
④ 토지정보시스템

19. 지적국정주의에 대한 설명으로 옳지 않은 것은?

① 모든 토지를 지적공부에 등록해야 하는 적극적 등록주의를 택하고 있다.
② 지적공부에 등록된 사항을 토지소유자나 일반 국민에게 신속·정확하게 공개하여 정당하게 이용할 수 있도록 한다.
③ 지적공부의 등록사항 결정방법과 운영방법에 통일성을 기하여야 한다.

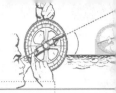

④ 토지에 이동사항이 있을 경우 신청이 없더라도
이를 직권으로 조사·정리할 수 있다.

20. 다음 중 임야조사사업 당시의 사정(査定)
기관으로 옳은 것은?

① 임시토지조사국장 　　② 도지사
③ 임야조사위원회 　　　④ 읍·면장

1	2	3	4	5
3	2	3	4	2
6	7	8	9	10
2	4	4	4	1
11	12	13	14	15
3	1	4	2	1
16	17	18	19	20
4	1	3	2	2

2015년 3회 지적기사

◎ 지적학 ◎

1. 토지조사사업 당시 토지의 사정에 대하여 불복이 있는 경우 이의 재결기관은?

① 임시토지조사국장　② 지방토지조사위원회
③ 도지사　　　　　　④ 고등토지조사위원회

2. 일필지에 하나의 지번을 붙이는 이유로서 적합하지 않은 것은?

① 토지의 개별화　　② 토지의 독립화
③ 물권객체 표시　　④ 제한물권 설정

3. 우리나라 지적관계법령이 제정된 연대순으로 옳은 것은?

① 토지조사령 → 지세령 → 조선임야조사령 → 지적법
② 토지조사령 → 조선임야조사령 → 지세령 → 지적법
③ 지세령 → 토지조사령 → 조선임야조사령 → 지적법
④ 조선임야조사령 → 토지조사령 → 지세령 → 지적법

4. 다음 중 근세 유럽 지적제도의 효시로서, 근대적 지적 제도가 가장 빨리 도입된 나라는?

① 네덜란드　　② 독일
③ 스위스　　　④ 프랑스

5. 다음 중 수치지적이 갖는 특징이 아닌 것은?

① 도해지적보다 정밀하게 경계를 등록할 수 있다.
② 도면제작과정이 복잡하고 고가의 정밀 장비가 필요하며 초기에 투자경비가 많이 소요된다.
③ 정도를 높이고 전산조직에 의한 자료처리 및 관

리가 가능하다.
④ 기하학적으로 폐합된 다각형의 형태로 표시하여 등록한다.

6. 구한국 정부에서 문란한 토지제도를 바로 잡기 위하여 시행하였던 근대적 공시제도의 과도기적 제도는?

① 입안제도　　② 양안제도
③ 지권제도　　④ 등기제도

7. 지적의 일반적 기능과 거리가 먼 것은?

① 사회적 기능　　② 정치적 기능
③ 행정적 기능　　④ 법률적 기능

8. 우리나라에서 '지적'이라는 용어를 처음으로 사용한 것은?

① 내부관제(1895.3.26)
② 탁지부관제(1897.5.19)
③ 양지아문직원급처무규정(1898.7.6.)
④ 지계아문직원급처무규정(1901.10.20)

9. 아래의 설명에 해당하는 지번부여제도는?

> 인접 지번 또는 지번의 자릿수와 함께 본번의 번호로 구성되어 지번의 발생근거를 쉽게 파악할 수 있으며 사정 지번이 본번지로 편철 보존될 수 있다. 지번의 이동내역 연혁을 파악하기 용이하나, 여러 차례 분할될 경우 반복 정리로 인하여 지번의 배열이 복잡하다.

① 분수식(分數式) 지번부여제도
② 자유식 지번부여제도
③ 기번식(岐番式) 지번부여제도
④ 블록식 지번부여제도

10. 다음 중 광무양전(光武量田)에 대한 설명으로 옳지 않은 것은?

① 등급별 결부산출(結負産出) 등의 개선은 있었으나 면적은 척수(尺數)로 표시하지 않았다.
② 양무위원을 두는 외에 조사위원을 두었다.
③ 정확한 측량을 위하여 외국인 기사를 고용하였다.
④ 양안의 기재는 전답(田畓)의 도형(圖形)을 기입하게 하였다.

11. 다음 중 지적제도의 특성으로 가장 거리가 먼 것은?

① 지역성 ② 안전성
③ 정확성 ④ 저렴성

12. 지주총대의 사무에 해당되지 않는 것은?

① 동리의 경계 및 일필지조사의 안내
② 신고서류 취급 처리
③ 소유자 및 경계 사정
④ 경계표에 기재된 성명 및 지목 등의 조사

13. 지목 중 전과 답의 결정은 무엇을 기준으로 하는가?

① 주변 지형 ② 경작방법
③ 작물의 이용가치 ④ 경작위치, 방향

14. 토지조사사업에서 지목은 모두 몇 종류로 구분하였는가?

① 15종 ② 18종
③ 21종 ④ 24종

15. 모든 토지를 지적공부에 등록하고 등록된 토지표시사항을 항상 실제와 일치하도록 유지하는 지적제도의 원칙은?

① 적극적 등록주의 ② 형식적 심사주의
③ 당사자 신청주의 ④ 소극적 등록주의

16. 고려시대에 양전을 담당한 중앙기구로서

의 특별관서가 아닌 것은?

① 급전도감 ② 정치도감
③ 절급도감 ④ 사출도감

17. 우리나라 양지아문(量地衙門)이 설치된 시기는?

① 1717년 ② 1898년
③ 1905년 ④ 1910년

18. 지표면의 형태, 지형의 고저, 수륙의 분포 상태 등 땅이 생긴 모양에 따라 결정하는 지목은?

① 토성지목 ② 지형지목
③ 용도지목 ④ 복식지목

19. 토지조사사업 당시 토지의 사정된 경계선과 임야조사사업 당시 임야의 사정선을 표현한 명칭이 모두 옳은 것은?

① 토지조사사업 – 경계, 임야조사사업 – 강계
② 토지조사사업 – 강계, 임야조사사업 – 경계
③ 토지조사사업 – 경계, 임야조사사업 – 지계
④ 토지조사사업 – 강계, 임야조사사업 – 강계

20. 다음 중 토지조사사업의 조사내용에 해당되지 않는 것은?

① 지가의 조사 ② 토지소유권의 조사
③ 지압조사 ④ 지형·지모의 조사

1	2	3	4	5
④	④	①	④	④
6	7	8	9	10
③	②	①	③	①
11	12	13	14	15
①	③	②	②	①
16	17	18	19	20
④	②	②	②	③

2016년 1회 지적기사

◎ 지적학 ◎

1. 토지 등록의 목적과 관계가 가장 적은 것은?

① 토지의 현황 파악
② 토지의 수량 조사
③ 토지의 권리 상태 공시
④ 토지의 과실 기록

2. 간주지적도에 등록하는 토지대장의 명칭이 아닌 것은?

① 산 토지대장
② 을호 토지대장
③ 민유 토지대장
④ 별책 토지대장

3. 지적제도의 특징으로 가장 거리가 먼 것은?

① 안전성
② 적응성
③ 간편성
④ 정확성

4. 다음 중 현대지적의 원리와 거리가 먼 것은?

① 민주성의 원리
② 정확성의 원리
③ 능률성의 원리
④ 경제성의 원리

5. 다음 중 조선시대의 경국대전에 명시된 토지등록제도는?

① 공전제도
② 사전제도
③ 정전제도
④ 양전제도

6. 현재 우리나라에서 채택하고 있는 지목제도는?

① 용도지목
② 복식지목
③ 토질지목
④ 지형지목

7. 지적업무가 재무부에서 내무부로 이관되었

던 년도로 옳은 것은?

① 1950년
② 1960년
③ 192년
④ 1915년

8. 다음 중 경계점좌표등록부를 작성하여야 할 곳은?

① 국토의 계획 및 이용에 관한 법률상의 도시지역
② 임야도시행지구
③ 도시개발사업을 지적확정측량으로 한 지역
④ 측판측량방법으로 한 농지구획정리지구

9. 토지조사사업의 목적과 가장 거리가 먼 것은?

① 토지소유의 증명제도 확립
② 토지소유의 합리화
③ 국토개발계획의 수립
④ 토지의 면적 단위 통일

10. 토지에 대한 물권을 설정하기 위하여 지적제도가 담당해야 할 가장 중요한 역할은 무엇인가?

① 소유권 사정
② 필지의 획정
③ 지번의 설정
④ 면적의 측정

11. 역둔토실지조사를 실시할 경우 조사 내용에 해당되지 않는 것은?

① 지번·지목
② 면적·사표
③ 등급 및 결정소작료
④ 경계 및 조사자 성명

12. 지적의 발생설 중 영토의 보존과 통치수단이라는 두 관점에 대한 이론은?

① 지배설
② 치수설
③ 침략설
④ 과세설

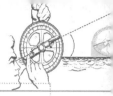

13. 법지적 제도와 거리가 가장 먼 것은?

① 정밀한 대축척 지적도 작성
② 토지의 사용, 수익, 처분권 인정
③ 토지의 상품화
④ 토지자원의 배분

14. 토지조사사업 당시 사정에 대한 재결기관은?

① 지방토지조사위원회
② 도지사
③ 임시토지조사국장
④ 고등토지조사위원회

15. 토지의 특정성(特定性)을 살려 다른 토지와 분명히 구별하기 위한 토지표시 방법은?

① 지목을 구분하는 것
② 지번을 붙이는 것
③ 면적을 정하는 것
④ 토지의 등급을 정하는 것

16. 토지조사사업 당시 확정된 소유자가 다른 토지 사이에 사정된 경계선을 무엇이라 하였는가?

① 지계선   ② 강계선
③ 구획선   ④ 지역선

17. 다음 중 1필지의 성립요건에 해당되지 않은 것은?

① 지번설정지역이 같을 것
② 지목이 같을 것
③ 소유자가 같을 것
④ 가등기된 토지일 것

18. 현행 임야대장에 토지를 등록하는 순서로 가장 옳은 것은?

① 지번 순으로 한다.
② 면적이 큰 순으로 한다.
③ 소유자 성(姓)의 가, 나, 다 순으로 한다.
④ 공간정보의 구축 및 관리 등에 관한 법률에 규정된 지목의 순으로 한다.

19. 토지조사사업 당시 험조장의 위치를 선정할 때 고려사항이 아닌 것은?

① 유수 및 풍향   ② 해저의 깊이
③ 선착장의 편리성   ④ 조류의 속도

20. 다음 중 토지등록제도이 장점으로 보기 어려운 것은?

① 사인간의 토지거래에 있어서 용이성과 경비 절감을 기할 수 있다.
② 토지에 대한 장기신용에 의한 안전성을 확보할 수 있다.
③ 지적과 등기에 공신력이 인정되고, 측량성과의 정확도가 향상될 수 있다.
④ 토지분쟁의 해결을 위한 개인의 경비측면이나, 시간적 절감을 가져오고 소송사건이 감소될 수 있다.

1	2	3	4	5
④	③	②	④	④
6	7	8	9	10
①	③	③	③	②
11	12	13	14	15
④	①	④	④	②
16	17	18	19	20
②	④	①	③	③

2016년 2회 지적기사

◎ 지적학 ◎

1. 다음 중 지적형식주의에 대한 설명으로 옳은 것은?

① 지적공부등록 시 효력발생
② 토지이동처리의 형식적 심사
③ 공시의 원칙
④ 토지표시의 결재형식으로 결정

2. 조선지세령에 관한 내용으로 틀린 것은?

① 1943년에 공포되어 시행되었다.
② 전문 7장과 부칙을 포함한 95개 조문으로 되어있다.
③ 토지대장, 지적도, 임야대장에 관한 모든 규칙을 통합하였다.
④ 우리나라 세금의 대부분인 지세에 관한 사항을 규정하는 것이 주목적이었다.

3. 다음 중 망척제와 관계가 없는 것은?

① 이기(李沂)
② 해학유서(海鶴遺書)
③ 목민심서(牧民心書)
④ 면적을 산출하는 방법

4. 다음 중 임야조사사업 당시의 조사 및 측량기관은?

① 부(府)나 면(面)　　② 임야심사위원회
③ 임시토지조사국상　④ 도지사

5. 토렌스 시스템은 오스트레일리아의 Robert Torrens경에 의해 창안된 시스템으로서, 토지권리등록법안의 기초가 된다. 다음 중 토렌스 시스템의 주요 이론에 해당되지 않는 것은?

① 거울이론　　　　② 커튼이론
③ 보험이론　　　　④ 권원이론

6. 다음 중 자한도(字限圖)에 대한 설명으로 옳은 것은?

① 조선시대의 지적도
② 중국 원나라 시대의 지적도
③ 일본의 지적도
④ 중국 청나라 시대의 지적도

7. 아래에서 설명하는 경계결정의 원칙은?

> 토지의 인접된 경계는 분리할 수 없고 위치와 길이만 있을 뿐 너비는 없는 것으로 기하학상의 선과 동일한 성질을 갖고 있으며, 필지 사이의 경계는 2개 이상이 있을 수 없고 이를 분리할 수도 없다.

① 축척종대의 원칙　　② 경계불가분의 원칙
③ 강계선 결정의 원칙　④ 지역선 결정의 원칙

8. 다음 중 지번의 특성에 해당되지 않는 것은?

① 토지의 특정화　　② 토지의 가격화
③ 토지의 위치추측　④ 토지의 실별

9. 다음 중 지목을 설정하는 가장 주된 기준은?

① 토지의 자연상태　② 토지의 주된 용도
③ 토지의 수익성　　④ 토양의 성질

10. 임야조사사업의 목적에 해당하지 않는 것은?

① 소유권을 법적으로 확정
② 임야정책 및 산업건설의 기초 자료 제공
③ 지세부담의 균형 조정
④ 지방재정의 기초 확립

11. 토지의 이익에 영향을 미치는 문서의 공적 등기를 보전하는 것을 주된 목적으로 하는 등록

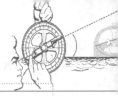

제도는?

① 날인증서등록제도　　② 권원등록제도
③ 적극적 등록제도　　　④ 소극적 등록제도

12. 특별한 기준을 두지 않고 당사자의 신청 순서에 따라 토지등록부를 편성하는 방법은?

① 물적 편성주의　　　② 인적 편성주의
③ 연대적 편성주의　　④ 인적·물적 편성주의

13. 현재의 토지대장과 가장 유사한 것은?

① 양전(量田)　　　　　② 양안(量案)
③ 지계(地契)　　　　　④ 사표(四標)

14. 토지조사사업 당시 사정(査定)은 토지조사부 및 지적도에 의하여 토지의 소유자 및 그 강계를 확정하는 행정처분을 말한다. 이때 사정권자는 누구인가?

① 조선총독부　　　　　② 측량국장
③ 지적국장　　　　　　④ 임시토지조사국장

15. 지적공부의 등본교부와 관계가 가장 깊은 것은?

① 지적공개주의　　　　② 지적형식주의
③ 지적국정주의　　　　④ 지적비밀주의

16. 다음 중 적극적 등록제도(positive system)에 대한 설명으로 옳지 않은 것은?

① 거래행위에 따른 토지등록은 사유재산양도증서의 작성과 거래증서의 등록으로 구분된다.
② 적극적 등록제도에서의 토지등록은 일필지의 개념으로 법적인 권리보장이 인정된다.
③ 적극적 등록제도의 발달된 형태로 유명한 것은 토런스시스템(Torrens system)이 있다.
④ 지적공부에 등록되지 아니한 토지는 그 토지에 대한 어떠한 권리도 인정되지 않는다는 이론이

지배적이다.

17. 스위스, 네덜란드에서 채택하고 있는 지번표기의 유형으로 지번의 완전한 변경내용을 알 수 있는 보조장부의 보존이 필요한 것은?

① 순차식 지번제도　　② 자유식 지번제도
③ 분수식 지번제도　　④ 복합식 지번제도

18. 양전(量田) 개정론자와 그가 주장한 저서로 바르게 연결되지 않은 것은?

① 정약용 – 목민심서
② 이기 – 해학유서
③ 서유구 – 의상경계책
④ 김정호 – 동국여지도

19. 토지조사사업의 특징으로 틀린 것은?

① 근대적 토지제도가 확립되었다.
② 사업의 조사, 준비, 홍보에 철저를 기하였다.
③ 역둔토 등을 사유화하여 토지소유권을 인정하였다.
④ 도로, 하천, 구거 등을 토지조사사업에서 제외하였다.

20. 다음 중 토지조사사업 당시 비과세지에 해당되지 않는 것은?

① 도로　　　　　　　　② 구거
③ 성첩　　　　　　　　④ 분묘지

1	2	3	4	5
①	③	③	①	④
6	7	8	9	10
③	②	②	②	④
11	12	13	14	15
①	③	②	④	①
16	17	18	19	20
①	②	④	③	④

2016년 3회 지적기사

◎ 지적학 ◎

1. 조선시대의 양안(量案)은 오늘날의 어느 것과 같은 성질의 것인가?

① 토지과세대장
② 임야대장
③ 토지대장
④ 부동산등기부

2. 간주지적도에 등록된 토지는 토지대장과는 별도로 대장을 작성하였다. 다음 중 그 명칭에 해당하지 않는 것은?

① 산토지대장
② 별책토지대장
③ 임야토지대장
④ 을호토지대장

3. 일본의 지적 관련 법령으로 옳은 것은?

① 지적법
② 부동산등기법
③ 국토기본법
④ 지가공시법

4. 다음 중 역토(驛土)에 대한 설명으로 옳지 않은 것은?

① 역토는 주로 군수비용을 충당하기 위한 토지이다.
② 역토의 수입은 국고수입으로 하였다.
③ 역토는 역참에 부속된 토지의 명칭이다.
④ 조선시대 초기에 역토에는 관둔전, 공수전 등이 있다.

5. 다음 중 간주지적도에 관한 설명으로 틀린 것은?

① 임야도로서 지적도로 간주하게 된 것을 말한다.
② 간주지적도인 임야도에는 적색 1호선으로써 구역을 표시하였다.
③ 지적도 축척이 아닌 임야도 축척으로 측량하였다.
④ 대상은 토지조사 시행지역에서 약 200간(間) 이

상 떨어진 지역으로 하였다.

6. 다음 중 지번을 설정하는 이유와 가장 거리가 먼 것은?

① 토지의 특정화
② 지리적 위치의 고정성 확보
③ 입체적 토지 표시
④ 토지의 개별화

7. 다음 중 현대 지적의 특성만으로 연결된 것이 아닌 것은?

① 역사성 – 영구성
② 전문성 – 기술성
③ 서비스성 – 윤리성
④ 일시적 민원성 – 개별성

8. 지번의 부여방법 중 사행식에 대한 설명으로 옳지 않은 것은?

① 우리나라 지번의 대부분이 사행식에 의하여 부여되었다.
② 필지의 배열이 불규칙한 지역에서 많이 사용한다.
③ 도로를 중심으로 한 쪽은 홀수로 다른 한 쪽은 짝수로 부여한다.
④ 각 토지의 순서를 빠짐없이 따라가기 때문에 뱀이 기어가는 형상이 된다.

9. 일반적으로 양안에 기재된 사항에 해당하지 않는 것은?

① 지번, 면적
② 측량순서, 토지등급
③ 토지형태, 사표(四標)
④ 신구 토지소유자, 토지가격

10. 지적제도의 발달사적 입장에서 볼 때 법지적제도의 확립을 위하여 동원한 가장 두드러

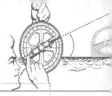

진 기술 업무는?

① 토지평가　　　　② 지적측량
③ 지도제작　　　　④ 면적측정

11. 지적제도의 발전 단계별 특징이 옳지 않은 것은?

① 세지적 - 생산량
② 법지적 - 경계
③ 법지적 - 물권
④ 다목적지적 - 지형지물

12. 다음 중 고려시대 토지기록부의 명칭이 아닌 것은?

① 양전도장(量田都帳)　　② 도전장(都田帳)
③ 양전장적(量田帳籍)　　④ 방전장(方田帳)

13. 토지이용의 입체화와 가장 관련성이 깊은 지적제도의 형태는?

① 세지적　　　　② 3차원 지적
③ 2차원 지적　　④ 법지적

14. 전산등록파일을 지적공부로 규정한 지적법의 개정연도로 옳은 것은?

① 1991년 1월 1일　　② 1995년 1월 1일
③ 1999년 1월 1일　　④ 2001년 1월 1일

15. 다목적지적의 기본 구성 요소와 가장 거리가 먼 것은?

① 측지기준망　　② 기본도
③ 지적도　　　　④ 토지권리도

16. 지적제도의 발생설로 보기 어려운 것은?

① 과세설　　　　② 치수설
③ 지배설　　　　④ 계약설

17. 토지·가옥을 매매·증여·교환·전당할 경우 군수 또는 부윤의 증명을 받으면 법률적으로 보장을 받는 완전한 증명제도는?

① 토지가옥 증명규칙
② 조선민사령
③ 부동산등기령
④ 토지가옥소유권 증명규칙

18. 지적공부열람 신청과 가장 밀접한 관계가 있는 것은?

① 토지소유권 보존
② 토지소유권 이전
③ 지적공개주의
④ 지적형식주의

19. 우리나라의 지적 창설 당시 도로, 하천, 구거 및 소도서는 토지(임야)대장 등록에서 제외하였는데 가장 큰 이유는?

① 측량하기 어려워서
② 소유자를 알 수가 없어서
③ 경계선이 명확하지 않아서
④ 과세적 가치가 없어서

20. 토지의 사정(査定)을 가장 잘 설명한 것은?

① 토지의 소유자와 지목을 확정하는 것이다.
② 토지의 소유자와 강계를 확정하는 행정처분이다.
③ 토지의 소유자와 강계를 확정하는 사법처분이다.
④ 경계와 지적을 확정하는 행정처분이다.

1	2	3	4	5
·③	③	②	①	②
6	7	8	9	10
③	④	③	④	②
11	12	13	14	15
④	④	②	①	④
16	17	18	19	20
④	④	③	④	②

2017년 1회 지적기사

◎ 지적학 ◎

1. 토지소유권 권리의 특성 중 틀린 것은?

① 항구성   ② 탄력성
③ 완전성   ④ 단일성

2. 현행 지목 중 차문자(次文字)를 따르지 않는 것은?

① 주차장   ② 유원지
③ 공장용지   ④ 종교용지

3. 국가의 재원을 확보하기 위한 지적제도로서 면적본위 지적제도라고도 하는 것은?

① 과세지적   ② 법지적
③ 다목적지적   ④ 경제지적

4. 지번의 결번(缺番)이 발생되는 원인이 아닌 것은?

① 토지조사 당시 지번 누락으로 인한 결번
② 토지의 등록전환으로 인한 결번
③ 토지의 경계정정으로 인한 결번
④ 토지의 합병으로 인한 결번

5. 토렌스 시스템의 기본원리에 해당하지 않는 것은?

① 거울이론   ② 거래이론
③ 커튼이론   ④ 보험이론

6. 간주임야도에 대한 설명으로 틀린 것은?

① 고산지대로 조사측량이 곤란하거나 정확도와 관계없는 대단위의 광대한 국유임야 지역을 대상으로 시행하였다.

② 간주임야도에 등록된 소유자는 국가였다.
③ 임야도를 작성하지 않고 축척 5만분의 1 또는 2만 5천분의 1 지형도에 작성되었다.
④ 충청북도 청원군, 제천군, 괴산군 속리산 지역을 대상으로 시행되었다.

7. 다음 경계 중 정밀지적측량이 수행되고 지적소관청으로부터 사정의 행정처리가 완료된 것은?

① 보증경계   ② 고정경계
③ 일반경계   ④ 특정경계

8. 1898년 양전사업을 담당하기 위하여 최초로 설치된 기관은?

① 양지아문(量地衙門)
② 지계아문(地契衙門)
③ 양지과(量地課)
④ 임시토지조사국(臨時土地調査局)

9. 토지조사사업 당시 확정된, 소유자가 다른 토지 간의 사정된 경계선은?

① 지압선   ② 수사선
③ 도곽선   ④ 강계선

10. 지적의 원리에 대한 설명으로 틀린 것은?

① 공(公)기능성의 원리는 지적공개주의를 말한다.
② 민주성의 원리는 주민참여의 보장을 말한다.
③ 능률성의 원리는 중앙집권적 통제를 말한다.
④ 정확성의 원리는 지적불부합지의 해소를 말한다.

11. 새로이 지적공부에 등록하는 사항이나 기존에 등록된 사항의 변경등록은 시장, 군수, 구청장이 관련 법률에서 규정한 절차상의 적법성과 사실관계 부합 여부를 심사하여 지적공부에 등록한다는 이념은?

① 형식적 심사주의 　　② 일물일권주의

③ 실질적 심사주의 　　④ 토지표시공개주의

12. 이기가 해학유서에서 수등이척제에 대한 개선으로 주장한 제도로서, 전지(田地)를 측량할 때 정방형의 눈들을 가진 그물을 사용하여 면적을 산출하는 방법은?

① 일자오결제 　　　② 망척제

③ 결부제 　　　　　④ 방전제

13. 필지는 자연물인 지구를 인간이 필요에 의해 인위적으로 구획한 인공물이다. 필지의 성립요건으로 볼 수 없는 것은?

① 지표면을 인위적으로 구획한 폐쇄된 공간

② 정확한 측량성과

③ 지번 및 지목의 설정

④ 경계의 결정

14. 근대적 지적제도가 가장 빨리 시작된 나라는?

① 프랑스 　　　　　② 독일

③ 일본 　　　　　　④ 대만

15. 다음과 관련된 일필지의 경계설정 기준에 관한 설명에 해당하는 것은?

- (우리나라 민법) 점유자는 소유의 의사로 선의, 평온 및 공연하게 점유한 것으로 추정한다.
- (독일 민법) 경계쟁의의 경우에 있어서 정당한 경계가 알려지지 않을 때에는 점유상태로서 경계의 표준으로 한다.

① 경계가 불분명하고 점유형태를 확정할 수 없을 때 분쟁지를 물리적으로 평분하여 쌍방의 토지에 소유시킨다.

② 현재 소유자가 각자 점유하고 있는 지역이 명확한 1개의 선으로 구분되어 있을 때, 이 선을 경계

로 한다.

③ 새로이 결정하는 경계가 다른 확실한 자료와 비교하여 공평, 합당하지 못할 때에는 상당한 보완을 한다.

④ 점유형태를 확인할 수 없을 때 먼저 등록한 소유자에게 소유시킨다.

16. 토지조사사업에 대한 설명으로 틀린 것은?

① 축척 3천분의 1과 6천분의 1을 사용하여 2만5천분의 1 지형도를 작성할 지형도의 세부측량을 함께 실시하였다.

② 토지조사사업은 사법적인 성격을 갖고 업무를 수행하였으며 연속성과 통일성이 있도록 하였다.

③ 토지조사사업의 내용은 토지소유권 조사, 토지가격조사, 지형지모조사가 있다.

④ 토지조사사업은 일제가 식민지정책의 일환으로 실시하였다.

17. 역토(驛土)에 대한 설명으로 틀린 것은?

① 역토는 역참에 부속된 토지의 명칭이다.

② 역토의 수입은 국고수입으로 하였다.

③ 역토는 주로 군수비용을 충당하기 위한 토지이다.

④ 조선시대 초기에 역토에는 관둔전, 공수전 등이 있다.

18. 토지조사사업 당시 지번의 설정을 생략한 지목은?

① 임야 　　　　　　② 성첩

③ 지소 　　　　　　④ 잡종지

19. 대한제국시대에 문란한 토지제도를 바로잡기 위하여 시행한 제도와 관계가 없는 것은?

① 지계(地契)제도 　　② 입안(立案)제도

③ 가계(家契)제도 　　④ 토지증명제도

20. 토지조사사업 당시 소유자는 같으나 지

목이 상이하여 별필(別筆)로 해야 하는 토지들의 경계선과, 소유자를 알 수 없는 토지와의 구획선으로 옳은 것은?

① 강계선(疆界線) ② 경계선(境界線)

③ 지역선(地域線) ④ 지세선(地勢線)

1	2	3	4	5
④	④	①	③	②
6	7	8	9	10
④	①	①	④	③
11	12	13	14	15
③	②	②	①	②
16	17	18	19	20
①	③	②	②	③

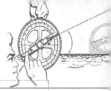

2018년 1회 지적기사

◎ 지적학 ◎

1. 지적의 원칙과 이념의 연결이 옳은 것은?

① 공시의 원칙-공개주의
② 공신의 원칙-국정주의
③ 신의성실의 원칙-실질적 심사주의
④ 임의신청의 원칙-적극적 등록주의

2. 지적기술자가 측량 시 타인의 토지 내에서 시설물의 파손 등 재산상의 피해를 입힌 경우에 속하는 것은?

① 징계책임
② 민사책임
③ 형사책임
④ 도의적 책임

3. 다음 중 등록의무에 따른 지적제도의 분류에 해당하는 것은?

① 세지적
② 도해지적
③ 2차원지적
④ 소극적 지적

4. 다음 중 지적제도와 등기제도를 처음부터 일원화하여 운영한 국가는?

① 대만
② 독일
③ 일본
④ 네덜란드

5. 탁지부 양지국에 관한 설명으로 옳지 않은 것은?

① 토지측량에 관한 사항을 담당하였다.
② 관습조사(慣習調査)사항을 담당하였다.
③ 공문서류의 편찬 및 조사에 관한 사항을 담당하였다.
④ 1904년 탁지부 양지국관제가 공포되면서 상설기구로 설치되었다.

6. 우리나라에서 자호제도가 처음 사용된 시기는?

① 백제
② 신라
③ 고려
④ 조선

7. 지적측량사규정에 국가공무원으로서 그 소속관서의 지적측량사무에 종사하는 자로 정의하며, 내무부를 비롯하여 각 시·도와 시·군·구에 근무하는 지적직 공무원은 물론 국가기관에서 근무하는 공무원도 포함되었던 지적측량사는?

① 감정측량사
② 대행측량사
③ 상치측량사
④ 지정측량사

8. 적극적 등록제도에 대한 설명으로 옳지 않은 것은?

① 토지등록을 의무화하지 않는다.
② 토렌스 시스템은 이 제도의 발달된 형태이다.
③ 지적측량이 실시되지 않으면 토지의 등기도 할 수 없다.
④ 토지등록상의 문제로 인해 선의의 제3자가 받은 피해는 법적으로 보호되고 있다.

9. 토지조사사업 당시의 지목 중 면세지에 해당하지 않는 것은?

① 분묘지
② 사사지
③ 수도선로
④ 철도용지

10. 개개의 토지를 중심으로 토지등록부를 편성하는 방법은?

① 물적 편성주의
② 인적 편성주의
③ 연대적 편성주의
④ 물적·인적 편성주의

11. 다음 중 우리나라에서 최초로 '지적'이라는 용어가 법률상에 등장한 시기로 옳은 것은?

① 1895년 ② 1905년
③ 1910년 ④ 1950년

12. 우리나라 법정지목을 구분하는 중심적 기준은?

① 토지의 성질 ② 토지의 용도
③ 토지의 위치 ④ 토지의 지형

13. 다음 중 지적의 요건으로 볼 수 없는 것은?

① 안전성 ② 정확성
③ 창조성 ④ 효율성

14. 경계의 표시방법에 따른 지적제도의 분류가 옳은 것은?

① 도해지적, 수치지적
② 수평지적, 입체지적
③ 2차원 지적, 3차원 지적
④ 세지적, 법지적, 다목적 지적

15. 내수사(內需司) 등 7궁 소속의 토지 가운데 채소밭을 실측한 지도에 대한 설명으로 옳지 않은 것은?

① 사표식으로 주기되어 있다.
② 궁채전도(宮菜田圖)라 한다.
③ 지목과 지번이 기재되어 있다.
④ 면적은 삼사법으로 구적하였다.

16. 철도용지와 하천의 지목이 중복되는 토지의 지목설정방법은?

① 등록 선후의 원칙에 따른다.
② 필지규모와 원칙에 따른다.
③ 경제적 고부가가치의 용도에 따른다.
④ 소관청담당자의 주관적 직권으로 결정한다.

17. 소극적 등록제도에 대한 설명으로 옳지 않은 것은?

① 권리 자체의 등록이다.
② 지적측량과 측량도면이 필요하다.
③ 토지등록을 의무화하고 있지 않다.
④ 서류의 합법성에 대한 사실조사가 이루어지는 것은 아니다.

18. 토지측량사에 의해 정밀지적측량이 수행되고 토지소관청으로부터 사정의 행정처리가 완료되어 확정된 지적경계의 유형은?

① 고정경계 ② 일반경계
③ 보증경계 ④ 지상경계

19. 임야조사사업 당시 사정기관은?

① 법원
② 도지사
③ 임야심사위원회
④ 토지조사위원회

20. 다음 중 조선총독부에서 제정한 법령이 아닌 것은?

① 토지조사령 ② 토지조사법
③ 토지대장규칙 ④ 토지측량표규칙

1	2	3	4	5
①	②	④	④	②
6	7	8	9	10
③	③	①	③	①
11	12	13	14	15
①	②	③	①	③
16	17	18	19	20
①	①	③	②	②

◎ 2018년 2회 지적기사 ◎

◎ 지적학 ◎

1. 토지의 개별성·독립성을 인정하여 물권객체로 설정할 수 있도록 다른 토지와 구별되게 한 토지표시 사항은?

① 지번 ② 지목
③ 면적 ④ 개별공시지가

2. 지적재조사사업의 목적으로 옳지 않은 것은?

① 경계복원능력의 향상
② 지적불부합지의 해소
③ 토지거래질서의 확립
④ 능률적인 지적관리체제 개선

3. 지적의 토지표시사항의 특성으로 볼 수 없는 것은?

① 정확성 ② 다양성
③ 통일성 ④ 단순성

4. 역토의 종류에 해당되지 않는 것은?

① 마전 ② 국둔전
③ 장전 ④ 급주전

5. 토지조사령은 그 본래의 목적이 일제가 우리나라의 민심수습과 토지수탈의 목적으로 제정되었다고 볼 수 있다. 토지조사령은 토지에 대한 과세에 큰 비중을 두었으며, 토지조사는 세 가지 분야에 걸쳐 시행되었다. 다음 중 토지조사에 해당되지 않는 것은?

① 지가조사   ② 소유권조사
③ 지(형)모조사   ④ 측량성과조사

6. 지역선에 대한 설명으로 옳지 않은 것은?

① 임야조사사업 당시의 사정선
② 시행지와 미시행지와의 지계선
③ 소유자가 동일한 토지와의 구획선
④ 소유자를 알 수 없는 토지와의 구획선

7. 중앙지적위원회와 지방지적위원회의 위원 구성 및 운영에 필요한 사항은 무엇으로 정하는가?

① 대통령령   ② 국토교통부령
③ 행정안전부령   ④ 한국국토정보공사령

8. 다음의 설명에 해당하는 학자는?

- 해학유서에서 망척제를 주장하였다.
- 전안을 작성하는데 반드시 도면과 지적이 있어야 비로소 자세하게 갖추어진 것이라 하였다.

① 이기   ② 서유구
③ 유진억 ④ 정약용

9. 경계 결정 시 경계불가분의 원칙이 적용되는 이유로 옳지 않은 것은?

① 필지 간 경계는 1개만 존재한다.
② 경계는 인접토지에 공통으로 작용한다.
③ 실지 경계구조물의 소유권을 인정하지 않는다.
④ 경계는 폭이 없는 기하학적인 선의 의미와 동일하다.

10. 우리나라의 현행 지번 설정에 대한 원칙으로 옳지 않은 것은?

① 북서기번의 원칙
② 부번(副番)의 원칙
③ 종서(縱書)의 원칙
④ 아라비아숫자 지번의 원칙

11. 동일한 지번부여지역 내에서 최종지번이 1075이고, 지번이 545인 필지를 분할하여 1076, 1077로 표시하는 것과 같은 부번방식은?

① 기번식 지번제도
② 분수식 지번제도
③ 사행식 부번제도
④ 자유식 지번제도

12. 토지조사사업의 목적으로 옳지 않은 것은?

① 부동산표시에 반드시 필요한 지번 창설
② 국유지조사로 조선총독부의 소유토지 확보
③ 지세수입을 증대하기 위한 조세수입체제의 확립
④ 일본인의 토지점유를 합법화하여 보장하는 법률적 제도의 확립

13. 다음 중 신라시대 구장산술에 따른 전(田)의 형태별 측량내용으로 옳지 않은 것은?

① 방전(方田) : 정사각형의 토지로, 장(長)과 광(廣)을 측량한다.
② 규전(圭田) : 이등변삼각형의 토지로, 장(長)과 광(廣)을 측량한다.
③ 제전(梯田) : 사다리꼴의 토지로, 장(長)과 동활(東闊)·서활(西闊)을 측량한다.
④ 환전(環田) : 원형의 토지로, 주(周)와 경(經)을 측량한다.

14. 고도의 정확성을 가진 지적측량을 요구하지는 않으나 과세표준을 위한 면적과 토지 전체에 대한 목록의 작성이 중요한 지적제도는?

① 법지적
② 세지적
③ 경제지적
④ 소유지적

15. 나라별 지적제도에 대한 설명으로 옳지 않은 것은?

① 대만 : 일본의 식민지시대에 지적제도가 창설되었다.

② 스위스 : 적극적 권리의 지적체계를 가지고 있다.
③ 독일 : 최초의 지적조사는 1811년에 착수, 1832년에 확립하였다.
④ 프랑스 : 근대 지적의 시초인 나폴레옹지적으로서 과세지적의 대표이다.

16. 다음 지적의 3요소 중 협의의 개념에 해당하지 않는 것은?

① 공부
② 등록
③ 토지
④ 필지

17. 다음 중 토지등록의 원칙에 대한 설명으로 옳지 않은 것은?

① 지적 국정주의 : 지적공부의 등록사항인 토지표시사항을 국가가 결정하는 원칙이다.
② 물적 편성주의 : 권리의 주체인 토지소유자를 중심으로 지적공부를 편성한다는 원칙이다.
③ 의무등록주의 : 토지의 표시를 새로이 정하거나 변경 또는 말소하는 경우 의무적으로 소관청에 토지이동을 신청하여야 한다.
④ 직권등록주의 : 지적공부에 등록할 토지표시사항은 소관청이 직권으로 조사·측량하여 지적공부에 등록한다는 원칙이다.

18. 수치지적과 도해지적에 관한 설명으로 옳지 않은 것은?

① 수치지적은 비교적 비용이 저렴하고 고도의 기술을 요구하지 않는다.
② 수치지적은 도해지적보다 정밀하게 경계를 표시할 수 있다.
③ 도해지적은 대상필지의 형태를 시각적으로 용이하게 파악할 수 있다.
④ 도해지적은 토지의 경계를 도면에 일정한 축척의 그림으로 그리는 것이다.

19. 대한제국시대에 삼림법에 의거하여 작성한 민유산야약도에 대한 설명으로 옳지 않은

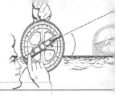

것은?

① 민유산야약도의 경우에는 지번을 기재하지 않는다.

② 최초의 임야측량이 실시되었다는 점에서 중요한 의미가 있다.

③ 민유임야측량은 조직과 계획 없이 개인별로 시행되었고 일정한 수수료도 없었다.

④ 토지등급을 상세하게 정리하여 세금을 공평하게 징수할 수 있도록 작성된 도면이다.

20. 다음 중 입안제도(立案制度)에 대한 설명으로 옳지 않은 것은?

① 토지매매계약서이다.

② 관에서 교부하는 형식이었다.

③ 조선 후기에는 백문매매가 성행하였다.

④ 소유권 이전 후 100일 이내에 신청하였다.

1	2	3	4	5
①	③	②	②	④
6	7	8	9	10
①	①	①	③	③
11	12	13	14	15
④	①	④	②	③
16	17	18	19	20
④	②	①	④	①

2018년 3회 지적기사

◎ 지적학 ◎

1. 토지조사사업 당시 소유권조사에서 사정한 사항은?

① 강계, 면적
② 강계, 소유자
③ 소유자, 지번
④ 소유자, 면적

2. 지적 국정주의에 대한 설명으로 옳지 않은 것은?

① 지적공부의 등록사항결정방법과 운영방법에 통일성을 기하여야 한다.
② 모든 토지를 지적공부에 등록해야 하는 적극적 등록주의를 택하고 있다.
③ 토지에 이동사항이 있을 경우 신청이 없더라도 이를 직권으로 조사·정리할 수 있다.
④ 지적공부에 등록된 사항을 토지소유자나 일반 국민에게 신속·정확하게 공개하여 정당하게 이용할 수 있도록 한다.

3. 토지조사사업의 사정에 불복하는 자는 공시기간 만료 후 최대 며칠 이내에 고등토지조사위원회에 재결을 신청하여야 하는가?

① 10일
② 30일
③ 60일
④ 90일

4. 토지조사 때 사정한 경계에 불복하여 고등토지 조사위원회에서 재결한 결과 사정한 경계가 변경되는 경우 그 변경의 효력이 발생되는 시기는?

① 재결일
② 사정일
③ 재결서 접수일
④ 재결서 통지일

5. 다음 중 토지가옥조사회와 국토조사측량협회를 운영하는 나라는?

① 대만
② 독일
③ 일본
④ 한국

6. 고려 말기 토지대장의 편제를 인적 편성주의에서 물적 편성주의로 바꾸게 된 주요 제도는?

① 자호(字號)제도
② 결부(結負)제도
③ 전시과(田柴科)제도
④ 일자오결(一字五結)제도

7. 토지조사사업의 근거법령은 토지조사법과 토지조사령이다. 임야조사사업의 근거법령은?

① 임야조사령
② 조선조사령
③ 임야대장규칙
④ 조선임야조사령

8. 우리나라에서 사용하고 있는 지목의 분류 방식은?

① 지형지목
② 용도지목
③ 토성지목
④ 단식지목

9. 지목의 설정 원칙으로 옳지 않은 것은?

① 용도경중의 원칙
② 일시변경의 원칙
③ 주지목추종의 원칙
④ 사용목적추종의 원칙

10. 다음 중 우리나라 지적제도의 역할과 가장 거리가 먼 것은?

① 토지재산권의 보호
② 국가인적자원의 관리
③ 토지행정의 기초 자료
④ 토지기록의 법적 효력

11. 임야조사위원회에 대한 설명으로 옳지 않

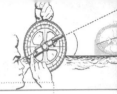

은 것은?

① 위원장은 조선총독부 정무총감으로 하였다.

② 위원장은 내무부장관인 사무관을 도지사가 임명하였다.

③ 재결에 대한 특수한 재판기관으로 종심이라 할 수 있다.

④ 위원장 및 위원으로 조직된 합의체의 부제(部制)로 운영한다.

12. 조선시대의 토지제도에 대한 설명으로 옳지 않은 것은?

① 조선시대의 지번설정제도에는 부번제도가 없었다.

② 사표(四標)는 토지의 위치로서 동·서·남·북의 경계를 표시한 것이다.

③ 양안의 내용 중 시주(時主)는 토지의 소유자이고, 시작(詩作)은 소작인을 나타낸다.

④ 조선시대의 양전은 원칙적으로 20년마다 한 번씩 실시하여 새로이 양안을 작성하게 되어 있다.

13. 다음과 같은 특징을 갖는 지적제도를 시행한 나라는?

> ·토지대장은 양전도장, 양전장적, 전적 등 다양한 명칭으로 호칭되었다.
> ·과전법의 실시와 함께 자호제도가 창설되어 정단위로 자호를 붙여 대장에 기록하였다.
> ·수등이척제를 측량의 척도로 사용하였다.

① 고구려　② 백제

③ 고려　④ 조선

14. 다음 중 토렌스 시스템의 기본이론에 해당하지 않는 것은?

① 거울이론　② 보장이론

③ 보험이론　④ 커튼이론

15. 구한말 지적제도의 설명과 가장 거리가

먼 것은?

① 1901년 지계발행전담기구인 지계아문이 탄생되었다.

② 구한말 내부관제에 지적이라는 용어가 처음 등장하였다.

③ 양전사업의 총본산인 양지아문이 독립관청으로 설치되었다.

④ 조선지적협회를 설립하여 광대이동지정리제도와 기업자측량제도가 폐지되었다.

16. 토지의 등록주의에 대한 내용으로 옳지 않은 것은?

① 등록할 가치가 있는 토지만을 등록한다.

② 전 국토는 지적공부에 등록되어야 한다.

③ 지적공부에 미등록된 토지는 토지등록주의의 미비다.

④ 토지의 이동이 지적공부에 등록되지 않으면 공시의 효력이 없다.

17. 우리나라 토지조사사업 당시 조사측량기관은?

① 부(府)와 면(面)　② 임야조사위원회

③ 임시토지조사국　④ 토지조사위원회

18. 토지등록에 있어서 개개의 토지를 중심으로 등록부를 편성하는 것으로 하나의 토지에 하나의 등기용지를 두는 방식은?

① 물적 편성주의

② 인적 편성주의

③ 연대적 편성주의

④ 물적·인적 편성주의

19. 다음 중 지적의 용어와 관련이 없는 것은?

① Capital　② Kataster

③ Kadaster　④ Capitastrum

20. 우리나라의 지적도에 등록해야 할 사항
으로 볼 수 없는 것은?

① 지번
② 필지의 경계
③ 토지의 소재
④ 소관청의 명칭

1	2	3	4	5
②	④	③	②	③
6	7	8	9	10
①	④	②	②	②
11	12	13	14	15
②	①	③	②	④
16	17	18	19	20
①	③	①	①	④

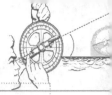

● 2019년 1회 지적기사

◎ 지적학 ◎

01. 지주총대의 사무에 해당되지 않는 것은?

① 신고서류 취급 처리
② 소유자 및 경계 사정
③ 동리의 경계 및 일필지조사의 안내
④ 경계표에 기재된 성명 및 지목 등의 조사

02. 토지조사사업 당시 토지의 사정에 대하여 불복이 있는 경우 이의 재결기관은?

① 도지사
② 임시토지조사국장
③ 고등토지조사위원회
④ 지방토지조사위원회

03. 다음 중 근대지적의 시초로 과세지적이 대표적인 나라는?

① 일본
② 독일
③ 프랑스
④ 네덜란드

04. 대한제국 정부에서 문란한 토지제도를 바로잡기 위하여 시행하였던 근대적 공시제도의 과도기적 제도는?

① 등기제도
② 양안제도
③ 입안제도
④ 지권제도

05. 양안 작성 시 실제로 현장에 나가 측량하여 기록하는 것은?

① 야초책
② 정서책
③ 정초책

④ 중소책

06. 우리나라에서 지적공부에 토지표시, 사항을 결정 등록하기 위하여 택하고 있는 심사방법은?

① 공중심사
② 대질심사
③ 실질심사
④ 형식심사

07. 다음 중 고조선시대의 토지제도로 옳은 것은?

① 과전법(科田法)
② 두락제(斗落制)
③ 정전제(井田制)
④ 수등이척제(隨等異尺制)

08. 우리나라의 지적제도와 등기제도에 대한 설명이 옳지 않은 것은?

① 지적과 등기 모두 형식주의를 기본 이념으로 한다.
② 지적과 등기 모두 실질적 심사주의를 원칙으로 한다.
③ 지적은 공신력을 인정하고, 등기는 공신력을 인정하지 않는다.
④ 지적은 토지에 대한 사실관계를 공시하고 등기는 토지에 대한 권리관계를 공시한다.

09. 토지멸시에 의한 등록말소에 속하는 것은?

① 등록전환에 의한 말소
② 등록변경에 따른 말소
③ 토지합병에 따른 말소
④ 바다로 된 토지의 말소

10. 지적국정주의에 대한 내용으로 옳지 않은 것은?

① 토지의 표시사항을 국가가 결정한다.
② 토지소유권의 변동은 등기를 해야 효력이 발생한다.

③ 토지의 표시방법에 대하여 통일성, 획일성, 일관성을 유지하기 위이다.

④ 소유자의 신청이 없을 경우 국가가 직권으로 이를 조사 또는 측량하여 결정한다.

11. 우리나라에서 지적이라는 용어가 법률상 처음 등장한 것은?

① 1895년 내부관제
② 1898년 양지아문 직원급 처무규정
③ 1901년 지계아문 직원급 처무규정
④ 1910년 토지조사법

12. 지적행정을 재무부와 사세청의 지도·감독 하에 세무서에서 담당한 연도로 옳은 것은?

① 1949년 12월 31일
② 1960년 12월 31일
③ 1961년 12월 31일
④ 1975년 12월 31일

13. 경계불가분의 원칙에 관한 설명으로 옳은 것은?

① 3개의 단위 토지 간을 구획하는 선이다.
② 토지의 경계에는 위치, 길이, 너비가 있다.
③ 같은 토지에 2개 이상의 경계가 있을 수 있다.
④ 토지의 경계는 인접 토지에 공통으로 작용한다.

14. 다음 중 토지조사사업의 일필지 조사 내용에 해당하지 않는 것은?

① 임차인 조사
② 지목의 조사
③ 경계 및 지역의 조사
④ 증명 및 등기필토지의 조사

15. 양전개정론을 주장한 학자와 그 저서의 연결이 옳은 것은?

① 김정호 - 속대전

② 이기 - 해학유서
③ 정약용 - 경국대전
④ 서유구 - 목민심서

16. 형식적 심사에 의하여 개설하는 토지등기부의 보전 등기를 위하여 일반적으로 권원증명이 되는 서류는?

① 공인인증서
② 인감증명서
③ 인우보증서
④ 토지대장등본

17. 토지조사사업 당시 토지의 사정이 의미하는 것은?

① 경계와 면적으로 확정하는 것이다.
② 지번, 지목, 면적으로 확정하는 것이다.
③ 소유자와 지목을 확정하는 행정행위이다.
④ 소유자와 강계를 확정하는 행정처분이다.

18. 다음 중 지적재조사의 효과로 볼 수 없는 것은?

① 지적과 등기의 책임부서 명백화
② 국토개발과 토지이용의 정확한 자료제공
③ 행정구역의 합리적 조정을 위한 기초 자료
④ 토지소유권의 공시에 대한 국민의 신뢰확보

19. 토지조사사업에서 측량에 관계되는 사항을 구분한 7가지 항목에 해당하지 않는 것은?

① 삼각측량
② 지형측량
③ 천문측량
④ 이동지측량

20. 우리나라 토지대장과 같이 토지를 지번 순서에 따라 등록하고 분할되더라도 본번과 관련하여 편철하고 소유자의 변동이 있을 때에 이

를 계속 수정하여 관리하는 토지등록부 편성 방법은?

① 물적 편성주의
② 인적 평성주의
③ 연대적 편성주의
④ 인적·물적 편성주의

1	2	3	4	5
②	③	③	④	①
6	7	8	9	10
③	③	②	④	②
11	12	13	14	15
①	③	④	①	②
16	17	18	19	20
④	④	①	③	①

2019년 2회 지적기사

◎ **지적학** ◎

01. 토지조사사업 시 입필지측량의 결과로 작성한 도부(개황도)의 축척에 해당되지 않는 것은?

① 1/600
② 1/1200
③ 1/2400
④ 1/3000

02. 매 20년마다 양전을 실시하여 작성하도록 경국대전에 나타난 것은?

① 문권(文券)
② 양안(量案)
③ 입안(立案)
④ 양전대장(量田臺帳)

03. 다음 중 물권의 객체로서 토지를 외부에서 인식할 수 있는 토지등록의 원칙은?

① 공고(公告)의 원칙
② 공시(公示)의 원칙
③ 공신(公信)의 원칙
④ 공증(公證)의 원칙

04. 토지등기를 위하여 지적제도가 해야 할 가장 중요한 역할은?

① 필지 확정
② 소유권 심사
③ 지목의 결정
④ 지번의 설정

05. 대한제국시대의 행정조직이 아닌 것은?

① 사세청
② 탁지부
③ 양지아문
④ 지계아문

06. 토지조사사업 시의 사정(査定)에 대한 설명으로 옳지 않은 것은?

① 사정권자는 당시 고등토지위원회의 장이었다.
② 토지 소유자 및 그 강계를 확정하는 행정처분이다.
③ 사정권자는 사정을 하기 전 지방토지위원회의 자문을 받았다.
④ 토지의 강계는 지적도에 등록된 토지의 경계선인 강계선이 대상이었다.

07. 조세, 토지관리 및 지적사무를 담당하였던 백제의 지적 담당기관은?

① 공부
② 조부
③ 호조
④ 내두좌평

08. 결수연명부에 관한 설명으로 옳은 것은?

① 소유권의 분계(分界)를 확정하는 대장
② 지반의 고저가 있는 토지를 정리한 장부
③ 강계(疆界) 지역을 조사하여 등록한 장부
④ 지세대장을 겸하여 토지조사준비를 위해 만든 과세부

09. 다음 중 지적의 형식주의에 대한 설명으로 옳은 것은?

① 지적공부에 등록할 사항은 국가의 공권력에 의하여 국가만이 이를 결정할 수 있다.
② 지적공부에 등록된 사항을 일반 국민에게 공개하여 정당하게 이용할 수 있도록 하여야 한다.
③ 지적공부에 새로이 등록하거나 변경된 사항은 사실 관계의 부합여부를 심사하여 등록하여야 한다.
④ 국가의 통치권이 미치는 모든 영토를 필지단위로 구획하여 지적공부에 등록·공시하여야만 배타적인 소유권이 인정된다.

10. 1필지에 하나의 지번을 붙이는 이유로서 가장 관계없는 것은?

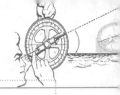

① 물권객체 표시   ② 제한물권 설정
③ 토지의 개별화   ④ 토지의 독립화

11. 토지에 대한 일정한 사항을 조사하여 지적공부에 등록하기 위하여 반드시 선행되어야 할 사항은?

① 토지번호의 확정   ② 토지용도의 결정
③ 1필지의 경계설정   ④ 토지소유자의 결정

12. 영국의 토지등록제도에 있어서 경계의 구분이 아닌 것은?

① 고정경계   ② 보증경계
③ 일반경계   ④ 특별경계

13. 다음 중 지목의 변천에 관한 설명으로 옳은 것은?

① 2000년의 지목의 수는 28개이었다.
② 토지조사사업 당시 지목의 수는 21개이었다.
③ 최초 지적법이 개정된 후 지목의 수는 24이었다.
④ 지목 수의 증가는 경제발전에 따른 토지이용의 세분화를 반영하는 것이다.

14. 토지조사사업에 의하여 작성된 지적공부는?

① 토지대장, 지적도
② 임야대장, 임야도
③ 토지대장, 수치지적부
④ 임야대장, 수치지적부

15. 다음 중 토지대장의 일반적인 편성 방법이 아닌 것은?

① 인적 편성주의   ② 물적 편성주의
③ 구역별 편성주의   ④ 연대적 편성주의

16. 지적도의 도곽선이 갖는 역할로 옳지 않은 것은?

① 면적의 통계 산출에 이용된다.
② 도면 신축량 측정 외 기준선이다.
③ 도북 방위선의 표시에 해당한다.
④ 인접 도면과의 접합 기준선이 된다.

17. 지적국정주의를 처음 채택한 때는?

① 해방 이후   ② 일제 말엽
③ 토지조사 당시   ④ 5.16 이후

18. 우리나라의 등기제도에 관한 내용으로 옳지 않은 것은?

① 법적 권리관계를 공시한다.
② 단독 신청주의를 채택하고 있다.
③ 형식적 심사주의를 기본 이념으로 한다.
④ 공신력을 인정하지 않고 확정력만을 인정하고 있다.

19. 고려시대 토지장부의 명칭으로 옳지 않은 것은?

① 양안(量案)   ② 원적(元籍)
③ 전적(田積)   ④ 양전도장(量田都帳)

20. 다목적 지적제도의 구성 요소가 아닌 것은?

① 기본도   ② 지적중첩도
③ 측지기본망   ④ 주민등록파일

1	2	3	4	5
④	②	②	①	①
6	7	8	9	10
①	④	④	④	②
11	12	13	14	15
③	④	④	①	③
16	17	18	19	20
①	③	②	①	④

2019년 3회 지적기사

◎ 지적학 ◎

01. 토지조사사업 당시 토지대장은 1동 · 리마다 조제하되 약 몇 매를 1책으로 하였는가?

① 200매   ② 300매
③ 400매   ④ 500매

02. 지적법이 제정되기까지의 순서를 올바르게 나열한 것은?

① 토지조사법 → 토지조사령 → 지세령 → 조선지세령 → 조선임야조사령 → 지적법
② 토지조사법 → 지세령 → 토지조사령 → 조선지세령 → 조선임야조사령 → 지적법
③ 토지조사법 → 토지조사령 → 지세령 → 조선임야조사령 → 조선지세령 → 지적법
④ 토지조사법 → 지세령 → 조선임야조사령 → 토지조사령 → 조선지세령 → 지적법

03. 토지조사사업 당시 일부 지목에 대하여 지번을 부여하지 않았던 이유로 옳은 것은?

① 소유자 확인 불명
② 과세적 가치의 희소
③ 경계선의 구분 곤란
④ 측량조사작업의 어려움

04. 법률 체제를 갖춘 우리나라 최초의 지적법으로 이 법의 폐지 이후 대부분의 내용이 토지조사령에 계승된 것은?

① 삼림법
② 지세법
③ 토지조사법
④ 조선임야조사령

05. 대규모 지역의 지적측량에 부가하여 항공사진측량을 병용하는 것과 가장 관계 깊은 지적원리는?

① 공기능의 원리
② 능률성의 원리
③ 민주성의 원리
④ 정확성의 원리

06. 토지조사사업 및 임야조사사업에 대한 설명으로 옳은 것은?

① 임야조사사업의 사정기관은 도지사였다.
② 토지조사사업의 사정기관은 시장, 군수였다.
③ 토지조사사업 당시 사정의 공시는 60일간 하였다.
④ 토지조사사업의 재결기관은 지방토지조사위원회였다.

07. 하천으로 된 민유지의 소유권 정리는?

① 국가
② 국방부
③ 토지소유자
④ 지방자치단체

08. 토지조사사업 당시 분쟁의 원인에 해당되지 않는 것은?

① 미개간지
② 토지 소속의 불분명
③ 역둔토의 정리 미비
④ 토지 점유권 증명의 미비

09. 다음 중 토지의 분할이 속하는 것은?

① 등록전환   ② 사법처분
③ 행정처분   ④ 형질변경

10. 지표면의 형태, 토지의 고저, 수륙의 분포 상태 등 땅이 생긴 모양에 따라 결정하는 지목은?

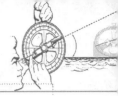

① 용도지목　　　② 복식지목
③ 지형지목　　　④ 토성지목

① 기우식법　　　② 단지식법
③ 사행식법　　　④ 도엽단위법

11. 토렌스 시스템의 커튼이론(curtain principle)에 대한 설명으로 가장 옳은 것은?

① 선의의 제3자에게는 보험 효과를 갖는다.
② 사실심사 시 권리의 진실성에 직접 관여하여야 한다.
③ 토지등록이 토지의 권리 관계를 완전하게 반영한다.
④ 토지등록 업무는 매입 신청자를 위한 유일한 정보의 기초다.

12. 토지조사사업에서 지목은 모두 몇 종류로 구분하였는가?

① 18종　　　② 21종
③ 24종　　　④ 28종

13. 지적도나 임야도에서 도곽선의 역할과 가장 거리가 먼 것은?

① 도면접합의 기준
② 도곽신축 보정의 기준
③ 토지합병 시의 필지결정기준
④ 지적측량기준점 전개의 기준

14. 토지등록에 대한 설명으로 가장 거리가 먼 것은?

① 토지 거래를 안전하고 신속하게 해 준다.
② 토지의 공개념을 실현하는 데 활용될 수 있다.
③ 지적소관청이 토지등록사항을 공적 장부에 기록 공시하는 행정행위이다.
④ 국가나 공적장부에 기록된 토지의 이동 및 수정사항을 규제하는 법률적 행위이다.

15. 다음 지번의 부번(附番) 방법 중 진행방향에 의한 분류에 해당하지 않는 것은?

16. 다음 지적의 기본 이념에 대한 설명으로 옳지 않은 것은?

① 지적공개주의 : 지정공부에 등록하여야만 효력이 발생한다는 이념
② 지적국정주의 : 지적공부의 등록사항은 국가만이 결정할 수 있다는 이념
③ 직권등록주의 : 모든 필지는 강제적으로 지적공부에 등록·공시해야 한다는 이념
④ 실질적 심사주의 : 지적공부의 등록사항이나 변경등록은 지적 관련 법률상 적법성과 사실관계 부합여부를 심사하여 지적공부에 등록한다는 이념

17. 고려시대의 토지제도에 관한 설명으로 옳지 않은 것은?

① 당나라의 토지제도를 모방하였다.
② 광무개혁(光武改革)을 실시하였다.
③ '도행'이나 '작'이라는 토지 장부가 있었다.
④ 고려 말에는 전제가 극도로 문란해져서 이에 대한 개혁으로 과전법이 실시되었다.

18. 토지대장의 편성 방법 중 리코딩시스템(Recording system)이 해당하는 것은?

① 물적 편성주의
② 연대적 편성주의
③ 인적 편성주의
④ 면적별 편성주의

19. 경계 불가분의 원칙에 대한 설명과 가장 거리가 먼 것은?

① 필지 사이의 경계는 분리할 수 없다.
② 경계는 인접 토지에 공통으로 작용된다.
③ 경계는 위치와 길이만 있고 너비는 없다.
④ 동일한 경계가 축척이 다른 도면에 각각 등록된

경우 둘 중 하나의 경계만을 최종경계로 결정한다.

20. 토지대장의 편성방법 중 현행 우리나라에서 채택하고 있는 방법은?

① 물적 편성주의
② 인적 편성주의
③ 연대적 편성주의
④ 인적·물적 편성주의

1	2	3	4	5
①	③	②	③	②
6	7	8	9	10
①	③	④	③	③
11	12	13	14	15
④	①	③	④	④
16	17	18	19	20
①	②	②	④	①

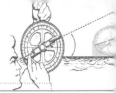

2020년 1,2회 지적기사

◎ 지적학 ◎

01. 임야조사사업에 대한 설명으로 옳지 않은 것은?

① 토지조사사업에서 제외된 임야를 대상으로 하였다.

② 1916년 시험 조사로부터 1924년까지 시행하였다.

③ 임야 내에 개재된 임야 이외의 토지를 대상으로 하였다.

④ 농경지 사이에 있는 5만평 이하의 낙산 임야를 대상으로 하였다.

02. 초기의 지적도에 대한 설명으로 틀린 것은?

① 지적도에는 토지 경계와 지번, 지목이 등록되었다.

② 지적도 도곽 내의 산림에는 등고선을 표시하여 표고에 의한 지형구별이 용이하도록 하였다.

③ 토지분할의 경우에는 지적도 정리 시 신강계선을 흑색으로 정리하였으나 그 후 양홍색으로 변경하였다.

④ 조사지역 외의 토지에 대해서는 이용현황에 따라 활자로 산(山), 해(海), 호(湖), 도(道), 천(川), 구(溝) 등으로 표기하였다.

03. 토지조사사업의 특징으로 틀린 것은?

① 근대적 토지제도가 확립되었다.

② 사업의 조사, 준비, 홍보에 철저를 기하였다.

③ 역둔토 등을 사유화하여 토지소유권을 인정하였다.

④ 도로, 하천, 구거 등을 토지조사사업에서 제외하였다.

04. 토지조사사업 초기의 임야도 표기방식에 대한 설명으로 틀린 것은?

① 임야 내 미등록 도로는 양홍색으로 표시하였다.

② 임야 경계와 토지 소재, 지번, 지목을 등록하였다.

③ 모든 국유임야는 1/6000 지형도를 임야도로 간주하여 적용하였다.

④ 임야도의 크기는 남북 1척 3촌 2리(40cm), 동서 1척 6촌 5리(50cm)이었다.

05. 지적의 기능 및 역할로 옳지 않은 것은?

① 재산권의 보호

② 토지관리에 기여

③ 공정과세의 기초 자료

④ 쾌적한 생활환경 조성

06. 지목 '임야'의 명칭이 변천된 과정으로 옳은 것은?

① 산림산야→삼림임야→임야

② 산림원야→삼림산야→임야

③ 산림임야→산림산야→임야

④ 삼림산야→산림원야→임야

07. 지적공부의 효력으로 옳지 않은 것은?

① 공적인 기록이다.

② 등록정보에 대한 공시력이 있다.

③ 토지에 대한 사실관계의 등록이다.

④ 등록된 정보는 모두 공신력이 있다.

08. 지목설정에 대한 설명으로 옳지 않은 것은?

① 지목설정은 토지소유자의 신청이 있어야만 한다.

② 지목은 주된 사용 목적 또는 용도에 따라 설정한다.

③ 지목은 하나의 필지에 하나의 지목만을 설정하여야 한다.

④ 지목설정은 행정기관인 지적소관청에서만 할 수 있다.

09. 각 도에 지정측량사를 두어 광대지측량업무를 대행함으로써 사실상의 지적측량 일부 대행제도가 시작된 시기는?

① 1910년
② 1918년
③ 1923년
④ 1938년

10. 토지등록의 법적 지위에 있어서 토지의 이동은 반드시 외부에 알려야 한다는 일반원칙은?

① 공시의 원칙
② 공신의 원칙
③ 신고의 원칙
④ 형식의 원칙

11. 우리나라의 지적제도와 등기제도에 대한 내용이 모두 옳은 것은?

구분	지적제도	등기제도
㉠ 편제방법	물적 편성주의	인적 편성주의
㉡ 심사방법	형식적 심사주의	실질적 심사주의
㉢ 공신력	불인정	인정
㉣ 토지제도의 기능	토지에 대한 물리적 현황의 등록공시	토지에 대한 법적 권리관계의 공시

① ㉠
② ㉡
③ ㉢
④ ㉣

12. 토지경계선의 위치가 가장 정확하여야 하는 것은?

① 법지적
② 세지적
③ 경계지적
④ 유사지적

13. 토렌스 시스템의 기본 이론인 거울 이론에 대한 설명으로 옳은 것은?

① 토지등록부는 매입신청자를 위한 유일한 정보의 기초다.

② 토지권리증서의 등록은 토지의 거래 사실을 완벽하게 반영한다.

③ 선의의 제3자는 토지의 권리자와 동등한 입장에 놓여야 한다.

④ 토지권리에 대한 사실심사 시 권리의 진실성에 직접 관여하여야 한다.

14. 노비의 이름을 빌려 부동산을 처분하기 위해 작성한 문서로 옳은 것은?

① 패지
② 불망기
③ 전세문기
④ 매려약관부문기

15. 거래안전의 도모 및 배타적 소유권 보호와 관련 있는 것은?

① 공개주의
② 국정주의
③ 증거주의
④ 형식주의

16. 토지조사사업 당시 재결기관으로 옳은 것은?

① 부와 면
② 임시토지조사국
③ 임야심사위원회
④ 고등토지조사위원회

17. 지적측량 대행제도를 운영하고 있지 않는 국가는?

① 독일
② 스위스
③ 프랑스
④ 네덜란드

18. 다음 중 지적 관련 법령의 변천 순서로 옳은 것은?

① 토지조사령 → 조선임야조사령 → 지세령 → 조선지세령 → 지적법

② 토지조사령 → 지세령 → 조선임야조사령 → 조선

지세령 → 지적법

③ 토지조사령 → 조선임야조사령 → 조선지세령 →
지세령 → 지적법

④ 토지조사령 → 조선지세령 → 조선임야조사령 →
지세령 → 지적법

19. 토지소유권 권리의 특성 중 틀린 것은?

① 단일성   ② 완전성
③ 탄력성   ④ 항구성

20. 조선시대에 정약용의 양전개정론과 관계가 없는 것은?

① 경무법   ② 망척제
③ 방량법   ④ 어린도법

1	2	3	4	5
④	③	③	③	④
6	7	8	9	10
②	④	①	③	①
11	12	13	14	15
④	①	②	①	①
16	17	18	19	20
④	④	②	①	②

2020년 3회 지적기사

◎ **지적학** ◎

01. 다음 중 지번의 특성에 해당하지 않는 것은?

① 연속성　　　　② 종속성
③ 특정성　　　　④ 형평성

02. 신라의 토지측량에 사용된 구장산술의 방전장의 내용에 속하지 않는 토지형태는?

① 양전　　　　② 직전
③ 환전　　　　④ 구고전

03. 지적공부에 등록하는 면적에 관한 내용으로 틀린 것은?

① 국가만이 결정한다.
② 1제곱미터 단위로만 등록한다.
③ 계산은 오사오입법에 의한다.
④ 지적측량에 의하여 결정한다.

04. 독일의 지적제도에 관한 설명으로 틀린 것은?

① 등기제도와 지적제도는 행정부에서 통합하여 운영하고 있다.
② 각 주마다 주측량사무소와 지적사무소를 설치하여 운영하고 있다.
③ 연방정부는 내무부에서 측량 관련 업무를 담당하고 있으나 주정부에 대한 통제가 미비한 상태로 운영되고 있다.
④ 지적 관련 법령으로 민법, 지적법, 토지측량법, 지적 및 측량법, 부동산등기법 등으로 각주마다 다르다.

05. 토지조사사업에 대한 설명으로 틀린 것은?

① 토지조사사업은 일제가 식민지정책의 일환으로 실시하였다.
② 토지조사사업의 내용은 토지소유권 조사, 토지가격조사, 지형지모조사가 있다.
③ 토지조사사업은 사법적인 성격을 갖고 업무를 수행하였으며 연속성과 통일성이 있도록 하였다.
④ 축척 2만 5천분의 1 지형도를 작성하기 위해 축척 3천분의 1과 6천분의 1을 사용하여 세부측량을 함께 실시하였다.

06. 현대 지적의 기능을 일반적 기능과 실제적 기능으로 구분하였을 때, 지적의 일반적 기능이 아닌 것은?

① 법률적 기능　　　　② 사회적 기능
③ 유동적 기능　　　　④ 행정적 기능

07. 입안을 받지 않은 매매계약서를 무엇이라 하였는가?

① 휴도　　　　② 결연매매
③ 백문매매　　　　④ 지세명기

08. 조선시대의 양전법은 토지의 등급에 따라 상등전·중등전·하등전의 척도를 다르게 하는 수등이척제(水等異尺制)를 사용하였는데 이에 대한 설명으로 옳은 것은?

① 상등전은 농부수의 20지(指)
② 상등전은 농부수의 25지(指)
③ 중등전은 농부수의 20지(指)
④ 중등전은 농부수의 30지(指)

09. 적극적 등록제도와 관련된 내용으로 틀린 것은?

① 토지등록의 효력은 정부에 의해 보장된다.

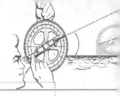

② 지적공부에 등록된 토지만이 권리가 인정된다.
③ 토렌스 시스템은 적극적 등록제도의 발전된 형태이다.
④ 적극적 등록제도를 채택한 국가는 영국, 프랑스, 네덜란드이다.

10. 관계(官契)에 대한 설명으로 옳은 것은?

① 민유지만 조사하여 관계를 발급하였다.
② 외국인에게도 토지소유권을 인정하였다.
③ 관계 발급의 신청은 소유자의 의무사항은 아니다.
④ 발급대상은 산천, 전답, 천택(川澤), 가사(家舍) 등 모든 부동산이었다.

11. 지적에서 지번의 부번진행방법 중 옳지 않은 것은?

① 고저식(高低式)　　② 기우식(奇偶式)
③ 사행식(蛇行式)　　④ 절충식(折衷式)

12. 필지별 지번의 부번방식이 아닌 것은?

① 기번식　　② 문자식
③ 분수식　　④ 자유식

13. 토지조사부(土地調査簿)에 대한 설명으로 옳은 것은?

① 결수연명부로 사용된 장부이다.
② 입안과 양안을 통합한 장부이다.
③ 별책토지대장으로 사용된 장부이다.
④ 토지소유권의 사정원부로 사용된 장부이다.

14. 토지조사사업 당시 사정에 대한 재결기관은?

① 도지사
② 임시토지조사국장

③ 고등토지조사위원회
④ 지방토지조사위원회

15. 지적법의 3대 이념으로 옳은 것은?

① 지적공부주의　　② 직권등록주의
③ 지적형식주의　　④ 실질적 심사주의

16. 필지의 성립 요건으로 볼 수 없는 것은?

① 경계의 결정
② 정확한 측량성과
③ 지번 및 지목의 설정
④ 지표면을 인위적으로 구획한 폐쇄된 공간

17. 토지조사사업 당시 협조장의 위치를 선정할 때 고려사항이 아닌 것은?

① 조류의 속도
② 해저의 깊이
③ 유수 및 풍향
④ 선착장의 편리성

18. 토지표시사항은 지적공부에 등록하여야만 효력이 발생한다는 이념은?

① 공개주의　　② 국정주의
③ 직권주의　　④ 형식주의

19. 다음 중 지적형식주의와 가장 관계있는 사항은?

① 공시의 원칙
② 등록의 원칙
③ 특정화의 원칙
④ 인적 편성의 원칙

20. 현존하는 지적기록 중 가장 오래된 것은?

① 매향비　　　　② 경국대전
③ 신라장적　　　④ 해학유서

1	2	3	4	5
④	①	②	①	④
6	7	8	9	10
③	③	①	④	④
11	12	13	14	15
①	②	④	③	③
16	17	18	19	20
②	④	④	②	③

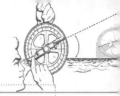

2020년 4회 지적기사

◎ 지적학 ◎

01. 지적공부에 등록하는 경계에 있어 경계불가분의 원칙이 적용되는 가장 큰 이유는?

① 면적의 크기에 따르기 때문이다.
② 경계의 중앙 선택 원칙 때문이다.
③ 설치자의 소속으로 결정하기 때문이다.
④ 경계선은 길이와 위치만 존재하기 때문이다.

02. 토지표시사항 등록의 심사원칙은?

① 대행심사
② 서류심사
③ 실질심사
④ 형식심사

03. 임야조사사업 당시의 사정(査定)기관으로 옳은 것은?

① 도지사
② 읍·면장
③ 임야조사위원회
④ 임시토지조사국장

04. 수등이척제에 대한 개선으로 망척제를 주장한 학자는?

① 이기
② 서유구
③ 정약용
④ 정약전

05. 토지소유권 보장제도의 변천 과정으로 옳은 것은?

① 지계제도→증명제도→입안제도
② 입안제도→지계제도→증명제도
③ 증명제도→입안제도→지계제도
④ 지계제도→입안제도→증명제도

06. 지적공개주의를 실현하는 방법에 해당하지 않는 것은?

① 지적공부를 직접 열람하거나 등본에 의하여 외부에서 알 수 있도록 하는 방법
② 지적공부에 등록된 사항을 실지에 복원하여 등록된 결정 사항을 파악하는 방법
③ 지적공부의 등록된 사항과 실지상황이 불일치할 경우 실지상황에 따라 변경 등록하는 방법
④ 등록사항에 대하여 소유자의 신청이 없는 경우 국가가 직권으로 이를 조사 또는 측량하여 결정하는 방법

07. 지적제도와 등기제도가 통합된 넓은 의미의 지적제도에서의 3요소이며, 네덜란드의 J. L. G. Henssen이 구분한 지적의 3요소로만 나열된 것은?

① 소유자, 권리, 필지
② 측량, 필지, 지적파일
③ 필지, 측량, 지적공부
④ 권리, 지적도, 토지대장

08. 토지조사사업 당시의 재결기관(裁決機關)으로 옳은 것은?

① 도지사
② 부와 면
③ 임시토지조사국장
④ 고등토지조사위원회

09. 고려시대에 양전을 담당한 중앙기구로서의 특별관서가 아닌 것은?

① 급전도감
② 사출도감
③ 절급도감
④ 정치도감

10. 토지의 매매 및 소유자의 등록요구에 의하

여 필요한 경우 토지를 지적공부에 등록하는 방법은?

① 권원등록제도   ② 분산등록제도
③ 수복등록제도   ④ 일괄등록제도

11. 다음 중 토지정보시스템(LIS)이 해당하는 지적은?

① 법지적   ② 과세지적
③ 경계지적   ④ 다목적 지적

12. 다음 지적불부합지의 유형 중 아래의 설명에 해당하는 것은?

> 지적도근점의 위치가 부정확하거나 지적도근점의 사용이 어려운 지역에서 현황측량방식으로 대단위지역의 이동측량을 할 경우에 일필지의 단위면적에는 큰 차이가 없으나 토지경계선이 인접한 토지를 침범해 있는 형태다.

① 공백형   ② 중복형
③ 편위형   ④ 불규칙형

13. 다음 중 양안에 기재된 사항에 해당하지 않는 것은?

① 신·구 토지소유자
② 토지 소재, 지번, 면적
③ 측량 순서, 토지 등급
④ 토지 모양(지형), 사표(四標)

14. 토지 등록 방법인 인적 편성주의에 대한 설명으로 옳은 것은?

① 개개의 토지를 중심으로 등록부를 편성하는 방식이다.
② 당사자의 신청 순서에 따라 순차적으로 등록·편성하는 방식이다.

③ 동일 소유자에게 속하는 모든 토지를 당해 소유자의 대장에 기록하는 방식이다.
④ 2개 이상의 토지를 하나의 등기용지인 공동용지를 사용하여 등록하는 방식이다.

15. 지방토지조사위원회에 대한 설명으로 옳지 않은 것은?

① 각 도에 설치하였다.
② 토지사정의 자문기관이었다.
③ 위원장은 조선총독부 정무총감이 맡았다.
④ 위원장 1명과 상임위원 5명으로 구성되었다.

16. 지적의 요건에 해당하지 않는 것은?

① 경제성   ② 공개성
③ 안전성   ④ 정확성

17. 임야조사사업의 특징에 대한 설명으로 옳지 않은 것은?

① 토지조사사업에 비해 적은 인원으로 업무를 수행하였다.
② 토지조사사업을 시행하면서 축적된 기술을 이용하여 사업을 완성하였다.
③ 면적이 넓어 토지조사사업에 비해 많은 예산을 투입하여 사업을 완성하였다.
④ 임야는 토지에 비하여 경제적 가치가 낮아 정확도가 낮은 소축척을 사용하였다.

18. 현대지적의 일반적 기능이 아닌 것은?

① 사회적 기능   ② 경제적 기능
③ 법률적 기능   ④ 행정적 기능

19. 의상경계책(擬上經界策)을 주장한 양전개

혁론자는?

① 이기 　　　　　② 김성규
③ 서유구 　　　　④ 정약용

20. 다음 중 현존하는 우리나라의 가장 오래된

지적자료는?

① 경자양안 　　　② 광무양안
③ 신라장적 　　　④ 결수연명부

1	2	3	4	5
④	③	①	①	②
6	7	8	9	10
②	①	④	②	②
11	12	13	14	15
④	③	①	③	③
16	17	18	19	20
②	③	②	③	③

2021년 1회 지적기사

◎ 지적학 ◎

01. 지압(地押)조사에 대한 설명으로 옳은 것은?

① 신고, 신청에 의하여 실시하는 토지조사이다.
② 토지의 이동 측량 성과를 검사하는 성과검사이다.
③ 분쟁지의 경계와 소유자를 확정하는 토지조사
　이다.
④ 무신고 이동지를 발견하기 위하여 실시하는 토지
　검사이다.

02. 토지조사사업에 대한 설명으로 틀린 것은?

① 사정권자는 임시 토지조사국장이었다.
② 조사측량기관은 임시 토지조사국이었다.
③ 도면축적은 1/1200, 1/2400, 1/3000이었다.
④ 조사대상은 전국 평야부의 토지 및 낙산임야
　이다.

03. 다음 중 지적의 요건으로 볼 수 없는 것은?

① 안전성　　　　　② 정확성
③ 창조성　　　　　④ 효율성

04. 우리나라 지적제도의 기본 이념에 해당하는 것은?

① 지적민정주의　　② 인적편성주의
③ 지적형식주의　　④ 지적비밀주의

05. 다음 지적재조사사업에 관한 설명으로 옳은 것은?

① 지적재조사사업은 지적소관청이 시행한다.
② 지적소관청은 지적재조사사업에 관한 기본 계획
　을 수립하여야 한다.
③ 지적재조사사업에 관한 주요 정책을 심의·의결
　하기 위하여 지적소관청 소속으로 중앙지적재조
　사위원회를 둔다.
④ 시·군·구의 지적재조사사업에 관한 주요 정책
　을 심의·의결하기 위하여 국토교통부장관 소속
　으로 시·군·구 지적재조사위원회를 둘 수 있다.

06. 다음 중 지적궤도와 등기제도를 처음부터 일원화하여 운영한 국가는?

① 대만　　　　　　② 독일
③ 일본　　　　　　④ 네덜란드

07. 입안제도(立案制度)에 대한 설명으로 옳지 않은 것은?

① 입안은 매수인의 소재관(所在官)에게 제출하였다.
② 토지매매 후 100일 이내에 하는 명의변경 절차
　이다.
③ 입안 받지 못한 문기는 효력을 인정받지 못하였다.
④ 조선시대에 토지거래를 관(官)에 신고하고 증명
　을 받는 것이다.

08. 다음 중 지적의 개념 연결이 잘못된 것은?

① 법지적 – 소유지적
② 세지적 – 과세지적
③ 수치지적 – 입체지적
④ 다목적 지적 – 정보지적

09. 다음 경계 중 정밀지적측량이 수행되고 지적소관청으로부터 사정의 행정처리가 완료된 것은?

① 고정경계　　　　② 보증경계
③ 일반경계　　　　④ 특정경계

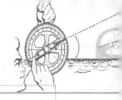

10. 토지의 이익에 영향을 미치는 문서의 공적등기를 보전하는 것을 주된 목적으로 하는 등록제도는?

① 권원 등록제도
② 소극적 등록제도
③ 적극적 등록제도
④ 날인증서 등록제도

11. 조선시대 이성계와 그를 지지하는 신진세력들에 의하여 추진된 제도로서, 토지의 국유화에 의한 사전(私田)의 재분배와 수확량의 10분의 5가 일반화되었던 수조율(收租率)을 대폭 경감하여 국고와 경작자 사이에 개재하는 중간착취를 배제하고자 하는 목적으로 시행된 제도는?

① 과전법
② 역분전
③ 전시과
④ 정전제

12. 다목적 지적제도를 구축하는 이유로 가장 거리가 먼 것은?

① 토지 공개념 도입 용이
② 토지소유현황 파악 용이
③ 정확한 토지 과세정보의 획득
④ 중복업무 방지로 인한 국가 토지행정의 효율성 증대

13. 신라시대에 시행한 토지측량 방식으로 토지를 여러 형태로 구분하여 측량하기 쉽도록 하였던 것은?

① 결부제
② 경무법
③ 연산법
④ 구장산술

14. 현행 지목 중 차문자(次文字) 표기를 따르지 않는 것은?

① 주차장
② 유원지
③ 공장용지
④ 종교용지

15. 다음 중 오늘날의 토지대장과 유사한 것이 아닌 것은?

① 문기(文記)
② 양안(量案)
③ 도전장(都田帳)
④ 타량성책(打量成册)

16. 토지조사사업 당시 지번의 부번방식으로 가장 많이 사용된 것은?

① 기우식
② 단지식
③ 사행식
④ 절충식

17. 조선지세령(朝鮮地稅令)에 관한 내용으로 틀린 것은?

① 1943년 공포되어 시행되었다.
② 전문 7장과 부칙을 포함한 95개 조문으로 되어 있었다.
③ 토지대장, 지적도, 임야대장에 관한 모든 규칙을 통합하였다.
④ 우리나라 세금의 대부분인 지세에 관한 사항을 규정하는 것이 주목적이었다.

18. 일반적으로 양안에 기재된 사항에 해당되지 않는 것은?

① 지번, 면적
② 측량순서, 토지등급
③ 토지형태, 사표(四標)
④ 신구 토지소유자, 토지가격

19. 일필지에 대한 내용으로 틀린 것은?

① 자연적으로 형성된 토지단위
② 토지소유권이 미치는 구획단위
③ 토지의 법률적 단위로서 거래단위
④ 국가의 권력으로 결정하는 등록단위

20. 지번의 특성에 해당되지 않는 것은?

① 토지의 식별
② 토지의 가격화
③ 토지의 특정화
④ 토지의 위치 추측

1	2	3	4	5
④	③	③	③	①
6	7	8	9	10
④	①	③	②	④
11	12	13	14	15
①	①	④	④	①
16	17	18	19	20
③	③	④	①	②

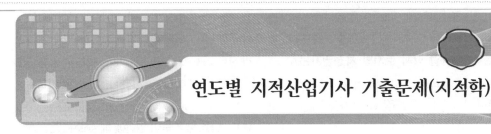

2013년 1회 지적산업기사

◎ 지적학 ◎

1. 지적불부합지가 주는 영향이 아닌 것은?

㉮ 토지에 대한 권리행사에 지장을 초래한다.
㉯ 행정적으로 지적행정의 불신을 초래한다.
㉰ 정확한 토지이용계획을 수립할 수 있게 한다.
㉱ 공공사업의 수행에 지장을 준다.

2. 고구려시대에 작성된 평면도로서 도로, 하천, 건축물 등이 그려진 도면이며 우리나라에 실물로 현재하는 도시 평면도로서 가장 오래된 것은?

㉮ 요동성총도   ㉯ 방위도
㉰ 지안도   ㉱ 어린도

3. 양입지에 대한 설명으로 틀린 것은?

㉮ 주된 용도의 토지에 접속되거나 주된 용도의 토지로 둘러싸인 다른 용도로 사용되고 있는 토지는 양입지로 할 수 있다.
㉯ 종된 용도의 토지면적이 주된 용도의 토지면적의 33%를 초과하는 경우에는 양입지로 할 수 없다.
㉰ 주된 용도의 토지의 편의를 위하여 설치된 도로, 구거 부지는 양입지로 할 수 있다.
㉱ 주된 용도의 토지에 편입되어 1필지로 획정되는 종된 토지를 양입지라고 한다.

4. 일필지에 대한 설명이 틀린 것은?

㉮ 물권이 미치는 범위를 지정하는 구획이다.
㉯ 하나의 지번이 붙는 토지의 등록단위이다.
㉰ 폐합 다각형으로 나타낸다.
㉱ 자연현상으로서의 지형학적 단위이다.

5. 다음 중 토지조사사업 당시의 비과세 지목이 아닌 것은?

㉮ 성첩   ㉯ 하천
㉰ 잡종지   ㉱ 제방

6. 다음 중 지적공부에 등록하는 토지의 물리적 현황과 거리가 먼 것은?

㉮ 지번과 지목   ㉯ 등급과 소유자
㉰ 경계와 좌표   ㉱ 토지소재와 면적

7. 지압조사(地押調査)에 대한 설명으로 가장 적합한 것은?

㉮ 지목변경의 신청이 있을 때에 그를 확인하고자 지적소관청이 현지조사를 시행하는 것이다.
㉯ 토지소유자를 입회시키는 일체의 토지검사이다.
㉰ 도면에 의하여 측량 성과를 확인하는 토지검사이다.
㉱ 신고가 없는 이동지를 조사, 발견할 목적으로 국가가 자진하여 현지조사를 하는 것이다.

8. 토지대장에 등록되어 있는 토지의 속성 자료를 가지고 판단하기 어려운 것은?

㉮ 토지의 소재   ㉯ 토지의 크기
㉰ 토지의 형태   ㉱ 토지의 용도

9. 토지조사사업 당시 토지의 사정권자는?

㉮ 고등토지소사위원회 ㉯ 임시토지조사국장
㉰ 도지사 ㉱ 토지조사국

10. 조선 총독이 지정한 지역에서 지적도와 같게 취급된 임야도로, 기존의 지적도에는 등록이 불가능하여 임야도에 등록된 상태로 두고 지목만 수정하여 임야도를 지적도로 간주한 것은?

㉮ 산지적도 ㉯ 간주지적도
㉰ 간주임야도 ㉱ 별책지적도

11. 조세징수를 제도화하고 공평성을 도모하기 위해 시작된 지적조사로, 근대지적의 효시로 평가되는 것은?

㉮ 둠즈데이 지적 ㉯ 밀라노 지적
㉰ 니더작센 지적 ㉱ 나폴레옹 지적

12. 지목의 부호 표시가 각각 '유'와 '장'인 것은?

㉮ 유원지, 공장용지 ㉯ 유원지, 공원지
㉰ 유지, 공장용지 ㉱ 유지, 목장용지

13. 토지조사사업 당시 일필지측량에서 특별측량을 실시하였던 지역이 아닌 곳은?

㉮ 시가지지역 ㉯ 섬지역
㉰ 서북선 지방 ㉱ 농경지역

14. 토지거래의 안전을 보장하기 위하여 권리관계를 보다 상세하게 기록하며 소유권의 한계 설정과 경계복원의 가능성을 강조하여 지적공도 중 최고의 정밀도를 요구하는 것은?

㉮ 세지적 ㉯ 법지적
㉰ 다목적지적 ㉱ 토지정보시스템

15. 토지의 지번, 지목, 경계 및 면적을 등록하는 주체는?

㉮ 지적소관청 ㉯ 등기소
㉰ 토지 소유자 ㉱ 지적직 공무원

16. 다음 중 지목이 임야에 해당하지 않는 것은?

㉮ 죽림지 ㉯ 암석지
㉰ 자갈땅 ㉱ 갈대밭

17. 개개의 토지소유자를 중심으로 토지등록부를 편성하는 방법은?

㉮ 물적편성주의 ㉯ 연대적 편성주의
㉰ 인적편성주의 ㉱ 인적, 물적편성주의

18. 우리나라에서 적용하는 지적의 원리가 아닌 것은?

㉮ 적극적 등록주의 ㉯ 형식적 심사주의
㉰ 공개주의 ㉱ 국정주의

19. 지적공부를 직접 열람하거나 등본을 교부하는 것과 가장 관계가 깊은 것은?

㉮ 지적국정주의 ㉯ 직권등록주의
㉰ 지적형식주의 ㉱ 지적공개주의

20. 우리나라 현행 토지대장의 특성으로 거리가 먼 것은?

㉮ 물권객체의 공시기능을 갖는다.
㉯ 물적편성주의를 채택하고 있다.
㉰ 등록내용은 법률적 효력을 갖지는 않는다.
㉱ 전산파일로도 등록, 처리한다.

1	2	3	4	5
다	가	나	라	다
6	7	8	9	10
나	라	다	나	나
11	12	13	14	15
라	다	라	나	가
16	17	18	19	20
라	다	나	라	다

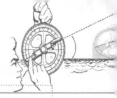

2013년 2회 지적산업기사

◎ 지적학 ◎

1. 경계불가분의 원칙에 대한 설명으로 옳은 것은?

㉮ 토지의 경계는 인접 토지에 공통으로 작용한다.
㉯ 토지의 경계는 작은 말뚝으로 표시한다.
㉰ 토지의 경계는 1필지에만 전속한다.
㉱ 토지의 경계를 결정할 때에는 측량을 하여야 한다.

2. 지번의 역할 및 기능으로 거리가 먼 것은?

㉮ 토지의 필지별 개별화
㉯ 토지 위치의 추측
㉰ 토지의 특정성 보장
㉱ 토지 용도의 식별

3. 우리나라 임야조사사업 당시의 재결기관으로 옳은 것은?

㉮ 고등토지조사위원회
㉯ 세부측량검사위원회
㉰ 임야조사위원회
㉱ 도지사

4. 다음 중 일반적으로 지번을 부여하는 방법이 아닌 것은?

㉮ 분수식
㉯ 기번식
㉰ 자유부번식
㉱ 문장식

5. 우리나라 지적 관련 법령의 변천 연혁을 순서대로 옳게 나열한 것은?

㉮ 토지조사령 → 조선임야조사령 → 지세령 →
   조선지세령 → 지적법
㉯ 토지조사령 → 지세령 → 조선임야조사령 →
   조선지세령 → 지적법
㉰ 토지조사령 → 조선지세령 → 조선임야조사령 →
   지세령 → 지적법
㉱ 조선임야조사령 → 토지조사령 → 지세령 →
   조선지세령 → 지적법

6. 토지조사사업의 주요 내용에 해당되지 않는 것은?

㉮ 토지소유권 조사
㉯ 토지가격 조사
㉰ 지형·지모조사
㉱ 역둔토 조사

7. 토지가옥의 매매계약이 성립하기 위하여 매수인과 매도인 쌍방의 합의 외에 대가의 수수, 목적물의 인도 시에 서면으로 작성한 계약서는?

㉮ 문기
㉯ 입안
㉰ 전안
㉱ 양전

8. 일필지에 대한 설명으로 옳지 않은 것은?

㉮ 지형·지물에 의한 지리학적 등록 단위이다.
㉯ 하나의 지번을 붙이는 토지등록 단위이다.
㉰ 물권이 미치는 법적인 토지등록 단위이다.
㉱ 굴곡점을 직선으로 연결한 폐합 다각형으로 구성된다.

9. 토지등록부의 편성에 있어서 미국의 레코딩 시스템(Recording System)은 다음 중 어디에 속하는가?

㉮ 물적편성주의
㉯ 인적편성주의
㉰ 연대적 편성주의
㉱ 인적·물적편성주의

10. 토지의 경계가 도로, 벽, 담장, 울타리, 도랑, 개천, 해안선 등으로 이루어진 경우를 의미하며 영국 토지거래법 등에서 사례를 찾아볼 수 있는 경계의 유형은?

㉮ 고정경계
㉯ 일반경계
㉰ 보증경계
㉱ 인정경계

11. 토지에 대한 세를 부과함에 있어 과세자료로 이용하기 위한 목적의 지적제도는?

㉮ 세지적
㉯ 법지적
㉰ 경제지적
㉱ 다목적지적

12. 다음 중 백제시대에 측량을 전담하였던 직책은?

㉮ 산학박사(算學博士)   ㉯ 급전도감(給田都監)
㉰ 주부(主簿)   ㉱ 풍백(風伯)

13. 지적측량의 특성상 법령의 기준에 따라 측정하는 측량을 무엇이라 하는가?

㉮ 직권측량   ㉯ 일반측량
㉰ 기속측량   ㉱ 강제측량

14. 토지조사사업 당시 토지에 관한 사정(査定)권자는?

㉮ 토지조사국장   ㉯ 임시토지조사국장
㉰ 시장, 군수   ㉱ 도지사

15. 지적공부를 상시 비치하고 누구나 열람할 수 있게 하는 공개주의의 이론적 근거가 되는 것은?

㉮ 공신의 원칙   ㉯ 공시의 원칙
㉰ 공증의 원칙   ㉱ 직권등록의 원칙

16. 지적불부합지로 인해 야기될 수 있는 사회적 문제점으로 보기 어려운 것은?

㉮ 빈번한 토지분쟁
㉯ 주민의 권리 행사 지장
㉰ 토지거래질서의 문란
㉱ 확정 측량의 불가피한 급속 진행

17. 거리측량을 정확하게 측정할 수 있도록 고안된 거리측정기구인 기리고차의 구조를 기록한 저자와 저서가 바르게 연결된 것은?

㉮ 홍대용의 주해수용
㉯ 이기의 해학유서
㉰ 유형원의 반계수록
㉱ 정약용의 경세유표

18. 다음 중 고려시대의 토지 소유 제도와 관계가 없는 것은?

㉮ 전시과(田柴科)   ㉯ 과전(科田)
㉰ 사원전(寺院田)   ㉱ 전품제(田品制)

19. 지목의 설정에서 우리나라가 채택하지 않는 원칙은?

㉮ 지목법정주의   ㉯ 복식지목주의
㉰ 주지목추종주의   ㉱ 일필일목주의

20. 토지의 성질, 즉 지질이나 토질에 따라 지목을 분류하는 것은?

㉮ 단식 지목   ㉯ 토성지목
㉰ 용도 지목   ㉱ 지형지목

1	2	3	4	5
가	라	다	라	나
6	7	8	9	10
라	가	가	다	나
11	12	13	14	15
가	가	다	나	나
16	17	18	19	20
라	가	라	나	나

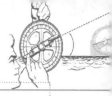

●2013년 3회 지적산업기사

◎ 지적학 ◎

1. 동일한 경계가 축척이 다른 두 도면에 각각 등록된 경우 경계 결정에서 적용할 수 있는 원칙은?

㉮ 일필일목의 원칙 ㉯ 축척종대의 원칙
㉰ 경계불가분의 원칙 ㉱ 주지목추종의 원칙

2. 우리나라의 현행 지목 설정 기준은?

㉮ 토성지목 ㉯ 용도지목
㉰ 지협지목 ㉱ 자연지목

3. 토지등록의 원리 중 공시(公示)의 원칙과 관련 있는 것은?

㉮ 국정주의 ㉯ 물적편성주의
㉰ 형식주의 ㉱ 공개주의

4. 고구려에서 토지측량단위로 면적 계산에 사용한 제도는?

㉮ 결부법 ㉯ 두락제
㉰ 경무법 ㉱ 정전제

5. 경계불가분의 원칙이 적용되는 경계의 특징이 아닌 것은?

㉮ 경계는 설치자에게 소속된다.
㉯ 경계는 위치와 길이만 존재한다.
㉰ 필지 사이의 경계는 2개 이상이 있을 수 없다.
㉱ 경계는 인접 토지에 공통으로 작용한다.

6. 양전의 순서에 따라 1필지마다 천자문의 자번호(字番號)를 부여하였던 제도는?

㉮ 수등이척제 ㉯ 일자오결제

㉰ 지번지역제 ㉱ 동적이척제

7. 다음 중 토지조사사업의 주요 내용이 아닌 것은?

㉮ 토지소유권 조사 ㉯ 토지가격 조사
㉰ 지형·지모 조사 ㉱ 지질 조사

8. 오늘날의 토지대장과 같은 조선시대의 토지등록장부는?

㉮ 양안(量案) ㉯ 입안(立案)
㉰ 문기(文記) ㉱ 지권(地卷)

9. 토지조사사업 당시 도로, 하천, 구거, 제방, 성첩, 철도, 선로, 수도선로를 조사 대상에서 제외한 주된 이유는?

㉮ 측량작업의 난이 ㉯ 소유자 확인 불명
㉰ 강계선 구분 불가능 ㉱ 경제적 가치의 희소

10. 임야조사사업 당시 토지의 사정권자는?

㉮ 임야조사위원회 ㉯ 임시토지조사국장
㉰ 도지사 ㉱ 면장

11. 양전의 결과에 의하여 민간인의 사적 토지소유권을 증명해주는 지계를 발행하기 위해 1901년에 설립된 것으로, 탁지부에 소속된 지적사무를 관장하는 독립된 외청 형태의 중앙 행정기관은?

㉮ 양지아문(量地衙門) ㉯ 지계아문(地契衙門)
㉰ 양지과(量地課) ㉱ 통감부(統監府)

12. 토렌스 시스템(Torrens System)에 대한 설명으로 틀린 것은?

㉮ 등록신청서에 의하여 형식적으로 합법적인 권리 자인지 확인하여 기존 서식의 등기부에 등재한다.

㉯ 적극적 등록제도의 발달된 형태로 대표적인 시스템이다.
㉰ 기본이론으로 거울이론, 커튼이론, 보험이론이 있다.
㉱ 시스템의 기본 원리는 영국 런던 왕립등기사무소 장인 러프(T. B. Ruoff)에 의해 주장되었다.

13. 고려시대의 토지대장 중 타량성책(打量成冊)의 초안 또는 각 관아에 비치된 결세대장에 해당하는 것은?

㉮ 도전장(都田帳)
㉯ 전적(田籍)
㉰ 양전장적(量田帳籍)
㉱ 도행장(導行帳)

14. 토지조사사업 당시 면적이 10평 이하인 협소한 토지의 면적측정방법으로 옳은 것은?

㉮ 플라니미터법   ㉯ 계적기법
㉰ 전자면적측정기법   ㉱ 삼사법

15. 토지소유권 보호가 주요 목적이며, 토지거래의 안전을 보장하기 위해 만들어진 지적제도로서 토지의 평가보다 소유권의 한계설정과 경계복원의 가능성을 중요시하는 것은?

㉮ 세지적   ㉯ 법지적
㉰ 유사지적   ㉱ 경제지적

16. 아래의 설명에 해당하는 토지등록의 유형은?

- 모든 토지는 지적공부에 등록하여야 한다.
- 지적공부에 등록되지 않은 토지는 어떠한 권리도 인정될 수 없다.

㉮ 적극적 등록제도   ㉯ 실질적 심사제도
㉰ 권원등록제도   ㉱ 날인증서등록제도

17. 1910년 대한제국의 탁지부에서 근대적인 지적제도를 창설하기 위하여 전 국토에 대한 토지조사사업을 추진할 목적으로 제정 공포한 것은?

㉮ 토지조사법   ㉯ 토지조사령
㉰ 지세령   ㉱ 토지측량규칙

18. 토지조사사업 당시 지역선의 대상이 아닌 것은?

㉮ 소유자가 다른 토지 간의 사정된 경계선
㉯ 소유자가 같은 토지와의 구획선
㉰ 토지조사시행지와 미시행지와의 지계선
㉱ 소유자를 알 수 없는 토지와의 구획선

19. 신라시대의 토지 측량에 사용된 구장산술의 내용에 따르면, 직각삼각형 형태로 된 토지를 무엇이라 하였는가?

㉮ 방전   ㉯ 직전
㉰ 규전   ㉱ 구고전

20. 토지의 등록을 위하여 토지를 필지별로 개별화하고 특정화시키는 역할을 하는 토지 표시 사항은?

㉮ 토지소재   ㉯ 지번
㉰ 지목   ㉱ 좌표

1	2	3	4	5
나	나	라	다	가
6	7	8	9	10
나	라	가	라	다
11	12	13	14	15
나	가	라	라	나
16	17	18	19	20
가	가	가	라	나

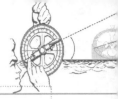

◉2014년 1회 지적산업기사

◎ 지적학 ◎

1. 지번을 부여하는 단위지역으로 가장 옳은 것은?

① 자연부락은 모두 지번부여지역이다.
② 읍, 면은 모두 지번부여지역으로 한다.
③ 동, 리 및 이에 준할 만한 지역은 지번부여지역으로 한다.
④ 자연부락단위로 한다.

2. 지적 형식주의와 관계있는 토지 등록의 원리는?

① 등록의 원칙   ② 특정화의 원칙
③ 공시의 원칙   ④ 신청의 원칙

3. 경국대전에 기록된 조선시대의 토지대장은?

① 문기(文記)   ② 백문(白文)
③ 정전(井田)   ④ 양안(量案)

4. 토지과세 및 토지거래의 안전을 도모하며 토지소유권의 보호를 주요 목적으로 하는 지적제도는?

① 법지적   ② 경제지적
③ 과세지적   ④ 유사지적

5. 도해지적에 대한 설명으로 옳은 것은?

① 지적의 자동화가 용이하다.
② 지적의 정보화가 용이하다
③ 측량 성과의 정확성이 높다.
④ 위치나 형태를 파악하기 쉽다.

6. 지번의 부여 단위에 따른 분류 중 해당 지번설정지역의 면적이 비교적 넓고 지적도의 매수가 많을 때 흔히 채택하는 방법은?

① 지역단위법   ② 도엽단위법
③ 단지단위법   ④ 기우단위법

7. "토지 등록이 토지의 권리를 아주 정확하게 반영하나 인간의 과실로 착오가 발생하는 경우에 피해보상에 관한 한 법률적으로 선의의 제3자와 동등한 입장에 놓여야만 된다."는 토렌스 시스템의 기본이론은?

① 공개이론   ② 커튼이론
③ 거울이론   ④ 보험이론

8. 지번의 설정 이유(역할)와 가장 거리가 먼 것은?

① 토지의 개별화   ② 토지이용의 효율화
③ 토지의 특정화   ④ 토지의 위치 확인

9. 다음의 지적제도 중 토지정보시스템과 가장 밀접한 관계가 있는 것은?

① 세지적   ② 경제지적
③ 법지적   ④ 다목적지적

10. 고려시대에 토지업무를 담당하던 기관과 관리에 관한 설명으로 틀린 것은?

① 정치도감은 전지를 개량하기 위하여 설치된 임시관청이었다.
② 토지측량업무는 이조에서 관장하였으며, 이를 관리하는 사람을 양인 전민계정사(田民計定使)라 하였다.
③ 찰리변위도감은 전국의 토지분급에 따른 공부 등에 관한 불법을 규찰하는 기구이었다.
④ 급전도감은 고려 초 전시과를 시행할 때 전지 분급과 이에 따른 토지측량을 담당하는 기관이었다.

11. 우리나라 지목의 구분 및 결정기준은?

① 토지의 주된 사용목적　② 토지의 모양
③ 토양의 성질　　　　　　④ 토지의 크기

12. 지적 관련 법령의 변천 순서가 옳게 나열
된 것은?

① 토지조사법 → 토지조사령 → 지세령 → 조선임
　야조사령 → 조선지세령 → 지적법
② 토지조사법 → 토지조사령 → 지세령 → 조선지
　세령 → 조선임야조사령 → 지적법
③ 토지조사법 → 지세령 → 토지조사령 → 조선임
　야조사령 → 조선지세령 → 지적법
④ 토지조사법 → 지세령 → 조선임야조사령 → 토
　지조사령 → 조선지세령 → 지적법

13. 통일신라시대의 신라장적에 기록된 지목
과 관계없는 것은?

① 전　　　　　　　　② 수전
③ 답　　　　　　　　④ 마전

14. 지적의 3요소와 가장 거리가 먼 것은?

① 토지　　　　　　　② 등록
③ 공부　　　　　　　④ 등기

15. 토지조사사업 당시 사정사항에 불복하여
재결을 받은 때의 효력 발생일은?

① 재결신청일　　　　② 사정일
③ 재결접수일　　　　④ 사정 후 30일

16. 지적의 어원을 'katastikhon', 'capitas-
trum'에서 찾고 있는 견해의 주용 쟁점이 되는
의미는?

① 토지측량　　　　　② 지형도
③ 지적공부　　　　　④ 세금부과

17. 토지조사사업에서 조사한 내용이 아닌 것
은?

① 토지의 소유권　　　② 토지의 가격
③ 토지의 지질　　　　④ 토지의 외모(外貌)

18. 토지검사에 해당하지 않은 것은?

① 이동지 검사　　　　② 지압 조사
③ 측량 검사　　　　　④ 토지 조사

19. 대한제국시대에 부동산 거래질서가 문란
하여 토지소유권 이전을 국가가 통제할 수 있도
록, 입안 대신 채택한 것은?

① 양안제도　　　　　② 문기제도
③ 지계제도　　　　　④ 가계제도

20. 지적과 등기를 일원화된 조직의 행적업
무로 처리하지 않는 국가는?

① 독일　　　　　　　② 네덜란드
③ 일본　　　　　　　④ 대만

1	2	3	4	5
3	1	4	1	4
6	7	8	9	10
2	4	2	4	2
11	12	13	14	15
1	1	2	4	2
16	17	18	19	20
4	3	4	3	1

● 2014년 2회 지적산업기사

◎ 지적학 ◎

1. 다음 중 현재의 토지대장과 같은 것은?

① 문기(文記) 　　② 양안(量案)
③ 사표(四標) 　　④ 입안(立案)

2. 다음 중 토지조사사업의 주된 내용으로 거리가 먼 것은?

① 토지의 소유권 보호
② 토지의 행정구역 조사
③ 토지의 외모 조사
④ 토지의 가격 조사

3. 기본도로서 지적도가 갖추어야 할 요건으로 타당하지 않은 것은?

① 기본적으로 필요한 정보가 수록되어야 한다.
② 일정한 축척의 도면 위에 등록해야 한다.
③ 특정자료를 추가하여 수록할 수 있어야 한다.
④ 기본정보는 변동없이 항상 일정해야 한다.

4. 다음 중 도곽선의 역할로 가장 거리가 먼 것은?

① 기초점 전개의 기준
② 지적 원점 결정의 기준
③ 도면신축량 측정의 기준
④ 인접 도면과 접합의 기준

5. 경계점좌표등록부에 등록되는 좌표는?

① 구면직각 좌표 　② 경위도 좌표
③ 평면직각 좌표 　④ UTM 좌표

6. 우리나라 지적제도에서 채택하고 있는 지목유형은?

① 토성(土性)지목 　② 용도(用途)지목
③ 지형(地形)지목 　④ 신청(申請)지목

7. 다음 중 지적제도의 발달 과정을 옳게 나열한 것은?

① 법지적 → 세지적 → 다목적지적
② 세지적 → 법지적 → 다목적지적
③ 세지적 → 다목적지적 → 법지적
④ 다목적지적 → 법지적 → 세지적

8. 다음 중 지적의 본질이 아닌 것은?

① 토지에 대한 모든 물권 변동사항의 등록을 목적으로 한다.
② 일필지에 대한 정보를 체계적으로 등록한다.
③ 토지 표시사항의 이동사항을 결정한다.
④ 실제와 부합되는 자료대로 함을 원칙으로 한다.

9. 특별한 기준을 두지 않고 당사자가 신청하는 시간적 순서에 따라 순차로 기록해 가는 토지대장의 편성방법은?

① 물적 편성주의 　② 인적 편성주의
③ 연대적 편성주의 ④ 물적·인적 편성주의

10. 토지조사사업 당시 일필지의 강계(疆界)를 결정하기 위한 직접적인 목적과 조건을 설명한 것으로 옳지 않은 것은?

① 소유권 분계(分界)를 확정하기 위한 목적이 있었다.
② 분쟁지를 해결하기 위한 목적이 있었다.
③ 토지소유자가 동일해야 한다.
④ 지목이 동일하고 연속된 토지이어야 한다.

11. 다음 중 다목적지적의 구성 요소로 보기 어려운 것은?

① 필지식별번호
② 기본도
③ 지적도
④ 지형도

12. 정전제(丁田制)를 주장한 학자가 아닌 것은?

① 한백경(韓白鏡)
② 서명응(徐命膺)
③ 이기(李沂)
④ 세키야

13. 다음 중 축척이 다른 2개의 도면에 동일한 필지의 경계가 각각 등록되어 있을 때 토지의 경계를 결정하는 원칙으로 옳은 것은?

① 토지소유자에게 유리한 쪽에 따른다.
② 축척이 작은 것에 따른다.
③ 축척이 큰 것에 따른다.
④ 축척의 평균치에 따른다.

14. 토지등록제도에 있어서 권리의 객체로서 모든 토지를 반드시 특정적이면서도 단순하고 명확한 방법에 의하여 인식될 수 있도록 개별화함을 의미하는 토지 등록 원칙은?

① 공신의 원칙
② 특정화의 원칙
③ 신청의 원칙
④ 등록의 원칙

15. 다음 중 지적측량에 따른 민사책임에 해당되는 것은?

① 지적측량과정에서 과실로 토지 내 수목 제거
② 중과실로 지적측량에 잘못을 범한 때
③ 지적측량부의 타목적에 이용
④ 경계점의 손괴, 이동 및 제거

16. 지적의 3요소와 가장 거리가 먼 것은?

① 토지
② 등록
③ 등기
④ 공부

17. 3차원 지적에 해당되지 않는 것은?

① 평면지적
② 입체지적
③ 지표공간
④ 지중공간

18. 다음 중 도해지적에 대한 설명으로 거리가 먼 것은?

① 축척의 크기에 따라 허용오차가 다르다.
② 도면의 신축방지와 보관관리가 어렵다.
③ 소요되는 비용과 시간이 비교적 저렴하다.
④ 지적측량 결과를 지상에 복원할 때 측량 당시의 정확도로 재현할 수 있다.

19. 다음 중 지적의 기본 이념으로만 열거된 것은?

① 국정주의, 형식주의, 공개주의
② 국정주의, 형식적 심사주의, 직권등록주의
③ 직권등록주의, 형식적 심사주의, 공개주의
④ 형식주의, 민정주의, 직권등록주의

20. 징발된 토지의 소유권은 누구에게 있는가?

① 국가
② 국방부
③ 지방자치단체
④ 토지소유자

1	2	3	4	5
2	2	4	2	3
6	7	8	9	10
2	2	1	3	2
11	12	13	14	15
4	3	3	2	1
16	17	18	19	20
3	1	4	1	4

◉2014년 3회 지적산업기사

◎ 지적학 ◎

1. 1980년 이후 현재 지번부여 원칙으로 옳은 것은?

① 북서에서 남동으로 순차적으로 부여
② 남서에서 북동으로 순차적으로 부여
③ 북동에서 남서로 순차적으로 부여
④ 남동에서 북서로 순차적으로 부여

2. 다음 지적의 기능 중 거리가 먼 것은?

① 도시 및 국토계획의 원천
② 토지감정평가의 기초
③ 토지기록의 법적효력과 공시
④ 지리적 요소의 결정

3. 지번의 부여 방법 중 진행방향에 따른 분류가 아닌 것은?

① 절충식   ② 오결식
③ 사행식   ④ 기우식

4. 다음 중 토지소유권 보호를 목적으로 하는 지적제도의 유형으로 옳은 것은?

① 경제지적   ② 법지적
③ 세지적   ④ 다목적지적

5. 밤나무숲을 측량한 지적도로 탁지부 임시 재산정리국 측량과에서 실시한 측량원도의 명칭으로 옳은 것은?

① 관저원도   ② 율림기지원도
③ 산록도   ④ 궁채전도

6. 공유지연명부의 등록사항이 아닌 것은?

① 지목
② 토지의 고유번호
③ 소유권 지분
④ 소유자의 주민등록번호

7. 지목부호는 다음 중 어느 공부에 표기하는가?

① 토지대장   ② 지적도
③ 임야대장   ④ 경계점좌표등록부

8. 지적공부정리를 위한 토지이동의 신청을 하는 경우, 측량을 요하지 않는 토지이동은?

① 등록전환   ② 면적정정
③ 경계정정   ④ 합병

9. 일본의 국토에 대한 기초 조사로 실시한 국토조사사업에 해당되지 않는 것은?

① 임야수종조사   ② 토지분류조사
③ 지적조사   ④ 수조사(水調査)

10. 다음 중 근대적 세지적의 완성과 소유권 제도의 확립을 위한 지적제도 성립의 전환점으로 평가되는 역사적인 사건은?

① 윌리엄 1세의 영국 둠즈데이 측량 시행
② 나폴레옹 1세의 프랑스 토지관리법 시행
③ 솔리만 1세의 오스만제국 토지법 시행
④ 디오클레시안 황제의 로마제국 토지 측량 시행

11. 물권 설정 측면에서 지적의 3요소로 볼 수 없는 것은?

① 토지   ② 등록
③ 공부   ④ 국가

12. 현재 우리나라의 토지대장 편성방식은?

① 물적 편성주의
② 인적 편성주의
③ 연대적 편성주의
④ 물적·인적 편성주의

13. 지적도 작성 방법 중 지적도면 자료나 영상자료를 래스터(Raster)방식으로 입력하여 수치화하는 장비로 옳은 것은?

① 스캐너
② 디지타이저
③ 자동복사기
④ 키보드

14. 조선시대 양전의 개혁을 주장한 학자가 아닌 사람은?

① 서유구
② 이기
③ 정약용
④ 김응원

15. 토지사정선의 설명 중 가장 옳은 것은?

① 시장, 군수가 측량한 모든 경계선이다.
② 임시토지조사국에서 측량한 모든 경계선이다.
③ 강계선(彊界線)은 모두 사정선이다.
④ 토지의 분할선 또는 경계 감정선이다.

16. 다음 중 토지조사사업 당시 불복신립 및 재결을 행하는 토지소유권의 확정에 관한 최고의 심의기관은?

① 도지사
② 임시토지조사국장
③ 고등토지조사위원회
④ 임야조사위원회

17. 지적제도상 효율적인 소유권 보호의 목적을 실현하기 위한 기능으로 가장 대표적인 것은?

① 필지의 획정(劃定)
② 주소로서 지번 설정
③ 등기통지서의 정리
④ 신규등록지 소유권 설정

18. 경국대전에서 매 20년마다 토지를 개량하여 작성했던 양안의 역할은?

① 가옥규모 파악
② 세금징수
③ 상시 소유자 변경 등재
④ 토지거래

19. 토지의 표시사항은 지적공부에 등록, 공시하여야만 효력이 인정된다는 토지등록의 원칙은?

① 형식주의
② 신청주의
③ 공신주의
④ 직권주의

20. 초기에 부여된 지목명칭의 변경을 잘못 연결한 것은?

① 공원지→공원
② 사사지→사적지
③ 분묘지→묘지
④ 운동장→체육용지

1	2	3	4	5
1	4	2	2	2
6	7	8	9	10
1	2	4	1	2
11	12	13	14	15
4	1	1	4	3
16	17	18	19	20
3	1	2	1	2

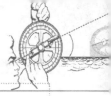

◉ 2015년 1회 지적산업기사

◎ 지적학 ◎

1. 지적제도의 기능 및 역할로 옳지 않은 것은?

① 토지등기의 기초
② 토지에 대한 과세의 기준
③ 토지거래의 기준
④ 토지소유제한의 기준

2. 우리나라의 지목 결정 원칙과 거리가 먼 것은?

① 용도경중의 원칙
② 1필1지목의 원칙
③ 주지목 추종의 원칙
④ 지형지목의 원칙

3. 매매계약이 성립되기 위해 매수인, 매도인 쌍방의 합의 외에 대가의 수수목적물의 인도 시에 서면으로 작성한 계약서를 무엇이라 하는가?

① 문기
② 양안
③ 입안
④ 가계

4. 지압조사(地押調査)를 가장 잘 설명하고 있는 것은?

① 측량 성과 검사의 일종이다.
② 소유권의 변동사항에 주안을 둔다.
③ 신청이 없는 경우의 직권에 의한 이동지 조사다.
④ 소유자의 동의하에 현지를 확인해야 효력이 있다.

5. 대부분의 일반 농촌지역에서 주로 사용되며, 토지의 배열이 불규칙한 경우 인접해 있는 필지로 진행방향에 따라 연속적으로 지번을 부여하는 방식은?

① 사행식(蛇行式)
② 기우식(奇偶式)
③ 교호식(交互式)
④ 단지식(團地式)

6. 현대 지적의 원리로 가장 거리가 먼 것은?

① 공기능성
② 문화성
③ 정확성
④ 능률성

7. 1필지로 정할 수 있는 기준에 해당하지 않는 것은?

① 지번부여지역 안의 토지로 소유자가 동일한 토지
② 지번부여지역 안의 토지로 용도가 동일한 토지
③ 지번부여지역 안의 토지로 지가가 동일한 토지
④ 지번부여지역 안의 토지로 지반이 연속된 토지

8. 토지조사사업 당시 분쟁지 조사를 하였던 분쟁의 원인으로 가장 거리가 먼 것은?

① 토지 소속의 불명확
② 권리증명의 불분명
③ 역둔토 정리의 미비
④ 지적측량의 미숙

9. 다음 중 정약용과 서유구가 주장한 양전개정론의 내용이 아닌 것은?

① 경무법 시행
② 결부제 폐지
③ 어린도법 시행
④ 수등이척제 개선

10. 지적 국정주의에 대한 설명으로 옳은 것은?

① 지적공부에 등록하는 토지의 표시사항은 국가만이 결정할 수 있다.
② 모든 토지는 법령이 정하는 바에 따라 1필지마다 지번, 지목, 경계, 좌표 및 면적을 결정하여 지적공부에 등록하여야 한다.
③ 지적에 관한 사항을 토지소유자, 이해관계인 및 일반국민으로 하여금 정당하게 이용할 수 있도록 하여야 한다.

④ 부동산 물권 변동에 대하여 등기를 하지 않으면 효력이 없다.

11. 다음 중 세지적제도에서 중요시한 사항으로 가장 거리가 먼 것은?

① 생산량   ② 면적
③ 경계   ④ 토지 등급

12. 토지등록부의 편성방법 중 연대적 편성주의에 대한 설명으로 옳은 것은?

① 토지의 등록에 있어 개개의 토지를 중심으로 토지등록부를 편성하는 것으로 우리나라도 이 제도를 따르고 있다.
② 토지소유자별로 토지를 등록하여 동일 소유자에 속하는 모든 토지는 당해 소유권자의 대장에 기록하는 방식이다.
③ 어떠한 특별한 기준을 두지 않고 당사자의 신청 순서에 따라 순차적으로 기록해 가는 것으로 레코딩시스템이 이에 속한다.
④ 토지대장에 있어서 소유자별 토지등록카드와 지번별 목록, 성명별 목록을 동시에 등록하는 방식이다.

13. 부동산의 증명제도에 대한 설명으로 틀린 것은?

① 근대적 등기제도에 해당한다.
② 일본인이 우리나라에서 제한거리를 넘어서도 토지를 소유할 수 있는 근거가 되었다.
③ 증명은 구한국에서 일제초기에 이르는 부동산등기의 일종이다.
④ 소유권에 한하여 그 계약 내용을 인증해 주는 제도였다.

14. 조선시대의 토지대장인 양안에 대한 설명으로 옳지 않은 것은?

① 전적이라고도 하였다.

② 양안의 명칭은 시대, 사용처, 보관기간에 따라 달랐다.
③ 양안은 호조, 본도, 본읍에서 보관하게 되어 있었다.
④ 경국대전에 토지매매 후 100일 이내에 작성한다고 규정되어 있다.

15. 양안에 토지를 표시함에 있어 양전의 순서에 따라 1필지마다 천자문(千字文)의 자(字) 번호를 부여하였던 제도는?

① 수등이척제   ② 결부법
③ 일자오결제   ④ 집결제

16. 다음 중 토지조사사업에서 사정(査定)하였던 사항은?

① 토지소유자   ② 지번
③ 지목   ④ 면적

17. 지적에서 토지의 경계라고 할 때 무엇을 의미하는가?

① 지상(地上)의 경계를 의미한다.
② 도면상(圖面上)의 경계를 의미한다.
③ 소유자가 다른 토지 사이의 경계를 의미한다.
④ 지목이 같은 토지 사이의 경계를 의미한다.

18. 지적의 발생설에 해당하지 않는 것은?

① 치수설   ② 상징설
③ 지배설   ④ 과세설

19. 임야조사사업 당시의 재결 기관은?

① 고등토지조사위원회
② 임시토지조사국장
③ 임야조사위원회
④ 도지사

20. 행정구역제도로 국도를 중심으로 영토를 사방으로 구획하는 사출도란 토지구획방법을 시행하였던 나라는?

① 고구려　　　　　② 부여
③ 백제　　　　　　④ 조선

1	2	3	4	5
4	4	1	3	1
6	7	8	9	10
2	3	4	4	1
11	12	13	14	15
3	3	4	4	3
16	17	18	19	20
1	2	2	3	2

○2015년 2회 지적산업기사

◎ 지적학 ◎

1. 우리나라의 지적에 수치지적이 시행되기 시작한 연대는?

① 1950년　　　　② 1976년
③ 1980년　　　　④ 1986년

2. 다음 중 지적의 발생설과 관계가 먼 것은?

① 법률설　　　　② 과세설
③ 치수설　　　　④ 지배설

3. 다음 지목 중 잡종지에서 분리된 지목에 해당하는 것은?

① 지소　　　　② 유지
③ 염전　　　　④ 공원

4. 다음 중 적극적 토지등록제도의 기본원칙이라고 할 수 없는 것은?

① 토지등록은 국가공권력에 의해 성립된다.
② 토지에 대한 권리는 등록에 의해서만 인정된다.
③ 등록내용의 유효성은 법률적으로 보장된다.
④ 토지등록은 형식심사에 의해 이루어진다.

5. 지적의 원리 중, 지적활동의 정확도를 설명한 것으로 옳지 않은 것은?

① 토지현황조사의 정확성 – 일필지 조사
② 기록과 도면의 정확성 – 측량의 정확도
③ 서비스의 정확성 – 기술의 정확도
④ 관리·운영의 정확성 – 지적조직의 업무분화 정확도

6. 공훈의 차등에 따라 공신들에게 일정한 면적의 토지를 나누어 준 것으로, 고려시대 토지제도 정비의 효시가 된 것은?

① 관료전　　　　② 공신전
③ 역분전　　　　④ 정전

7. 경계의 결정 원칙 중 경계불가분의 원칙과 관련이 없는 것은?

① 토지의 경계는 인접 토지에 공통으로 작용한다.
② 토지의 경계는 유일무이하다.
③ 경계선은 위치와 길이만 있고 너비가 없다.
④ 축척이 큰 도면의 경계를 따른다.

8. 다음 중 토렌스시스템에 대한 설명으로 옳은 것은?

① 미국의 토렌스 지방에서 처음 시행되었다.
② 실질적 심사에 의한 권원조사를 하지만 공신력은 없다.
③ 기본이론으로 거울이론, 커튼이론, 보험이론이 있다.
④ 피해자가 발생하여도 국가가 보상할 책임이 없다.

9. 토지소유권에 관한 설명으로 옳은 것은?

① 법률의 범위 내에서 사용, 수익, 처분할 수 있다.
② 토지소유권은 토지를 일시 지배하는 제한물권이다.
③ 존속기간이 있고 소멸시효에 걸린다.
④ 무제한 사용, 수익할 수 있다.

10. 궁장토 관리조직의 변천과정으로 옳은 것은?

① 제실제도국 → 제실재정회의 → 임시재산정리국
　→ 제실재산정리국
② 제실재정회의 → 제실제도국 → 제실재산정리국
　→ 임시재산정리국
③ 제실제도국 → 임시재산정리국 → 제실재산정리국 → 제실재정회의
④ 임시재산정리국 → 제실재정회의 → 제실제도국
　→ 제실재산정리국

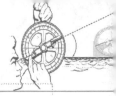

11. 다음 중 지적형식주의에 관한 설명으로 옳은 것은?

① 토지소유권은 부동산등기부에 등기된 바에 따른다.
② 토지대장은 카드형식으로만 작성된다.
③ 지적공부의 열람은 누구나 할 수 있다.
④ 모든 토지는 지적공부에 등록해야 한다.

12. 다음 중 지적의 일반적 기능 및 역할로 옳지 않은 것은?

① 토지의 물리적 현황을 등록한 토지대장은 등기부를 정리하기 위한 보조적 기능을 한다.
② 지적공부에 등록된 정보는 토지평가의 기초 자료로 활용된다.
③ 지적공부에 등록된 정보는 토지거래의 기초 자료로 활용된다.
④ 토지정보를 필요로 하는 분야에 종합 정보원으로서의 기능을 한다.

13. 토지를 등록하는 지적공부를 크게 토지대장 등록지와 임야대장 등록지로 구분하고 있는 직접적인 원인은?

① 조사사업별 구분 ② 토지지목별 구분
③ 과세세목별 구분 ④ 도면축척별 구분

14. 다음 중 근대 지적제도가 창설되기 이전에 문란한 토지제도를 바로잡기 위하여 대한제국에서 과도기적으로 시행한 제도는?

① 양안제도 ② 입안제도
③ 지계제도 ④ 사정제도

15. 지적공개주의의 의미로 가장 적합한 것은?

① 지적공부에 등록하여 국가 통제하에 두는 것이다.
② 토지소유자, 이해관계자에게 정당하게 활용되도록 하는 것이다.
③ 지적관계 공무원에게 공개하는 것이다.
④ 지적공부를 외국인에게 공개하여 과세자료를 제공하는 것이다.

16. 지목의 설정 원칙이 아닌 것은?

① 지목변경불변의 원칙
② 사용목적추종의 원칙
③ 용도경중의 원칙
④ 등록선후의 원칙

17. 다음 중 조선시대 토지제도인 양전법에서 규정한 전형(田形 : 토지의 모양) 5가지에 해당되지 않는 것은?

① 방전(方田) ② 원전(圓田)
③ 직전(直田) ④ 규전(圭田)

18. 고려시대 토지를 기록하는 대장에 해당되지 않는 것은?

① 도전장 ② 양전도장
③ 도전정 ④ 구양안

19. 다음 중 지적도와 임야도의 등록사항이 아닌 것은?

① 면적 ② 지번
③ 경계 ④ 지목

20. 조선시대에 정약용이 주장한 양전개정론의 내용에 해당하지 않는 것은?

① 방량법과 어린도법 ② 정전제
③ 경무법 ④ 망척제

1	2	3	4	5
2	1	3	4	3
6	7	8	9	10
3	4	3	1	2
11	12	13	14	15
4	1	1	3	2
16	17	18	19	20
1	2	4	4	4

2015년 3회 지적산업기사

◎ 지적학 ◎

1. 토지등록의 제 원칙과 관계가 없는 것은?

① 형식적 심사의 원칙　② 특정화의 원칙
③ 신청의 원칙　　　　④ 공시의 원칙

2. 다음 중 일반적인 토지대장 편성방법이 아닌 것은?

① 조사적 편성주의
② 인적 편성주의
③ 물적 편성주의
④ 연대적 편성주의

3. 토지조사사업 당시 토지에 대한 사정(査定)사항은?

① 강계　　　　　② 면적
③ 지번　　　　　④ 지목

4. 토지조사사업 시 사정한 소유자에 불복하여 사정내용과 다르게 고등토지조사위원회의 재결을 받은 경우 그 소유자의 효력 발생 시기는?

① 사정일로 소급　　② 재결일
③ 재결서 접수일　　④ 재결 확정일

5. 다음 중 전 국토에 대한 자원목록을 조직적으로 작성한 토지기록이자 토지대장인 둠즈데이북(Domesday Book)을 작성하였던 나라는?

① 이탈리아　　　② 프랑스
③ 덴마크　　　　④ 영국

6. 조선시대 경국대전 호전(戶典)에 의한 양전은 몇 년마다 실시하였는가?

① 5년　　　　　② 10년
③ 15년　　　　　④ 20년

7. 다음 중 토지조사사업 당시의 토지에 대한 사정 기관은?

① 임시 토지조사국장
② 고등토지조사위원회
③ 도지사
④ 부와 면

8. 다음 중 경계점좌표등록부를 비치하는 지역의 측량시행에 대한 가장 특징적인 토지표시 사항은?

① 지목　　　　　② 지번
③ 좌표　　　　　④ 면적

9. 1필지의 설명 중 옳지 않은 것은?

① 1필의 토지
② 1지번의 토지
③ 자연적인 토지 단위
④ 법적인 토지 단위

10. 각 시대별 지적제도의 연결이 옳지 않은 것은?

① 고려 – 수등이척제
② 조선 – 수등이척제
③ 구한말 – 지계아문(地契衙門)
④ 고구려 – 두락제(斗落制)

11. 적극적 지적제도의 설명 중 틀린 것은?

① 등록된 권원의 효력을 국가에서 보장한다.
② 포지티브 시스템(positive system)이라 한다.
③ 토지등록사항에 대한 사실심사권이 인정되지 않는다.
④ 대만이나 스위스에서도 이 개념을 채택하고 있다.

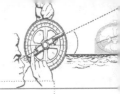

12. 다음 중 세지적(稅地籍)에 대한 설명으로 가장 거리가 먼 것은?

① 면적본위로 운영되는 지적제도다.
② 토지관련 자료의 최신 정보 제공 기능을 갖고 있다.
③ 가장 오랜 역사를 가지고 있는 최초의 지적제도다.
④ 과세자료로 이용하기 위한 목적의 지적제도다.

13. 고조선시대에 균형있는 촌락의 설치와 토지분급 및 수확량의 파악을 위해 시행된 것은?

① 정전제(井田制)　　② 결부제(結負制)
③ 두락제(斗落制)　　④ 경무법(頃畝法)

14. 우리나라 현행 지적공부의 기능이라고 할 수 없는 것은?

① 도시계획의 기초　　② 토지유통의 매체
③ 용지보상의 근거　　④ 소유권 변동의 공시

15. 경계점 표지의 특성이 아닌 것은?

① 영구성　　② 안전성
③ 유동성　　④ 명확성

16. 1910~1918년에 시행한 토지조사사업에서 조사한 내용이 아닌 것은?

① 토지의 지질조사
② 토지의 소유권조사
③ 토지의 가격조사
④ 토지의 외모(外貌)조사

17. 다음 중 우리나라 지적제도에 채택하고 있는 것은?

① 소극적 등록제도
② 적극적 등록제도
③ 유사 등록제도
④ 3차원 등록제도

18. 지적측량 대행법인의 명칭으로 사용되었거나 현재 사용되고 있는 명칭이 아닌 것은?

① 조선지적협회
② 대한지적협회
③ 한국국토정보공사
④ 대한측량협회

19. 다음 중 토렌스 시스템의 기본 이론에 해당되지 않는 것은?

① 거울이론　　② 보상이론
③ 커튼이론　　④ 보험이론

20. 다음 중 진행 방향에 따른 지번 부여 방법의 분류에 해당하는 것은?

① 자유식　　② 분수식
③ 사행식　　④ 도엽단위식

1	2	3	4	5
①	①	①	①	④
6	7	8	9	10
④	①	③	③	④
11	12	13	14	15
③	②	①	④	③
16	17	18	19	20
①	②	④	②	③

2016년 1회 지적산업기사

◎ 지적학 ◎

1. 다음 중 지적과 등기를 비교하여 설명한 내용으로 옳지 않은 것은?

① 지적은 실질적 심사주의를 채택하고 등기는 형식적 심사주의를 채택한다.
② 등기는 토지의 표시에 관하여는 지적을 기초로 하고 지적의 소유자 표시는 등기를 기초로 한다.
③ 지적과 등기는 국정주의와 직권등록주의를 채택한다.
④ 지적은 토지에 대한 사실관계를 공시하고 등기는 토지에 대한 권리관계를 공시한다.

2. 다음 중 다목적 지적제도의 구성 요소에 해당하지 않는 것은?

① 측지기준망
② 행정조직도
③ 지적중첩도
④ 필지식별번호

3. 우리나라 지적제도의 기원으로 균형 있는 촌락의 설치와 토지분급 및 수확량의 파악을 위해 실시한 고조선시대의 지적제도로 옳은 것은?

① 정전제
② 경무법
③ 결부제
④ 과전법

4. 토지조사사업 당시 지역선의 대상이 아닌 것은?

① 소유자가 같은 토지와의 구획선
② 소유자가 다른 토지간의 사정된 경계선
③ 토지조사 시행지와 미시행지와의 지계선
④ 소유자를 알 수 없는 토지와의 구획선

5. 토지조사령이 제정된 시기는?

① 1898년
② 1905년
③ 1912년
④ 1916년

6. 정약용이 목민심서를 통해 주장한 양전개정론의 내용이 아닌 것은?

① 망척제의 시행
② 어린도법의 시행
③ 경무법의 시행
④ 병량법의 시행

7. 토지의 표시사항 중 면적을 결정하기 위하여 먼저 결정되어야 할 사항은?

① 토지소재
② 지번
③ 지목
④ 경계

8. 내두좌평이 지적을 담당하고 산학박사가 측량을 전담하여 관리하도록 했던 시대는?

① 백제시대
② 신라시대
③ 고려시대
④ 조선시대

9. 지적에 관련된 행정조직으로 중앙에 주부라는 직책을 두어 전부에 관한 사항을 관장하게 하고 토지측량 단위로 경무법을 사용한 국가는?

① 백제
② 신라
③ 고구려
④ 고려

10. 다음 중 토렌스 시스템(Torrens System)이 창안된 국가는?

① 영국
② 프랑스
③ 네덜란드
④ 오스트레일리아

11. 토지조사사업 당시 지적공부에 등록 되었던 지목의 분류에 해당하지 않는 것은?

① 지소
② 성첩
③ 염전
④ 잡종지

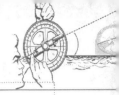

12. 다음의 토지 표시사항 중 지목의 역할과 가장 관계가 적은 것은?

① 토지 형질변경의 규제
② 사용 현황의 표상
③ 구획정리지의 토지 용도 유지
④ 사용 목적의 추측

13. 통일신라시대 촌락단위의 토지 관리를 위란 장부로 조세의 징수와 부역징발을 위한 기초자료로 활용하기 위한 문서는?

① 결수연명부　　② 장적문서
③ 지세명기장　　④ 양안

14. 다음 중 토지조사사업 당시 일반적으로 지번을 부여하지 않았던 지목에 해당하는 것은?

① 성첩　　② 공원지
③ 지소　　④ 분묘지

15. 우리나라 임야조사사업 당시의 재결기관은?

① 고등토지조사위원회
② 임시토지조사국
③ 도지사
④ 임야심사위원회

16. 지목의 설정에서 우리나라가 채택하지 않는 원칙은?

① 지목법정주의　　② 복식지목주의
③ 주지목추종주의　　④ 일필일목주의

17. 다음 중 근대적 지적제도의 효시가 되는 나라는?

① 한국　　② 대만
③ 일본　　④ 프랑스

18. 토지조사사업에서 일필지 조사의 내용과

가장 거리가 먼 것은?

① 지목의 조사　　② 지주의 조사
③ 지번의 조사　　④ 미개간지의 조사

19. 다음 중 일자오결제에 대한 설명이 옳지 않은 것은?

① 양전의 순서에 따라 1필지마다 천자문의 자번호를 부여하였다.
② 천자문의 각 자내에 다시 제일제이, 제삼 등의 번호를 붙였다.
③ 천자문이 1자는 기경전의 경우만 5결이 되면 부여하고 폐경전에는 부여하지 않았다.
④ 숙종 35년 해서양전사업에서는 일자오골의 양전 방신이 실시되었으나 폐단이 있었다.

20. 다목적 지적의 구성 요소와 가장 거리가 먼 것은?

① 측지기준망　　② 기본도
③ 지적도　　④ 지형도

1	2	3	4	5
③	②	①	②	③
6	7	8	9	10
①	④	①	③	④
11	12	13	14	15
③	①	②	①	④
16	17	18	19	20
②	④	④	③	④

2016년 2회 지적산업기사

◎ 지적학 ◎

1. 필지의 배열이 불규칙한 지역에서 뱀이 기어가는 모습과 같이 지번을 부여하는 방식으로, 과거 우리나라에서 지번부여방법으로 가장 많이 사용된 것은?

① 단지식   ② 절충식
③ 사행식   ④ 기우식

2. 다음 중 근세 유럽 지적제도의 효시가 되는 국가는?

① 프랑스   ② 독일
③ 스위스   ④ 네덜란드

3. 결번의 원인이 되지 않는 것은?

① 토지 분할   ② 토지의 합병
③ 토지의 말소   ④ 행정구역의 변경

4. 토지조사 시 소유자 사정(査定)에 불복하여 고등토지조사 위원회에서 사정과 다르게 재결(裁決)이 있는 경우 재결에 따른 변경의 효력 발생시기는?

① 사정일에 소급   ② 재결일
③ 재결서 발송일   ④ 재결서 접수일

5. 일반적으로 지적제도와 부동산 등기제도의 발달과정을 볼 때 연대적 또는 업무절차상으로의 선후관계는?

① 두 제도가 같다.
② 등기제도가 먼저이다.
③ 지적제도가 먼저이다.
④ 불분명하다.

6. 다음 중 토지조사사업의 토지 사정 당시 별필(別筆)로 하였던 사유에 해당되지 않는 것은?

① 도로, 하천 등에 의하여 자연구획을 이룬 것
② 토지의 소유자와 지목이 동일하고 연속된 것
③ 지반의 고저차가 심한 것
④ 특히 면적이 광대한 것

7. 지적국정주의는 토지표시사항의 결정권한은 국가만이 가진다는 이념으로 그 취지와 가장 거리가 먼 것은?

① 처분성   ② 통일성
③ 획일성   ④ 일관성

8. 다음 중 1910년대의 토지조사사업에 따른 일필지 조사의 업무 내용에 해당하지 않는 것은?

① 지번조사   ② 지주조사
③ 지목조사   ④ 역둔토조사

9. 우리나라 토지조사사업 당시 토지소유권의 사정원부로 사용하기 위하여 작성한 공부는?

① 지세명기장   ② 토지조사부
③ 역둔토대장   ④ 결수연명부

10. 둠즈데이 북(Domesday Book)과 관계 깊은 나라는?

① 프랑스   ② 이탈리아
③ 영국   ④ 이집트

11. 다음 중 개별 토지를 중심으로 등록부를 편성하는 토지 대장의 편성 방법은?

① 물적 편성주의
② 인적 편성주의
③ 연대적 편성주의
④ 물적·인적 편성주의

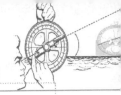

12. 다음 중 지적업무의 전산화 이유와 거리가 먼 것은?

① 민원처리의 신속화
② 국토 기본도의 정확한 작성
③ 자료의 효율적 관리
④ 지적공부 관리의 기계화

13. 다음 중 토지조사사업 당시 일필지조사의 내용에 해당되지 않는 것은?

① 지주조사　　　　② 강계조사
③ 지목조사　　　　④ 관습조사

14. 다음 중 지목설정 시 기본 원칙이 되는 것은?

① 토지의 모양
② 토지의 주된 사용목적
③ 토지의 위치
④ 토지의 크기

15. 일필지에 대한 설명 중 틀린 것은?

① 물권이 미치는 범위를 지정하는 구획이다.
② 하나의 지번이 붙는 토지의 등록단위이다.
③ 자연현상으로써의 지형학적 단위이다.
④ 폐합 다각형으로 나타낸다.

16. 지적공부를 토지대장 등록지와 임야대장 등록지로 구분하여 비치하고 있는 이유는?

① 토지이용 정책
② 정도(精度)의 구분
③ 조사사업 근거의 상이
④ 지번(地番)의 번잡성 해소

17. 조선시대 결부제에 의한 면적단위에 대한 설명 중 틀린 것은?

① 1결은 100부이다.
② 1부는 1000파이다.

③ 1속은 10파이다.
④ 1파는 곡식 한줌에서 유래하였다.

18. 양지아문에서 양전 사업에 종사하는 실무진에 해당되지 않는 것은?

① 양무감리　　　　② 양무위원
③ 조사위원　　　　④ 총재관

19. 지적의 역할에 해당하지 않는 것은?

① 토지평가의 자료
② 토지정보의 관리
③ 토지소유권의 보호
④ 부동산의 적정한 가격형성

20. 다음 중 지적제도의 특성으로 가장 거리가 먼 것은?

① 안전성　　　　② 간편성
③ 정확성　　　　④ 유사성

1	2	3	4	5
③	①	①	①	③
6	7	8	9	10
②	①	④	②	③
11	12	13	14	15
①	②	④	②	③
16	17	18	19	20
③	②	④	④	④

●2016년 3회 지적산업기사

◎ 지적학 ◎

1. 지적제도의 발전단계별 특징으로서 중요한 등록사항에 해당하지 않는 것은?

① 세지적 - 경계
② 법지적 - 소유권
③ 법지적 - 경계
④ 다목적지적 - 등록사항 다양화

2. 토지 등록사항 중 지목이 내포하고 있는 역할로 가장 옳은 것은?

① 합리적 도시계획
② 용도 실상 구분
③ 지가 평정기준
④ 국토 균형 개발

3. 다음 중 지번의 기능과 가장 관련이 적은 것은?

① 토지의 특정화
② 토지의 식별
③ 토지의 개별화
④ 토지의 경제화

4. 다음 중 토지조사사업의 주요 목적과 거리가 먼 것은?

① 토지소유의 증명제도 확립
② 조세 수입 체계 확립
③ 토지에 대한 면적단위의 통일성 확보
④ 전문 지적측량사의 양성

5. 백문매매(白文賣買)에 대한 설명이 옳은 것은?

① 백문매매란 입안을 받지 않은 매매계약서로, 임진왜란 이후 더욱더 성행하였다.
② 백문매매로 인하여 소유자를 보호할 수 있게 되었다.
③ 백문매매로 인하여 소유권에 대한 확정적 효력을 부여받게 되었다.
④ 백문매매란 토지거래에서 매도자, 매수자, 해당 관서 등이 각각 서명함으로서 이루어지는 거래를 말한다.

6. 다음 중 토지의 사정(査定)에 대한 설명으로 가장 옳은 것은?

① 소유자와 강계를 확정하는 행정처분이었다.
② 소유자가 강계를 결정하는 사법처분이었다.
③ 소유권에 불복하여 신청하는 소송행위였다.
④ 경계와 면적을 결정하는 지적조사 행위였다.

7. 다음 지번의 진행방향에 따른 분류 중 도로를 중심으로 한 쪽은 홀수로, 반대쪽은 짝수로 지번을 부여하는 방법은?

① 기우식
② 사행식
③ 단지식
④ 혼합식

8. 우리나라의 토지등록제도에 대하여 가장 잘 표현한 것은?

① 선 등기, 후 이전의 원칙
② 선 등기, 후 등록의 원칙
③ 선 이전, 후 등록의 원칙
④ 선 등록, 후 등기의 원칙

9. 토지조사사업 당시 인적편성주의에 해당되는 공부로 알맞은 것은?

① 토지조사부
② 지세명기장
③ 대장, 도면 집계부
④ 역둔토 대장

10. 조선시대 양안에서 소유자의 변동이 있을 경우 소유자의 등재시기로 맞는 것은?

① 입안을 받을 때 등재한다.
② 양안을 새로 작성할 때 등재한다.
③ 소유자의 변동과 동시 등재한다.

④ 임의적인 시기에 등재한다.

11. 다음 중 토지조사사업에서의 사정 결과를 바탕으로 작성한 토지대장을 기초로 등기부가 작성되어 최초로 전국에 등기령을 시행하게 된 시기는?

① 1910년   ② 1918년
③ 1924년   ④ 1930년

12. 고려시대에 토지업무를 담당하던 기관과 관리에 관한 설명으로 틀린 것은?

① 정치도감은 전지를 개량하기 위하여 설치된 임시 관청이었다.
② 토지측량업무는 이조에서 관장하였으며, 이를 관리하는 사람을 양인·전민계정사(田民計定使)라 하였다.
③ 찰리변위도감은 전국의 토지분급에 따른 공부 등에 관한 불법을 규찰하는 기구이었다.
④ 급전도감은 고려 초 전시과를 시행할 때 전지분급과 이에 따른 토지측량을 담당하는 기관이었다.

13. 다음 중 구한말에 운영된 지적업무 부서의 설치 순서가 옳은 것은?

① 탁지부 양지국 → 탁지부 양지과 → 양지아문 → 지계아문
② 양지아문 → 탁지부 양지국 → 탁지부 양지과 → 지계아문
③ 양지아문 → 지계아문 → 탁지부 양지국 → 탁지부 양지과
④ 지계아문 → 양지아문 → 탁지부 양지국 → 탁지부 양지과

14. 우리나라 임야조사사업 당시의 재결기관으로 옳은 것은?

① 고등토지조사위원회

② 세부측량검사위원회
③ 임야조사위원회
④ 도지사

15. 지적제도의 유형을 등록차원에 따라 분류한 경우 3차원 지적의 업무영역에 해당하지 않는 것은?

① 지상   ② 지하
③ 지표   ④ 시간

16. 지계발행 및 양전사업의 전담기구인 지계아문을 설치한 연도로 옳은 것은?

① 1895년   ② 1901년
③ 1907년   ④ 1910년

17. 다음 설명 중 틀린 것은?

① 공유지연명부는 지적공부에 포함되지 않는다.
② 지적공부에 등록하는 면적단위는 $[m^2]$이다.
③ 지적공부는 소관청의 영구보존 문서이다.
④ 임야도의 축척에는 1/3000, 1/6000 두 가지가 있다.

18. 토지조사사업 당시의 일필지 조사에 해당되지 않는 것은?

① 소유자 조사   ② 지목조사
③ 지주조사   ④ 강계조사

19. 우리나라에서 토지를 토지대장에 등록하는 절차상 순서로 옳은 것은?

① 지목별순으로 한다.
② 소유자명의 "가, 나, 다" 순으로 한다.
③ 지번순으로 한다.
④ 토지 등급순으로 한다.

20. 물권 설정 측면에서 지적의 3요소로 볼

수 없는 것은?

① 국가   ② 토지

③ 등록   ④ 공부

1	2	3	4	5
①	②	④	④	①
6	7	8	9	10
①	①	④	②	②
11	12	13	14	15
②	②	③	③	④
16	17	18	19	20
②	①	①	③	①

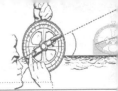

2017년 1회 지적산업기사

◎ 지적학 ◎

1. 현재의 토지대장과 같은 것은?

① 문기(文記)　　② 양안(量案)
③ 사표(四標)　　④ 입안(立案)

2. 토지의 표시사항 중 토지를 특정할 수 있도록 하는 가장 단순하고 명확한 토지식별자는?

① 지번　　② 지목
③ 소유자　　④ 경계

3. 지적에 관한 설명으로 틀린 것은?

① 일필지 중심의 정보를 등록·관리한다.
② 토지표시사항의 이동사항을 결정한다.
③ 토지의 물리적 현황을 조사·측량·등록·관리·제공한다.
④ 토지와 관련한 모든 권리의 공시를 목적으로 한다.

4. 우리나라 법정 지목의 성격으로 옳은 것은?

① 경제지목　　② 지형지목
③ 용도지목　　④ 토성지목

5. 토지조사사업 당시의 지목 중 비과세지에 해당하는 것은?

① 전　　② 하천
③ 임야　　④ 잡종지

6. 토지조사사업 시 사정한 경계의 직접적인 사항은?

① 토지 과세의 촉구
② 측량 기술의 확인
③ 기초 행정의 확립
④ 등록 단위인 필지획정

7. 1필지의 특징으로 틀린 것은?

① 자연적 구획인 단위토지이다.
② 폐합다각형으로 구성한다.
③ 토지등록의 기본단위이다.
④ 법률적인 단위구역이다.

8. 양전의 결과로 민간인의 사적 토지 소유권을 증명해 주는 지계를 발행하기 위해 1901년에 설립된 것으로, 탁지부에 소속된 지적사무를 관장하는 독립된 외청 형태의 중앙 행정기관은?

① 양지아문(量地衙門)
② 지계아문(地契衙門)
③ 양지과(量地課)
④ 통감부(統監府)

9. 지적의 3요소와 가장 거리가 먼 것은?

① 토지　　② 등록
③ 등기　　④ 공부

10. 우리나라에서 토지 소유권에 대한 설명으로 옳은 것은?

① 절대적이다.
② 무제한 사용, 수익, 처분할 수 있다.
③ 신성불가침이다.
④ 법률의 범위 내에서 사용, 수익, 처분할 수 있다.

11. 토지합병의 조건과 무관한 것은?

① 동일 지번지역 내에 있을 것
② 등록된 도면의 축척이 같을 것
③ 경계가 서로 연접되어 있을 것
④ 토지의 용도지역이 같을 것

12. 지적과 등기를 일원화된 조직의 행정업무로 처리하지 않는 국가는?

① 독일　　　　　② 네덜란드
③ 일본　　　　　④ 대만

13. 경국대전에서 매 20년마다 토지를 개량하여 작성했던 양안의 역할은?

① 가옥 규모 파악
② 세금징수
③ 상시 소유자 변경 등재
④ 토지거래

14. 등록전환으로 인하여 임야대장 및 임야도에 결번이 생겼을 때의 일반적인 처리방법은?

① 결번을 그대로 둔다.
② 결번에 해당하는 지번을 다른 토지에 붙인다.
③ 결번에 해당하는 임야대장을 빼네어 폐기한다.
④ 지번설정지역을 변경한다.

15. 지적도에 등록된 경계의 뜻으로서 합당하지 않은 것은?

① 위치만 있고 면적은 없음
② 경계점 간 최단거리 연결
③ 측량방법에 따라 필지 간 2개 존재 가능
④ 필지 간 공통작용

16. 고구려에서 토지측량단위로 면적 계산에 사용한 제도는?

① 결부법　　　　② 두락제
③ 경무법　　　　④ 정전제

17. 지적의 어원을 'katastikhon', 'capitastrum'에서 찾고 있는 견해의 주요 쟁점이 되는 의미는?

① 세금 부과　　　② 지적공부
③ 지형도　　　　④ 토지측량

18. 우리나라에서 적용하는 지적의 원리가 아닌 것은?

① 적극적 등록주의
② 형식적 심사주의
③ 공개주의
④ 국정주의

19. 다음 중 지적의 기능으로 가장 거리가 먼 것은?

① 재산권의 보호
② 공정과세의 자료
③ 토지관리에 기여
④ 쾌적한 생활환경의 조성

20. 하천의 연안에 있던 토지가 홍수 등으로 인하여 하천부지로 된 경우 이 토지를 무엇이라 하는가?

① 간석지　　　② 포락지
③ 이생지　　　④ 개재지

1	2	3	4	5
②	①	④	③	②
6	7	8	9	10
④	①	②	③	④
11	12	13	14	15
④	①	③	①	③
16	17	18	19	20
③	①	②	④	②

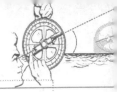

○ 2018년 1회 지적산업기사

◎ 지적학 ◎

1. 지목설정의 원칙 중 옳지 않은 것은?

① 1필 1목의 원칙
② 용도경중의 원칙
③ 축척종대의 원칙
④ 주지목추종의 원칙

2. 부동산의 증명제도에 대한 설명으로 옳지 않은 것은?

① 근대적 등기제도에 해당한다.
② 소유권에 한하여 그 계약내용을 인증해주는 제도였다.
③ 증명은 대한제국에서 일제 초기에 이르는 부동산 등기의 일종이다.
④ 일본인이 우리나라에서 제한거리를 넘어서도 토지를 소유할 수 있는 근거가 되었다.

3. 우리나라 근대적 지적제도의 확립을 촉진시킨 여건에 해당되지 않는 것은?

① 토지에 대한 문건의 미비
② 토지소유형태의 합리성 결여
③ 토지면적단위의 통일성 결여
④ 토지가치판단을 위한 자료 부족

4. 다음 중 토렌스 시스템의 기본 원리에 해당되지 않는 것은?

① 거울이론
② 배상이론
③ 보험이론
④ 커튼이론

5. 현대 지적의 원리로 가장 거리가 먼 것은?

① 능률성
② 문화성
③ 정확성
④ 공기능성

6. 지적관련 법령의 변천 순서가 옳게 나열된 것은?

① 토지대장법 → 조선지세령 → 토지조사령 → 지세령
② 토지대장법 → 토지조사령 → 조선지세령 → 지세령
③ 토지조사법 → 지세령 → 토지조사령 → 조선지세령
④ 토지조사법 → 토지조사령 → 지세령 → 조선지세령

7. 다음 중 지적공부의 성격이 다른 것은?

① 산토지대장
② 갑호토지대장
③ 별책토지대장
④ 을호토지대장

8. 지번부여지역에 해당하는 것은?

① 군
② 읍
③ 면
④ 동·리

9. 다음 중 지적의 발생설과 관계가 먼 것은?

① 법률설
② 과세설
③ 치수설
④ 지배설

10. 지적업무의 특성으로 볼 수 없는 것은?

① 전국적으로 획일성을 요하는 기술업무
② 전통성과 영속성을 가진 국가 고유업무
③ 토지소유권을 확정공시하는 준사법적인 행정업무
④ 토지에 대한 권리관계를 등록하는 등기의 보완적 업무

11. 다음 중 지적제도의 분류방법이 다른 하나는?

① 세지적
② 법지적
③ 수치지적
④ 다목적 지적

12. 징발된 토지소유권의 주체는?

① 국가　　　　　　② 국방부
③ 토지소유자　　　④ 지방자치단체

13. 다음 토지이동항목 중 면적측정대상에서 제외되는 것은?

① 등록전환　　　　② 신규등록
③ 지목변경　　　　④ 축척변경

14. 지번의 부여방법 중 진행방향에 따른 분류가 아닌 것은?

① 기우식　　　　　② 사행식
③ 오결식　　　　　④ 절충식

15. 다음 중 정약용과 서유구가 주장한 양전개정론의 내용이 아닌 것은?

① 경무법 시행　　　② 결부제 폐지
③ 어린도법 시행　　④ 수등이척제 개선

16. 다음 중 임야조사사업 당시 사정기관은?

① 도지사
② 임야심사위원회
③ 임시토지조사국
④ 고등토지조사위원회

17. 지적제도의 발달 과정에서 세지적이 표방하는 가장 중요한 특징은?

① 면적본위　　　　② 위치본위
③ 소유권본위　　　④ 대축척 지적도

18. 다음 중 축척이 다른 2개의 도면에 동일한 필지의 경계가 각각 등록되어 있을 때 토지의 경계를 결정하는 원칙으로 옳은 것은?

① 축척이 큰 것에 따른다.

② 축척의 평균치에 따른다.
③ 축척이 작은 것에 따른다.
④ 토지소유자에게 유리한 쪽에 따른다.

19. 지적공부를 상시 비치하고 누구나 열람할 수 있게 하는 공개주의의 이론적 근거가 되는 것은?

① 공신의 원칙　　　② 공시의 원칙
③ 공증의 원칙　　　④ 직권등록의 원칙

20. 토지대장을 열람하여 얻을 수 있는 정보가 아닌 것은?

① 토지경계　　　　② 토지면적
③ 토지소재　　　　④ 토지지번

1	2	3	4	5
③	②	④	②	②
6	7	8	9	10
④	②	④	①	④
11	12	13	14	15
③	③	③	③	④
16	17	18	19	20
①	①	①	②	①

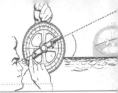

2018년 2회 지적산업기사

◎ 지적학 ◎

1. 다목적 지적의 3대 구성 요소가 아닌 것은?

① 기본도　　　　　② 경계표지
③ 지적중첩도　　　④ 측지기준망

2. 다음 중 지적이론의 발생설로 가장 지배적인 것으로 다음의 기록들이 근거가 되는 학설은?

- 3세기 말 디오클레티아누스(Diocletian) 황제의 로마제국 토지측량
- 모세의 탈무드법에 규정된 십일조(tithe)
- 영국의 둠즈데이북(Domesday Book)

① 과세설　　　　　② 지배설
③ 지수설　　　　　④ 통치설

3. 다음 중 일반적으로 지번을 부여하는 방법이 아닌 것은?

① 기번식　　　　　② 문장식
③ 분수식　　　　　④ 자유부번식

4. 근대적 세지적의 완성과 소유권제도의 확립을 위한 지적제도 성립의 전환점으로 평가되는 역사적인 사건은?

① 솔리만 1세의 오스만제국 토지법 시행
② 윌리엄 1세의 영국 둠스데이측량 시행
③ 나폴레옹 1세의 프랑스 토지관리법 시행
④ 디오클레티아누스 황제의 로마제국 토지측량 시행

5. 토지표시사항 중 물권객체를 구분하여 표상(表象)할 수 있는 역할을 하는 것은?

① 경계　　　　　② 지목
③ 지번　　　　　④ 소유자

6. 다음에서 설명하는 토렌스 시스템의 기본이론은?

토지등록이 토지의 권리를 아주 정확하게 반영하는 것으로 인간의 과실로 착오가 발생하는 경우에 피해를 입은 사람은 누구나 피해보상에 관한 한 법률적으로 선의의 제3자와 동등한 입장에 놓여야만 된다.

① 공개이론　　　　② 거울이론
③ 보험이론　　　　④ 커튼이론

7. 토지조사사업 당시 확정된 소유자가 다른 토지 간 사정된 경계선의 명칭으로 옳은 것은?

① 강계선　　　　　② 지역선
③ 지계선　　　　　④ 구역선

8. 지적제도의 기능 및 역할로 옳지 않은 것은?

① 토지거래의 기준
② 토지등기의 기초
③ 토지소유제한의 기준
④ 토지에 대한 과세의 기준

9. 집 울타리 안에 꽃동산이 있을 때 지목으로 옳은 것은?

① 대　　　　　② 공원
③ 임야　　　　④ 유원지

10. 지적공부정리를 위한 토지이동의 신청을 하는 경우 지적측량을 요하지 않는 토지이동은?

① 분할　　　　　② 합병
③ 등록전환　　　④ 축척변경

11. 임야조사사업 당시 토지의 사정기관은?

① 면장   ② 도지사
③ 임야조사위원회   ④ 임시토지조사국장

12. 지번의 부여단위에 따른 분류 중 해당 지번설정 지역의 면적이 비교적 넓고 지적도의 매수가 많을 때 흔히 채택하는 방법은?

① 기우단위법   ② 단지단위법
③ 도엽단위법   ④ 지역단위법

13. 토지를 지적공부에 등록하여 외부에서 인식할 수 있도록 하는 제도의 이론적 근거는?

① 공개제도   ② 공시제도
③ 공증제도   ④ 증명제도

14. 지적소관청에서 지적공부 등본을 발급하는 것과 관계있는 지적의 기본 이념은?

① 지적공개주의   ② 지적국정주의
③ 지적신청주의   ④ 지적형식주의

15. 다음 중 토지조사사업에서 소유권조사와 관계되는 사항에 해당하지 않는 것은?

① 준비조사   ② 분쟁지조사
③ 이동지조사   ④ 일필지조사

16. 우리나라 지적제도의 원칙과 가장 관계가 없는 것은?

① 공시의 원칙   ② 인적 편성주의
③ 실질적 심사주의   ④ 적극적 등록주의

17. 경계의 특징에 대한 설명으로 옳지 않은 것은?

① 필지 사이에는 1개의 경계가 존재한다.
② 경계는 크기가 없는 기하학적인 의미를 갖는다.
③ 경계는 경계점 사이를 직선으로 연결한 것이다.
④ 경계는 면적을 갖고 있으므로 분할이 가능하다.

18. 다음 중 1필지에 대한 설명으로 옳지 않은 것은?

① 법률적 토지단위
② 토지의 등록단위
③ 인위적인 토지단위
④ 지형학적 토지단위

19. 토지조사사업 당시의 지목 중 비과세지에 해당하지 않는 것은?

① 구거   ② 도로
③ 제방   ④ 지소

20. 지적공부에 등록하는 면적에 이동이 있을 때 지적공부의 등록결정권자는?

① 도지사
② 지적소관청
③ 토지소유자
④ 한국국토정보공사

1	2	3	4	5
②	①	②	③	③
6	7	8	9	10
③	①	③	①	②
11	12	13	14	15
②	③	②	①	③
16	17	18	19	20
②	④	④	④	②

◯2018년 3회 지적산업기사

◎ 지적학 ◎

1. 지목의 부호표기방법으로 옳지 않은 것은?

① 하천은 '천'으로 한다.
② 유원지는 '원'으로 한다.
③ 종교용지는 '교'로 한다.
④ 공장용지는 '장'으로 한다.

2. 지적도에 건물을 등록하여 사용하는 국가는?

① 일본
② 대만
③ 한국
④ 프랑스

3. 다음 중 경계점좌표등록부를 비치하는 지역의 측량시행에 대한 가장 특징적인 토지표시 사항은?

① 면적
② 좌표
③ 지목
④ 지번

4. 지압조사(地押調査)에 대한 설명으로 가장 적합한 것은?

① 토지소유자를 입회시키는 일체의 토지검사이다.
② 도면에 의하여 측량성과를 확인하는 토지검사이다.
③ 신고가 없는 이동지를 조사·발견할 목적으로 국가가 자진하여 현지조사를 하는 것이다.
④ 지목변경의 신청이 있을 때에 그를 확인하고자 지적소관청이 현지조사를 시행하는 것이다.

5. 토지과세 및 토지거래의 안전을 도모하며 토지소유권의 보호를 주요 목적으로 하는 지적 제도는?

① 법지적
② 경제지적
③ 과세지적
④ 유사지적

6. 토지소유권에 관한 설명으로 옳은 것은?

① 무제한 사용, 수익할 수 있다.
② 존속기간이 있고 소멸시효에 걸린다.
③ 법률의 범위 내에서 사용, 수익, 처분할 수 있다.
④ 토지소유권은 토지를 일시 지배하는 제한물권이다.

7. 토지의 소유권을 규제할 수 있는 근거로 가장 타당한 것은?

① 토지가 갖는 가역성, 경제성
② 토지가 갖는 공공성, 사회성
③ 토지가 갖는 사회성, 적법성
④ 토지가 갖는 경제성, 절대성

8. 토지조사사업 당시 필지를 구분함에 있어 일필지의 강계(疆界)를 설정할 때 별필로 하였던 경우가 아닌 것은?

① 특히 면적이 협소한 것
② 지반의 고저가 심하게 차이 있는 것
③ 심히 형상이 구부러지거나 협장한 것
④ 도로, 하천, 구거, 제방, 성곽 등에 의하여 자연으로 구획을 이룬 것

9. 물권객체로서의 토지내용을 외부에서 인식할 수 있도록 하는 물권법상의 일반원칙은?

① 공신의 원칙
② 공시의 원칙
③ 통지의 원칙
④ 증명의 원칙

10. 토지의 사정(査定)에 해당되는 것은?

① 재결
② 법원판결
③ 사법처분
④ 행정처분

11. 다음 중 적극적 등록제도에 대한 설명으로 옳지 않은 것은?

① 토지등록을 의무로 하지 않는다.

② 적극적 등록제도의 발달된 형태로 토렌스 시스템
   이 있다.
③ 선의의 제3자에 대하여 토지등록상의 피해는 법
   적으로 보장된다.
④ 지적공부에 등록되지 않은 토지에는 어떠한 권리
   도 인정되지 않는다.

12. 토지가옥의 매매계약이 성립되기 위하여
매수인과 매도인 쌍방의 합의 외에 대가의 수수
목적물의 인도 시에 서면으로 작성한 계약서는?

① 문기   ② 양전
③ 입안   ④ 전안

13. 지적도에서 도곽선(圖郭線)의 역할로 옳
지 않은 것은?

① 다른 도면과의 접합기준선이 된다.
② 도면신축량측정의 기준선이 된다.
③ 도곽에 걸친 큰 필지의 분할기준선이 된다.
④ 도곽 내 모든 필지의 관계위치를 명확히 하는 기
   준선이 된다.

14. 우리나라의 지번부여방법이 아닌 것은?

① 종서의 원칙
② 1필지 1지번원칙
③ 북서기번의 원칙
④ 아라비아 숫자표기원칙

15. 토지에 대한 세를 부과함에 있어 과세자
료로 이용하기 위한 목적의 지적제도는?

① 법지적   ② 세지적
③ 경제지적   ④ 다목적 지적

16. 우리나라에서 채용하는 토지경계표시방
식은?

① 방형측량방식
② 입체기하적 방식

③ 도상경계표시방식
④ 입체기하적 방식과 방형측량방식의 절충방식

17. 조선시대 양안에 기재된 사항 중 성격이
다른 하나는?

① 기주(起主)   ② 시작(時作)
③ 시주(時主)   ④ 전주(田主)

18. 고구려에서 작성된 평면도로서 도로, 하
천, 건축물 등이 그려진 도면이며 우리나라에
실물로 현재하는 도시 평면도로서 가장 오래된
것은?

① 방위도   ② 어린도
③ 지안도   ④ 요동성총도

19. 1910~1918년에 시행한 토지조사사업에
서 조사한 내용이 아닌 것은?

① 토지의 지질조사
② 토지의 가격조사
③ 토지의 소유권조사
④ 토지의 외모(外貌)조사

20. 토지조사사업 당시 사정사항에 불복하여
재결을 받은 때의 효력발생일은?

① 재결신청일   ② 재결접수일
③ 사정일   ④ 사정 후 30일

1	2	3	4	5
③	④	②	③	①
6	7	8	9	10
③	②	①	②	④
11	12	13	14	15
①	①	③	①	②
16	17	18	19	20
③	②	④	①	③

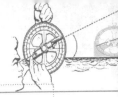

○ 2019년 1회 지적산업기사

◎ 지적학 ◎

01. 다음 중 토렌스 시스템의 기본 이론에 해당되지 않는 것은?

① 거울이론
② 보상이론
③ 보험이론
④ 커튼이론

02. 다음 중 고대 바빌로니아의 지적관련 사료가 아닌 것은?

① 미쇼(Michaux)의 돌
② 테라코타(Terra Cotta) 서판
③ 누지(Nuzi)의 점토판 지도(clay tablet)
④ 메나 무덤(Tomb of Menna)의 고분벽화

03. 다음 중 토지조사사업 당시 일필지조사와 관련이 가장 적은 것은?

① 경계조사
② 지목조사
③ 지주조사
④ 지형조사

04. 토지 분할 후의 면적 합계는 분할 전 면적과 어떻게 되도록 처리하는가?

① $1m^2$까지 작아지는 것은 허용한다.
② $1m^2$까지 많아지는 것은 허용한다.
③ $1m^2$까지는 많아지거나 적어지거나 모두 좋다.
④ 분할 전 면적에 증감이 없도록 하여야 한다.

05. 토지에 관한 권리객체의 공시역할을 하고 있는 지적의 가장 주요한 역할이라 할 수 있는 것은?

① 필지 획정
② 지목 결정
③ 면적 결정
④ 소유자 등록

06. 진행 방향에 따른 지번 부여 방법의 분류에 해당하는 것은?

① 자유식
② 분수식
③ 사행식
④ 도엽단위식

07. 우리나라 임야조사사업 당시의 재결기관으로 옳은 것은?

① 도지사
② 임야조사위원회
③ 고등토지조사위원회
④ 세부측량검사위원회

08. 1필지에 대한 설명으로 가장 거리가 먼 것은?

① 토지의 거래 단위가 되고 있다.
② 논둑이나 밭둑으로 구획된 단위 지역이다.
③ 토지에 대한 물권의 효력이 미치는 범위이다.
④ 하나의 지번이 부여되는 토지의 등록 단위이다.

09. 지번의 설정 이유 및 역할로 가장 거리가 먼 것은?

① 토지의 개별화
② 토지의 특정화
③ 토지의 위치 확인
④ 토지이용의 효율화

10. 지적공부에 등록하지 아니하는 것은?

① 해면
② 국유림
③ 암석지
④ 황무지

11. 지적도의 축척에 관한 설명으로 옳지 않은 것은?

① 일반적으로 축척이 크면 도면의 정밀도가 높다.
② 지도상에서의 거리와 표면상에서의 거리와의 관계를 나타내는 것이다.
③ 축척의 표현 방법에는 분수식, 서술식, 그래프식 방법 등이 있다.

④ 축척이 분수로 표현될 때에 분자가 같으면 분모가 큰 것이 축척이 크다.

12. 1910년 대한제국의 탁지부에서 근대적인 지적제도를 창설하기 위하여 전 국토에 대한 토지조사사업을 추진할 목적으로 재정·공포한 것은?

① 지세령   ② 토지조사령
③ 토지조사법   ④ 토지측량규칙

13. 지적제도에서 채택하고 있는 토지등록의 일반 원칙이 아닌 것은?

① 등록의 직권주의   ② 실질적 심사주의
③ 심사의 형식주의   ④ 적극적 등록주의

14. 아래 표에서 설명하는 내용의 의미로 옳은 것은?

> 지번, 지목, 경계 및 면적은 국가가 비치하는 지적공부에 등록해야만 공식적 효력이 있다.

① 지적 공개주의   ② 지적 국정주의
③ 지적 비밀주의   ④ 지적 형식주의

15. 조선시대에 정약용이 주장한 양진개정론의 내용에 해당하지 않는 것은?

① 경무법   ② 망척제
③ 정전제   ④ 방량법과 어린도법

16. 적극적 토지등록제도의 기본원칙이라고 할 수 없는 것은?

① 토지등록은 국가공권력에 의해 성립된다.
② 토지등록은 형식심사에 의해 이루어진다.
③ 등록내용의 유효성은 법률적으로 보장된다.
④ 토지에 대한 권리는 등록에 의해서만 인정된다.

17. 합병한 토지의 면적 결정방법으로 옳은 것은?

① 새로이 심사법으로 측정한다.
② 새로이 전자면적기로 측정한다.
③ 합병 전의 각 필지의 면적을 합산한 것으로 한다.
④ 합병 전의 각 필지의 면적을 합산하여 나머지는 사사오입한다.

18. 우리나라의 지목 결정 원칙과 가장 거리가 먼 것은?

① 일필일목의 원칙   ② 용도경중의 원칙
③ 지형지목의 원칙   ④ 주지목 추종의 원칙

19. 각 시대별 지적제도의 연결이 옳지 않은 것은?

① 고려 – 수등이척제
② 조선 – 수등이척제
③ 고구려 – 두락제(斗落制)
④ 대한제국 – 지계아문(地契衙門)

20. 조선시대 경국대전 호전(戶典)에 의한 양전은 몇 년마다 실시하였는가?

① 5년   ② 10년
③ 15년   ④ 20년

1	2	3	4	5
②	④	④	④	①
6	7	8	9	10
③	②	②	④	①
11	12	13	14	15
④	③	③	④	②
16	17	18	19	20
②	③	③	③	④

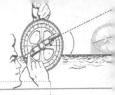

2019년 2회 지적산업기사

◎ 지적학 ◎

01. 행정구역제도로 국도를 중심으로 영토를 사방으로 구획하는 '사출도'란 토지구획방법을 시행하였던 나라는?

① 고구려 ② 부여
③ 백제 ④ 조선

02. 밤나무 숲을 측량한 지적도로 탁지부 임시재산정리국 측량과에서 실시한 측량원도의 명칭으로 옳은 것은?

① 산록도 ② 관저원도
③ 궁채전도 ④ 율림기지원도

03. 단식지번과 복식지번에 대한 설명으로 옳지 않은 것은?

① 단식지번이란 본번만으로 구성된 지번을 말한다.
② 단식지번은 협소한 토지의 부번(附番)에 적합하다.
③ 복식지번은 본번에 부번을 붙여서 구성하는 지번을 말한다.
④ 복식지번은 일반적인 신규등록지, 분할지에는 물론 단지단위법 등에 의한 부번에 적합하다.

04. 지적공부에 토지등록을 하는 경우에 채택하고 있는 기본원칙에 해당하지 않는 것은?

① 등록주의 ② 직권주의
③ 임의 신청주의 ④ 실질적 심사주의

05. 토지소유권 보호가 주요 목적이며, 토지거래의 안전을 보장하기 위해 만들어진 지적제도로서 토지의 평가보다 소유권의 한계설정과 경계복원의 가능성을 중요시하는 것은?

① 법지적 ② 세지적
③ 경제지적 ④ 유사지적

06. 토지를 지적공부에 등록함으로써 발생하는 효력이 아닌 것은?

① 공증의 효력 ② 대항적 효력
③ 추정의 효력 ④ 형성의 효력

07. 다음 중 고려시대의 토지 소유 제도와 관계가 없는 것은?

① 과전(科田) ② 전시과(田柴科)
③ 정전(丁田) ④ 투화전(投化田)

08. 우리나라의 근대적 지적제도가 이루어진 연대는?

① 1710년대 ② 1810년대
③ 1850년대 ④ 1910년대

09. 토지의 표시사항은 지적공부에 등록, 공시하여야만 효력이 인정된다는 토지등록의 원칙은?

① 공신주의 ② 신청주의
③ 직권주의 ④ 형식주의

10. 다음 중 도로·철도·하천·제방 등의 지목이 서로 중복되는 경우 지목을 결정하기 위하여 고려하는 사항으로 가장 거리가 먼 것은?

① 용도의 경중 ② 공시지가의 고저
③ 등록시기의 선후 ④ 일필일목의 원칙

11. 다음의 지적제도 중 토지정보시스템과 가장 밀접한 관계가 있는 것은?

① 법지적 ② 세지적
③ 경제지적 ④ 다목적지적

12. 아래와 같은 지적의 어원이 지닌 공통적인 의미는?

> Katastikhon, Capitastrum, Catastrum

① 지형도　　　　② 조세부과
③ 지적공부　　　④ 토지측량

13. 다음 중 토지조사사업 당시 작성된 지형도의 종류가 아닌 것은?

① 축척 1/5000 도면　　② 축척 1/10000 도면
③ 축척 1/25000 도면　④ 축척 1/50000 도면

14. 법지적 제도 운영을 위한 토지 등록에서 일반적인 필지 획정의 기준은?

① 개발단위　　　② 거래단위
③ 경작단위　　　④ 소유단위

15. 다음 중 지적의 구성 요소로 가장 거리가 먼 것은?

① 토지 이용에 의한 활동
② 토지 정보에 대한 등록
③ 기록의 대상인 지적공부
④ 일필지를 의미하는 토지

16. 토지의 등록 사항 중 경계의 역할로 옳지 않은 것은?

① 토지의 용도 결정　　② 토지의 위치 결정
③ 필지의 형상 결정　　④ 소유권의 범위 결정

17. 다음 중 지적에서의 '경계'에 대한 설명으로 옳지 않은 것은?

① 경계불가분의 원칙을 적용한다.
② 지상의 말뚝, 울타리와 같은 목표물로 구획된 선을 말한다.
③ 지적공부에 등록된 경계에 의하여 토지 소유권의

범위가 확정된다.
④ 필지별로 경계점들을 직선으로 연결하여 지적공부에 등록한 선을 말한다.

18. 현대 지적의 성격으로 가장 거리가 먼 것은?

① 역사성과 영구성
② 전문성과 기술성
③ 서비스성과 윤리성
④ 일시적 민원성과 개별성

19. 지번의 역할 및 기능으로 가장 거리가 먼 것은?

① 토지 용도의 식별
② 토지 위치의 추측
③ 토지의 특정성 보장
④ 토지의 필지별 개별화

20. 일본의 국토에 대한 기초조사로 실시한 국토조사사업에 해당되지 않는 것은?

① 지적조사　　　② 임야수종조사
③ 토지분류조사　④ 수조사(水調査)

1	2	3	4	5
②	④	②	③	①
6	7	8	9	10
③	③	④	④	②
11	12	13	14	15
④	②	①	④	①
16	17	18	19	20
①	②	④	①	②

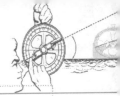

2019년 3회 지적산업기사

◎ 지적학 ◎

01. 공훈의 차등에 따라 공신들에게 일정한 면적의 토지를 나누어 준 것으로, 고려시대 토지제도 정비의 효시가 된 것은?

① 정전   ② 공신전
③ 관료전   ④ 역분전

02. 우리나라의 현행 지적제도에서 채택하고 있는 지목 설정 기준은?

① 용도지목   ② 자연지목
③ 지형지목   ④ 토성지목

03. 오늘날 지적측량의 방법과 절차에 대하여 엄격한 법률적인 규제를 가하는 이유로 가장 옳은 것은?

① 측량기술의 발전
② 기술적 변화 대처
③ 법률적인 효력유지
④ 토지등록정보 복원유지

04. 초기에 부여된 지목명칭을 변경한 것으로 잘못된 것은?

① 공원지→공원   ② 분묘지→묘지
③ 사사지→사적지   ④ 운동장→체육용지

05. 다음 중 임야조사사업 당시 도지사가 사정한 경계 및 소유자에 대해 불복이 있을 경우 사정 내용을 번복하기 위해 필요하였던 처분은?

① 임야심사위원회의 재결
② 관할 고등법원의 확정판결
③ 고등토지조사위원회의 재결

④ 임시토지조사국장의 재사정

06. 토렌스 시스템(Torrens System)이 창안된 국가는?

① 영국   ② 프랑스
③ 네덜란드   ④ 오스트레일리아

07. 다음 토지경계를 설명한 것으로 옳지 않은 것은?

① 토지경계에는 불가분의 원칙이 적용된다.
② 공부에 등록된 경계는 말소가 불가능하다.
③ 토지경계는 국가기관인 소관청이 결정한다.
④ 지적공부에 등록된 필지의 구획선을 말한다.

08. 1필지로 정할 수 있는 기준에 해당하지 않는 것은?

① 지번부여지역의 토지로서 용도가 동일한 토지
② 지번부여지역의 토지로서 지가가 동일한 토지
③ 지번부여지역의 토지로서 지반이 연속된 토지
④ 지번부여지역의 토지로서 소유자가 동일한 토지

09. 지적의 실체를 구체화시키기 위한 법률행위를 담당하는 토지등록의 주체는?

① 지적소관청
② 지적측량업자
③ 행정안전부장관
④ 한국국토정보공사장

10. 토지조사사업 당시 도로, 하천, 구거, 제방, 성첩, 철도선로, 수도선로를 조사 대상에서 제외한 주된 이유는?

① 측량작업의 난이
② 소유자 확인 불명
③ 강계선 구분 불가능
④ 경제적 가치의 회소

11. 다음 중 지적제도의 발전단계별 분류상 가장 먼저 발생한 것으로 원시적인 지적제도라고 할 수 있는 것은?

① 법지적
② 세지적
③ 정보지적
④ 다목적지적

12. 지적의 3요소와 가장 거리가 먼 것은?

① 공부
② 등기
③ 등록
④ 토지

13. 경계점 표지의 특성이 아닌 것은?

① 명확성
② 안전성
③ 영구성
④ 유동성

14. 1976년부터 1924년까지 실시한 임야조사사업에서 사정한 임야의 구획선은?

① 강계선(疆界線)
② 경계선(境界線)
③ 지계선(地界線)
④ 지역선(地域線)

15. 미등기토지를 등기부에 개설하는 보존등기를 할 경우에 소유권에 관하여 특별한 증빙서로 하고 있는 것은?

① 공증증서
② 토지대장
③ 토지조사부
④ 등기공무원의 조사서

16. 토지의 물권 설정을 위해서는 물권 객체의 설정이 필요하다. 토지의 물권 객체 설정을 위한 지적의 가장 중요한 역할은?

① 면적측정
② 지번설정
③ 필지확정
④ 소유권 조사

17. 지적의 원리 중 지적활동의 정확성을 설명한 것으로 옳지 않은 것은?

① 서비스의 정확성-기술의 정확도

② 토지현황조사의 정확성-일필지 조사
③ 기록과 도면의 정확성-측량의 정확도
④ 관리·운영의 정확성-지적조직의 업무분화 정확도

18. 적극적 지적제도의 특징이 아닌 것은?

① 토지의 등록은 의무화되어 있지 않다.
② 토지등록의 효력은 정부에 의해 보장된다.
③ 토지등록상 문제로 인한 피해는 법적으로 보장된다.
④ 등록되지 않은 토지에는 어떤 권리도 인정될 수 없다.

19. 토지의 소유권 객체를 확정하기 위하여 채택한 근대적인 기술은?

① 지적측량
② 지질분석
③ 지형조사
④ 토지가격평가

20. 조선시대 향전의 개혁을 주장한 학자가 아닌 사람은?

① 이기
② 김응원
③ 서유구
④ 정약용

1	2	3	4	5
④	①	③	③	①
6	7	8	9	10
④	②	②	①	④
11	12	13	14	15
②	②	④	②	②
16	17	18	19	20
③	①	①	①	②

2020년 1, 2회 지적산업기사

◎ 지적학 ◎

01. 지적불부합지로 인해 야기될 수 있는 사회적 문제점으로 보기 어려운 것은?

① 빈번한 토지분쟁
② 토지거래 질서의 문란
③ 주민의 권리 행사 지장
④ 확정측량의 불가피한 급속 진행

02. 다음의 토지 표시사항 중 지목의 역할과 가장 관계가 없는 것은?

① 사용 목적의 추측
② 토지 형질 변경의 규제
③ 사용 현황의 표상(表象)
④ 구획정리지의 토지용도 유지

03. 다음 중 토렌스 시스템에 대한 설명으로 옳은 것은?

① 미국의 토렌스 지방에서 처음 시행되었다.
② 피해자가 발생하여도 국가가 보상할 책임이 없다.
③ 기본 이론으로 거울이론, 커튼이론, 보험이론이 있다.
④ 실질적 심사에 의한 권원조사를 하지만 공신력은 없다.

04. 지적제도에 대한 설명으로 가장 거리가 먼 것은?

① 국가적 필요에 의한 제도이다.
② 개인의 권리 보호를 위한 제도이다.
③ 토지에 대한 물리적 현황의 등록·공시제도이다.
④ 효율적인 토지관리와 소유권 보호를 목적으로 한다.

05. 일필지의 경계와 위치를 정확하게 등록하고 소유권의 한계를 밝히기 위한 지적제도는?

① 법지적
② 세지적
③ 유사지적
④ 다목적 지적

06. 지적공부에 공시하는 토지의 등록사항에 대하여 공시의 원칙에 따라 채택해야 할 지적의 원리로 옳은 것은?

① 공개주의
② 국정주의
③ 직권주의
④ 형식주의

07. 고려시대의 토지대장 중 타량성책(打量成冊)의 초안 또는 각 관아에 비치된 결세대장에 해당하는 것은?

① 전적(田籍)
② 도전장(都田帳)
③ 준행장(遵行帳)
④ 양전장적(量田帳籍)

08. 기본도로서 지적도가 갖추어야 할 요건으로 옳지 않은 것은?

① 일정한 축척의 도면 위에 등록해야 한다.
② 기본 정보는 변동 없이 항상 일정해야 한다.
③ 기본적으로 필요한 정보가 수록되어야 한다.
④ 특정자료를 추가하여 수록할 수 있어야 한다.

09. 지목에 대한 설명으로 옳지 않은 것은?

① 지목의 결정은 지적소관청이 한다.

② 지목의 결정은 행정처분에 속하는 것이다.

③ 토지소유자의 신청이 없어도 지목을 결정할 수 있다.

④ 토지소유자의 신청이 있어야만 지목을 결정할 수 있다.

10. '소유권은 신성불가침이며 국가의 권력에 의해서 구속이나 제약을 받지 않는다.'는 원칙은?

① 소유권 보장원칙

② 소유권 자유원칙

③ 소유권 절대원칙

④ 소유권 제한원칙

11. 토지등록에 있어 직권등록주의에 관한 설명으로 옳은 것은?

① 신규등록은 지적소관청이 직권으로만 등록이 가능하다.

② 토지이동정리는 소유자 신청주의이기 때문에 신청에 의해서만 가능하다.

③ 토지의 이동이 있을 때에는 지적소관청이 직권으로 조사 또는 측량하여 결정한다.

④ 토지의 이동이 있을 때에는 토지소유자의 신청에 의하여 지적소관청이 이를 결정한다. 다만, 신청이 없을 때에는 지적소관청이 직권으로 이를 조사·측량하여 결정할 수 있다.

12. 다음 중 증보도는 어느 것에 해당되는가?

① 지적도이다.

② 지적 약도이다.

③ 지적도 부본이다.

④ 지적도의 부속품이다.

13. 실제적으로 지적과 등기의 관련성을 성취시켜주는 토지등록의 원칙은?

① 공시의 원칙   ② 공신의 원칙

③ 등록의 원칙   ④ 특정화의 원칙

14. 지적제도와 등기제도를 서로 다른 기관에서 분리하여 운영하고 있는 국가는?

① 독일   ② 대만

③ 일본   ④ 프랑스

15. 임야조사사업 당시의 재결기관은?

① 도지사

② 임야심사위원회

③ 임시토지조사국

④ 고등토지조사위원회

16. 다음 중 가장 원시적인 지적제도는?

① 법지적(法地籍)

② 세지적(稅地籍)

③ 경계지적(境界地籍)

④ 소유지적(所有地籍)

17. 토지표시사항이 변경된 경우 등기촉탁규정을 최초로 규정한 연도는?

① 1950년   ② 1975년

③ 1991년   ④ 1995년

18. 토지에 지번을 부여하는 이유가 아닌 것은?

① 토지의 특정화

② 물권객체의 구분

③ 토지의 위치 추정

④ 토지이용 현황 파악

19. 통일신라시대의 신라장적에 기록된 지목과 관계없는 것은?

① 답   ② 전

③ 수전   ④ 마전

20. 다음 지목 중 잡종지에서 분리된 지목에
해당하는 것은?

① 공원　　② 염전
③ 유지　　④ 지소

1	2	3	4	5
④	②	③	②	①
6	7	8	9	10
①	③	②	④	③
11	12	13	14	15
④	①	④	①	②
16	17	18	19	20
②	②	④	③	②

◉2020년 3회 지적산업기사

◎ 지적학 ◎

01. 지적공개주의의 이념과 관련이 없는 것은?

① 토지경계복원측량
② 지적공부 등본 발급
③ 토지경계와 면적 결정
④ 토지이동 신고 및 신청

02. 도해지적에 대한 설명으로 옳은 것은?

① 지적의 자동화가 용이하다.
② 지적의 정보화가 용이하다.
③ 측량성과의 정확성이 높다.
④ 위치나 형태를 파악하기 쉽다.

03. 다음 중 등록방법에 따른 지적의 분류에 해당하는 것은?

① 법지적
② 입체지적
③ 수치지적
④ 적극적 지적

04. 토지검사에 해당하지 않는 것은?

① 지압 조사
② 측량 확인
③ 토지 조사
④ 이동지 검사

05. 토지조사사업 당시의 지목 중 비과세지에 해당하는 것은?

① 전
② 임야
③ 하천
④ 잡종지

06. 지적제도가 공시제도로서 가장 중요한 기능이라 할 수 있는 것은?

① 토지거래의 기준
② 토지등기의 기초
③ 토지과세의 기준
④ 토지평가의 기초

07. 왕이나 왕족의 사냥터 보호, 군사훈련지역 등 일정한 지역을 보호할 목적으로 자연암석·나무·비석 등에 경계를 표시하여 세운 것은?

① 금표(禁標)
② 사표(四標)
③ 이정표(里程標)
④ 장생표(長栍標)

08. 세지적(稅地籍)에 대한 설명으로 옳지 않은 것은?

① 면적 본위로 운영되는 지적제도다.
② 과세자료로 이용하기 위한 목적의 지적제도다.
③ 토지 관련 자료의 최신 정보 제공 기능을 갖고 있다.
④ 가장 오랜 역사를 가지고 있는 최초의 지적제도다.

09. 필지의 정의로 옳지 않은 것은?

① 토지소유권 객체 단위를 말한다.
② 국가의 권력으로 결정하는 자연적인 토지 단위이다.
③ 하나의 지번이 부여되는 토지의 등록 단위를 말한다.
④ 지적공부에 등록하는 토지의 법률적인 단위를 말한다.

10. 지적공부의 기능이라고 할 수 없는 것은?

① 도시계획의 기초

② 용지보상의 근거
③ 토지거래의 매개체
④ 소유권 변동의 공시

11. 지번의 진행방향에 따른 부번방식(附番方式)이 아닌 것은?

① 기우식(奇遇式)
② 사행식(蛇行式)
③ 우수식(隅數式)
④ 절충식(折衷式)

12. 경계불가분의 원칙에 대한 설명으로 옳은 것은?

① 토지의 경계는 1필지에만 전속한다.
② 토지의 경계는 작은 말뚝으로 표시한다.
③ 토지의 경계는 인접 토지에 공통으로 작용한다.
④ 토지의 경계를 결정할 때에는 측량을 하여야 한다.

13. 토지의 표시사항 중 면적을 결정하기 위하여 먼저 결정되어야 할 사항은?

① 경계
② 지목
③ 지번
④ 토지소재

14. 토지의 성질, 즉 지질이나 토질에 따라 지목을 분류하는 것은?

① 단식지목
② 용도지목
③ 지형지목
④ 토성지목

15. 간주임야도에 대한 설명으로 옳지 않은 것은?

① 간주임야도에 등록된 소유권은 국유지와 도유지였다.

② 전라북도 남원군, 진안군, 임실군 지역을 대상으로 시행되었다.
③ 임야도를 작성하지 않고 1/50000 또는 1/25000 지형도에 작성되었다.
④ 지리적 위치 및 형상이 고산지대로 조사측량이 곤란한 지역이 대상이었다.

16. 토지의 지리적 위치의 고정성과 개별성을 확보하고 필지의 개별적 구분을 해 주는 토지표시사항은?

① 면적
② 지목
③ 지번
④ 소유자

17. 소유권의 개념에 대하여 1789년에 '소유권은 신성불가침'이라고 밝힌 것은?

① 미국의 독립선언
② 영국의 산업혁명
③ 프랑스의 인권선언
④ 독일의 바이마르 헌법

18. 토지조사사업 당시 토지에 대한 사정(査定)사항은?

① 경계
② 면적
③ 지목
④ 지번

19. 대나무가 집단으로 자생하는 부지의 지목으로 옳은 것은?

① 공원
② 임야
③ 유원지
④ 잡종지

20. 다음 중 현존하는 우리나라의 지적기록으로 가장 오래된 신라시대의 자료는?

① 경국대전   ② 경세유표
③ 장적문서   ④ 해학유서

1	2	3	4	5
③	④	②	③	③
6	7	8	9	10
②	①	③	②	④
11	12	13	14	15
③	③	①	④	②
16	17	18	19	20
③	③	①	②	③

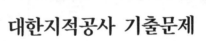

대한지적공사 기출문제

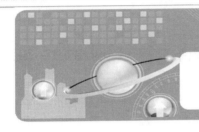

2001년

1. 다음 중 지적의 3요소가 아닌 것은?

① 토지　　　　　② 등록
③ 공부　　　　　④ 소관청

2. 다음 중 수치지적에 대한 설명으로 맞지 않는 것은?

① 도해지적보다 더 정밀한 측량이다.
② 토지의 경계점을 도해적으로 표현하지 않고 숫자적인 좌표로 표시하는 제도이다.
③ 경계점의 위치를 숫자만으로 표시하므로 도면을 만들지 않는다.
④ 일필지의 면적이 넓고 토지 형상이 정사각형에 가까워 굴곡점이 적을 경우에 편리하다.

3. 다음 중 지적공부에 대한 설명으로 맞지 않는 것은?

① 수치지적부는 지적공부이다.
② 공유지연명부는 지적공부가 아니다.
③ 지적공부란 지적법에서 정한 것이다.
④ 일람도는 지적공부가 아니다.

4. 다음 중 일필지에 대한 설명으로 옳은 것은?

① 자연적으로 형성된 토지의 등록단위
② 인위적으로 형성된 물리적인 토지의 등록단위
③ 모든 토지의 자연적으로 형성된 법적 경계
④ 자연적, 인위적으로 형성된 공부상 법적인 토지경계

5. 수치지적부를 지적공부로 취급하는 지적법이 개정된 연도는?

① 1976　　　　　② 1950
③ 1912　　　　　④ 2001

6. 다음 중 양입지에 관한 설명 중 맞는 것은?

① 전 또는 답에 있어서는 그 다른 지목의 토지 면적이 본지의 약 10%를 넘을 경우
② 전 또는 답에 있어서는 그 다른 지목의 토지 면적이 본지의 약 330m² 이하일 경우
③ 대에 있어서는 다른 지목의 토지면적이 본지의 면적을 넘으면 무조건 양입한다.
④ 염전이나 광천지는 면적의 크고 작음에 상관없이 이를 양입하지 않아야 한다.

7. 토지조사 당시에 소유자가 각기 다른 토지와의 경계선으로 반드시 토지조사령에 의한 사정으로 결정된 경계로 타당한 것은?

① 강계선　　　　　② 지역선
③ 분쟁선　　　　　④ 경계선

8. 경계불가분의 원칙이란?

① 동일한 경계가 축척이 다른 도면에 각각 등록되어 있는 때에는 축척이 큰 것에 따른다
② 경계는 모든 토지를 정확하게 등록되어야 하며 항상 분리될 수 없어야 한다.
③ 경계점좌표등록부에 등록된 경계는 꼭 좌표로 연결되어야 한다.
④ 토지의 경계는 필지와 필지 사이에 하나밖에 없다.

9. 다음 중 면적에 대한 설명으로 맞지 않는 것은?

① m^2 : 평 또는 보 × $\dfrac{400}{121}$

② 1보 = 1평

③ 평 또는 보 : m^2 × $\dfrac{121}{400}$

④ 1평 = 6척

10. 다음 중 토지의 이동에 대한 설명으로 맞지 않는 것은?

① 토지의 경계 또는 좌표 등이 달라지는 것을 말한다.

② 토지의 표시사항이 변경되는 것을 의미한다.

③ 행정구역 개편 등으로 토지의 소재지번이 달라지는 것을 의미한다.

④ 토지대장상에 기재된 모든 토지에 관한 사항이 달라짐을 의미한다.

11. 지적에서 의미하는 소관청의 설명 중 틀린 것은?

① 지적공부를 관리하는 시장

② 지적공부를 관리하는 지방자치단체의 장인 시장, 군수, 구청장

③ 지적공부를 관리하는 군수

④ 지적공부를 관리하는 국가의 기관인 시장, 군수

12. 다음 중 지번경정에 대한 설명으로 맞는 것은?

① 지번을 변경할 필요가 있을 경우 지번을 새로이 부여할 경우이다.

② 지번이 존재하고 있으나 원시적으로 착오 또는 오류가 있을 때 새로이 하기 위한 경우이다.

③ 결번이 발생하여 지번을 새로이 변경하고자 하는 경우이다.

④ 도시개발사업에 의해 지역 전체의 지번을 새로이 결정하고자 하는 경우를 말한다.

13. 다음 중 지적공개주의의 설명으로 옳은 것은?

① 지적공부의 등록사항인 토지의 소재, 지번, 지목, 면적, 경계, 좌표 등은 국가만이 결정할 수 있다.

② 지적공부의 등록사항은 토지소유자나 이해관계인 등 일반국민에게 신속, 정확하게 공개하여 정당하게 이용할 수 있도록 하여야 한다.

③ 국가의 통치권이 미치는 모든 영토를 필지단위로 구획하여 국가기관의 장인 시장, 군수, 구청장이 직원으로 지적공부에 등록공시하여야 한다.

④ 지적공부에 새로이 등록하는 사항이나 이미 등록된 사항의 변경등록은 국가기관의 장이 지적법령에 정한 절차상의 적법성뿐만아니라 실체법상 사실관계의 부합여부를 심사하여 지적공부에 등록하여야 한다.

14. PBLIS란 무엇인가?

① 토지행정지원시스템

② 필지중심토지정보시스템

③ 한국토지정보시스템

④ 부동산 거래관리시스템

15. 우리나라의 지번을 부여하는 방법 중 가장 널리 쓰이는 방식은?

① 기우식   ② 단지식

③ 사행식   ④ 교호식

16. 다음 중 지적형식주의에 대한 설명으로 옳은 것은?

① 지적은 지적공부에 등록하여야만 토지로서의 거래단위가 된다.

② 토지는 등기를 해야만 그 효력이 발생한다.

③ 토지의 평가, 거래, 과세로만 활용된다.

④ 국가의 통치권이 미치는 모든 영토를 필지단위로 구획한다.

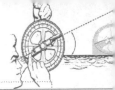

17. 토지에 대한 지번을 사람에게 비유할 경우 다음 중 어느 것에 해당하는가?

① 이름　　　　　② 생년월일
③ 지위　　　　　④ 성별

18. 일필지의 성립요건으로 옳지 않은 것은?

① 지반이 연속될 것
② 소유권이 동일할 것
③ 지번이 동일할 것
④ 지적공부의 축척이 동일할 것

19. 임야도를 지적도로 보는 지역 내의 토지대장을 면적단위로 작성 시 옳지 않은 것은?

① 무(묘)단위로 산정
② 평단위로 산정
③ 면적은 30평의 배수로 등록
④ 면적은 1평의 배수로 등록

20. 우리나라의 지적관계법령의 제정연혁순서로 옳은 것은?

① 토지조사법-토지조사령-제정지적법-지세령-구지적법-현지적법
② 토지조사법-지세령-토지조사령-제정지적법-구지적법-현지적법
③ 토지조사법-토지조사령-지세령-제정지적법-구지적법-현지적법
④ 토지조사법-토지조사령-제정지적법-구지적법-지세령-현지적법

1	2	3	4	5
④	③	②	④	①
6	7	8	9	10
②	①	④	④	④
11	12	13	14	15
②	②	②	②	③
16	17	18	19	20
①	①	③	④	③

2002년

1. 지적법의 3대 이념 중 옳지 않은 것은?

① 지적공개주의　　② 지적등록주의
③ 지적형식주의　　④ 지적국정주의

2. 지적공부에 대한 사항 중 옳지 않은 것은?

① 수치지적부는 지적공부이다.
② 공유지연명부는 지적공부가 아니다.
③ 일람도는 지적공부가 아니다.
④ 대지권등록부는 지적공부이다.

3. 소유자는 같으나 지목이 다른 관계로 별필의 토지를 형성함에 있어 토지조사 시행지와 토지조사 미시행지와의 경계선은?

① 지역선　　　　② 강계선
③ 경계선　　　　④ 사정선

4. 수치지적부에 대해서 잘못 말한 것은?

① 경계점의 위치를 숫자만으로 표시하므로 도면을 만들지 않는다.
② 경계점의 위치를 좌표로 표기한다.
③ 경계점의 위치를 정확한 수치로 기록하기 위해서 만들어진 공부이다.
④ 경계 및 좌표까지 정확히 확인할 수 있다.

5. 다음 중 법지적제도에 해당하지 않는 것은?

① 공부상 사유재산의 소유권의 범위를 결정짓는 데 부적합한 단점이 있다.
② 소유지적이라고도 한다.
③ 지적도의 정밀도가 가장 높다.
④ 과세지적제도보다 발달된 형태이다.

6. 임야도로서 지적도로 보는 지역 내의 토지대장 조제 시 면적단위에 대한 설명으로 틀린 것은?

① 무단위로 산정
② 평단위로 산정
③ 면적은 30평의 배수로 등록
④ 면적은 1평의 배수로 등록

7. 지번의 결번 발생사유에 해당하지 않는 것은?

① 지번경정　　　② 토지합병
③ 축척변경　　　④ 등록사항정정

8. 다음 중 지적공부의 등본 발급을 할 수 없는 것은?

① 폐쇄된 토지대장　　② 지적도
③ 결번대장　　　　　④ 공유지연명부

9. 토지조사 당시 동·리의 강계선이 도로, 구거 또는 하천에 접하여 있을 때에는 일반적으로 어떻게 정하였는가?

① 도로의 경우 도로선의 바깥으로 하였다.
② 도로, 구거 또는 하천의 중앙으로 하였다.
③ 구거는 인접한 동·리 강계선과 동일시하였다.
④ 하천의 경우 하천둑의 바깥으로 하였다.

10. 토지에 대한 지번을 사람에게 비유할 경우 다음 중 어느 것에 해당하는가?

① 이름　　　　　② 생년월일
③ 지위　　　　　④ 성별

11. 토지조사 당시 지번의 부번 방법으로 가장 많이 사용한 것으로 옳은 것은?

① 단지식　　　　② 기우식
③ 사행식　　　　④ 교호식

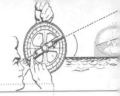

12. 지적형식주의에 대한 설명으로 옳은 것은?

① 지적은 지적공부에 등록하여야만 토지로서의 거래단위가 된다.

② 토지는 등기를 해야만 그 효력이 발생한다.

③ 지적은 등기와 함께 등록하여야만 그 효력이 발생한다.

④ 우리나라의 현재 지적의 등록방법이다.

13. 지적 소관청에 관한 설명으로 다음 중 옳지 않은 것은?

① 지적공부를 관리하는 시장

② 지적공부를 관리하는 군수

③ 지적공부를 관리하는 구청장

④ 지적공부를 관리하는 지방자치단체의 장인 시장, 군수, 구청장

14. 토지조사령에 의한 조사대상 지목으로서 산림지대에 있는 전, 답, 대 등 지적도에 올려야 할 토지를 토지조사 시행지역에서 약 364m 이상 떨어진 곳의 토지를 임야도에 등록하였는데 이것을 설명한 용어로 맞지 않는 것은?

① 증보도 　　　　② 간주지적도

③ 간주임야도 　　④ 과세지견취도

15. 수치지적부에 관하여 기술한 사항 중 옳지 않은 것은 무엇인가?

① 지적확정측량을 경위의 측량방법으로 한 지역에 대하여 비치한다.

② 토지의 소재, 지번, 좌표, 고유번호 등을 기록한다.

③ 수치지적부를 비치한 지역의 토지의 경계결정과 지표상의 복원은 지적도에 의한다.

④ 수치지적부에는 소관청의 직인을 날인하고 직인 날인 번호를 기재한다.

16. 토지이동에 있어서 신고의무가 없는 것은 무엇인가?

① 토지분할 　　　　② 토지합병

③ 지목변경 　　　　④ 신규등록

17. 현대 지적의 성격으로 맞지 않는 것은 무엇인가?

① 역사성 　　　　② 반복적 민원성

③ 가변성 　　　　④ 서비스성과 윤리성

18. 행정구역선 중 구계와 리계가 겹치는 경우에 어떻게 제도하는가?

① 최상급 행정구역선만 제도

② 두 개를 중복하여 제도

③ 최하급 행정구역선만 제도

④ 약간의 사이를 두고 옆에 리계를 제도한다.

19. 구한말에 토지의 상품화가 이루어지면서 발생하는 토지거래의 문란을 방지하기 위하여 행하여진 제도는 무엇인가?

① 지권제도 　　　　② 임야조사

③ 타량성책 　　　　④ 조선지세령

20. 국가가 직권등록하고 지적측량을 대행하는 이유는 무엇인가?

① 공신력과 국민소유권 보호

② 국가에서 지적측량을 하기 힘들므로

③ 국가는 감시감독이 주 임무이므로

④ 토지의 투기를 방지하기 위하여

1	2	3	4	5
②	②	①	①	①
6	7	8	9	10
④	④	③	②	①
11	12	13	14	15
③	①	④	②	③
16	17	18	19	20
②	③	①	①	①

2003년

1. 다음 중 지적의 효력이 아닌 것은?

① 공신력　　　　　② 구속력
③ 확정력　　　　　④ 공정력

2. 다음 중 지적삼각점의 설치 및 관측에 대한 설명으로 맞지 않는 것은?

① 지적삼각측량의 경우 측량을 완료한 후 지적삼각점 표지를 설치하여야 한다.
② 지적삼각점의 명칭은 측량지역이 소재하고 있는 시·군으로 한다
③ 지적삼각점은 사각망·삼각망방법으로만 구성하여 측량하여야 한다.
④ 전파 또는 광파측거기는 표준편차가 ±5mm +5ppm 이상인 정밀측거기를 사용한다.

3. 세부측량을 위한 측량준비도의 기재사항으로 옳지 않은 것은?

① 해당필지의 지번, 지목, 경계
② 주변필지의 지번, 지목, 경계
③ 도곽선 및 도곽선수치
④ 해당필지의 점유현황선

4. 다음 중 등기업무를 수행할 수 있는 등기공무원이 될 수 없는 사람은?

① 등기사무관　　　② 등기서기관
③ 등기주사　　　　④ 등기이사관

5. 도시관리계획의 입안자로 옳지 않은 자는?

① 특별시장　　　　② 건교부장관
③ 시장 또는 군수　④ 광역시장

6. 오늘날의 매매계약서로 다음 중 옳은 것은?

① 가계　　　　　　② 입안
③ 문기　　　　　　④ 양안

7. 토지이동 신청, 신고기간이 60일이 아닌 것은?

① 신규등록　　　　② 등록전환
③ 합병　　　　　　④ 축척변경

8. 다음 중 양안에 기재된 사항에 속하지 않는 것은?

① 토지소유자, 토지가격　② 지번, 면적
③ 토지등급, 측량순서　　④ 토지형태, 사표

9. 모든 토지는 지적공부에 등록하기 위해 소관청은 꼭 직접 조사를 하여야 한다는 이념은?

① 실질적 심사주의　　② 지적 공개주의
③ 공시의 원칙　　　　④ 지적 국정주의

10. 다음 중 날인등록제도에 대한 설명으로 맞는 것은?

① 소유권등록에 따라 거래의 유효성을 분석하는 토지등록제도
② 소유권등록의 적합성, 합법성에 따른 국가의 보증제도
③ 소유권 등록에 따라 공적 등기를 보전하는 토지등록제도
④ 소유권의 권리원천에 따라 적합성, 유효성을 고려한 국가책임제도

11. 토지의 소유자와 그 경계를 확정하는 행정처분을 무엇이라고 하는가?

① 지압조사　　　　② 지적조사
③ 사정　　　　　　④ 경계확정처분

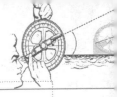

12. 다음 중 건폐율과 용적률에 관한 설명으로 맞지 않는 것은?

① 건폐율은 건물이 차지하는 바닥면적의 합을 의미한다.
② 건폐율은 일정한 대지 안에서 건축물이 차지하는 비율을 의미한다.
③ 용적률은 각 층의 바닥면적이 차지하는 총합을 의미한다.
④ 용적률은 지하층만을 제외한 지상 건축물의 연면적이 차지하는 합을 의미한다.

13. 다음 중 지목의 표기방법으로 맞지 않은 것은?

① 장 – 공장   ② 차 – 주차장
③ 천 – 하천   ④ 원 – 공원

14. 다음 중 지목에 관한 연결로서 맞지 않는 것은?

① 연못이나 호수 – 유지
② 유료낚시터 – 양어장
③ 향교용지 – 종교용지
④ 연을 재배하는 토지 – 답

15. 토지조사 당시 지번의 부번 방법으로 가장 많이 사용한 것으로 옳은 것은?

① 단지식   ② 기우식
③ 사행식   ④ 교호식

16. 다음 중 지적제도의 발달과정에 관한 설명으로 맞지 않는 것은?

① 법지적은 토지권리의 안전한 보호를 위해 경계를 중심으로 관리한다.
② 세지적은 토지과세를 목적으로 위치를 중심으로 관리한다.
③ 다목적 토지의 과세 및 소유권은 물론 토지에 관련된 모든 정보의 종합화를 목적으로 한다.

④ 오늘날의 근대적 지적제도의 효시는 나폴레옹지적이라고 말할 수 있다.

17. 우리나라에서 지적법을 제정하여 시행함에 있어서 적용되는 원칙은?

① 초일산입의 원칙
② 익일불산입의 원칙
③ 초일불산입의 원칙
④ 익일산입의 원칙

18. 다음 중 정밀도를 높이는 것이 목적인 토지이동은?

① 신규등록   ② 축척변경
③ 경계복원   ④ 등록전환

19. 지적기술자의 징계에 관한 사항으로 옳지 않은 것은?

① 자격 취소
② 견책
③ 1월 이상 3년 이하의 자격정지
④ 경고

20. 모든 토지는 지적공부에 등록해야 한다는 지적법의 이념은?

① 적극적 등록주의   ② 지적 공개주의
③ 공시의 원칙   ④ 지적 국정주의

1	2	3	4	5
①	②	④	④	②
6	7	8	9	10
③	④	①	①	③
11	12	13	14	15
③	④	④	②	③
16	17	18	19	20
②	③	②	④	①

2004년

1. 조선시대 문서인 양안과 입안은 오늘날 무엇인가?

① 양안 – 토지대장, 입안 – 등기권리증
② 양안 – 지적도, 입안 – 토지대장
③ 양안 – 토지매매문서, 입안 – 매매절차
④ 양안 – 수치지적부, 입안 – 공증제도

2. 우리나라 최초로 면적을 측정하였던 방법으로 옳은 것은?

① 경무법   ② 결부제
③ 두락제   ④ 정전제

3. 다음 중 토지조사 당시 지역선의 설명이 맞는 것은?

① 토지조사 당시 소유자는 같으나 지목이 다른 경우나 지반이 연속되지 않은 경우의 경계선
② 토지조사 당시 토지의 필지 경계선을 구획한 선
③ 토지조사 당시 동일한 토지소유자의 경계가 상호 일치하지 않는 경우
④ 토지조사 당시 소유자가 2명 이상일 경우 지분을 설정하는 경계선

4. 다음 중 도곽선의 역할로 옳지 않은 것은?

① 지적측량기준점의 전개기준
② 도곽신축 보정 시의 기준
③ 도면접합 시의 기준
④ 토지합병 시의 필지결정기준

5. 지목의 종류를 법률로 정한 후 이용형태를 분류하여 지목을 정하는 것과 가장 관계가 깊은 것은?

① 일필일지목의 원칙

② 지목법정주의원칙
③ 주지목추종의 원칙
④ 용도경중의 원칙

6. 다음 중 토지구획정리사업 시행지역에 적합한 지번부여방식은 무엇인가?

① 단지식   ② 기우식
③ 사행식   ④ 교호식

7. 다음 중 토지의 사정에 대한 설명으로 맞는 것은?

① 토지대장, 지적도를 처음 만드는 작업
② 소관청에서 토지를 분배하는 것
③ 토지소유자와 경계를 확정짓는 행정처분
④ 지적도 및 임야도의 소유자 및 경계를 확정짓는 행정행위

8. 지압조사에 대한 설명으로 틀린 것은?

① 지압조사도 토지조사의 방법 중에 하나이다.
② 신고가 되지 않는 토지를 직접 조사하는 직권조사 방법
③ 무신고 이동지를 발견하기 위해 실시하는 적극적 방법
④ 잘못된 토지의 소재, 지번, 지목, 경계, 면적 등의 조사방법

9. 다음 중 지목의 표기방법으로 옳은 것은?

① 주차장 – 주   ② 도로 – 로
③ 유원지 – 원   ④ 공원 – 원

10. 다음 중 토지조사사업의 내용을 크게 3가지로 분류 시 해당되지 않는 것은?

① 토지의 지형 및 지모조사
② 토지의 소유자조사
③ 토지의 가격조사
④ 토지의 등급조사

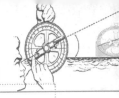

11. 다음 중 토렌스 시스템의 이론으로 옳지 않은 것은?

① 거울이론(mirror principle)
② 지가이론(Land value principle)
③ 커튼이론(Curtain principle)
④ 보험이론 (insurance principle)

12. 다음 중 1 : 600의 축척에서 325.45m²의 결정면적으로 옳은 것은?

① 325.5m²
② 325.4m²
③ 325m²
④ 326m²

13. 다음 중 국토의이용및계획에관한법률에서 정한 용도지역이 아닌 것은?

① 농촌지역
② 관리지역
③ 자연환경보전지역
④ 도시지역

14. 다음 중 건축물이 있는 대지 분할 시 제한 면적으로 옳지 않은 것은?

① 주거지역 : 60m²
② 상업지역 : 100m²
③ 공업지역 : 150m²
④ 녹지지역 : 200m²

15. 다음 중 용어의 설명으로 옳지 않은 것은?

① 지목이란 토지의 주된 용도에 따라 토지의 종류를 구분하여 공부에 등록하는 것을 말한다.
② 좌표란 지적측량기준점 또는 경계점의 위치를 평면직각종횡선수치로 표시한 것을 말한다.
③ 지번부여지역이란 지번을 부여하는 단위지역으로서 읍·면 또는 이에 준하는 지역을 말한다.
④ 지적측량기준점이란 지적삼각점, 지적삼각보조점, 지적도근점 또는 지적위성기준점을 말한다

16. 다음 중 지적법의 목적을 바르게 나타낸 것은?

① 토지의 합리적인 관리 및 소유권등록

② 국토 이용을 위한 효율적인 토지관리 및 소유권 보호
③ 합리적 토지소유권등록 및 토지관리
④ 전 국토의 개발 및 관리의 안정성 및 효율성 추진

17. 지적공부에 등록한 필지면적으로 다음 중 옳은 것은?

① 수평면상의 면적
② 수직선상의 면적
③ 도면상의 면적
④ 지상의 면적

18. 토지조사 당시 면적의 등록단위를 비교한 것 중 틀린 것은?

① 1평 = 1간×1간
② 10보 = 1무
③ 1단 = 10무
④ 1정 = 100무

19. 조선 지세령에 의거 임야도를 지적도로 간주하는 지역의 토지대장으로 옳은 것은?

① 을호토지대장
② 간주토지대장
③ 임야대장
④ 토지대장

20. 축척변경에 대한 설명으로 맞는 것은?

① 축척변경 시의 토지이동은 축척변경 확정공고일로 본다.
② 첨부조서는 축척변경 사유 및 지번별 조서, 지적도 원본 등을 첨부하여야 한다.
③ 경계점의 정밀도를 높이기 위하여 큰 축척을 작은 축척으로 변경하는 것이다.
④ 축척변경시행지역 내의 토지소유자 2분의 1의 동의를 얻어야한다.

21. 지적법의 규정에 의한 대한지적공사 정관에 기재사항이 아닌 것은?

① 예산 및 회계
② 조직 및 기구
③ 업무의 처리절차
④ 주된 주무소의 소재지

22. 도시개발사업 시행방식으로 옳지 않은 것은?

① 환지방식   ② 수용방식
③ 혼용방식   ④ 절충방식

23. 정비기반시설은 양호하나 불량건축물이 밀집한 지역에서 주거환경을 개선하기 위하여 시행하는 사업으로 옳은 것은?

① 주거환경개선사업   ② 주택개발사업
③ 주택재건축사업   ④ 도시환경정비사업

24. 공유물건에 대한 설명으로 틀린 것은?

① 우리나라의 경우 공유물건에 대하여 공유·합유·총유의 3가지 원칙을 인정한다.
② 공유는 1개의 소유권이 여러 사람에게 양적으로 분할되어 귀속하는 형태이다.
③ 합유는 여러 사람이 조합체로서 물건을 소유하는 형태를 말한다.
④ 총유는 법인이 집합체로서 물건을 소유하는 형태를 의미한다.

25. 토지의 면적에 증감이 발생하여 등기할 경우 기재하여야 할 부분은?

① 등기부의 표제란   ② 등기부의 갑구란
③ 등기부의 을구란   ④ 등기부 면적부

1	2	3	4	5
①	④	①	④	②
6	7	8	9	10
①	③	②, ④	③	④
11	12	13	14	15
②	②	①	②	③
16	17	18	19	20
②	①	②	①	①
21	22	23	24	25
①	④	③	④	①

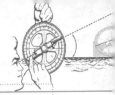

2005년

1. 다음 중 토지조사사업에 대한 설명으로 틀린 것은?

① 토지조사사업 당시 소유자와 그 강계를 결정하기 위한 행정처분이다

② 대구, 전주, 함흥, 평양의 4개 출장소를 두었다.

③ 지역선은 소유자가 다른 토지의 경계선을 의미한다.

④ 사정기관은 임시토지조사국장이며 재결기관은 고등토지위원회이다.

2. 다음 중 구소삼각원점에 대한 설명으로 틀린 것은?

① 구한국정부에서 1905년 양지과에서 측량을 실시한 지역이다.

② 구소삼각원점은 모두 서울·경기와 대구·경북 모두 11개이다.

③ 일제의 토지조사사업 이전에 설치한 특별원점이다.

④ 구소삼각원점 지역은 천문측량으로 실시하여 구과량을 고려하지 않았다.

3. 다음 중 건축법에서 정의하고 있는 용어의 정의로서 맞는 것은?

① 주요구조부란 내력벽, 사잇기둥, 바닥, 보, 지붕틀 및 주계단을 말한다.

② 지하층이란 건축물의 바닥이 지표면 아래에 있는 층으로서 바닥에서 지표면까지 평균높이가 해당 층 높이의 3분의 1 이상인 것을 말한다.

③ 건축설비란 건축물에 설치하는 전기·전화, 초고속 정보통신 설비, 지능형 홈네트워크 설비, 가스·급수·배수·난방·소화를 말한다.

④ 건축물의 용도란 건축물의 종류를 유사한 구조, 이용 목적 및 형태별로 묶어 분류한 것을 말한다.

4. 다음 중 토지조사 당시의 면적등록단위를 비교한 것 중 틀린 것은?

① 마지기, 몇 짐, 하루갈이 등의 단위를 사용하였다.

② 10보를 1무로 하여 시가지지역에 국한하여 사용하였다.

③ 결의 단위를 많이 사용하였다.

④ 단위면적이 지역별로 서로 달라 정확한 면적을 산출하지 못하였다.

5. 다음 중 지목을 결정하고자 할 때 그 결정원칙으로 맞는 것은?

① 일필일지목의 원칙 ② 형식주의원칙

③ 토성지목의 원칙 ④ 주용도추종의 원칙

6. 다음 중 지적법에서 규정하고 있는 경계에 대한 설명 중 틀린 것은?

① 경계점좌표등록부에 등록된 좌표의 연결

② 도면상에서 표시된 경계

③ 지상에서 설치한 경계표지

④ 필지별 경계점들을 직선으로 연결하여 등록한 선

7. 다음 중 분할 후의 지번부여방법으로 맞는 것은?

① 분할 후의 지번 중 임의의 지번을 그 지번으로 한다.

② 분할 전의 지번 중 본번과 부번 그대로 사용하되 선순위의 지번으로 한다.

③ 분할 후의 지번 중 본번만으로 된 지번을 그 지번으로 한다.

④ 주거, 사무실, 건축물 등이 있는 토지의 경우 분할 전 지번 중 선순위의 지번으로 한다.

8. 다음 중 분쟁지에 대한 설명으로 틀린 것은?

① 위원회의 심사 ② 내업조사

③ 외업조사 ④ 가격조사

9. 시가지의 무질서한 확산방지, 계획적이고 단계적인 토지이용의 도모, 토지이용의 종합적 조정 관리 등을 위해 따로 정해 놓은 지역을 무엇이라 하는가?

① 지구단위계획지역　　② 용도지역
③ 용도구역　　　　　　④ 시가화조정구역

10. 다음 중 축척 1/600지역의 면적결정방법으로 맞는 것은?

① 123.15 → 123. 2　　② 168.355 → 168.36
③ 321.05 → 321.1　　④ 355.35 → 355

11. 다음 중 중앙지적위원회의 설명으로 옳지 않은 것은?

① 위원장 및 부원장의 임기는 2년이다.
② 행정자치부장관 소속하에 두는 지적위원회를 말한다.
③ 위원장 및 부위원장 각 1인을 포함하여 5인 이상 10인 이내의 위원으로 구성한다.
④ 지적업무에 관한 제반 사항을 심의·의결하기 위한 기관이다.

12. 다음 중 지적측량기준점 표지의 설치에 있어서 경계점간 거리에 대한 설명으로 틀린 것은?

① 지적위성기준점의 점간거리는 평균 10~30km로 한다.
② 지적삼각보조점표지의 점간거리는 평균 1~3km로 한다.
③ 지적도근점표지의 점간거리는 평균 50~300m 이하로 한다.
④ 지적삼각점표지의 점간거리는 평균 2~5km로 한다.

13. 다음 중 부동산 등기부의 기재사항으로 맞지 않는 것은?

① 표제부 – 지목 및 토지위치
② 갑구 – 소재지 및 지목
③ 을구 – 저당권 설정
④ 표제부 – 토지면적 및 지목

14. 다음 중 수등이척제에 대한 설명으로 옳은 것은?

① 토지의 면적이 클수록 양전척의 길이가 짧아진다.
② 토지의 등급이 높을수록 양전척의 길이가 길어진다.
③ 토지의 면적이 작을수록 양전척의 길이가 짧아진다.
④ 토지의 등급이 낮을수록 양전척의 길이가 길어진다.

15. 다음 중 소관청이 시·도지사에게 제출하는 축척변경 신청서에 포함되지 않는 것은?

① 축척변경사유
② 지적도 사본
③ 지번별 조서
④ 토지소유자 인적사항

16. 다음 중 조선시대 양안의 기재내용이 아닌 것은?

① 토지가격　　　　　　② 지번
③ 척수　　　　　　　　④ 토지등급

17. 다음 중 간주임야도로 시행하고 있는 지역의 임야가 아닌 것은?

① 덕유산　　　　　　　② 일월산
③ 소백산　　　　　　　④ 지리산

18. 지적공부에 새로이 등록하거나 이에 등록된 사항의 변경등록은 소관청이 적법성과 사실관계의 부합 여부 등을 적극적으로 심사하여 등록해야 한다는 이념으로 맞는 것은??

① 실질적 심사주의　　② 지적 공개주의
③ 공시의 원칙　　　　④ 지적 국정주의

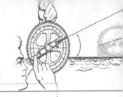

19. 다음 지적전산자료의 사용 및 이용에 대한 설명 중 맞는 것은?

① 행자부장관이 제공하는 경우 수입인지로 납부한다.
② 시장이 제공하는 경우 면제한다.
③ 국가 및 지자체가 이용하는 경우 수입증지로 납부한다.
④ 군수가 제공하는 경우 면제한다.

20. 다음 중 지적공부의 성격이 다른 하나는?

① 산토지대장
② 별책토지대장
③ 을호토지대장
④ 지적도로 간주하는 임야도

21. 다음 중 토지조사사업의 행정구역 조사에 대한 설명으로 틀린 것은?

① 소유권 조사에 앞서 행정구역의 명칭 및 경계조사를 실시했다.
② 면내에 동일 명칭이 있는 동·리가 있는 경우 비교적 저명한 것을 사용하도록 했다.
③ 동·리를 분합하고자 할 때에는 지방민의 의향과 면장·리장의 의견을 청취했다.
④ 동·리를 병합할 때에는 면적과 인구수에 따라 큰 지역의 명칭을 사용했다.

22. 다음 중 토지대장에서 임의의 등록사항으로 별개의 등록단위로 보고 있는 것은?

① 토지등급
② 행정구역명
③ 기준수확량
④ 용도지역

23. 다음 중 지적공부의 지목·면적·지번을 등록하고자 할 때 최종결정권자는?

① 대한지적공사장
② 군수
③ 행자부장관
④ 시·도지사

24. 다음 중 국토의이용및계획에관한법률에서 정한 용도지역이 아닌 것은?

① 준도시지역
② 자연환경보전지역
③ 관리지역
④ 도시지역

25. 개발로 인하여 기반시설이 부족할 것이 예상되나 기반시설의 설치가 곤란한 지역을 대상으로 건폐율 또는 용적률을 강화하여 적용하기 위한 특정지역을 무엇이라 하는가?

① 개발밀도관리구역
② 시가화조정구역
③ 주택재개발사업지역
④ 지구단위계획지역

1	2	3	4	5
③	④	④	②	①
6	7	8	9	10
③	④	④	③	①
11	12	13	14	15
①	①	②	④	④
16	17	18	19	20
①	③	①	①	④
21	22	23	24	25
④	④	④	①	①

2006년

1. 다음 중 지적측량기준점 표지의 설치에 있어서 경계점간거리에 대한 설명으로 틀린 것은?

① 지적삼각보조점표지의 점간거리는 평균 1~3km로 한다.
② 지적위성기준점의 점간거리는 평균 30~50km로 한다.
③ 지적삼각점표지의 점간거리는 평균 2~5km로 한다.
④ 지적도근점표지의 점간거리는 평균 50~500m이하로 한다.

2. 다음 중 지적공부의 전산자료를 이용하고자 하는 경우에 대한 설명으로 맞는 것은?

① 행자부장관이 제공하는 경우 수입증지로 납부한다.
② 시장이 제공하는 경우 수입인지로 납부한다.
③ 국가 및 지자체가 이용하는 경우 면제한다.
④ 군수가 제공하는 경우 수입인지로 납부한다.

3. 다음 중 강계선에 대한 설명으로 맞는 것은?

① 소유자를 알 수 없는 토지와의 구획선
② 토지조사 시행토지와 토지조사를 시행하지 않은 토지와의 지계선
③ 토지조사령에 의해 토지조사국장의 사정을 거친 도면상의 경계선
④ 소유자는 같으나 지적정리상 별필로 구분하여야 하는 토지와의 구획선

4. 다음 중 등기부의 표제부에 기록하는 것으로 맞는 것은?

① 토지와 건물의 지번과 면적
② 토지와 건물의 소유자와 소재지주소
③ 토지와 건물의 면적과 경계
④ 토지와 건물의 저당권과 임차권

5. 다음 중 필지에 대한 설명으로 맞지 않는 것은?

① 인위적으로 구획된 법적 토지등록단위
② 자연적인 토지와 건물의 경계
③ 지적공부상의 등록된 필지경계
④ 토지와 건물의 공부상 등록경계

6. 다음 중 축척변경에 대한 설명으로 맞지 않는 것은?

① 소축척에서 대축척으로의 이동을 의미하는 정밀도를 높이기 위한 토지이동이다.
② 임야대장에 등록된 토지를 지적도로 옮기는 토지이동을 의미한다.
③ 토지소유자의 2/3 이상의 동의가 있어야 한다.
④ 축척변경위원회의 의결을 거쳐 시·도지사의 승인을 받아야 한다.

7. 국토및이용에관한법률의 용적률과 건폐율을 지정하는 목적으로 맞지 않는 것은?

① 국토의 효율적이고 균형있는 개발
② 개인의 삶의 질 저하에 따른 효율적인 국토개발
③ 도시경관과 과밀화를 위한 개발
④ 고층화에 따른 일조권의 보장을 위해

8. 고려시대의 면적측정방법으로 계지척을 사용하였는데 계지척은 무엇을 그 기준으로 하였는가?

① 사람의 키   ② 사람의 손길이
③ 사람의 발길이   ④ 사람의 걸음걸이

9. 다음 중 등기부의 표시사항에 대한 설명으로 틀린 것은 무엇인가?

① 사실의 등기는 표시란에 권리의 등기는 갑구, 을구란에 기재하도록 한다.
② 등기부 순위번호란에는 갑구, 을구 사항란에 등기한 순서를 기록한다.

③ 등기부 등기번호란에는 토지와 건물의 등기한 순서를 기록한다.
④ 등기부 표시번호란에는 당해 부동산 물건의 생성과 소멸에 관한 내용의 변경순서를 기록한다.

10. 다음 중 토지의 이동에 대한 설명으로 맞지 않는 것은?

① 신규등록은 새로이 조성된 토지 및 등록이 누락되어 있는 토지를 공부에 등록하는 것이다.
② 등록전환은 임야대장 및 임야도에 등록된 토지를 토지대장 및 지적도에 옮겨 등록하는 것이다.
③ 축척변경은 경계점의 정밀도를 높이기 위하여 대축척을 소축척으로 변경하는 것이다.
④ 합병은 지적공부에 등록된 2필지 이상을 1필지로 합하여 등록하는 것이다.

11. 다음 중 토지의 표시사항과 관련된 설명으로 맞지 않는 것은?

① 토지표시사항은 소재·지번·지목·면적·경계를 말한다.
② 토지의 이동은 신규등록·등록전환·분할·합병·지목변경·축척변경·지번변경 등이 있다.
③ 토지의 이동은 대부분 토지소유자의 신청과 소관청의 직권에 의하여 지적공부를 정리하게 된다.
④ 토지의 이동은 지적측량을 요하는 이동과 토지확인·조사를 하는 토지의 이동이 있다.

12. 다음 중 등록사항 정정에 관한 설명 중 틀린 것은?

① 토지소유자는 공부의 등록사항 잘못을 발견한 때에는 소관청에 그 정정을 신청할 수 있다.
② 소관청은 지적공부의 등록사항에 잘못이 있음을 발견한 때에는 직권으로 조사·측량할 수 있다.
③ 면적에 변함이 없고 임야도와 지적도간 도곽접합이 되지 않는 경우 사실상 경계를 직권으로 조정할 수 있다.
④ 정정사항이 토지소유자에 관한 사항인 경우에는

등기전산자료에만 의하여 정정하여야 한다.

13. 다음 중 지적제도의 효력이 아닌 것은?

① 창설적 효력　② 대항적 효력
③ 추정적 효력　④ 형성적 효력

14. 다음 중 과세지적에 대한 설명으로 맞지 않는 것은?

① 토지에 대한 과세를 부과하는 데 있어서 그 세액을 결정함을 목적으로 하는 지적제도를 말한다
② 농경시대에 면적본위로 운영되던 최초의 지적제도이다.
③ 토지의 면적과 등급을 정하는 것이 가장 중요하다.
④ 과세지적에서 경계를 위주로 필지에 대한 과세를 결정하였던 지적제도이다.

15. 조선시대의 양안은 오늘날 무엇에 해당하는가?

① 지적도면　② 토지대장
③ 매매계약서　④ 등기권리증

16. 다음 중 경계의 표기에 관한 민법상의 경계표시에 대한 설명으로 틀린 것은?

① 토지의 소유권이 미치는 범위를 경계로 본다.
② 실제 설치되어 있는 울타리, 담장, 둑, 구거 등의 실제경계로서 지상경계를 인정한다.
③ 경계를 표시할 때 먼저 말을 꺼낸 사람이 경계표지 비용의 2/3를 부담한다.
④ 인접하여 토지를 소유한 자는 공동비용으로 통상의 경계표나 담을 설치할 수 있다.

17. 다음 중 필지에 대한 설명으로 맞지 않는 것은?

① 1필지의 토지로 획정되려면 그 토지가 동일하나 지번부여지역 내에 존재하여야 한다.
② 등기지 또는 미등기지까지 등록되어 있지 않으며

일필지로 등록할 수 없다.

③ 토지 경계 및 필지가 산등선, 계곡, 하천, 호수, 해안, 구거 등의 자연적인 지형·지물로 이루어져야 한다.

④ 일물일권주의에 의하여 하나의 필지를 획정하기 위해서는 하나의 소유권만이 성립할 수 있다.

18. 다음 중 지목에 관한 연결이 서로 맞지 않는 것은?

① 향교 – 사적지
② 남산1호 터널 – 도로
③ 다목적댐 – 유지
④ 국도휴게소 – 대

19. 다음 중 법률상 토지와 건물의 개념으로 맞는 것은?

① 토지는 건물에 종속되어 등록한다.
② 건물은 토지에 종속되어 등록한다.
③ 토지와 건물은 별개의 등록단위이다.
④ 건물등록제도는 실시하고 있지 않다.

20. 다음 중 조선시대의 기리고차의 사용목적에 대한 설명으로 맞는 것은?

① 토지의 평면과 고저차를 측정하기 위한 기구이다.
② 토지의 거리측정을 위한 수레형 기구이다.
③ 거리를 측정하기 위한 일종의 양전척이다.
④ 토지의 등급을 결정하기 위한 양전척이다.

21. 다음 중 지적공부에 관한 설명으로 맞지 않는 것은?

① 지적공부는 토지의 표시사항과 소유자에 대한 사항으로 시·도지사의 승인을 얻어 작성할 수 있다.
② 소관청은 지적공부를 지적서고에 보관하여 이를 영구히 보관하여야 한다.
③ 지적공부는 천재·지변 이외에는 소관청 청사 밖으로 반출하지 못한다.
④ 소관청은 지적공부가 멸실된 때에는 이를 즉각 복구하여야 한다.

22. 다음 중 우리나라 최초로 지적법의 탄생 시기로 맞는 것은?

① 1976년
② 1950년
③ 1912년
④ 2001년

23. 다음 중 환지계획의 인가권자로 볼 수 없는 것은?

① 시장
② 군수
③ 도지사
④ 구청장

24. 다음 중 상업지역의 대지분할면적으로 맞는 것은?

① $60m^2$
② $100m^2$
③ $150m^2$
④ $200m^2$

25. 다음 중 축척에 관한 설명으로 옳은 것은?

① 축척변경시행공고가 있는 날부터 20일 이내에 소유자는 경계점표지를 설치하여야 한다.
② 축척변경시행지역 안의 토지소유자의 1/2 이상의 동의를 얻어야 된다.
③ 축척변경위원회의 의결 및 시 도지사의 승인절차를 거치지 아니하는 축척변경의 경우, 각 필지별 지번 지목 면적은 종전의 지적공부에 의하고 경계만 새로이 정하여야 한다.
④ 소관청은 축척변경시행기간 중에는 축척변경시행지역 안의 지적공부정리와 경계복원측량을 축척변경 확정공고일까지 정지하여야 한다.

1	2	3	4	5
④	③	③	①	②
6	7	8	9	10
②	②	②	③	③
11	12	13	14	15
①	④	③	④	②
16	17	18	19	20
③	③	①	③	②
21	22	23	24	25
①	②	③	③	④

1. 다음 중 삼국시대의 토지면적 결정을 위한 방법으로 맞는 것은?

① 고구려 – 경무법, 백제 – 두락제, 신라 – 결부법
② 고구려 – 결부제, 백제 – 두락제, 신라 – 경무법
③ 고구려 – 경무법, 백제 – 경무법, 신라 – 두락제
④ 고구려 – 두락제, 백제 – 경무법, 신라 – 결부법

2. 토지에 대한 과세취득을 목적으로 면적본위로 운영되는 지적제도는?

① 다목적 지적   ② 세지적
③ 법지적   ④ 소유지적

3. 다음 중 지압조사에 대한 설명으로 맞는 것은?

① 불법적인 무신고 토지이동을 발견하기 위해 실시하는 토지조사
② 신고가 되지 않은 토지를 직접 조사하는 직권조사방법
③ 지적공부와 실제의 토지이동을 확인하기 위한 적극적 토지 조사방법
④ 잘못된 토지의 소재, 지번, 지목, 경계, 면적 등의 조사방법

4. 다음 중 일자오결제에 대한 설명으로 맞지 않는 것은?

① 조선시대의 양안에 토지를 표시함에 있어서 측량순서에 의하여 1필지마다 자번호를 부여하였다.
② 천자문을 이용하여 부여했는데 자번호는 자와 번호를 의미한다.
③ 천자문의 1자를 5결을 기준으로 1자를 부여하였다.
④ 대한제국 시대에는 일자오결제도를 발전시켜 자호제도를 창설하게 되는 계기가 되었다.

5. 다음 중 등기부의 등록사항에 대한 설명으로 맞지 않는 것은?

① 등기용지 중 부동산의 소재지와 그 내용을 표시하는 부분은 표제부이다.
② 등기부는 토지등기부와 건물등기부로 나누어서 등기하도록 되어 있다.
③ 저당권, 전세권, 지상권 등과 같은 소유권 이외의 권리 관계를 기재하는 부분은 을구이다.
④ 토지등기부 중 표제부에는 토지의 지번·지목·구조·용도·면적 등이 기재된다.

6. 다음 중 지적법에서 규정하고 있는 경계의 의미 중 가장 알맞은 것은?

① 자연적으로 형성된 토지의 등록단위
② 인위적으로 형성된 물리적인 토지의 등록단위
③ 모든 토지의 자연적으로 형성된 법적 경계
④ 자연적, 인위적으로 형성된 공부상 법적인 토지 경계

7. 임시토지조사국에서 실시한 지적도의 작성 방법은?

① 간접등사법   ② 투시등사법
③ 간접자사법   ④ 직접자사법

8. 다음 중 임시토지조사국의 성격으로 맞는 것은?

① 사법기관   ② 공공단체
③ 국영기업체   ④ 국가행정기관

9. 다음 중 지적측량적부심사의 재심사기관에 대한 설명으로 맞지 않는 것은?

① 지적측량적부심사에 이의가 있는 자는 90일 이내에 그 재심사를 청구할 수 있다
② 지적측량성과에 대하여 다툼이 있는 경우 지방지적위원회에서 그 재심사를 청구할 수 있다.
③ 재심사 기관에서는 업무의 개선과 측량기술의 연

구 및 기술자의 양성방안 등을 심의 · 의결한다.

④ 지적기술자의 징계는 재심사기관에서 심의 · 의결하여 해당 징계에 대한 징계처분을 통보한다.

10. 고려시대의 면적측정방법으로 계지척을 사용하였는데 계지척은 무엇을 그 기준으로 하였는가?

① 사람의 발걸음 한폭
② 사람의 손가락 끝에서부터 손목까지
③ 사람의 발가락 끝에서부터 발목까지
④ 사람의 손목에서부터 팔꿈치까지

11. 다음 중 조선시대의 기리고차의 사용목적에 대한 설명으로 맞는 것은?

① 거리측정
② 무게측정
③ 높이측정
④ 면적측정

12. 다음 중 조선시대 문서인 양안과 입안은 오늘날 무엇에 해당하는가?

① 양안 – 수치지적부, 입안 – 공증제도
② 양안 – 지적도, 입안 – 토지대장
③ 양안 – 토지매매문서, 입안 – 매매절차
④ 양안 – 토지대장, 입안 – 등기권리증

13. 일필지의 지목은 28개의 사용목적 안에서 결정되어야 함을 나타내는 지목결정의 이론은?

① 일필일목주의
② 지목법정주의
③ 주지목추정주의
④ 용도경중주의

14. 다음 중 면적에 대한 설명으로 맞지 않는 것은?

① 지적법에서는 면적은 물론 거리, 종횡선의 수치결정, 방향각의 결정은 모두 오사오입을 적용한다.
② 지적측량성과에 의하여 지적공부에 등록한 토지의 등록단위인 필지의 수평면적을 등록한다.
③ 지표상의 면적을 실제로 측량한 측량결과도에 따

라서 오사오입하여 등록한다.

④ 면적은 대통령령으로 m^2로 하여 축척별 그 면적을 다르게 적용하여 등록한다.

15. 다음 중 1/1000의 축척일 때 측량한 결과가 $0.5m^2$일 때 등록면적으로 맞는 것은?

① $0.5m^2$
② $0.1m^2$
③ $10m^2$
④ $1m^2$

16. 다음 중 토지이동에 대한 용어의 정의로 맞지 않는 것은?

① 분할은 지적공부에 등록된 1필지를 1필지 이상으로 나누어 등록하는 것을 말한다.
② 등록전환은 임야대장 및 임야도에 등록된 토지를 토지대장 및 지적도에 옮겨 등록하는 것이다.
③ 축척변경은 지적도에 등록된 경계점의 정밀도를 높이기 위하여 작은 축척을 큰 축척으로 변경하여 등록하는 것이다.
④ 지목변경은 지적공부에 등록된 지목을 다른 지목으로 바꾸어 등록하는 것이다.

17. 다음 중 지목표기방법의 차문자에 대한 연결이 올바르지 않는 것은?

① 장 – 공장
② 차 – 주차장
③ 천 – 하천
④ 원 – 공원

18. 임시토지조사국에서 실시한 지적조사의 대상은?

① 토지조사 중 지적의 이동을 의미한다.
② 토지조사 이전 지적의 이동을 의미한다.
③ 토지조사 개시일의 지적의 이동을 의미한다.
④ 토지조사 이후 지적의 이동을 의미한다.

19. 토지조사사업 당시 양지과에서 설치한 출장소로 맞는 것은?

① 부산, 평양, 대구
② 평양, 함흥, 부산

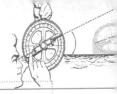

③ 대구, 함흥, 부산 　　④ 평양, 대구, 전주

20. 다음 중 지적측량기준점의 경계점간 거리로 올바른 것은?

① 지적삼각보조점표지의 점간거리는 평균 10~30km로 한다.
② 지적위성기준점의 점간거리는 평균 30~50m로 한다.
③ 지적삼각점표지의 점간거리는 평균 20~50km로 한다.
④ 지적도근점표지의 점간거리는 평균 50~300m 이하로 한다.

21. 다음 중 대한지적공사에 대한 설명으로 맞지 않는 것은?

① 사장, 부사장 각 1인을 포함한 10인 이내의 이사를 둔다
② 사장, 부사장, 이사, 감사를 포함한 10인 이내로 한다.
③ 비영리 단체법인으로 한다.
④ 사장 및 감사는 행정자치부장관이 임명하고, 임원의 임기는 2년으로 한다.

22. "토지의 이용 및 건축물의 용도·건폐율·용적률·높이 등에 대한 용도지역 및 용도지구의 제한을 강화 또는 완화하여 따로 정함으로써 시가지의 무질서한 확산방지, 계획적이고 단계적인 토지이용의 도모, 토지이용의 종합적 조정·관리 등을 위하여 도시관리계획으로 결정하는 지역"을 말하는 용어는?

① 용도지역 　　② 용도구역
③ 용도지구 　　④ 시가화조정구역

23. 다음 중 용어의 정의에 대한 설명으로 맞지 않는 것은?

① 도시개발사업 : 도시개발구역 안에서 주거·상업·산업·유통·정보통신·생태·문화·보건

및 복지 등의 기능을 가지는 단지 또는 시가지를 조성하기 위하여 시행하는 사업을 말한다.
② 기반시설부담구역 : 개발밀도관리구역 외의 지역으로서 개발로 인하여 기반시설의 설치가 필요한 지역을 대상으로 기반시설을 설치하거나 그에 필요한 용지를 확보하게 하기 위하여 지정하는 구역을 말한다.
③ 개발밀도관리구역 : 개발로 인하여 기반시설이 부족할 것이 예상되나 기반시설의 설치가 곤란한 지역을 대상으로 건폐율 또는 용적률을 강화하여 적용하기 위하여 지정하는 구역을 말한다.
④ 용도지역 : 토지의 이용 및 건축물의 용도·건폐율·용적률·높이 등에 대한 용도지역의 제한을 강화 또는 완화하여 적용함으로써 용도지역의 기능을 증진시키고 미관·경관·안전 등을 도모하기 위하여 도시관리계획으로 결정하는 지역을 말한다.

24. 다음 중 등기에서 갑구에 적는 사항은?

① 지목 : 대,서울 강동구 성내1동 산2
② 김○○, 주민번호, 서울 강동구 성내1동 51-2
③ 저당권설정 2006년 6월 2일 제63241호
④ 1980년 준공, 콘크리트구조물, 155m²

25. 다음 중 건축법에서 규정하고 있는 녹지의 분할면적으로 맞는 것은?

① 60m² 　　② 100m²
③ 150m² 　　④ 200m²

1	2	3	4	5
①	②	①	④	④
6	7	8	9	10
④	④	④	②	②
11	12	13	14	15
①	④	②	③	④
16	17	18	19	20
①	④	④	④	④
21	22	23	24	25
④	②	④	②	④

2008년

1. 토지대장에 등록하지 않는 것은?

① 토지표시사항 토지의 소재, 지번, 지목, 면적, 경계, 좌표를 등록한다.
② 소유권에 관한 사항인 이름, 명칭, 주민번호, 법인번호를 등록한다.
③ 기타사항 : 토지등급사항, 삼각점의 위치, 도면번호를 등록한다.
④ 건축물 및 구조물 등의 위치를 등록한다.

2. 등기용지에 적지 않는 사항은?

① 토지의 소재, 지번, 지목, 면적 등
② 등기원인, 등기목적 등
③ 토지수확량의 가격, 토지등급 등
④ 소유권, 지상권, 지역권 등

3. 토지조사사업 당시 비과세 지목으로 연결되지 않은 것은?

① 도로, 하천
② 구거, 제방
③ 성첩, 철도선로
④ 수도선로, 지소

4. 조선시대 문서인 양안과 입안은 오늘날 무엇인가?

① 권리증서와 기밀문서
② 기밀문서와 토지대장
③ 토지대장과 등기권리증
④ 등기권리증과 소송서류

5. 다음 중 다각망도선법에 의한 지적삼각보조점측량에 대한 설명으로 맞지 않는 것은?

① 1도선의 거리는 4km이다.
② 1도선의 점의 수는 기지점과 교점을 포함하여 5점이다.

③ 3점 이상의 기지점을 포함한 결합다각방식에 따른다.
④ 기지점과 교점 간 또는 교점과 교점 간 점의 기지점과 교점을 포함한 3점이다.

6. 다음 중 조선시대의 지적관련 조직에 해당하지 않는 것은?

① 한성부 – 5부
② 내부 – 판적국
③ 지방 – 양전사
④ 임시 – 전제상정소

7. 다음 중 우리나라의 상고시대의 면적측량 방법으로 틀린 것은?

① 고구려 – 경무법, 백제 – 두락제, 신라 – 결부법
② 고구려 – 결부법, 백제 – 두락제, 신라 – 경무법
③ 고구려 – 경무법, 백제 – 경무법, 신라 – 두락제
④ 고구려 – 두락제, 백제 – 경무법, 신라 – 결부법

8. 다음 중 지목의 연결이 다른 하나는?

① 하천 – 천
② 공장용지 – 장
③ 주차장 – 차
④ 공원 – 원

9. 국토의 계획 및 이용에 관한 법률상 시설보호지구를 지정하여 보호하는 시설이 아닌 것은?

① 학교
② 항만
③ 공항
④ 문화재

10. 도시개발법에서 도시개발구역의 지정에 대한 설명으로 맞지 않는 것은?

① 주거 1만m^2
② 상업 1만m^2
③ 공업 3만m^2
④ 녹지 3만m^2

11. 다음 중 건축법의 건축물과 대지와 도로에 대한 설명으로 맞지 않는 것은?

① 건축물의 대지는 2m 이상의 도로와 접하여야 한다.

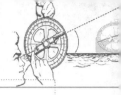

② 건축선은 건축물과 도로의 경계선으로 한다.
③ 도시지역 안에서는 4m 범위 안에서 건축선을 따로 지정할 수 있다.
④ 연면적 합계가 2000m² 이상인 건축물은 6m 이상 도로에 4m 이상 접하여야 한다.

12. 다음 중 도시관리계획에 해당하는 것으로 맞는 것은?

① 기반시설의 설치·정비 또는 개량에 관한 계획
② 관할구역의 기본적인 공간구조와 장기발전방향을 제시하는 종합계획
③ 광역계획권으로 지정하여 수립하는 계획
④ 토지이용계획 및 도시방재계획

13. 다음 중 축척 1/6000의 5000m²에 대한 신구면적의 허용오차를 계산하는 과정으로 맞는 것은?

① $0.026^2 \times 6000 \sqrt{5000}$
② $0.023^2 \times 6000 \sqrt{5000}$
③ $0.026^2 \times 5000 \sqrt{6000}$
④ $0.023^2 \times 5000 \sqrt{6000}$

14. 다음 중 결번이 발생하는 것으로 해당되지 않는 것은?

① 지번정정
② 지번변경
③ 행정구역 변경
④ 신규등록

15. 축척 600분의 1 지적도 시행지역에서 산출면적이 150.45m²일 때 등록면적은?

① 150.4m²
② 151m²
③ 150m²
④ 150.5m²

16. 다음 중 토지조사 당시의 소유자와 그 강계를 임시토지조사국장이 심사하여 확정한 행정처분은?

① 조사
② 사정
③ 재결
④ 심사

17. 다음 중 우리나라의 지적공부의 편성방법으로 맞는 것은?

① 인적 편성주의
② 물적 편성주의
③ 혼합편성주의
④ 연대적 편성주의

18. 토지등록의 효력으로 "행정행위가 행해지면 법령이나 조례에 위반되는 경우에 권한 있는 기관이 이를 취소하기 전까지는 유효하다"는 설명에 해당하는 것은?

① 강제력
② 공정력
③ 구속력
④ 확정력

19. 토지조사사업 당시 지적공부에 등록되었던 지목이 아닌 것은?

① 지소
② 성첩
③ 염전
④ 잡종지

20. 다음 중 지적도에 있어서 지번의 기능이 아닌 것은?

① 토지의 식별
② 토지의 개별화
③ 토지위치의 확인
④ 토지이용의 고도화

21. 도시관리계획의 설명 중 틀린 것은?

① 특별시·광역시·시 또는 군의 개발정비 및 보전을 위하여 수립하는 토지이용, 교통, 환경, 경관, 안전산업, 정보통신, 보건, 후생, 안보, 문화 등에 관한 계획을 말한다.
② 특별시장, 광역시장, 시장 또는 군수는 관할구역에 대하여 도시관리계획을 입안할 수 있다.
③ 도시관리계획에는 용도지역, 지구, 구역과 지구단위계획 및 기반 시설의 정비 또는 개량에 관한 계획 등이 포함된다.
④ 도시관리계획은 20년을 단위로 장기도시개발의

방향 및 도시관리지역에 대한 지침이 되는 계획
이다.

22. 지적법 용어 설명 중 틀린 것은?

① 필지라 함은 대통령령이 정하는 바에 의하여 구획
되는 토지의 등록단위를 말한다.
② 좌표라 함은 지적측량기준점 또는 경계점의 위치
를 평면직각종횡선수치로 표시한 것을 말한다.
③ 경계라 함은 필지별로 경계점 간을 직선으로 연결
하여 지적공부에 등록한 선을 말한다.
④ 경계점이라 함은 지적공부에 등록하는 필지를 구
획하는 선의 굴곡점과 평면직각좌표에 의한 경계
점좌표등록부의 교차점을 말한다.

23. 경계의 이념 중 틀린 것은?

① 경계직선주의　　② 축척종대의 원칙
③ 경계지상주의　　④ 경계국정주의

24. 다음 중 수치지적에 대한 설명으로 맞는 것은?

① 경계점의 복원능력이 도해지적에 비해 낮다.
② 임의 축척의 도면작성이 불가능하다.
③ 도면의 신축에 따른 오차발생을 최소화할 수 있다.
④ 평판측량방법에 의하여 필지를 측량하여 도면에
등록한다.

25. 다음 중 건축법에서 규정하고 있는 건축선에 대한 설명으로 맞지 않는 것은?

① 건축선은 대지와 접하고 있는 도로의 경계선으로
서 건축물을 건축할 수 있는 한계선이다.
② 건축선은 건축물의 도로침입방지와 도로교통의
원활함을 위해서 설정한다.
③ 건축선의 위치는 대지와 도로의 경계선을 원칙으
로 한다.
④ 건축물 및 담장은 건축선의 수평면을 넘어서는
되지 아니한다.

1	2	3	4	5
④	③	④	③	④
6	7	8	9	10
②	①	④	④	④
11	12	13	14	15
②	①	①	④	①
16	17	18	19	20
②	②	②	③	②
21	22	23	24	25
④	④	③	③	④

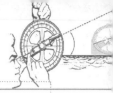

2010년

1. 다음 중 공정력에 대한 설명으로 옳은 것은?

① 토지등록은 행정행위가 행하여진 경우 상대방과 지적소관청의 자신을 구속하는 효력을 말한다.

② 일단 행정행위가 행해지면 비록 흠(하자)이 있는 행정행위라 하더라도 절대무효인 경우를 제외하고는 상급관청이나 법원에 의하여 취소되기 전까지 상대방이나 제3자에 대하여 효력이 미치는 것을 말한다.

③ 유효하게 등록된 토지등록사항은 일정한 기간이 경과한 뒤에는 그 상대방이나 이해관계인이 그 효력을 다툴 수 없고, 지적소관청 자신도 특별한 사유가 있지 않는 한 이를 부인할 수 없는 효력을 말한다.

④ 행정행위를 함에 있어서 그 상대방이 의무를 이행하지 않을 때 사법행위와는 다르게 법원의 힘을 빌리지 않고 행정관청이 자력으로 이를 실현할 수 있는 효력을 말한다.

2. 토지의 등록제도 중 모든 토지는 반드시 명확한 방법에 의하여 인식될 수 있도록 개별화되어야 하는 것은?

① 등록의 원칙   ② 공시의 원칙
③ 특정화의 원칙   ④ 공신의 원칙

3. 다음 중 지적의 실제적 기능으로 옳지 않은 것은?

① 토지감정평가의 기초
② 토지유통의 매개체
③ 토지의 토질조사를 위한 자료
④ 도시 및 국토계획의 자료

4. 토지조사사업 당시 지목의 조사는 과세지, 면세지, 비과세지로 구별할 수 있다. 다음 중 과세지로만 된 것은?

① 전 – 지소 – 대 – 제방 – 임야
② 지소 – 임야 – 성첩 – 답 – 대
③ 대 – 잡종지 – 임야 – 지소 – 전
④ 전 – 답 – 잡종지 – 사사지 – 지소

5. 조선시대 양안(量案)의 기재내용 중 토지의 위치로써 동·서·남·북의 경계를 표시한 것은?

① 자호   ② 사표
③ 진기   ④ 양전방향

6. 고려시대 공전으로 진수군 또는 방수군을 두어 경작·수확하여 군정에 충원하였던 토지로 옳은 것은?

① 민전   ② 둔전
③ 직전   ④ 공해전

7. 우리나라 지적법이 개정·공포된 연도는?

① 1912년   ② 1918년
③ 1950년   ④ 1975년

8. 1910년대 실시한 토지조사사업의 주요 내용이 아닌 것은?

① 토지의 소유권 조사
② 토지의 외모 조사
③ 토지의 수확량 조사
④ 토지의 가격 조사

9. 지적도에 등록하지 못하는 위치에 새로 등록할 토지가 있는 경우에 작성하는 도면은?

① 증보도   ② 간주지적도
③ 과세지견취도   ④ 일람도

10. 다음 중 지적삼각점에 대한 설명으로 옳은 것은?

① 지적삼각점은 지적측량 시 수평위치 기준으로 사용하기 위하여 수준원점을 기준으로 하여 정한 기준점이다.

② 지적삼각점은 지적측량 시 수평위치 기준으로 사용하기 위하여 국가기준점 공공기준점을 기준으로 하여 정한 기준점이다.

③ 지점삼각점은 지적측량 시 수평위치 기준으로 사용하기 위하여 국가기준점을 기준으로 하여 정한 기준점이다.

④ 지적삼각점은 지적측량 시 수평위치 기준으로 사용하기 위하여 국가기준점, 지적삼각점, 지적삼각보조점을 기준으로 하여 정한 기준점이다.

11. 다음의 지목 명칭과 부호 표기가 옳지 않은 것은?

① 수도용지 – 수, 공원 – 원
② 주차장 – 주, 하천 – 천
③ 창고용지 – 창, 공장용지 – 장
④ 철도용지 – 철, 체육용지 – 체

12. 다음 중 등기신청인이 아닌 것은?

① 대리인   ② 등기권리자
③ 등기관   ④ 등기의무자

13. 다음 중 대한지적공사의 사업범위에 해당하지 않는 것은?

① 지적전산자료를 활용한 정보화 사업
② 지적측량 및 공공측량의 연구 및 교육 등 지원사업
③ 토지의 효율적인 관리 등을 위한 지적재조사사업
④ 지적제도 및 지적측량에 관한 외국기술의 도입과 국외사업 및 국제교류협력

14. 평을 제곱미터로 환산하기 위해 사용하는 식은?

① $A = 평 \times \dfrac{121}{400}$ ② $A = 평 \times \dfrac{400}{121}$

③ $A = 평 \times \dfrac{12}{40}$ ④ $A = 평 \times \dfrac{40}{12}$

15. 등록전환 시 면적측정오차의 허용범위로 맞는 것은?

① $A = 0.026^2 M\sqrt{F}$
② $A = 0.023^2 M\sqrt{F}$
③ $A = 0.025^2 M\sqrt{F}$
④ $A = 0.024^2 M\sqrt{F}$

16. 다음 중 지적도 및 임야도에 등록사항이 아닌 것은?

① 지목   ② 고유번호
③ 토지의 소재   ④ 경계

17. 일필지 성립요건으로 틀린 것은?

① 토지등급이 같을 것
② 지번부여지역이 같을 것
③ 소유자와 용도가 같을 것
④ 지반이 연속된 토지일 것

18. 지적도근점측량에서 연직각 관측 시 올려본 각과 내려본 각의 차이로 옳은 것은?

① 20초   ② 30초
③ 60초   ④ 90초

19. 동지역과 읍지역의 측량 검사 기간은?

① 동지역은 2일, 읍지역은 6일
② 동지역은 4일, 읍지역은 4일
③ 동지역은 5일, 읍지역은 4일
④ 동지역은 2일, 읍지역은 6일

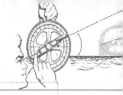

20. 다음 중 지번부여지역에 대한 설명으로 옳은 것은?

① 지번을 부여하는 단위지역으로 동·리 또는 이에 준하는 지역을 말한다.
② 지번을 부여하는 단위지역으로 시·도 또는 이에 준하는 지역을 말한다.
③ 지번을 부여하는 단위지역으로 시·군 또는 이에 준하는 지역을 말한다.
④ 지번을 부여하는 단위지역으로 읍·면 또는 이에 준하는 지역을 말한다.

21. 평판측량방법으로 세부측량을 할 때 측량준비 파일을 작성해야 할 사항이 아닌 것은?

① 행정구역선과 명칭
② 측량대상토지의 경계선과 지번 및 지목
③ 도곽선과 수치
④ 지적기준점 및 번호와 지적기준점 간의 방위각 및 거리

22. 건축법상 건축물의 대지와 도로와의 관계를 설명한 것 중 맞는 것은?

① 건축법상 대지는 원칙적으로 3m 이상을 도로에 접해야 한다.
② 연면적의 합계가 2,000m² 이상인 건축물의 대지는 너비 6m 이상의 도로에 4m 이상 접해야 한다.
③ 건축물의 대지는 원칙적으로 4m 이상을 도로에 접해야 한다.
④ 연면적의 합계가 2,000m² 이상인 건축물의 대지는 너비 6m 이상의 도로에 2 이상 접해야 한다.

23. 다음 중 국토의 계획 및 이용에 관한 법률의 기본원칙에 해당하지 않는 것은?

① 국민생활과 경제활동에 필요한 토지 및 각종 시설물의 효율적 이용과 원활한 공급
② 자연환경 및 경관의 보전과 훼손된 자연환경 및 경관의 개선 및 복원
③ 교통, 수자원, 에너지 등 국민생활에 필요한 각종 기초 서비스 제공
④ 지역경제의 발전 및 지역 간 지역 내 적정한 기능 배분을 통한 사회적 비용의 최소화

24. 다음 중 토지이동에 대한 정의로 맞는 것은?

① 지적공부에 토지의 소재, 지번, 지목, 면적, 경계 또는 좌표를 등록하는 것을 말한다.
② 새로이 조성된 토지와 지적공부에 등록되어 있지 않은 토지를 지적공부에 등록하는 것을 말한다.
③ 토지의 표시사항을 새로이 정하거나 변경 또는 말소하는 것을 말한다.
④ 토지의 주된 용도에 따라 토지의 종류를 구분하여 지적공부에 등록하는 것을 말한다.

25. 도시계획구역 안에서 도시개발구역으로 지정할 수 있는 규모로 틀린 것은?

① 주거지역 : 1만m² 이상
② 공업지역 : 3만m² 이상
③ 상업지역 : 3만m² 이상
④ 자연녹지지역 : 1만m² 이상

1	2	3	4	5
②	③	③	③	②
6	7	8	9	10
②	③	③	①	③
11	12	13	14	15
②	③	②	①	①
16	17	18	19	20
②	①	④	③	①
21	22	23	24	25
④	②	④	③	③

1. 영국의 토지등록제도로 세금부과를 위해 1085~1086년 동안 조사한 지세장부가 아닌 것은?

① Doomsday Book   ② 바빌론 책
③ 지세명기장   ④ Geld Book

2. 특수한 지식과 기술을 검정받은 자만이 종사할 수 있는 지적제도의 특성은?

① 공공성   ② 전문성
③ 영속성   ④ 통일성

3. 산림산야(민유산야) 측량에 관련된 삼림법으로서 모든 임야는 3년 안에 면적과 약도를 농상공부대신에게 제출하지 않으면 국유로 하려고 했던 규정을 만들어 시행한 시기는?

① 1901년 3월   ② 1908년 1월
③ 1910년 8월   ④ 1912년 8월

4. 지적공부 중 공유지연명부 및 대지권 등록부가 지적공부로 규정된 지적법 개정년도는?

① 1975   ② 2001
③ 2002   ④ 2004

5. 결수연명부 내용 중 틀린 것은?

① 1909년 양안을 기초로 토지조사 준비를 위해 만든 과세장부이다.
② 각 부, 군, 면마다 비치하였다.
③ 토지조사 당시 소유권의 사정의 기초 자료로 사용되었다.
④ 1912년 토지조사령 실시 이후 폐지되었다.

6. 1908년 당시 유길준이 설립한 측량전문학교의 이름은?

① 영명측량학교
② 수진측량학교
③ 수원농림학교
④ 사립흥화학교

7. 다음 중 민유산야약도에 대한 내용으로 틀린 것은?

① 도면에는 범례와 등고선이 있었다.
② 면적은 정, 반, 보의 단위로 하였다.
③ 축척은 1/3000, 1/6000의 두 종류로 시행하였다.
④ 지번을 기재하지 않았다.

8. 지역선에 대한 설명으로 맞는 것은?

① 소유자는 같으나 지목이 다른 토지를 구획한 선
② 사정선과 같은 뜻이다.
③ 강계선과 같은 뜻이다.
④ 소유자가 다른 토지를 구획한 선이다.

9. 다음 중 토지의 고유번호에 대한 구성 순서로서 옳은 것은?

① 행정구역코드+대장번호+본번+부번
② 행정구역코드+본번+부번+대장번호
③ 행정구역코드+본번+대장번호+부번
④ 대장번호+행정구역코드+본번+부번

10. 토지조사사업 당시 임시토지조사국의 특별조사기관이 수행하였던 업무가 아닌 것은?

① 분쟁지조사
② 급여장려제도 조사
③ 외업 특별조사
④ 역둔토 실지조사

11. 행정행위를 함으로써 행정청이 자력으로 집행하여 이를 실현할 수 있도록 강력한 힘을 지닌 토지등록의 효력은?

① 구속력　　　　　② 공정력
③ 확정력　　　　　④ 강제력

12. 도시개발사업 등의 시행과 토지의 합병 등의 토지이동으로 인해 지번에 결번이 발생하게 되면 이를 결번대장에 적어 보존하여야 하는데 결번대장의 보존기간은?

① 5년 보존　　　　② 10년 보존
③ 20년 보존　　　 ④ 영구 보존

13. 토지조사 당시 척관법의 면적단위를 비교한 것 중 옳지 않은 것은?

① 1평 = 1보　　　 ② 1무 = 10보
③ 1단 = 10무　　　④ 1정 = 10단

14. 고등토지조사위원회에 대한 내용으로 틀린 것은?

① 토지소유권 확정에 관한 최고 심의기관이었다.
② 간사는 토지조사국 직원 중에서 조선총독이 임명한다.
③ 위원장은 조선총독부 정무총감이 되고 위원은 25명이다.
④ 총회는 위원장을 포함하여 16인 이상 출석으로 개최하였다.

15. 국제측량사협회(FIG)의 가입 당시에 관련된 내용으로 옳지 않은 것은?

① 우리나라는 1981년에 가입하였다.
② 제16차 정기총회에서 46번째 정회원으로 등록·가입하였다.
③ 스위스 몽트리에서 개최된 총회에서 가입하였다.
④ 캐나다 토론토에서 개최된 총회에서 가입하였다.

16. 프랑스의 지적재조사사업에 관련된 내용으로 옳은 것은?

① 1930년~1950년 동안 실시하였다.
② 토지의 재조사 방법은 도해측량과 수치측량방법을 이용해 지적공부에 등록하였다.
③ 재조사사업비용은 국가가 1/2, 지방단체가 1/2씩 각각 부담하였다.
④ 지적전산화사업의 일환으로 실시하였다.

17. 토지권리 증서의 기록에 대해 토지거래의 사실을 그대로 등록하도록 반영한다는 이론은?

① 거울 이론　　　　② 권리 이론
③ 커튼 이론　　　　④ 보험 이론

18. 토지조사사업 당시 분쟁지조사에 대한 조사방법으로 옳지 않은 것은?

① 외업조사
② 내업조사
③ 지지자료 조사
④ 고등토지조사위원회의 심사

19. 지적 2014 미래비전에 대한 6가지의 선언문 중에서 옳지 않은 것은?

① 비용 회수　　　　② 민영화
③ 데이터취득　　　 ④ 도면작성

20. 권리와 관련하여 정부가 거래의 유효성에 대해 책임을 지는 토지등록의 유형은?

① 날인증서 등록제도　② 권원 등록제도
③ 적극적 등록제도　　④ 소극적 등록제도

21. 지적공부의 등록 효력이 아닌 것은?

① 구속력　　　　　② 강제력
③ 공신력　　　　　④ 확정력

22. 토지정보체계론에서 시스템의 구성 요소
로서 해당하지 않는 것은?

① 컴퓨터   ② 인력
③ 지적공부   ④ 자료와 DB

23. 프랑스와 미국 일부 주에서 시행하고 있
는 토지 등록제도로서 옳은 것은?

① 물적 편성주의
② 인적 편성주의
③ 연대적 편성주의
④ 물적+인적 편성주의

24. 전산정보처리조직을 지적공부로 보도록
규정이 시행된 지적법 개정시점은 언제인가?

① 1975년   ② 1991년
③ 1992년   ④ 2001년

25. 벡터의 특성이 아닌 것은?

① 점, 선, 면으로 이루어져 있다.
② 지도를 확대하여도 형상이 변하지 않는다.
③ 위상관계 정보를 요구하는 분석에 효과적이다.
④ 격자, 셀, 화소로 이루어져 있다.

1	2	3	4	5
②	②	②	②	④
6	7	8	9	10
②	③	①	①	④
11	12	13	14	15
④	④	②	②	④
16	17	18	19	20
①	①	③	④	②
21	22	23	24	25
③	③	④	②	④

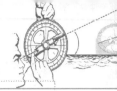

2012년

1. 다음 중 절목이 아닌 것은?

① 제언절목　　　　② 구폐절목
③ 성급절목　　　　④ 견역절목

2. 다음 중 도장이 아닌 것은?

① 역가도장　　　　② 작도장
③ 납가도장　　　　④ 중답도장

3. 밤나무 숲을 측량한 지적도는?

① 율림기지원도　　② 궁채원도
③ 전원도　　　　　④ 산록도

4. 사표의 근거가 아닌 것은?

① 삼일포 매향비
② 암태도 매향비
③ 매덕 매향비
④ 정두사오층석탑조성형지기

5. 양안에서 소유자로 기재되지 않은 것은?

① 기주　　　　　② 진주
③ 시작　　　　　④ 본주

6. 토지조사사업의 기선측량에서 시작과 끝은?

① 대전기선, 고건원기선
② 대전기선, 강계기선
③ 고건원기선, 함흥기선
④ 안동기선, 고건원기선

7. 간주지적도의 축척은?

① 1/6000　　　　② 1/10000
③ 1/25000　　　④ 1/50000

8. 토지조사사업의 내용이 아닌 것은?

① 가격조사　　　　② 지형, 지모조사
③ 행정구역조사　　④ 소유자조사

9. 창설 당시 지적제도와 등기제도를 이원화 체계로 창설하였으나 1966년에 통합하여 일원화한 나라는?

① 일본　　　　　② 독일
③ 대만　　　　　④ 네덜란드

10. 지적제도의 원칙이 아닌 것은?

① 특정화의 원칙
② 신청의 원칙
③ 공신의 원칙
④ 실질적 심사주의 원칙

11. 고려시대 지적관련 부서는?

① 주부　　　　　② 호부
③ 판적사　　　　④ 호조

12. 손실을 농작상황에 따라 10등급으로 하여 손실이 8분이면 모두를 감면해주는 법은?

① 전분6등법　　　② 연분9등법
③ 답험손실법　　　④ 전시과제도

13. 관료에게 지급되는 토지로 수조권만 수취할 수 있는 토지는?

① 식읍　　　　　② 녹읍
③ 관료전　　　　④ 공음전

14. 경무법을 주장한 학자와 저서가 틀린 것은?

① 정약용—경세유표
② 유길준—서유견문
③ 한백겸—구암유고
④ 유형원—반계수록

15. 토지를 신청에 의하여 등록하는 제도로 네덜란드, 영국, 프랑스 등이 채택하고 있는 제도는?

① 날인증서등록제도
② 권원등록제도
③ 소극적 등록제도
④ 적극적 등록제도

16. 다음 중 고등토지조사위원회에 대한 설명으로 옳은 것은?

① 토지소유권 확정에 관한 최고 심의기관이었다.
② 1912년 토지조사령에 의하여 설립되었다.
③ 위원장은 도지사가 되었다.
④ 총회는 불복 또는 재심요구사건을 재결하기 위하여 개최되었다.

17. 토지정보체계론에서 출력장치가 아닌 것은?

① 모니터
② 프린터
③ 스캐너
④ 플로터

18. 1975년에 개정된 지적법이 아닌 것은?

① 지번은 아라비아숫자
② 수치지적부 탄생
③ 전산기기의 용량
④ 면적등록단위 미터법

19. 지역선에 대한 설명 중 옳지 않은 것은?

① 소유자가 같은 토지와의 구획선이다.
② 소유권을 나누는 사정선이다.
③ 소유자를 알 수 없는 토지와의 구획선이다.
④ 토지조사 시행지와 미시행지와의 지계선이다.

20. 신라 장적문서의 면적 등록방법은?

① 결부법
② 경무법
③ 두락제
④ 정전제

21. 공개제도와 관련된 토지제도는?

① 공시제도
② 공신제도
③ 소극적 등록제도
④ 적극적 등록제도

22. 역둔토에 대한 설명으로 틀린 것은?

① 역토와 둔토를 총칭하였다.
② 역둔토 조사 측량은 현재의 토지대장과 지적도와는 관계가 없다.
③ 1909년 6월부터 1910년 9월까지 역둔토 실지조사를 실시하였다.
④ 면적은 평을 단위로 하고 중간소작인을 조사하였다.

23. 경계설정의 방법이 아닌 것은?

① 점유설
② 계약설
③ 평분설
④ 보완설

24. 양전개정론자와 제시한 양전 방법으로 옳은 것은?

① 정약용 – 일자오결제
② 이기 – 망척법
③ 유길준 – 어린도 작성
④ 서유구 – 전통제

25. 다음 중 토지조사사업 당시의 면세지목에 해당하는 것은?

① 지소
② 구거
③ 공원지
④ 철도선로

1	2	3	4	5
③	④	①	③	③
6	7	8	9	10
①	①	③	①	④
11	12	13	14	15
②	③	③	③	③
16	17	18	19	20
①	③	③	②	①
21	22	23	24	25
①	④	②	②	④

2012년 후반기

1. 현재 우리나라에서 가장 많이 사용하고 있는 지번 부여 방식은?

① 절충식   ② 사행식
③ 교호식   ④ 단지식

2. 지세징수를 위하여 이동정리가 완료된 토지대장 중에서 민유 과세지만을 뽑아 각 면마다 소유자별로 기록하여 합계·비치한 장부는?

① 지세명기장   ② 결수연명부
③ 토지조사부   ④ 이동지조사부

3. 구장산술에 대한 내용으로 틀린 것은?

① 수학의 내용을 제1장 방전부터 제9장 구고장까지 분류하였다.
② 신라시대의 방전장은 방전, 직전, 구고전, 규전, 제전의 총 5가지 형태가 있었다.
③ 산사가 토지 측량 및 면적측정에 구장산술을 이용하였다.
④ 구장산술을 조선의 실정에 맞게 재구성한 구장술해를 편찬하기도 하였다.

4. 이집트 나일강 하류 대홍수에 따른 측량 기록을 입증하는 것은?

① 테라코타 판   ② 메나무덤 벽화
③ 수메르 점토판   ④ 미쇼의 돌

5. 토렌스시스템 중 커튼이론에 해당하는 것은?

① 모든 법적 권리 상태를 완벽하고 투명하게 등록하여 공시하여야 한다.
② 토지등록을 심사할 때 권리의 진실성에 관여해서는 안 된다.
③ 등록 이전의 모든 권리관계와 거래사실 등은 고

려 대상이 될 수 없다.
④ 권원증명서의 모든 내용은 정확성이 보장되고 실체적인 권리관계와 일치되어야 한다.

6. 둠즈데이 북에 대한 설명으로 알맞은 것은?

① 도면과 대장을 동시에 작성하였다.
② 나폴레옹이 전 국토를 대상으로 작성하였다.
③ 런던을 중심으로 하여 영국 전체를 대상으로 하였다.
④ 최초의 국토자원에 관한 목록으로 평가된다.

7. 모번에 기초하여 분할되는 토지의 유래를 용이하게 파악할 수 있는 부번제도는?

① 분수식 부번제도   ② 기번식 부번제도
③ 자유식 부번제도   ④ 모번식 부번제도

8. 지적측량수행자 측량을 하고 지적소관청이 확정하는 토지의 경계는?

① 보증경계   ② 고정경계
③ 일반경계   ④ 법정경계

9. 민영환이 설립하여 측량을 전문으로 가르치는 양지과를 설치한 학교는?

① 흥화학교   ② 영돈측량학교
③ 수진측량학교   ④ 측량기술견습소

10. 대한제국의 지적관리기구를 설치순서대로 나열한 것은?

① 내부 판적국 – 양지아문 – 지계아문 – 탁지부 양지국 – 탁지부 양지과
② 내부 판적국 – 양지아문 – 지계아문 – 탁지부 양지과 – 탁지부 양지국
③ 내부 판적국 – 지계아문 – 양지아문 – 탁지부 양지국 – 탁지부 양지과
④ 내부 판적국 – 지계아문 – 양지아문 – 탁지부 양지과 – 탁지부 양지국

11. 지목의 설정 원칙으로 옳지 않은 것은?

① 일시변경불변의 원칙 – 일시적인 휴경, 채광, 채굴, 나대지 사용, 건축물의 철거 등으로 임시적으로 사용하는 것은 지목을 변경하지 않는다.

② 용도경중의 원칙 – 도로를 가로질러 철도를 개설한 경우 당해 부분을 분할하여 철도용지로 지목을 부여하여야 하나 철도를 도로의 지하에 개설하거나 지상에 고가를 설치하여 개설하는 경우 그러하지 아니한다.

③ 등록선후의 원칙 – 주거용 건축물을 중심으로 농기구 창고, 마당, 축사 등이 있는 경우 건축물의 주된 용도에 따라 대로 부여한다.

④ 사용목적추종의 원칙 – 도시개발사업으로 공원, 학교용지, 대 등으로 준공된 토지에 일시적으로 농사를 짓는 토지는 도시개발사업 등의 사용 목적에 따라 고시된 공원, 학교용지, 대로 부여한다.

12. 수등이척제에 대한 내용으로 옳은 것은?

① 등급에 관계 없이 한 종류의 양전척을 사용하였다.

② 비옥한 토지에는 길이가 긴 양전척을 사용하였다.

③ 척박한 토지에는 길이가 짧은 양전척을 사용하였다.

④ 각 등급에 따라 척수를 달리 하였다.

13. 임야조사사업 당시 임야대장에 등록된 면적을 평으로 환산한 값이 아닌 것은?

① 1보 – 3평   ② 1무 – 30평
③ 1단 – 300평   ④ 1정 – 3000평

14. 토지조사 당시 사정 내용에 불복하여 재결신청을 할 경우 재결내용이 사정과 다르게 될 때 경계의 효력발생 시기는?

① 재결일에 소급   ② 사정일에 소급
③ 재결신청일에 소급   ④ 사정불복일에 소급

15. 입안에 대한 내용으로 옳지 않은 것은?

① 토지매매 시 관청에서 공적으로 증명하여 발급한 문서이다.

② 토지는 매매계약 후 1년, 상속 후 100일 이내에 입안을 받아야 한다.

③ 기재 내용은 입안일자, 입안관청명, 입안사유, 당해관의 서명이다.

④ 임진왜란 이후 조선 후기에 폐지되었다.

16. 결부제 및 경무법에 대한 설명으로 옳은 것은?

① 결부제는 결, 부, 속, 파 단위를 사용하였다.

② 경무법은 일본의 전지의 면적 단위법을 모방하였다.

③ 결부제는 논밭의 면적단위로 마지기의 준말이다.

④ 경무법은 토지의 비옥도에 따라 결부수를 따졌다.

17. 일제강점기 당시 대장규칙 및 측량규정 변천 순서로 옳은 것은?

① 토지대장규칙 – 토지측량규정 – 임야대장규칙 – 임야측량규정

② 토지측량규정 – 토지대장규칙 – 임야측량규정 – 임야대장규칙

③ 토지대장규칙 – 임야대장규칙 – 토지측량규정 – 임야측량규정

④ 토지측량규정 – 임야측량규정 – 토지대장규칙 – 임야대장규칙

18. 면적측정 대상이 아닌 것은?

① 등록사항 정정   ② 지적공부 복구
③ 지목변경   ④ 신규등록

19. 우리나라 지목 개수의 변천 과정으로 옳은 것은?

① 17종 – 21종 – 24종 – 28종

② 18종 – 21종 – 24종 – 28종
③ 19종 – 21종 – 24종 – 28종
④ 20종 – 21종 – 24종 – 28종

20. 연대적 편성주의에 대한 설명으로 옳은 것은?

① 개개의 소유자를 중심으로 편성한다.
② 물적 편성주의를 기본으로 인적 편성주의 요소에 가미하는 것이다.
③ 개개의 토지를 중심으로 등록부를 편성한다.
④ 당사자의 신청순서에 따라 순차적으로 기록한다.

21. 지목과 그 부호의 연결이 모두 알맞은 것은?

① 공장용지–공, 양어장–양, 광천지–천
② 하천–천, 공원–공, 창고용지–창
③ 주차장–주, 유지–유, 사적지–사
④ 유원지–유, 주유소용지–주, 목장용지–목

22. 소극적 등록제도의 내용으로 틀린 것은?

① 서면심사에 의하므로 형식적 심사주의를 따른다
② 토지소유자가 신청 시에 신청한 사항만 등록한다.
③ 리코딩 시스템이 여기에 속한다.
④ 시행국가로는 대만이 해당된다.

23. 토지조사구역에서 200간 이상 떨어진 지역으로 이미 비치하고 있는 임야도를 등록하여 지적도로 간주하는 지역의 도면은?

① 간주임야도
② 과세지견취도
③ 신구대조도
④ 간주지적도

24. 토지의 고유번호로 알 수 있는 내용으로 틀린 것은?

① 토지의 소재
② 지번의 구성
③ 대장의 종류
④ 도면의 종류

25. 조선임야조사령에 의한 임야조사에서 도지사가 임야를 사할할 때의 사정선으로 맞는 것은?

① 지역선
② 강계선
③ 경계선
④ 지계선

26. 양전개정론과 그것을 주장한 학자의 관계로 옳지 않은 것은?

① 정약용 – 정전제 시행을 전제로 한 어린도법을 주장하였다.
② 이기 – 수등이척제의 개선 방안으로 망척제를 주장하였다.
③ 유길준 – 어린도의 가장 최소 단위로 휴도를 주장하였다.
④ 서유구 – 경무법을 개선한 방안을 제시하였다.

27. 축척 1/600인 도곽의 크기는?

① 150×200
② 200×250
③ 300×400
④ 400×500

28. 도면의 종류가 아닌 것은?

① 경계점좌표등록부, 지적도
② 지적도, 일람도, 색인도
③ 임야도, 경계점좌표등록부
④ 수치지적부, 임야도

29. 지적형식주의에 대한 내용으로 옳지 않은 것은?

① 지적공부에 등록·공시해야만 공식적인 효력이 인정된다.
② 법률에서 정해진 일정한 형식과 절차를 따라야 제3자로부터 보호를 받는다.
③ 적극적 등록제도와 법지적을 채택하고 있는 나라에서 주로 적용한다.
④ 사실관계 부합 여부를 심사하여 지적공부에 등록한다.

30. 토지조사령을 공포하여 1구역마다 지번을 부여하였는데 지번을 부여하지 않은 지목이 아닌 것은?

① 도로   ② 철도선로

③ 제방   ④ 지소

1	2	3	4	5
②	①	②	②	③
6	7	8	9	10
④	②	②	③	①
11	12	13	14	15
③	④	①	①	②
16	17	18	19	20
①	③	③	②	④
21	22	23	24	25
②	④	④	④	③
26	27	28	29	30
③	②	②	④	④

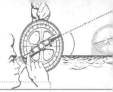

2013년

1. 조선시대 한 말의 씨앗을 뿌릴 만한 밭의 넓이를 말하는 논밭의 면적단위는?

① 경무법　　　　　　② 두락제
③ 결부제　　　　　　④ 정전제

2. 둠즈데이 북(Domesday Book)에 대한 설명으로 모두 옳지 않은 것은?

① 프랑스의 윌리엄 1세가 만들었다.
② 국토를 실제로 자료 조사하였다.
③ 토지대장과 도면을 작성하였다.
④ 양피지 2권에 라틴어로 쓰여 있다.

3. 벡터 데이터의 특징에 해당되지 않은 것은?

① 데이터 구조가 단순하여 데이터 양이 적다.
② 고해상력을 지원하므로 상세하게 표현된다.
③ 시각적 효과가 높아 실세계 묘사가 가능하다.
④ 위상정보의 표현이 가능하지만 시뮬레이션은 곤란하다.

4. 토지조사사업에 대한 내용으로 옳지 않은 것은?

① 1910년에 실시하여 1918년에 완료하였다.
② 토지조사사업 내용 중 가장 중요한 것은 토지소유권조사의 실시였다.
③ 1912년 토지조사령을 공포함으로써 본격적으로 착수하였다.
④ 가격조사는 토지뿐만 아니라 임야까지도 포함하였다.

5. 대삼각본점에 대한 설명으로 옳지 않은 것은?

① 대마도의 일등삼각점인 어악과 유명산을 연결하여 부산의 절영도와 거제도를 대삼각망으로 구성

② 측량에 사용된 기기는 1초독 정밀도의 데오돌라이트 기기를 사용하였다.
③ 전국을 23개 삼각망으로 나누어 약 400점을 설치하였다.
④ 기선망에서 12대회, 대삼각본점망에서 6대회의 방향관측법을 사용하여 평균하였다.

6. 내수사 및 7궁을 총괄하여 불린 1사7궁이 소속된 토지는?

① 역둔토　　　　　　② 묘위토
③ 궁장토　　　　　　④ 목장토

7. 토지조사사업 당시 각 필지의 개형을 간승 및 보측으로 측정하여 작성하고 단지 지형을 보고 베끼는 방법으로 그린 약도는?

① 지적약도　　　　　② 과세지약도
③ 과세지견취도　　　④ 세부측량원도

8. 고려시대 관직의 지위에 따라 전토와 시지를 차등하게 지급하기 위한 전시과 제도로 맞지 않는 것은?

① 시정전시과　　　　② 경정전시과
③ 개정전시과　　　　④ 전정전시과

9. 하천, 연안부근에 흙·모래 등이 쓸려 내려와 농사를 지을 수 있는 부지로 변형된 토지로 맞는 것은?

① 후보지　　　　　　② 이생지
③ 포락지　　　　　　④ 간석지

10. 토지조사사업 당시 면적이 10평 이하인 협소한 토지의 면적측정방법으로 맞는 것은?

① 전자면적측정기　　② 삼사법
③ 좌표면적계산법　　④ 플래니미터

11. 1975년 지적법 제2차 전면개정 이전에 임야대장에 등록하는 면적의 최소단위로 맞는 것은?

① 1홉   ② 1단
③ 1무   ④ 1보

12. 양지아문에서 양안을 작성할 경우 기본도형 5가지 이외에 추가하였던 사표도의 도형으로 맞지 않는 것은?

① 타원형   ② 삼각형
③ 호시형   ④ 원호형

13. 가장 오래된 도시평면도로 적색, 청색, 보라색, 백색 등을 사용하여 도로, 하천, 건축물 등이 그려진 것은?

① 요동성 총도   ② 방위도
③ 어린도   ④ 지안도

14. 정약용이 저서한 '경세유표'에서 주장한 휴도에 대한 설명으로 맞지 않는 것은?

① 전, 답, 도랑, 가옥, 울타리, 수목 등의 경계를 표시한 것이다.
② 휴도, 촌도, 향도, 현도 등과 같이 계통적으로 작성하려고 하였다.
③ 휴는 먹과 붓으로 그리되 자오선을 기준으로 하여 그어지는 경위선으로 경계를 구획하였다.
④ 사방에다 표영을 세워 전지의 경계를 정리 시 동남방향에서 나침반으로 경선을 기준하였다.

15. 측량준비도의 과거명칭으로 맞는 것은?

① 측량원도   ② 측량결과도
③ 소도   ④ 측량성과도

1	2	3	4	5
②	①,③	①	④	②
6	7	8	9	10
③	③	④	②	②
11	12	13	14	15
④	④	①	④	③

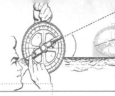

2014년

1. 임야조사사업의 특징으로 옳지 않은 것은?

① 조사 및 측량기관은 부나 면이 되고 조정기관은 도지사가 되었다.

② 분쟁지에 대한 재결은 도지사 산하에 설치된 임야심사위원회가 처리하였다.

③ 농경지 사이에 있는 모든 낙산임야를 대상으로 하였다.

④ 민유임야는 1908년 삼림법의 규정에 따라 원래의 소유자에게 사정하도록 조치하였다.

2. 기선측량에 대한 설명으로 옳지 않은 것은?

① 전국의 13개소의 기선측량을 실시하였다.

② 최단기선 안동기선은 2000.41516m이다.

③ 최장기선 평양기선은 4625.47770m이다.

④ 기선은 정밀수준측량을 하여 결정하였다.

3. 벡터데이터의 특징이 아닌 것은?

① 점, 선, 면으로 표현한다.

② 위상구조에 대한 정의가 필요하며 자료구조가 복잡하다.

③ 그래픽 정확도가 높으며 실세계의 묘사가 가능하다.

④ 고도의 자료이용이 용이하므로 연속적인 공간표현에 효율적이다.

4. 스캐닝 방식에 의한 공간 데이터 취득의 장점에 해당하지 않는 것은?

① 작업자의 숙련 정도에 디지타이징보다 큰 영향을 받지 않는다.

② 손상된 도면을 입력하기에 적합하다.

③ 복잡한 도면을 입력할 경우에는 작업시간이 단축된다.

④ 레이어별로 나누어 입력되므로 소요비용이 저렴하다.

5. 지적제도를 완료한 국가의 순서로 알맞은 것은?

① 일본–대만–한국

② 일본–한국–대만

③ 대만–일본–한국

④ 한국–일본–대만

6. 문중의 제사와 유지 및 관리를 위해 필요한 비용을 충당하기 위하여 능·원·묘에 부속된 토지는?

① 궁장토 ② 묘위토

③ 역둔토 ④ 둔토

7. 토지조사사업 당시 소유권 사정의 기초 자료로 지세징수 업무 등에 활용한 장부는?

① 결수연명부 ② 과세지견취도

③ 토지조사부 ④ 지세명기장

8. 지세징수를 위하여 민유 과세지만을 뽑아 인적 편성주의에 따라 작성한 장부는?

① 결수연명부 ② 과세지견취도

③ 토지조사부 ④ 지세명기장

9. 토지와 조세제도의 조사·연구와 신법의 제정을 목적으로 추진한 전세개혁의 주무기관으로 임시기구이지만 지적을 관장하는 중앙기관은?

① 한성부 ② 판적사

③ 양전청 ④ 전제상정소

10. 조선 세종 때 전제상정소에 대한 내용으로 옳지 않은 것은?

① 측량 중앙관청으로 최초의 독립관청이었다.

② 해마다 작황 또는 흉풍에 따라 토지를 9등급으로 나눠 전세를 차등하게 징수하였다.

③ 토지를 비옥도에 따라 6등급으로 나누어 전세를 차등하게 징수하였다.

④ 우리나라 최초의 독자적인 양전법규인 전제상정소준수조화를 호조에서 간행·반포하였다.

11. 양안에 대한 설명으로 옳지 않은 것은?

① 20년마다 한 번씩 양전을 실시하여 새로이 양안을 작성하였다.

② 호조, 본도, 본읍에서 보관·관리하였다.

③ 전지의 등급을 연분9등법에서 전분6등법으로 바꾸었다.

④ 조선시대 양안의 명칭은 시대와 사용처, 비치처, 작성 시기에 따라 다르다.

12. 산토지대장의 내용으로 옳지 않은 것은?

① 간주지적도에 등록하는 토지에 대하여 별도로 작성한 대장이다.

② 산림지대의 토지는 등록하지 않았다.

③ 산토지대장은 현재 보관하고 있지는 않다.

④ 토지대장카드화 작업으로 제곱미터 단위로 환산·등록하였다.

13. 간주지적도의 내용으로 옳지 않은 것은?

① 전·답·대지 등의 과세지는 지목만을 수정하여 임야도에 그대로 보존하였다.

② 시가지는 1/3,000, 그 외의 지역은 1/6,000로 작성하였다.

③ 별도로 축척 1200분의 1 축척의 부도를 비치하였다.

④ 별도로 등록된 토지대장은 별책·을호·산토지대장이다.

14. 고구려의 고분벽화에 도로, 성벽, 건물, 하천 등이 상세하게 그려진 평면도면은?

① 봉역도 ② 요동성총도
③ 실측평면도 ④ 방위도

15. 토지조사사업에서 조사한 내용이 아닌 것은?

① 지가조사 ② 외모조사
③ 소유자조사 ④ 면적조사

16. 1975년 지적법 제2차 전문개정 내용으로 옳지 않은 것은?

① 지적공부에 지적파일을 추가하였다.

② 지번을 한자에서 아라비아숫자로 표기하였다.

③ 평으로 된 단위에서 평방미터 단위로 전환하였다.

④ 수치지적부를 작성하여 비치·관리하였다.

17. 구소삼각원점 중에서 미터 단위를 사용한 점은?

① 고초원점 ② 계양원점
③ 소라원점 ④ 현창원점

18. 지목에 대한 설정이 옳은 것은?

① 대 - 실내체육관

② 임야 - 대나무가 집단으로 자생하는 죽림지

③ 과수원 - 딸기를 재배하는 토지

④ 잡종지 - 침엽수 및 활엽수가 자라는 수림지

19. 우리나라 직각좌표원점에 대한 설명으로 틀린 것은?

① 평면직각좌표계의 축척계수는 1.0000이다.

② 지적측량의 평면직각좌표원점은 가우스상사이중투영법에 의하여 표시한다.

③ 직각좌표계의 가상 투영원점 수치는 X=600,000m, Y=200,000m이다.

④ 세계측지계를 사용하지 않는 지적측량은 현재 베셀타원체를 이용하지 않는다.

20. 구소삼각측량에 관한 내용으로 틀린 것은?

① 시가지 지세를 급히 징수하여 재정 수요를 충당할 목적으로 실시하였다.
② 경기도와 대구·경북 27개 지역에 11개 원점이 있다.
③ 구소삼각원점의 수치는 X=10,000m, Y=30,000m이다.
④ 대삼각측량을 실시하지 않고 독립적인 소삼각측량만을 실시하였다.

21. 토지조사사업 당시 과세지에 해당하는 것은?

① 사사지, 전, 답, 지소
② 도로, 하천, 구거, 제방
③ 대, 지소, 임야, 잡종지
④ 전, 답, 대, 구거

22. 축척 1/1200인 구소삼각점지역의 면적이 368m² 일 때 도곽의 크기로 알맞은 것은? (단, 1간은 1.83m이다.)

① 200간×250간 　② 220간×275간
③ 400간×500간 　④ 732간×915간

23. 지적제도와 등기제도의 관계를 설명한 내용이 다른 것은?

① 등기는 사법부, 지적은 행정부에서 담당한다.
② 등기는 성립요건주의, 공동신청주의, 지적은 국정, 형식, 공개, 단독주의에 의한다.
③ 등기의 토지표시는 지적을 기초로 하고, 지적의 소유자표시는 등기를 기초로 한다.
④ 등기는 공신력을 인정하고, 지적은 공신력을 인정하지 않는다.

24. 평을 제곱미터의 면적 단위로 환산한 식은?

① m²=평×400/121
② m²=평×121/400
③ m²=평×400/212
④ m²=평×212/400

25. 양전 개정론자의 저서와 개정론으로 옳지 않은 것은?

① 정약용 : 경세유표, 어린도법
② 이 익 : 균전론, 영업전 제도
③ 이 기 : 해학유서, 망척제
④ 유길준 : 의상경계책, 경무법 개혁

1	2	3	4	5
③	④	④	②	①
6	7	8	9	10
②	①	④	④	①
11	12	13	14	15
③	③	③	②	④
16	17	18	19	20
②	②	②	④	③
21	22	23	24	25
③	①	④	①	④

〈참고문헌〉

〈저서〉

강병식, 1994, 『일제시대 서울의 토지연구』, 민족문화사.

강태석 외 , 1988, 『지적학개론』, 형설출판사.

강태석, 2000, 『지적측량학』, 형설출판사.

강태환, 2002, 『지적세부측량』, 한올출판사.

강태환, 2005, 『지적측량』, 한올출판사.

김석종 외, 2004, 『북한토지론』, 일일사.

김석종 외, 2005, 『 도시개발』, 일일사.

김석종 외, 2007, 『 최신 지적정보』, 일일사 .

김석종 외, 2008, 『지적학개론』, 일일사 .

김석종 외, 2009, 『최신 지적세부측량』, 배영출판사.

김영학 외, 2015, 『지적학』, 화수목.

김영학, 2006, 『지적행정론』, 성림출판사.

노화준, 1995, 『정책학원론』, 박영사.

류병찬, 2006, 『최신 지적학』, 건웅출판사.

리진호, 1999, 『한국지적사』, 바른길.

박태식 외, 1997, 『산림정책학』, 향문사.

박병호, 1996, 『한국사회론』, 나남출판사.

박성복, 이종렬, 2001, 정책학강의, 대영문화사

서철수 외, 2007, 『한국의 지적사』, 기문당.

석창덕, 1999, 『한국토지제도사』, 황성출판사.

원영희, 1972, 『해설지적학』, 보문출판사.

원영희, 2008, 『한국지적사』, 보문출판사.

오호성, 2009, 『조선시대 농본주의사상과 경제개혁론』, 경인문화사.

이왕무 외, 2002, 『지적학』, 동화기술.

이왕무 외, 2008, 『최신 지적학』, 동화기술.

이찬, 1991, 『한국의 고지도』, 범우사.

이정전, 1999, 『토지경제학』, 박영사.

지적기사시험연구회, 1999, 『지적기사 수험총서』, 형설출판사.

지종덕, 2001, 『지적의 이해』, 기문당.

최한영, 2003, 『지적기술사』, 예문사.

최한영, 2011, 『지적원론』, 구미서관.

최한영, 2012, 『지적측량원론』, 구미서관

한국지적학회 교재편찬위원회, 2018, 『지적학 총론』, 한국국토정보공사 국토정보교육원.

허흥식, 1984, 『한국금석전문(중세하)』, 아세아문화사.

David Easton, 1953, The Political System, New York: Aflred A. Knopf.

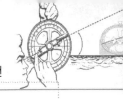

J.B Harley, 1987, "The History of Cartography". Vol. 1, The University of Chicago Press.

Lasswell et al., 1970, Power and Society, New Haven: Yale University Press.

National Research Council, "Procedures and Standards for Multipurpose Cadastre".

P. F. Dale, J.D. Mclaughilin, 1988, "Land Information Management", Oxford: Claredon Press.

Raleigh Barlowe, 1986, "Land Resource Economics", The Economics of Real Estate 4th edition, Prentice-Hall, Englewood Cliffs, New Jersey.

UN, 1996, "Land Administration Guidelines", Economic Commission for Europe, New York and Geneva.

William Leuan Jenkins, 1978, Policy Analysis, London: Martin Robertson.

〈논문〉

강석진, 1999, "지적기술교육의 태동과 향후 지적교육의 발전방향", 지적, 대한지적공사.

권혁진 외 2인, 2012, "해양지적정책의 기본방향 설정 : 외국사례를 중심으로", 한국지적정보학회지, 제14권 제1호.

김석종, 2005, "모바일도시정보체계를 이용한 지적재조사에 관한 연구", 박사학위 논문, 경일대학교 대학원.

김석종 외, 2009, "지가체계에 의한 측량수수료 종가제도 도입방안", 한국지적학회지, 제25권, 제2호.

김석종 외, 2010, "지적도와 Google Earth 영상의 중첩정확도 평가", 한국측량학회지, 제28권, 제2호.

김석종 외, 2006, "통일을 대비한 남·북한 재난 체계구축에 관한 연구", 한국지적학회지, 제22권, 제2호.

김석종 외, 2004, "GIS를 이용한 토지지정보체계 구축에 관한 연구", 한국지적학회지, 제20권, 제2호.

김석종 외, 2004, "GIS를 이용한 토지지정보체계 구축에 관한 연구", 한국지적학회지, 제20권, 제2호.

김영학, 2007, "4차원 토지관리의 바람직한 방향", 한국지적학회지, 제23권 제2호.

김영학, "지속 가능한 발전을 위한 지적행정의 역할", 한국지적정보학회지, 제4권, 한국지적정보학회.

김영학·박정호, "해양지적제도의 변천과정에 관한 연구", 지적(地籍), 제42권 제2호.

김일 외, 2008, "독도의 근대적 측량현황 고찰 및 측지측량성과 분석", 한국지적정보학회지, 제10권 제2호.

김정환, 2011, "유럽의 지적제도 비교·분석을 통한 한국형 지적제도 모형개발", 석사학위논문, 명지대학교 대학원.

김종현, 1984, "지적의 어원에 대한 소고", 지적 Vol. 114, No, 3.

김준현 외, 2010, '대' 지목의 상업용 토지이용에 따른 지목세분화의 필요성", 한국지적정보학회지, 제12권 제1호.

_____ 외, 2010, "지적공부의 신뢰성 확보를 위한 제도적 개선 방안", 한국지적학회지 제26권 제1호.

_____ 외, 2010, "지적재조사사업에 따른 청산방안에 관한 연구", 한국지적학회, 제26권 제1호.

_____, 2010, "지적재조사의 선형지목지구에 따른 근사평가액 청산모형", 박사학위논문, 경북대학교 대학원.

_____ 외, 2011, '대' 지목의 효율적 토지이동 등록을 위한 지목세분화 방안", 한국지적학회지, 제27권 제1호.

_____ 외, 2011, "새주소 제도의 인지도 제고를 위한 홍보전략 활성화 방안", 한국지적정보학회지, 제13권 제1호.

_____ 외, 2012, "대구경북지역의 구소삼각점 관리실태 및 개선 방안", 한국지적정보학회지, 제14권 제1호.

김진 외, 2010, "국가공간정보 관련법의 동향과 개선 방안", 한국지적학회지, 제26권 제1호.

김진, 2014, 해양지적제도 도입, LXSIRI Report, 4호

김추윤, 외, 2005, "대한제국기의 대축척 실측도에 관한 사례 연구", 한국지도학회지 제5권 제1호.

김추윤, 1998, "행기도(行基圖)," 地籍, 284,

김택진, 1998, "독일의 지적제도 통합 사례 연구", 한국지적학회지, 제14권 제2호.

김형승, 1969, "조선 왕조의 입법과정에 관한 연구", 석사학위 논문, 서울대학교 대학원.

김행종, 김영학, 2006, 해양지적의 개념정립에 관한 연구, 한국지적학회지, 제22권 2호

노지나, 2014, 해양지적정보시스템의 도입방향에 관한 연구, 석사학위 논문, 청주대학교 대학원

대한지적공사, 2001, "외국의 지적측량제도 운영실태", 지적지 4월호.

리진호, 1991, 대한제국 지적 및 측량사(증보), 토지.

류병찬, 1999, "한국과 외국의 지적제도에 관한 비교연구", 박사학위논문, 단국대학교 대학원.

_____, 2011, "지적기술사 자격제도의 도입경위와 발전방향에 관한 연구", 한국지적학회, 제27권 제1호.

리진호, 1989, "측량선생 크럼을 추적하며", 지적, 대한지적공사.

박기헌, 2007, "건축도면을 활용한 지적도상의 건축물 등록 자동화 기술개발", 박사학위 논문, 경북대 대학원.

_____ 외, 2009, "지적도면상의 건축물 등록을 위한 건축도면 활용 방안" 한국지적정보학회지, 제11권 제1호.

박민호 외, 2009, "지적측량 위상 재정립에 관한 연구", 한국지적학회지, 제25권 제2호.

박종화 외, 2009, "NSDI 구축에 따른 해외 지적모형 개발 동향연구", 지적 제39권 제1호.

박형래, 2012, "국가별지적제도 비교분석을 통한 미래한국지적제도의 발전방향", 석사학위 논문, 한성대 대학원.

신동헌 외, 2009, "판례분석을 통한 토지경계분쟁 해소방안에 관한 연구", 한국지적학회, 제25권 제1호.

신평우, 2009, "지적재조사사업상의 경계분쟁 해결에 관한 연구", 박사학위논문, 단국대학교 대학원.

신현선 외 2인, 2019, "대구시가 토지측량규정 등에 관한 연구", 한국지적학회지, 제35권 제3호.

신현선·김준현·엄정섭, 2018, "세계측지계 기준 대구 경북 구소삼각지역의 방위각 오차 비교분석", 한국지적학회지, 제34권 제1호.

신현선·김준현, 2018, "구암원점지역의 삼각점 성과분석을 통한 삼각망도 구현", 한국지적정보학회지, 제20권 제2호.

신현선, 2019, "통일원점 및 구소삼각원점 간 자오선 수차 검증을 통한 구소삼각망도 구현" 박사학위논문, 경북대학교 대학원,

오인택, 1999, "조선후기 경자양전(1720년)의 역사적 성격", 한국역사연구회.

이민기, 2007, "지목제도의 개선 방안에 관한 연구", 석사학위 논문, 명지대학교 대학원.

이범관, 1997, "경계분쟁의 실태와 해결방향(대구광역시 분쟁사례를 중심으로)", 한국지적학회, 제13권 제1호.

_____ 외, 2000, "취득시효로 인한 도상경계의 설정 연구", 한국지적학회, 제16권 제1호.

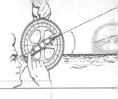

이성화 외, 2009, "지적과 등기제도의 공시일원화를 위한 법제 통합방향 연구", 한국지적정보학회, 제11권 1호.

이영진 외, 2000, "높이를 배제한 변환모델링 및 대삼각 측량의 분석", 한국지적학회지, 제16권 제2호.

이용문, 최원준, 2000, 구소삼각 및 특별소삼각지역의 성과점검 및 통일원점 좌표산출을 위한 연구, 대한지적공사, 지적.

이춘원 외 2인, "지적제도 및 국제법규를 활용한 해상경계 획정 방안에 관한 연구", 한국지적학회 춘계학술대회 논문집.

임승권, 1986, "한·중국 토지행정체제의 비교연구", 석사학위논문, 대만 국립정치대학, 공공행정연구소, 대북.

장성욱, 2004, "한국토지정보시스템(KLIS)의 개발과 발전방향", 대한지적공사, 지적 제34권 제5호.

채경석, 2001, "지적전산화의 실태와 발전방향에 관한 연구", 석사학위논문, 경일대학교 대학원.

최선웅, 2008, "독도의 지형도 제작과 표현기법", 한국지도학회지, 제8권 제1호.

최용규, 1990, "지적이론의 발생설과 개념정립", 「도시행정연구」, 제5집, 서울시립대학교.

최인환, 2000, "지적행정제도의 개선 방안에 관한 연구", 석사학위논문, 전남대 대학원.

최한영, 2004, "지적불부합지정리의 효율적 제고를 위한 지적측량기법에 관한 연구", 박사학위논문, 조선대학교 대학원.

허원호, 2009, "구한말 대구지역 토지조사사업에 관한 연구", 석사학위논문, 영남대학교 대학원.

하다시카시, 1976, 신라 및 고려의 토지대장, 성균관 근대교육 80주년 기념 동양학학술회의 논문집.

허원호, 2009, "구한말 대구지역 토지조사사업에 관한 연구", 석사학위논문, 영남대학교 대학원.

Bernard O. Binns, 『Cadastral Surveys and Record of Rights in Land - F.A.O Land Tenure Study』. Rome, Food and Agriculture Organization of United Nations, 1953.

Carl R. Bennet, "The Feasibility of Assessment Information System as Nuclei for Development of Multipurpose Cadastral Land Information System", University of Washington, 1986.

Gerhard Larson, 『Land Law Registration and cadastral system—Tools for information and management』., New York, John Wiely & sons Inc., 1991.

Ilmoor D. 1954, Cadastro Agricola, Instituto National Agronomico.

J. B. Harley, 1987, "The History of Cartography". Vol. 1, The University of Chicago Press.

Jack Shih Yuan and Tsui Anna, "The Interface Between the Land and Marine Cadastre: a Case Study of the Victorian Coastal Zone", Australia, the Research TeamUniversity of Melbourne, 2001.

J. P. Tamtomo, "The needs for building concept and authorizing implementation ofmarine cadastre in Indonesia", FIG Regional Conference 2004, Jakarta, Indonesia, 2004.

J. McEntyre, 1978, Land Survey Systems, New York: Purdue University.

National Research Council, 1980, Need for a Multipurpose Cadastre, Washington : National Academy Press.

S. Nichols, D. Monahan. and M. Sutherland, "Good Governance of Canada's Offshoreand Coastal

Zone : Towards and understanding of the Marine Boundary Issues", InGeomatica, Vol.54 No.4, 2000.

S . R Simpson, 『Land Law Register』, Cambridge University Press, 1976.

Tenure Study』, Rome, Food and Agriculture Organization of United Nations, 1953.

UN, 1996, "Land Administration Guidelines", Economic Commission for Europe, New York and Geneva.

〈보고서〉

국토해양부, 2009, 『지적불부합지 조기해소를 위한 기반 연구』.

내무부·한국전산원, 『지적개선사례』.

내무부·한국전산원, 1992, 『지적정보화 사례』.

_____, 1993, 『한국종합토지정보시스템 구축방안』.

대한지적공사, 1978, 「외국의 지적제도(서독, 스위스, 네덜란드편)」.

_____, 1994, 「외국의 지적제도 및 전산화(프랑스의 지적전산(下)」.

_____, 1996, 「지적재조사법(안) 연구」.

_____, 1997, 「대만지역 지적재측량 실시관련 3기 13년계획 총 보고서」.

_____, 1997, 「지적재조사사업 준비를 위한 외국의 사례연구」.

_____, 2000, 「지적기술교육연구원 60년사」.

_____, 2005, 「한국지적 백년사」.

_____, 2010, 「선진 외국의 지적제도 비교 연구」.

_____, 2010, 「외국의 지적재조사 사례조사 결과보고서(캐나다·일본·말레이시아)」.

대한측량협회, 1993, 「한국의 측량·지도」.

박순표 외, 1992, "외국의 지적제도 비교연구 보고서"

안동문화연구소, 2010, 「안동근현대사 4편」.

행정자치부·대한지적공사, 1996, 「필지정보토지정보시스템 구축사업추진」.

행정자치부, 1999, 「지적도면 전산정보의 활용방안에 관한 연구」.

National Research Council, op.cit.

National Research Council, Procedures and Standards for Multipurpose Cadastre.

〈기타〉

「고려사 권78 지 권제32 식화 1」.

국토해양부, 2009, 부동산 행정정보 정보화전략계획.

_____, 2009, 보도자료, (2009.9.4).

_____, 2011, 보도자료, (2011.1.5).

_____, 2011, 보도자료, (2011.2.16).

김추윤, 2004, "진흙 속에서 부활한 메소포타미아의 측량", 땅과 사람들, 대한지적공사.

내부분과규정(1895.4.17.관보).

대한지적공사, 2005, 『한국지적백년사』

「삼국유사 권2」, 남부여·전백제·북부여.

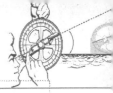

참고문헌

『삼국지』 동옥저전.

조선총독부관보, 제261호, 1913.6.14, '과세지견취도 작성실적', 조선총독부, 과세지견취도조제경과보고.

총무처, 관보 제13411호(1996.9.12).

행정자치부·대한지적공사, 2004, 지적법규해설 시·도 순회교육 교재.

한국고대금석문 백제 유민 관련 금속문, 「흑치상지 묘지문」.

한국토지공사 토지박물관, 2005, 「생명의 땅, 역사의 땅」,

황성신문, 1908년 9월 25일, 1908년 11월 20일.

_____, 1900년 4월 2일 잡보, 「아교성약」, (4월 3일 광고).

大審院判 昭和11年3月10民集 15·9·69, 德島地裁判 昭和 30年6月17하 下民 6·6·1168.

〈홈페이지〉

개미실 사랑방(http://www.blog.naver.com)

국가기록원나라기록(http://www.contents.archives.go.kr)

국립문서보관소(http://www.nationalarchives.gov.uk)

국립중앙도서관(http://www.nl.go.kr)

국세청 조세박물관(http://www.korea.go.kr)

국제측량사연맹 홈페이지(http://www.fig.net)

대법원 종합법률정보(http://glaw.scourt.go.kr)

독립기념관(http://www.i815.or.kr)

명재연구소 역사자료실(http://www.blog.daum.net)

문화컨텐츠닷컴(http://www.culturecontent.com)

법제처(www.law.go.kr)

북한토지연구소(http://www.nkland.org)

위키백과사전(http://ko.wikipedia.org)

일본토지가옥조사사회연합회(ttps://www.chosashi.or.jp)

조상땅찾기(http://www.findarea.co.kr)

조세청 조세박물관(http://www.korea.go.kr)

지적박물관(http://www.forjijeok.com)

지적인 마을(http://www.ockwon.blog.me)

한국민속대백과사전(https://folkency.nfm.go.kr)

한국산업인력관리공단(http://www.hrdkorea.or.kr)

한국학 중앙연구원(http://www.aks.ac.kr)

한국의 교육(http://www.ko.hukol.net)

한옥션문화예술종합경매(http://www.hanauction.com)

헌법재판소 판례정보(http://www.ccourt.go.kr)

(http://www.astrolabes.org)

(http://buddhapia.com)

(http://www.chosashi.or.jp)

(http://www.doc.mmu.ac.uk)

(http://www.doomsdaybook.co.uk)
(http://www.encyclopedia.com)
(http://www.jsurvey.jp)
(http://www.kimchi39.tistory.com)
(http://www.ko.wikipedia.org)
(http://www.nationalarchives.gov.uk)
(http://www.topogr.perso.neuf.fr)
(http://www.virgo2.egloos.com)

〈법률〉

국토교통부, 2021, 건축법·시행령·시행규칙.

_____, 2021, 공간정보산업 진흥법·시행령·시행규칙.

_____, 2021, 공간정보의 구축 및 관리 등에 관한 법·시행령·시행규칙

_____, 2021, 국가공간정보 기본 법·시행령·시행규칙

_____, 2021, 지적재조사에 관한 특별법·시행령·시행규칙

국토해양부, 2021, 지적재조사에 관한 특별법·시행령·시행규칙

_____, 2013, 측량·수로조사 및 지적에 관한 법률·시행령·시행규칙

_____, 2010, 건축법·시행령·시행규칙

법무부, 2021, 부동산 등기법·시행령·시행규칙

행정안전부, 2009, 도로명 주소법·시행령·시행규칙

행정자치부, 2015, 도로명 주소법·시행령·시행규칙

핵심 지적학

1판 1쇄 발행	2013년 01월 05일	
2판 1쇄 발행	2015년 09월 01일	
3판 1쇄 발행	2017년 08월 20일	
4판 1쇄 발행	2019년 01월 25일	
4판 2쇄 발행	2020년 02월 10일	
5판 1쇄 발행	2021년 09월 05일	

지은이 김 석 종, 김 준 현
펴낸이 김 주 성
펴낸곳 도서출판 엔플북스
주 소 경기도 구리시 체육관로 113번길 45. 114-204(교문동, 두산)
전 화 (031)554-9334
F A X (031)554-9335

등 록 2009. 6. 16   제398-2009-000006호

저자와의
협의하에
인지생략

정가 **32,000**원
ISBN   978 - 89 - 6813 -347-3   13530

📖 전자기기 수험서

전자기기기능사 필기

전자기기기능사 필기
과년도3주완성

전자기기기능사 실기

📖 전자캐드 수험서

📖 의료 요양 수험서

전자캐드기능사 필기

전자캐드기능사 필기
과년도3주완성

PADS로 전자캐드기능사
냉큼따기

의료전자기능사 과년도3주완성

요양보호사 도전 10일

📖 무선 통신 수험서

무선설비기능사 필기

통신선로기능사 필기

통신선로기능사 과년도 3주완성

통신기기기능사 필기

무선설비&통신기기기능사 실기

📖 전기 수험서

전기기능사 필기

전기기능사 과년도 3주완성

전기기능장 필기

전기기능장 실기

✍ 공조냉동기계 수험서

공조냉동기계기사 필기

공조냉동기계기사
과년도7주완성

공조냉동기계산업기사 필기

공조냉동기계산업기사
과년도4주완성

공조냉동기계기능사 필기

공조냉동기계기능사
과년도3주완성

✍ 실내건축 수험서

실내건축기사 필기
과년도7주완성

실내건축산업기사 필기
과년도4주완성

실내건축기능사 필기
과년도3주완성

실내건축기능사 실기

실내건축시공실무

✍ 건축설비 수험서　　✍ 전산응용건축 수험서

건축설비기사 필기
과년도 문제해설

전산응용건축제도기능사
과년도3주완성

전산응용건축제도기능사 실기

📖 지적직 공무원 수험서

핵심 지적학

핵심 공간정보 법규

📖 컴퓨터응용 수험서

컴퓨터응용선반기능사
과년도3주완성

컴퓨터응용밀링기능사
과년도3주완성

📖 항공 부문 수험서

항공산업기사 필기
과년도문제해설

항공기관정비기능사
과년도3주완성

📖 용접 및 에너지 · 승강기 수험서

용접 · 특수용접기능사 필기

용접 · 특수용접기능사
과년도3주완성

용접산업기사 과년도4주완성

승강기기능사 과년도3주완성

에너지관리기능사 필기

📖 전자계산기 수험서

전자계산기기능사
과년도 문제해설

전자계산기기사
과년도7주완성

전자계산기조직응용기사
과년도7주완성

기타 수험서

조경기사 산업기사 필기

조경기사 산업기사 실기

조리기능사 실기 (한식)

NCS 조리 실무

교재 및 활용서

비파괴검사개론

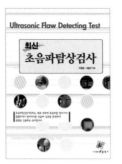

초음파탐상 검사

맛있는 예쁜 손글씨 POP

강의 스킬과 커뮤니케이션

3D CAD Inventor

PADS로 PCB
아트웍 혼자하기(Ver. VX1.2)

축전지 관리 바이블

사장이 되려면 알아야 한다

도서출판 엔플북스

주소 경기도 구리시 체육관로 113번길 45, 114-204 (교문동, 두산아파트)
TEL 031-554-9334　FAX 031-554-9335
DAUM Cafe http://cafe.daum.net/enplebooks

✍ 지적직 공무원 수험서

핵심 지적학

핵심 공간정보 법규

✍ 컴퓨터응용 수험서

컴퓨터응용선반기능사
과년도3주완성

컴퓨터응용밀링기능사
과년도3주완성

✍ 항공 부문 수험서

항공산업기사 필기
과년도문제해설

항공기관정비기능사
과년도3주완성

✍ 용접 및 에너지·승강기 수험서

용접·특수용접기능사 필기

용접·특수용접기능사
과년도3주완성

용접산업기사 과년도4주완성

승강기기능사 과년도3주완성

에너지관리기능사 필기

✍ 전자계산기 수험서

전자계산기기능사
과년도 문제해설

전자계산기기사
과년도7주완성

전자계산기조직응용기사
과년도7주완성

📖 기타 수험서

조경기사 산업기사 필기

조경기사 산업기사 실기

조리기능사 실기 (한식)

NCS 조리 실무

📖 교재 및 활용서

비파괴검사개론

초음파탐상 검사

맛있는 예쁜 손글씨 POP

강의 스킬과 커뮤니케이션

3D CAD Inventor

PADS로 PCB
아트웍 혼자하기(Ver. VX1.2)

축전지 관리 바이블

사장이 되려면 알아야 한다

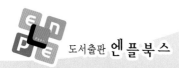
도서출판 엔플북스

주소 경기도 구리시 체육관로 113번길 45, 114-204 (교문동, 두산아파트)
TEL 031-554-9334   FAX 031-554-9335
DAUM Cafe http://cafe.daum.net/enplebooks